U0196512

生物化学

（供生物制药、微生物制药、生物技术、生物工程、海洋药学、制药工程专业使用）

主　审　吴梧桐

主　编　李　谦

副主编　王凤山　刘岩峰　李　荷

编　者　（以姓氏笔画为序）

　　　　王凤山（山东大学药学院）

　　　　王和生（贵州中医药大学）

　　　　左爱仁（江西中医药大学）

　　　　刘纯慧（山东大学药学院）

　　　　刘岩峰（沈阳药科大学）

　　　　杜振宁（烟台大学药学院）

　　　　李　荷（广东药科大学）

　　　　李　谦（中国药科大学）

　　　　吴梧桐（中国药科大学）

　　　　张玉彬（中国药科大学）

　　　　崔　勇（沈阳药科大学）

中国健康传媒集团

中国医药科技出版社

内容提要

本教材是"全国高等医药院校药学类专业第五轮规划教材"之一,主要介绍了氨基酸与多肽、蛋白质、糖类、脂质、酶、核酸等生物大分子的结构与功能,糖类、脂质、氨基酸与核苷酸的分解代谢及氧化磷酸化与光合作用,糖类、脂质、氨基酸、核苷酸及相关物质、维生素与激素的生物合成及物质代谢与代谢调控,基因信息的传递、受体与细胞信号转导等。

本教材为书网融合教材,即纸质教材有机融合电子教材、教学配套资源(PPT)、题库系统、数字化教学服务(在线教学、在线作业、在线考试),使教学资源更加多样化、立体化。

本教材主要供生物制药、微生物制药、生物技术、生物工程、海洋药学、制药工程等专业的师生使用,也可作为药学类其他专业和发酵工程及生物化工类专业的教学参考书。

图书在版编目(CIP)数据

生物化学 / 李谦主编 . —4 版 . —北京:中国医药科技出版社,2019.12

全国高等医药院校药学类专业第五轮规划教材

ISBN 978 – 7 – 5214 – 1513 – 1

Ⅰ.①生… Ⅱ.①李… Ⅲ.①生物化学—医学院校—教材 Ⅳ.①Q5

中国版本图书馆 CIP 数据核字(2020)第 000788 号

美术编辑 陈君杞
版式设计 友全图文

出版 **中国健康传媒集团** | 中国医药科技出版社
地址 北京市海淀区文慧园北路甲 22 号
邮编 100082
电话 发行:010 - 62227427 邮购:010 - 62236938
网址 www.cmstp.com
规格 889 × 1194mm ¹⁄₁₆
印张 35 ¾
字数 796 千字
初版 2003 年 1 月第 1 版
版次 2019 年 12 月第 4 版
印次 2019 年 12 月第 1 次印刷
印刷 三河市百盛印装有限公司
经销 全国各地新华书店
书号 ISBN 978 - 7 - 5214 - 1513 - 1
定价 **88.00 元**

获取新书信息、投稿、为图书纠错,请扫码联系我们。

数字化教材编委会

主　编　李　谦

副主编　王凤山　刘岩峰　李　荷

编　者　（以姓氏笔画为序）

王凤山（山东大学药学院）

王和生（贵州中医药大学）

左爱仁（江西中医药大学）

刘纯慧（山东大学药学院）

刘岩峰（沈阳药科大学）

杜振宁（烟台大学药学院）

李　荷（广东药科大学）

李　谦（中国药科大学）

吴梧桐（中国药科大学）

张玉彬（中国药科大学）

崔　勇（沈阳药科大学）

出版说明

"全国高等医药院校药学类规划教材",于20世纪90年代启动建设,是在教育部、国家药品监督管理局的领导和指导下,由中国医药科技出版社组织中国药科大学、沈阳药科大学、北京大学药学院、复旦大学药学院、四川大学华西药学院、广东药科大学等20余所院校和医疗单位的领导和权威专家成立教材常务委员会共同规划而成。

本套教材坚持"紧密结合药学类专业培养目标以及行业对人才的需求,借鉴国内外药学教育、教学的经验和成果"的编写思路,近30年来历经四轮编写修订,逐渐完善,形成了一套行业特色鲜明、课程门类齐全、学科系统优化、内容衔接合理的高质量精品教材,深受广大师生的欢迎,其中多数教材入选普通高等教育"十一五""十二五"国家级规划教材,为药学本科教育和药学人才培养做出了积极贡献。

为进一步提升教材质量,紧跟学科发展,建设符合教育部相关教学标准和要求,以及可更好地服务于院校教学的教材,我们在广泛调研和充分论证的基础上,于2019年5月对第三轮和第四轮规划教材的品种进行整合修订,启动"全国高等医药院校药学类专业第五轮规划教材"的编写工作,本套教材共56门,主要供全国高等院校药学类、中药学类专业教学使用。

全国高等医药院校药学类专业第五轮规划教材,是在深入贯彻落实教育部高等教育教学改革精神,依据高等药学教育培养目标及满足新时期医药行业高素质技术型、复合型、创新型人才需求,紧密结合《中国药典》《药品生产质量管理规范》(GMP)、《药品经营质量管理规范》(GSP)等新版国家药品标准、法律法规和《国家执业药师资格考试大纲》进行编写,体现医药行业最新要求,更好地服务于各院校药学教学与人才培养的需要。

本套教材定位清晰、特色鲜明,主要体现在以下方面。

1.契合人才需求,体现行业要求 契合新时期药学人才需求的变化,以培养创新型、应用型人才并重为目标,适应医药行业要求,及时体现新版《中国药典》及新版GMP、新版GSP等国家标准、法规和规范以及新版《国家执业药师资格考试大纲》等行业最新要求。

2.充实完善内容,打造教材精品 专家们在上一轮教材基础上进一步优化、精炼和充实内容,坚持"三基、五性、三特定",注重整套教材的系统科学性、学科的衔接性,精炼教材内容,突出重点,强调理论与实际需求相结合,进一步提升教材质量。

3.创新编写形式,便于学生学习 本轮教材设有"学习目标""知识拓展""重点小结""复习题"等模块,以增强教材的可读性及学生学习的主动性,提升学习效率。

4.配套增值服务,丰富教学资源 本套教材为书网融合教材,即纸质教材有机融合数字教材,配套教学资源、题库系统、数字化教学服务，使教学资源更加多样化、立体化，满足信息化教学的需求。通过"一书一码"的强关联，为读者提供免费增值服务。按教材封底的提示激活教材后，读者可通过PC、手机阅读电子教材和配套课程资源（PPT、微课、视频、图片等），并可在线进行同步练习，实时反馈答案和解析。同时，读者也可以直接扫描书中二维码，阅读与教材内容关联的课程资源（"扫码学一学"，轻松学习PPT课件；"扫码看一看"，即可浏览微课、视频等教学资源；"扫码练一练"，随时做题检测学习效果），从而丰富学习体验，使学习更便捷。

编写出版本套高质量的全国本科药学类专业规划教材，得到了药学专家的精心指导，以及全国各有关院校领导和编者的大力支持，在此一并表示衷心感谢。希望本套教材的出版，能受到广大师生的欢迎，为促进我国药学类专业教育教学改革和人才培养做出积极贡献。希望广大师生在教学中积极使用本套教材，并提出宝贵意见，以便修订完善，共同打造精品教材。

中国医药科技出版社

2019年9月

前　言

《生物化学》第 3 版教材已出版使用了 4 年，受到了全国高等医药院校的广泛欢迎和好评。为了及时反映生物化学学科的进展及最新研究成果，进一步适应信息化教学的要求，充实和丰富生物化学教学内容，中国医药科技出版社组织修订编写了"全国高等医药院校药学类专业第五轮规划教材《生物化学》"。

在本版教材修订过程中，编者们广泛征求了高等医药院校师生的意见和建议，并根据"全国高等医药院校药学类专业第四轮规划教材编写修订会议"的精神及本版教材的修订原则，紧扣培养目标，充分体现专业特色。本版教材在继承第 3 版教材的体系、结构与主要内容的基础上，对上一版的部分框架、体例进行了进一步完善，内容上吐故纳新，对陈旧的、不够合理的内容进行了删改，对结构式、名词术语、图表进一步规范，力求做到内容更精炼，针对性、实用性更强。修订要点如下：①强化生物大分子的结构与功能及其研究技术，为专业课学习打下牢固基础；②在物质代谢与代谢调控中补充了与某些疾病的发生及防治有关的生化理论与知识；③受体与细胞信号转导章更侧重于阐述信号转导的分子机制和细胞内的生化反应过程，更多地介绍与药物作用机制研究的有关联系。

本教材为书网融合教材，即纸质教材有机融合电子教材、教学配套资源（PPT）、题库系统、数字化教学服务（在线教学、在线作业、在线考试），使教学资源更加多样化、立体化，更加便教易学。

本教材主要供生物制药、微生物制药、生物技术、生物工程、海洋药学、制药工程等专业的师生使用，也可作为药学类其他专业和发酵工程及生物化工专业的教学参考书。

本版教材编写过程中，得到中国药科大学和中国医药科技出版社的大力支持，谨表谢意。

由于编者水平有限，教材中存在不足之处在所难免，恳请使用本教材的广大师生与读者批评指正。

编　者
2019 年 10 月

目　录

第一篇　生物大分子的结构与功能

第二篇　物质分解代谢与能量转换

第三篇　生物大分子的生物合成

第四篇　生物信息的传递

绪　论

一、生物化学的概念和任务

生物化学（biochemistry）是生命的化学（chemistry of life），是研究生物体的化学组成和生命过程中的化学变化规律的一门科学。它是从分子水平来研究生物体（包括人类、动物、植物和微生物）内基本物质的化学组成、结构及在生命活动中这些物质所进行的化学变化（即代谢反应）的规律及其与生物功能关系的一门科学，是生物学与化学相结合的一门基础学科。

20 世纪 50 年代，生物化学进入了分子生物学时代，它从分子水平上揭示了生命本质的高度有序性与一致性，为生物化学的发展注入了生机和活力，加之近年来生物信息学的介入，使生物化学与众多学科有着更为广泛的联系与交叉，成为现代生命科学的重要前沿学科之一。

生物化学研究的发展过程有三个层次。

（1）静态生物化学　组成生物体的重要物质有核酸、蛋白质、糖类、脂质、无机盐和水等，另外还有含量较少而对生命活动极为重要的维生素、激素和微量元素。这些物质种类繁多，结构复杂，是一切生命现象的物质基础。研究这些基本物质的化学组成、结构、理化性质、生物功能及结构与功能的关系，即为静态生物化学。

（2）动态生物化学　生物体内的各种基本物质在生命过程中不断进行着互相联系、互相制约、互相对立而又统一的、多样复杂的、有规律的化学变化，其结果是生物体与外界环境进行着有规律的物质交换，称为新陈代谢（metabolism）。新陈代谢可以为机体的生命活动提供所需的能量，更新体内基本物质的化学组成，是生命现象的基本特征，是揭示生命现象本质的重要环节，代谢一停止，生命即终止。体内的代谢途径既要适应环境的变化，又要互相协调，这样复杂的体系通过多种调节因素来完成。研究物质代谢的体内动态过程及在代谢过程中能量的转换和代谢调节规律，即为动态生物化学。

（3）功能生物化学　生物体尤其是人体具有各种生理功能，如肌收缩、神经传导、腺体分泌、视觉和听觉等，这些生理功能都是以物质代谢为基础的。研究代谢反应与生理功能的关系也是了解生命现象规律的重要环节之一，称为功能生物化学。

分子生物学（molecular biology）是生物化学的组成部分与发展，是现代生物学的带头学科，它主要研究遗传的分子基础（分子遗传学）、生物大分子的结构与功能、生物大分子的人工设计与合成，以及生物膜的结构与功能等。分子生物学的发展使生物学的各个领域在分子水平上密切联系、互相渗透、交叉融合，从而成为了解所有生命现象的分子基础。从这个意义讲，分子生物学包括全部生物学，而生物学的发展正日益显示出其带头学科的趋势，因此人们认为 21 世纪是生物学世纪。

总之，生物化学是研究生物体组成物质的性质、结构与功能，以及这些物质在生命活动过程中的化学变化规律及其与生理功能的关系，从而阐明生命现象的本质，并把这些基础理论、原理和方法应用于有关科学领域和生产实践，以达到征服自然和改造自然的目的。如根据不同的研究对象和目的，生物化学已形成由微生物生化、医学生化、药学生化、农业生化和工业生化等构成的多个分支。

二、现代生物化学研究的主要内容

现代生物化学的研究内容十分广泛，它研究所有生物个体和细胞的物质组成、结构、化学变化规律、生物功能及其代谢调节、生物信息传递等等，从分子水平上阐明生物体生命活动的本质与规律。

（一）生物大分子的结构与功能

体内生物大分子的种类繁多、结构复杂，都是由基本结构单位按一定顺序和方式连接而形成的多聚体（polymer），相对分子质量一般大于 10^4。核酸、蛋白质、多糖、蛋白聚糖和复合脂类等是体内重要的生物大分子，它们都是由各自基本组成单位构成的多聚体。例如，由核苷酸作为基本组成单位，通过磷酸二酯键连接形成多核苷酸——核酸；由氨基酸作为基本组成单位，通过肽键连接形成多肽链——蛋白质；聚糖也是由一定的基本单位聚合而成。生物大分子的重要特征之一是具有信息功能，由此也称之为生物信息分子。

对生物大分子的研究，除了确定其一级结构（基本组成单位的种类、排列顺序和方式）外，更重要的是研究其空间结构及其与功能的关系。分子结构是功能的基础，而功能则是结构的体现。生物大分子的功能还需通过分子之间的相互识别和相互作用而实现。例如，蛋白质与蛋白质的相互作用在细胞信号转导中起重要作用；蛋白质与蛋白质、蛋白质与核酸、核酸与核酸的相互作用在基因表达调控中发挥着决定性作用。由此可见，分子结构、分子识别和分子的相互作用是执行生物信息分子功能的基本要素，这一领域的研究已是当今生物化学的热点之一。

（二）物质代谢与代谢调节

新陈代谢是生命的基本特征，每个生物个体都时刻不停地与外环境进行物质交换，摄取养料，排出废物，提供生命活动所需的能量，更新体内的基本物质组成，以维持内环境的相对稳定，从而维持生命活动与繁衍后代。

据统计，以 60 岁年龄计算，一个人在一生中与环境进行着大量的物质交换，约相当于60 000kg 水、10 000kg 糖类、600kg 蛋白质以及 1000kg 脂质。因此，正常的物质代谢是正常生命过程的必要条件，若物质代谢发生紊乱则可引起疾病，因此研究物质代谢与物质代谢相互间的关系和代谢调节是生物化学的重要组成部分。

目前对生物体内的主要物质代谢途径已基本清楚，但仍有众多的问题有待探讨。例如，物质代谢中的绝大多数化学反应是由酶催化的，酶的结构和酶量的变化对物质代谢的调节起着重要作用。物质代谢有序性调节的分子机制，尤其是疾病代谢组学和药物代谢组学的发展对于现代医药学的发展具有重要指导意义。

（三）生物信息的传递与调控

生物信息的传递包括基因信息的传递与调控和细胞信息的传递。

基因信息传递涉及遗传、变异、生长、分化等诸多生命过程，也与遗传病、恶性肿瘤、心血管病等多种疾病的发病机制有关。因此，基因信息的研究在生命科学中的作用越显重要。现已确定，DNA 是遗传的主要物质基础，基因即 DNA 分子的功能片段。当今，基因分子生物学除了进一步研究 DNA 的结构与功能外，更重要的是研究 DNA 复制、基因转录、蛋白质生物合成等基因信息传递过程的机制及基因表达的时空规律。而目前基因表达调控主要集中在信号转导研究、转录因子研究和 RNA 剪辑研究三个方面。DNA 重组、转基因、基因剔除、新基因克隆、人类基因组及功能基因组研究等的发展，将大大推动这一领域的研究进程。

细胞信息传递参与多种物质代谢及其相关的生长、增殖、分化等生命过程的调节。细胞间的信号转导、受体与受体跨膜信号传递途径、信号转导途径的相互关系等以及细胞信息传递机制和网络都与疾病的发生和药物作用的分子机制密切相关，成为系统生物学的重要研究内容。

三、生物化学与药学科学

药学生物化学是研究与药学科学相关的生物化学理论、原理与技术及其在药物研究、药物生产、药物质量控制与药物临床应用的基础学科。

20 世纪中叶以来，许多新理论、新技术迅速渗透到药学研究领域，如电子学、波谱技术、立体化学、量子理论与遗传中心法则等新概念的迅速导入，使人们对物质结构、生物大分子的结构与功能和分子遗传学理论有了深入了解，加之生理学、生物化学与分子生物学的进展，使实验医学有了重大突破，从而为新药的发展提供了理论、概念、技术和方法，到 20 世纪末，药学科学步入了另一新的发展阶段，其特点是以化学模式为主体的药学科学迅速转向以生物学和化学相结合的新模式，生物化学与分子生物学在当代药学科学发展中起了先导作用。各种组学技术，如基因组学、蛋白质组学、转录组学、代谢组学等以及系统生物学的迅速发展为新药的发现和研究提供了重要的理论基础和技术手段。

应用现代生化技术从生物体获取生理活性物质，除可直接开发为有意义的生物药物外，还可从中寻找到结构新颖的先导化合物，设计合成新的化学实体。生物化学药物是运用生物化学的研究成果，将生物体的重要活性物质用于疾病防治的一大类药物，在临床应用的已达数百种。中草药学的研究对象，也是取材于天然生物体，其有效成分的分离纯化及作用原理的研究，也常常应用生物化学的原理与技术。组合生物合成技术、各种药用天然产物以及微生物活性物质的生物合成和生物转化技术正在成为开创现代绿色化学制药工业的有效手段。

药物化学是研究药物的化学性质、合成及结构与药效的关系，应用生物化学理论可以为新药的合理设计提供依据，以减少寻找新药的盲目性，提高发现新药的概率。

近代药理学主要研究药物作用的分子机制以及药物在体内的代谢转化和代谢动力学。因此，其研究理论和技术手段与生物化学密切相关，并已形成一个重要学科分支——分子药理学。分子药理学是在分子水平上研究药物分子与生物大分子相互作用的机制，因此生物化学与分子生物学是其理论核心基础。

生物药剂学是研究药物制剂与药物在体内的过程（包括吸收、分布、代谢转化和排泄的关系），从而阐明药物剂型因素、生物因素与疗效之间的关系，因此生化代谢与调控理论及其研究手段是生物药剂学的重要基础。

生物化学在制药工业生产实践中也起着重要作用。以生物化学、微生物学和分子生物学为基础发展起来的生物工程制药工业已经成为制药工业的一个新门类。生物工程主要包括基因工程、酶工程、细胞工程与发酵工程，它们已成为医药工业的新增长点；愈来愈多的重组药物如人胰岛素、人生长素、干扰素 - α、干扰素 - β、干扰素 - γ、白细胞介素 - 2、促红细胞生成素、组织纤溶酶原激活剂和乙肝疫苗等均已在临床广泛使用；人源性单克隆抗体与人源性多克隆抗体正在成为治疗性抗体的主体；RNA 干扰药物将成为开发核酸药物和基因治疗的新方向；新的蛋白质工程药物的种类正在日益增加，朝着更加高效、安全的方向发展；预防和治疗性疫苗、基因治疗、免疫细胞治疗、干细胞治疗和组织工程技术正在快速发展；应用生物工程技术改造传统制药工业，也取得巨大突破，生物工程技术在制药工业中的广泛应用将使传统制药工业发生深刻变革。

总之，生物化学是现代药学科学的重要理论基础，是药学院校学生学好专业课，从事新药研究、药物生产、药物使用与药政管理的必要基础学科，更是生物技术、生物工程、生物制药和海洋药学等专业的重要专业基础课程。

四、发展中的生物化学

生物化学是始于 20 世纪初形成的一门新型学科，目前已成为自然科学中发展最快、最引起人们重视的学科之一。其发展过程有两个重要突破：一是对酶的化学本质及其催化作用理论的发现；二是核酸及其结构与功能研究的突破。

19 世纪初，魏勒（F. Wohler）从无机物氰酸铵合成尿素，是人工合成有机物的创始人。1877 年霍佩 – 赛勒（Hoppe-Seyler）建立了生理化学学科，首次提出 "biochemistry" 这个词。1897 年爱德尔德·布克奈（Eduard Buchner）等证明了无细胞的酵母提取液也具有发酵作用，可以使糖生成乙醇和二氧化碳，为近代酶学的发展奠定了基础。之后，艾米尔·弗歇（Emil Fischer）阐明了酶对底物的作用，提出 "锁 – 钥学说" 来解释酶作用的专一性。1926 年约翰·雅可布·艾贝尔（John Jacob Abel）获得了牛胰岛素结晶，对蛋白质的结构与功能的研究做出了许多贡献。奥托·海因里希·瓦博格（Otto Heinnich Warburg）由于对细胞呼吸研究做出了出色的贡献而获得了诺贝尔奖。1937 年 H·Krebs 创立了三羧酸循环理论，从而奠定了物质代谢研究的理论基础。1944 年科林·麦克劳德（Colin Macleod）和麦克林恩·麦卡蒂（Maclyn McCarty）发现并证明了 DNA 是生物遗传的信息分子。詹姆斯·沃森（James Watson）和弗朗西斯·克里克（Francis Crick）于 1953 年创立了 DNA 的双螺旋结构模型，随后证明了遗传的中心法则（the central dogma），从而开创了分子生物学的新纪元。

1973 年 Cohen 建立了体外重组 DNA 方法，标志着生物工程的诞生。1981 年西克（T. Cech）发现了四膜虫 rRNA 的自我拼接，从而打破了一切酶都是蛋白质的传统概念。1985 年 PCR 首次以文字形式出现。1992 年发现了蛋白激酶，探明了蛋白质磷酸化的真谛。1990 年生命科学领域的头号工程即人类基因组研究计划正式启动。2000 年，宣布人类基因组 "工作框架图" 完成。2001 年 2 月科学家绘制完成人类基因组序列图。这一计划的完成无疑将从根本上阐明生命活动的遗传学基础，并为基因诊断、基因治疗及基因工程药物的开发创造了前提，人类也因此而步入了创造生物新品种、新物种和改写人类自己的 DNA 结构的新时代。

人类基因组计划的初步结果对生物化学的发展提出了新的挑战。生物化学家曾预测人类的基因组中应涵盖 7 万 ~ 10 万个基因，然而事实上却只有 3 万 ~ 4 万个可翻译的基因，仅仅是线虫或果蝇基因数的两倍，这就表明人类的基因更加复杂，具有更多的选择性后加工，从而产生巨大数目的蛋白质产物。可见，发现和鉴定所有基因仅是第一步，而对基因的结构、功能及其调控研究显得尤为重要，因此功能基因组研究迅速崛起。当前出现的蛋白质组学（proteomics）是研究蛋白质的定位、结构与功能、相互作用以及特定时间的蛋白质表达谱等，已成为生物化学研究的新热点；20 世纪末出现的转录组学（transcriptomics）是研究细胞在某一功能状态下所含 mRNA 的类型与拷贝数。而事实上，RNA 的生物功能远远超出了遗传信息传递作用的范围，从而促进"功能 RNA 组学"的产生，以探讨不同细胞在不同时间状态下 mRNA 的表达谱与功能变化。代谢组学（metabolomics）是研究生物体对外源性物质的刺激、环境变化或遗传修饰所做出的代谢应答的全貌和动态变化过程。疾病代谢组学着重研究疾病发生、发展的生物标记和指纹信息，尤其是在疾病发生、发展过程中和外源性物质如药物作用下人体代谢的整体变化。生物化学的发展充分说明了，阐明人类基因组功能是一项多学科任务，它需要生物、化学、物理、数学、医学、工程学和计算机科学等领域的学者的共同参与，需要从中整合所有基因组信息，分析各种数据，并提取其生物学意义。由此产生的生物信息学（bioinformatics），将更好地阐明生命现象的本质与规律。

20 世纪 20 年代以来，中国生物化学家在营养学、临床生物化学、蛋白质变性学说和免疫化学的抗原、抗体分析及免疫反应机制等方面的研究做出了有益贡献。1965 年中国在世界上首先用人工方法合成有生物活性的结晶牛胰岛素，1972 年又采用 X 射线衍射方法测定牛胰岛素的分子空间结构，分辨率达 0.18nm。1979 年中国用人工方法合成酵母丙氨酸转运核糖核酸。近年来，中国生化工作者在人类基因组、水稻基因组和生物工程药物的研究领域都取得了丰硕成果，其中某些研究成果已达到了国际先进水平。此外，在酶学、蛋白质结构、生物膜结构与功能方面的研究也都有举世瞩目的成就。近年来，中国在基因工程、蛋白质工程、新基因的克隆与功能、疾病相关基因的定位与克隆及其功能研究均取得了重要成果。特别要指出的是，人类基因组序列草图的完成，也有中国科学家的一份贡献。

当今生命科学研究的特点是对分子、细胞、组织、器官乃至整体水平的多方位综合研究。生命活动是核酸、蛋白质等大分子的运动，以研究大分子的结构、功能为对象的结构生物学已成为生命科学的基础学科之一。对蛋白质的研究已从翻译、加工过程的作用机制转到蛋白质降解的机制。由于细胞生物学和分子生物学的推动，发育生物学已成为生命活动的最基础问题，因此发育进程的细胞增殖、功能分化及组织器官的形成等生化过程已成为现代生物化学的研究热点；而细胞凋亡及其形态结构的不断调整又是生物化学研究的另一热点；神经生化可能是现代生化发展的最大热门，因为神经系统不仅是生命活动的中枢，而且与学习、记忆、语言等生命活动直接相关，可能是生命活动中最复杂、最精细的内容，其最终解决或许仍依赖于人类基因组工程和蛋白质组工程以及各种新技术。现代生物化学研究进展的另一个特点是基础与应用的结合。医药学和农学等的发展不断向生物化学和分子生物学提出问题和挑战，随着基因工程、蛋白质工程、细胞工程和胚胎工程的发展，人类在战胜各种传染病、冠心病、肿瘤、计划生育和抗衰老等方面一定会取得更为有效的成果。当前从生物化学的基础研究成果到实现产业化的距离已大大缩短，如某些细胞因子从基因的发现到生物工程产品的开发，只需要 1~2 年时间，这就有力地证明生物化学基础研究与现代药学科学的发展具有密切关系和巨大应用潜力。

（吴梧桐）

第一篇

生物大分子的结构与功能

第一章 氨基酸与多肽

第一节 氨基酸

扫码"学一学"

一、氨基酸的结构

氨基酸（amino acid）是组成蛋白质的基本单位，通常由 5 种元素组成，即碳、氢、氧、氮和硫。在自然界中，已经发现的氨基酸种类非常多，但其中常见的组成蛋白质的氨基酸只有 20 种左右（表 1-1）。这 20 种氨基酸也称为编码氨基酸，因为遗传密码表中只有这 20 种氨基酸的密码。按照氨基酸是否参与蛋白质的组成可以将氨基酸分为常见的蛋白质氨基酸、不常见的蛋白质氨基酸和非蛋白质氨基酸，它们在结构上存在一定的差别。

表 1-1 常见的蛋白质氨基酸

中文名	英文名	三字符号	一字符号	等电点
甘氨酸	Glycine	Gly	G	5.97
丙氨酸	Alanine	Ala	A	6.00
缬氨酸	Valine	Val	V	5.96
亮氨酸	Leucine	Leu	L	5.98
异亮氨酸	Isoleucine	Ile	I	6.02
苯丙氨酸	Phenylalanine	Phe	F	5.48
脯氨酸	Proline	Pro	P	6.30
色氨酸	Tryptophan	Trp	W	5.89
丝氨酸	Serine	Ser	S	5.68
酪氨酸	Tyrosine	Tyr	Y	5.66
半胱氨酸	Cysteine	Cys	C	5.07
甲硫氨酸（蛋氨酸）	Methionine	Met	M	5.74
天冬酰胺（门冬酰胺）	Asparagine	Asn	N	5.41
谷氨酰胺	Glutamine	Gln	Q	5.65
苏氨酸	Threonine	Thr	T	5.60
天冬氨酸（门冬氨酸）	Aspartic Acid	Asp	D	2.97
谷氨酸	Glutamic Acid	Glu	E	3.22
赖氨酸	Lysine	Lys	K	9.74
精氨酸	Arginine	Arg	R	10.76
组氨酸	Histidine	His	H	7.59

（一）常见的蛋白质氨基酸

在常见的组成蛋白质的 20 种氨基酸中，除了脯氨酸均具有如下结构。

$$H_2N-CH-COOH$$
$$|$$
$$R$$

这些氨基酸均含有氨基和羧基，且均连接在同一个 α – 碳原子上，故称为 α – 氨基酸。除了甘氨酸之外，其余 α – 氨基酸的 α – 碳原子都连接有 4 个不同的取代基，因而 α – 碳原子具有手性，即每种氨基酸都存在两种互为影像的对映异构体，分别用 R 或 L 来标识。尽管在自然界中也存在 R 构型的氨基酸，但组成蛋白质的氨基酸却都是 L 构型。

（二）不常见的蛋白质氨基酸

除了常见的 20 种组成蛋白质的氨基酸外，还有部分不常见的蛋白质氨基酸，如羟脯氨酸（弹性蛋白和胶原蛋白中）、5 – 羟赖氨酸（弹性蛋白和胶原蛋白中）、6 – N – 甲基赖氨酸（肌球蛋白和组蛋白中）、γ – 羧基谷氨酸（凝血酶原中）、N – 甲基甘氨酸（哺乳动物肌肉中）、磷酸丝氨酸（酪蛋白中）等，这几种不常见的蛋白质氨基酸结构并无特定规律。

CH_3NHCH_2COOH

N – 甲基甘氨酸

$H_2NCH_2CHCH_2CH_2CHCOOH$
　　　　　OH　　　　NH$_2$

5- 羟赖氨酸

$CH_3NHCH_2CH_2CH_2CH_2CHCOOH$
　　　　　　　　　　　　NH$_2$

6-N-甲基赖氨酸

γ- 羧基谷氨酸

羟脯氨酸

磷酸丝氨酸

（三）非蛋白质氨基酸

除了上述蛋白质氨基酸外，自然界中还存在许多非蛋白质氨基酸，即不存在于天然蛋白质中的氨基酸。它们多以游离的状态存在于生物的某些组织或细胞中，其氨基均不在羧基的 α 位，一般称为天然存在的氨基酸。如维生素泛酸的组成成分 β – 丙氨酸、某些氨基酸合成代谢的中间产物同型丝氨酸（高丝氨酸）和同型半胱氨酸（高半胱氨酸）、脑组织中存在的 γ – 氨基丁酸、西瓜中含有的瓜氨酸、与尿素合成密切相关的鸟氨酸以及动物细胞中广泛存在的牛磺酸等。

$H_2NCH_2CH_2COOH$
β- 丙氨酸

$HOCH_2CH_2CHCOOH$
　　　　　　NH$_2$
高丝氨酸

$HSCH_2CH_2CHCOOH$
　　　　　　NH$_2$
高半胱氨酸

$H_2NCH_2CH_2CH_2COOH$
γ- 氨基丁酸

$H_2NCONHCH_2CH_2CH_2CHCOOH$
　　　　　　　　　　　NH$_2$
L- 瓜氨酸

$H_2NCH_2CH_2CH_2CHCOOH$
　　　　　　　　NH$_2$
L- 鸟氨酸

$HO_3SCH_2CH_2NH_2$
牛磺酸

二、氨基酸的分类

氨基酸的分类方式非常多，可以根据其化学结构进行分类，也可以根据氨基酸与羧酸的关系分类，还可以根据分子中氨基和羧基的数目不同进行分类。下面首先根据组成体内蛋白质的 20 种氨基酸的氨基和羧基的数目不同进行分类，将其分为中性氨基酸、酸性氨基酸和碱性氨基酸，然后再将中性氨基酸按照其侧链极性的不同将其分为中性非极性氨基酸和中性极性氨基酸。

（一）中性非极性氨基酸

该类氨基酸中（脯氨酸除外）含有一个氨基和一个羧基，侧链为非极性，在水溶液中的溶解度小于中性极性氨基酸。这类氨基酸主要有甘氨酸、丙氨酸、缬氨酸、亮氨酸、异亮氨酸、苯丙氨酸和脯氨酸。

| 甘氨酸 | 丙氨酸 | 缬氨酸 | 亮氨酸 |

| 异亮氨酸 | 苯丙氨酸 | 脯氨酸 |

（二）中性极性氨基酸

该类氨基酸同样含有一个氨基和一个羧基，但由于侧链为极性，在水溶液中的溶解度较大。该类氨基酸主要有色氨酸、丝氨酸、酪氨酸、半胱氨酸、甲硫氨酸（蛋氨酸）、天冬酰胺（门冬酰胺）、谷氨酰胺和苏氨酸。

| 色氨酸 | 丝氨酸 | 酪氨酸 | 半胱氨酸 |

10

（甲硫氨酸结构式）　　（天冬酰胺结构式）　　（谷氨酰胺结构式）　　（苏氨酸结构式）

甲硫氨酸　　　　　　天冬酰胺　　　　　　谷氨酰胺　　　　　　苏氨酸

（三）酸性氨基酸

该类氨基酸含有一个氨基和两个羧基，主要包括天冬氨酸（门冬氨酸）和谷氨酸。

天冬氨酸　　　　　　谷氨酸

（四）碱性氨基酸

该类氨基酸含有一个羧基和一个氨基，其侧链分别另外含有一个氨基、胍基或咪唑基，主要包括赖氨酸、精氨酸和组氨酸。

赖氨酸　　　　　　精氨酸　　　　　　组氨酸

三、氨基酸的酸碱特性

（一）氨基酸的解离

氨基酸中既含有氨基又含有羧基，故是一种两性电解质（ampholyte），具有两性解离的特性，其解离方式取决于所处溶液的 pH。在中性溶液中，氨基酸以两性离子（dipolarion）存在。两性离子又称为兼性离子（zwitterion）、偶极离子，即在同一个分子中含有等量的正负电荷。在碱性溶液中，氨基酸含有的酸性的 α-羧基可与 OH^- 结合，失去质子（H^+）变成带负电荷的阴离子（—COO^-）。在酸性溶液中，氨基酸含有的碱性的 α-氨基可与质子结合呈带有正电荷的阳离子（—NH_3^+）。

（二）氨基酸的等电点

在某一 pH 的溶液中，氨基酸解离成阳离子和阴离子的趋势及程度相等，成为兼性离子，呈电中性，此时溶液的 pH 称为该氨基酸的等电点（isoelectric point，pI）。氨基酸在 pI 时溶解度最小、最稳定，在酸、碱条件下溶解度增加。直接用离子交换树脂和离子交换膜分离以及间接用溶解度晶析分离，都是利用氨基酸所具备的阴阳离子的两性电解质性质。

氨基酸的 pI 的计算公式为：$pI = 1/2 (pK_1 + pK_2)$。式中，pK_1 代表氨基酸的 α – 羧基的解离常数的负对数，pK_2 代表氨基酸的 α – 氨基的解离常数的负对数。从该公式可以看出，氨基酸的 pI 与离子浓度无关，由 pK_1 和 pK_2 决定。

（三）氨基酸的甲醛滴定

氨基酸既含有酸性基团又含有碱性基团，但不能直接用酸碱滴定法来测定其含量，因为它的酸碱滴定的等电点 pH 过高或过低，没有适当的指示剂可用。如氨基酸的 α – 氨基的 pH 为 9.7 左右，完全解离时，pH 可达 11 或更高。在室温和 pH 中性条件下，甲醛与氨基酸的 α – 氨基结合，生成羟甲基衍生物（H^+ 一次放出），从而降低了氨基的碱性。可选择酚酞指示剂（变色范围 pH 8.2 ~ 10），用氢氧化钠滴定放出的 H^+，因为每放出一个 H^+，就相当于有一个氨基氮，所以从氨基氮量就可以计算出氨基酸的量。

$$R—\underset{\underset{NH_3^+}{|}}{C}HCOO^- \rightleftharpoons R—\underset{\underset{NH_2}{|}}{C}HCOO^- \longrightarrow R—\underset{\underset{NHCH_2OH}{|}}{C}HCOO^- \longrightarrow R—\underset{\underset{N(CH_2OH)_2}{|}}{C}HCOO^-$$

一羟甲基衍生物　　　二羟甲基衍生物

四、氨基酸的特征化学反应

氨基酸的化学性质由它的结构决定，很多氨基酸的结构仅仅是在侧链上存在差别，因此很多氨基酸具有许多共同的性质，而个别氨基酸也由于侧链的特殊结构表现出了许多特殊的性质。

（一）α – 氨基参加的反应

1. 成盐作用　酸水解液中的氨基酸，多以氨基酸盐酸盐的形式存在。

2. 亚硝酸反应　氨基酸与亚硝酸反应放出氮，其中的一个氮来自氨基酸，另一个氮来自亚硝酸。该反应是 Van Slyke 氨基氮测定的理论基础。此反应可用来判断蛋白质的水解程度，蛋白质水解愈完全，放出的 α – 氨基酸愈多，与亚硝酸反应放出的氮愈多。

$$R—\underset{\underset{NH_2}{|}}{C}H—COOH + HNO_2 \rightleftharpoons R—\underset{\underset{OH}{|}}{C}H—COOH + N_2\uparrow + H_2O$$

氨基酸　　　　　　　　　羟酸

3. 与 2,4 – 二硝基氟苯的反应　在弱碱性（pH 8 ~ 9）、暗处、室温条件下，氨基酸可以与 2,4 – 二硝基氟苯反应产生黄色的二硝基苯氨基酸（dinitrophenyl amino acid，DNP – 氨基酸），该反应多被用于鉴定多肽或蛋白质的 N 端氨基酸。除 α – 氨基外，酚羟基、ε – 氨基、咪唑基也有此反应，但反应的产物在酸性条件下不溶于乙醚、乙酸乙酯，而是留在水相中。

$$H—\underset{\underset{COOH}{|}}{\overset{\overset{R}{|}}{C}}—NH_2 + F—\text{（环）}—NO_2 \xrightarrow{pH 8~9} H—\underset{\underset{COOH}{|}}{\overset{\overset{R}{|}}{C}}—NH—\text{（环）}—NO_2 + HF$$

氨基酸　　　2,4-二硝基氟苯　　　　　　　　DNP-氨基酸

4. 与苯异硫氰酸的反应　在弱碱性条件下，氨基酸可以与苯异硫氰酸（PITC）反应生成苯氨基硫甲酰氨基酸（PTC - 氨基酸）。在酸性条件下，生成的 PTC - 氨基酸环化而转变为苯乙内酰硫脲氨基酸（PTH - 氨基酸）。瑞典科学家 Edman 首先使用该反应测定蛋白质 N 端的氨基酸。

苯异硫氰酸　　　　　　　　　　　　　　　　苯氨基硫甲酰氨基酸

5. 与丹酰氯的反应　氨基酸可以与丹酰氯（DNS - Cl）反应产生有荧光的 DNS - 氨基酸衍生物。

DNS–Cl　　　　　　　　　　　　　　　　DNS–氨基酸

（二）α - 羧基参加的反应

在一定的条件下，氨基酸的 α - 羧基可以和醇反应成酯。氨基酸还可以和碱如氢氧化钠反应生成氨基酸的钠盐。当氨基酸转变为相应的氨基酸酯或盐后，其羧基的化学反应性就被掩盖，而氨基的化学反应性相应增加，可与一些酰基试剂反应。

（三）α - 氨基和 α - 羧基共同参加的反应——茚三酮反应

在 pH 5 ~ 7 和 80 ~ 100℃ 条件下，大多数氨基酸和茚三酮乙醇溶液反应形成蓝紫色的（Ruhemann's 紫）化合物，并放出氨和二氧化碳，这是 α - 氨基酸特有的反应。氨和胺类也与茚三酮反应（ninhydrin reaction），但不放出二氧化碳。氨基酸与茚三酮反应产生的蓝紫色化合物在 570nm 有最大吸收，可用于定量测定，但不能作为惟一的定量测定依据。因有氨等化合物的干扰，需定量测定时，可测定放出的二氧化碳量，因为只有氨基和羧基连在同一个 α - 碳原子上的化合物与茚三酮反应才放出二氧化碳。谷氨酰胺和天冬酰胺与茚三酮反应产生棕色化合物，而脯氨酸与茚三酮反应形成黄色的产物，在 440nm 有最大吸收，可定量测定。反应方程式如下。

茚三酮　　　　　　　　　　还原茚三酮

还原茚三酮 + 第二分子茚三酮 ⟶

蓝紫色 + 3H₂O

$$+ 3H_2O$$

（四）侧链基团参加的反应

1. 米伦（Millon）反应 酪氨酸及含酪氨酸的蛋白质可与米伦试剂反应，生成红色的硝酸汞、亚硝酸汞等的混合物。

2. 福林（Folin）反应 福林试剂的主要成分是磷钼酸和磷钨酸。在碱性条件下，酪氨酸及含酪氨酸的蛋白质和福林试剂反应产生一种蓝色的化合物。

3. 坂口（Sakoguchi）反应 该反应是精氨酸特有的反应。试剂的主要成分是碱性次溴酸钠和α–萘酚，精氨酸可与之反应生成红色的产物。

4. Pauly 反应 试剂的主要成分为 5% 对氨基苯磺酸盐酸溶液、亚硝酸钠和碳酸钠，组氨酸、酪氨酸与该试剂在 0~4℃反应生成橘红色的产物。

5. 乙醛酸反应 这是色氨酸特有的反应。色氨酸与乙醛酸（glyoxalate）和浓硫酸反应，在溶液的界面处可产生一种紫红色的物质。

6. 半胱氨酸的反应 半胱氨酸可与亚硝酸–铁氰化钠的甲醇溶液反应产生一种红色的化合物。

五、氨基酸的分离与分析

（一）氨基酸的分离

氨基酸的分离方法非常多，包括溶解度法、沉淀法、离子交换法和电渗析法等。不同的方法具有不同的特点，在氨基酸的实际分离过程中往往是多种分离方法共同使用。

1. 溶解度或等电点法 利用氨基酸的溶解度不同，可以将部分氨基酸从一个混合体系中分离出来。例如在一个含有酪氨酸和胱氨酸的混合氨基酸体系中，首先在低温下将其溶解，此时由于酪氨酸和胱氨酸较难溶于水，可以实现这两种氨基酸与其他氨基酸的分离，之后将酪氨酸和胱氨酸的混合物加热，此时酪氨酸溶解度增大而胱氨酸溶解度变化较小，又可以实现酪氨酸和胱氨酸的分离。当氨基酸处于 pI 时，其在水中的溶解度最小，最易沉淀，因此也可以利用调节 pH 的方法分离氨基酸的混合物。

2. 特殊沉淀剂法 特殊沉淀剂法是最早应用于氨基酸分离纯化的方法之一，该法是采用某些有机或无机试剂与相应氨基酸形成不溶性衍生物的一种分离方法。如精氨酸与苯甲醛在碱性和低温条件下，可缩合成溶解度很小的苯亚甲基精氨酸，分离提取该沉淀后，用盐酸水解除去苯甲醛，即可得精氨酸盐酸盐。亮氨酸可与邻二甲苯－4－磺酸反应，生成亮氨酸的磺酸盐，后者与氨水反应，得到亮氨酸。组氨酸与氯化汞作用，生成组氨酸汞盐的沉淀，再经硫化氢处理可得组氨酸。天冬氨酸可制成难溶性铜盐结晶，此反应可用于分离回收天冬氨酸。脯氨酸、丝氨酸和丙氨酸在 pH 2～7 能与四氯邻苯二甲酸生成难溶性加成化合物，而其他中性氨基酸不能生成这些加成物，所以可以分别结晶析出。同样，组氨酸、精氨酸和鸟氨酸等碱性氨基酸水溶液与五氯酚作用，也能生成难溶性加成化合物而得以分离。缬氨酸因为能与苯甲酸等芳香族羧酸制成加成化合物，可利用其难溶性加以分离。将苏氨酸的铜盐或镍盐与醛制成加成化合物，利用其难溶性使之分别结晶析出。

特殊沉淀剂法由于操作简单、选择性强，至今仍是生产某些氨基酸的常用方法。如果进一步与离子交换技术结合，将会显著提高氨基酸的分离效果和收率，但是，使用这种技术生产药用氨基酸时，必须注意残留的特殊沉淀剂的毒性问题。

3. 离子交换法 离子交换法是利用离子交换剂对不同氨基酸吸附能力的差异进行分离的方法。在一定的 pH 条件下，由于不同氨基酸其 pI 不同，所带的净电荷也不同，从而与离子交换树脂结合的能力不同。这样，就可根据氨基酸的性质，选择阳离子或阴离子交换树脂与这些氨基酸反应，然后再选择一定 pH 和离子强度的缓冲液进行洗脱，根据不同的氨基酸和树脂的结合能力不同，在洗脱过程中将不同氨基酸依次从柱上洗出，达到相互分离的目的。

4. 电渗析法 电渗析法是在离子交换法的基础上发展起来的，不同的是利用的不是离子交换树脂而是离子交换膜。离子交换膜是具有一定孔隙度和某种解离基团的薄膜，由于孔隙度及解离基团的作用，对电解质具有选择性。离子交换膜包括带有负电性的磺酸基团的阳离子交换膜和带有正电性的季铵基团的阴离子交换膜，它们分别允许带正电荷和负电荷的离子通过。当有外加直流电场存在时，阴离子透过阴离子交换膜向阳极区迁移，阳离子透过阳离子交换膜向阴极区迁移，电流靠溶液中的阴、阳离子向两极的迁移来传导。

电渗析需要有特定的电渗析装置，主要包括电渗析器、整流器、料液输送系统和质量检测系统。氨基酸为两性电解质，在高于其 pI 的溶液中带有负电荷，能透过阴离子交换膜向阳极移动；反之，在低于其 pI 的溶液中可以透过阳离子交换膜向阴极移动。因此，在中性时电渗析，可以实现分离酸性、碱性和中性氨基酸的目的。另外，氨基酸的分子与无机离子相比更大，在电渗析时其选择透过性更小，不易透过阴（阳）离子交换膜，且滞后透析。因此，可以选择在氨基酸的 pI 时透析，实现脱盐目的，然后再调节 pH 进行进一步的分离。

（二）氨基酸的分析

1944 年，纸色谱法首次被引入用于氨基酸分析，之后便获得大量使用。

1. 纸色谱法 纸色谱（paper chromatography），指的是以滤纸纤维上吸着的一层水为固定相；以能溶于水的有机溶剂如苯酚或正丁醇为流动相；流动相沿着滤纸长的方向向上或向下流动，被分离物质依据在两相中分配系数的不同而实现分离。氨基酸的极性越弱，则随有机溶剂移动的趋势越大；极性越强，则被保持在固定相的趋势越大。同类氨基酸的移动速率与相对分子质量有关，相对分子质量越大，移动速率越大，甚至只相差一个次甲基的同系物移动速率也可能会有很大的差别，因此可用于氨基酸的鉴定。纸色谱完成后，将滤纸干燥，喷射水合茚三酮染色溶液，不同的蓝紫色斑点即指示不同的氨基酸位置，可用比移值（R_f 值）来表示。R_f 值表示的是氨基酸移动距离与溶剂移动距离的比值，每个氨基酸具有特定的 R_f 值。

另外，还可以将氨基酸混合物溶液滴在一张滤纸的转角处，然后让溶剂沿着 X 轴的方向流动，进行纸色谱；再用另一种溶剂沿 Y 轴方向展开，从而达到更大的散布，这种方法称为双向纸色谱。

2. 薄层色谱法 薄层色谱（thin layer chromatography，TLC）主要用于氨基酸的定性鉴别。如将色氨酸、甲硫氨酸、亮氨酸、异亮氨酸、甘氨酸、赖氨酸、苏氨酸、缬氨酸、苯丙氨酸、组氨酸和精氨酸等 11 种氨基酸定量混合，并分别制备对照液，分别点在同一薄层板上，取正丁醇 – 水 – 异丁酸 – 醋酸（50:50:5:7）作展开剂，进行单向 3 次展开，喷以显色剂（吲哚醌1g，溶于无水乙醇 100ml 和冰醋酸 10ml 中），置 100℃ 干燥 5～10 分钟，至显色完全为止。由于分离程度与各氨基酸显色不同，可以区别这 11 种氨基酸。另外，茚三酮 – 硝酸钠试剂作为显色剂也可显出不同的色斑。

3. 高效液相色谱法 以液体作移动相的色谱称为液相色谱（liquid chromatography，LC）。高效液相色谱（high performance liquid chromatography，HPLC）配备有高效能填充剂、高压输液泵、高灵敏度的检测器，能够迅速简便地分析微量样品，高精度，而且再现性好，该法同样在氨基酸的分析中发挥了重要作用。大多数氨基酸无紫外吸收和荧光发射特性，标准折射探测仪对氨基酸检测也无足够的灵敏度。为提高分析检测灵敏度和分离选择特性，通常将氨基酸衍生。衍生方式有柱前衍生法与柱后衍生法（表 1 – 2）。

表 1 – 2 两类氨基酸分析技术比较

因素	柱后 HPLC	柱前 RP – HPLC
灵敏度	nmol ～ pmol	pmol ～ fmol
分析时间	45～120 分钟	6～45 分钟
方法难易	一般	易
分辨率	好	好
重现性	好	好
费用	高	平

传统的氨基酸分析技术中，利用高效离子交换色谱柱分离氨基酸后，与茚三酮反应，灵敏度为几百皮摩尔，后来发展起来的柱后衍生化试剂有邻苯二甲醛（OPA）、荧光胺和戊烷 – 2,4 – 二酮 – 甲醛等。其中，OPA 最为常用，检测极限可达到 5～10pmol，但是应用时需先将邻苯二甲醛氧化开环后才可衍生。

反相高效液相色谱（reversed phase high performance liquid chromatography，RP – HPLC）与各种柱前衍生相结合的氨基酸分析技术发展迅速，其中常用的柱前衍生化试剂有 OPA、丹酰氯（DNS – Cl）、磺酰氯二甲氨基偶氮苯（DABSYL – Cl）、氯甲酸芴甲酯（FMOC – Cl）、苯异硫氰酸（PITC）和 4 – 异硫氰酸邻苯二酰肼（ILITC）等。不同的柱前衍生化试剂具有不同的特点：OPA 法简便、快速；DNS 法可测定亚氨基酸，且最适于测定 Cys_2，但反应时间较长且紫外检测时灵敏度低；DABS 也可测定亚氨基酸，但是影响定量的干扰峰较多；FMOC 法可测定亚氨基酸，但不能检测 Cys_2，另外部分氨基酸的定量不够准确。具体衍生化试剂的选择需要根据需要进行，必要时还可以选择几种衍生化方法共同使用。

4. 离子交换色谱法　离子交换色谱（ion exchange chromatography）常被用于氨基酸的定量分析。其基本原理是：在一定的 pH 条件下，不同氨基酸由于 pI 不同所带的净电荷不同，与离子交换树脂结合的能力也不同，这样，就可根据氨基酸的性质选择阳离子或阴离子交换树脂，与这些氨基酸反应，然后再选择一定 pH 和离子强度的缓冲液进行洗脱，不同的氨基酸和树脂的结合能力不同，在洗脱过程中将依次被从柱上洗出，洗脱之后的氨基酸便可以通过与一定的显色剂反应实现定量分析。

5. 氨基酸自动分析仪法　氨基酸自动分析仪是以离子交换色谱为基础发展起来的，其商用型号非常多，但无论哪种型号的机器，其原理是相同的。

一般氨基酸分析仪用的是强酸性阳离子交换树脂，由苯乙烯及二乙烯苯合成，其中苯乙烯是主要成分，磺酸基连接在其上，形成磺化苯乙烯。二乙烯苯是交联剂，它把磺化苯乙烯的直链结构错综地连贯起来，防止因吸水溶解而溃散。

氨基酸自动分析仪的分析过程是：在一定的温度条件下，上样后用泵以一定流量将缓冲液送入离子交换柱中。从交换柱流出的溶液与一定流量的茚三酮混合，在通过沸腾水浴中的螺旋管时，含氨基酸的部分即显色，把其通入比色仪的流动池，即可比色定量，并由记录仪读取读数。两个流动池串联，一个是用 570nm，另一个是用 440nm（脯氨酸显色）进行测定。也有采用一根交换柱使用适当的缓冲液对全部氨基酸进行分离定量的方法。此外，通过改进树脂，加大缓冲液流量，在短时间内进行分析的仪器种类也在逐渐增多。

注意茚三酮要在 pH 5.5 才适于呈色反应，否则出峰很低。一般样品调控至 pH 2.2，通过柱子后就变成 pH 5.5。另外，茚三酮试剂在光及空气中不稳定，易被氧化，故新配的茚三酮溶液要先充氮气除去氧，再加三氯化钛（TiCl$_3$）作为稳定剂，加 TiCl$_3$ 后 1 小时就可稳定，若加氯化锡（SnCl$_2$）要 24 小时才能稳定，TiCl$_3$ 另一优点是不会产生沉淀，配制成溶液也极方便。

六、氨基酸的一般生产方法

氨基酸的一般生产方法有水解法、微生物发酵法、化学合成法以及酶合成法等。除酪氨酸、胱氨酸、羟脯氨酸用水解法外，其他氨基酸已采用产量大、成本低、现代化水平高的发酵法和化学合成法生产，也采用前体发酵法和酶合成法。

（一）水解法

水解法（hydrolization）是最早发展起来的生产氨基酸的基本方法。它是以蛋白质为原料，经酸、碱或蛋白水解酶水解后，再分离纯化各种氨基酸的工艺过程，分酸水解法、碱水解法和酶水解法。

1. 酸水解法　酸水解法（acid hydrolysis）一般采用 6～10mol/L 的盐酸，在 110～120℃下，水解 12～24 小时。该法的优点是水解彻底，不引起氨基酸的消旋作用。缺点是色氨酸完全被破坏，它与含醛基的化合物如糖类作用，生成一种黑色物质，称为腐黑质。另外，天冬酰胺和谷氨酰胺分别被转变为天冬氨酸和谷氨酸，丝氨酸和酪氨酸等含羟基的氨基酸随着时间的延长也被不同程度的破坏。该法在工业生产上常用。

2. 碱水解法　碱水解法（alkaline hydrolysis）一般采用 4～6mol/L 的氢氧化钠或 2～4mol/L 的氢氧化钡在 100～110℃下水解 6～24 小时。该法的优点是水解完全，色氨酸不被破坏。缺点是氨基酸易发生消旋作用，丝氨酸、苏氨酸、精氨酸和胱氨酸等大部分被破坏。该法一般较少用于生产，主要用于蛋白质中色氨酸的定量分析。

3. 酶水解法　酶水解法（enzymic hydrolysis）是用蛋白酶（如胰蛋白酶等）在适宜的pH、温度下水解蛋白质。该法的优点是反应条件温和，蛋白质不被破坏，不发生消旋作用。缺点是水解不彻底，中间产物如肽类较多，一般时间较长。该法也较少用于氨基酸生产，主要用于生产蛋白胨和水解蛋白。

（二）微生物发酵法

最早应用微生物发酵法制造氨基酸始于 1956 年，是采用淀粉作原料，直接发酵获得谷氨酸。20 世纪 60 年代初期，阐明了氨基酸生物合成路线及其代谢调节机制以后，用营养缺陷型和抗代谢类似物育种新方法，有目的地培育产酸率高的新菌种，是氨基酸发酵的第二次突破。世界上很多国家都纷纷研究并实现了工业化生产，现已有多种氨基酸可以用发酵法生产或试生产，如赖氨酸、色氨酸、亮氨酸、异亮氨酸、苯丙氨酸、苏氨酸、缬氨酸、甲硫氨酸、组氨酸、精氨酸、丝氨酸、天冬氨酸、丙氨酸等。

（三）化学合成法

氨基酸都是低分子化合物，采用化学合成手段制造氨基酸占有一定的地位，特别是以石油化工产品为原料时，成本低，适合工业化生产。但是，化学合成制造的氨基酸都是 DL 型消旋体，需要进行拆分才能得到 L 型产品。用微生物固定化酶分离 DL 型的方法具有收率高、成本低和周期短的优点，促进了化学合成氨基酸的发展。

化学合成法可采用多种原料和多条路线，生产的品种有甲硫氨酸、甘氨酸、色氨酸、苏氨酸、缬氨酸、谷氨酸、赖氨酸、苯丙氨酸、丙氨酸等。

（四）酶合成法

微生物发酵法直接制造 L 型氨基酸，有很多优点，但也存在着发酵浓度低、反应时间较长、设备规模较庞大、动力费用较高、有副反应和分离精制花费大等问题。近年来，在化学合成法和发酵法的基础上发展建立了一种新的制造工艺——酶合成法（enzymatic synthesis），它是以化学合成法配制基质，利用酶促反应（即酶的水解、裂解、合成作用）直接制备各种氨基酸（表 1-3）。特别是固定化酶和固定化细胞等技术的迅速发展，解决了酶合成法中较为突出的缺点，从而促进了在生产实际中的应用。

表 1-3　酶合成法制造氨基酸举例

酶名称	菌种	基质	产品	收率（%）
L-天冬氨酸脱羧酶	*Pseudomonous dacuhae*	L-天冬氨酸	L-丙氨酸	90
L-精氨酸脱亚胺酶	*Pseudomonous putida*	L-精氨酸	L-瓜氨酸	90.5
L-氨基己内酰胺水解酶	*Cryptocorcus laurensil*	DL-氨基己内酰胺	L-赖氨酸	99.5
DL-2-氨基-4-羧基噻唑啉水解酶	*Pseudomonous ovalis* IFO-3738	DL-2-氨基-4-羧基噻唑啉	半胱氨酸	75
D-乙内酰脲水解酶	*Pseudomonous striata*	DL-苯甘氨酸乙内酰脲	D-氨基甲酰苯甘氨酸	72
L-乙内酰脲水解酶	*Bacillushrevis* ATCC 8185	DL-丙炔酸乙内酰脲	L-谷氨酸	90

酶合成法一般投料浓度高，反应时间短，无副反应且收率高。

第二节 多 肽

一、多肽的结构

(一) 肽键

1. 肽键的概念和结构 多肽（polypeptide）是由氨基酸通过肽键连接而成的多聚化合物。肽键（peptide bond）是蛋白质分子中基本的化学键，它是由一个氨基酸分子的 α - 羧基与另一个氨基酸分子的 α - 氨基缩合脱水而成。其结构如下。

肽键从结构上看就是酰胺键。两个氨基酸脱水缩合失去一个水分子生成一个肽键，多肽分子中的肽键数等于失去的水分子数。组成多肽链的氨基酸在参与形成肽键之后，脱水而结构不完整，此部分被称为氨基酸残基（amino acid residue）。

在蛋白质或多肽中，赖氨酸除了 α - 氨基外，侧链上还有一个 ε - 氨基；天冬氨酸和谷氨酸除了 α - 羧基外，还分别有 β - 羧基和 γ - 羧基。这些非 α - 氨基或羧基可与肽链中存在的游离羧基或氨基缩合而形成酰胺键，这样的酰胺键称为异肽键（isopeptide bond）。异肽键仅存在于少数天然肽或蛋白质中，如谷胱甘肽通过谷氨酸的 γ - 羧基与半胱氨酸的 α - 氨基缩合形成的异肽键而连接，结构如下。

2. 肽键的化学特征 肽键具有部分双键的性质。肽键上氮原子的孤对电子与相邻羰基之间产生共振，形成共振杂化体，这样的肽键的键长为 0.132nm，介于 C $=$ N 双键（键长 0.127nm）和 C—N 单键（键长 0.147nm）之间，且更接近双键的长度，因此肽键具有部分双键的性质，绕键旋转的能障较高，约为 75kJ/mol。因此，在体温条件下，肽键不能自由旋转。肽键的共振结构如下。

肽键的双键性质使得组成肽键的四个原子及其相邻的两个 α - 碳原子处在同一个平面上，为半刚性平面结构，称为肽平面（planar unit of peptide）或肽单位（peptide unit）（图 1 - 1）。对已知结构的蛋白质的分析表明，多数的肽平面是没有扭曲的平面，不是绝对刚性的，可在一定范围内旋转，如果用二面角 ω 来描述肽平面的扭曲程度，即描述肽键的旋转情况的话，则 ω 多数是 180°，可扭曲程度 $\Delta\omega$ 介于 - 20° 和 + 10° 之间。

图 1-1　二肽的肽键平面

单位：Å
（1Å＝0.1nm）

多肽链是由许多重复的肽平面连接而成，它们构成肽链的主链骨架。肽链中只有肽平面和 α-碳原子间连接的单键可以自由旋转，此单键的旋转决定两个肽平面的位置关系，因而肽平面是肽链构成 α 螺旋及 β 折叠结构的基础，是肽链盘曲折叠的基本单位。

3. 肽键的顺反异构　肽键具有部分双键的特征，因此肽键上的取代基可出现类似于烯类那样的顺反异构体（图 1-2）。两个 α-碳原子在肽键两侧的，为反式构型；两个 α-碳原子在肽键同侧的，为顺式构型。

单位：Å（1Å＝0.1nm）

图 1-2　肽键的反式构型和顺式构型
a. 反式构型　b. 顺式构型

蛋白质或肽链中的肽键，一般是反式构型。这种构型使得相邻的 C_α 原子处于刚性平面的相反两侧，避免了与两个 C_α 原子及与其相连的 R 基团的空间干扰，从而使肽键处于低能状态，并因此保持稳定；而在顺式结构中，两个 R 基团彼此靠近，产生空间位阻。因此，反式构型比顺式构型稳定。但是在一些蛋白质或多肽中，脯氨酸的氨基参与形成的肽键可能出现顺、反两种构型。脯氨酸残基参与的顺式和反式肽键的能量差约为 54.43J/mol

（13kcal/mol），顺式和反式出现的概率之比为2:8。

肽键的顺反异构不仅影响到肽链的稳定性，也影响到肽链的空间构象。在新生肽链折叠、蛋白质的变性和复性时，一些肽键的顺反异构体的互变也往往是动力学上的限速步骤。

（二）肽链

氨基酸通过肽键相连形成的化合物称为肽。两个氨基酸残基形成的肽称为二肽，三个氨基酸残基形成的肽称为三肽，依次类推。一般将十个氨基酸残基以下组成的肽称为寡肽（oligopeptide），将十个氨基酸以上组成的肽称为多肽或多肽链（polypeptide chain）。其结构如下。

多肽

多肽链中的骨干是由氨基酸的羧基与氨基形成的肽键部分有规则地重复排列而成，称为共价主链；R 基部分，称为侧链。多肽分子结构中可含有一条或多条共价主链和许多侧链（图1-3）。

图 1-3 多肽链的模式结构

多肽链的结构具有方向性。一条多肽链有两个末端，含自由 α-氨基一端称为氨基端或 N端；含自由 α-羧基一端称为羧基端或 C 端。习惯上，人们在书写肽的分子结构式时，将 N端写在左边，C 端写在右边；肽的命名也是从 N 端到 C 端，以羧基端氨酰基的衍生物来命名。如四肽 Tyr-Ala-Cys-Gly，是由酪氨酸、丙氨酸、半胱氨酸和甘氨酸四个氨基酸残基组成的四肽，酪氨酸残基为 N 端，而甘氨酸残基为 C 端，称为酪氨酰-丙氨酰-半胱氨酰-甘氨酸，以"氨酸"结尾表明其羧基末端未参与肽键的形成。其结构组成如图1-4 所示。

四肽

图 1-4 四肽 Tyr-Ala-Cys-Gly 的结构

若其中任何一种氨基酸残基顺序发生改变，即是另一种不同的四肽顺序异构体，多肽顺序异构体的存在使得自然界中的多肽种类繁多。多肽链的一级结构阐明该肽链的氨基酸残基的数目、结构和顺序，是蛋白质作用的特异性、空间结构的差异性和生物功能多样性的基础。肽链中除含有肽键外，有些还含有少量的二硫键（disulfide bond），它是由两分子的半胱氨酸残基的巯基脱氢而形成的，存在于肽链内或肽链间。如胰岛素是由两条肽链经二硫键连接而成的。

多肽链存在三种形式，即无分支的开链多肽、分支开链多肽和环状多肽。环状多肽是由开链多肽的末端氨基与末端羧基缩合成肽键而形成的。

二、多肽的性质

多肽是由氨基酸残基组成的有机化合物，因此其性质必定有一部分与氨基酸相同或相关，例如两性解离及等电点、紫外吸收性质、呈色反应等。与蛋白质相比，两者均是由氨基酸经肽键连接而成的化合物，多肽与蛋白质之间存在许多相近的理化性质，如亲水性、易酶解、金属螯合性等。但由于多肽的相对分子质量及链长度远小于蛋白质，多肽与蛋白质性质又存在一定差异，如水溶性较高、黏度较低、稳定性较高等。

（一）物理性质

1. 相对分子质量　通常将相对分子质量低于 10 000 的聚酰胺称为多肽，高于 10 000 者称为蛋白质，但这种界限并不严格，如胰岛素的相对分子质量为 5437，但习惯上称为蛋白质，有时也称多肽。

2. 水溶性　多数多肽分子往往具有许多极性侧链，如—OH、—NH_2、—COOH 等，它们可以与水分子形成氢键缔合，或与正负离子形成极性区。所以，很多多肽化合物均具有水溶性。多肽的水溶性大于蛋白质，天然蛋白质的水溶液浓度超过 13% 就会形成凝胶，而多肽在 50% 高浓度下和在较宽的 pH 范围内仍能保持溶解状态。分子中含 Lys、Glu、Asp、Arg、Ser 等氨基酸残基越多，多肽的水溶性越强。

3. 旋光性　除了 Gly 残基以外，组成多肽的每个氨基酸残基均有手性原子，因此多肽均具有旋光性。一般短肽的旋光度等于其各个氨基酸残基的旋光度的总和。蛋白质水解得到的各种短肽，只要不发生消旋作用，也具有旋光性。

（二）化学性质

1. 多肽的两性电离和等电点　多肽与氨基酸一样在水溶液和结晶状态都以两性离子的形式存在，这主要是由 N 端 α - 氨基和 C 端 α - 羧基以及酸性和碱性氨基酸残基侧链上可电离的功能基团造成的。

多肽作为带电颗粒可以在电场中移动，移动方向取决于分子所带的净电荷。多肽的带电情况主要与溶液的 pH 和其分子上的可电离基团的 pK 值有关。当多肽溶液处于某一 pH 时，多肽分子为兼性离子，所带正负电荷相等，静电荷为零，此时溶液的 pH 称为多肽的等电点（isoelectric point，pI）。多肽溶液的 pH 大于等电点，该多肽分子带负电荷，反之则带正电荷。多肽的三种解离状态示意如下。

不同的多肽具有特定的等电点，例如 Gly - Asp 的等电点为 3.63，Gly - Gly - Gly 的等电点为 5.58。这与其所含碱性氨基酸和酸性氨基酸的种类和数目不同有关。一般来说，酸性氨基酸含量较多的多肽，等电点偏酸；碱性氨基酸含量较多的多肽，等电点偏碱。

$$\begin{array}{ccccc} \text{NH}_3^+ & & \text{NH}_3^+ & & \text{NH}_2 \\ | & \xrightleftharpoons[\text{H}^+]{\text{OH}^-} & | & \xrightleftharpoons[\text{H}^+]{\text{OH}^-} & | \\ \text{P} & & \text{P} & & \text{P} \\ | & & | & & | \\ \text{COOH} & & \text{COO}^- & & \text{COO}^- \\ \text{阳离子} & & \text{兼性离子} & & \text{阴离子} \\ \text{pH} < \text{pI} & & \text{pH} = \text{pI} & & \text{pH} > \text{pI} \end{array}$$

多肽的两性解离和等电点特性，对于多肽的分离纯化和分析具有重要的理论指导意义，如多肽的等电点沉淀、电泳和离子交换色谱等方法的基本原理均与等电点有关。

2. 多肽的紫外吸收　由于多肽分子中含有共轭双键的色氨酸、酪氨酸残基，因此在 280nm 波长处有特征吸收峰。多肽的 A_{280} 与其浓度成正比关系，常用于多肽的定量测定。

3. 多肽的变性与金属螯合性　多肽尤其是相对分子质量较大的多肽与蛋白质相似，它们多具有二级甚至三级结构，这些结构与多肽的生物活性密切相关。当多肽遇热、酸、碱、有机溶剂时，其二级、三级结构就会解体，导致生物活性丧失。多肽变性后，其性质往往会发生改变，如溶解度显著降低，等电点、黏度及旋光性的改变等。

多肽分子中具有—OH、—NH₂、—COOH、—SH 以及咪唑基，在一定的空间位置中可与多价重金属（M）形成稳定的螯合物。这种特性可赋予多肽独特的生物活性，如 Zn – 多肽的免疫调节作用和谷胱甘肽的重金属解毒作用等。多肽与重金属形成的螯合物结构如图 1 – 5 所示。

2 个—NH、2 个—SH 参与　　3 个—NH、1 个—SH 参与　　1 个—NH₂、2 个—COOH 和 1 个咪唑基参与
形成的金属螯合物　　　　　　形成的金属螯合物　　　　　　　　形成的金属螯合物

图 1 – 5　多肽与重金属形成的螯合物

4. 多肽的颜色反应　多肽的颜色反应实际上是组成多肽的氨基酸残基的一些基团或肽键与一定的试剂所产生的化学反应，这些反应均可用于多肽的定性和定量分析。以下是几种重要的颜色反应。

（1）茚三酮反应　在 pH5 ~ 7 时，多肽的 α – 氨基酸与水化茚三酮（苯丙环三酮戊烃）在加热条件下产生蓝色的反应，称茚三酮反应（ninhydrin reaction）。凡具有氨基、能放出氨的化合物都有此反应。该法可用于多肽、蛋白质以及氨基酸的定性与定量分析。

（2）双缩脲反应　多肽在碱性溶液中与硫酸铜作用呈现紫红色，称双缩脲反应（biuret reaction）。凡分子中含有两个以上肽键的化合物都呈此反应，肽键越多颜色越深。此法常用于多肽或蛋白质的定性和定量分析。

（3）米伦反应　多肽溶液中加入米伦试剂（亚硝酸汞、硝酸汞及硝酸的混合液），多肽先沉淀，经加热变为红色沉淀。此为酪氨酸的酚核所特有的反应，因此含有酪氨酸的多肽均呈米伦反应。

（4）酚试剂反应　在碱性条件下，多肽分子中的酪氨酸、色氨酸可与酚试剂（含磷钨酸 – 磷钼酸化合物）生成蓝色化合物，蓝色的深度与多肽的浓度成正比。此法是测定多肽和蛋白质浓度的常用方法，灵敏度高，但容易受多肽或蛋白质中氨基酸组成的影响。

此外，多肽还可与乙醛酸试剂、浓硝酸等试剂发生颜色反应。

三、生物体内的重要多肽

自然界中除了存在大量的蛋白质外，还存在着大量的具有活性的肽类，机体中的内分泌系统、免疫系统、心血管系统等部位均有活性肽的分布，这些活性肽发挥了广泛而重要的生物活性。

（一）来自血液的活性肽

1. 舒缓肽

（1）结构与性质　舒缓肽（bradykinin，BK）是以前体蛋白形式——舒缓激肽原（属于α-球蛋白）存在于血液中的。前体蛋白经激肽释放酶（bradykrein）酶解后，可得到含有9个氨基酸残基的肽，因为对平滑肌具有缓慢的收缩作用，故命名为舒缓肽，其序列为Arg – Pro – Pro – Gly – Phe – Ser – Pro – Phe – Arg。在激肽水解酶Ⅱ的作用下，舒缓肽的C端2肽Phe – Arg被切下而失活，氨肽酶可水解N端的精氨酸而使舒缓肽迅速失活。另外，舒缓肽还可被羧肽酶B、胰凝乳蛋白酶以及其他酶破坏。

（2）作用与应用　舒缓肽除了参与心血管、肾脏、凝血和纤溶等正常生理过程的调节外，在疼痛、炎症、高血压、血管通透性改变、肿瘤发生以及细胞增殖和凋亡等诸多的病理生理过程中也起着非常重要的作用。

1）对神经系统的作用　舒缓肽既可直接作用于感觉神经纤维使其对其他刺激的敏感性明显提高，也可协同其他致痛物质如前列腺素和5 – 羟色胺间接提高神经系统对痛觉刺激的敏感性。舒缓肽在脑缺血急性期可以加重脑损伤。舒缓肽对胃肠神经系统也有着非常重要的作用，从而提高神经元的兴奋性。

2）对心血管系统的作用　舒缓肽是体内很强的血管扩张因子，能舒张微血管和小动脉，收缩大动脉和冠状动脉，增高血管壁的通透性。舒缓肽还是一种心脏保护因子，心肌缺血前及缺血再灌注过程中局部注射可以缩小心肌梗死面积，降低缺血再灌注心律失常发生率，同时舒缓肽还可以改善缺血心肌的能量代谢，提高缺血心肌内的高能磷酸化合物及糖原的贮备。

3）致痛、致炎作用　舒缓肽是强烈的致痛物质，能直接刺激感觉传入神经引起疼痛。舒缓肽还有促进白细胞诱导物分泌的作用。此外，舒缓肽作为一种炎性介质，具有很强的刺激肺泡上皮细胞等多种细胞分泌IL – 6的能力。

由于舒缓肽在心血管系统中发挥着重要的保护作用，在高血压、缺血性心脏病、充血性心力衰竭等多种心血管疾病的治疗中，舒缓肽受体激动剂或拮抗剂可能具有重要的临床价值。

2. 血管紧张肽

（1）结构与性质　血管紧张肽（angiotensin，AT）是由血液中的血管紧张肽原（angiotensinogen，ATG）经裂解得到的一组多肽类物质，包括血管紧张肽Ⅰ（AT – Ⅰ）、Ⅱ（AT – Ⅱ）和Ⅲ（AT – Ⅲ）。它们与肾素、血管紧张肽原、血管紧张肽转化酶（angiotensin converting enzyme，ACE）、血管紧张肽降解酶（氨肽酶）和血管紧张肽受体共同组成肾素 – 血管紧张肽系统（renin – angiotensin system，RAS）。在肾素的作用下，14肽的ATG转变为10肽的AT – Ⅰ，其相对分子质量为1064.2，序列为Asp – Arg – Val – Tyr – Ile – His – Pro – Phe – His – Leu。AT – Ⅰ在血浆中的浓度为0.1 ~ 1ng/100ml，半衰期为30分钟。AT – Ⅰ再经ACE的作用，切除C端的两个氨基酸残基（His – Leu），变成8肽AT – Ⅱ。AT – Ⅱ具有很强的生物活性，

但 $t_{1/2}$ 很短，经血浆和组织液中氨肽酶的作用被水解为 7 肽 AT-Ⅲ，在几分钟内可被组织和血浆的肽酶灭活。

对体内多数组织细胞来说，AT-Ⅰ不具有明显的生物活性作用；AT-Ⅲ的缩血管作用较弱，只有 AT-Ⅱ的 10%~20%，但刺激肾上腺皮质球状带细胞合成和释放醛固酮的作用较强；AT-Ⅱ的作用最强，分布最广泛，具有很强的生物学效应，因此，对 AT-Ⅱ受体研究得最多。根据其受体的药理学和生物学特性的不同，目前已知 AT 受体有 AT_1R、AT_2R、AT_3R 和 AT_4R 4 种亚型，人体内的 AT-Ⅱ主要通过与 AT_1R、AT_2R 结合发挥生理作用。大脑中的 AT_1R 主要分布于与调节血压、水盐代谢、尿钠排泄及血管加压素形成和释放有关的区域；在外周组织，AT_1R 只分布在肝、肺、肾、肾上腺皮质、胃肠道、主动脉、附睾、输精管和胎盘。AT_2R 则主要分布于肾上腺髓质、卵巢和胰腺。现已知的大部分心血管效应由 AT_1R 介导，AT_2R 可拮抗 AT_1R 的功能。

（2）作用与应用　AT 通过靶细胞膜的特异受体及钙离子浓度的介导而发挥多种生理作用，如收缩血管、升高血压、刺激醛固酮分泌、促进心肌和血管细胞增殖等。此外，AT 在肿瘤的发生、发展、炎症反应以及血管形成等方面也发挥重要作用。

1）升压作用　AT-Ⅱ是强有力的升压剂，是已知最强的缩血管活性物质之一。AT-Ⅱ升压作用的原理包括：直接作用于心脏和血管平滑肌的特异性受体，使心跳加速，心输出量增加；增强交感神经系统的活动，使交感神经末梢肾上腺素（NE）释放增加，重摄取减少；促进肾上腺髓质释放 NE；通过促进神经垂体的精氨酸血管加压素（AVP）释放和促进肾上腺皮质分泌醛固酮，使血容量增加。

2）促进醛固酮的分泌　肾素-血管紧张肽-醛固酮系统是全身血压、水盐代谢的强有力的内分泌调节系统。AT-Ⅱ能刺激醛固酮的分泌，但作用弱于血 AT-Ⅲ。

3）对肿瘤生长的作用　AT-Ⅱ在细胞组织中的过量表达与肿瘤的形成有直接关系。在许多癌细胞中均发现了 AT-Ⅱ的高表达。

4）对内分泌的影响　AT-Ⅱ能刺激或影响血管加压素的分泌，但机制尚不清楚。目前许多学者认为是其作用于垂体的结果。

5）增强渴觉　AT-Ⅱ可能直接作用于大脑和垂体的一些室周器，如后缘区、穹窿下器等，使交感缩血管紧张活动加强，增强渴觉，导致饮水行为。AT-Ⅱ还可刺激视上核，使血管加压素释放，进而引起饮水行为。

AT_1R 是 AT-Ⅱ的主要受体，针对肿瘤组织中 AT_1R 的高表达，AT_1R 拮抗剂在肿瘤治疗中的作用引起广泛的关注。坎地沙坦作为长效的 AT_1R 拮抗剂，可以明显减小肉瘤大小和血管化作用，并且可以治疗肾癌细胞向肺转移，有效抑制肺转移酶的数量，降低内皮细胞生长因子（VEGF）受体，以及肺小结新生血管。此外，AT_1R 拮抗剂在治疗激素抵抗的前列腺癌、高血压病、心力衰竭、保护肾功能、延缓肾脏病进展、逆转左室肥厚和血管重塑等方面具有重要意义。

3. 谷胱甘肽

（1）结构与性质　谷胱甘肽（glutathione）是由谷氨酸、半胱氨酸和甘氨酸通过肽键缩合而成的三肽化合物，是一种用途广泛的活性短肽。分子中有一特殊的 γ-肽键，即由谷氨酸的 γ-COOH 与半胱氨酸的 α-NH_2 缩合成的肽键。半胱氨酸上的巯基为其活性基团，其分子式为 $C_{10}H_{17}O_6SN_3$，相对分子质量为 307.33，化学结构如图 1-6 所示。

谷胱甘肽的熔点为 189~193℃，等电点为 5.93。谷胱甘肽能溶于水、稀醇、液氨和二

谷氨酸　　　　半胱氨酸　　　甘氨酸

图1-6　谷胱甘肽的结构

甲基甲酰胺，不溶于醇、醚和丙酮。其固体较为稳定，水溶液在空气中则易被氧化。体内存在还原型谷胱甘肽（reduced glutathione，GSH）和氧化型谷胱甘肽（oxidized glutathione，GSSG）两种形式，正常人体GSH和GSSG的比例为100∶1，谷胱甘肽还原酶（GSR）能催化两种形式的互变。谷胱甘肽广泛存在于所有生物细胞中，其中以酵母、小麦胚芽以及人和动物肝、肾、红细胞和眼睛晶状体中含量较为丰富。全血中GSH的正常质量浓度约为371mg/L，人体的肝和肾是GSH主要的合成、代谢和排泄器官。

（2）作用与应用

1）抗氧化作用　谷胱甘肽作为体内一种重要的抗氧化剂，能够清除掉人体内的自由基；由于GSH本身易受某些物质氧化，所以它在体内能够保护许多蛋白质和酶等分子中的巯基不被有害物质氧化，从而保证蛋白质和酶等分子生理功能的正常发挥；人体红细胞中谷胱甘肽的含量很多，这对保护红细胞膜上蛋白质的巯基处于还原状态，防止溶血具有重要意义。

2）解毒作用　GSH能与进入机体的有毒化合物（丙烯腈、氟化物、一氧化碳）、重金属离子或致癌物质等直接结合，将其转化为无害的物质，排泄出体外，起到中和解毒的作用。

3）其他作用　GSH能够纠正乙酰胆碱、胆碱酯酶的不平衡，起到抗过敏作用；可以防止皮肤老化及色素沉着，减少黑色素的形成，改善皮肤抗氧化能力；可缓解恶性肿瘤患者化疗所致的毒副反应；可防治糖尿病神经病变、糖尿病肾病、糖尿病脂肪肝等并发症；能够抑制乙醇侵害肝脏产生脂肪肝，减轻病毒性肝炎、肝硬化以及药物性肝损伤症状。

目前，谷胱甘肽药物广泛应用于临床，除利用其巯基以螯合重金属、氟化物、芥子气等毒素来解毒外，还作为辅助药物用于慢性乙型肝炎合并脂肪肝损害、酒精性脂肪肝、糖尿病神经病变、糖尿病肾病、糖尿病脂肪肝、溶血性疾病以及角膜炎、白内障和视网膜等疾病的治疗。谷胱甘肽还作为生物活性添加剂及抗氧化剂用于功能食品。

（二）脑中的活性肽

1. 促黑素

（1）结构与性质　促黑素（melanophore stimulating hormone，MSH）亦称（垂体）中叶激素，系从牛、猪、羊等的脑垂体中叶提取的类激素。目前MSH可分为α-MSH、β-MSH和γ-MSH，三者均由前体激素——阿黑皮素原（proopiomelanocortin，POMC）经裂解产生。α-MSH由13个氨基酸残基组成，序列为Ser-Tyr-Ser-Met-Glu-His-Phe-Arg-Trp-Gly-Lys-Pro-Val，N端乙酰化，C端酰胺化，相对分子质量为1655，不同种属间序列无差异性；β-MSH的氨基酸残基序列因动物种属的不同而略有差异，人的β-MSH由22个氨基酸残基组成；γ-MSH又分γ_1-MSH、γ_2-MSH、γ_3-MSH，分别由11、12、27个氨基酸残基组成。不同种类的促黑素都有一段相同的中心序列Met-Glu-His-Phe-Arg-Trp-Gly。α-MSH主要在下丘脑弓状核、下丘脑背侧区、隔区及垂体前叶、中叶表达，在下丘脑的含量最高。在其他外周组织如 T 淋巴细胞、B 淋巴细胞、单核细胞、角朊细胞、黑色素细胞以及朗格汉斯细胞也有 α – MSH 的分布。正常人血浆中 β – MSH 为 20～110ng/L，α – MSH 不能检出，在某些病理情况下可大大增加。MSH 在循环中的 $t_{1/2}$ 仅为 10 分钟。

（2）作用与应用

1）促进色素的沉着　MSH 对低等脊椎动物及哺乳动物色素的沉着都发挥重要作用。其作用的机制可能包括：激活黑色素细胞内的关键酶——酪氨酸酶，并促进该酶的合成，从而促进黑色素的生成；与黑素皮质素 1 型受体（melanocortin 1 receptor，MC1R）结合，使胞内 cAMP 水平增加，使黑色素小体扩散；促进黑色素细胞膜上 MC1R 的表达，使小体数量增加；特异性地促进黑色素细胞的分化、发育。

2）调节神经内分泌功能　MSH 参与多种神经内分泌物质分泌的调节，主要包括：促进生长激素（GH）的分泌，调节醛固酮的分泌，抑制促肾上腺皮质激素释放素（CRH）的释放，抑制胰岛素的释放，调节催乳素（PRL）和黄体生成素（LH）的分泌等。

3）抗炎作用　MSH 具有强的抗炎作用，α – MSH 与其受体——鸟嘌呤结合蛋白（G 蛋白）结合发挥其抗炎作用。正常情况下，MSH 在血液循环中浓度非常低，一般为 21.3pg/ml ± 0.63pg/ml，但在一些炎症性疾病中，血循环或炎症局部的 α – MSH 浓度增高，提示在炎症性疾病中，α – MSH 水平的提高可能是对抗炎症的一种天然手段。

4）其他作用　α – MSH 具有修复神经功能，抗发热，调节心血管的功能，调节免疫，影响啮齿动物注意力、学习、记忆、社会行为等作用。

α – MSH 因具有效果明确的抗炎作用而具有十分广阔的临床应用前景，尤其在治疗人类获得性免疫缺陷综合征、类风湿关节炎、心肌梗死等方面具有重要意义。

2. 升压素和催产素

（1）结构与性质　升压素（vasopressin，VP）是最早从垂体中提取的肽类激素之一，也称加压素。由于其还具有抗利尿作用，所以又称抗利尿激素（antidiuretic hormone，ADH）。升压素是由下丘脑视上核分泌的相对分子质量为 1084.34 的 9 肽，其第 4 位和第 9 位的半胱氨酸残基以二硫键形成一个 6 肽的环状结构。目前已证实人体有三种血管升压素受体亚型（V_1、V_2 和 V_3）分别介导血管收缩、水重吸收和中枢作用。

催产素（oxytocin，OT）是由下丘脑室旁核合成和分泌的 9 肽，相对分子质量为 1007.35，其分子结构与升压素相似，但第 3 位和第 8 位氨基酸分别是亮氨酸和异亮氨酸。

升压素和催产素的氨基酸序列见图 1 – 7。

图 1 – 7　升压素和催产素的氨基酸序列
a. 升压素　b. 催产素

（2）作用与应用　升压素具有抗利尿、调节心血管功能、增强记忆、镇痛作用。此外，升压素还能促进肝糖原的分解，对子宫平滑肌和乳腺管肌上皮也有一定的收缩作用，但远较催产素弱。升压素作为一种非肾上腺素能的周围血管收缩药而在心肺复苏中发挥作用。升压素及其人工衍生物还可以用于治疗上消化道出血、尿崩症和出血性疾病、手术中低血压、血管扩张性休克和门脉高压症等危重症。

催产素不仅有催产和促进排乳作用，而且对神经内分泌功能、体液渗透压的调节、血管功能活动的调节、学习记忆、动物的行为、消化道功能、体温调节、痛觉调节等生理活动都有作用。在剖宫产中，术前静滴催产素可以起到良好的预防产后出血的作用。另外，催产素能明显降低子宫切口裂伤及新生儿重度窒息发生率，临床上催产素常用于宫缩乏力、促进产程进展或减少产后出血。

3. 促甲状腺素释放因子

（1）结构与性质　促甲状腺素释放因子（thyrotropin releasing factor，TRF）是下丘脑合成和分泌的促进垂体活性物质释放的因子，仅由谷氨酸、组氨酸和脯氨酸三个氨基酸残基组成，N 端的谷氨酸环化成焦谷氨酸，C 端的脯氨酸被酰胺化，分子结构组成如图 1-8 所示。

图 1-8　促甲状腺释放因子的结构

TRF 中的组氨酸残基是决定其活性的关键结构，若将组氨酸的左旋形式改为右旋，则其生物活性仅为原来的3%，若将咪唑环氧化，则 TRF 活性完全消失。TRF 的相对分子质量为 392.39。TRF 易溶于无水甲醇，略溶于三氯甲烷（氯仿），不溶于吡啶。由于 N 端和 C 端分别环化和酰胺化，这样的结构能够抵御胰蛋白酶、糜蛋白酶及二肽酶等胃肠道蛋白酶的消化。

人和动物 TRF 的化学结构相同，故无种属特异性。TRF 在下丘脑中的浓度最高，在其他神经组织及外周器官也有 TRF 存在。

（2）作用与应用　TRF 的主要作用是刺激脑垂体促甲状腺激素细胞释放促甲状腺激素（TSH）。TRF 不仅调节 TSH 的合成与分泌，而且能通过糖基化作用调节 TSH 的分子结构。TRF 也能促进催乳素（PRL）释放，其释放 PRL 的阈值与释放 TSH 是同级的。此外，TRF 还能促进胰高血糖素的分泌。

在中枢神经系统，TRF 既可作为一种神经激素通过受体调节其他递质起作用，也可以作为一种神经递质直接起作用。在动物实验中，TRF 可引起行为改变，如兴奋、精神欣快、情绪暴躁等。神经生理研究表明，TRF 直接影响单个神经元的电活动，进而影响神经递质 NE 和 ACh 引起的兴奋和抑制作用。TRF 还能引起明显的呼吸效应。对不同种属动物，从外周或脑室给 TRF 均能引起明显的呼吸加快，伴随体温下降。

4. 促黄体素释放因子

（1）结构与性质　促黄体素释放因子（LH releasing factor，LHRF）是由下丘脑的神经分泌细胞中合成并释放的 10 肽激素，序列为 Glu - His - Trp - Ser - Tyr - Gly - Leu - Arg - Pro - Gly。其中，N 端的 Glu 环化为焦谷氨酸，C 端酰胺化。LHRF 在 Gly_6 - Leu_7 间形成两个 β 折叠，该部位对 LHRF 受体具有高度亲和力。LHRF 受体为跨膜 7 次的 Gq 蛋白偶联受体，

LHRF 与其受体结合后通过第二信使途径产生细胞效应。LHRF 广泛分布在下丘脑及其他神经系统，外周器官和组织中也有 LHRF 的存在。

（2）作用与应用 LHRF 调控着垂体内促黄体素（LH）和促卵泡激素（FSH）的分泌，维持正常的月经周期，在妊娠早期，LHRF 对控制胎盘激素的产生和胎儿的生长发育有一定的生理作用。此外，生理剂量 LHRF 阵发性释放可激活垂体 - 性腺轴，引起 LH 的阵发性释放，引起青春期男性血浆雄激素水平升高以及性器官和第二性征的发育，能维持血浆促性腺激素及性激素水平，并维持正常的男性性功能。

LHRF 激动剂目前已有产品出售，用于治疗不孕症和治疗性激素依赖的癌症，LHRF 拮抗剂的研究还处于试验阶段。

5. 生长激素释放抑制因子

（1）结构与性质 生长激素释放抑制因子（SRIF）又称生长激素释放抑制素，是由丘脑下部提取、人工合成或基因工程生产的多肽激素，由 14 个氨基酸残基组成，序列为 Ala – Gly – Cys – Lys – Asn – Phe – Phe – Trp – Lys – Thr – Phe – Thr – Ser – Cys，其中第 3 位和第 14 位的两个半胱氨酸残基形成二硫键，这种共价键连接不仅能维持其构象，而且增强了结构的稳定性。在自然界中，SRIF 还能以串联的二聚体形式存在。在 SRIF 的分子结构中，第 7、8、9 位的氨基酸残基是维持其生物活性的主要部位，任何氨基酸残基的替代都将引起生物活性的丧失。改变第 6、11 位氨基酸残基，其生物活性也发生明显改变，而 1～5、12～14 位氨基酸残基的改变对其生物活性不产生任何影响。SRIF 在血液中的 $t_{1/2}$ 大约为 4 分钟，能被许多肽酶降解，降解部位在 $Trp_8 - Lys_9$。

（2）作用与应用 SRIF 作为一种下丘脑分泌的多功能抑制因子，有广泛的抑制作用。

1）抑制生长激素（GH）和促甲状腺激素（TSH）的释放 当电刺激前部室周核时，垂体门脉血中 SRIF 含量明显升高，同时 GH 的分泌也受到抑制，脑室注射 SRIF 抗血清中和内源性 SRIF，血中 GH 含量明显升高。有关资料表明，SRIF 可抑制 TSH 释放，降低基础 TSH 水平。此外，SRIF 对催乳素（PRL）和促肾上腺皮质激素（ACTH）的分泌也有抑制作用。

2）对消化系统的调节作用 SRIF 能抑制胰高血糖素和胰岛素的分泌，抑制胃肠道激素的分泌，抑制胃液、胃蛋白酶、胰蛋白酶及胆汁的外分泌，抑制胃肠运动。此外，SRIF 还能减少营养物质如葡萄糖、氨基酸、油脂的吸收，减少肠系膜血流量，增加血管阻力等。

3）对免疫系统的作用 近年来发现，免疫细胞亦能合成 SRIF，并表达 SRIF 受体。SRIF 能抑制人外周血中单核细胞产生干扰素 – γ，抑制小鼠脾细胞的增殖，还能抑制自然杀伤（NK）细胞的活性。SRIF 抑制小鼠脾细胞增殖的机制可能是通过配体 – 受体途径激活或抑制细胞内信号转导的级联反应，导致细胞生理功能改变来发挥作用的。神经内分泌免疫系统间相互调节的机制值得进一步探讨。

临床上 SRIF 主要用于治疗肢端肥大症和中老年糖尿病等疾病。

6. 促肾上腺皮质激素释放因子

（1）结构与性质 促肾上腺皮质激素释放因子（corticotropin releasing factor, CRF），又称促皮质素释放因子、促肾上腺皮质激素释放素，是主要由中枢下丘脑室旁核细胞合成并分泌的 41 肽。CRF 分子 C 端的 1～8 个氨基酸残基是活性部位所在，若删除 C 端的 1～6、1～7、1～8 片段，CRF 的活性下降到 10% 以下。CRF 及 CRF 相关肽通过与受体（CRFR）结合后，激活细胞内的腺苷酸环化酶和磷脂酶 C，刺激 cAMP 生成、磷酸肌醇水解以及有丝分裂原激活蛋白的激活或其他信号途径而发挥作用。

（2）作用与应用　CRF 作为下丘脑 - 垂体 - 肾上腺（HPA）轴功能与糖皮质激素合成的直接调控者在抑郁症发病中发挥重要的作用。当机体长期处于应激状态时，HPA 轴功能持续亢进，CRF 释放增加，肾上腺皮质激素分泌增加，机体可出现抑郁症状。而给重度抑郁的患者服用 CRFR 拮抗剂 R121919 可以显著地减少抑郁和焦虑的评分；CRF 及 CRF 相关肽，通过心血管系统的 CRFR 表现出扩张血管、加快心率、增加心肌收缩力和正性变时作用，从而增加左心室心输出量，同时也能降低全身的动脉压以及动脉弹性（左室舒张末期压力）及周围血管阻力；此外，CRF 在 Meynert 基底核内可损害大鼠的空间辨别性学习能力和记忆的巩固。

临床上，CRF 可作肾上腺皮质功能亢进症的诊断助剂、抗炎剂。

7. 来自神经系统的吗啡样肽

（1）结构与性质　迄今为止，已发现的来自神经系统的吗啡样肽已有数十种，包括脑啡肽、强啡肽、内啡肽、内吗啡肽及孤啡肽。脑啡肽系统比较重要的有甲硫氨酸 - 脑啡肽、亮氨酸 - 脑啡肽、甲七肽和甲八肽；强啡肽系统包括强啡肽 A（1～17 肽）、（1～8 肽）和强啡肽 B（1～29 肽）及 α - 新内啡肽等。它们在体内分布比较广泛，除脑内和神经系统外，也存在于消化、循环、内分泌、生殖等系统中。吗啡样肽的受体分为 μ、κ、δ、d、e、y 及 o 几类，每种又有不同的亚型。这些受体在脑内分布广泛，第三脑室及导水管周围灰质、丘脑内侧、脊髓胶质区与痛觉的传入、整合及感受有关；边缘系统和蓝斑核与痛觉伴随的情绪及精神活动有关；中脑盖前核的吗啡样肽受体与缩瞳有关；延髓孤束核受体与镇咳、呼吸抑制、中枢交感张力降低有关；脑干极后区、孤束核、迷走神经脊核以及肠肌本身的吗啡样肽受体与胃肠活动有关。

（2）作用与应用　来自神经系统的吗啡样肽是一类具有吗啡样活性的重要物质，在体内起神经递质和激素的功能。大量研究表明，吗啡样肽对机体的心血管功能、内分泌免疫网络的调节及消化系统、镇痛、呼吸系统等都有重要的调节作用。

对心血管系统，吗啡样肽具有降低血压、减慢心率的效应，此效应是通过阿片受体实现的；对消化系统，吗啡样肽能抑制胃肠运动，促进胃液分泌，增加胃黏膜血流量；对呼吸系统，吗啡样肽可以作用于呼吸中枢，降低呼吸频率，减少每分通气量，减少中枢化学感受器对二氧化碳的感受阈值，还可以作用于肺组织，抑制呼吸活动；吗啡样肽的镇痛作用主要表现在对炎症性疼痛的缓解作用；吗啡样肽可增加摄食活动。

（三）肠道中的活性肽

1. 缩胆囊肽

（1）结构与性质　缩胆囊肽（cholecystokinin，CCK），又称缩胆囊素，是从十二指肠发现并提取的一种能使胆囊收缩的多种分子的总称。最早从猪小肠内分离出的 CCK 是 33 肽，相对分子质量 3918，以后陆续发现 CCK_{39}（相对分子质量 4678）、CCK_{12}（相对分子质量 1611）、CCK_8（相对分子质量 1130）、CCK_4（相对分子质量 599）、CCK_{58} 等。其中以 CCK - 8 和 CK - 33 为主要形式。CCK 的生物活性取决于 C 端的氨基酸片段。C 端的 5 个氨基酸序列与促胃液素的 C 端相同。人工合成的 CCK_8 和 CCK_{12} 具有天然 CCK_{33} 的全部活性。CCK_{33} 的分子结构为：Lys - Ala - Pro - Ser - Gly - Arg - Val - Ser - Met - Ile - Lys - Asn - Leu - Asp - Pro - Ser - His - Arg - Ile - Ser - Asp - Arg - Asp - Tyr - Met - Asp - Phe。

CCK 作为胃肠激素和神经肽，广泛分布于消化系统、中枢及外周神经系统、外周血液等组织器官中，具有种属和组织特异性。CCK 的前体蛋白经体内酶降解成各种 CCK 片段，在肠道组织主要加工成 CCK_{33}，而在中枢神经系统则主要加工成 CCK_8。CCK_{33} 是 CCK 前体 C 端的一部分，CCK_8 是 CCK_{33} C 端的部分，由第 96~103 位氨基酸残基组成，具有 CCK_{33} 的全部生物活性，且活性更强。肠内的 CCK_8 不含硫（dCCK），脑内的 CCK_8 含有硫（sCCK），其结构为：Asp – Tyr（SO_3H）– Met – Gly – Trp – Met – Asp – Phe。血浆中的 CCK 浓度为 2.3nmol/L，半衰期为 5~7 分钟。CCK 受体有 CCK – A（外周型）和 CCK – B（中枢型）两种。这两种受体均属于 G 蛋白偶联受体超家族，参与细胞内多种信号转导。

（2）作用与应用 CCK 除了在胃肠道具有调节功能外还是一种重要的神经递质，在消化系统和神经系统中具有多种生理功能。肠道中的 CCK 可调节胰酶的释放和胆囊的收缩；神经系统的 CCK 作为递质参与多种中枢神经系统的功能，如抑制摄食、焦虑、镇痛和调节胰岛素分泌、血压、记忆等功能。

2. 促胃液素

（1）结构与性质 促胃液素（gastrin，GT）又称胃泌素，其分子结构具有大小不同的多种形式，主要有 GT – 34、GT – 17、GT – 14、GT – 16 和 GT – 4。GT – 17 是由 17 个氨基酸残基组成的多肽，不含碱性氨基酸，是胃窦促胃液素提取物中的主要形式，且活性最高；GT – 34 是外周循环促胃液素存在的主要形式，用胰蛋白酶消化后 GT – 34 可转化成 GT – 17，但其生理活性仅为 GT – 17 的 1/10；GT – 14 主要存在于组织及血液中，由 GT – 17 得 C 端 14 个氨基酸残基组成，其活性约为 GT – 17 的 1/2；GT – 4 为 GT – 17 的 C 端 4 个氨基酸残基，在脑、肠组织中含量丰富，可能是一种神经递质。

（2）作用与应用

1）刺激胃酸和胃蛋白酶原分泌 进食 0.5~1h 后，食物刺激幽门部黏膜，促进大量的促胃液素分泌，进而出现大量的酸性胃液分泌。

2）促进消化道平滑肌收缩 促胃液素对消化道平滑肌有缓和的促进收缩的作用。它能使食管下端的肌张力增加，括约肌关闭，起到防止胃内容物反流的作用。它还可增强胃蠕动，这种蠕动有助于胃内容物的流出。持续滴注较大剂量的 5 肽胃泌肽，胃窦部出现规律性收缩，胃排空时间缩短；它对于小肠、结肠、胆囊的收缩也有一定促进作用。

3）营养作用 促胃液素可促进胃黏膜和消化道黏膜细胞分裂增殖，黏膜血流量增加。在它的持续作用下，胃与十二指肠黏膜明显增厚，壁细胞增多。

3. 血管活性肠肽

（1）结构与性质 血管活性肠肽（vasoactive intestinal peptide，VIP）是从猪小肠提取物中分离出的一种有明显扩张血管、降低血压的物质，属于促胰液素 – 胰高血糖素 – 血管活性肠肽家族的一员。VIP 是高度保守的分子，由 28 个氨基酸组成，C 端酰胺化，相对分子质量约为 3827，氨基酸序列 His – Ser – Asp – Ala – Val – Phe – Thr – Asp – Asn – Tyr – Thr – Arg – Leu – Arg – Cys – Gln – Met – Ala – Val – Lys – Lys – Tyr – Leu – Asn – Ser – Ile – Leu – Asn – NH_2。

其中，C 端的 11 肽为其生物活性部分。VIP mRNA 在中枢和外周神经系统中广泛表达，其主要存在于消化道的 D_1 细胞和中枢及周围神经系统，如大脑皮质、下丘脑、纹状体和海马等，此外还存在于心、肺、肾和皮肤等的神经丛。

（2）作用与应用 VIP 作为神经和内分泌系统中一种多功能的神经递质和神经调节因子，对机体的消化系统、神经系统、内分泌系统、免疫系统都发挥着重要的调节作用。VIP 的主要作用包括以下几个方面。

1）对心脏的正性变力作用 VIP 可增强心肌的收缩能力，使血管和呼吸道的平滑肌舒张，导致血流加快、血压降低、肺通气量增大。

2）对消化系统的作用　VIP 对肠液的分泌具有很强的促进作用，但对胰腺的分泌其促进作用很弱；对血管具有很强的扩张作用；VIP 作为一个抑制性的肠神经递质，引起胃和食管下段括约肌舒张，通过肠系膜下的神经节细胞除极作用，减缓肠蠕动。

3）对神经系统的保护作用　近几年来 VIP 对神经系统的保护和营养作用不断被人们所认识。体外实验显示 VIP 能提高培养的星形胶质细胞（AS）摄取谷氨酸的能力，对抗谷氨酸诱导的细胞死亡，提示 VIP 在脑缺血性损伤中具有神经保护作用。

4）对免疫系统的调节作用　已证明 VIP 能抑制 IL－6、TNF－α、IL－12 和趋化因子的产生，并且能抑制由内毒素激活的巨噬细胞产生 NO。VIP 能诱导体外培养的巨噬细胞产生 T_H2 型细胞因子（IL－4、IL－5），抑制其产生 T_H1 型细胞因子（IFN－γ 和 IL－2）。此外，VIP 还能对 T 细胞和树突细胞进行调节。

临床上，VIP 已成功地用于治疗原发性肺动脉高压（PPH）、继发性肺动脉高压（SPH）和体循环的高血压。

4. 促胰液素

（1）结构与性质　促胰液素（secretin）是胃肠激素的一种，是 W. M. Bayliss 和 E. H. Starling（1902 年）从十二指肠黏膜的酸性提取液中发现的。促胰液素是由 27 个氨基酸残基组成的碱性多肽，与胰高血糖素、抑胃多肽（GIP）和 VIP 化学结构上有许多相似之处，共同属于胰高血糖素家族，此家族的共同特点是结构上无活性片段，但结构的完整性对其生物活性的维持是必需的，氨基酸序列略有变动即失去生物活性。在促胰液素的氨基酸序列中，有 14 个氨基酸残基与胰高血糖素相同，9 个与 VIP 和 GIP 相同。促胰液素广泛存在于胃肠道、脑和胃肠腔内容物中，主要产生于十二指肠和上段空肠，在肠道中的含量为胃肠激素中最少的一种。用免疫化学等方法证明，肠黏膜的 S 细胞释放促胰液素，十二指肠黏膜内的促胰液素含量最高。促胰液素主要由肾脏清除，但也可被富含毛细血管的组织器官清除。

（2）作用与应用

1）刺激胰液外分泌　促胰液素有很强的刺激胰腺分泌水和碳酸氢盐的作用，其主要作用部位为胰岛管上皮细胞。

2）刺激胆汁分泌　促胰液素具有利胆作用，能刺激人和哺乳动物的胆汁分泌，使碳酸氢盐的含量增加，氯和钾离子浓度下降，碳酸苷酶抑制剂——醋唑磺酸对促胰液素的利胆作用有抑制作用。促胰液素主要作用于胆管和胆小管而发挥利胆作用。

3）刺激小肠分泌　促胰液素可使小肠吸收水盐相对减少，并可抑制小肠（特别是空肠）的蠕动；这些作用有利于小肠消化吸收。

5. 甘丙肽

（1）结构与性质　甘丙肽（galanin，GAL）是 1983 年首次在猪小肠中提取到的一种生物活性多肽。由于其 N 端是甘氨酸，C 端是丙氨酸，故命名为甘丙肽。大多数脊椎动物的 GAL 是 C 端酰胺化的 29 肽，但人类 GAL 为 30 肽，C 端多了一个非酰胺化的丝氨酸，GAL N 端 1～15 片段是高度保守的，是其与受体作用的部位，而 C 端差异较大（表 1－4）。

GAL 广泛分布于中枢和外周神经系统中，在下丘脑、海马、杏仁核、中央导水管周围灰质、前脑基底皮层、室下带、嗅球以及脊髓背根神经节等区域都可检测到 GAL 及其受体的表达。GAL 参与了性与生殖、摄食、学习与记忆、痛觉、神经内分泌等多种生理功能的调节。

目前已经克隆了 3 种 GAL 受体，分别是 GALR1、GALR2 和 GALR3。它们都是与 G 蛋白相偶联的受体，不同的 GAL 受体可能参与不同的生理过程。

表 1-4　人类与脊椎动物甘丙肽的氨基酸序列

物种	氨基酸序列
人	G W T L N S A G Y L L G P H A V G N H R S F S D K N G L T S
牛	G W T L N S A G Y L L G P H A L D S H R S F Q D K H G L A
羊	G W T L N S A G Y L L G P H A I D N H R S F H D K H G L A
猪	G W T L N S A G Y L L G P H A I D N H R S F H D K Y G L A
犬	N S A G Y L L G P H A I D N H R S F H E K P G L T
小鼠、大鼠	G W T L N S A G Y L L G P H A I D N H R S F S D K H G L T
鸡、鹌鹑	G W T L N S A G Y L L G P H A V D N H R S F N D K H G F T
鳄	G W T L N S A G Y L L G P H A I D N H R S F N E K H G I A
牛蛙	G W T L N S A G Y L L G P H A I D N H R S F N D K H G L A
虹鳟	G W T L N S A G Y L L G P H G I D G H R T L S D K H G L A
弓鳍鱼	G W T L N S A G Y L L G P H A V D N H R S L N D K H G L A

（2）作用与应用

1）镇痛作用　已有许多研究证明 GAL 在痛觉调节中发挥重要作用。在大鼠下丘脑弓状核中注射甘丙肽可以引起明确的镇痛作用，并且这种镇痛作用是通过弓状核到中脑导水管周围灰质通路起作用的。脊髓水平的内源性的 GAL 也具有镇痛作用。甘丙肽引起镇痛作用的机制目前尚不清楚。其中一个可能方式就是通过间接途径，比如影响其他神经递质的作用而发挥功能。

2）神经保护作用　研究发现，GAL 可以保护海马神经元的低氧性损伤，GAL 通过抑制海马 CA1 区锥体细胞的兴奋性突触后电位来抑制兴奋性氨基酸的释放，保护脑细胞功能。神经损伤后 GAL 发挥营养、修复神经的作用机制，可能是通过与其特异性 II 型受体结合实现的。此外，GAL 还能通过调节神经祖细胞的分化增殖修复神经组织。

3）对胃肠道的调节作用　GAL 能引起猪小肠平滑肌收缩，并与 CCK、Ach 有协同作用，GAL 抑制进食后人的胃肠运动，延迟胃排空时间，使食物从口腔到盲肠的存留时间延长。GAL 也能抑制进餐后血糖的升高，参与调节与血糖水平有关的胰岛素、胰高血糖素等激素。GAL 可抑制小鼠体内胰岛素的基础水平及刺激后的分泌，提高血浆胰高血糖素水平。

此外，GAL 还有对神经内分泌的调节、对摄食的调节、促进有丝分裂等作用。

（四）其他组织中的活性肽

1. 心房钠尿肽

（1）结构与性质　心房钠尿肽（atrial natriuretic peptide，ANP），是由心房合成、贮存和分泌的一种活性多肽，又称心钠素、心房钠尿因子（ANF）、心房肽或心房利钠肽（ANP），具有强大的利钠、利尿、舒张血管、降低血压和对抗肾素 – 血管紧张肽系统和抗利尿激素作用。

ANP 是一组不同相对分子质量的肽类混合物，从大鼠和人的心房中已分离出 10 余种心房肽样物质，其基本结构相似，只是 N 端和 C 端氨基酸残基有区别或只有个别氨基酸残基不同。人的心钠肽有 α、β、γ 三种分子形式，其相对分子质量分别为 3000、6100 及 13×10^3。α – hANP 是 ANP 的主要活性形式，由 28 个氨基酸残基组成，分子内有两个二硫键，形成环状结构；β – hANP 由两条相互倒置的 α – hANP 经两个二硫键并联而成，可裂解成 α – hANP；γ – hANP 由 126 个氨基酸残基组成，是 α – hANP 的前体。大鼠 ANP 前体由 152 个氨基酸残基组成，人 hANP 前体由 151 个氨基酸残基组成。α – hANP 活性是 β – hANP 的 4 倍，γ – hANP 的 5 倍。

ANP 在心房的含量最高，是心室含量的 100 倍，右心房含量高于左心房，近心外膜肌细胞内含量高于近心内膜肌细胞的含量。ANP 还分布在大脑和中枢神经系统，以下丘脑和隔区的含量最高，其次是大脑皮质、纹状体和延髓。ANP 也存在于血浆和脑脊髓液里。血浆中的心钠肽来源于心房和肺。

ANP 储存在心房肌细胞的特殊颗粒中。高盐刺激、细胞外液渗透压升高、血容量的增加、心房肌的牵张、心率和血压的增高、血管紧张肽、抗利尿激素、肾上腺皮质激素、降钙素基因相关肽、内皮素等因素及体液因子，都能促进 ANP mRNA 的表达。α – ANP 在体内的降解极快，其血浆生物半衰期仅有 2.5 分钟，主要经肾脏降解。ANP 的受体广泛分布在心血管系统、肾脏、肺脏、神经系统、肾上腺、胎盘和睾丸等器官和组织。ANP 受体有两种亚型：B 和 C 受体。B 受体与颗粒性鸟苷酸环化酶偶联，其相对分子质量约为 130 000，与 ANP 有高亲和力，结合后产生利钠、利尿、舒张血管、抑制醛固酮分泌的作用。C 受体由两个亚单位组成，每个亚单位的相对分子质量为 65 000，经二硫键并联而成，它可以延缓 ANP 的降解，调节 ANP 的代谢率。

（2）作用与应用

1）利钠及利尿作用　ANP 具有很强的利钠、利尿作用，并具有快、短、强的特点。注射 ANP 后 1~2 分钟起效，持续 30 分钟，利尿能力为呋塞米的 500~1000 倍，同时也增加了钾、钙、镁、氯离子及磷酸盐的排泄。ANP 通过增加肾小球滤过率、增加肾髓质的血流量及抑制近曲小管和集合管对钠的重吸收，产生利尿利钠作用。

2）抑制肾素 – 血管紧张肽 – 醛固酮系统　ANP 能抑制肾近球旁细胞释放肾素，并通过对肾素 – 血管紧张肽系统的抑制以及对肾上腺皮质的直接作用，抑制醛固酮的分泌，它不仅抑制醛固酮的基础分泌率，亦能抑制由促肾上腺皮质激素（ACTH）、血管紧张肽、钾等刺激的醛固酮分泌。

3）抑制神经垂体加压素的合成、释放及作用　ANP 不仅抑制中枢加压素的释放，而且抑制其对肾脏集合管和血管平滑肌的作用。

4）对心血管系统的作用　ANP 无正性或负性变力作用，可通过减少血容量使心输出量下降。ANP 可通过激活 cGMP 进而激活 G 蛋白激酶，增加细胞膜钙泵活性，并阻断钙离子通道，进而减少了细胞外钙离子内流，促进细胞内的钙离子外流，抑制细胞内和肌浆网内钙离子的释放，降低细胞内钙离子的浓度，最终导致血管舒张。

5）其他　ANP 预处理可减轻大鼠肝脏缺血再灌注损伤，其机制可能与提高肝组织 SOD 含量、抑制脂质过氧化、保护线粒体有关；ANP 具有促进肺泡表面活性物质的分泌而改善通气功能；在脑组织视上核，ANP 通过提高渗透压阈值、抑制渴阈从而使人体适应渗透压提高了的内环境；在胰脏，ANP 调整胰腺内分泌，促进胰腺外分泌，从而促进消化功能；在胃肠道，ANP 促进对盐的吸收，从而促进吸收功能；ANP 还能增强巨噬细胞吞噬，增强免疫功能及促进凝血等作用。

ANP 作为体内强大的利钠、利尿剂、血管舒张剂，临床上已用于治疗高血压急性心力衰竭、心功能不全、肾功能不全、肝硬化及原发性醛固酮增多症患者，副作用小。但由于

ANP 的半衰期及作用时间均较短，价格昂贵，故临床应用受到限制。

2. 降钙素和降钙素基因相关肽

（1）结构与性质

1）降钙素的结构与性质 降钙素（calcitonin，CT）是由甲状腺旁小叶细胞（C 细胞）分泌的、由 32 个氨基酸残基组成的能降低血钙的肽类激素，与相应受体结合区集中在 9 ~ 32 位氨基酸残基序列，3 ~ 6 位氨基酸残基序列为生物活性集中区。CT 的相对分子质量约为 3000，N 端 1 ~ 7 位有链内双硫键，C 端为脯氨酰基。CT 与降钙素基因相关肽（calcitonin gene-related peptide，CGRP）来自一个共同的 CT/CGRP 单拷贝基因，位于第 11 对染色体上。

目前，人、猪、牛、羊、大鼠、鲑鱼、鳗鱼中降钙素的氨基酸序列均已测定。不同种属动物中降钙素的氨基酸序列及活性存在一定的差别。其中，鲑鱼降钙素（salmon calcitonin，sCT）的比活性最高，人降钙素（human calcitonin，hCT）的比活性最低。CT 分子中的 32 个氨基酸残基对于其活性的保持具有重要作用。N 端的二硫键和 C 端的脯氨酸去除后，生物活性将丧失。近年来推测 CT 分子中段，如 11 ~ 18 位的氨基酸残基与免疫活性有关。正常人血清中 CT 含量甚微，10 ~ 20ng/L，主要经肾脏灭活。

2）降钙素基因相关肽的结构与性质 降钙素基因相关肽（calcitonin gene-related peptide，CGRP）是 1983 年发现的来自降钙素基因的新神经肽。CGRP mRNA 编码合成一个相对分子质量为 16 000 的 CGRP 前体蛋白，经酶切生成 37 肽的 CGRP。CGRP 的 C 端含有苯丙氨酸残基，第 2 位和第 7 位半胱氨酸残基间形成二硫键。空间结构分析表明，CGRP 的二级结构在第 8 位和第 18 位氨基酸残基间形成一个随机卷曲。第 1 ~ 7 位残基和二硫键在保持 α 螺旋的稳定中起重要作用，而 C 端的 19 ~ 37 位残基的作用不大。CGRP 的 C 端残基是受体结合的主要部位，二硫键在其中起一定作用，而 N 端的卷曲结构则可能主要参与启动后续的信号转导过程，与其生物学作用关系密切，故其结构的完整对其生物学作用的充分发挥非常重要。例如将 24 位与 35 位 Lys 或者 N 端氨基酸残基乙酰化，能导致其生物学作用显著降低。

（2）作用与应用

1）降钙素的作用与应用 CT 的主要生理作用是调节体内钙、磷的代谢，主要通过减弱溶骨过程，增强成骨过程，使骨组织释放的钙盐减少从而降低血钙。CT 对儿童血钙的降低比较明显，对成人的血钙浓度调节作用较小，主要是因为 CT 引起的钙浓度下降可强烈地刺激甲状旁腺素（PTH）释放。此外，CT 还作用于肾脏，抑制肾小管对钙、磷、钠、氯的重吸收；作用于胃腺抑制胃酸分泌，参与大脑制止应激性溃疡的产生，抑制胃损伤。

CT 不仅治疗 Paget 病疗效可靠，还能治疗各种原因引起的高钙血症。在治疗原发性骨质疏松症、骨关节炎等疾病方面 CT 也发挥重要作用。

2）降钙素基因相关肽的作用与应用 CGRP 具有广泛的生物学效应。对心血管系统，CGRP 具有能够舒张外周血管和冠状血管、调节微血管通透性、促进新生血管生成、抑制平滑肌细胞增殖的作用；对消化系统，CGRP 具有能够调节胃酸分泌、胰液和小肠液分泌、胃肠激素的释放、胃肠运动和血流等生物学作用；对免疫系统，CGRP 可明显抑制 T 细胞转化、T 细胞产生 IL-2、NK 细胞的杀伤功能和巨噬细胞分泌肿瘤坏死因子（TNF）等，但可增加人 T 细胞的趋化作用；此外，CGRP 具有促进成骨作用。

四、多肽的化学合成

多肽的化学合成从 20 世纪 50 年代开始获得重大发展。1953 年 Du Vigneau 合成了催产素，1965 年中国科学院在世界上首次合成了牛胰岛素，从而使多肽的化学合成发展到一个新的阶段。多肽的全合成不仅具有重要的理论意义，而且具有重要的应用价值。通过多肽的全合成可以验证一个新多肽的结构、设计新的多肽，用于研究结构与功能的关系，制备新的多肽药物等。

多肽的合成是一个不断连接氨基酸的过程，一般从 C 端（羧基端）向 N 端（氨基端）进行。早期的多肽合成是在溶液中进行的，称为液相合成法。1963 年，美国生物化学家 RB. Merrifield 发明了多肽固相合成法（solid-phase peptide synthesis, SPPS）。与液相法相比，固相法大大简化了每步产物的纯化，为自动化合成多肽奠定了基础。自此以后，SPPS 被广泛应用于多肽和蛋白质的研究领域，特别是短肽的合成。该方法经过不断地改进和完善，已经由原来的手工操作转变为全自动，合成多肽的种类也日益增多。因此，RB. Merrifield 于 1984 年获得了诺贝尔化学奖。在固相合成多肽和高通量筛选技术的基础上，Furka A、Lam KS 和 Houghten RA 等人于 1991 年同时提出了组合化学（combinatorial chemistry）的新概念，该方法能在短时间内合成出成千上万甚至百万、千万个化合物，使多肽的快速合成与筛选展现出令人乐观的前景。

（一）固相合成

多肽固相合成涉及多步反应，但中心思想就是把每一个保护好的氨基酸作为建筑块来构建一个生物大分子——多肽。其基本方法是先将要合成肽链的 C 端已进行氨基保护的氨基酸的羧基通过适当的 Linker 键合于不溶性高分子载体上，然后脱去氨基保护基，同过量的第二个活化了羧基并进行了氨基保护的氨基酸经缩合反应成肽，如此反复达到所需合成肽链的长度后，再选择适当试剂除去侧链保护基并从树脂上裂解产物。由于每步反应的产物均键合在载体树脂上，原料和试剂均在溶剂中，因此反应后只需过滤、洗涤、再过滤的操作即可除去剩余的原料、试剂和可溶性副产物，大大简化了液相合成中的分离、纯化操作。

1. 聚合物载体和连接物

（1）聚合物载体　用于固相合成多肽的载体在合成条件下应是惰性的、不溶性的，具有一定的机械强度并且有良好的溶胀性。多数采用聚苯乙烯及二乙烯基苯等高聚物的衍生物，包括氯甲基树脂、羟基树脂（如 PAM 树脂、Wang 树脂、HMPA 树脂）、氨基树脂（如 MBHA 树脂、Rink 树脂）等。载体树脂的溶胀状况对缩合反应有明显的影响，为了使载体有较大的网络空间足以容纳不断增长的肽链，并且便于反应物进入载体的内部，一般均采用 1% ~2% 交联度的聚苯乙烯珠状树脂或微孔树脂。

（2）连接物　连接物（linker）是连接载体与目标化合物之间的结构片段，载体必须引入连接物后才具有合成目标化合物的功能。此外，完成目标化合物的组装后，只有通过连接物结构的裂解才能切除载体游离出最终产物。一个理想的连接物必须在整个合成过程中十分稳定，并在合成后可以定量地切割下来而又不破坏合成的目标分子。应根据与树脂相连的肽链 C 端氨基酸的类型选择适合的连接物。连接物按局部结构可分为苄酯型、苄胺型和非苄型三大类；按反应基团的结构可分为基础型（即不含反应基团）、含卤素原子型、含—OH 型、含—NH$_2$ 型、含—SH 型、醛酮及羟肟酸型和双键型。肽链 C 端氨基酸与载体上的连接物的键合是 SPPS 中组装目的肽的第一步反应，按 C 端氨基酸的反应基团大致分为羧酸型键合、醇型键合、胺型键合、硫酯型键合及其他类型键合。最终要得到目的肽必须经过连接物的裂解，经典的裂解方式有酸解、皂化、氨解及光解，后来又发展了新的非经典裂解方式，如梯次裂解、平行裂解、醛连接物多功能裂解等。

2. 基团保护　要实现多肽的控制合成，必须事先把氨基酸上不应发生接肽反应的官能团，如 N 端氨基酸残基的自由—NH₂、C 端氨基酸残基的自由—COOH 以及侧链上的一些活泼基团加以封闭或保护。

（1）氨基的保护　氨基是亲核性很强的基团，经酰化后，亲核性消失，因此对游离氨基实施酰化是保护氨基的基本方法。但是，考虑到肽键形成后，应能在温和条件下将保护基除去，因此对氨基保护基有特殊要求。常用的氨基保护基有 9 – 芴甲氧羰基（fluorenyl – methyloxyloxycarbonyl，Fmoc）、叔丁氧羰基（tertiary butyloxycarbonyl，Boc）、苄氧羰基（carbobenzoxy，CBZ）、对甲苯磺酰基（p – toluenesulfonyl，Tos）、三苯甲基（triphenylmethyl，Trt）等。Boc 是常用的氨基保护基，可用三氟乙酸（trifluoroacetic acid，TFA）脱除，产物容易分离。Fmoc 的特点是对酸稳定，可用含哌啶的二甲基甲酰胺（dimethylformamide，DMF）脱除。Fmoc 基团有特征性紫外吸收，易于监测反应的进行，给自动化合成多肽带来方便。

（2）羧基的保护　羧基的保护通常是用无水乙醇或甲醇在盐酸存在下进行酯化，使羧基接上烷基。除去保护基可在常温下用氢氧化钠皂化法。

（3）侧链的保护　有些氨基酸除了含氨基和羧基外，还有其他功能基团，在合成多肽时都要用适当的保护基加以封闭。如精氨酸的胍基用对甲苯磺酰基（Tos）、2,4,6 – 三甲基苯基磺酰基（Mts）或 2,3,6 – 三甲基 –4 – 甲氧基苯磺酰基（Mtr）保护，酪氨酸的酚羟基通常用叔丁基保护，丝氨酸和苏氨酸的羟基通常用苄基（Bzl）保护，天冬氨酸和谷氨酸的 β – 羧基和 γ – 羧基可用新型保护基如 β –2,4 – 二甲基 –3 – 戊酯、环烷酯醇和金刚烷醇酯保护，组氨酸的咪唑基较理想的保护基是 Boc，半胱氨酸常用的保护基有对甲苄基（MBzl）、对甲氧苄基（Mob）、三苯甲基（Trt）以及对弱酸稳定的 Bzl 等。

（4）脱保护　最常用的脱保护基系统是三氟乙酸（TFA）、氢氟酸（hydrofluoric acid，HF）、有机磺酸和含硅试剂。三氟乙酸法可以脱除一些不耐酸的保护基，如 Boc、金刚烷氧羰基等，本法比较温和，副反应少，越来越多地应用于固相合成法中。三氟乙酸法脱除保护基及裂解树脂上肽链的操作比较简单，只需在样品中加入适量三氟乙酸振摇或搅拌至完全溶解，反应时间随具体情况而定。目前应用较多的是三氟乙酸 – 乙二硫醇 – 水的混合溶剂。

3. 缩合剂　可以生成肽键的缩合方式有许多，例如活泼酯法、混合酸酐法、对称酸酐法、叠氮物法及酶促合成法。其中，适合固相肽合成的以活泼酯法和对称酸酐法为主，关键是选择合适的缩合剂。在固相合成中应用最早、最广泛的缩合剂是二环己基碳二亚胺（dicyclohexylcarbodiimide，DCC），但生成的副产物二环己脲用大量溶剂也不能完全除掉。故在缩合反应过程中，同时加入添加剂，不仅可减少副反应，而且可提高产率。常用的添加剂有 N – 羟基琥珀酰亚胺（HOSu）、1 – 羟基苯并三氮唑（HOBt）和 3 – 羟基 –4 – 氧 –3,4 – 二氢 –1,2,3 – 苯并三氮嗪。除了碳二亚胺型缩合剂，还有苯并三唑镓盐型、吡啶并三唑镓盐型、磷酸酯型等。目前，又开发了新型的复合型缩合剂，如 1 – 氧 –3 – 双二甲胺羰基苯并三氮唑四氟化硼盐、1 – 羟基苯并三氮唑、二异丙基乙胺（TBTU/HOBt/DIEA）、苯并三唑 –1 – 四甲基六氟磷酸酯、1 – 羧基苯并三氮唑（HBTU/HOBt）等。

4. 合成方法 R. B. Merrifield 发明固相合成法时建立的是用叔丁氧羰基（Boc）保护 α – 氨基的 Boc 固相合成法，后来 L. A. Carpino 又发展了用 9 – 芴甲氧羰基（Fmoc）保护 α – 氨基的 Fmoc 固相合成法。以这两种方法为基础的各种多肽自动合成仪也相继出现和发展，并仍在不断得到改进和完善。

（1）Boc 固相法 在 Boc 固相法中，氨基保护基采用三氟乙酸可脱除的 Boc。合成时将一个 Boc – 氨基酸衍生物共价交链到树脂上，用三氟乙酸脱除 Boc，用三乙胺中和游离的氨基末端，然后通过 DCC 活化、偶联下一个氨基酸。最终脱保护基多采用氢氟酸法和二氟甲磺酸法。用 Boc 固相法已合成了许多生物大分子，如酶、生长因子、人工蛋白等。

在 Boc 合成法中，反复地用酸来脱保护会使部分肽从树脂上脱落，合成的肽越大丢失越严重。酸催化还会引起侧链的一些副反应。Boc 合成法尤其不适于合成含色氨酸等对酸不稳定的肽类。因此，Boc 合成法正逐渐被 Fmoc 合成法所替代，二者的比较如表 1 – 5 所示。

表 1 – 5 Boc 和 Fmoc 两种肽合成法的比较

相关条件	Boc 固相法	Fmoc 固相法
脱除 α 保护基的条件	30% ~50% TFA/DCM	20% 哌啶/DMF
固相载体类型	PAM, MBHA	Wang, HMPA, Rink
裂解试剂	强酸	弱酸
自动化合成	较少	很方便
原料平均价格比	1	2 ~ 3
对环境的影响	酸排放较多	污染很小

（2）Fmoc 固相法 Fmoc 作为氨基保护基的优点在于它对酸稳定，用三氟乙酸等试剂处理不受影响，仅需用温和的碱处理，通过 β – 消除反应即可脱除。侧链的保护采用对碱稳定的 Boc 等。肽段最后用 TFA/CH$_2$Cl$_2$ 定量地从树脂上切除，避免了采用强酸（如液态氢氟酸）可能产生的氨基酰化等副反应。同时，Fmoc 基团有特征性紫外吸收，易于监测控制反应的进行，因此越来越受到人们的青睐。

下面简要地介绍 Fmoc 固相合成法的基本原理和过程。

如图 1 – 9 所示，首先将一个用 Fmoc 对 α – 氨基进行保护的氨基酸通过一个连接物连接到不溶性载体上，随后将 α – 氨基脱保护，用溶液洗涤氨基酸 – 连接物 – 树脂。将第二个预先活化的 α – 氨基已被 Fmoc 保护的氨基酸通过偶联反应连接上去，此外也可以用 α – N 端及侧链保护的肽段代替单个氨基酸进行偶联。缩合反应完成后，用溶液洗涤，重复进行脱保护、偶联，直到得到目的肽，最后将肽 – 连接物 – 树脂裂解。

（3）片段缩合法 对于含十几个氨基酸残基的小肽来说，每次缩合一个氨基酸的固相逐步法的收率是令人满意的，但超过二十肽以后，副产物的大量增加使分离纯化很困难。为了克服这一缺点，除了使用高效的新型缩合剂、改进反应条件外，采用片段缩合方式是一种非常有效的方法。其基本方法是在固相载体上每次键合的不是一个氨基酸，而是一个肽段。肽段的长度可以短至含 2 ~ 3 个氨基酸残基，也可长至 8 ~ 10 个氨基酸残基，但不宜过长。片段缩合法的优点在于对产物的总收率及纯度均有明显提高，且纯化操作也比逐步法容易得多。最早采用该法的是以 4 + 2 方式合成的六肽，首先用液相法制备全保护的四肽，然后与二肽树脂缩合。中国化学家用 6 + 9 + 5 + 5 + 3 的分段方式完成了胰高血糖素的固相合成，获得了总收率为 25% 的结晶纯品。

图 1-9 Fmoc 固相法

5. 合成多肽的检测 固相合成肽，尤其是合成较长的肽时，每一个氨基酸的缩合率应该达到 99% 以上，否则得到的产物将非常不纯。因此，监测每一步反应进行的程度显得格外重要。

（1）定性颜色反应 茚三酮显色法（Kaiser 法），即用茚三酮颜色反应快速测定树脂上的氨基，从而判断酰化反应是否完全。用茚三酮法检测聚苯乙烯树脂氨基的灵敏度可达到 5μmol/g，这样的灵敏度已可检测出缩合反应是否进行了 99% 以上。茚三酮检测时，由于末端氨基酸残基及序列不同，出现的颜色强弱不同。天冬氨酸、天冬酰胺会产生很弱的蓝色或淡棕色。生色试剂 2,4,6-三硝基苯磺酸与树脂上氨基反应显示橙红色，灵敏度为 3μmol/g 树脂。

（2）定量自由氨基检测 采用水杨醛法。用于接肽后树脂上残余氨基的量以及脱保护基后总氨基量的测定，可以定量地检测缩合反应以及脱除保护基的反应是否完全，如不完全即可及时反复处理。用 2% 水杨醛 + 6% 吡啶的乙醇溶液同树脂上的氨基反应（60℃，30~35 分钟），洗净后，再用 5% 苄胺的乙醇溶液将水杨醛置换下来（60℃，30 分钟），溶液稀释后，检测 315nm 的吸光度值，计算氨基的量。此法对于—NH₂ 在 0.15μmol/mg 树脂以上的样品的相对偏差在 5% 以内。

（3）仪器分析检测 随着分析技术和分析仪器的发展，已有许多新技术用于 SPPS 的监测中。

1）红外光谱检测 单珠傅里叶变换红外光谱（IR）显微谱克服了常规红外光谱所需树脂量多及成本高的缺点，并且在测量时间少于 5 分钟的情况下就可获得高质量、高重现性和高信噪比的图谱，已成功地应用到 SPPS 各个阶段的定性或定量研究中。

2）核磁共振检测 凝胶相核磁共振（NMR）通过普通的探针就能获得原始的 ^{13}C-NMR 图谱信息，但响应值线宽过大，树脂信号太强，只能获得有限的结构信息，而魔角自旋 NMR 的应用改善了固相合成肽 ^{1}H 和 ^{13}C-NMR 图谱的质量。

3）质谱检测 飞行时间二次离子质谱（TOF－SIMS）已成功地用于监测固相载体上的接肽反应。

6. 合成肽链的纯化和鉴定 多肽合成后，由于在介质中存在着副产物，因此仍需纯化，但这比从天然原料中纯化要方便得多。一般蛋白质分离纯化的技术都可配合使用，如结晶法、超滤法、高效液相色谱（HPLC）、离子交换色谱和亲和色谱等，其中反相高效液相色谱（RP－HPLC）因具有快速、高效和回收率较高等特点，已越来越多地用于固相合成多肽的纯化中。而纯化后的多肽多采用基质辅助激光解吸电离飞行时间质谱（MALDI－MS）来检测其相对分子质量。

7. 应用及展望 固相合成法最适合于合成 50 个氨基酸残基以内的多肽，当目的肽超过 50 个氨基酸残基时，就需要与别的方法结合使用。短肽类药物序列短、结构简单、作用效果好，正逐渐成为研究热点，目前很多短肽药物正在运用多肽固相合成法对其进行研究与制备，如胸腺素 $-\alpha_1$、乙肝疫苗新型免疫原性多肽、神经免疫调节肽等。

随着多肽化学和糖化学的发展，目前糖肽固相合成已取得了极大的进展。对于 $O-$ 连接糖肽和 $N-$ 连接糖肽，利用糖基化氨基酸的构建单元策略仍是目前最普遍的方法。构建单元策略最大的缺点就是需预先在液相中合成糖基化氨基酸构建单元，因而固相糖基化策略是未来发展的趋势。相信通过化学方法合成具有特定糖链和肽链结构的糖肽乃至糖蛋白可以为研究糖蛋白在生物体内的功能和构效关系、阐明细胞间粘连及信号转导、机体的免疫反应等提供重要的研究基础。此外，SPPS 的研究范围已扩展到环肽的合成、非经典肽的合成。

虽然多肽固相合成法经过不断改进和完善已经能合成很多具有生物活性的多肽和蛋白质，但是其本身还存在着很多问题。如直接合成的序列短，合成所需时间长，合成的效率和纯度低，成本高等。这些问题的存在大大限制了多肽固相合成法的应用范围。针对上述多肽合成中存在的问题，科学家们一直在努力解决，通过合成方法与仪器的改进来提高多肽合成效率。如利用片段缩合法可提高多肽合成的长度，该法是固相多肽合成中最有发展前景的一种方法，但是该方法也只限于 40～200 个氨基酸残基。通过改进多肽合成仪的功能，可使合成过程完全自动化，从而提高合成效率、节约试剂、降低成本。通过合成技术的不断成熟、合成仪器的不断改进，可扩大合成多肽的范围、缩短合成时间、减少合成成本等，同时通过多肽固相合成法可以引进稀有氨基酸，进行新的蛋白质的结构与功能的研究。多肽固相合成法在药物研究、蛋白质结构研究等领域呈现着不可比拟的优越性，在生物制药及蛋白质工程中有着广阔的应用前景。

（二）组合合成

所谓组合化学（combinatorial chemistry），亦称同步多重合成化学或组合合成化学，是一种将化学合成、组合理论、计算机辅助设计结合为一体的技术。多肽组合化学是以氨基酸为构件，高分子不溶性载体树脂、反应珠、聚乙烯小针等作为根基，用类似固相接肽程序，采用组合方式将氨基酸系统地组装到载体肽链上，建立组合不同、结构各异的肽库的技术。通过分库高通量筛选，选择平均活性高于其他的一组为目的分库，再采用现代分离手段或经典多肽合成方法分别得到分库中各单一分子，经鉴定、筛选获取活性最高的目标化合物为先导物。这样可在很短的时间筛选成千上万的肽分子，因此可大大加快新药开发中先导物的发现。

1. 多肽组合合成的常用方法 组合化学经常被人们称为数字游戏，也就是如何排列众多的合成构件的问题。从理论上讲，组合合成的总反应产物数 N 是由两个因素决定的：每一步的合成构件数目 b 和合成的步骤数 x。例如，对于一个三步的线性组合反应，如果每步的反应物数目分别是 b_1、b_2 和 b_3，那么理论上的总反应产物的数目是 $N = b_1 b_2 b_3$。以肽类化合物为例，用 20 种天然氨基酸为构件，二肽便有 400（20^2）种组合，三肽有 8000（20^3）种组合，以此类推，到八肽将有 25 600 000 000（20^8）种组合。组合化学研究的目标就是怎样有效地得到这一反应的所有产物 N。组合合成的另一研究目标是反应产物的结构多样化问题。实际上，这还是一个数字问题。反应物的数目越多，反应组分越多，产物的数目越大，产物的结构也就越多样化。因此，组合化学合成的根本问题就是怎样快速地得到更多的包罗万象的化合物。常见的组合库的构建方法有混合 – 均分法（一株一肽）、迭代法、多针法、茶叶袋法等。现在列举多肽合成中组合库的几种构建方法。

（1）混合 – 均分法（一株一肽）　混合 – 均分法是建立最早、应用最广泛的组合化学方法。该法利用树脂作载体，进行随机合成，可以同步合成上百万个多肽分子。首先将 19 种保护的天然氨基酸（由于半胱氨酸易氧化成二硫键，故未用）分别连在树脂上，混合后脱除保护基，再分成 19 份，分别与 19 种保护氨基的天然氨基酸进行偶联反应，可得 19 × 19 种连在树脂上的二肽，如此再进行 3 次，可合成出 $19^5 = 2\,476\,009$ 种连在树脂上的侧链保护五肽，脱除侧链保护但不从树脂上切下，可得近 2.5×10^6 个连在树脂上的不同肽段组合的肽库。此方法可保证同一树脂上的肽段序列是相同的，即保证了一个树脂上只有一种肽，故称为"一株一肽"。图 1 – 10 是以 3 种氨基酸为底物用该法合成三肽的过程。

图 1 – 10　混合 – 均分法（一株一肽）组合合成示意

（2）迭代法　用迭代法处理含两个单元的三肽时，先合成两个子库 $A_1 – X – X$ 和 $A_2 – X – X$，选择 A_1 和 A_2 中哪一个性能更优。假设确定 A_1，即固定位置 1，再合成两个子库 $A_1 – B_1 – X$ 和 $A_1 – B_2 – X$，检验性能后，假设确定 B_2，再合成两个子库 $A_1 – B_2 – C_1$ 和 $A_1 – B_2 – C_2$。最后筛选得到最佳产物 $A_1 – B_2 – C_1$，如图 1 – 11 所示。因此，含 8 个三肽的库，需进行 3 × 2 个展开步骤，对于含 20^4（160 000）个四肽的库，需展开 4 × 20 个步骤。

（3）茶叶袋法　该方法将载体树脂珠置于带微孔的聚乙烯或聚丙烯小袋中，反应时将数小袋浸入同一种反应器溶剂中，原料、溶剂和试剂分子可自由通过袋上的微孔。进行脱保护 – 洗涤 – 缩合循环的固相接肽反应，反应每完成一步，若下一个氨基酸不同，可将某些小袋取出，投入另一反应器中进行下步接肽反应，最后以每小袋为一个组合，裂解游离相关肽段，进行生物活性筛选。茶叶袋法反应装置简单、操作方便、节省溶剂的用量、成本低，适合实验室操作。利用茶叶袋法已合成了胸腺五肽 D – 氨基酸取代类似物，以相应的 D 型氨基酸置换 L 型氨基酸，得到包括 32 种取代组合的肽库，从而为筛选稳定性更强的

图 1-11　迭代法组合合成示意

胸腺五肽类似物，探索新的药理活性奠定了基础。

（4）多针法　该方法以聚乙烯针状小棒为固相载体，先在小棒一端接上 Linker 结构，另一端则固定于支持板上，每块板可固定几十支平行排列的小棒。反应时将此板小棒的头浸于相对应滴度板的孔穴中进行缩合反应，整个过程采用 Merrifield 标准合成方法完成，最后脱去保护基，但不从载体上切下肽链，让肽段悬挂于树脂上可多次重复地进行活性研究。发明该方法的实验室在 3 年内合成出了 20 万个肽化合物，并与酶联免疫吸附试验（ELISA）相结合，找到了口蹄疫病毒膜蛋白的抗原决定簇。

（5）纤维载体法　以纤维素纸片作固相载体，载体表面羟基（—OH）接上 Linker 结构后将此种载体纸片装在玻璃柱内，每柱载体片愈多，合成量愈大。将柱排列，每柱合成一种肽类似物，柱愈多产物种类愈多。缩合到各不相同的构件时，每柱单独反应。合成完毕后去保护基，最后分别裂解得到制备量的产物。为了进行快速粗筛，又发展了在纤维纸片上点阵式合成法。此法是将预制的活化羧基组分滴加至纸片上相互间隔 1cm 左右的"氨基点"上缩合，几小时后再依次洗涤 – 脱保护 – 洗涤 – 缩合等多次接肽循环。已将该方法与 ELISA 技术相结合，在几天内就完成了对人巨细胞病毒（hCMV）蛋白抗原决定簇的定位。此法操作简单，但无制备意义，只适于 ELISA 式的功能试验。

2. 目标产品的筛选　为了跟踪反应进行的程度和确定一个化合物是否已按计划合成，人们曾采用"解离分析"方法，即将产物从树脂上解离下来，再用常规分析手段进行分析，从而监测反应或者确定树脂所连接产物的结构。但是，这种间接方法耗费大量时间和原料，不是直接有效的方法。一些新技术的应用，无需将产物从树脂上切割下来就可以进行分析。如红外光谱（IR）能够直接观测到树脂珠所连接化合物的官能团吸收峰。傅里叶变换红外光谱（FTIR）是一种简捷实用的检测方法，用得较多的是单珠 FTIR 微量谱技术。漫反射红外傅里叶变换光谱颇有价值，不需制备样品，分析简单且时间短，可实现自动化。目前肽库的分析以质谱法为主，包括基质辅助激光解吸电离飞行时间质谱（MALDI – MS）、电喷雾离子化质谱（ESI – MS）、飞行时间二次离子质谱（TOF – SIMS）等，可对固相表面进行非破坏性分析，得到详尽的库信息，以探测库的多样性和复杂性。与其他技术联用，如 HPLC – MS，键合相毛细管电泳 – MS 和 MS – MS 等方法，可对固相库和液相库的多个成分进行分析和表征。

配合计算机控制的自动操作系统和微量灵敏的生物反应及检测系统，人们就可对获得的化合物库进行高通量药物筛选。高通量药物筛选技术发展速度相当快，目前的筛选速度已经达到每日筛选数万甚至数十万个样品。高通量药物筛选采用体外的实验方法，主要是基于药物作用靶点在分子和细胞水平上评价化合物的生物活性，故筛选的结果可明确阐明化合物生物活性的分子机制。具体分析方法包括以酶、受体、离子通道、核酸等为靶点的检测方法。以 Selectide 技术为例，固相筛选主要是依据分子水平的筛选模式，将所合成的固载化学库分子直接与活性蛋白反应，再用蛋白质染色或标记的方法将活性株挑选出来进行结构确认，它的特点是快速，仅数小时即可筛选 $10^7 \sim 10^8$ 个树脂球（每一个树脂球上负载一个化合物，或负载多个化合物）。液相筛选是指将合成的分子从树脂载体上切入溶液中进行生物筛选，目前主要采用 Houguten 的逐位或二元定位方法和化学库编码方法进行。

3. 应用及展望 组合合成的应用虽然只有十几年，但发展迅速，已应用于肽类先导化合物的合成及筛选，大大缩短了新药的开发周期并降低了开发成本。已有研究小组用混合 – 均分法合成了一个含 31 000 个三肽的肽库，用来确定内皮素的潜在拮抗剂。Lam 等用 19 种天然氨基酸（半胱氨酸除外）进行 5 次"分 – 混"或缩合反应，建立了人血小板纤维蛋白原受体糖蛋白 gpⅡb/Ⅲa 肽库和 B 细胞淋巴瘤特异肽库，并确定了先导物的结构。目前短糖长肽型糖肽的固相法组合合成已相当成熟，但要使长糖型糖肽用固相法实现常规实用的合成尚需进一步的探索，特别是在固相载体上糖苷键的形成及其立体选择性等方面还需深入研究。在同一载体上既可延长肽链又可延长糖链，将具有更广泛的适用性，从而将成为今后研究的热点。

绿色化学追求高效、低耗、低排放，甚至零排放，组合化学正符合这一要求：可在短时间内一次性合成大批量化合物，充分利用有限的资源和能源，有效节约时间；组合库每一组分的量很小，可以节省试剂能耗，同时减少排放废物，有利于生态环境保护。

组合化学有着广阔的发展前景，它的研究方法和思维方式必将推广到科学领域的各个范畴，也将促使合成向小型化、微量化、计时化、自动化和商品化发展。

（王凤山 刘纯慧）

扫码"练一练"

第二章　蛋白质

第一节　蛋白质的分子结构

扫码"学一学"

蛋白质（protein）分子由氨基酸构成，氨基酸之间通过肽键相连形成多肽链分子结构。生物体内蛋白质分子的多肽链并不是一条简单的线性序列，而是折叠成具有特定空间构象，具有生物活性，并呈现一定形状的生物大分子。目前已能从原子分辨水平去阐明成百上千个蛋白质的三维结构，其中许多蛋白质的功能已可以根据它们的构象给予解释。

构象（conformation）是分子中所有原子的空间排布。这些原子的空间排列取决于它们绕键的旋转角度，因此构象与构型不同，一个蛋白质构象的改变不涉及其共价键的破坏。如果考虑到一个蛋白质分子中每个氨基酸残基中所有原子的连接键都发生旋转，则对于一个蛋白质分子可能存在的构象数目将是天文数字。然而在生理条件下，每个蛋白质分子似乎仅呈现出一种天然构象的单一稳定形状，这就说明一个蛋白质分子中的任一个氨基酸残基的实际构象自由度是非常有限的。

一、蛋白质结构的四个层次

（一）蛋白质分子的形状和大小

根据蛋白质的形状、溶解度和功能，蛋白质可分为三大类。

1. 纤维状蛋白（fibrous protein）　具有比较简单、有规则的线性结构，呈细棒或纤维状，一般不溶于水，分子延展具有韧性、为单个细胞和机体提供机械支撑，典型的纤维状蛋白质是由单一的、重复的二级结构构成的，通常组装成"缆"或"丝"，如胶原蛋白、弹性蛋白、α – 角蛋白和丝蛋白等。有些纤维状蛋白如肌球蛋白和血纤维蛋白原是可溶性的。

2. 球状蛋白（globular protein）　形状近球形或椭球形，球状蛋白分子中常含有几种类型的二级结构，并折叠成具有特定构象的三级结构，其多肽链折叠紧密，疏水的氨基酸侧链位于分子内部、亲水的侧链暴露在外部，因此在水中溶解性好。球状蛋白分子一般都具有一个裂隙，是特异识别和结合其他化合物的活性部位，球状蛋白许多是细胞内的酶蛋白。

3. 膜蛋白　膜蛋白（membrane protein）与细胞的各种膜系统结合而存在。为能与膜内的非极性相（烃链）相互作用，膜蛋白的疏水氨基酸侧链伸向外部。因此膜蛋白不溶于水但能溶于去污剂溶液。膜蛋白的组成特点是所含的亲水氨基酸残基比胞质蛋白质少。

蛋白质是相对分子质量很大的生物大分子。均一的蛋白质其相对分子质量及其组成的氨基酸数目与序列以及肽链的长度都应该是相同的。不同蛋白质其相对分子质量变化范围有很大不同，从 $6 \times 10^3 \sim 10 \times 10^5$ 或更大（表 2 –1）。一般认为胰岛素为最小相对分子质量的蛋白质，其相对分子质量为5733。

44

表 2-1 蛋白质分子的大小

蛋白质	相对分子质量（×10³）	残基数目/链	亚基组织方式
胰岛素 a（牛）	5.733	21（A）	αβ
		30（B）	
细胞色素 c（马）	12.5	104	α₁
核糖核酸酶（牛胰）	12.64	124	α₁
溶菌酶（卵清）	13.93	129	α₁
肌红蛋白（马）	16.89	153	α₁
糜蛋白酶（牛胰）	22.6	13（α）	αβγ
		132（β）	
		97（γ）	
血红蛋白（人）	64.5	141（α）	α₂β₂
		146（β）	
血清清蛋白（人）	68.5	550	α₁
己糖激酶（酵母）	96	200	α₄
γ-球蛋白（马）	149.9	214（α）	α₂β₂
		446（β）	
谷氨酸脱氢酶（肝）	332.694	500	α₆
肌球蛋白（兔）	470	1800（重链 H）	h₂α₁α₂′β₂
		190（α）	
		149（α′）	
		160（β）	
核酮糖二磷酸羧化酶（菠菜）	560	475（α）	α₃β₃
		123（β）	
谷氨酰胺合成酶（*E. coli*）	600	468	α₁₂

有些蛋白质仅由一条多肽链构成，如溶菌酶和肌红蛋白，这些蛋白质称为单体蛋白质（monomeric protein）。有些蛋白质是由两条或多条多肽链构成，如血红蛋白（两条 α 链和两条 β 链）和己糖激酶（4 条 α 链），这些蛋白质称为寡聚（oligomeric）或多聚（multimeric）蛋白质；其中每条多肽链称为亚基或亚单位（subunit），亚基之间通过非共价键相互缔合。如果把这些寡聚蛋白质看作一个分子，那么蛋白质相对分子质量可达百万，例如谷氨酰胺合成酶（12 个亚基），相对分子质量 600×10³。如果连同辅基也算进去，像烟草花叶病毒（tobacco mosaic virus，TMV）由 2130 个亚基和一条 RNA 链构成的超分子复合体（supramolecular complex），其相对分子质量约为 400×10³。这些寡聚蛋白质或复合体虽然不是由共价键连接成的整体分子，而在一定条件下可以解离成它们的亚基，但是它们在生物体内是相当稳定的，可以从细胞或组织中以均一的甚至结晶的形式分离出来，并且有一些蛋白质只有以这种寡聚蛋白质的形式存在，其活性才能得到或充分得到表现。

（二）蛋白质结构的四个组织层次

通常讲到蛋白质结构包括一级结构（primary structure）、二级结构（secondary structure）、三级结构（tertiary structure）和四级结构（quaternary structure）四个层次（图 2-1）。从图 2-1 可以清楚地看到四种结构层次之间的关系：一级结构就是肽键连接的氨基酸序列；一级结构盘绕折叠成有规律的二级结构；二级结构进一步折叠形成更复杂空间结构的三级结构；2 个以上折叠成三级结构的肽链组成四级结构。

每种蛋白质都有其特定的一级结构,即氨基酸序列,而且决定着其空间结构,人们一直试图在寻找类似于遗传密码的氨基酸序列与空间结构之间的所谓"第二遗传密码"。二级结构主要指的是有规律盘绕、折叠形成的 α 螺旋和 β 折叠,三级结构是指一条多肽链形成紧密的一个或多个球状单位或结构域。四级结构并不是每个蛋白质都具有的,只有那些由两条或两条以上多肽链组成的蛋白质才具有四级结构。一般来说,纤维蛋白的特性通过它的二级结构就可表现出来,但球蛋白的生物学功能通常都是以三级结构表现出来的,而某些球蛋白的生物学活性则需要四级结构来表现。

图 2-1 蛋白质结构的四个层次

(三) 蛋白质功能的多样性

蛋白质是最主要的生命活动载体,更是功能执行者。没有蛋白质就没有生命。许多重要的生命现象和生理活动往往都是通过蛋白质来实现的,一切生命现象都是蛋白质的功能体现,生物的多样性体现了蛋白质生物学功能的多样性。自然界蛋白质的种类繁多,据估计,最简单的单细胞生物如大肠埃希菌含有 3000 余种不同的蛋白质;人体含有 10 万种以上不同的蛋白质;而整个生物界蛋白质的种类约为 10^{10} 数量级。这些不同的蛋白质,各具有不同的生物学功能,它们决定不同生物体的代谢类型及各种生物学特性。蛋白质的重要性不仅在于它广泛、大量存在于生物界,更在于它在生命活动过程中起着重要的作用。

1. 生物催化作用 物质代谢的全部生化反应几乎都需要酶作为生物催化剂,多数酶的化学本质是蛋白质。正是这些酶类决定了生物的代谢类型,从而才有可能表现出不同生物的各种生命现象。

2. 代谢调节作用 生物体存在精细有效的调节系统以维持正常的生命活动。参与代谢调节的许多激素是蛋白质或多肽,如胰岛素、胸腺素及各种促激素等。

3. 免疫保护作用 机体的免疫功能与抗体有关,而抗体是一类特异的球蛋白。它能识别进入体内的异体物质,如细菌、病毒和异体蛋白等,并与其结合而失活,使机体具有抵抗外界病原侵袭的能力。免疫球蛋白也可用于许多疾病的预防和治疗。

4. 转运和贮存的作用 体内许多小分子物质的转运和贮存可由一些特殊的蛋白质来完成。如血红蛋白运输氧和二氧化碳;血浆运铁蛋白转运铁,并在肝形成铁蛋白复合物而贮存;不溶性的脂质物质与血浆蛋白结合成脂蛋白而运输。许多药物吸收后也常与血浆蛋白结合而转运。

5. 运动与支持作用 负责运动的肌肉收缩系统也是蛋白质。如肌动蛋白、肌球蛋白、原肌球蛋白和肌原蛋白等。这是躯体运动、血液循环、呼吸与消化等功能活动的基础。皮肤、骨骼和肌腱的胶原纤维主要含胶原蛋白,它有强烈的韧性,1mm 粗的胶原纤维可耐受

$10\sim40kg$ 的张力，这些结构蛋白（胶原蛋白、弹性蛋白、角蛋白等）的作用是维持器官、细胞的正常形态，抵御外界伤害，以保证机体的正常生理活动。

6. 控制生长和分化作用　生物体可以自我复制，在遗传信息的复制、转录及翻译过程中，除了作为遗传基因的脱氧核糖核酸起了非常重要的作用外，离开了蛋白质分子的参与是无法进行的，它在其中充当着至关重要的角色。生物体的生长、繁殖、遗传和变异等都与核蛋白有关，而核蛋白是由核酸与蛋白质组成的结合蛋白质。另外，遗传信息多以蛋白质的形式表达出来。有一些蛋白质分子（如组蛋白、阻遏蛋白等）对基因表达有调节作用，通过控制、调节某种蛋白基因的表达（表达时间和表达量）来控制和保证机体生长、发育和分化的正常进行。

7. 接受和传递信息的作用　完成这种功能的蛋白质为受体蛋白，其中一类为跨膜蛋白，另一类为胞内蛋白。如细胞膜上蛋白质类激素受体、细胞内甾体激素受体以及一些药物受体。受体首先和配基结合，接受信息，通过自身的构象变化，或激活某些酶，或结合某种蛋白质，将信息放大、传递，起着调节作用。

8. 生物膜的功能　生物膜的基本成分是蛋白质和脂质，它和生物体内物质的转运有密切关系，也是能量转换的重要场所。生物膜的主要功能是将细胞区域化，使众多的酶系处在不同的分隔区内，保证细胞正常的代谢。

总之，蛋白质的生物学功能极其广泛（表2-2）。分子生物学研究表明，在高等动物的记忆和识别功能方面，蛋白质也起着十分重要的作用。此外，有些蛋白质对人体是有害的，称为毒蛋白，如细菌毒素、蛇毒蛋白、蓖麻子的蓖麻蛋白等，它们侵入人体后可引起各种毒性反应，甚至可危及生命。

表2-2　蛋白质生物学功能的多样性

蛋白质的类型与举例	生物学功能
酶类：己糖激酶	使葡萄糖磷酸化
糖原合酶	参与糖原合成
脂酰基脱氢酶	脂肪酸的氧化
氨基转移酶	氨基酸的转氨作用
DNA 聚合酶	DNA 的复制与修复
激素蛋白：胰岛素	降血糖作用
ACTH	调节肾上腺皮质激素合成
防御蛋白：抗体	免疫保护作用
纤维蛋白原	参与血液凝固
转运蛋白：血红蛋白	O_2 和 CO_2 的运输
清蛋白	维持血浆胶体渗透压
脂蛋白	脂质的运输
收缩蛋白：肌球蛋白、肌动蛋白	参与肌肉的收缩运动
核蛋白	遗传功能
视蛋白	视觉功能
受体蛋白	接受和传递调节信息
结构蛋白：胶原	结缔组织（纤维性）
弹性蛋白	结缔组织（弹性）

生命活动不可能离开蛋白质而存在。因此，有人称核酸为"遗传大分子"，称蛋白质为

"功能大分子"。

二、蛋白质的一级结构

（一）蛋白质一级结构的决定因素

蛋白质的一级结构（primary structure）又称共价结构或基本结构。氨基酸的排列顺序决定蛋白质的一级结构，蛋白质是由不同氨基酸种类、数量和排列顺序，通过肽键连接构成的高分子含氮化合物。蛋白质一级结构是理解蛋白质空间结构、作用机制以及与其同源蛋白质生理功能的必要基础。

在蛋白质分子中从 N 端至 C 端的氨基酸排列顺序称为蛋白质的一级结构，一级结构中的主要化学键是肽键，此外，蛋白质分子中所有二硫键的位置也属于一级结构范畴。

如牛胰岛素是第一个被测定一级结构的蛋白质分子，由英国化学家 F. Sanger 于 1953 年完成，并于 1958 年获得诺贝尔化学奖。图 2-2 为牛胰岛素的一级结构，胰岛素有 A 和 B 两条多肽链，A 链有 21 个氨基酸残基，B 链有 30 个氨基酸残基。如果把氨基酸序列（amino acid sequence）标上数码，应以氨基末端为 1 号，依次向羧基末端排列。牛胰岛素分子中有 3 个二硫键，1 个位于 A 链内，称为链内二硫键，由 A 链的第 6 位和第 11 位半胱氨酸的巯基脱氢而形成的，另 2 个二硫键位于 A、B 两链间（图 2-2），称为链间二硫键。

体内种类繁多的蛋白质，其一级结构各不相同，已知一级结构的蛋白质数量已相当可观，并且在迅速增加，已有多种蛋白质数据库例如 EMBL（European Molecular Biology Laboratory Data Library），Genbank（Genetic Sequence Databank）和 PIR（Protein Identification Resource Sequence Database）等，收集了大量最新的蛋白质一级结构及其相关资料，可为蛋白质的结构与功能研究提供有效工具。

蛋白质一级结构是其空间构象和特异生物学功能的基础，但许多研究表明，蛋白质的一级结构并不是决定蛋白质空间构象的惟一因素。

图 2-2　牛胰岛素的一级结构

（二）蛋白质一级结构的测定

1. 蛋白质测序的策略　供测定蛋白质一级结构的样品必须是均一的，纯度应在 97% 以上，必须知道它的相对分子质量（允许误差在 10% 左右）。测序策略要点如下。

（1）测定蛋白质分子中多肽链的数目　由蛋白质 N 端或 C 端的摩尔数和蛋白质的相对分子质量可以确定蛋白质分子中的多肽链数目，如果蛋白质分子只含一条多肽链（单体蛋白），则蛋白质的摩尔数应与末端的摩尔数相等；如果末端的摩尔数是蛋白质摩尔数的倍数，则表明该蛋白质分子是由多条多肽链组成，如果检测到多于一种的末端，则表明该蛋白质由两条或多条不同的多肽组成，表明该样品是杂多聚蛋白质。

（2）拆分蛋白质分子的多肽链　如果蛋白质分子是由一条以上多肽链构成的，则这些链必须加以拆分。如果是寡聚蛋白质，多肽链（亚基）是借助非共价相互作用缔合的，则可用变性剂如 8mol/L 尿素、6mol/L 盐酸胍或高浓度盐处理，就能使寡聚蛋白质中的亚基拆开。如果多肽链间是通过共价二硫键（—S—S—）交联的，如胰岛素（含两条多肽链）和 α–胰凝乳蛋白酶（含 3 条多肽链）则可采用氧化剂或还原剂将二硫键断裂。

拆开后单个多肽链可根据它们的大小或（和）电荷的不同进行分离。

（3）断开多肽链内的二硫桥　多肽链内半胱氨酸残基之间的—S—S—必须先行断裂，然后再进行下步分析。

（4）分析每一多肽链的氨基酸组成　将分离、纯化的多肽链一部分样品进行完全水解，测定它的氨基酸组成（amino acid composition），并计算出氨基酸成分的分子比或各种残基的数目。

（5）鉴定多肽链的 N 端和 C 端残基　多肽链的另一部分样品需进行末端残基的鉴定，以便建立两个重要的氨基酸序列参考点。

（6）裂解多肽链成较小的片段　用两种或几种不同的断裂方法（指断裂点不一样）将每条多肽链样品降解成两套或几套重叠的肽段或称肽碎片。每套肽段进行分离、纯化，并对每一纯化了的肽段进行氨基酸组成和末端残基的分析。

（7）测定各肽段的氨基酸序列　目前最常用的肽段测序方法是 Edman 降解法，并有自动序列分析仪可供利用。此外，尚有酶解法和生物质谱法等。

（8）重建完整多肽链的一级结构　利用两套或多套肽段的氨基酸序列彼此间有交错重叠可以拼凑出原来的完整多肽链的氨基酸序列。

（9）确定半胱氨酸残基间形成的—S—S—位置。

2. 氨基酸组成分析　将经纯化的蛋白质样品经完全水解，用氨基酸分析仪测定，一般仅需 6μg 样品，耗时不到 1 小时。

用于蛋白质的氨基酸组成分析的水解方法有酸水解法与碱水解法。酸水解法用 6mol/L HCl 于 110℃在真空或充氮的安瓿内进行水解 10 ~ 24 小时，水解后除去 HCl，所得氨基酸不消旋，但色氨酸全部被破坏，丝氨酸、苏氨酸和酪氨酸部分被破坏，天冬酰胺和谷氨酰胺水解成游离氨基酸和铵离子，由水解液中的氨量可以计算酰氨基总量。为测定色氨酸可以用碱水解，通常用 5mol/L NaOH，于 110℃，在真空或充氮条件下，水解 20 小时左右，近年改用甲基磺酸代替 HCl 水解蛋白。蛋白质的氨基酸组成一般用每摩尔蛋白质中含摩尔氨基酸残基数表示或用每 100g 蛋白质中含氨基酸克数表示。

3. N 端和 C 端氨基酸残基的鉴定

（1）N 端氨基酸的分析　末端分析不仅用于确定蛋白质分子中多肽链的数目，而且还用于氨基酸排列顺序的测定，常用方法如下。

1）二硝基氟苯法（DNFB）　蛋白质或多肽的 N 端氨基与 DNFB 反应，生成 DNP 多肽衍生物。由于 DNP 基团与氨基形成的键对酸的稳定性远较肽键高，不易被酸水解。因此，当 DNP 肽用酸水解时，所有肽键被水解生成相应的氨基酸和 DNP 末端氨基酸，这样好像给 N 端氨基酸以标记，以区别水解液中非 N 端氨基酸。DNP 氨基酸用有机溶剂提取而与其他氨基酸分开。分离出 DNP – 氨基酸可用纸色谱、TLC 或 HPLC 等进行定性和定量。（图 2 –3）

2）二甲氨基萘磺酰氯法（DNS – Cl）　方法的原理与 DNFB 法相同。本法的特点是反

$$\text{DNFB—F} + \underset{\underset{CH_3}{|}}{\overset{\overset{H}{|}\ \overset{O}{\|}}{H_2N—C—C}}\text{—N—Asp—Phe—Glu—Thr—COOH}$$

$$\downarrow \text{—HF} \quad \text{标记}$$

$$\text{DNP—NH—}\underset{\underset{CH_3}{|}}{\overset{\overset{H}{|}\ \overset{O}{\|}}{C—C}}\text{—N—Asp—Phe—Glu—Thr—COOH}$$

$$\downarrow \text{+HCl} \quad \text{水解}$$

$$\text{DNP—NH—}\underset{\underset{CH_3}{|}}{\overset{\overset{H}{|}}{C}}\text{—COOH} + \text{Asp+Phe+Glu+Thr}$$

DNP–氨基酸　　　非 N 端氨基酸混合物

图 2 – 3　DNFB 法

应生成的 DNS 氨基酸具有强烈的荧光，灵敏度比 DNFB 法高 100 倍；DNS 氨基酸可不必提取而直接鉴定。

　　DNFB 法和 DNS 法用于测定 N 端氨基酸是很有效的，但它们并不能在同一个肽链上重复应用，因为肽链在酸水解一步反应中已完全降解为氨基酸，这使其在氨基酸顺序分析中受到限制。

　　3）Edman 降解法　该法标记并仅仅水解释放多肽链 N 端残基，留下所有其他完整的肽链。Edman 降解法测序主要涉及偶联、水解、萃取等步骤。首先用标记 N 端残基的试剂苯异硫氰酸（PITC），在 pH 9.0～9.5 碱性条件下，与肽链 N 端自由的 α – 氨基偶联，生成苯氨基硫甲酰基衍生物（PTC – 肽），然后 PTC 肽在酸性条件下经裂解、环化生成苯乙内酰硫脲氨基酸（PTH – 氨基酸）和剩余多肽（N 端少一个氨基酸的多肽）。PTH – 氨基酸可用乙酸乙酯抽提后进行鉴定。其反应如下（图 2 –4）。

PITC

五肽标记

PTC–肽

裂解、环化

PTH–氨基酸

色谱法、质谱法鉴定

图 2 – 4　Edman 降解法

Edman 降解的最大优越性是在水解除去末端标记的氨基酸残基时，不会破坏余下的多肽链。留在溶液中的减少了一个氨基酸残基的肽可再重复进行上述反应过程，整个测序过程现在都是通过测序仪自动进行。每一循环都获得一个 PTH - 氨基酸，经 HPLC 就可鉴定出一种氨基酸。由此可见，Edman 降解法不仅可以测定 N 端残基，更有意义的是从 N 端开始逐一地把氨基酸残基切割下来，从而构成了蛋白质序列分析的基础。应用此法一次可连续测定 60 个以上的氨基酸顺序。目前使用的氨基酸序列分析仪（sequenator）快速、灵敏，微量的蛋白质样品就足够测定其完整的氨基酸序列。

4）氨肽酶法 氨肽酶（aminopeptidase）是一类肽链外切酶，能从肽链的 N 端开始逐个切掉氨基酸。因此，理论上只要能跟随酶水解过程依次检测出释放的氨基酸，便可确定肽的顺序。但由于酶对各种氨基酸残基水解速度不同，对结果分析的难度大而受到限制。

（2）C 端氨基酸的分析 一般说来，C 端分析比 N 端分析的误差大。

1）肼解法 多肽与无水肼加热发生肼解（hydrazinolysis），C 端氨基酸以自由形式释出，而其他氨基酸则生成相应的酰肼化合物。后者与苯甲醛反应生成不溶于水的二苯基衍生物而沉淀，上清液游离的 C 端氨基酸可用 DNFB 法或 DNS 法及色谱技术鉴定。（图 2 - 5）

$$
\underset{R_1}{H_2N-CH-CO}\cdots\cdots NH-\underset{R_{n-1}}{CH-CO}-NH-\underset{R_n}{CH-COOH}
$$

$$\downarrow H_2N-NH_2$$

$$
\underset{R_1}{H_2N-CH-CO}-NH-NH_2 + \underset{R_{n-1}}{H_2N-CH-CO}-NH-NH_2 + \underset{R_n}{H_2N-CH-COOH}
$$

氨基酰肼化合物 　　　　　　　　　　　　　C 端氨基酸
（上清液）

↓ 苯甲醛

二苯基衍生物（沉淀）

图 2 - 5 肼解法

2）羧肽酶法 羧肽酶（carboxypeptidase）是一类肽链外切酶，能特异地从 C 端将氨基酸依次水解下来，是 C 端分析常用的方法。已发现的羧肽酶有羧肽酶 A、B、C 和羧肽酶 Y 四种，它们各自的专一性不同。羧肽酶 A 可水解脂肪族或芳香族氨基酸（Pro 除外）构成的 C 端肽键；羧肽酶 B 则水解由碱性氨基酸构成的 C 端肽键；羧肽酶 C 水解 C 端的 Pro；近来发现羧肽酶 Y 能切断各种氨基酸在 C 端的肽键，是一种最适用的羧肽酶。

4. 大分子多肽氨基酸顺序的确定 一般说来，对小分子肽用前述方法直接测定其氨基酸顺序，而对大分子肽尚难直接测定。目前对大分子多肽氨基酸顺序测定方法是：先将大分子多肽裂解为小的肽片，经分离纯化后，分别测定各肽片的顺序。对肽链裂解的方法要求选择性强，裂解点少和反应产率高。肽链裂解方法有两大类，即化学裂解法和酶解法等。一般常用两种以上的方法对肽链进行有控制的部分裂解，由于不同的方法裂解各异，可从已测出氨基酸顺序的小肽片段中找到关键性的"重叠顺序"，即可确定各小肽片段在整个大分子肽链中的位置，从而推导出该大分子肽链的氨基酸顺序。

例如有一肽链分别用 A 法和 B 法限制性地裂解，得不同的小肽片段并测定其顺序分别如下。

A 法：甲硫 - 苯丙；甘 - 丝；缬 - 赖 - 酪 - 丙。

B 法：酪 – 丙 – 甲硫 – 苯丙；甘 – 丝 – 缬 – 赖。

这些肽段怎样连接？若仅用 A 法或 B 法的结果都很难确定其顺序。如综合两法的结果，找出其关键的"重叠顺序"，便可推导出此多肽的氨基酸排列顺序。

重叠顺序：缬 – 赖 – 酪 – 丙。

多肽顺序：甘 – 丝 – 缬 – 赖 – 酪 – 丙 – 甲硫 – 苯丙。

这些方法适用于由一条无二硫键的多肽链组成的蛋白质。如蛋白质由几条不同的多肽链通过非共价键结合，则需用蛋白质变性剂（脲、盐酸胍等）拆开，分离纯化后再测定；如蛋白质含二硫键，则可用过甲酸氧化或巯基乙醇还原后再测定。

5. 核酸推导法　以上蛋白质序列分析方法不是获得氨基酸顺序的惟一方法。由于快速 DNA 序列分析的开展、基因密码的阐明和分离基因技术的发展，可根据蛋白质的氨基酸顺序由核酸的核苷酸顺序决定，只要测出核酸的核苷酸顺序，即可根据三个核苷酸确定一个氨基酸的密码推导出蛋白质的氨基酸顺序的原理（详见核酸与蛋白质生物合成部分），有效地确定蛋白质一级结构。此法的优点是：目前测定 DNA 核苷酸顺序的技术已相当成熟；对经典化学法难以分析的大分子蛋白质或生物体含量很低的蛋白质，应用此法十分有效。实际上两项测序技术可以取长补短互为补充。若基因已分离出来了，DNA 序列分析比蛋白质的序列分析更为迅速和准确；若基因还没有分离出来，就必须直接测定多肽链的序列，并且可以提供二硫键的位置等信息，这是在 DNA 序列分析中不可能得到的。另外，知道了蛋白质的氨基酸排列顺序也能促进相关基因的分离。

6. 电喷射电离串联质谱法（ESI tandem MS 或 MS – MS）　电喷射电离的基本步骤是：①蛋白质溶液在高电场（数千伏）中通过毛细管静电分散成携带高电荷［蛋白质平均每千相对质量单位获得一个正电荷（质子）］的微滴；②蛋白质离子从这些微滴中被解吸进入气相（借助在热 N_2 气流中蒸发微滴水分）；③蛋白质离子进入质谱仪分析。串联质谱法将蛋白质离子在两台串联的质谱仪上进行分析。第一台质谱仪（MS）用于从蛋白质水解液中分离寡肽，然后选出每一寡肽（P_1、P_2 或 P_3 等）进行下一步分析。在进入第二台质谱仪（MS）的途中，选出的寡肽于碰撞池（collision cell）通过与氮气或氩气分子碰撞裂解成离子碎片（F_1、F_2、F_3 等），这些碎片被吸引入第二台质谱仪进行分析。裂解主要发生在寡肽中连接相继氨基酸的肽键上，因此产生的碎片代表一套大小只差一个氨基酸残基的肽段。这样的两个碎片相对分子质量之差为 56 ［肽主链（NH—CH—CO）的质量］加被裂解掉的那个残基的 R 基相对分子质量，其范围从 1（Gly）到 130（Trp）。由于这个差值是各个氨基酸的特征值（残基质量），因此可根据整套离子碎片的质量差来推定氨基酸序列（Leu 和 Ile 需另作处理）。MS – MS 测序的优点是灵敏度高，所需的样品量少（可分析亚皮摩尔即小于 10^{-12} mol 水平的肽），测定速度快，特别是蛋白质的胰蛋白酶水解液经毛细管 HPLC 分离后的肽混合物即可直接进样串联质谱仪，这样可免去繁重的肽分离纯化工作。

三、蛋白质的二级结构

蛋白质的二级结构（secondary structure）是指蛋白质分子中某一段肽链的局部空间结构，也就是多肽链的主链骨架若干肽单位，各自沿一定的轴盘旋或折叠，并以氢键为主要的次级键而形成的有规则构象，如 α 螺旋、β 折叠、β 转角和无规卷曲，蛋白质的二级结构不涉及氨基酸残基侧链的构象。

一个蛋白质分子可含有多种不同二级结构或多个同种二级结构，而且在蛋白质分子内空间上相邻的两个以上的二级结构还可协同完成特定的功能。

1. 肽单位 肽键是构成蛋白质分子的基本化学键，肽键与相邻的两个 α-碳原子所组成的基团，称为肽单位（peptide unit）或肽平面（图 2-6）。多肽链由许多重复的肽单位连接而成，它们构成肽链的主链骨架。肽单位和各氨基酸残基侧链的结构和性质对蛋白质的空间构象有重要影响。

图 2-6 多肽链中的肽单位

根据 X 射线衍射结构分析的研究结果表明，肽单位具有以下特性。

（1）肽键具有部分双键的性质，不能自由旋转。肽键中的 C—N 键的键长为 0.132nm 比 C—N 单键（键长 0.147nm）短，而比 C＝N 双键（键长 0.127nm）长（图 2-7）。

图 2-7 肽单位中的肽键

（2）肽单位是刚性平面（rigid plane）结构，即肽单位上的六个原子都位于同一个平面，称为肽键平面（图 2-8）。

图 2-8 肽单位的平面结构

（3）肽单位中与 C—N 相连的氢和氧原子与两个 α-碳原子呈反向分布。

根据这些特性，可以把多肽链的主链看成由一系列刚性平面所组成。因为主链 C—N 键具有部分双键的性质，不能自由旋转，使肽链的构象数目受到很大的限制。主链 C_α—N 和 C_α—C 键虽然可以旋转，但也不是完全自由的，因为它们的旋转受到 R 基团和肽键中氢及氧原子空间阻碍的影响，影响的程序与侧链基团的结构和性质有关，这样使多肽链构象的数目又进一步受到限制。显然在肽键平面上，有 1/3 的键不能旋转，只有两端的 α‑碳原子单键可以旋转，因此，多肽链的盘旋或折叠是由肽链中许多 α‑碳原子的旋转所决定的。

由于肽键平面对多肽链构象的限制作用，使蛋白质二级结构的构象是有限的，主要有 α 螺旋、β 折叠和 β 转角等。

2. α 螺旋（α‑helix）　蛋白质分子中多个肽键平面通过氨基酸 α‑碳原子的旋转，使多肽链的主骨架沿中心轴盘曲成稳定的 α 螺旋构象（图 2–9）。α 螺旋具有下列特征。

图 2–9　蛋白质分子的 α 螺旋结构

a. α 螺旋结构模型　b. α 螺旋骨架结构

（1）螺旋的方向为右手螺旋，每 3.6 个氨基酸旋转一周，螺距为 0.54nm，每个氨基酸残基的高度为 0.15nm，肽键平面与螺旋长轴平行。

（2）氢键是 α 螺旋稳定的主要次级键。相邻的螺旋之间形成链内氢键，即一个肽单位的 N 上氢原子与第四个肽单位羰基上的氧原子生成氢键。α 螺旋构象允许所有肽键参与链内氢键的形成，因此 α 螺旋靠氢键维持是相当稳定的。若破坏氢键，则 α 螺旋构象即遭破坏。

（3）肽链中氨基酸残基的 R 基侧链分布在螺旋的外侧，其形状、大小及电荷等均影响 α 螺旋的形成和稳定性。如多肽中连续存在酸性或碱性氨基酸，由于所带电荷而同性相斥，阻止链内氢键形成趋势而不利于 α 螺旋的生成；较大的氨基酸残基的 R 侧链（如异亮氨酸、苯丙氨酸、色氨酸等）集中的区域，因空间阻碍的影响，也不利于 α 螺旋的生成；脯氨酸或羟脯氨酸残基的存在则不能形成 α 螺旋，因其 N 原子位于吡咯环中，C_α—N 单键不能旋转，加之其 α‑亚氨基在形成肽键后，N 原子上无氢原子，不能生成维持 α 螺旋所需之氢键。显然，蛋白质分子中氨基酸的组成和排列顺序对 α 螺旋的形成和稳定作用具有决定性的影响。

3. β 折叠结构　β 折叠结构（β‑pleated sheet structure）又称 β 片层结构。β 折叠中多肽链的主链相对较伸展，多肽链的肽平面之间呈手风琴状折叠（图 2–10）。此结构具有下列特征。

图 2 – 10 β 折叠

a. β 折叠中两条多肽链之间形成氢键　b. 侧链（R 基）结合到 C_α 原子位于 β 折叠的上

方和下方　c. 极性的多肽链形成平行、反平行的 β 折叠

（1）肽链的伸展使肽键平面之间一般折叠成锯齿状。

（2）两条以上肽链（或同一条多肽链的不同部分）平行排列，相邻肽链之间的肽键相互交替形成许多氢键，是维持这种结构的主要次级键。

（3）肽链平行的走向有顺式和反式两种，肽链的 N 端在同侧为顺式，两残基间距为 0.65nm；不在同侧为反式，两残基间距为 0.70nm。反式较顺式平行折叠更加稳定。

（4）肽链中氨基酸残基的 R 侧链分布在片层的上下。

能形成 β 折叠的氨基酸残基一般不大，而且不带同种电荷，这样有利于多肽链的伸展，如甘氨酸、丙氨酸在 β 折叠中出现的概率最高。

4. β 转角（β-bend 或 β-turn）　伸展的肽链形成 180° 的回折，即 U 型转折结构。它是由四个连续氨基酸残基构成，第一个氨基酸残基的羧基与第四个氨基酸残基的亚氨基之间形成氢键以维持其构象（图 2–11）。

5. 无规卷曲　蛋白质二级结构中除上述有规则的构象外，尚存在因肽键平面不规则排列

图 2–11　在 β 转角中多肽链的折叠

的无规律构象，称为自由折叠或无规卷曲（random coil）。

研究表明：一种蛋白质的二级结构并非单纯的 α 螺旋或 β 折叠结构，而是这些不同类型构象的组合，只是不同蛋白质各占多少不同而已。实例见表 2 - 3。

表 2 - 3　部分蛋白质分子中 α 螺旋与 β 折叠的占有量

蛋白质名称	α 螺旋（%）	β 折叠（%）
血红蛋白	78	0
细胞色素 c	39	0
溶菌酶	40	12
羧肽酶	38	17
核糖核酸酶	26	35
凝乳蛋白酶	14	45

四、蛋白质的超二级结构

蛋白质的超二级结构（super-secondary structure）又称模体（motif）、基序是指在多肽内顺序上相邻的二级结构常常在空间折叠中靠近，彼此相互作用，形成有规则的二级结构聚集体。超二级结构有多种形式，如 α 螺旋组合（αα）、β 折叠组合（βββ）和 α 螺旋 β 折叠组合（βαβ）等（图 2 - 12）。它们可直接作为三级结构的"建筑块"或结构域的组成单位，是介于二级结构和结构域间的一个构象层次。超二级结构的形成，主要是组成它们的氨基酸残基侧链基团相互作用的结果。

a　　　　　　　　b　　　　　　　　c

图 2 - 12　蛋白质中的超二级结构

a. αα 组合　b. βββ 组合　c. βαβ 组合

模体（motif）是具有特殊功能的超二级结构。在这些模体中，β 转角常为含 3 ~ 4 个氨基酸的片段，而环（loop）为较大的片段，常连接不规则的二级结构。

在许多钙结合蛋白分子中通常有一个结合钙离子的模体，它由 α 螺旋 - 环 - α 螺旋三个肽段组成（图 2 - 13a），在环中有几个恒定的亲水侧链，侧链末端的氧原子通过氢键而结合钙离子。近年发现的锌指结构（zinc finger）也是一个常见的模体例子。此模体由一个 α 螺旋和两个反平行的 β 折叠 3 个肽段组成（图 2 - 13b）。它形似手指，具有结合锌离子的功能。此模体的 N 端有一对半胱氨酸残基，C 端有一对组氨酸残基，此 4 个残基在空间上形成一个洞穴，恰好容纳一个 Zn^{2+}。由于 Zn^{2+} 可稳固模块中 α 螺旋结构，致使此 α 螺旋能镶嵌于 DNA 的大沟中，因此含锌指结构的蛋白质都能与 DNA 或 RNA 结合。可见模体的特征性空间构象是其特殊功能的结构基础。有些蛋白质的模体含有几个氨基酸残基，例如纤连蛋白中能与其受体结合的肽段，只是 RGD 三肽。

图 2 – 13　具有特殊功能的超二级结构的模体

a. 钙结合蛋白中与钙离子结合的模体　b. 锌指结构模体

五、蛋白质的结构域

结构域（domain）是位于超二级结构和三级结构间的一个层次。结构域是在蛋白质的三级结构内的独立折叠单元，通常都是几个超二级结构单元的组合。在较大的蛋白质分子中，由于多肽链上相邻的超二级结构紧密联系，进一步折叠形成一个或多个相对独立的致密三维实体，即结构域。结构域与分子整体以共价键相连，一般难以分离，这是它与蛋白质亚基结构的区别。一般每个结构域由 100～200 个氨基酸残基组成，各有独特的空间构象，并承担不同的生物学功能。如免疫球蛋白（IgG）由 12 个结构域组成，其中两个轻链上各有 2 个，两个重链上各有 4 个；补体结合部位与抗原结合部位处于不同的结构域（图 2 – 14）。一般来说，较小蛋白质的短肽链如果仅有 1 个结构域，则此蛋白质的结构域和三级结构即为同一结构层次。较大的蛋白质为多结构域，它们可能是相似的，也可能是完全不同的。

结构域的基本类型有 4 类：反平行 α 螺旋结构域（全 α 结构），平行或混合 β 折叠结构域（α、β 结构）、反平行 β 折叠结构域（全 β 结构）和富含金属或二硫键结构域（不规则小蛋白质结构）。

图 2 – 14　IgG 结构域（空间填充模型）

六、蛋白质的三级结构

（一）蛋白质三级结构的特征

蛋白质的三级结构（tertiary structure）是指整条肽链中全部氨基酸残基的相对空间位

置，也就是分子中所有原子在三维空间的排布位置。这是具有二级结构、超二级结构或结构域的一条多肽链，由于其序列上相隔较远的氨基酸残基侧链的相互作用，而进行范围更广泛的盘曲与折叠，形成包括主、侧链在内的空间排列，构成结构紧密的三级结构（图2-15）。已知球状蛋白质的三级结构具有某些共同特征，如分子中含有多种二级结构元件（包括α螺旋、β折叠、β转角和无规卷曲等）；球状蛋白折叠成球状或椭球状；球状蛋白三维结构有明显的折叠层次，即在一级结构相邻的二级结构需在三级结构中彼此靠近并形成超二级结构，进一步折叠成相对独立的三维空间结构；疏水侧链埋藏在分子内部，亲水侧链暴露于分子表面。

图2-15 溶菌酶的三级结构

（二）维持蛋白质构象的化学键

维持蛋白质构象的化学键主要是一些次级键，亦称副键，它们是蛋白质分子的主链和侧链上的极性、非极性基团和离子基团等相互作用而形成的。这些次级键一般键能较小，因而稳定性较差，但由于次级键的数量众多，因此在维持蛋白质分子的空间构象中起着极为重要的作用。主要的次级键有氢键、疏水作用、离子键、配位键和范德华力等（图2-16）。

图2-16 蛋白质分子中次级键示意

1. 氢键 氢键（hydrogen bond）由连接在一个电负性大的原子上的氢与另一个电负性大的原子相互作用而形成。氢键是次级键中键能最弱的，但其数量最多，所以是最重要的次级键。一般多肽链中主链中主链骨架上羰基的氧原子与亚氨基的氢原子所生成的氢键是维持蛋白质二级结构的主要次级键。而侧链间或主链骨架间所生成的氢键则是维持蛋白质三、四级结构所需的。

2. 疏水作用 疏水作用（hydrophobic bond）是由两个非极性基团为避开水相而群集在一起的作用力。蛋白质分子中一些疏水基团因避开水相而互相黏附并藏于蛋白质分子内部，这种相互黏附形成的疏水作用是维持蛋白质三、四级结构的主要次级键。

3. 离子键 离子键（ionic bond）又叫盐键（salt bond）。它是蛋白质分子中带正电荷基团和负电荷基团之间静电吸引所形成的化学键。

4. 配位键 配位键（coordinate bond）是两个原子、由单方面提供共用电子对所形成的化学键。部分蛋白质含金属离子，如胰岛素（Zn）、细胞色素（Fe）等。蛋白质与金属离子结构中常含有配位键，其参与并维持蛋白质的三、四级结构。

5. 二硫键 二硫键（disulfide bond）是由两个硫原子间所形成的化学键。在蛋白质分子中它是两个半胱氨酸侧链的巯基脱氢形成。二硫键是较强的化学键，它对稳定具有二硫键蛋白质的构象有重要作用。

6. 范德华力 范德华力（van der Waals force）这是原子、基团或分子间的一种弱的相互作用力。其在蛋白质内部非极性结构中较重要，在维持蛋白质分子的高级结构中也是一个重要的作用力。

（三）研究蛋白质构象的方法

1. X 射线衍射法 X 射线衍射技术的主要特点是：①光源不是可见光，而是波长很短的 X 射线（$\lambda = 0.154$nm）；②射线经物体散射后，直接获得衍射图案（diffraction pattern）。衍射图案用数学法（如电子计算机）收集进行重组，绘出电子密度图，从中构建出三维分子图像——分子结构模型（图 2-17）。

由于 X 射线 λ 为 $0.01 \sim 10$nm，因此它能测定分子内原子间的距离（0.1nm 的数量级），达到高分辨率（< 0.1nm）。

图 2-17 X 射线衍射晶体结构分析示意

Cu：阳极靶，产生 X 射线；e：高速电子；Ni：镍滤片，获得单色 X 射线（$\lambda = 0.154$nm）；

D：衍射光束；U：未衍射光束

X 射线衍射法只能用于测定晶体结构，故又称为 X 射线晶体学技术。用于衍射分析的球状蛋白质的典型晶体每边约为 0.5mm，含有大约 10^{12} 个蛋白质（沿晶体每边排列 10^4 个分子）。

用 X 射线衍射法测定晶体结构是根据晶体中原子重复出现的周期性结构。当 X 射线穿过晶体的原子平面层时，只要原子层的距离 d 与入射的 X 射线波长 λ、入射角 θ 之间的关系能够满足布拉格（Bragg）方程式（图 2-18）：$2d\sin\theta = n\lambda$（$n = \pm1, \pm2, \pm3, \cdots$），

图 2 - 18　布拉格方程的图解

则反射波可以互相叠加而产生衍射，形成复杂的衍射图案。不同物质的晶体形成各自独特的衍射图案。X 射线结构分析主要是根据衍射线的方向与强度，即衍射图案上斑点的位置与黑度。根据衍射线的方向，可以确定晶胞（晶体的重复单位）的大小和形状，根据衍射的强度可以确定晶胞中的原子排布。

不同的晶体样品要求用不同的分析方法。微晶的纤维状蛋白质采用纤维法，单晶的球状蛋白质使用单晶回转法。

2. 圆二色谱法　圆二色谱（circular dichroism spectrum，CD）可以更好地提供含手性中心的生物大分子的三维结构信息，基本上已替代了旋光色谱（ORD）技术。在 CD 光谱中，应用圆偏振光，将波长和振幅相同但相位相差 1/4 周期且偏振平面相差 90°的两个平面偏振光重叠可以得到圆偏振光，正如平面偏振光可能是左旋（L）或右旋（R）那样，圆偏振光也是如此。L 和 R 圆偏振光的产生取决于两个平面偏振波峰的位置。手性分子与圆偏振光相互作用也与旋光测定一样存在相似的差异，通过样品后的光束是 R 和 L 成分的重新结合，得到椭圆偏振光的光束，在旋光法中，测量比旋光度 $[\alpha]_\lambda$，而 CD 法测量的是椭圆率 θ。多数生物大分子具有不对称性，有的是构型不对称性如 L - 氨基酸和 D - 氨基酸，有的是构象不对称性如左手和右手蛋白质螺旋。手性物质与左、右圆偏振光（E_L、E_R）的相互作用不同，因而对 E_L 和 E_R 的吸收也不同，便使左、右圆偏振光叠合成椭圆偏振光，这种光学效应就是生物分子的圆二色性，若用 E_L 和 E_R 表示手性物质对 E_L 和 E_R 光吸收的摩尔吸收系数，则 $\Delta\varepsilon = \varepsilon_R - \varepsilon_L$ 为圆二色性，以摩尔椭圆率 $[\theta]_\lambda$ 表示，$\Delta\varepsilon$ 和 $[\theta]_\lambda$ 的关系为

$$[\theta]_\lambda = \frac{\theta_\lambda}{cl} \times 100 = 3300\Delta\varepsilon \qquad (2-1)$$

式中，椭圆率 $\theta = \arctan$（短轴/长轴）$\approx \tan\theta \approx 33cl\Delta\varepsilon$（对于小的 θ 来说），$c =$ 摩尔浓度、$l =$ 光程厚度（cm）。$[\theta]_\lambda$ 的单位为度·厘米^2/分摩尔（$\deg \cdot cm^2/dmol$）。注意：$\Delta\varepsilon$ 可以是正值或负值，所以 CD 光谱与一般的吸收光谱不同，在这里正和负值都是允许的。

蛋白质的远紫外 CD 光谱反映主链构象。典型的 α 螺旋在 208nm 和 222nm 左右有两个负槽，在 192nm 有一个正峰。β 折叠也出现 190nm 附近的正峰，和位于 215nm 的负槽。相反，无规卷曲在 199nm 处有一个负槽（图 2 - 19）。CD 谱对蛋白质二级结构非常敏感，是测定溶液状态下蛋白质二级结构的通常方法。

圆二色性还能用于估算蛋白质中 α 螺旋、β 折叠片和无规卷曲的含量。假设蛋白质分子全由这 3 种构象单元组成，它们所含的残基数占蛋白

图 2 - 19　多聚 L - 赖氨酸在不同构象条件下的标准远紫外 CD 光谱

质分子的总残基数的百分数分别为 f_α、f_β 和 f_R，则

$$f_\alpha + f_\beta + f_R = 1 \tag{2-2}$$

再假设蛋白质分子中的各种构象单元在各个波长处的椭圆率也可以加和，则

$$[\theta]_\lambda = f_\alpha [\theta]_{\alpha,\lambda} + f_\beta [\theta]_{\beta,\lambda} + f_R [\theta]_{R,\lambda} \tag{2-3}$$

式中，$[\theta]_\lambda$ 为实验样品 CD 曲线在波长 λ 处的摩尔椭圆率；$[\theta]_{\alpha,\lambda}$、$[\theta]_{\beta,\lambda}$ 和 $[\theta]_{R,\lambda}$ 分别为 100% α 螺旋、100% β 折叠片和 100% 无规卷曲构象在波长 λ 处的摩尔椭圆率；这些数据可由人工合成的多聚氨基酸获得（图 2-19）。因此利用上述公式，理论上只要选择 3 个不同波长的 $[\theta]$，即可得到一组三元一次方程，并由此解出未知数 f_α、f_β 和 f_R，现在实际上都是用现成的程序在计算机上完成的。

3. 核磁共振波谱法 在蛋白质三维结构研究中常用到 $^1H - NMR$（质子核磁共振，PMR），同时也用 $^{13}C - NMR$、$^{15}N - NMR$ 和 $^{31}P - NMR$。

在几百毫特斯拉的外加磁场下，使用无线电波区的 40MHz 辐射将引起磁共振而产生吸收，我们就可以得到 NMR 波谱。实际扫描的磁场范围比仪器提供的磁场范围要小一些，并且这种光谱特别描述了被吸收的无线电频率。

质子的分子环境决定了引起磁共振的外加磁场强度，磁场强度的差别可以通过化学位移（τ）来表示，并且将测到的化学位移与内标相对照，常用的内标是（CH_3）$_4Si$（四甲基硅烷，TMS），它含有 12 个相同的质子。当外加磁场与质子周围的成键电子相互作用时产生第二磁场 [诱导磁场，$15 \times 10^{-4} \sim 20 \times 10^{-4}T$（特斯拉）]，出现化学位移的差别，如果诱导磁场与外加磁场方向相反，那么必须有较强的外加磁场才能产生核磁共振。但如果诱导磁场和外加磁场方向相同，那么较弱的外加磁场就能产生核磁共振。在磁场方向相反的情况下，原子核被屏蔽，屏蔽的程度与最接近的取代基的吸电子能力成反比。在诱导磁场与外加磁场方向相同的情况下，原子核去屏蔽。在 NMR 谱图的横坐标上，化学位移值在 0～10 的范围内，并规定 TMS 的化学位移值为 10。质子类型可以通过吸收峰的位置来确定，而且每个峰面积与特定基团中质子数目成正比。

核奥效应（nuclear overhauser effect，NOE）是原子核间的一种偶极－偶极的相互作用，其大小与核间距离的 6 次方成反比。如果核间距离小于 0.5nm，磁化将从激发核转移到非激发核。二维核奥增强波谱法（NOESY）的波谱能够图解式地展示挨近的质子对。NOESY 谱的对角线相当于一维 NMR（化学位移）谱。对角线以外的峰称交叉峰，它代表距离不超过 0.5nm，有 NOE 联系的质子对。NOESY 谱中的重叠峰一般只要获得经 ^{15}N 和 ^{13}C 标记的蛋白质的 NMR 谱，则可分辨开来。照射这样的原子核可以沿第三轴把 NOE 重叠峰分开，这就是所谓的多维 NMR 谱。蛋白质的三维结构根据大量的这种邻近关系可以重建。

NMR 和 X 射线晶体学是能够在原子水平上揭示蛋白质和其他生物分子三维结构的仅有的两种技术。X 射线方法能给出高分辨率的图像，但需要晶体，而 NMR 方法能研究溶液中的蛋白质结构，只要提供高浓度的溶液（对一个 Mr 15 000 蛋白质约 15mg/ml）。而且 NMR 谱还能提供大量有关动态的信息。实践证明，用这两种方法测得的三维结构非常接近。因此 NMR 和 X 射线技术在研究结构方面彼此可以很好地互补。

七、亚基缔合和蛋白质的四级结构

许多有生物活性的蛋白质由两条或多条肽链构成，肽链与肽链之间并不是通过共价键相连，而是由非共价键维系。每条肽链都有自己的一、二和三级结构。这种蛋白质的

每条肽链被称为一个亚基（subunit）。由两个或两个上的亚基之间相互作用，彼此以非共价键相连而形成更复杂的构象，称为蛋白质四级结构（quaternary structure）。

1. 亚基 又称亚单位（subunit），有人称为原聚体或单体。亚基一般由一条多肽链组成，也有由两条或更多的多肽链组成。亚基本身各具有一、二、三级结构。由2~10个亚基组成具有四级结构的蛋白质称为寡聚体（oligomer），更多亚基数目构成的蛋白质则称为多聚体（polymer）。蛋白质分子中亚基结构可以相同，也可不同。一般亚基多无活性，当它们构成具有完整四级结构的蛋白质时，才表现出生物学活性（表2-4）。

表2-4 部分蛋白质中亚基数目与相对分子质量

蛋白质或酶	亚基数目	亚基相对分子质量
牛乳球蛋白	2	18 375
过氧化氢酶	4	60 000
果糖磷酸激酶	6	130 000
烟草斑纹病毒外壳蛋白	2130	17 530
血红蛋白	4（$\alpha_2\beta_2$）	α：15 130 β：15 870
天冬氨酸转氨甲酰酶	12（C_6，R_6）	C：34 000 R：17 000

蛋白质的四级结构是由亚基缔合而成，所以其四级结构涉及亚基种类、数目和各亚基或原聚体在整个分子中的空间排布，包括亚基的接触点（结构互补）和作用力（主要是非共价相互作用）。大多数寡聚蛋白分子中亚基数目为偶数，尤其以2个和4个为多，个别的为奇数，如荧光素酶由3个亚基组成。蛋白质分子中的亚基种类多数为1种或2种，含3种以上不同亚基种类的蛋白质少见。

2. 亚基间的结合力 维持蛋白质四级结构的主要化学键是疏水作用，它是由亚基间氨基酸残基的疏水基相互作用而形成的。一般能构成四级结构的蛋白质，其非极性氨基酸的量约占30%。这些多肽链在形成三级结构时，不可能将全部疏水氨基酸残基侧链藏于分子内，部分疏水基侧链位于亚基表面。亚基表面的疏水基侧链为了避开水相而相互作用形成疏水作用，导致亚基的聚合。此外，氢键、范德华力、离子键、二硫键等在维持四级结构中也起一定的作用。

蛋白质亚基之间紧密接触的界面存在极性互相作用和疏水作用。相互作用的表面具有极性基团和疏水基团的互补排列。亚基缔合的驱动力主要是疏水作用，亚基缔合的专一性是由极性基团之间的氢键和离子键提供。

3. 亚基相互作用的方式 亚基缔合可分为相同（identical）亚基之间和不相同（nonidentical）亚基之间的缔合。相同亚基之间的缔合可进一步分为同种缔合（isologous）和异种缔合（heterologous）。同种缔合中相互作用的表面是相同的，形成的结构一定是封闭的二聚体，并且具有一个2-重对称轴。二聚体是四级结构中最常见的聚集体，例如前清蛋白的二聚体。如果发生进一步的同种缔合使成三聚体或四聚体，则必须利用蛋白质表面上的不同界面。许多蛋白质包括伴刀豆凝集素A和前清蛋白可通过两套同种缔合形成四聚体。

相同亚基的异种缔合中相互作用的表面是不相同的。异种缔合一定是开放末端的结构。许多蛋白质借异种缔合可以几乎无限聚合，形成线性或螺旋形的大聚集体，有些是病毒颗粒（如TMV）的外壳，有些是细胞和组织中具有重要功能的结构，例如微管蛋白（一种

αβ 二聚体），它能聚合成管状纤维，称为微管。微管是纤毛（cilia）、鞭毛（flagella）和细胞骨架基质的基础。

第二节 蛋白质的结构与功能

扫码"学一学"

研究蛋白质的结构与功能的关系是从分子水平上认识生命现象的一个极为重要的领域，对医药研究也有十分重要的意义。它能从分子水平上阐明酶、激素等活性物质的作用机制以及一些遗传性疾病发生的原因，这将为疾病（如肿瘤、遗传性疾病）的防治和药物研究提供重要的理论根据。近年来蛋白质工程的发展就是以蛋白质的结构和功能的关系为基础，通过分子设计，有控制的基团修饰与合成或对表达产物蛋白质的化学修饰，对天然蛋白质进行定向改造，创造出自然界不存在但功能上更优越的蛋白质，为人类的健康服务。

蛋白质是生命的基础。各种蛋白质都具有其特异的生物学功能，而所有这些功能又都与蛋白质分子的特异结构密切相关。总的说来，蛋白质分子的一级结构是形成空间结构的物质基础，而蛋白质的生物功能是蛋白质分子特定的天然构象所表现的性质或具有的属性。研究蛋白质结构与功能的关系是生物化学要解决的重要问题。

一、蛋白质的一级结构与生物功能

（一）一级结构相似的蛋白质具有相似的生物功能

蛋白质一级结构的比较，常被用来预测蛋白质之间结构与功能的相似性。同源性较高的蛋白质之间，可能具有相类似的功能。蛋白质同源性（homology）是指由同一基因进化而来的一类蛋白质。已有大量的实验证明，一级结构相似的多肽或蛋白质，其空间构象和功能也相似。例如不同哺乳类动物的胰岛素分子结构都由 A 和 B 两条链组成，且二硫键的配对位置和空间构象也极相似，一级结构仅有个别氨基酸差异，因而它们都具有相同的调节糖代谢等的生理功能（表 2-5）。

表 2-5　哺乳动物胰岛素氨基酸序列的差异

胰岛素 （来源）	氨基酸残基序号			
	A_5	A_6	A_{10}	A_{30}
人	Thr	Ser	Ile	Thr
猪	Thr	Ser	Ile	Ala
犬	Thr	Ser	Ile	Ala
兔	Thr	Gly	Ile	Ser
牛	Ala	Gly	Val	Ala
羊	Ala	Ser	Val	Ala
马	Thr	Ser	Ile	Ala

注：A 表示 A 链，A_5 表示 A 链第 5 位氨基酸，其余类推。

在蛋白质一级结构中存在着发挥其功能的"关键"部位，当这些"关键"部位相同时，常常其生物功能也相同。

例如促黑素（MSH），其作用是促进黑色素细胞的发育和分泌黑色素，控制皮肤色素的产生与分布。MSH 有 α 和 β 两类，不同来源的 MSH 一级结构各异，但具有相同的活性所必需的氨基酸顺序（表 2-6），因而表现出相同的生化功能。

表 2-6 α-MSH 和 β-MSH 活性必需氨基酸比较

MSH的来源	活性必需的氨基酸顺序
动物 α-MSH	11　　　　　17　　　　22 肽 N'——甲硫-谷-组-苯丙-精-色-甘——
β-MSH	7　　　　　13　　　　18 肽 N'——甲硫-谷-组-苯丙-精-色-甘——
人　β-MSH	4　　　　　10　　　　13 肽 N'——甲硫-谷-组-苯丙-精-色-甘——

（二）一级结构"关键"部位的改变也会改变其生物活性

多肽结构与功能的研究表明，改变多肽中某些重要的氨基酸，常可改变其活性。近年来应用蛋白质工程技术，如选择性的基因突变或化学修饰等，定向改造多肽中一些"关键"氨基酸，可得到自然界不存在而功能更优的多肽或蛋白质，这对研究多肽类新药具有重要意义，举例见表 2-7。

表 2-7 多肽或蛋白质中氨基酸的变化与活性

多肽或蛋白质	氨基酸位置					相对活性
脑啡肽（5 肽）	甘₂	甲硫₂				1.0
衍生物	D-丙	甲硫—CO—NH₂				10.0
促黄体生成释放素（10 肽）	色₃	丝₄	甘₆	甘₁₀		1.0
衍生物	苯丙—					0.04
	苯丙—	D-色	甘—NH—C₂H₅			144.0
生长抑素（14 肽）	苯丙₆	色₈	苏₁₀	丝₁₃		1.0
衍生物	—	—	D-丝			0.01
	—	D-色				8.0
胰岛素（51 肽）	A-甘₁	天胺₂₁	B组₁₀	苯丙₂₅		1.0
衍生物	×					0.05
	—	天—				2.5
肿瘤坏死因子（157 肽）	缬₁	苏₇	脯₈	丝₉	天₁₀　亮₁₅₇	1.0
衍生物	×…	×…×	精	赖	精　苯丙	10.0

注：—表示与天然产物氨基酸相同，×表示切去该氨基酸。

（三）一级结构可以提供重要的生物进化信息

一些广泛存在于生物界不同种系间的蛋白质，比较它们的一级结构，可以帮助了解物种进化间的关系。如细胞色素 c（cytochrome c），物种间越接近，则一级结构越相似，其空间构象和功能也越相似。猕猴与人类很接近，两者一级结构只相差 1 个氨基酸残基，即第 102 位氨基酸猕猴为精氨酸，人类为酪氨酸；人类和黑猩猩的细胞色素 c 一级结构完全相同。面包酵母与人类从物种进化看，两者相差极远，所以两者细胞色素 c 一级结构相差达 51 个氨基酸。灰鲸是哺乳类动物，由陆上动物演化，它与猪、牛及羊只差 2 个氨基酸。

（四）一级结构的改变可引起分子病

基因突变可导致蛋白质一级结构的变化，使蛋白质的生物学功能降低或丧失，甚至可引起生理功能的改变而发生疾病。这种由遗传突变引起的、在分子水平上仅存在微观差异而导致的疾病，称之为分子病。现在几乎所有遗传病都与正常蛋白质分子结构改变有关。

甚至有些缺损的蛋白质可能仅仅只有一个氨基酸异常，如镰状细胞贫血（sickle cell anemia）患者就是血红蛋白（HbS）与正常血红蛋白（HbA）在 β 链第 6 位有一个氨基酸不同。

表 2 – 8　镰状细胞贫血患者与正常人血红蛋白氨基酸比较

血红蛋白	氨基酸
	$1 \rightarrow 2 \rightarrow 3 \rightarrow 4 \rightarrow 5 \rightarrow 6 \rightarrow 7 \rightarrow 8 \rightarrow$
HbA　β 链	H$_2$N—缬 – 组 – 亮 – 苏 – 脯 – 谷 – 谷 – 赖 –
HbS　β 链	H$_2$N—缬 – 组 – 亮 – 苏 – 脯 – 缬 – 谷 – 赖 –

HbAβ 链第 6 位为谷氨酸，而患者 HbSβ 链第 6 位换成了缬氨酸。HbS 的带氧能力降低，分子间容易"黏合"形成线状巨大分子而沉淀。红细胞从正常的双凹盘状被扭曲成镰刀状，容易产生溶血性贫血症。

二、蛋白质的空间构象与生物功能

蛋白质的特定空间构象与其特殊生理功能密切相关。例如角蛋白含有大量 α 螺旋结构，所以富含角蛋白的组织具坚韧，又富有弹性；而丝心蛋白分子中含有大量 β 折叠结构，致使蚕丝具有伸展性与柔韧性。

若蛋白质分子特定的空间构象被破坏，其生物学功能也丧失，如蛋白质变性；许多蛋白质通常以无活性的形式存在，只有一定条件下，才转变为有特定构象的蛋白质而表现其生物活性，如酶原被激活，蛋白质前体的活化等；蛋白质与某些物质结合可引起蛋白质构象的改变，如蛋白质的变构与变构酶等。

（一）蛋白质前体的活化

生物体中有许多蛋白质是以无活性的蛋白质原的形式在体内合成、分泌。这些肽链只有以特定的方式断裂后，才呈现出它的生物学活性。这是生物体内一种自我保护及调控的重要方式，是在长期生物进化过程中发展起来的，也是蛋白质分子结构与功能高度统一的表现。这类蛋白质主要包括消化系统中的一些蛋白水解酶、蛋白激素和参与血液凝固作用的一些蛋白质分子等。除酶原外，还发现许多蛋白质（如蛋白类激素）在体内往往以前体形式贮存，这些蛋白质前体无活性或活性很低。研究已发现分泌性蛋白质除含有特征性的信号肽外，几乎所有的蛋白质都有其前体，即原蛋白（proprotein），含有前导肽或插入肽，这些需最终切除的肽段是在蛋白质生物合成过程中生成转运以及形成独特生理活性所需的空间结构所必需的。但一旦其相应的功能完成，肽段便被切除。如胰岛素的前体是胰岛素原，猪胰岛素原是由 84 个氨基酸残基组成的一条多肽链，其活性仅为胰岛素活性的 10%。在体内胰岛素原经两种专一性水解酶的作用，将肽链的 31、32 和 62、63 位的四个碱性氨基酸残基切掉，结果生成一分子 C 肽（29 个氨基酸残基）和另一分子由 A 链（21 个氨基酸残基）同 B 链（30 个氨基酸残基）两条多肽链经两对二硫键连接的胰岛素分子。胰岛素分子具有特定的空间结构，从而表现其完整的生物活性。胰岛素在合成过程中除有一段信号肽外，合成完毕未修饰前还有一段 C 肽。含信号肽和 C 肽的胰岛素前体叫做前胰岛素原（preproinsulin）；前胰岛素原在内质网腔切除信号肽后叫做胰岛素原（proinsulin）；胰岛素原切除 A、B 链间的 C 肽后才形成有活性的胰岛素（图 2 – 20）。

（二）蛋白质的变构现象

一些蛋白质由于受某些因素的影响，其一级结构不变而空间构象发生一定的变化，导

图 2 - 20　胰岛素原转变为胰岛素

致其生物学功能的改变，称为蛋白质的变构效应（allosteric effect）或别构作用。变构效应是蛋白质表现其生物学功能的一种普遍而十分重要的现象，也是调节蛋白质生物学功能极有效的方式。研究表明，相对分子质量较大的（$>55\times10^3$）蛋白质多为具有四级结构的多聚体。具有四级结构的酶或蛋白质常处于某些代谢通路的关键部位，所以具有调节整个反应过程的作用，它们常是通过多聚体的变构作用而实现的。组成蛋白质的各个亚基共同控制着蛋白质分子完整的生物活性，并对信息（变构效应物）做出反应，信息与一个亚基的结合可传递到整个蛋白质分子，这个传递是通过亚基构象的改变而实现的。如血红蛋白是由 $\alpha_1\beta_1$ 和 $\alpha_2\beta_2$ 4 个亚基构成的四级结构，其一个亚基构象的变化可以影响其他亚基与氧的结合。在 Hb 未结合 O_2 时，Hb 的 $\alpha_1\beta_1$ 和 $\alpha_2\beta_2$ 呈对角排列，结构较为紧密，称为紧张态（T 态），T 态的 Hb 与 O_2 亲和力小，随着 O_2 的结合，4 个亚基羧基末端之间的盐键断裂，使 4 个亚基的结构发生变化，结构变为松弛态（R 态），通过与 O_2 的逐个结合完成 Hb 的构象从 T 态变成 R 态，这是一种典型的变构效应。变构效应不仅发生在 Hb 与 O_2 之间，一些酶与变构剂的结合，配体与受体的结合也存在变构效应，所以变构效应是具有普遍生物学意义的蛋白质变构现象。

（三）蛋白质构象改变引起的构象疾病

只有多肽的正确折叠才能维持蛋白质的正确构象和发挥蛋白质的正常功能。若蛋白质的折叠发生错误，尽管其一级结构不变，但蛋白质的构象发生改变，仍可影响其功能，严重时可导致疾病发生，有人将此类疾病称为蛋白质构象疾病。有些蛋白质错误折叠后相互聚集，常形成抗蛋白水解酶的淀粉样纤维沉淀，产生毒性而致病，表现为蛋白质淀粉样纤维沉淀的病理改变，这类疾病包括人纹状体脊髓变性病、阿尔茨海默病、亨廷顿舞蹈病（Huntington disease）和疯牛病等。

疯牛病是由朊病毒蛋白（prion protein，PrP）引起的一组人和动物神经的退行性病变，这类疾病具有传染性、遗传性或散在发病的特点，其在动物间的传播是由 PrP 组成的传染性颗粒（不含核酸）完成的。PrP 是染色体基因编码的蛋白质。正常动物和人的 PrP 为相对分子质量 $33 \times 10^3 \sim 35 \times 10^3$ 的蛋白质，其水溶性强、对蛋白酶敏感，二级结构为多个 α 螺旋，称为 PrPC。富含 α 螺旋的 PrPC 在某种未知蛋白质的作用下可转变成全为 β 折叠的 PrP 致病分子，称为 PrPSc。但 PrPC 和 PrPSc 两者的一级结构完全相同。可见 PrPC 转变成 PrPSc 涉及蛋白质分子 α 螺旋重新排布成 β 折叠的过程。外源或新生的 PrPSc 可以作为模板，通过复杂的机制使仅含 α 螺旋的 PrPC 重新折叠成为仅含 β 折叠的 PrPSc。PrPSc 对蛋白酶不敏感，水溶性差，而且对热稳定，可以相互聚集，最终形成淀粉样纤维沉淀而致病。所以疯牛病是一种蛋白质构象疾病。

第三节　蛋白质折叠的原则

扫码"学一学"

　　一般认为驱动蛋白质折叠的主要动力是熵效应。折叠的结果是疏水基团埋藏在蛋白质分子内部，亲水基团暴露在分子表面。在形成分子疏水核心的同时，必然有一部分主链也被埋在里面。因此蛋白质折叠（protein folding）是一个具有双重意义的过程。在此过程中，从结构上使伸展（unfolding）的肽链形成特定的三维结构；从功能上，使无活性的分子成为具有特定生物功能的蛋白质分子。因此，蛋白质折叠的中心问题是呈现蛋白质的结构与其功能关系的关键。

一、蛋白质折叠的热力学

　　稳定蛋白质三维结构的化学键是各种非共价键及其键能，然而蛋白质折叠归根结底取决于在某温度（T）下折叠态（F）和伸展态（U）之间的吉布斯（Gibbs）自由能差（ΔG）。

$$\Delta G = G_F - G_U = \Delta H - T\Delta S = (H_F - H_U) - T(S_F - S_U) \tag{2-4}$$

　　在伸展态中多肽主链及其侧链是与溶剂水（也称介质水或环境水）相互作用的，因此折叠时自由能变化（ΔG）的任何测量必须考虑多肽链和溶剂两者对焓变化（ΔH）和熵变化（ΔS）的贡献。

$$\Delta G_总 = \Delta H_链 + \Delta H_溶剂 - T\Delta S_链 - T\Delta S_溶剂 \tag{2-5}$$

　　如果对方程式（2-4）右边 4 项的每一项都理解，那么对蛋白质折叠的热力学基础应该是清楚的。折叠态蛋白质与伸展态蛋白质相比，是高度有序的结构，因此 $\Delta S_链$（构象熵变化）是负数，方程中 $-T\Delta S_链$ 项是正值。其他各项取决于特定的全体侧链的本质。$\Delta H_链$ 的本质，决定于残基与残基的相互作用和残基与溶剂的相互作用。

　　折叠态蛋白质中疏水侧链主要是通过弱范德华力（分散效应）彼此相互作用。伸展态蛋白质中疏水侧链与溶剂相互作用，其作用力比分散效应强，因为极性水分子诱导疏水基团中的偶极，产生明显的静电相互作用（范德华力中的诱导效应）。结果是：$\Delta H_链$ 对疏水侧链是正值，有利于伸展态；然而 $\Delta H_溶剂$ 对疏水侧链是负值，有利于折叠态。这是因为折叠造成许多水分子彼此相互作用（有利的），代替了水分子与疏水侧链相互作用（不利的）。$\Delta H_链$ 大小比 $\Delta H_溶剂$ 小，但这两项都不大，一般对折叠不起主要作用。而 $\Delta S_溶剂$（疏水熵变化）疏水侧链是大的正值，因此极有利于折叠态。这是因在伸展态时疏水侧链强迫溶剂水有序化的结果造成的。

　　对极性侧链 $\Delta H_链$ 是正值，而 $\Delta H_溶剂$ 是负值。因为溶剂水分子在极性基团周围在一定程度上也是有序的，所以 $\Delta S_溶剂$ 是小的正值。对蛋白质的极性侧链来说，$\Delta G_总$ 接近于零，对蛋白质折叠不做实质性的贡献。

总之，构象熵变化（$\Delta S_链$）是阻碍折叠，而疏水熵变化（$\Delta S_溶剂$）和分子内侧链相互作用引起的总焓变化（$\Delta H_链 + \Delta H_溶剂$）是有利于折叠。对于一个典型的蛋白质来看，对折叠结构的稳定性做出单项最大贡献的是疏水残基引起的熵变化（$\Delta S_溶剂$）。对所有蛋白质其结果是一样的，则在生理条件下，折叠结构是自由能最低的构象，因此肽链的折叠是自发过程。显然蛋白质折叠不是通过"随机搜索"找到自由能最低的构象，但蛋白质折叠途径中可以形成一系列特殊的部分折叠的中间产物，最终生成天然蛋白质的特定三维结构。对于从核糖体上合成出来的新生肽链其折叠在合成早期就已开始，而不是合成完成之后才开始的。在蛋白质翻译过程，随着肽链的延伸同时进行折叠，又不断进行构象的调整；先形成的结构会作用于后合成的肽链的折叠，而后形成的结构又会影响前面已经形成的结构的调整，因此在肽链延伸过程中形成的结构往往不一定是最终功能蛋白中的结构。这样，新生肽链的合成、延伸、折叠、构象调整，直到最终三维结构的形成，是一个同时进行着的、协调的动态过程，显然这与一条变性伸展的完整肽链的重折叠的情况是完全不同的。也就是说在蛋白质合成过程中，肽链边延伸边折叠，而已经合成的肽段的空间结构可以随肽链的继续延伸进行不断调整，这一调整过程直到肽链合成终了，并在共价化学修饰也完成之后才最后结束。所以说，折叠是在肽链合成到一定长度时，即已开始，在转译过程全部完成之后才结束。

二、参与体内多肽链折叠过程的蛋白质

近来的研究揭示，至少有两类蛋白质参与体内多肽链的折叠过程，第一类是分子伴侣（molecular chaperone），第二类是折叠酶，包括蛋白质二硫键异构酶和肽酰脯氨酸顺－反异构酶。前者能加速蛋白质正确二硫键的形成，后者催化肽－脯氨酸之间的肽键的异构化反应。这些反应常常是某些蛋白质折叠过程中的限速反应。

（一）分子伴侣

1987 年 Ellis 正式提出帮助新生肽链折叠的"molecular chaperone"的概念。其含义即"有关系的蛋白质，它们的功能是帮助其他含多肽结构的物质在体内进行正确的非共价的组装，但不是该蛋白质组装完成后的结构，也不是在发挥其正常生物功能时的组成部分。"

因此，分子伴侣的作用是防止新生肽链的错误折叠和聚集，而自身并不成为其最后天然结构的一部分。

这是对凡具有这类功能的所有蛋白质的总称，是在功能意义上的定义。它们的结构可以完全不同，也可以是不同类的蛋白质。为了研究的方便，根据其一级结构的相似性分成几个亚类，亚类之间的氨基酸序列并没有类似性。表 2－9 列出已经鉴定的部分分子伴侣，预计新鉴定的分子伴侣将会很快增加。

表 2－9　分子伴侣的类别

名称	作用
核质素	核小体装配，去装配
Hsp60	肽折叠，转运
Hsp70（Dnak）	肽折叠，转运，寡聚体去装配
Hsp90	结合位点的识别
DnaJ 蛋白	与 Hspey GrpE 的相互作用

名称	作用
GrpE 蛋白	与 Hsp70 的相互作用
SecB 蛋白	细胞多肽的转运
SRP	多肽的转运
Pro 序列	蛋白酶折叠
泛素尾	真核细胞中核糖体的组装
PapD 蛋白	菌毛的装配
PrtM & PrsA	分泌蛋白的折叠
Lim 蛋白	细菌脂肪酶的折叠
Rb 蛋白	转录因子的结合
朊蛋白	分子伴侣选择

由表 2-7 可以看出，分子伴侣蛋白质种类很多，其中被研究最多的是热休克蛋白（heat shock protein），目前广义称为应激蛋白（stress proteins）。应激蛋白是作为对外界各种刺激，如热、极端 pH、毒素、缺氧等的保护反应，在细胞受到极端条件刺激时，它们会大量地迅速产生，大部分热应激蛋白经鉴定多是分子伴侣，其中以 Hsp70 和 Hsp60 研究最多，它们广泛分布于原核和真核生物细胞中。

1. Hsp70 家族　这个蛋白质家族成员的相对分子质量约为 70×10^3，由两个结构域组成。Hsp70 参与正常的细胞程序，如多肽的折叠、装配、跨膜和降解等。Hsp70 能识别和结合新合成的、部分折叠的新生肽链，使其稳定，以防止错误折叠和聚集。一旦合成完毕，多肽就从 Hsp70 上释放下来并进一步调整折叠成天然态。Hsp70 与多肽结合释放所需能量来自与 Hsp70 结合的 ATP 的水解。

2. Hsp60 家族　Hsp 也称伴侣蛋白（chaperonin），是一类广泛存在的蛋白质。热应激、细菌感染等都能引起这类蛋白质在细胞内的表达增加。伴侣蛋白根据相对分子质量大小的不同可分为两种类型：大的叫伴侣蛋白 -60（Cpn -60）；其亚基相对分子质量约 60 万，小的叫伴侣蛋白 -10（Cpn -10），亚基相对分子质量 10000。Cpn -60 是一种寡聚体，由 14 个相同的亚基形成双层饼状，每层饼由 7 个亚基组成。Cpn -10 也是以寡聚体形式存在，由 7 个亚基组成单层环状。

伴侣蛋白的作用是促进与其结合的蛋白质肽链的折叠或装配成天然态。它识别的结构，不是靶蛋白的氨基酸顺序或天然态，而是它们的部分折叠的非天然态。它们的作用是捕捉蛋白质的非天然态，并提供一个表面或工作台面，在其上结合非天然态蛋白质，然后通过一系列 ATP 水解，最后完成被结合的非天然态蛋白质的正确折叠或装配。

把 Hsp70 和伴侣蛋白的功能联系起来，我们可设想，Hsp70 的作用是结合、稳定新合成的蛋白质肽链，维持其处于部分折叠的状态。一旦合成完成，就将其释放。这种被释放出的部分折叠的肽链立刻被伴侣蛋白所捕捉并催化它们正确折叠成天然态。因此，一个合成的蛋白质肽链，可能依赖 1 个或多个分子伴侣，或许不同的分子伴侣按前后次序工作，最后导致其折叠成有特定三维结构和生物功能的蛋白质分子。

蛋白质分子中除了共价的肽键和二硫键，还存在大量极其复杂的弱次级键的相互作用。因此，新生肽链在一边合成一边折叠的过程中有可能暂时地形成在最终成熟蛋白质分子中不存在、不该有的结构，诸如一些疏水表面，它们之间就可能发生本来不应该有的错误的相互作用而形成非功能的分子，甚至造成分子的聚集和沉淀。分子伴侣的功能是识别新生肽链折叠过程中暂时暴露的错误的结构，与之结合而生成复合物，从而防止这些表面之间过早的或错误的相互作用，阻止不正确的非功能的折叠途径，抑制不可逆的聚合物的产生，与之解离后使折叠继续向正确的途径进行。在某些情况下则促使错误折叠的产物分解。有些分子伴侣还表现有蛋白水解酶的活性。

（二）折叠酶

帮助蛋白质折叠的酶称折叠酶（foldase）。已知的有两个：一个是蛋白质二硫键异构酶，另一个是肽酰脯氨酸顺反异构酶。

蛋白质分子中的二硫键是在新生肽合成过程中或合成完成后由两个半胱氨酸的巯基氧化形成的，它与新生肽链的折叠密切相关，对维系蛋白质分子的结构稳定性和功能发挥也有重要作用。这个反应在体外较慢，在体内则由内质网管腔内含量极高的蛋白质二硫键异构酶催化进行。该酶还催化蛋白质分子内巯基与二硫键之间的交换反应，促使形成天然二硫键。

蛋白质二硫键异构酶还具有分子伴侣作用，其分子伴侣功能不依赖于异构酶的活性中心，而多肽结合部位对发挥酶的功能却很必要。首先通过它的多肽结合部位与伸展的或部分折叠的肽链结合，从而阻止多肽的错误折叠，促进正确中间物的形成和相应二硫键的形成。可见蛋白质二硫键异构酶的酶活性与其分子伴侣作用是统一协调的。

具有反式脯氨酸亚氨基的肽键更稳定，但是在蛋白质分子中，由于空间结构的立体化学制约，部分的脯氨酸亚氨基的肽键是顺式的，在肽链折叠时这一部分肽键必须异构化为反式，才能形成蛋白质的天然空间结构。在体外，这一反应是一个较慢的反应。1984 年发现了催化这一顺反异构作用的酶是肽酰脯氨酸顺反异构酶。涉及脯氨酸残基氨基的肽键的顺反异构化，如果没有其他蛋白质的帮助，反应进行得很慢，当有肽酰脯氨酸顺反异构酶（peptidyl prolyl *cis-trans* isomerase）存在时，由于该酶可以催化脯氨酸反式异构体的形成，促使蛋白质加快正确折叠。

第四节　蛋白质的重要性质

一、蛋白质的变性

蛋白质的高分子特性形成了复杂而特定的空间构象，从而表现出蛋白质特异的生物学功能。某些物理的和化学的因素使蛋白质分子的空间构象发生改变或破坏，导致其生物活性的丧失和一些理化性质的改变，这种现象称为蛋白质的变性作用（denaturation）。

1. 变性的本质　蛋白质变性的学说最早由中国生化学家吴宪（1931 年）提出，他认为天然蛋白质分子受环境因素的影响，从有规则的紧密结构变为无规则的松散状态，即为变性作用。由于研究技术特别是 X 射线衍射技术的应用，使对蛋白质变性的研究从变性现象的观察、分子形状的改变，深入到分子构象变化的分析。现代分析研究的结果表明，由于蛋白质分子空间构象的形成与稳定的基本因素是各种次级键，蛋白质变性作用的本质是破坏了形成与稳定蛋白质分子空间构象的次级键，从而导致蛋白质分子空间构象的改变或破坏，而不涉及一级结构的改变或肽键的断裂。生物活性的丧失是变性的主要表现，这说明了变性蛋白质与天然分子的根本区别。构象的破坏是蛋白质变性的结构基础。

扫码"学一学"

2. 变性作用的特征

（1）生物活性的丧失　这是蛋白质变性的主要特征。蛋白质的生物活性是指蛋白质表现其生物学功能的能力，如酶的生物催化作用、蛋白质激素的代谢调节功能、抗原与抗体的反应能力、蛋白质毒素的致毒作用、血红蛋白运输 O_2 和 CO_2 的能力等，这些生物学功能是由各种蛋白质的特定的空间构象所表现，一旦外界因素使其空间构象遭受破坏时，其表现生物学功能的能力也随之丧失。有时空间构象仅有微妙的变化，而这种变化尚未引起其理化性质改变时，在生物活性上已可反映出来。因此，在提取、制备具有生物活性的蛋白质类化合物时，如何防止变性的发生则是操作过程的关键。

（2）某些理化性质的改变　一些天然蛋白可以结晶，而变性后失去结晶的能力；蛋白质变性后，溶解度降低易发生沉淀，但在偏酸或偏碱时，蛋白质虽变性但却可保持溶解状态；变性还可引起球状蛋白不对称性增加、黏度增加、扩散系数降低等；一般蛋白质变性后，分子结构松散，易为蛋白酶水解，因此食用变性蛋白更有利于消化。

3. 变性作用的因素和程度　能引起蛋白质变性的因素很多，物理因素有高温、紫外线、X 射线、超声波和剧烈振荡等；化学因素有强酸、强碱、尿素、去污剂、重金属（ Hg^{2+} 、Ag^+ 、Pb^{2+} ）、三氯乙酸、浓乙醇等。各种蛋白质对这些因素敏感性不同，可根据需要选用。由于蛋白质分子空间构象的形成与稳定的基本因素是各种次级键，显然蛋白质的变性作用实质上是外界因素破坏这些次级键的形成与稳定，结果导致了蛋白质分子空间构象的改变或破坏。不同蛋白质对各种因素的敏感度不同，因此空间构象破坏的深度与广度各异，如除去变性因素后，蛋白质构象可恢复者称可逆变性；构象不能恢复者称不可逆变性。

例如，核糖核酸酶被 8mol/L 尿素与 β – 巯基乙醇还原，即变性而失去其活性，若透析除去尿素和 β – 巯基乙醇，也可恢复原有构象的活性（图 2 – 21）。

天然核糖核酸酶　　　　　　　　　　变性核糖核酸酶

图 2 – 21　核糖核酸酶的还原变性示意图

左图中的 ● 和数字表示二硫键所在的位置

右图中的 ● 和数字表示巯基所在位置

4. 变性作用的意义　蛋白质的变性作用不仅对研究蛋白质的结构与功能方面有重要的理论价值，而且对药品生产和应用亦有重要的指导作用。实践中对蛋白质的变性作用有不同的要求，有时必须尽力避免，而有时则必须充分利用。如乙醇（酒精）、紫外线消毒，高温、高压灭菌等是使细菌蛋白变性而失去活性；中草药有效成分的提取或其注射液的制备也常用变性的方法（加热、浓乙醇等）除去杂蛋白；在制备有生物活性的酶、蛋白质、激素或其他生物制品（疫苗、抗毒素等）时，要求所需成分不变性，而不需要的杂蛋白应使其变性或沉淀除去。此时，应选用适当的方法，严格控制操作条件，尽量防止所需蛋白质的变性。有时还可加些保护剂、抑制剂等以增强蛋白质的抗变性能力。

二、蛋白质的胶体性质

蛋白质是高分子化合物。由于其相对分子质量大，在溶液中所形成的质点大小为1~100nm，达到胶体质点的范围，所以蛋白质具有胶体性质。如布朗运动、光散射现象、不能透过半透膜以及具有吸附能力等胶体溶液的一般特征。

蛋白质水溶液是一种比较稳定的亲水胶体。蛋白质形成亲水胶体有两个基本的稳定因素。

1. 蛋白质表面具有水化层 由于蛋白质颗粒表面带有许多亲水的极性基团，如—NH_3^+、—COO^-、—CO—NH_2、—OH、—SH、肽键等。它们易与水起水合作用，使蛋白质颗粒表面形成较厚的水化层，每克蛋白质结合水0.3~0.5g。水化层的存在使蛋白质颗粒相互隔开，阻止其聚集而沉淀。

2. 蛋白质表面具有同性电荷 蛋白质溶液除在等电点时分子的净电荷为零外，在非等电点状态时，蛋白质颗粒皆带有同性电荷，即在酸性溶液为正电荷，碱性溶液中为负电荷。同性电荷相互排斥，使蛋白质颗粒不致聚集而沉淀。

蛋白质的亲水胶体性质具有重要的生理意义。因为生物体中最多的成分是水，蛋白质与大量的水结合形成各种流动性不同的胶体系统。如构成生物细胞的原生质就是复杂的、非均一性的胶体系统，生命活动的许多代谢反应即在此系统中进行。其他各种组织细胞的形状、弹性、黏度等性质，也与蛋白质的亲水胶体性质有关。

蛋白质的胶体性质也是许多蛋白质分离、纯化方法的基础。因为蛋白质胶体稳定的基本因素是蛋白质分子表面的水化层和同性电荷的作用，若破坏了这些因素即可促使蛋白质颗粒相互聚集而沉淀。这就是蛋白质盐析、等电点沉淀和有机溶剂分离沉淀法的基本原理。透析法则是利用蛋白质大分子不能透过半透膜的性质以除去无机盐等小分子杂质。

三、蛋白质的两性解离与等电点

蛋白质由氨基酸组成。氨基酸分子含有氨基和羧基。它既可接受质子，又可释放质子，因此氨基酸是两性电解质。蛋白质分子中除两末端有自由的α-NH_2和α-COOH外，许多氨基酸残基的侧链上尚有不少可解离的基团，如—NH_2、—COOH、—OH等，所以蛋白质也是两性物质。

蛋白质与氨基酸一样在纯水溶液和结晶状态中都以两性离子的形式存在，即同一分子中可带有正负两种电荷，羧基带负电而氨基带正电。蛋白质的解离情况如下。

$$\text{Pro}\underset{NH_2}{\overset{COOH}{\diagup}}$$

$$\rightleftharpoons$$

$$\text{Pro}\underset{NH_3^+}{\overset{COOH}{\diagup}} \underset{H^+}{\overset{OH^-}{\rightleftharpoons}} \text{Pro}\underset{NH_3^+}{\overset{COO^-}{\diagup}} \underset{H^+}{\overset{OH^-}{\rightleftharpoons}} \text{Pro}\underset{NH_2}{\overset{COO^-}{\diagup}}$$

$$\text{pH}<\text{pI} \qquad\qquad \text{pH}=\text{pI} \qquad\qquad \text{pH}>\text{pI}$$

蛋白质在溶液中的带电情况主要取决于溶液的pH。使蛋白质所带正负电荷相等，净电荷为零时溶液的pH，称为蛋白质的等电点（isoelectric point，pI）。各种蛋白质具有特定的等电点，这与其所含的氨基酸种类和数目有关，即其中酸性和碱性氨基酸的比例及可解离基团的解离度（表2-10）。

表 2 – 10 蛋白质的氨基酸组成与 pI

蛋白质	酸性氨基酸数	碱性氨基酸数	pI
胃蛋白酶	37	6	1.0
胰岛素	4	4	5.5
RNA 酶	10	18	7.8
细胞色素 c	12	25	9.8 ~ 10.8

一般来说，含酸性氨基酸较多的酸性蛋白，等电点偏酸；含碱性氨基酸较多的碱性蛋白，等电点偏碱。当溶液的 pH 大于 pI 时，蛋白质带负电荷；pH 小于 pI 时，则带正电荷。体内多数蛋白质的等电点为 5 左右，所以在生理条件下（pH 为 7.4），它们多以负离子形式存在。

蛋白质的两性解离与等电点的特性是蛋白质极重要的性质，对蛋白质的分离、纯化和分析等都具有重要的实用价值。如蛋白质的等电点沉淀、离子交换和电泳等分离分析方法的基本原理都是以此特性为基础。

四、蛋白质的沉淀反应

蛋白质分子聚集而从溶液中析出的现象，称为蛋白质的沉淀。蛋白质的沉淀反应有重要的实用价值，如蛋白质类药物的分离制备、灭菌技术、生物样品的分析、杂质的除去等都要涉及此类反应。但是，蛋白质沉淀可能是变性，也可能是未变性，这取决于沉淀的方法和条件。这里介绍一些常用方法的基本原理。

1. 中性盐沉淀反应 蛋白质溶液中加入中性盐后，因盐浓度的不同可产生不同的反应。低盐浓度可使蛋白质溶解度增加，称为盐溶作用。因为低盐浓度可使蛋白质表面吸附某种离子，导致其颗粒表面同性电荷增加而排斥加强，同时与水分子作用也增强，从而提高了蛋白质的溶解度；高盐浓度时，因破坏蛋白质的水化层并中和其电荷，促使蛋白质颗粒相互聚集而沉淀，这称为盐析作用。不同蛋白质因分子大小、电荷多少不同，盐析时所需盐的浓度各异。混合蛋白质溶液可用不同的盐浓度使其分别沉淀，这种方法称为分级沉淀。常用的无机盐有 $(NH_4)_2SO_4$、$NaCl$、Na_2SO_4 等。本法的主要特点是沉淀出的蛋白质不变性，因此本法常用于酶、激素等具有生物活性蛋白质的分离制备。

2. 有机溶剂沉淀反应 在蛋白质溶液中加入一定量的与水可互溶的有机溶剂（如乙醇、丙酮、甲醇等）能使蛋白质表面失去水化层相互聚集而沉淀。在等电点时，加入有机溶剂更易使蛋白质沉淀。不同蛋白质沉淀所需有机溶剂的浓度各异，因此调节有机溶剂的浓度可使混合蛋白质达到分级沉淀的目的。但是，本法有时可引起蛋白质变性，这与有机溶剂的浓度、与蛋白质接触的时间以及沉淀的温度有关。因此，用此法分离制备有生物活性的蛋白质时，应注意控制可引起变性的因素。

3. 加热沉淀反应 加热可使蛋白质变性沉淀。加热灭菌的原理就是因加热使细菌蛋白变性凝固而失去生物活性的结果。但加热使蛋白质变性沉淀与溶液的 pH 有关，在等电点时最易沉淀，而偏酸或偏碱时，蛋白质虽加热变性，也不易沉淀。实际工作中常利用在等电点时加热沉淀除去杂蛋白。

4. 重金属盐沉淀反应 蛋白质在 pH 大于 pI 的溶液中呈负离子，可与重金属离子（Cu^{2+}、Hg^{2+}、Pb^{2+}、Ag^+ 等）结合成不溶性蛋白盐而沉淀。临床上抢救误食重金属盐中毒的患者时，给予大量的蛋白质使生成不溶性沉淀而减少重金属离子的吸收。

$$\underset{NH_3^+}{\overset{COO^-}{Pro}} \xrightarrow{pH>pI} \underset{NH_2}{\overset{COO^-}{Pro}} \xrightarrow{Ag^+} \underset{NH_2}{\overset{COOAg}{Pro}} \downarrow$$

5. 生物碱试剂的沉淀反应 蛋白质在 pH 小于 pI 时呈正离子，可与一些生物碱试剂（如苦味酸、磷钨酸、磷钼酸、鞣酸、三氯乙酸、磺基水杨酸等）结合成不溶性的盐而沉淀。

$$\underset{NH_3^+}{\overset{COO^-}{Pro}} \xrightarrow{pH<pI} \underset{NH_3^+}{\overset{COOH}{Pro}} \xrightarrow{CCl_3COO^-} \underset{NH_3^+ \cdot CCl_3COO^-}{\overset{COOH}{Pro}} \downarrow$$

此类反应在实际工作中有许多应用，如血液样品分析中无蛋白质滤液的制备；中草药注射液中蛋白质的检查及鞣酸、苦味酸的收敛作用等原理皆以此反应为依据。

蛋白质变性和沉淀反应是两个不同的概念，两者有联系但又不完全一致。蛋白质变性有时可表现为沉淀，亦可表现为溶解状态；同样，蛋白质沉淀有时可以是变性，亦可以不是变性，这取决于沉淀的方法和条件以及是否对蛋白质空间构象有无破坏而定，切不可只看表面现象而忽视本质。

五、蛋白质的颜色反应

蛋白质是由氨基酸通过肽键构成的化合物。因此，蛋白质的颜色反应实际上是其氨基酸一些基团以及肽键等与一定的试剂所产生的化学反应，并非是蛋白质的特异反应。所以，在利用这些反应来鉴定蛋白质时，必须结合蛋白质的其他特性加以分析，切勿以任何单一的反应来确认蛋白质的存在。蛋白质的颜色反应很多，用这些反应可作为蛋白质或氨基酸定性、定量分析的基础（表 2-11）。下面介绍几种重要的颜色反应。

1. 茚三酮反应 在 pH 5~7 时，蛋白质与茚三酮丙酮液加热可产生蓝紫色。此反应的灵敏度为 1μg，凡具有氨基、能放出氨的化合物几乎都有此反应，据此可用于多肽与蛋白质以及氨基酸的定性与定量分析。

2. 双缩脲反应 蛋白质在碱性溶液中可与 Cu^{2+} 产生紫红色反应。这是蛋白质分子中肽键的反应，肽键越多，反应颜色越深。氨基酸无此反应。故此法可用于蛋白质的定性和定量，亦可用于测定蛋白质的水解程度。水解越完全，则颜色越浅。

表 2-11 氨基酸或氨基酸残基的特殊呈色反应

氨基酸名称	反应名称	试剂	颜色
酪氨酸*	米伦反应	硝酸汞溶于亚硝酸	红色
	酚试剂反应	磷钼酸、磷钨酸	蓝色
	黄色蛋白反应	浓硝酸	黄色
色氨酸*	乙醛酸反应	乙醛酸 + 浓硫酸	紫色
	Ehrlich 反应	对二甲氨基苯甲醛 + 浓盐酸	蓝色
精氨酸*	坂口反应	α-萘酚 + 次氯酸钠碱性溶液	深红色
组氨酸*	Pauly 反应	偶氮磺胺碱性溶液	橘红色

续表

氨基酸名称	反应名称	试剂	颜色
半胱氨酸	硝普盐试验	亚硝基铁氰化钠＋稀氨水	红色
脯氨酸		酸性吲哚醌	蓝色
甘氨酸		邻苯二醛乙醇溶液	墨绿色
含硫氨基酸	醋酸铅反应	强碱＋醋酸铅	黑色沉淀
芳香族氨基酸	黄色蛋白反应	浓硫酸	黄色→橙色
α – 氨基酸	Folin 反应	1,2 – 萘醌 –4 – 磺酸钠碱性液	深红色

3. 酚试剂反应　在碱性条件下，蛋白质分子中的酪氨酸、色氨酸可与酚试剂（含磷钨酸 – 磷钼酸化合物）生成蓝色化合物。蓝色的强度与蛋白质的量成正比。此法是测定蛋白质浓度的常用方法，主要的优点是灵敏度高，可测定微克水平的蛋白质含量；但缺点是本法只与蛋白质中个别氨基酸反应，而受蛋白质中氨基酸组成的特异影响，即不同蛋白质所含酪氨酸、色氨酸不同而显色的强度有所差异，要求作为标准的蛋白质其显色氨基酸的量应与样品接近，以减少误差。

六、蛋白质的免疫学性质

蛋白质的免疫学性质具有重要的理论与应用价值，它不仅在医药领域而且在整个生命学科领域都显示广阔的应用前景，主要体现在以下方面：①疾病的免疫预防，如卡介苗、脊髓灰质炎糖丸疫苗、白喉类毒素、乙肝的基因工程疫苗等；②疾病的免疫诊断，如 α – 甲胎蛋白诊断肝癌，血型、HBsAg 检测等；③疾病的免疫治疗，如破伤风抗毒素、狂犬病病毒抗血清、抗蛇毒抗毒素、胸腺素和干扰素等，单克隆抗体也常作为靶向药物载体用于肿瘤治疗；④免疫分析，如免疫扩散、免疫电泳；⑤标记免疫分析，如放射免疫分析（RIA）、酶联免疫分析（ELISA）、荧光标记免疫分析等；⑥免疫分离纯化，如免疫亲和色谱。

但是，蛋白质的免疫学性质有时可带来严重的危害性，如异体蛋白进入人体内可产生病理性的免疫反应，甚至可危及生命。因此，对一些生产过程中可带入异体蛋白质的注射用药物，如生化药物、中药制剂、发酵生产的抗生素和基因工程产品等。其主要质量标准之一是异体蛋白的控制，过敏实验应符合规定，以保证药品的安全性。

1. 抗原和抗体及其应用　凡能刺激机体免疫系统产生免疫应答，并能与相应的抗体和（或）致敏淋巴细胞受体发生特异性结合的物质，统称为抗原。抗原刺激机体产生能与相应抗原特异结合并具有免疫功能的免疫球蛋白，称为抗体。抗原与抗体结合所引起反应，称为免疫反应。免疫反应是人类对疾病具有抵抗力的重要标志。正常情况下，免疫反应对机体是一种保护作用；异常情况时，免疫反应伴有组织损伤或出现功能紊乱，称为变态反应或过敏反应，这是一类对机体有害的病理性免疫反应。

（1）抗原（antigen，Ag）　抗原物质的特点是具有异物性、大分子性和特异性。蛋白质是大分子物质，异体蛋白具有强的抗原性，是主要抗原物质。研究表明，蛋白质的抗原性不仅与分子大小有关，还与其氨基酸组成和结构有关。如明胶蛋白，其相对分子质量高达 100×10^3，但组成中缺少芳香族氨基酸，几乎不具抗原性。一些小分子物质本身不具抗原性，但与蛋白质结合后而具有抗原性，这类小分子物质称为半抗原（hapten），如脂质、某些药物（青霉素、磺胺）等，这是一些药物引起变态反应的重要原因。

（2）**抗体**（antibody，Ab）　近年来随着对抗体理化性质、结构及免疫化学的深入研究，将具有抗体活性以及化学结构与抗体相似的球蛋白统称免疫球蛋白（immunoglobulin，Ig）。应注意到抗体都是免疫球蛋白，而免疫球蛋白不一定是抗体。即抗体是生物学和功能的概念，而免疫球蛋白是化学结构的概念。抗体具有高度特异性，它仅能与相应抗原发生反应，抗体的特异性取决于抗原分子表面的特殊化学基团称为抗原决定簇（antigenic determinant）。各抗原分子具有许多抗原决定簇。因此，由它免疫动物所产生的抗血清实际上是多种抗体的混合物，称为多克隆抗体（polyclonal antibodies）。用这种传统的方法制备抗体，其效价不稳定而产量有限，要想将这些不同抗体分离纯化是极其困难的。单克隆抗体（monoclonal antibody，McAb）是针对一个抗原决定簇、又是由单一的 B 淋巴细胞克隆产生的抗体。它是结构和特异性完全相同的高纯度抗体。制备单克隆抗体是采用 B 淋巴细胞杂交瘤技术。单克隆抗体具有高度特异性、均一性，又有来源稳定可大量生产等特点，这为抗体的制备和应用提供了全新的手段，同时还促进了生命科学领域里众多学科的发展。

图 2 - 22　人免疫球蛋白 IgG 结构

2. 免疫球蛋白的种类、结构与功能　抗体经电泳分析，它主要存在于 γ 区，故称为 γ - 球蛋白（或丙种球蛋白）。又因抗体具有免疫学性质，又称免疫球蛋白（immunoglobulin，Ig）。

（1）免疫球蛋白的基本结构与分类　人体血浆中可含千百种不同的免疫球蛋白，它们都具有共同的基本结构单位，即四链体单位，又称 H_2L_2 结构（图 2 - 22）。

根据重链恒定区的氨基酸排列顺序不同，把抗体分为五大类，即 IgG、IgA、IgM、IgD 和 IgE。

用木瓜蛋白酶对 IgG 进行限制性酶解，即得三个活性片段。

$$\underset{\substack{\text{相对分子质量}\\150\times10^3}}{\text{IgG}}\xrightarrow{\text{木瓜蛋白酶}}\underset{\substack{\text{每个相对分子质量}\\50\times10^3}}{\text{2Fab}}+\underset{\substack{\text{相对分子质量}\\50\times10^3}}{\text{Fc}}$$

式中 ab 表示与抗原结合，F 表示片段。因 Fab 只含有一个与半抗原或抗原结合的部位，它与抗原不形成沉淀，这和完整的 IgG 分子不同，该抗体分子含有两个等同的抗原结合部位，IgG 能与抗原形成沉淀。Fc 片段不与抗原结合，易于结晶，故名 Fc，它具有其他重要的生物学活性。IgG 穿过胎盘膜并到达胚胎循环的能力取决于 Fc 上特异的胎盘传导部位的存在，Fc 上还有一个与补体结合的部位。

V_H 为重链可变结构域，V_L 为轻链可变结构域，C_H1、C_H2 和 C_H3 为重链的 3 个恒定结构域，而 C_L 为轻链恒定结构域。

（2）免疫球蛋白的功能　免疫球蛋白四条肽链的 N 端为可变区，是抗体特异性的结构基础，也是抗体与抗原特异结合的部位。五类免疫球蛋白各有不同的生物学功能。

IgG 是最重要的一类抗体，占人血清抗体总量的 70% ~ 80%。IgG 主要以单分子的四链体形式存在，即 H_2L_2。其功能是抗菌、抗毒素和抗病毒的作用。

IgA 占血清免疫球蛋白总量的 5% ~ 25%。它最显著的特性是趋向于以不同的聚合形式存在，从单体到五聚体。人血清中 IgA 主要以单体（H_2L_2 的四链体）形式存在。分泌液中的 IgA 则以二聚体占优势，除含有"J"链（连接片段）外，还含有一条特殊的多肽，称为"分泌片"（secretory piece，SP），分泌液 IgA 以（IgA）$_2$ – J – SP 形式存在。IgA 的功能尚未确切了解，它是分泌液（眼泪、唾液和黏液）中存在的一类主要抗体，也是抵御入侵的细菌和病毒的第一道防线。

IgM 由 5 个 H$_2$L$_2$ 和一条 J 链组成的五聚体，故相对分子质量大，约 190×10^3，又称巨球蛋白。人体受抗原刺激后，最早出现的免疫球蛋白是 IgM。它有溶菌、结合补体、中和病毒等功能。

IgD 和 IgE 的特有功能尚不清楚。IgE 在血清中含量最少，与变态反应有关。过敏症患者，如哮喘、过敏性鼻炎、过敏性湿疹等，其血清 IgE 浓度升高；季节性哮喘的儿童，其血清 IgE 浓度亦有季节性变化。

第五节 蛋白质研究的技术原理

扫码"学一学"

一、蛋白质的分离与纯化技术原理

蛋白质的分离与纯化是研究蛋白质化学组成、结构及生物学功能等的基础。在生化制药工业中，酶、激素等蛋白质类药物的生产制备也涉及分离和不同程度的纯化问题。蛋白质在自然界是存在于复杂的混合体系中，而许多重要的蛋白质在组织细胞内的含量又极低。因此要把所需蛋白质从复杂的体系中提取分离，又要防止其空间构象的改变和生物活性的损失，显然有相当难度。目前，蛋白质分离与纯化的发展趋向是精细而多样化技术的综合运用，但基本原理均是以蛋白质的性质为依据。实际工作中应按不同的要求和可能的条件选用不同的方法进行组合与应用。

（一）蛋白质的提取

1. 材料的选择 蛋白质的提取首先要选择适当的材料，选择的原则是材料应含较高量的所需蛋白质，且来源方便。当然，由于目的不同，有时只能用特定的原料。原料确定后，还应注意其合适的保管与贮存。

2. 组织细胞的粉碎 一些蛋白质以可溶形式存在于体液中，可直接分离。但多数蛋白质存在于细胞内，并结合在一定的细胞器上，故需先破碎细胞，然后以适当的溶剂提取。应根据动物、植物或微生物原料不同，选用不同的细胞破碎方法。

3. 提取 蛋白质的提取应按其性质选用适当的溶剂和提取次数以提高收率。此外，还应注意细胞内外蛋白酶对有效成分的水解破坏作用。因此，蛋白质提取的条件是很重要的，总的要求是既要尽量提取所需蛋白质，又要防止蛋白酶的水解和其他因素对蛋白质特定构象的破坏作用。蛋白质的粗提液可进一步分离纯化。

（二）蛋白质的分离与纯化技术方法

1. 根据溶解度不同的分离纯化方法 利用蛋白质溶解度的差异是分离蛋白质的常用方法之一。影响蛋白质溶解度的主要因素有溶液的 pH、离子强度、溶剂的介电常数和温度等。在一定条件下，蛋白质溶解度的差异主要取决于它们的分子结构，如氨基酸组成、极性基团和非极性基团的多少等。因此，恰当地改变这些影响因素，可选择性地造成其溶解度的不同而分离。

（1）等电点沉淀 蛋白质在等电点时溶解度最小。单纯使用此法不易使蛋白质沉淀完全，常与其他方法配合使用。

（2）盐析沉淀 中性盐对蛋白质胶体的稳定性有显著的影响。一定浓度的中性盐可破坏蛋白质胶体的稳定因素而使蛋白质盐析沉淀。盐析沉淀的蛋白质一般保持着天然构象而不变性。有时不同的盐浓度可有效地使蛋白质分级沉淀。通常单价离子的中性盐（NaCl）比二价离子的中性盐 $[(NH_4)_2SO_4]$ 对蛋白质溶解度的影响要小。

（3）低温有机溶剂沉淀法 有机溶剂的介电常数较水低，如20℃时，水为79、乙醇为26、丙酮为21。因此，在一定量的有机溶剂中，蛋白质分子间极性基团的静电引力增加，而水化作用降低，促使蛋白质聚集沉淀。此法沉淀蛋白质的选择性较高，且不需脱盐，但温度高时可引起蛋白质变性，故应注意低温条件。如用冷乙醇法从血清分离制备人体清蛋白和球蛋白。

（4）温度对蛋白质溶解度的影响 一般在 0～40℃，多数球状蛋白的溶解度随温度的升高而增加；40～50℃以上，多数蛋白质不稳定并开始变性。因此，对蛋白质的沉淀一般要求低温条件。

2. 根据分子大小不同的分离纯化方法 蛋白质是大分子物质，但不同蛋白质分子大小各异，利用此性质可从混合蛋白质中分离各组分。

（1）透析和超滤 透析（dialysis）法是利用蛋白质大分子对半透膜的不可透过性而与其他小分子物质分开。此法简便，常用于蛋白质的脱盐，但需较长时间。

超滤法（ultrafiltration）是依据分子大小和形状，在 10^{-8} cm 数量级进行选择性分离的技术。其原理是利用超滤膜在一定的压力或离心力的作用下，大分子物质被截留而小分子物质则滤过排出。选择不同孔径的超滤膜可截留不同相对分子质量的物质（表2-12）。此法的优点是可选择性地分离所需相对分子质量的蛋白质、超滤过程无相态变化、条件温和、蛋白质不易变性，常用于蛋白质溶液的浓缩、脱盐、分级纯化等。本法的关键是超滤膜的质量。随着制膜技术和超滤装置的发展与改进，使本法具有简便、快速、大容量和多用途的特点。

表 2-12 超滤膜孔径与截留蛋白质的相对分子质量

膜孔平均直径（10^{-8}cm）	相对分子质量截留值	膜孔平均直径（10^{-8}cm）	相对分子质量截留值
10	500	22	3×10^4
12	1000	30	5×10^4
15	1×10^4	55	10×10^4
18	2×10^4	140	30×10^4

（2）分子排阻色谱 分子排阻色谱（molecular exclusion chromatography）又名分子筛色谱（molecular sieve chromatography）、凝胶过滤（gel filtration）。这是一种简便而有效的生化分离方法之一。其原理是利用蛋白质相对分子质量的差异，通过具有分子筛性质的凝胶而被分离（图2-23）。

常用的凝胶有葡聚糖凝胶（Sephadex）、聚丙烯酰胺凝胶（Bio-gel）和琼脂糖凝胶（Sepharose）等。葡聚糖凝胶是以葡聚糖与交联剂形成有三维空间的网状结构物，两者的比例和反应条件决定其交联度的大小，即孔径大小，用 G 表示。G 越小、交联度越大、孔径越小。当蛋白质分子的直径大于凝胶的孔径时，被排阻于胶粒之外；小于孔径者则进入凝胶。在层析洗脱时，大分子受阻小而最先流出；小分子受阻大而最后流出；结果使大小不同的物质分离（图 2 – 23）。

图 2 – 23 凝胶过滤

a. 凝胶过滤示意图 b. 洗脱曲线

c. 已知蛋白质相关洗脱体积对相对分子质量的对数作图

（3）密度梯度离心（density gradient centrifugation） 蛋白质颗粒的沉降速度取决于它的大小和密度。当其在具有密度梯度的介质中离心时，质量和密度大的颗粒比质量和密度小的颗粒沉降得快，并且每种蛋白质颗粒沉降到与自身密度相等的介质梯度时，即停滞不前，可分部收集进行分析。在离心中使用密度梯度具有稳定作用，可以抵抗由于温度的变化或机械振动引起区带界面的破坏而影响分离效果。

3. 根据电离性质不同的分离纯化方法 蛋白质是两性电解质，在一定的 pH 条件下，不同蛋白质所带电荷的质与量各异，可用电泳法或离子交换色谱法等分离纯化。

（1）电泳法 带电质点在电场中向电荷相反的方向移动，这种性质称为电泳（electrophoresis）。蛋白质除在等电点外，具有电泳性质。蛋白质在电场中移动的速度和方向主要取决于蛋白质分子所带的电荷的性质、数量及质点的大小和形状。带电质点在电场中的电泳速度以电泳迁移率表示，即单位电场下带电质点的泳动速度。

$$\mu = v/E = dL/Vt \tag{2-6}$$

式中，μ 为电泳迁移率；v 为质点泳动速度；E 为电场强度；d 为质点移动距离；L 为支持物的有效长度；V 为支持物两端的实际电压；t 为通电时间。

带电质点的泳动速度除受本身性质决定外，还受其他外界因素的影响，如电场强度、溶液的 pH、离子强度及电渗等。但是，在一定条件下，各种蛋白质因电荷的质量及分子大小不同，其电泳迁移率各异而达到分离的目的。这是蛋白质分离和分析的重要方法。由于电泳装置、电泳支持物的不断改进和发展以及电泳目的的不同，它已构成形式多样、方法各异但本质相同的系列技术。

1）醋酸纤维素薄膜电泳　它以醋酸纤维素薄膜作为支持物，电泳效果比纸电泳好，时间短、电泳图谱清晰。临床用于血浆蛋白电泳分析。

2）聚丙烯酰胺凝胶电泳（PAGE）　又称分子筛电泳或圆盘电泳（disc electrophoresis），它以聚丙烯酰胺凝胶为支持物，具有电泳和凝胶过滤的特点，即电荷效应、浓缩效应、分子筛效应，因而电泳分辨率高。如醋酸纤维素薄膜电泳分离人血清只能分出 5~6 种蛋白质成分，而本法可分出 20~30 种蛋白质成分，且样品需要量少，一般用 1~100μg 即可。

3）等电点聚焦电泳（isoelectric focusing electrophoresis）　它以两性电解质作为支持物，电泳时即形成一个由正到负极逐渐增加的 pH 梯度。蛋白质在此系统中电泳后各自集中在与其等电点相应的 pH 区域而达到分离。此法分辨率高，各蛋白质 pI 相差 0.02pH 单位即可分开，可用于蛋白质的分离纯化和分析。

4）免疫电泳（immunoelectrophoresis）　把电泳技术和抗原与抗体反应的特异性相结合，一般以琼脂或琼脂糖凝胶为支持物。方法是先将抗原中各蛋白质组分经凝胶电泳分开，然后加入特异性抗体经扩散产生免疫沉淀反应。本法常用于蛋白质的鉴定及其纯度的检查。目前此类方法已有许多新的发展，如荧光免疫电泳、酶免疫电泳、放射免疫电泳、Western Blot 分析等。

5）双向电泳（two-dimensional electrophoresis）　又称二维电泳。其原理是根据蛋白质等电点和相对分子质量的特异性的特性，将蛋白质混合物在电荷（采用等电聚焦方式）和相对分子质量（采用 SDS-PAGE 方式）两个方向上进行分离。双向电泳的第一向为等电聚焦（等电点信息），第二向为 SDS-聚丙烯酰胺凝胶电泳（相对分子质量信息）。样品经过电荷和质量两次分离后，可以得到分子的等电点和相对分子质量的信息。一次双向电泳可以分离几千甚至上万种蛋白质，这是目前所有电泳技术中分辨率最高、信息量最多的技术，是蛋白质组学研究的技术基础。

（2）离子交换色谱法（ion-exchange chromatography）　蛋白质是两性化合物，可用离子交换技术进行分离精制。但普通的离子交换树脂适用于小分子离子化合物的分离（如氨基酸、小肽等）。下面介绍的离子交换剂常用于大分子物质的分离与纯化。

1）离子交换纤维素　它以纤维素分子为母体，大部分可交换基团位于纤维素表面，易与大分子蛋白质交换。如二乙氨基乙基纤维素（DEAE-C）为阴离子纤维素，化学式为纤维素—OCH_2—CH_2N—$(C_2H_5)_2$。羧甲基纤维素（CMC—）为阳离子交换纤维素，化学式为纤维素—OCH_2—$COOH$。

2）离子交换凝胶　它把离子交换与分子筛两种作用结合起来，是离子交换技术的重要改进。一般是在凝胶分子上引入可交换的离子基团，如二乙氨基乙基葡聚糖凝胶（DEAE-Sephadex）、羧甲基葡聚糖凝胶（CM-Sephadex）等。

3）大孔型离子交换树脂　这类树脂孔径大，可交换基团分布在树脂骨架的表面，因此适用于较大分子物质的分离、精制。

4. 根据配基的特异生物学亲和力的纯化方法　亲和色谱（affinity chromatography）又名亲和层析、选择层析、功能层析或生物特异吸附层析。蛋白质能与其相对应的化合物（称为配基）具有特异结合的能力，即亲和力。这种亲和力具有下列重要特性：①高度特异性，如抗原与抗体、Protein A 与抗体、酶与底物或抑制剂、RNA 与其互补的 DNA 之间等，它们相互结合具有高度的选择性；②可逆性，在一定条件下上述化合物可特异结合形成复合物，当条件改变时又易解开，如抗原与抗体的反应，一般在碱性时两者结合，而酸性时则解离。

　　根据这种具有特异亲和力的化合物之间能可逆结合与解离的性质建立的色谱方法，称为亲和色谱。本法具有简单、快速、得率和纯化倍数高等显著优点，是一种具有高度专一性分离纯化蛋白质的有效方法（图 2 –24）。

图 2 –24　亲和色谱

a. 原理示意　b. 洗脱曲线

　　亲和色谱的步骤，以抗原纯化为例说明如下：①配基的固相化，选用与抗原（Ag）相应的抗体（Ab）为配基，用化学方法使与固相载体相连接。常用的固相载体有琼脂糖凝胶、葡聚糖凝胶、纤维素等。②抗原的吸附，将连有抗体的固相载体装入色谱柱，使含有抗原的混合物通过此柱，相应的抗原被抗体特异地结合，而非特异的抗原等杂质不能被吸附而直接流出色谱柱。③抗原的洗脱，将色谱柱中的杂质洗净，改变条件使 Ag – Ab 从复合物解离，此时洗脱液中的抗原即为纯化抗原，经冷冻干燥于低温保存。

二、蛋白质的分析与鉴定技术原理

（一）蛋白质纯度的鉴定

　　蛋白质的纯度是指一定条件下的相对均一性。因为蛋白质的纯度标准主要取决于测定方法的检测极限，用低灵敏度的方法证明是纯的样品，改用高灵敏度的方法则证明是不纯的。所以，在确定蛋白质的纯度时，应根据要求选用多种不同的方法从不同的角度去测定其均一性。下面介绍一些常用检查纯度的方法。

　　1. 色谱法　用分子筛或离子交换色谱检查样品时，如果样品是纯的应显示单一的洗脱峰；若样品是酶类，色谱后则显示恒定的比活性。如果是这样，可认为该样品在色谱性质上是均一的，称为"色谱纯"。

高压液相色谱（high pressure liquid chromatography，HPLC）是新近发展的一种分离分析技术，在原理上与常压液相色谱基本相同。它具有气相色谱的优点，又不要求样品必须是可挥发性的；HPLC 采用特有的固相载体，加上在高压条件下工作，使它成为一种高效能的分析方法。HPLC 不仅可用于蛋白质纯度分析，也可用于少量样品的制备。

2. 电泳法 用 PAGE 检查样品呈现单一区带，也是纯度的一个指标，这表明样品在电荷和质量方面的均一性，如果在不同 pH 条件下电泳均为单一区带，则结果更可靠些；SDS – PAGE 检测纯度也很有价值，它说明蛋白质在分子大小上的均一程度，但此法只适用于单链多肽和具有相同亚基的蛋白质；等电聚焦电泳用于检查纯度，可表明蛋白质在等电点方面的均一性。生物体内有成千上万的蛋白质，它们之间在某些性质上可相同或非常相似，因此用一种方法检测时，出现重叠现象是完全有可能的。可以说纯的蛋白质电泳仅有一条区带，但仅有一条区带却不一定是纯的，仅能表明它在电泳上的均一性，称为"电泳纯"。

高效毛细管电泳（high performance capillary electrophoresis，HPCE）是在传统电泳的基础上发展的一种新型的分离分析技术。近年来随着生物工程的迅速发展，新的基因工程产品不断出现，使 HPCE 在生物技术产品分析研究中成为重要的手段。HPCE 的主要特点：快速（分析时间 1~15 分钟）、微量（样品 1~10nl）、高效（理论塔板数为$10^4 ~ 10^6/m$）、高灵敏度（如人生长激素 20pg 即可分离检出），且试剂无毒性，实验条件缓冲液可变而不改变毛细管柱，有效避免柱污染等。

3. 免疫化学法 免疫学技术是鉴定蛋白质纯度的有效方法，它根据抗原与抗体反应的特异性，可用已知抗体检查抗原或已知抗原检查抗体。常用的方法有免疫扩散、免疫电泳、双向免疫电泳和放射免疫分析等。特别是放射免疫分析（RIA），它是一种超微量的特异分析方法，灵敏度很高，可达纳克至皮克水平，但需特殊设备和存在放射性的有害污染。近来新建立一种酶联免疫吸附法（ELISA），它以无害的酶作为标记物代替放射性核素，此法的灵敏度近似于 RIA。免疫学方法是鉴定蛋白质纯度的特异方法，但对那些具有相同抗原决定簇的化合物也可能出现同样的反应。用此法检测的纯度称为"免疫纯"。

蛋白质纯度的鉴定方法还有超速离心法，蛋白质化学组成和结构分析等，但这些方法因需特殊设备或测定方法复杂而在应用上受到限制。可以说蛋白质最终的纯度标准应是其氨基酸组成和顺序分析，但因其难度大而一般很少用它来检查蛋白质的纯度。目前常用的方法仅表明在一定条件下的相对纯度。实际工作中可根据对纯度的要求选用适当的方法，若对纯度要求高，应选有相当灵敏度的多种方法进行分析。

（二）蛋白质的分析

1. 蛋白质相对分子质量的测定 测定蛋白质相对分子质量有超速离心法、分子筛色谱法、SDS – 聚丙烯酰胺凝胶电泳、生物质谱法等等，下面介绍几种常用方法的基本原理。

（1）分子筛色谱法 又名凝胶过滤法。一般球形蛋白质洗脱体积取决于分子大小。实验表明，在一定的相对分子质量范围内，洗脱液的体积（V_e）是相对分子质量（Mr）对数的线性函数。

$$V_e = K_1 - K_2 \lg Mr \qquad (2-7)$$

式中，K_1 和 K_2 是常数，随实验条件而定。因此，用已知相对分子质量的蛋白质在同样条件下色谱，以 V_e 对 $\lg Mr$ 作图而得一条标准曲线，即可求得待测蛋白质的近似相对分子质量。此法简便，不要求复杂设备，但要获得重复可靠的结果，应严格控制实验条件和操作。

（2）SDS-聚丙烯酰胺凝胶电泳法（SDS-PAGE） 蛋白质由于所带电荷和分子大小不同，在电场中的电泳速度各异。如在电泳系统中加入十二烷基硫酸钠（SDS）和少量的巯基乙醇，则蛋白质的电泳速度主要取决于它的相对分子质量而与电荷无关。SDS是一种阴离子表面活性剂，它与蛋白质结合成复合物，使不同蛋白质带上相同密度的负电荷，其数量远超过蛋白质原有的电荷量，从而消除不同蛋白质间原有的电荷差异；SDS是一种变性剂，它能破坏蛋白质分子中的氢键和疏水作用，巯基乙醇能打开二硫键，因此对具有四级结构的蛋白质，本法所测实为亚基的相对分子质量。

实验结果表明，蛋白质的电泳迁移率（D）与其相对分子质量（Mr）的对数呈线性关系。

$$LgMr = K - \alpha d_e/d_o$$
$$= K - \alpha D \qquad (2-8)$$

式中，K和α为常数，d_e为蛋白质的移动距离，d_o为小分子示踪物的移动距离。根据方程用已知相对分子质量的蛋白质制得标准曲线，在同样条件下测出未知蛋白质的电泳迁移率，即可从标准曲线求得其近似相对分子质量。此法的优点是快速、微量，并可同时测定若干个样品。但此法误差较大，如能严格掌握实验技术也可获得满意的结果。

上述方法只能测得蛋白质的近似相对分子质量，如要获得更准确的相对分子质量，目前可采用生物质谱的方法或根据蛋白质的氨基酸组成或一级结构计算。

（3）生物质谱法 质谱分析法是通过测定分子质量和相对应离子电荷实现对样品中分子的分析。通过质谱分析，可获得分析样品的相对分子质量、分子式、分子中放射性核素构成和分子结构等多方面的信息。在过去，该法只能用于分析小分子和中型分子，而用于生物大分子却难度很大。这是因为生物大分子比较脆弱，在应用此法在拆分和电离的过程中，生物大分子的结构和组成很容易被破坏。美国科学家John. B. Fenn采用对生物大分子施加电场方法以及日本科学家田中耕一采用激光轰击生物大分子的方法，均成功地使生物大分子相互完整地分离，同时也被电离。这两位科学家分别以"发明了对生物大分子进行确认和结构分析的方法"和"发明了对生物大分子的质谱分析法"而荣获2002年诺贝尔化学奖。

2. 蛋白质的含量测定

（1）凯氏定氮法（Kjedahl method） 这是测定蛋白质含量的经典方法。其原理是蛋白质具有恒定的含氮量，平均为16%，因此测定蛋白质的含氮量即可计算其含量；含氮量的测定是使蛋白质经硫酸消化为$(NH_4)_2SO_4$，碱性时蒸馏释出NH_3用定量的硼酸吸收，再用标准浓度的酸滴定，求出含氮量即可计算蛋白质的含量。

（2）福林-酚试剂法（Lowry法） 这是测定蛋白质浓度应用最广泛的一种方法。其原理是在碱性条件下蛋白质与Cu^{2+}生成复合物，还原磷钼酸-磷钨酸试剂生成蓝色化合物，可用比色法测定。此法优点是操作简便、灵敏度高、蛋白质浓度测定范围是$25 \sim 250 \mu g/ml$。但此法实际上是蛋白质中酪氨酸和色氨酸与试剂的反应，因此它受蛋白质的氨基酸组成的影响，即不同蛋白质中此两种氨基酸量不同使显色强度有所差异；此外，酚类等一些物质的存在可干扰此法的测定，导致分析的误差。

（3）双缩脲法 在碱性条件下，蛋白质分子中的肽键与Cu^{2+}可生成紫红色的络合物，可用比色法定量。此法简便，受蛋白质氨基酸组成影响小；但灵敏度小、样品用量大，蛋白质测定浓度范围为 0.5 ~ 10mg/ml。

（4）紫外分光光度法 蛋白质分子中常含有酪氨酸等芳香族氨基酸，在 280nm 处有特征性的最大吸收峰，可用于蛋白质的定量。此法简便、快速、不损失样品，测定蛋白质的浓度范围是 0.1 ~ 0.5mg/ml。若样品中含有其他具有紫外吸收的杂质，如核酸等，可产生较大的误差，故应做适当的校正。

蛋白质样品中含有核酸时，可按下列公式计算蛋白质的浓度。

$$蛋白质的浓度（mg/ml） = 1.55A_{280} - 0.75A_{260}$$

式中，A_{280}、A_{260} 分别为 280nm 和 260nm 时吸光度值。

关于蛋白质浓度测定已有新方法报道，重要的方法有 BCA 比色法和 Bradford 蛋白质分析法（或称 Bio - Rad 蛋白质分析法），这些方法主要特点是简便、快速、灵敏和抗干扰作用强，可望替代传统的 Lowry 法，但试剂较贵。

（5）BCA 比色法 其原理是在碱性溶液中，蛋白质将 Cu^{2+} 还原为 Cu^+，再与 BCA 试剂（4,4′-二羧酸-2,2′-二喹啉钠）生成紫色复合物，于 562nm 有最大吸收，其强度与蛋白质浓度成正比。此法的优点是单一试剂、终产物稳定，与 Lowry 法相比几乎没有干扰物质的影响。尤其在 TritonX - 100、SDS 等表面活性剂中也可测定。其灵敏度范围一般在 10 ~ 1200μg/ml。

（6）Bradford 蛋白质分析法 这是一种迅速、可靠的通过染料法测定溶液中蛋白质的方法；其原理是基于考马斯亮蓝 G -250 有红、蓝两种不同颜色的形式。在一定浓度的乙醇及酸性条件下，可配成淡红色的溶液，当与蛋白质结合后，产生蓝色化合物，反应迅速而稳定。检测反应化合物在 595nm 的吸光度，可计算出蛋白质的含量。此法特点是：快速简便，10 分钟左右即可完成；灵敏度范围一般在 25 ~ 200μg/ml。最小可测 2.5μg/ml 蛋白质；氨基酸、肽、EDTA、Tris、糖等无干扰。Bio - Rad 的蛋白质定量检测试剂盒即以此法为依据。

3. 蛋白质结构分析技术原理 蛋白质结构分析主要包括氨基酸组成分析、一级结构分析（组成氨基酸的序列分析）及三维结构分析（包括二级结构、三级结构及四级结构分析）应用于蛋白质结构分析的方法包括物理分析法与化学分析法。

（1）物理分析法

1）质谱法 该法被认为是测定小分子相对分子质量最精确、最灵敏的方法。近年来，随着各项技术发展，使质谱所能测定的相对分子质量范围大大提高。基质辅助的激光解吸电离飞行时间质谱成为测定生物大分子尤其是蛋白质、多肽相对分子质量和一级结构的有效工具。目前质谱主要测定蛋白质一级结构，包括相对分子质量、肽链氨基酸排序及多肽或二硫键数目和位置。

2）核磁共振法 多维磁共振波谱技术成为确定蛋白质和核酸等生物分子溶液三维空间结构的惟一有效手段。近几年来，核磁共振方法迅速发展，已可用于确定相对分子质量为 15 000 ~ 25 000 的蛋白质分子溶液的三维空间结构。

3）紫外-可见光谱法 蛋白质在紫外区的光吸收是由芳香族氨基酸侧链吸收光引起的，可见区的研究则限于蛋白质-蛋白质、酶-辅酶的相互作用等，有时还需引入生色团才能进行。

4）激光拉曼光谱法 该光谱是基于拉曼散射和瑞利散射的光谱，当前两个主要发展方向是傅里叶变换拉曼光谱和紫外-共振拉曼光谱。

5）荧光光谱法　研究蛋白质分子构象的一种有效方法，它能提供激光光谱、发射光谱及荧光强度、量子产率等物理参数，这些参数从各个角度反映了分子的成键和结构情况。

6）红外光谱法　该法是近年发展起来的一种新型分析测试技术。研究人员利用红外光谱测定蛋白质的酰胺结构。

7）圆二色谱法　利用不对称分子对左、右圆偏振光吸收的不同进行结构分析。用远紫外 CD 数据能快速计算稀溶液中蛋白质二级结构，辨别三级结构的类型，近紫外 CD 光谱可灵敏地反映芳香氨基酸残基变化。

（2）化学分析法

1）氨基酸分析　是对肽键全部水解后的蛋白质样品进行，它可给出混合物中各氨基酸的总量，用 RP – HPLC 对氨基酸衍生物进行分离，色谱柱选用 C_{18} 硅胶柱。

2）序列分析　用氨基酸分析并不能得到氨基酸序列信息，因此，可以用 Edman 反复降解法对蛋白质进行序列分析，也可以用 cDNA 推导法来测定蛋白质的一级结构，还可以用串联质谱法灵敏、快速地测定蛋白质分子的氨基酸序列。

（吴梧桐　左爱仁）

扫码"练一练"

第三章 糖 类

第一节 多 糖

多糖（polysaccharides）又称多聚糖，是一类具有广泛生物活性与功能的由单糖组成的天然高分子化合物，广泛存在于植物、动物和微生物中，是维持生命活动正常运转的基本物质之一。到目前为止，人类已发现几百种天然多糖。多糖不但是生物有机体的主要结构支持物质（如纤维素、几丁质、果胶等）和主要能量来源（如淀粉、糖原），同时也是工业上的重要原料来源（如卡拉胶、田菁胶等）。此外，多糖还具有多种生物活性，与细胞的抗原性及细胞凝集反应、细胞连接、细胞识别等有关，在与非糖物质结合后，这样的功能特性更为明显。现在多糖研究的主要目标是：一方面进一步寻找活性更高，特别是对肿瘤、人类获得性免疫缺陷综合征更有效的多糖；另一方面是构效关系，因为一旦构效关系阐述清楚，将对发现新的多糖具有指导作用，并对医学、药学、分子生物学等的理论研究做出贡献。

一、多糖的分类

多糖的分类方法较多，如按其来源、生理功能、构成成分、存在的场所等分类。在本书中仅介绍三种分类方法，即按其来源、生理功能、构成成分分类。

（一）按来源分类

1. 植物多糖 从自然界植物，尤其是中药材中提取的水溶性多糖，如当归多糖、枸杞多糖、柴胡多糖、大黄多糖等。这类多糖由于有药理活性丰富、质量可控等优点，已经成为当今新药研究的热点之一。另一类是水不溶性的植物多糖，如形成植物支持组织的纤维素和构成贮存养料的淀粉等。

2. 动物多糖 从动物的组织、器官及体液中分离、纯化得到的多糖。这类多糖大多数是水溶性的黏多糖，并且也是最早用作药物的多糖，如肝素、透明质酸、硫酸软骨素等。

3. 微生物多糖 从微生物分离、纯化得到的多糖。这类多糖主要对肿瘤治疗及调节机体免疫效果显著，如香菇多糖、茯苓多糖、银耳多糖、猪苓多糖、云芝多糖等。

4. 海洋生物多糖 从海洋、湖沼生物体内分离、纯化得到的多糖。这类多糖具有较为广泛的生物学效应，如几丁质（甲壳素）、海参多糖、海带多糖、螺旋藻多糖等。

5. 人工合成多糖 如人造纤维素、人工合成的脂多糖等。

（二）按生理功能分类

1. 贮存多糖 贮存多糖（storage polysaccharide）是细胞在一定生理发展阶段形成的材料，主要以固体形式存在，有些是溶解的或高度水化的胶体状态。贮存多糖是作为碳源的底物贮存的一类多糖，在需要时可通过生物体内酶系统的作用分解而释放能量，故又称为贮能多糖。淀粉和糖原分别是植物和动物最主要的贮存多糖。

2. 结构多糖 结构多糖（structural polysaccharide）也称为水不溶性多糖，具有硬性和韧性。结构多糖在生长组织里进行合成，是构成细菌细胞壁或动、植物的支撑组织所必需的物质，如几丁质、纤维素。

（三）按构成成分分类

1. 单纯多糖 只有糖类而无其他组分的多糖称为单纯多糖。根据其水解生成相同或不同的单糖，可分为均一多糖和不均一多糖。

（1）均一多糖 均一多糖（homopolysaccharide）又称为同多聚糖，由一种单糖缩合而成，如淀粉、糖原、纤维素、木糖胶、阿拉伯糖胶、几丁质等。

（2）不均一多糖 不均一多糖（heteropolysaccharide）又称为杂多糖，由不同类型的单糖缩合而成，如肝素、透明质酸和许多来源于植物中的多糖如波叶大黄多糖、当归多糖、茶叶多糖等。

2. 复合多糖 复合多糖也称为糖复合物（glycoconjugate）或结合糖，是指结构中除了糖类还含有其他组分，如蛋白质、脂质等。主要有以下几类。

（1）糖蛋白 糖蛋白（glycoprotein）是糖和蛋白质以共价键结合的复合分子，其中糖的含量一般小于蛋白质。糖和蛋白质结合的方式有：①与含羟基的氨基酸（丝氨酸、苏氨酸、羟赖氨酸等）以糖苷形式结合，称为 O – 连接；②与天冬酰胺的酰氨基连接，称为 N – 连接。N – 连接的糖链多数具有 Man – β – 1,4 – GlcNAc – β – 1,4 – GlcNAc – β – Asn 结构，还有连接着许多甘露糖的高甘露糖类型糖蛋白等。常见的糖蛋白包括人红细胞膜糖蛋白、血浆糖蛋白、黏液糖蛋白等。此外，酶也有不少为糖蛋白，具有运载功能的蛋白质也有不少为糖蛋白。很多激素、血型物质、作为结构原料或起着保护作用的蛋白质等，都是糖蛋白。

（2）蛋白聚糖 蛋白聚糖（proteoglycan）也是一类由糖与蛋白质结合形成的非常复杂的大分子糖复合物，其中蛋白质含量一般少于多糖。蛋白聚糖主要由糖胺聚糖链共价连接于核心蛋白所组成。根据其组织来源的不同分别称为软骨蛋白聚糖、动脉蛋白聚糖、角膜蛋白聚糖等，或根据其所含糖胺聚糖种类的不同分别称为硫酸软骨素蛋白聚糖、硫酸皮肤素蛋白聚糖、肝素蛋白聚糖等。蛋白聚糖是构成动物结缔组织大分子的基本物质，也存在于细胞表面，参与细胞与细胞或者细胞与基质之间的相互作用。

（3）糖脂 糖脂（glycolipids）是糖类和脂质形成的共价化合物，组成和总体性质以脂质为主体。根据国际纯化学和应用化学联盟和国际生化联盟命名委员会所下的定义，糖脂必须是糖类通过其还原末端以糖苷键与脂质连接起来的化合物。

根据脂质部分的不同，糖脂又可分为：①分子中含鞘氨醇的鞘糖脂（glycos-phingolipid），分中性和酸性鞘糖脂两类，分别以脑苷脂和神经节苷脂为代表；②分子中含甘油酯的甘油糖脂（glyceroglycolipid）；③由磷酸多萜醇衍生的糖脂；④由类固醇衍生的糖脂。

糖脂广泛存在于生物体，其主要的功能包括：参与细胞与细胞间相互作用和识别，参与细胞生长调节、癌变和信息传递以及与生物活性因子的相互作用、细胞表面标记和抗原及免疫学功能等。

（4）脂多糖 脂多糖（lipopolysaccharide）也是糖与脂质结合形成的复合物，与糖脂不同的是在脂多糖中以糖为主体成分。常见的脂多糖有胎盘脂多糖、细菌多糖等。

3. 黏多糖 黏多糖（mucopolysaccharide）也称为糖胺聚糖（glycosaminoglycan），是一类含氮的不均一多糖，其化学组成通常为糖醛酸及氨基己糖或其衍生物，有的还含有硫酸基。

糖胺聚糖广泛存在于动植物组织中，是结缔组织的间质和细胞间质的特有成分，是组成细胞的天然黏合剂。糖胺聚糖按其组成不同通常分为五种，即透明质酸、硫酸软骨素、硫酸角质素、硫酸皮肤素和肝素。

二、重要多糖的结构与功能

（一）淀粉

1. 结构　淀粉（starch）是 D – 葡萄糖以 α – 糖苷键连接成的同多聚糖。天然淀粉有两种结构，即直链淀粉与支链淀粉。

直链淀粉是由 250 ~ 300 个 α – D – 葡萄糖通过 α – 1,4 – 糖苷键连接而成的直链型多聚体，相对分子质量为 32×10^3 ~ 100×10^3，占总淀粉量的 20% ~ 30%。直链淀粉不是完全伸直的，它的分子通常是卷曲成空心螺旋型，每个螺旋圈由 6 个 α – D – 吡喃型葡萄糖残基组成，螺旋圈的直径为 1.3nm，螺距为 0.8nm。

支链淀粉的相对分子质量比直链淀粉大得多，为 100×10^3 ~ 1000×10^3。其结构分为主链和侧链，D – 葡萄糖通过 α – 1,4 – 糖苷键连接构成主链，通过 α – 1,6 – 糖苷键形成分支侧链（图 3 – 1），每隔 8 ~ 9 个葡萄糖残基就有一个分支，每个分支点上都有 α – 1,6 – 糖苷键。各个分支也都是卷曲成螺旋。其侧链一般含有 20 ~ 30 个 α – D – 葡萄糖残基，侧链内部的 α – D – 葡萄糖残基则是 α – 1,4 – 糖苷键相连接。

淀粉均不溶于冷水，但直链淀粉能溶于热水，得澄明溶液，而支链淀粉吸水膨胀后呈黏胶状。多糖链的螺旋构象是碘显色反应的必要条件，直链淀粉遇碘产生蓝色，据认为这是由于葡萄糖单位形成 6 圈以上的螺旋所致。支链淀粉遇碘则产生紫红色。

淀粉用酸或酶促水解为葡萄糖的过程中会生成各种糊精和麦芽糖等一系列中间产物。各种糊精与碘作用可产生不同的颜色，因此分别称之为紫色糊精、红色糊精和无色糊精等。

淀粉的水解过程：淀粉→紫色糊精→红色糊精→无色糊精→麦芽糖→葡萄糖
与碘生成颜色：　　蓝色　　紫色　　　红色　　　　无色　　　无色　　　无色

图 3 – 1　支链淀粉分支之间结合键

2. 功能　淀粉是高等植物的贮存多糖，主要存在于植物的茎（如马铃薯）、根（如薯类）、种子（如麦、米、玉米等）和果实中。它是供给人类能量的主要营养物质。

（二）糖原

糖原（glycogen）是动物体内糖类化合物的储存形式，相当于植物体中储存的淀粉，所以糖原被称为"动物淀粉"。它在动物组织内分布很广，肝脏和肌肉中储量最多。

1. 结构　糖原分子的结构与支链淀粉相似，但相对分子质量比支链淀粉更大，分支更多。糖原分子中 α – D – 葡萄糖残基通过 α – 1,4 – 糖苷键相互连接，支链分支点也是 α – 1,6 –

糖苷键。在主链中平均每隔 3 个葡萄糖残基就有一个支链，每个支链平均长度相当于 12~18 个葡萄糖分子（图 3-2）。

糖原不溶于冷水，易溶于热的碱溶液，并在加入乙醇后析出。糖原与碘作用通常呈棕红色，彻底水解后产生 D-葡萄糖。

2. 功能 糖原在维持人体能量平衡方面起着十分重要的作用。肌糖原主要供肌收缩的急需；肝糖原则是血糖的重要来源，这对一些依赖葡萄糖作为能量来源的组织如脑、红细胞等尤为重要。

● 表示支链的还原性末端

图 3-2 糖原分子的结构

（三）葡聚糖

葡聚糖（dextran）又称为右旋糖酐，是酵母菌及某些细菌中的贮存多糖，存在于这些微生物生长过程中分泌的黏液里。

1. 结构 葡聚糖是由数个葡萄糖分子聚合而成的同多聚糖，但与淀粉、糖原不同之处是在葡聚糖之间几乎均为 $\alpha-1,6-$ 糖苷键连接，偶尔也通过 $\alpha-1,2$、$\alpha-1,3$ 或 $\alpha-1,4-$ 糖苷键连接而成分支状。

2. 功能 葡聚糖在输血过程中可代替一部分全血，在临床上用作血浆体积的扩充剂（称为代血浆）。供药用的右旋糖酐的相对分子质量在 $50\times10^3 \sim 90\times10^3$，属于中等分子级。

相对分子质量大于这个数值的右旋糖酐在体内会引起细胞凝集，不适于药用。相对分子质量平均为 $20\times10^3 \sim 40\times10^3$ 的称为低分子右旋糖酐，它主要用于降低血液黏滞度，以防止血栓形成，并有助于改善微循环，兼有利尿作用。

（四）纤维素

纤维素（cellulose）是自然界中分布最广、含量最多的一种多糖，是天然植物纤维的主要成分。例如棉花纤维中纤维素占 97%~99%，木材纤维中占 41%~43%。纤维素是植物细胞壁的主要结构组分，它也在某些被囊类动物中被发现。

1. 结构 纤维素是由 $\beta-D-$ 葡萄糖以 $\beta-1,4-$ 糖苷键连接而成的直链状同多聚糖，不形成螺旋构象，没有分支结构，易形成晶体。其中的 $\beta-D-$ 葡萄糖连接方式见图 3-3。

图 3-3 纤维素分子的 $\beta-D-$ 葡萄糖连接方式

纤维素分子间由氢键和非共价键连接构成许多微纤丝，这些微纤丝的排列是平行有序的，有一定的规律。

纤维素为无色、无味的白色丝状物，不溶于水、稀酸、稀碱和有机溶剂。其结构中的 $\beta-1,4-$ 糖苷键对酸水解有较强的抵抗力，用强酸水解可产生 D-葡萄糖及部分水解产物纤维二糖。大多数哺乳动物的消化道不分泌水解 $\beta-1,4-$ 糖苷键的酶，因此它们不能消化纤维素。而某些微生物、原生动物、蛇类和反刍动物则可消化利用纤维素，同时纤维素也是反刍动物的主要饲料。

2. 功能　纤维素在人体内不能直接被消化吸收，也不能提供能量，但它们是非常重要的膳食成分，能促进肠道蠕动。食物中含有一定的纤维素，可在人体胃肠道中吸附有机和无机物供肠道正常菌群利用，维持正常菌群的平衡；纤维素可减少胆固醇的吸收、降低血清胆固醇；纤维素还可以作为糖尿病患者的特殊食物，在饮食中有特殊的价值。

纤维素与浓硝酸作用生成硝化纤维素（纤维素三硝酸酯），它是炸药的原料。纤维素一硝酸酯和二硝酸酯混合物的醇醚溶液为火棉胶，其在医药及化工领域应用广泛。纤维素与醋酸结合生成的醋酸纤维素是多种塑料的原料。

纤维素可制成离子交换纤维素，如羧甲基纤维素（CM - 纤维素）、二乙氨基乙基纤维素（DEAE - 纤维素）等都是常用的生化分离介质。

（五）琼胶

1. 结构　琼胶（agar）又称琼脂，是来源于石花菜藻等红藻的一种多糖混合物，其单糖组成为 L - 半乳糖及 D - 半乳糖。其化学结构是 D - 半乳糖以 α - 1,3 - 糖苷键连接成短链（含 9 个 D - 半乳糖单位），再与 L - 半乳糖以 1,4 - 糖苷键相连，L - 半乳糖 C_6 结合一个硫酸基。（图 3 - 4）

![图3-4 琼胶的结构]

图 3 - 4　琼胶的结构

琼脂不溶于冷水，可溶于热水成溶胶，冷却后成凝胶。

2. 功能　一般微生物不产生琼脂水解酶类，故琼脂被广泛用于微生物培养基的固体支持物。琼脂还被用作生物固定化技术的包埋材料。琼脂胶含有硫酸酯，不能作为电泳载体和凝胶过滤用。分离出去琼脂胶的纯琼脂糖是生化分离分析中常用的凝胶材料。琼脂在食品工业中应用很广，是公认无毒的低热食品，它不能被哺乳动物的消化酶水解，因此可作为一种有用的食用纤维添加剂。

（六）几丁质

几丁质（chitin）又称为壳多糖、甲壳素、甲壳质等，广泛存在于自然界的昆虫类、甲壳类（如虾、蟹等）和软体动物的骨骼和某些菌类的细胞壁中。在自然界中几丁质的量仅次于纤维素。

1. 结构　几丁质是由一种 N - 乙酰葡糖胺通过 β - 1,4 - 糖苷键连接起来的直链型同聚糖（图 3 - 5）。这种线性的高分子多糖平均相对分子质量一般在 1000×10^3 左右。

几丁质大多不溶于水、稀酸、稀碱和一般的有机溶剂中，可溶于无水甲酸、浓无机酸，但会发生降解。

图 3 - 5　几丁质的结构

2. 功能

（1）促进创伤皮肤的再生，促进创伤的愈合　几丁质可作为生物医学材料在临床上使用，如制成用于烧伤治疗的人工皮肤等。

（2）用作生物医学材料　几丁质具有良好的成膜性、组织相容性与可降解性等理化性质，可作为药用辅料、可吸收的手术缝合线、贵重金属回收吸附剂、高能射线辐射防护材料、组织工程材料等。

（3）用于食品工业　几丁质是食品工业上重要的添加剂，用以做成各种保健食品。有报道，用微晶几丁质作为悬浮胶体均匀地分散于水中形成稳定的凝胶触变分散系，作为增稠剂优于微晶纤维素。几丁质还可使果汁或蔬菜汁脱酸和防止醋产生沉淀。

（4）几丁质的部分去乙酰化可以生成脱乙酰壳多糖（chitosan），它是一种带正电荷的无毒聚合物。脱乙酰壳多糖可以用作处理废水和工业废物的吸附剂，也可用于食品保存和做美容面膜。

（七）黏多糖类

1. 透明质酸　透明质酸（hyaluronic acid，HA），又名玻璃酸，是 Karl Meyer 和 John Palmer 于 1934 年从牛眼玻璃体中分离得到后命名的。透明质酸广泛存在于高等动物的关节液、软骨、结缔组织、皮肤、脐带、眼球玻璃体及鸡冠等组织和某些微生物的细胞壁中。在哺乳动物体内，以玻璃体、脐带和关节滑液的含量为最高。

（1）结构　透明质酸是以 D - 葡糖醛酸和 N - 乙酰 - D - 葡糖胺通过 $\beta - 1,3 -$ 糖苷键连接组成的二糖单位为重复单位，每个重复单位通过 $\beta - 1,4 -$ 糖苷键相互连接而成，无分支，在体内常与蛋白质结合构成一种蛋白多糖（图 3 - 6）。其相对分子质量具有不均一性，一般为 $500 \times 10^3 \sim 2000 \times 10^3$。

COO⁻ 的结构图

CH₂OH

D-葡糖醛酸基　　D-2-N-乙酰葡糖胺基

图 3 - 6　透明质酸的二糖单位

透明质酸为白色絮状或无定形固体，无臭无味，具有吸湿性；溶于水，不溶于有机溶剂。

（2）功能

1）润滑作用　透明质酸特殊的结构单位和大分子构型使其溶液具有高度黏弹性，且与其所受外力有关。作为关节滑液的主要成分，当关节剪切力增大（快速运动）时，透明质酸主要表现为弹性，即其分子可储存部分机械能，从而达到减轻关节震动的目的；当剪切力变小（慢速运动）时，则主要表现为黏性，即透明质酸所承受的机械能可通过其分子网扩散，从而起到润滑关节的作用。

2）保水作用　透明质酸的亲水性很强，其理论保水值可达 $500ml/g$ 以上，即可吸收超过自身重量 500 倍的水分，因而被称为理想的天然保湿因子。这一特性使透明质酸能调节蛋白质、水、电解质在皮肤中的扩散和转运，并有促进伤口愈合等作用。

3）大离子功能　透明质酸分子上带有多的负电荷提示它可能具有离子交换树脂的作

用，调节着细胞周围的正离子的流动和流速。透明质酸还可以抑制多种酶的活性，通过透明质酸酶或其他方式的水解可削弱这种作用。因此，透明质酸－透明质酸酶系统可作为多种酶活力的调节剂。

2. 硫酸软骨素 硫酸软骨素（chondroitin sulfate，CS）是广泛存在于人和动物软骨及结缔组织中的氨基多糖。其药用制剂主要含有硫酸软骨素 A 和硫酸软骨素 C 两种异构体，是由动物喉、鼻中隔、气管等软骨组织提取制备的。

（1）结构 硫酸软骨素的基本结构与透明质酸的结构类似，仅其重复双糖单位中 N-乙酰－D－葡糖胺被 N－乙酰－D－半乳糖胺取代。硫酸软骨素的 N－乙酰半乳糖胺的 4 位或 6 位羟基被硫酸基取代，根据硫酸基的取代位置不同可分为软骨素－4－硫酸酯（硫酸软骨素 A）和软骨素－6－硫酸酯（硫酸软骨素 C）。（图 3－7、图 3－8 和图 3－9）

β-葡糖醛酸　　　　D-2-N-乙酰半乳糖胺-4-硫酸酯

图 3－7　硫酸软骨素 A 的结构

艾杜糖醛酸　　　　D-2-N-乙酰半乳糖胺-4-硫酸酯

图 3－8　硫酸软骨素 B 的结构

β-葡糖醛酸　　　　D-2-N-乙酰半乳糖胺-6-硫酸酯

图 3－9　硫酸软骨素 C 的结构

由半乳糖胺和 L－艾杜糖醛酸组成双糖重复单位的聚合物则称硫酸软骨素 B，亦称为硫酸皮肤素（dermatan sulfate，DS），是主要存在于皮肤的黏多糖。

硫酸软骨素含有 50～70 个双糖单位，相对分子质量为 10×10^3～50×10^3。由于生产工艺不同，所得的产品平均相对分子质量也不同。一般碱水解提取法所得产品的平均相对分子质量偏低，而酶解或盐解法所得产品的平均相对分子质量较高，分子结构比较完整。

硫酸软骨素为白色粉末，有引湿性、旋光性；易溶于水，不溶于乙醇、丙酮、乙醚、三氯甲烷等有机溶剂。

（2）功能 硫酸软骨素具有多种生物活性与功能，包括：①弱的抗凝血作用，每 1mg 硫酸软骨素 A 相当于 0.45U 肝素的抗凝活性；②降血脂作用，可清除体内血液中的脂质和心脏周围血管的胆固醇，防治动脉粥样硬化；③可显著地减轻关节炎的炎症反应，保护骨关节；④免疫调节、抗氧化、加速伤口愈合和抗肿瘤作用等。

3. 肝素 肝素（heparin）是从哺乳动物组织中提取的硫酸化的糖胺聚糖化合物，一般产品为钠盐或钙盐。Mclean 在研究凝血问题时在肝脏中发现了这种抗凝血物质，并命名为"肝素"。

肝素在动物体内分布很广，在肝脏、肺、血管壁、肠黏膜等组织中都含有肝素。肝素在体内多以与蛋白质结合成复合物的形式存在，蛋白质去除后，肝素的抗凝血活性才表现出来。

（1）结构 肝素是由 D – 葡糖胺和 L – 艾杜糖醛酸或 D – 葡糖醛酸构成的二糖单位多聚物，其中 D – 葡糖胺 C_2 的氨基和 C_6 的羟基分别被硫酸酯化；L – 艾杜糖醛酸是主要的糖醛酸成分，占糖醛酸总量的 70% ~90%，其中 C_2 上的羟基被硫酸酯化，其余的为 D – 葡糖醛酸，D – 葡糖醛酸不发生硫酸酯化。肝素的部分结构示意如图 3 – 10 所示。

N–乙酰葡糖胺　　葡糖醛酸　　　葡糖胺　　　艾杜糖醛酸　　　葡糖胺

图 3 – 10　肝素的部分结构

肝素是由许多不同组分组成的非均一性的混合物。未分级肝素（unfractionated heparin，UFH）的相对分子质量为 $3000 \sim 30 \times 10^3$，平均相对分子质量为 $120 \times 10^3 \sim 15 \times 10^3$。笼统地说，商品肝素为未分级肝素，其中含有低相对分子质量和高相对分子质量两部分成分。一般认为，相对分子质量小于 8000 的部分称为低相对分子质量肝素（low molecular weight heparin，LMWH）。

肝素为白色粉末，有引湿性。肝素或其钠盐及钙盐易溶于水，不溶于乙醇、丙酮、二氧六环等有机溶剂。

（2）功能 肝素是具有最广泛生物活性与功能的黏多糖之一，其主要作用与功能有：①抗凝血及抗血栓作用。肝素的抗凝血作用是通过与抗凝血酶Ⅲ（ATⅢ）形成复合物来加速 ATⅢ 中和已激活的凝血因子；灭活活性凝血因子 X（FXa）而防止凝血酶原转变为凝血酶；灭活凝血酶和早期凝血反应的凝血因子而防止纤维蛋白原转变为纤维蛋白，从而抗凝血。其抗血栓作用也是因为它能抑制凝血酶的生成或使其灭活。肝素是需要迅速达到抗凝作用时的首选药物，在临床上用作血液体外循环时的抗凝剂。也用于预防静脉血栓栓塞病，并可预防大块的前壁透壁性心肌梗死患者发生动脉栓塞。②调血脂作用。肝素进入血液循环后，可促进血浆脂蛋白酯酶的释放，该酯酶有降低致动脉粥样硬化的低密度脂蛋白、极低密度脂蛋白、三酰甘油和胆固醇的作用，同时使有益的高密度脂蛋白增加。③可抑制血小板功能，抑制血管平滑肌细胞增殖，并可调控血管新生。④可作用于补体系统的多个环节抑制补体系统过度激活。与此相关，肝素还具有抗炎、抗过敏等作用，可用于治疗各种原因引起的弥散性血管内凝血（DIC）以及治疗肾小球肾炎、肾病综合征、类风湿关节炎等。

4. 硫酸角质素 硫酸角质素（keratan sulfate，KS）有两种不同的类型，来自不同的组织。一种广泛存在于角膜的称为硫酸角质素Ⅰ，是角膜蛋白聚糖惟一的多糖成分。另一种存在于若干骨架组织（软骨、骨、髓核），称为硫酸角质素Ⅱ，总是与硫酸软骨素一起存在于骨骼蛋白聚糖中。硫酸角质素Ⅰ和Ⅱ的主要差异在于它们与蛋白质的连接，两者均不含有糖醛酸，但都含有唾液酸、岩藻糖和甘露糖等。

（1）结构　硫酸角质素是由 N - 乙酰葡糖胺和 D - 半乳糖以 β - 1,3 - 糖苷键构成双糖重复单位，双糖单位之间以 β - 1,4 - 糖苷键相连（图 3 - 11）。硫酸基主要在葡糖胺的 C_6 位，在某些半乳糖基上也含有硫酸基团。

CH₂OH   CH₂OSO₃
D-半乳糖基　　N-乙酰葡糖胺基

图 3 - 11　硫酸角质素的结构

硫酸角质素与蛋白质结合的形式也各不相同。在角膜上是 N - 乙酰葡糖胺与天冬氨酸以 N - 糖苷键相连接；在软骨系统是 N - 乙酰葡糖胺与丝氨酸以 O - 糖苷键相连接。

（2）功能　硫酸角质素多数与蛋白质结合形成蛋白聚糖，在生物学功能上主要起到基质构建和维持的作用。在胎儿期软骨的蛋白聚糖中几乎不含有硫酸角质素，但随着年龄增加其含量渐增，这可作为动物结缔组织伴随着年龄变化的例证。有研究表明，硫酸角质素蛋白聚糖与神经细胞发育及神经组织损失后修复有密切的关系。硫酸角质素的其他活性研究较少。

三、多糖的分离、纯化及降解的原理

（一）多糖的提取

1. 游离多糖的提取　对于游离多糖，可在对原料进行粉碎后用水或盐溶液直接进行提取。

（1）难溶于水的多糖的提取　有些多糖在中性水溶液中的溶解度较小，可根据其溶解特性调节适当的 pH 进行提取。

有些多糖适合用稀酸提取，并且能得到较高的提取率。但酸性条件下可引起多糖中糖苷键的断裂，故应严格控制提取时间及 pH。

有些多糖在碱液中有更高的提取率，尤其是提取酸性多糖。用稀碱提取多采用 0.1mol/L 氢氧化钠、氢氧化钾，为防止多糖降解，常通以氮气或加入硼氢化钠或硼氢化钾。碱提中碱的浓度也应进行有效控制，因为有些多糖在碱性较强时会水解。

另外，稀酸、稀碱提取液应迅速中和或迅速透析。

（2）易溶于水的多糖的提取　水提取的多糖大多是中性多糖。用水作溶剂来提取多糖时，可以用热水浸煮提取，也可以用冷水浸提。

2. 结合多糖的提取　结合多糖主要是指黏多糖。以新鲜组织或丙酮脱脂脱水的组织为原料，可用水或盐溶液提取部分黏多糖。但是，因为大部分黏多糖是与蛋白质结合的，需用酶降解蛋白质部分或（和）用碱使多糖与蛋白质间的糖肽键断裂，以促进黏多糖在提取时的溶解。在碱性提取的同时用蛋白酶处理组织，可将提取过程简化。提取液中存在的蛋白质可用普通蛋白质沉淀剂沉淀，也可用其他方法使其变性沉淀，如调节 pH、加热等。

（1）碱提取法　碱提取法的主要依据是蛋白质 - 多糖结合物的糖肽键对碱不稳定。该法的优点是可以从组织中对黏多糖进行较完全的提取，例如已经成功地用此法从软骨中提取硫酸软骨素。此法的缺点是黏多糖分子有从裂解的一端被碱进一步降解的可能。所以，

如果希望多糖成分在特定的范围保持分子完整，则不宜用此法，或尽可能地使用稀碱并避免高温。

（2）蛋白水解酶消化法　用蛋白酶消化是常用的从组织中释放黏多糖的方法之一。通常选用低专一性的蛋白酶以进行广泛的蛋白质水解，常用的有胰蛋白酶（trypsin）、链霉蛋白酶（pronase）、糜蛋白酶（chymotrypsin）及一些微生物来源的酶等。从组织中释放黏多糖，有时选用含多种酶类的混合酶更具优越性。如用胰酶或胰脏，它们含有胰蛋白酶、糜蛋白酶、脂肪酶（lypase）、淀粉酶（amylase）等多种酶类，不仅具有水解蛋白质的广谱性，而且还可水解脂肪使其易于操作，水解糖原等以减轻对黏多糖的污染。

多糖的提取液一般浓度较低，需在提取后对提取液进行浓缩。浓缩的方法可根据多糖的性质确定，如对热比较稳定的多糖，可用加热蒸发或减压蒸除水分法；对于相对分子质量大的多糖可用超滤法。向多糖溶液中加入一定量的与水混溶的有机溶剂（如乙醇）可得到粗多糖沉淀物。

（二）多糖的纯化

1. 分级沉淀法　分级沉淀法（fractional precipitation）是最简便、最常用的方法。此法是利用不同多糖所含极性基团及相对分子质量不同，在不同浓度的低级醇或低级酮中溶解度不同的原理，逐步提高溶液中醇或酮的浓度，使不同组分的多糖分级沉淀，达到分离目的。

2. 季铵盐络合法　黏多糖的聚阴离子与某些季铵盐表面活性物质，如十六烷基吡啶盐、十六烷基三甲基铵盐等阳离子能形成季铵盐络合物，这些络合物在低离子强度的水溶液中不溶解，在高离子强度的水溶液中可以解离并溶解。不同的黏多糖聚阴离子电荷密度不同，使其络合物溶解时所需盐的浓度也不同，因而可用于不同黏多糖的分级分离，该法被称为季铵盐络合法（quaternary ammonium salt complexation）。一般来说，酸性强或相对分子质量大的多糖首先沉淀出来。实验时应严格控制多糖混合物的 pH 小于 9，且无硼砂存在，否则中性多糖也会被沉淀出来。通常季铵盐水溶液的浓度为 1% ~ 10%（W/V），在搅拌下滴加于 0.1% ~ 1%（W/V）的多糖溶液中，这时酸性多糖即能从多糖溶液中沉淀出来。

3. Sevag 法　Sevag 法是自多糖中去除蛋白质最缓和的方法，原理是使蛋白质变性沉淀而多糖不沉淀。将样品提取液与 Sevag 试剂［三氯甲烷：正丁醇或正戊醇 = 5:1（V/V）］按 5:1 的比例混合，剧烈振荡后离心除去变性蛋白质，反复多次至蛋白质除尽为止。该方法较温和，配合蛋白水解酶消化法使用效果更佳。

4. 离子交换色谱法　离子交换色谱法是根据溶液中各种带电颗粒与离子交换剂之间结合力的差异进行分离的技术。不同多糖由于所带电荷数目和分子中电荷的排布不同，从而造成与离子交换剂的亲和力不同，离子交换剂吸附多糖后，可以通过改变离子强度和 pH 使多糖按一定顺序从离子交换剂上被洗脱下来。常用的交换剂有 CM - 纤维素、DEAE - 纤维素、DEAE - 葡聚糖、DEAE - 琼脂糖等。

5. 制备性区带电泳法　制备性区带电泳法（preparative zone electrophoresis）是在一定的支持物上，于均一的载体电解质中，将样品加在中部位置，在电场作用下，样品中带正或负电荷的离子分别向负或正极以不同速度移动，分离成一个个彼此隔开的区带。区带电泳按支持物的物理性状不同，又可分为纸和其他纤维膜电泳、粉末电泳、凝胶电泳与丝线电泳。多糖在电场作用下因其分子大小、形状及所带电荷的不同而达到分离。

6. 凝集素亲和色谱法　根据凝集素可与游离或复合糖类中的单糖和寡糖发生专一性可逆结合的性质，采用固定化凝集素亲和层析法来分离纯化糖蛋白。此法条件温和、专一性强、不影响糖蛋白的生物活性。固定化的刀豆凝集素（concanavalin A，Con A）是应用最普遍的固定化凝集素，它能专一性地与甘露糖基结合。

7. 超滤法　超滤（ultrafiltration）是在一定压力下，使用一种特制的半透膜对混合溶液中相对分子质量和形态不同的溶质分子进行选择性过滤的方法。选择具有合适的相对分子质量截留值（molecular weight cut-off）的膜对多糖溶液进行超滤，不仅可除去溶液中的小分子杂质，还起到浓缩作用。这种方法的优点是操作简单、成本低、产品收率高，适用于大规模的生产，并且不影响多糖的性质和活性。

（三）多糖的降解

天然来源的多糖由于其相对分子质量较大，不易溶于普通溶剂，致使其应用受限。选择适当的方法对多糖进行降解，得到低聚糖衍生物，可增加其水溶性，并且不同相对分子质量的多糖往往具有不同的活性，从而可扩大多糖的应用范围。目前，多糖类物质的降解方法主要有化学降解法、物理降解法、酶降解法等。

1. 化学降解法

（1）亚硝酸降解法　亚硝酸（HNO_2）是常用的解聚剂，它在酸性溶液中具有强氧化性。一般是将多糖溶解于乙酸溶液中，在搅拌下缓慢滴入一定量的亚硝酸钠（$NaNO_2$）溶液，使之发生重氮化反应，脱去 1 分子 N_2，引起分子内重排使大分子链断裂，再用 $NaBH_4$ 还原端基，完成降解反应。这是传统的化学降解方法，降解产物的相对分子质量可以通过改变 $NaNO_2$ 的加入量和反应时间来控制。该降解法的主要缺陷在于：产品的相对分子质量分布宽，均一性差；降解过程中破坏了氨基、硫酸基等，降低了多糖活性；生产的废物污染严重。

（2）酸降解法　糖苷键对酸不稳定，易被稀酸催化而水解，使糖链发生断裂。反应一般在水或稀的醇溶液中进行，所用的酸为质子酸：无机酸类有盐酸、硫酸、硝酸等；有机酸类有甲酸、乙酸、草酸等。酸降解一般应在加热条件下进行，另外，通过对反应物进行深度处理，增加其与酸的接触，可提高降解效率。

（3）氧化降解法　多糖在氧化剂的存在下可以进行氧化降解（oxidation degradation）。其中过氧化氢法开发最多，包括 H_2O_2 法、$H_2O_2 - NaClO_3$ 法、$H_2O_2 - HCl$ 法等。其他的氧化降解法还有 $NaBO_3$ 法、ClO_2 法、Cl_2 氧化法等。用 H_2O_2 氧化降解多糖无毒、无副产物，是一种较理想的化学降解方法。H_2O_2 氧化降解法中，较高的反应温度和 H_2O_2 浓度有利于降低产物的相对分子质量，但是工艺条件较难掌握，反应的稳定性和重复性差。

（4）β - 消除降解法　在碱性的条件下，多糖糖苷键还原性末端糖基进行 β - 消除反应（β - elimination reaction），可以使糖苷键断裂。但碱性水解可引起多糖残基上硫酸基团因亲核攻击造成的脱落和多糖链结构的变化，而硫酸基一般被认为是多糖抗肿瘤所必需的，所以一般不采用碱水解。

2. 物理降解法

（1）超声波降解法　超声波（ultrasonic wave）降解大分子物质的主要机制是机械性断键作用以及自由基的氧化还原反应。超声波的机械性断键作用是由于物质的质点在超声波中具有极高的运动加速度，产生激烈而快速变化的机械运动，分子在介质中随着波动的高速振动及剪切力的作用而降解。但是该法明显的缺点是收率太低。

（2）微波降解法　微波（microwave）的波长在 1mm 至 1m 之间，对于有机物的碳链结构能进行整体的穿透，将能量迅速传到反应物的各个官能团上。多糖分子中带有羟基、氨基等极性基团，由于分子内电荷分布不均匀，在微波场中能迅速吸收电磁波的能量，通过分子偶极作用和分子的高速振动产生热效应，使得分子中的酰胺键和 $\beta - 1,4 -$ 糖苷键迅速获得能量，发生水解或降解。微波降解具有操作简便、能耗低、重现性好等特点。

（3）辐射降解法 电离辐射（ionizing radiation）能使聚合物的分子产生电离或激发等效应，分子链被打断，形成相对分子质量较小的低聚物。聚合物辐射降解是无规律降解，主链断裂呈无规律分布。辐射法为不需添加物的固相反应，反应易控制，无污染，品质高。例如采用 ^{60}Co 辐射源降解壳聚糖，可得一系列相对分子质量的降解产物。

3. 酶降解法 酶催化水解多糖具有反应条件温和、专属性高、降解速度快等特点，克服了化学降解产品相对分子质量分布宽、均一性差的缺点，是一种较为理想的降解方法。酶水解多糖的程度取决于酶的种类和溶液的 pH 以及酶本身的纯度。但酶对周围环境很敏感，溶液中各种因素如温度、离子强度、酶浓度、底物浓度等都能显著地影响酶的催化反应速度，甚至使酶失去催化能力。

（1）专一性水解酶降解法 常用的专一性水解酶有：麦芽糖酶，只水解 $\alpha - D -$ 葡萄糖苷键；壳聚糖酶、纤维素酶，只水解 $\beta - 1,4 -$ 葡萄糖苷键；杏仁苷酶，只水解 $\beta -$ 六碳醛糖苷键等。专一性酶生产成本较高，不适用于工业化生产。

（2）非专一性水解酶降解法 近年来发现了多种非专一性水解酶，如蛋白酶、脂肪酶、淀粉酶、溶菌酶、葡萄糖酶、胰酶等。非专一性水解酶使用成本低，具有良好的应用前景。

四、多糖的理化性质测定

（一）多糖的含量测定

1. 苯酚－硫酸法 苯酚－硫酸试剂可与游离的或寡糖、多糖中的己糖、糖醛酸（或甲苯衍生物）发生缩合反应，生成有色物质，该物质在波长 490nm 处有最大吸收，且吸收值与糖含量呈线性关系。

2. 蒽酮－硫酸法 糖类遇浓硫酸脱水生成糠醛或其衍生物，再与蒽酮试剂缩合产生蓝绿色物质，该物质于波长 620nm 处有最大吸收，显色与多糖含量呈线性关系。

3. 荧光分析法 糖类本身并没有荧光基团，要使用特定的衍生化试剂与糖发生反应，使糖类物质生成具有荧光的物质，以达到检测的目的。根据作用机制，糖类的荧光探针大体有有机探针和金属探针两大类。

4. 分光光度法 糖胺聚糖长链带有多个阴离子，在水溶液中离解后可与染料阳离子相互结合发生反应，从而引起染料吸收光谱的变化，应用分光光度法测定多糖含量即是基于此原理。已研究过的染料有碱性吩噻嗪染料、碱性三苯甲烷染料、碱性二苯基萘基甲烷染料、阿利新蓝、偶氮染料等。

5. 电位滴定法 电位滴定法（electric titration）是利用多糖的氧化还原性质测定多糖含量的方法，该法在滴定过程中通过测量电位变化来确定滴定终点。在滴定过程中，随着滴定剂的不断加入，电极电位 E 不断发生变化，电极电位发生突跃时，说明滴定到达终点。

6. 比浊法 比浊法（turbidimetry）是根据悬浮体的透射光或散射光的强度以测定物质组分含量的一种分析方法。当光线通过一浑浊溶液时，因悬浮体选择地吸收了一部分光能，并且悬浮体向各个方面散射了另一部分光线，减弱了透过光线的强度。黏多糖在溶液中以聚阴离子形式存在，带负电荷，可与带阳离子的季铵盐氯化十六烷基吡啶在一定 pH 和浓度范围内定量反应生成白色沉淀并形成混悬液，在波长 680nm 处吸光度与浓度呈正相关。

（二）多糖的纯度鉴定

多糖是大分子化合物，具有不均一性，故其纯度标准不能用小分子化合物的纯度标准来衡量。它的纯度只代表某一多糖的相似链长的平均分布，我们通常所说的纯品实质上是一定相对分子质量范围的组分。多糖样品经分离纯化后，可采用多种方法测定其纯度。

1. 高效液相色谱法　高效液相色谱法为一高效、快速的分析分离技术，具有灵敏度高、选择性好的特点。耐高压合成凝胶的出现，使得高效液相色谱法可用来测定多糖纯度。由于凝胶具有一定孔径，不同形状和大小的多糖分子在凝胶中的移动速度不同，流出液经检测，若只有一单窄峰，且峰形对称，则说明该多糖为均一组分。

2. 电泳法　鉴定多糖纯度的电泳方法有醋酸纤维素膜电泳、玻璃纤维纸电泳、聚丙烯酰胺凝胶电泳、琼脂糖电泳等。中性多糖电泳因其导电性弱、相对分子质量大，在电场中移动速度慢，故常采用高压电泳，并且用 pH 9~12 的硼酸盐缓冲液，糖类化合物易与硼酸离子结合成配合物而增加其导电性。电泳后鉴定的显色剂常用的有阿利新蓝、甲苯胺蓝、p – 茴香胺硫酸试剂、高碘酸席夫试剂等。

3. 比旋度法　不同的多糖具有不同的比旋度，同时在不同浓度的乙醇中具有不同溶解度。于多糖水溶液中加入乙醇，使其浓度为 10% 左右，离心得沉淀，上清液中再加入乙醇，使其浓度为 20%~25%，离心得第二次沉淀，如果两次沉淀物具有相同的比旋度，则说明该多糖为均一组分。

4. 超速离心法　分析超速离心（analytical ultracentrifugation）技术可用于测定生物大分子的相对分子质量、检测样品纯度和大分子构象的变化。这种方法使用了特殊设计的转头和监测系统，可通过紫外光的吸收或折射率的改变对沉降物进行检测。由于不同多糖分子的密度、大小和形状不同，在离心场中沉降速率不同，可根据多糖样品是否形成单一条带来检测其纯度。

通常要判定某一多糖的均一性，必须要有两种方法以上的鉴定结果才能肯定。

（三）多糖相对分子质量的测定

测定高分子化合物的相对分子质量有多种方法，一般也适于多糖相对分子质量的测定。多糖相对分子质量测定因其不均一性而比较困难，通常所测得的相对分子质量一般只能是一种统计平均值。

1. 高效凝胶渗透色谱法　高效凝胶渗透色谱法（high performance gel permeation chromatography）是利用凝胶孔径来排阻特定大小分子的方法，样品分子与固定相表面之间无任何作用，完全为分子筛原理。高效凝胶填料孔径在 2~250nm 范围内，测定范围为 $1000~10 \times 10^3$。测定多糖相对分子质量常用的凝胶为 Bio-Gel、Sephadex 等，目前认为较好的是 Lonpak 系和 TSK 系的柱。常用水或缓冲液作洗脱剂，一般采用示差折光检测器或紫外检测器，或二者同时检测。该法具有高流量和高速分离效果，有利于保护生物活性分子不被污染或失活。

2. 多角度激光光散射法（multi-angle laser light scattering, MALLS）多角度激光光散射法是一种无须任何假设即可测定高聚物相对分子质量的方法，其研究基础是高分子链各链段所发射的散射光波间的内干涉作用。它的测定下限为 1000，上限为 1000×10^6。光散射一次测定可得到重均相对分子质量、均方半径、第二维利系数等多个数据，因此在高分子研究中占有重要地位。需要注意的是：在激光光散射实验中必须对样品进行严格除尘，因为溶液中的灰尘会产生强烈的光散射，严重干扰聚合物溶液光散射的测量。

另外，将光散射技术和凝胶色谱分离技术相结合，不但能测得大分子的绝对分子质量，还可测得相对分子质量分布，分辨相对分子质量大小不同的族群以及分子的形态、分支率及聚焦态等，其功能与应用普及性正与日俱增。

五、多糖结构分析原理

（一）多糖组成成分的分析

分析多糖的结构首先需要分析多糖的单糖组成，即多糖分子中包括哪几种单糖，其组成比例是多少。一般需要将多糖完全水解成单糖，然后进行气相色谱分析或高效液相色谱分析。

1. 多糖的完全水解

（1）酸水解（acid hydrolysis） 苷键属于缩醛结构，易被酸催化水解，即苷原子先质子化，然后失去 HOR，生成碳阳离子，在水中溶剂化而成游离糖，如图 3 – 12 所示。

图 3 – 12　苷键水解

各种苷键受酸催化而水解的敏感性不同，所以要使一个糖链完全水解为单糖组分以做定性和定量分析时，酸水解条件需要选择。常用的酸水解条件包括：①硫酸，浓度 0.5 ~ 1mol/L，水解温度 100℃，硫酸水解液可用弱碱性阴离子交换树脂或用碳酸钡（$BaCO_3$）去除多余的酸，该条件广泛用于水解五碳或六碳聚吡喃糖；②盐酸，水解条件同硫酸，盐酸的除去用减压蒸馏、真空蒸发或弱碱性阴离子交换树脂，也可用碳酸银（Ag_2CO_3）中和，该条件对游离单糖的破坏较大；③三氟乙酸，酸性较强，2mol/L 的三氟乙酸可水解多数苷键（除了极难水解的糖醛酸苷），其优点是对糖残基破坏小，三氟乙酸可在减压下蒸馏去除而后处理方便，广泛用于多糖的酸水解。

由于各种糖样品组成可能相差很大，所以要根据不同的情况对水解条件加以改进或选用相应的方法。

（2）甲醇解（methanolysis） 多糖在酸化的甲醇液中甲醇解，生成一对保持环型的甲苷异构体或开环的二甲基缩醛（酮），对酸敏感的糖因此而稳定化。例如含有 3,6 – 脱水半乳糖的琼脂多糖，酸水解易使 3,6 – 脱水半乳糖破坏，甲醇解则生成琼脂双糖的二甲基缩醛而稳定，如图 3 – 13 所示。含有硫酸酯的多糖在磺酸水溶液中水解苷键的同时水解硫酸酯键，二者速率相仿，而冷 HCl/CH_3OH 中甲醇解时可以保留硫酸酯。比较去硫酸和未去硫酸基的多糖甲基化物的降解产物可以决定硫酸酯的位置。此法曾用于交叉菜胶和肝素的结构研究。

图 3 – 13　多糖的甲醇解

（3）乙酰解（acetolysis）　用乙酰解法可以开裂一部分苷键而保留一部分苷键，在水解产物中得到乙酰化的低聚糖。方法是将多糖溶于含有 3% ~5% 硫酸的乙酐和乙酸的混合液中，0℃或室温放置数天，除硫酸外，高氯酸或 Lewis 酸如氯化锌（$ZnCl_2$）、氟化硼（BF_3）等亦可代用，生成物为乙酰化单糖或乙酰化低聚糖。反应机理为糖先乙酰化，受 CH_3CO^+ 进攻得到开环中间体，故产物中常有乙酰化糖的端基异构体生成，如图 3 –14 所示。

图 3 –14　多糖的乙酰解

由于各种糖样品组成可能相差很大，所以要根据不同的情况对水解条件加以改进。

2. 糖的衍生与气相色谱分析　气相色谱分析主要是利用试样中各组分在色谱柱中的气相和液相间的分配系数不同，当气化后的试样被载气带入色谱柱中运行时，样品组分就连续不断地在移动的气相和固定的液相之间进行反复多次的分配，经过一定的柱长后，便分别按分离顺序离开色谱柱进入检测器，检测器产生的信号经放大后，在记录器上描绘出色谱峰，成为各组分定性和定量的依据。通过与标准单糖的保留时间和峰面积进行对比，可以确定样品中单糖的组成和含量。

采用气相色谱法测定糖类，遇到的主要困难是糖类本身没有足够的挥发性，所以必须在气相色谱分析之前预先转化成易挥发、对热稳定的衍生物。在糖类的气相色谱分析中，目前常用的衍生方法有：糖醇乙酸酯衍生、糖腈乙酸酯衍生和三甲基硅醚衍生。

（1）糖醇乙酸酯衍生（alditol acetate derivatization）　糖在水中与硼氢化钠反应，还原成相应的糖醇。分解过量的硼氢化钠，除去硼酸根和水分，将得到的干燥糖醇在吡啶中与乙酸酐加热反应，生成糖醇乙酸酯衍生物。

$$
\begin{array}{c}
\text{CHO} \\
| \\
\text{CHOH} \\
| \\
\text{R}
\end{array}
\xrightarrow{\text{NaBH}_4}
\begin{array}{c}
\text{CH}_2\text{OH} \\
| \\
\text{CHOH} \\
| \\
\text{R}
\end{array}
\xrightarrow{\text{Ac}_2\text{O}}
\begin{array}{c}
\text{CH}_2\text{OAc} \\
| \\
\text{CHOAc} \\
| \\
\text{R}
\end{array}
$$

（2）糖腈乙酸酯衍生（aldononitrile acetate derivatization）　糖和盐酸羟胺在吡啶中加热反应生成糖肟，加入乙酸酐后加热下继续反应生成具有挥发性的糖腈乙酸酯衍生物。

$$
\begin{array}{c}
\text{CHO} \\
| \\
\text{CHOH} \\
| \\
\text{R}
\end{array}
\xrightarrow{\text{NH}_2\text{OH, HCl}}
\begin{array}{c}
\text{HC}=\text{NOH} \\
| \\
\text{CHOH} \\
| \\
\text{R}
\end{array}
\xrightarrow{\text{Ac}_2\text{O}}
\begin{array}{c}
\text{CN} \\
| \\
\text{CHOAc} \\
| \\
\text{R}
\end{array}
$$

（3）三甲基硅醚衍生（trimethyl siloxane derivatization）　糖和六甲基二硅氮烷、三甲基氯硅烷在吡啶中反应，生成具有挥发性的三甲基硅醚衍生物，同时产生氯化铵沉淀。

$$3ROH + Me_3SiNHSiMe_3 + Me_3SiCl \longrightarrow 3ROSiMe_3 + NH_4Cl$$

3. 糖的高效液相色谱分析 由于糖没有紫外吸收，直接进行高效液相色谱（HPLC）分析时需用示差折光检测器（RI）或蒸发光散射检测器（ELSD）检测，多用氨基糖柱或离子交换树脂柱进行分离。为了提高单糖的分离选择性和检测的灵敏度和分辨率，可将单糖用紫外或荧光试剂衍生后用色谱柱（常用 C_{18} 柱）进行分离，采用紫外或荧光检测。目前，用于单糖衍生化的试剂很多，主要有 1 - 苯基 - 3 - 甲基 - 5 - 吡唑啉酮（PMP）、2,4 - 二硝基苯、对甲氧基苯胺、2 - 氨基吡啶、6 - 氨基喹啉、苯甲酸、对氨基苯甲酸酯类、对氨基苯甲酸（p - AMBA）等。

（二）多糖的糖苷键分析

在获知多糖的单糖组成后，需要分析多糖的糖苷键（glycosidic bond），即单糖间的连接位置。

1. 高碘酸氧化和 Smith 降解 高碘酸可以选择性地断裂糖分子中连二羟基或连三羟基处，生成相应的多糖醛、甲醛或甲酸。反应定量地进行，每开裂一个 C—C 键消耗 1 分子高碘酸。由于高碘酸在波长 223nm 处呈最大吸收，因此，可通过分光光度法测定高碘酸消耗量，通过滴定测定甲酸的释放量，可以判断糖苷键的位置、直链多糖的聚合度、支链多糖的分支数目等。以葡聚糖为例，以 1,2 位或 1,4 位连接的糖基经高碘酸氧化，平均每个糖基仅消耗 1 分子高碘酸，并且无甲酸释放；以 1,3 位连接的糖基不被高碘酸氧化；以 1,6 位连接的糖基或非还原末端经高碘酸氧化，消耗 2 分子高碘酸，同时释放 1 分子甲酸。

Smith 降解是将高碘酸氧化产物还原后进行酸水解或部分酸水解。由于糖基之间以不同的位置缩合，用高碘酸氧化后则生成不同的产物。将氧化产物用硼氢化合物（如 KBH_4 或 $NaBH_4$）还原成稳定的多羟基化合物，经酸水解后用纸色谱或气相色谱鉴定水解产物（葡萄糖、赤藓醇、甘油等），由降解的产物可以推断糖苷键的位置。

以葡聚糖为例，反应式如图 3 - 15 所示。以 1,2 位键合的糖苷键产生甘油和甘油醛，以 1,3 位键合的糖苷键产生葡萄糖，以 1,4 位键合的糖苷键产生赤藓醇和羟基乙醛，以 1,6 位键合的糖苷键产生甘油和羟基乙醛，非还原末端基的降解产物亦为甘油。

图 3 - 15 葡聚糖的 Smith 降解

反应可分为三步：第一步在水或稀醇溶液中，用高碘酸在室温条件下将多糖氧化开裂为二元醛；第二步将二元醛用硼氢化物还原成醇，以防醛与醇进一步缩合而使水解困难；第三步用酸进行水解，对水解产物进行鉴定。

2. 甲基化分析　测定寡糖、多糖以及配糖体中糖链的各种单糖残基的连接方式，甲基化分析（methylation analysis）是必不可少的方法。它的基本原理是：先将多糖中各种单糖残基中的游离羟基全部甲基化，进而将多糖中的糖苷键水解，水解后得到的化合物其游离羟基所在的位置即为原来单糖残基的连接点。同时，根据不同甲基化单糖的比例可以推测出这种连接键型在多糖重复结构中的比例。

多糖的甲基化方法很多，如 Haworth 法、Hakomori 法、Purdie 法、Kalyan 法等。其中 Hakomori 法以二甲基亚砜（DMSO）为溶剂，用 DMSO 与氢氧化钠的反应产物甲基亚磺酰负离子 $CH_3SOCH_2^-$ 为强碱，碘甲烷为甲基供体。因为 $CH_3SOCH_2^-$ 易与氧、水、或二氧化碳反应而降解，所以整个过程应在氮气保护和无水条件下进行。Hakomori 法是目前使用较为普遍的甲基化法，其优点在于样品需要量少、甲基化易于完全、反应在非水条件下进行，因而糖较少发生降解；其缺点是对反应试剂和反应条件要求较高。Ciacanu 根据甲基化反应的机制，用 DMSO/NaOH（固体）/CH_3I 一锅反应，通常可在 3 天内完成整个过程，且溶剂无需处理，近年来有部分取代 Hakomori 法的趋势。Needs 对此方法中易出现的副反应提出改进，即先加入固体氢氧化钠，反应 5 ~ 10 分钟后再加入 CH_3I。反应完全后的全甲基化产物，用红外光谱鉴定羟基吸收（3200 ~ 3600cm^{-1}）完全消失。

多糖甲基化完全后，水解成各种部分甲基化单糖，经还原、乙酰化可得到部分甲基化的糖醇乙酸酯，再经气相色谱与 GC－MS 联机分析，通过气相色谱的出峰顺序和对质谱谱图的主要离子碎片的分析便可以较准确地确定糖的连接键型。

图 3－16 为以 α－1,4－葡聚糖为例的甲基化分析过程。

图 3－16　α－1,4－葡聚糖的甲基化分析

有的糖中含有糖醛酸残基，必须将羧基还原。还原方法有两种：①对于易溶于水的样品，可先用碳二亚胺－硼氢化钠法还原；②对于不溶于水的样品，可先进行甲基化，再用氢化铝锂将羧基形成的甲酯还原成甲醚。

（三）其他化学分析

1. 部分酸水解　一般甲基化分析法不能获知糖链顺序。对多糖进行部分酸水解（partial acid hydrolysis），可以把大分子裂解成较小片段，生成各种低聚糖，利用柱色谱或其他方法分离，分别测定这些低聚糖的结构，可以推测出整个糖链（或重复单元）的连接顺序。部分酸水解产物的基本结构常具有代表性，而相对分子质量较原样品小则有利于进行各种分析。对所生成寡糖的鉴定，亦可以提供异头物构型与顺序的信息。例如水解产物中有龙胆二糖、龙胆三糖，则表明其中有 $\beta-1,6-$ 糖苷键，如水解产物中有昆布二糖、纤维二糖等，则表明其中有 $\beta-1,3-$ 糖苷键或 $\beta-1,4-$ 糖苷键。

控制酸的浓度、温度、时间等可以达到不同程度的部分水解的目的。一般说来，呋喃型糖残基较吡喃糖残基易水解，支链糖残基较主链糖残基易水解。另外，多糖中的 $1,6-$ 糖苷键对酸水解也相对稳定一些。

2. 糖醛酸还原 对于酸性多糖（含有糖醛酸的多糖），如植物细胞壁中的果胶类多糖、海藻中的卡拉胶及动物体内的糖胺聚糖等，由于糖醛酸具有羧基，不能被 $NaBH_4$ 还原，按常规糖醇乙酸酯法处理不能在气相色谱中出峰，因此酸性多糖的糖组成分析多采取分两步走的方法。第一步是按常规的糖醇乙酸酯法，经水解、$NaBH_4$ 还原、乙酰化后气相色谱分析测定其中的中性糖残基组成及其比例；第二步是先用碳二亚胺类化合物和 $NaBH_4$ 将糖醛酸的羧基还原成醇羟基，再按常规方法测定还原后的多糖中糖残基组成及其比例。第二步的分析结果与第一步之差，即可求得原酸性多糖所包含的糖残基种类及各糖残基间的比例关系。

糖醛酸还原通常使用的碳二亚胺试剂为 EDC［$N-$（$3-$dimethylaminopropyl）$-N-$ethyl$-$carbodiimide hydrochloride］和 CMC ［$1-$cyclohexyl$-3-$（$2-$morpholi-nolethyl）］。反应原理为：糖醛酸与水溶性的碳二亚胺试剂反应后，形成酰胺键，可被 $NaBH_4$ 还原成相应的中性糖。反应过程为：将多糖样品溶于蒸馏水中，加入碳二亚胺试剂，于自动电位滴定仪上磁力搅拌反应。由于反应过程中吸收氢离子，体系的 pH 会逐渐上升，所以需要向其中逐滴加入 $0.1mol/L$ HCl 溶液以调节溶液的 pH 稳定在 4.75，即终止滴定。然后用 $2mol/L$ $NaBH_4$ 进行还原，反应完毕后，反应液进行透析，冻干。一般样品需要重复还原 2~3 次，直至咔唑硫酸法测不到糖醛酸或样品水解后薄层色谱检测没有糖醛酸。

（四）多糖结构的酶降解测定法

糖苷酶是研究糖链结构的一种极其有用的工具，由于它的作用特点和底物专一性，它在糖链结构研究中的作用是：①通过顺序降解，阐明糖链的一级结构；②确定每个组成单糖的异头构型；③从糖复合物上切得完整的糖链。糖苷酶可分为外切糖苷酶（exoglycosidase）和内切糖苷酶（endoglycosidase）两类。外切糖苷酶只能切下非还原末端的一个单糖，并对糖基组成和糖苷酶有专一性要求，因而通过水解达到糖链的逐步降解，提供关于糖基的组成、排列顺序及糖苷酶的 α 或 β 异头构型的信息。内切糖苷酶可水解糖链内部的糖苷键，释放糖链片段，为从肽链上切下完整的糖链提供了较理想的方法，有时还可将长的糖链切断为较短的寡糖片段，以利于结构分析。

1. 外切糖苷酶法 常用的外切糖苷酶主要有：①$\beta-D-$半乳糖苷酶（$\beta-D-$galactosidase）；②$\alpha-D-$半乳糖苷酶（$\alpha-D-$galactosidase）；③$\beta-D-$甘露糖苷酶（$\beta-D-$mannosidase）；④$\alpha-D-$甘露糖苷酶（$\alpha-D-$mannosidase）；⑤$\alpha-L-$岩藻糖苷酶（$\alpha-L-$fucosidase）；⑥$N-$乙酰$-\beta-D-$氨基己糖酶（$N-$acetyl$-\beta-D-$hexosaminidase）；⑦$N-$乙酰$-\alpha-D-$氨基半乳糖苷酶（$N-$acetyl$-\alpha-D-$galactosaminidase）；⑧神经氨酸酶（neuraminidase）。

对于 $N-$糖链中常见的糖基，几乎都有相应的外切糖苷酶可供选择应用，但在将糖苷酶用于糖链的结构研究时，必须充分了解该糖苷酶对底物的专一性要求，特别是对糖苷配基一侧的专一性要求。为此，常常在糖苷酶名称的前面注明其来源，因为即使是同一种糖苷酶，由于来源不同，它们对底物糖苷键的取代位置也有不同的专一性要求。例如不同来源的神经氨酸酶对 $\alpha-2,6-$ 唾液酸和 $\alpha-2,3-$ 唾液酸的水解能力不同，不同来源的 $\alpha-L-$ 岩藻糖苷酶对 $\alpha-1,6-$ 岩藻糖和 $\alpha-1,3-$ 岩藻糖的水解能力也不同。

2. 内切糖苷酶法 已应用于糖链结构研究的内切糖苷酶没有外切糖苷酶那样种类多和成熟，常用的内切糖苷酶主要有：①内切 $N-$ 乙酰 $-\beta-D-$ 氨基葡糖苷酶（endo$-N-$acetyl$-\beta-D-$glucosaminidase）；②内切 $\beta-D-$ 半乳糖苷酶（endo$-\beta-D-$galactosidase）；③内切 $N-$ 乙酰 $-\alpha-D-$ 氨基半乳糖苷酶；④肽 $-N-$ 聚糖水解酶（peptide$-N-$glycan hydrolyase）。按内切糖苷酶作用可以分为两类：一类是酶切单糖 $-$ 氨基酸或单糖 $-$ 肽连接键，释放出完整糖链，如内切 $N-$ 乙酰 $-\beta-D-$ 氨基葡糖酶和肽 $-N-$ 聚糖水解酶；另一类是酶切糖 $-$ 糖之间的连接键，释放出部分糖链片段，如内切 $\beta-D-$ 半乳糖苷酶。

（五）多糖结构的波谱测定法

1. 红外光谱法 红外（IR）光谱区域通常是指波数为 $4000\sim200cm^{-1}$ 的中红外区，用这样的红外光通过样品，再测量在各种波数下透过样品的光的强度，由仪器记录下来的曲线，即是红外光谱，其横坐标是波数，纵坐标是光的透射率。红外光谱图上的吸收峰主要提供分子中原子或官能团的信息。随着红外光谱技术的发展及在糖类研究中的应用，目前可以从红外光谱中识别糖环的类型（吡喃环或呋喃环）、确定多糖中吡喃糖的糖苷键的构型（α 构型或 β 构型）以及鉴别单糖的种类（某些单糖有特定的振动吸收峰）等。

（1）官能团信息 ①$3600\sim3000cm^{-1}$：O—H 和 N—H 的伸缩振动。糖类存在着分子间或分子内的氢键，O—H 的伸缩振动在 $3600\sim3200cm^{-1}$ 出现一个强的宽峰。完全酰化或甲基化后，这组峰会消失。②$3000\sim2800cm^{-1}$：C—H 的伸缩振动。此区域常出现两组吸收峰，是糖类的特征峰，一般比较弱，为糖环上的 C—H 峰。③$1750\sim1600cm^{-1}$：C＝O 的伸缩振动，一般较强。分子中若有酸性糖，会在 $1740\sim1680cm^{-1}$ 出现 COOH 的 C＝O 吸收峰；各种糖的乙酸酯均有 $1775\sim1735cm^{-1}$ 的吸收峰，各种糖的水化物均有 $1665\sim1635cm^{-1}$ 的吸收峰，非水化物则无此吸收；多糖的乙酰氨基的 C＝O 伸缩振动在 $1648cm^{-1}$ 附近出现。④$1400\sim1200cm^{-1}$：C—H 的弯曲振动，一般较弱。另外，硫酸基的 S＝O 的伸缩振动峰出现在 $1250cm^{-1}$ 附近，强度较大。⑤$1200\sim1000cm^{-1}$：C—O 的弯曲振动。此区域内比较大的吸收峰是由两种 C—O 伸缩振动所引起的，其中一种是属于 C—O—H 的，另一种是糖苷键 C—O—C。⑥$970\sim840cm^{-1}$：环的伸缩振动或端基差向异构体的弯曲振动。

（2）糖环类型和糖苷键构型 $1200\sim1000cm^{-1}$ 处三个强的吸收峰提示糖环的类型为吡喃型，而呋喃型在此区域只有两个峰。吡喃环在 $(917\pm13)cm^{-1}$ 处有非对称环伸缩振动的特征峰，在 $(770\pm14)cm^{-1}$ 处有对称环伸缩振动的吸收峰。呋喃糖环的特征峰出现在 $(799\pm17)cm^{-1}$，为 C—H 的变角振动，在 $(879\pm7)cm^{-1}$ 和 $(858\pm7)cm^{-1}$ 处也会出现吸收峰。

吡喃糖的 α 和 β 的端基差向异构体是由端基的 C—H 变角振动造成的。α 型差向异构体的 C—H 取平伏键，在 $(844\pm8)cm^{-1}$ 处有一个吸收峰；β 型的 C—H 取直立键，在 $(891\pm7)cm^{-1}$ 处有一个吸收峰。但是，海藻糖、阿洛糖和异阿洛糖的 α 型和 β 型同时存在的情况下，就不能以此来判断。此外，半乳吡喃糖及甘露吡喃糖在 $875cm^{-1}$ 附近有吸收峰，肌醇、环己连五醇 C—H 的变角振动也出现在 $875cm^{-1}$ 处，脱氧糖的次甲基所引起的吸收峰是在 $867cm^{-1}$。由于在这附近还有很多其他的吸收峰出现，所以很难准确判定它们。

需要注意的是：上述各种吸收峰值并不是完全套用的，在分析多糖结构时，需要与其他分析结果相互佐证，才能得出正确的结论。

2. 拉曼光谱法　拉曼光谱（Raman spectrum）与红外光谱一样，都属于分子的振动和转动光谱，但红外光谱是吸收光谱，在红外波段，拉曼光谱是散射光谱，在可见波段。当极性基团的振动和分子的不对称振动使分子偶极矩变化时，发生红外吸收；而当非极性基团的振动和分子的对称振动引起分子的极化率变化时，产生拉曼散射。拉曼光谱适用于研究同原子的非极性键及分子的振动，红外光谱适用于研究异原子的极性键及分子的振动。

拉曼光谱技术较红外光谱技术具若干优点：第一，拉曼光谱可由固体样品直接测定，毋需将样品与医用石蜡或溴化钾混合压片；第二，由于水分子羟基振动干扰极微，拉曼光谱技术可直接检测在水或在溶液中样品的构象变化；第三，拉曼光谱的谱带一般比相应的红外光谱谱带尖锐，可更确切地提供信息。拉曼光谱对分子链结构变化敏感，用该技术测定偏振和退偏度对揭示生物高分子的螺旋或平面折叠结构的变化更具特殊意义。

虽然拉曼光谱早已用于蛋白质和核酸的结构研究，但还很少用于多糖结构的研究。迄今，仅限于对葡萄糖同聚物、透明质酸、硫酸软骨素等的研究。

$^4C_1$（D）构象拉曼光谱异头 C—H 形变振动，α – D 端基异构体谱带在 865 ~ 837cm^{-1}，β – D 端基异构体谱带在 905 ~ 887cm^{-1}。α 构型异头 C_1 拉曼谱带：D – 麦芽糖在 848cm^{-1}，直链淀粉在 840cm^{-1}，支链淀粉在 850cm^{-1}，糖原在 840cm^{-1}，葡聚糖在 844cm^{-1}；β – D 端基异构麦芽糖异头 C_1 拉曼谱带在 905cm^{-1}。

具 α – D 键的环己直链淀粉拉曼光谱在 865cm^{-1} 有强谱带，显示 α – D 键合，证明拉曼光谱可用于测定糖的端基构型。拉曼光谱对吡喃环硫酸基的取向反应灵敏。6 – 硫酸软骨素（chondroitin – 6 – sulfate）硫酸基处于平伏位置，C—O—S 键的不对称振动拉曼谱带在 820cm^{-1}；4 – 硫酸软骨素（chondroitin – 4 – sulfate）硫酸基处于直立位置，C—O—S 键的不对称振动拉曼谱带在 853cm^{-1}。6 – 硫酸软骨素和 4 – 硫酸软骨素拉曼光谱在 1064cm^{-1} 与 1079cm^{-1} 的最强谱带，系各自硫酸基的对称伸缩振动。硒化 Kappa – 角叉菜胶拉曼光谱在 850cm^{-1} 和 1050cm^{-1} 附近的吸收显示 Se =O 和 Se—C 键的伸缩振动，在 1717cm^{-1} 和 1742cm^{-1} 的吸收显示金属复合。

3. 质谱法　质谱（mass spectrum，MS）的基本原理是使试样气化为气态分子或原子，在离子源中通过一定的方式发生电离而形成带电荷粒子，所产生的离子在高压电场中加速，再利用磁场使电荷粒子按质荷比（m/z）大小有顺序地实现按时间分离或按空间分离，然后到达收集器，产生信号，检测其相对强度，所记录下的信号构成质谱图。

利用 MS 对糖类进行研究起始于 20 世纪 50 年代末，早期发展较慢，主要是由于早期的MS 主要局限于电子解离法（EI – MS），不适用于糖类这种强极性、难挥发、高温下易分解的物质。对于低相对分子质量的单糖或寡糖，可采用乙酰化、甲基化等方法使它们转变为可挥发的衍生物。早期的 MS 主要是研究这些衍生物形成碎片离子的一些规律或机制，直接应用于结构分析的报道较少，因为对于相对分子质量较大的寡糖或多糖即使转化成衍生物也难在允许的温度下气化。近年来针对糖类、蛋白质等极性大分子聚合物，发展起来多种不需加热气化的软电离技术，如快速原子轰击电离质谱（FAB – MS）、液态二次离子质谱（LSI – MS）、电喷雾质谱（ESI – MS）、基质辅助激光解吸电离质谱（MALDI – MS）等，使糖的分析有了很大的进展，可获得提供相对分子质量信息的分子离子峰和提供化合物结构信息的碎片峰。

（1）气相色谱–质谱联用技术（GC–MS）　　GC–MS用于多糖中单糖组成及连接位置的测定，是多糖结构分析不可缺少的工具。将多糖样品全甲基化保护羟基，水解后用硼氢化钠还原，再乙酰化得到部分甲基化链状糖醇乙酸酯，经GC–MS进行测定，通过MS中的碎片离子峰推测GC分离出的各种甲基化糖醇乙酸酯的结构，可了解单糖的组成、单糖间的连接位置及大致的分支情况。

图3–17　MS裂解规律

甲基化衍生物的裂解规律为：①各种单糖甲基化衍生物的基峰均为43，为CH_3CO^+；②被甲基化、乙酰化的单糖分子中，带有甲氧基的碳原子容易与相邻碳原子间发生断键，形成正离子。下面以1，5–二乙酰基–2，3，4，6–四甲基–D–葡萄糖（1，5–di–O–acetyl–2，3，4，6–tetra–O–methyl–D–Glc）为例（图3–17），分析其断裂方式。该衍生物的初级碎片（m/z）为43、45、117、161、205。其中部分初级碎片发生进一步裂解，形成更加稳定的次级碎片。如m/z 161初级碎片脱去乙酸（CH_3COOH）后形成m/z 101碎片离子峰，或者脱去甲醇（CH_3OH）后形成m/z 129的碎片离子峰，而且m/z 101碎片离子峰还可脱去甲醛（HCOH）进一步形成m/z 71的碎片离子峰，m/z 129可脱去次乙基（$CH_2C=$）形成m/z 87碎片；m/z 205初级碎片脱去乙酸（CH_3COOH）形成m/z 145碎片离子。由此可知，实际所得碎片为：43、45、71、87、101、117、129、145、161、205。其余甲基化衍生物也可分析出其可能的碎片。

（2）FAB–MS　　FAB–MS是一种软电质谱技术，适用于像糖类这样极性强、不易挥发而且热稳定性差的样品。在快原子轰击过程中，样品通过正离子方式增加一个质子或阳离子，或通过负离子方式失去一个质子产生准分子离子作为谱图的主要信号，并给出反映连接顺序等信息的碎片。因此，FAB–MS可用来测定寡糖链的相对分子质量。在测定相对分子质量的同时，还可根据糖的相对分子质量计算糖残基如去氧己糖、己糖、己糖胺等的组成和数量。通过负离子FAB–MS形成$[M-H]^-$离子已成为确定寡糖中单糖组成的一种快速方便的方法。结构中含有负电荷基团如N–乙酰神经氨酸基、磷酸基或硫酸基等的酸性多糖或寡糖，尤其适合于用负离子FAB–MS测定。FAB–MS不仅可以测定寡糖及其衍生物的相对分子质量，还可以测聚合度高于30的糖的相对分子质量、确定糖链中糖残基的连接位点和连接顺序。

（3）ESI–MS　　ESI–MS的软电离技术通过电离方式得到的分子离子一般带有多个电荷，所以在正离子或负离子谱上会看到$[M+nH]^{n+}$或$[M-nH]^{n-}$峰。质谱以质荷比来分离不同的离子，如果一个分子能带有多个电荷，则可测的相对分子质量会增加，这样使ESI–MS可测定的最大质量数可达到10万。对糖而言，ESI–MS可以分析25个甚至更多单糖残基组成的含羧基或硫酸基等官能团的多糖。ESI–MS若与HPLC联用，与现在常用的FAB–MS相比，其灵敏度和精确度都优于后者，而且对衍生化或非衍生化的寡糖样品均可进行分析。ESI–MS由于可以使用比飞行时间（time of flight, TOF）分辨率更高的质谱检测器，所以这种技术常被用于进行糖型（glycotype）的分析。它还可与毛细管电泳（CE）等分离技术联用，以达到高效、快速和高精确度的分析。寡糖及其复合物于过碘酸氧化、还原、甲基化前后用ESI–碰撞诱导裂解联用技术（ESI–collition induced dissociation, ESI–CID），可获得不同的碎片离子，由此能够获知低于pmol的寡糖及其复合物的相对分子质量、顺序、分支和连接信息。

4. 核磁共振波谱法　核磁共振（nuclear magnetic resonance，NMR）波谱方法是20世纪70年代才引入到多糖结构的研究中来的。开始并不是获得多糖结构信息的最有力的工具，但随着NMR技术的发展和高磁场NMR仪的出现，所得到的NMR谱的质量越来越高，使原来在低磁场NMR仪上不能分辨的信号分开，以致可获得更多的信息，从而在糖类结构的光谱解析中逐渐起着决定性的作用。尤其20世纪80年代发展起来的2D-NMR技术，可使多糖的^{1}H-NMR和^{13}C-NMR谱得到归属，并使确定多糖的全结构成为可能。

（1）1D-NMR

1）^{1}H-NMR　由于不同糖残基中非异头质子的亚甲基和次甲基的化学环境非常接近，使得信号重叠严重，大部分质子共振峰出现在3.0~4.0ppm范围内，给解析带来困难。但异头氢质子H-1的化学位移处于较低场，在4.5~5.5ppm，一般情况下，此区域内有几个质子信号，示有几种单糖种类；通常α型吡喃糖H-1质子化学位移大于4.95ppm，β型吡喃糖H-1质子化学位移小于4.95ppm。糖环的构型也可由异头质子与邻位质子的偶合常数（J）来推断。如葡萄糖的优势构象（图3-18）中C_2-H为竖键质子，当C_1-OH处在横键上（β-D-苷），C_1-H和C_2-H的双面角近180°，J值在6~8Hz之间；当C_1-OH处在竖键上（α-D-苷），C_1-H和C_2-H的双面角近60°，J值在3~4Hz之间，借此可以区分α和β异构体。但甘露糖（图3-18）C_2构型和葡萄糖相反，C_2-H为横键质子，α和β异构体的C_1-H和C_2-H的双面角相近，在60°左右，J值差别不大，不足以区分α和β异构体。

D-葡萄糖　　　　　　　　　　　　　　　　D-甘露糖

图3-18　葡萄糖和甘露糖的优势构象

此外，发生取代位置上的质子会出现"苷化位移"，即与未取代相比向低场位移。这样，如果糖残基中的每个质子信号都得以归属后，可通过与自由单糖的化学位移相对照，从而确定取代的位置。

2）^{13}C-NMR　^{13}C-NMR的化学位移范围较^{1}H-NMR广，达300ppm，具有较好的分辨率，并且许多文献有单糖、寡糖和多糖的碳谱数据，可用于对比，来确定各种碳的化学位移。与^{1}H-NMR一样，糖的异头碳位于较低场（δ95~110），此范围内有几个信号，表示有几种单糖组成。需要注意的是：同一种单糖在多糖中的位置不同可能会导致异头碳不同的化学位移，一般比较接近，几乎重叠。取代基不同的空间排列对化学位移有较大的影响，异头碳上取代基为垂直键，比为平伏键的化学位移处于较高场，据此可以判断糖环的构型，如D-葡萄糖，α型δ为97~101，β型δ为103~106。

根据苷化位移规则，即糖上羟基被其他基团取代后其相连羟基碳的化学位移向低场移动，可确定多糖残基中的取代位置和分支点的位置。如α-葡萄糖的C_4的化学位移是70.6ppm，C_4被取代后化学位移变为78.1ppm，因此，如果糖残基的各个碳都得以归属，就可以通过与已知单糖的碳的化学位移进行比较，确定糖链的连接位置；糖环上某一位置的碳若发生硫酸基的取代，则其化学位移向低场移动 6～9ppm。因此，通过比较多糖硫酸酯脱硫前后的^{13}C-NMR谱，就可以确定硫酸基在糖环上的取代位置。另外，根据^{13}C-NMR的信号可以确定某些单糖的种类，例如170～176ppm范围内的低场信号表明存在己糖醛酸的羧基或乙酰氨基，16～18ppm范围内的高场信号表明有6位脱氧糖的甲基存在。

（2）2D-NMR　2D-NMR是有两个时间变量，经两次傅里叶变换得到的两个独立的频率变量的谱图。多糖中相同原子的化学环境差别不大，信号重叠严重，利用2D-NMR技术可以使难以辨认的信号得到确认，测定出多糖的一级顺序、糖基化位点和糖苷键类型，并可得到多糖分子的构型及构象方面的信息。

1）COSY　COSY（correlation spectroscopy）包括 H,H-COSY 和 C,H-COSY。H,H-COSY提供的是分子中氢原子与氢原子间通过化学键的偶合关系，包括质子间孪生（$^2J_{HH}$）、邻位（$^3J_{HH}$）或远程如烯丙位和 W 形（$^4J_{HH}$）的偶合，一般没有质子间的空间偶合关系。偶合常数越大，偶合峰越强。通过糖上质子间的偶合关系，可从容易辨认的质子（如异头质子或甲基质子）开始，寻找糖上其他碳位的质子。来源于 *Angelica sinensis*（Oliv.）Diels 的 α-D-1,6-葡聚糖，由 H,H-COSY（图3-19）归属了每个质子信号。C,H-COSY 是^{1}H 和^{13}C 核之间的位移相关谱，它把直接相连的^{1}H 和^{13}C 核关联起来，揭示出哪个 H 原子连接在哪个 C 原子上，一个 C 原子上连接几个 H 原子。由于^{13}C-NMR 信号具有比^{1}H-NMR 信号化学位移散布宽的特点，一些在^{1}H-NMR 中十分拥挤的区域中的质子信号在 C,H-COSY 中随化学位移分布极宽的^{13}C-NMR 信号而散布开来，大大简化了^{1}H-NMR信号的解析。

图3-19 *Angelica sinensis* 葡聚糖的 H，H-COSY 图谱

2）TOCSY　TOCSY（total correlation spectroscopy）是分子内氢偶合链的接力相干信息，如果偶合常数较大，其信息会像接力赛一样沿着碳链传递，中止于偶合常数小的部位。如 β-葡萄糖型残基中的质子都是反式垂直键（图3-18），相邻质子间偶合常数较大，为

7~10Hz，在 TOCSY 中异头质子信号不仅显示与 2 位质子间的直接偶合相关峰，还显示出与 3，4，5 位质子间的接力相关峰；半乳糖型残基其 4 位质子为平伏键，与 3 位和 5 位质子间的偶合常数较小（1~4Hz），在 TOCSY 中异头质子信号除显示与 2 位质子直接偶合相关峰外，只显示出与 3，4 位质子间的接力相关峰，信号的传递在 4 位中止。因此，根据 TOCSY 的特征可以判断糖残基的类型。

　　TOCSY 实验结合 COSY 能够克服质子信号重叠无法解析的困难，只要从该偶合链中选择一个分辨良好、不与其他信号重叠的信号作为解析的起点，便可以鉴定属于该偶合链的所有氢信号。如从 *Rhodococcus* sp. 33 中得到的一个杂多糖（图 3－20），其单糖组成从 TOCSY 图谱（图 3－21）特征得到证实，并由其确定了各质子的化学位移值，其中：单糖残基 A 为半乳糖，H－1（δ4.48）显示与 H－2（δ3.64）、H－3（δ3.78）、H－4（δ4.16）的相关；单糖残基 B 为葡萄糖，H－1（δ4.63）显示与 H－2（δ3.41）、H－3（δ3.67）、H－4（δ3.63）、H－6a（δ3.78）、H－36b（δ3.78）的相关；单糖残基 C 为甘露糖，H－1（δ4.66）只显示与 H－2（δ4.18）的偶合相关；单糖残基 D 为葡糖醛酸，H－1（δ4.69）显示与 H－2（δ3.46）、H－3（δ3.65）、H－4（δ3.75）的相关。因此 TOCSY 对于解析有许多重复结构单元、氢信号重叠严重的多糖分子非常有用。

$$\begin{array}{c} (S) \\ CH_3CCO_2H \\ {}^6 | {}^4 \end{array}$$
[4)-β-D-Gal*p*-(1,4)-β-D-Gal*p*-(1,3)-β-D-Man*p*-(1,4)-β-D-Glc*p*A-(1,]$_n$
　　A　　　　　　　B　　　　　　　C　　　　　　D

图 3－20　*Rhodococcus* sp. 33 多糖的结构

图 3－21　去丙酮酸的 *Rhodococcus* sp. 33 多糖的 TOCSY 图谱

　　3）NOESY 与 ROESY　分子内质子与质子间空间相互接近会产生核交叉弛豫现象，称 NOE（nuclear overhauser effect）效应。H,H－NOESY（nuclear overhauser effect spectroscopy）揭示的就是这种质子与质子间在空间的相互接近关系，而非通过键的偶合。如 β－葡萄糖的质子都是反式垂直键，邻位质子处于糖环不同的方向，在 NOESY 中不会出现 NOE 相关峰，而间位质子由于空间距离的接近，会有 NOE 相关峰出现。根据这些谱学特征，结合其他二维谱，可以确认不同的单糖残基。多糖中相连的两单糖残基间，异头质子与另一单糖残基相连位质子间由于空间的接近，会产生 NOE 效应，在 NOESY 中出现相关峰，可以推断单糖残基间的连接顺序和连接位置。如从 *Bordetella arium* 中得到的 *O* – 多糖，单糖残基内（H_2，H_4）和（H_3，H_5）强的 NOE 效应证实了葡萄糖残基的存在，（H_1，H_3）和（H_1，H_5）强的 NOE 效应表明其为 β 构型，而（H_1，H_4）NOE 相关峰的出现为 1,4 – 糖苷键的特征。

ROESY（rotating frame overhauser effect spectroscopy）是旋转坐标系中的 NOESY，是在自旋锁定条件下测定的 H，H 之间的 NOE 相关。对于复杂的天然产物，利用 NOESY 测定，NOE 相关往往信号很少，对于结构解析十分不利，而用 ROESY 可以得到改善，不会出现相关峰强度为零的情况，可以得到更多的 NOE 相关信号。*Providencia stuartii* O44 中得到的 *O* – 多糖（图 3 – 22），其 ROESY（图 3 – 23）揭示了各个残基间的相关：α – Fuc H – 1 和 α – Glc H – 3 在 $\delta 5.27/3.78$；α – Glc H – 1 和 α – Qui H – 4 在 $\delta 5.03/3.26$；α – Qui H – 1 和 α – GlcNAc H – 3 在 $\delta 5.01/3.88$；α – GlcNAc H – 1 和 α – GalNAc H – 4 在 $\delta 4.86/4.02$；α – GalNAc H – 1 和 α – Fuc H – 3 在 $\delta 5.24/4.05$；α – GlcA H – 1 和 α – Fuc H – 4 在 $\delta 4.55/4.11$，证实了重复单元中单糖残基间的连接顺序和连接位置。

$$\beta - D - Glc_pA$$
$$1$$
$$\downarrow$$
$$4$$
$$\lceil 3) - \alpha - L - Fuc_p - (1,3) - \alpha - D - Glc_p - (1,4) - \alpha - L - Qui_p - (1,3) - \alpha - D - Glc_pNAc - (1,4) - \alpha - D - Gal_pNAc - (1, \rceil_n$$

图 3 – 22 *Providencia stuartii* **O44** *O* – 多糖的结构

图 3 – 23 *Providencia stuartii* **O44** *O* – 多糖的 ROESY 图谱

4）HMQC、HSQC 与 HMBC　HMQC（heteronuclear multiple quantum coherence）即异核多量子相干，把 ^{1}H 核和与其直接相连的 ^{13}C 核关联起来，检测 C、H 之间的 $^1J_{CH}$ 相关关系。HSQC（heteronuclear single quantum coherence）即异核单量子相干，与 HMQC 比较，只是技术不同，所得到的信息与 HMQC 相同，检测 C、H 之间的 $^1J_{CH}$ 相关关系。如果已知某个 H

（C）信号，通过 HMQC 或 HSQC 可以找出与之相对应的 C（H）信号。HMBC（heteronuclear multiple bond coherence）即异核多键相关，把^{1}H 核和远程偶合的^{13}C 核关联起来，检测相隔 2 键或 3 键的 C，H 之间的$^2J_{CH}$或$^3J_{CH}$相关关系。

与普通的 C，H－COSY 的区别是：HMQC、HSQC 和 HMBC 是通过丰度较高的 H 检测的 H，C－COSY，大大提高了 NMR 方法的检测灵敏度。通过 HMBC，可以获得跨越糖苷键的远程 H，C 相关信息，即相连的两单糖残基间异头质子与另一单糖残基相连位碳的偶合关系，从而推断单糖残基间的连接顺序和连接位置。如从 *Coprinus comatus* 菌丝体中得到一岩藻半乳糖 CMP3（图 3－24），其 HMBC（图 3－25）不仅显示出每个单糖残基内（A、B、C、D、E)H－1 与 C－2、C－3、C－5 相隔 2 键、3 键的偶合相关，尚揭示了单糖残基间 H－1（A)/C－2(B)、H－1(B)/C－6(C)、H－1(C)/C－6(E)、H－1(D)/C－6(B)、H－1(E)/C－6(D) 的连接位置。

$$\begin{array}{cccc}
\text{IV(D)} & \text{III(B)} & \text{II(C)} & \text{I(E)}
\end{array}$$
6)-α-D-Gal*p*-(1,6)-α-D-Gal*p*-(1,6)- α-D-Gal*p*-(1,6)-α-D-Gal*p*-(1→
　　　　　　　　　2
　　　　　　　　　1
　　　　　　　α-L-Fuc*p*
　　　　　　　　V(A)

图 3－24 *Coprinus comatus* 多糖 CMP3 的结构

图 3－25 *Coprinus comatus* 多糖 CMP3 的 HMBC 图谱

第二节　糖复合物及其糖基化方式

糖复合物（glycoconjugate）又称糖缀合物，是糖类和其他非糖组分（蛋白质、脂质）以共价键结合形成的化合物。糖复合物的结构多样，主要包括糖蛋白（glycoprotein）、蛋白聚糖（proteoglycan）与糖脂（glycolipid），近年还发现了蛋白质－糖－脂质三者的共价结合物。从结构而论，糖蛋白和蛋白聚糖都是由共价键连接的蛋白质和聚糖（glycan）两部分组成。糖蛋白分子中的聚糖占 2% ～10% ，也有少数高达 50% ，但一般讲蛋白质质量百分比

扫码"学一学"

大于聚糖；而蛋白聚糖中聚糖占 50% 以上，甚至高达 95%，以致大多数蛋白聚糖的相对分子质量高达 10 万以上。由于聚糖结构迥然不同，糖蛋白和蛋白聚糖在合成途径和功能上存在显著差异。

一、糖蛋白

糖蛋白是由短的寡糖链与蛋白质共价相连构成的，其总体性质更接近蛋白质。糖与蛋白质之间以蛋白质为主，其一定部位上以共价键与若干短的寡糖链相连，寡糖不呈现重复的双糖系列，末端成员常常是唾液酸或 L – 岩藻糖。糖蛋白有的只含一个或几个糖基，另一些含有多个线性或分支的寡糖侧链。糖蛋白通常分泌到体液中或作为膜蛋白，后者定位于细胞外，并有相应功能。糖蛋白包括酶、激素、载体、凝集素、抗体等。

构成糖蛋白聚糖的单糖包括：β – D – 葡萄糖（Glc）、α – D – 甘露糖（Man）、α – D – 半乳糖（Gal）、α – L – 岩藻糖（Fuc）、葡糖醛酸（GlcUA）、艾杜糖醛酸（IdoUA）、N – 乙酰葡糖胺（GlcNAc）、N – 乙酰半乳糖胺（GalNAc）、N – 乙酰神经氨酸（NANA，NeuNAc）即唾液酸（Sia）等。由这些单糖构成的聚糖以两种方式与蛋白质部分连接，即 N – 连接聚糖（N – linked glycan）和 O – 连接聚糖（O – linked glycan）（图 3 – 26），因此糖蛋白也相应分为 N – 连接糖蛋白和 O – 连接糖蛋白。

N–连接聚糖　　　　　　　　　　　　O–连接聚糖

图 3 – 26　N – 连接聚糖与 O – 连接聚糖

（一）N – 连接糖蛋白

1. 糖基化位点　聚糖中的 N – 乙酰葡糖胺的异头碳与多肽链中天冬酰胺（Asn）残基的 γ 位酰胺氮以共价键相连形成 N – 连接糖蛋白。并非糖蛋白分子中所有 Asn 残基都可与寡糖链相连，只有特定氨基酸序列，即 Asn – X – Ser/Thr（X 可为脯氨酸以外的任意氨基酸）3 个氨基酸残基组成的序列段（sequon）才有可能，这一序列称为糖基化位点（glycosylation site）。1 个糖蛋白分子或存在若干个 Asn – X – Ser/Thr 序列子，这些序列子只能视为潜在的糖基化位点，能否连接上聚糖取决于糖蛋白的空间结构。

不同种属、组织的同一种糖蛋白的 N – 连接聚糖的含量和结构可以不同。即使是同一组织中的某种糖蛋白，不同分子的同一糖基化位点的 N – 连接聚糖结构也可以不同，糖蛋白分子中聚糖结构的这种不均一性称为糖形（glycoform）。

2. N – 连接聚糖的结构　N – 连接聚糖一般含有 10 ~ 15 个单糖单位，根据结构特征可将 N – 连接聚糖分为三型（图 3 – 27）：高甘露糖型（high – mannose type）、复杂型（complex type）和杂合型（hybrid type）。三型 N – 连接聚糖都含有一个共同的五糖核心区。

（1）高甘露糖型　除核心五糖外只含 α – 甘露糖残基，核心五糖 3 个非还原端连接的 α – 甘露糖残基的数目和位置因糖链而异。

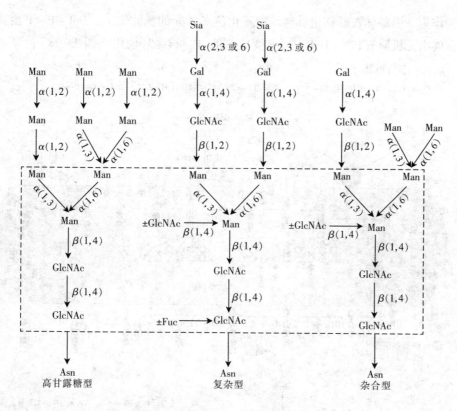

图 3-27 三型 N-连接寡糖的结构

(图中虚线为五糖核心区，±表示可有可无之糖基)

（2）复杂型　除五糖核心外，不含其他甘露糖残基，外链通过 GlcNAc 与五糖核心的两个 α-甘露糖残基相连。三型 N-连接聚糖以复杂型结构变化最大，这主要是由于两种结构因素造成的：一是外链的数目可以为 1~5 条，宛如天线状，因此有单、双（或二）、三、四和五天线糖链结构（但单天线糖链很少见）；二是外链的结构可有多种多样，但天线末端常连有 N-乙酰神经氨酸（唾液酸）。这两者的组合可以形成大量的不同复杂型 N-糖链。

（3）杂合型　此型糖链具有复杂型和高甘露糖型的结构元件。与高甘露糖型的情况相似，有 1~2 个 α-甘露糖残基与核心五糖的 Man α-1,6 成分相连；复杂型糖链的外链结构亦与核心五糖的 Man α-1,3 相连。

3. N-连接聚糖的合成　N-连接聚糖的合成场所是粗面型内质网和高尔基体，可与蛋白质肽链的合成同时进行。糖链与肽链的生物合成有本质的不同。肽链的生物合成基本上都是有模板的，而 N-糖链的合成没有模板。糖链的生物合成是由糖基的供体、糖基的受体和糖基转移酶三类分子协调完成的，三者缺一不可，其中又以糖基转移酶占主导地位。N-连接聚糖的生物合成步骤如下。

（1）多萜醇-P-P-聚糖前体的合成和转移　多萜醇（dolichol）是带有一个醇基末端的长链多聚异戊二烯化合物，磷酸多萜醇（Dol-P）作为载体参与聚糖前体的合成。N-聚糖前体的合成从粗面型内质网的胞质面开始，在糖基转移酶的作用下先将 UDP-GlcNAc 分子中的 GlcNAc 转移至 Dol-P，然后逐个加上糖基。糖基必须活化成 UDP 或 GDP 的衍生物才能作为糖基供体底物参与反应。在一系列特异性糖基转移酶的作用下，接上糖基直至形成含 14 个糖基的长萜醇焦磷酸聚糖即 Dol-P-P-GlcNAc$_2$Man$_9$Glc$_3$。然后，在寡糖基转移酶（oligosaccharyl transferase，OST）的作用下，含 14 个糖基的这种聚糖（有文献称之为

G 寡糖）作为一个整体被转移至肽链的糖基化位点 Asn 的酰胺氮上，Dol – P – P 游离出来，经酶解释放出无机磷（Pi），Dol – P – P 变成 Dol – P，被循环使用（图 3 – 28）。

图 3 – 28　Dol – P – P – GlcNAc$_2$Man$_9$Glc$_3$ 的合成

（2）N – 糖链的加工　聚糖链 GlcNAc$_2$Man$_9$Glc$_3$ 共价结合到肽链的 Asn – X – Ser/Thr 上以后，需要进行一系列的加工。加工起始于内质网腔内，先是在葡萄糖苷酶的作用下依次去掉 3 个葡萄糖残基形成 Man$_9$GlcNAc$_2$，内质网内许多糖蛋白具有 α – 甘露糖苷酶 I 的作用，特异性去掉 Man$_9$GlcNAc$_2$ 中间臂末端的 α – 1,2 – 甘露糖残基形成 Man$_8$GlcNAc$_2$。加工后的含 8 个甘露糖残基的 N – 聚糖被运送至高尔基体，在 α – 甘露糖苷酶 I A、I B 和 I C 的作用下依次去掉 3 个 α – 1,2 – 甘露糖残基形成 Man$_5$GlcNAc$_2$，Man$_5$GlcNAc$_2$ 是形成复杂型和杂合型 N – 聚糖的关键中间产物。然而，不是所有的 N – 聚糖都被加工成 Man$_5$GlcNAc$_2$，这些加工不完全的聚糖不能被改造形成杂合型或复杂型结构，有的 Man$_5$GlcNAc$_2$ 也可避免进一步修饰，这些情况下形成的糖蛋白的聚糖链为高甘露糖型 Man$_{5～9}$GlcNAc$_2$。

（3）Man$_5$GlcNAc$_2$ 糖链修饰形成复杂型和杂合型 N – 聚糖　复杂型和杂合型 N – 聚糖的生物合成在高尔基体中间膜囊进行。在 N – 乙酰葡糖胺转移酶 I （GlcNAcT-I）的作用下，在七糖基非还原端的 α – 1,3 – 甘露糖残基上加上一个 GlcNAc，然后在 α – 甘露糖苷酶 II 的作用下，GlcNAcMan$_5$GlcNAc$_2$ 的 α – 1,3 – 甘露糖残基和 α – 1,6 – 甘露糖残基被去掉形成 GlcNAcMan$_3$GlcNAc$_2$，然后在 GlcNAcT – II 的作用下形成复杂型 N – 聚糖的前体。GlcNAcMan$_5$GlcNAc$_2$ 的 α – 1,3 – 甘露糖残基和 α – 1,6 – 甘露糖残基如果不被 α – 甘露糖苷酶 II 去掉或不完全被去掉，则形成杂合型 N – 聚糖。

（二）O - 连接糖蛋白

O - 糖链的结构比 N - 糖链简单，但是种类比 N - 糖链多得多。已发现有 GalNAc - Ser/Thr、GlcNAc - Ser/Thr、Gal - Ser、Xyl - Ser、Ara - Ser/Thr、Man - Ser/Thr 以及 Gal - Hyl、Ara - Hyp、Fuc - Ser 等。其中对以通过 GalNAc - Ser/Thr 形成的 O - 糖链（简称 O - GalNAc 糖链）研究得最多，由于 O - GalNAc 糖链主要分布于黏蛋白（mucin），亦称之为黏蛋白 O - 糖链。本部分以黏蛋白为例介绍 O - GalNAc 糖链的结构、生物合成。

1. 糖基化位点 聚糖中的 GalNAc 与多肽链的 Ser 和 Thr 残基的羟基以共价键相连而形成 O - 连接糖蛋白。它的糖基化位点的确切序列子还不清楚，但通常糖蛋白的 O - 糖基化位点周围常富含脯氨酸，特别在糖基化位点附近 -1 和 +3 位。带电荷的氨基酸不会出现在 -1 和 +3 位。脯氨酸的出现有利于蛋白质形成 β 转角和 β 折叠，两种结构是 O - 糖基化最常见的。

2. O - 连接聚糖的结构 多数 O - GalNAc 糖链都较短，但是糖链结构相互之间差异较大，有多种不同的核心结构（表 3 - 1）。最简单的黏蛋白 O - 聚糖是单个 GalNAc 残基与 Ser/Thr 相连，这种聚糖通常是产生抗原性的，命名为 Tn 抗原（T 抗原的前体）。最常见的 O - GalNAc 聚糖是核心结构 1（Gal - β - 1,3 - GalNAc -），许多糖蛋白和黏蛋白都可见到。核心 1 能形成许多更长的、结构更复杂的核心结构。由于核心 1 也是产生抗原性的，称之为 T 抗原（Thomsen 抗原，肿瘤抗原）。Tn 与 T 抗原均可被唾液酸化。核心结构 2 是在核心 1 上连接上一个 GlcNAC 分支，在许多细胞和组织的糖蛋白和黏蛋白的 O - GalNAc 聚糖中都可见到。线性核心 3 和分支核心 O - GalNAc 聚糖仅在分泌型黏蛋白和某些分泌黏蛋白的组织如支气管、结肠、唾液腺中见到。核心结构 5 ~ 8 非常少见，有报道在人的胎便和肠癌组发现核心 5 黏蛋白，在人肠黏蛋白和卵巢囊肿黏蛋白存在核心 6 结构，在人呼吸道黏蛋白发现核心 8，牛颌下黏蛋白 O - GalNAc 聚糖具有含核心 7 的短链聚糖结构。

表 3 - 1 黏蛋白中常见的 O - 聚糖核心结构

核心结构	连接方式
Tn 抗原	GalNAc - α - Ser/Thr
唾液酸化 Tn 抗原	Sia - α - 2,6 - GalNAc - α - Ser/Thr
核心 1 或 T 抗原	Gal - β - 1,3 - GalNAc - α - Ser/Thr
核心 2	GlcNAc - β - 1,6 - (Gal - β - 1,3 - GalNAc) - α - Ser/Thr
核心 3	GlcNAc - β - 1,3 - GalNAc - α - Ser/Thr
核心 4	GlcNAc - β - 1,6 - (GlcNAc - β - 1,3 - GalNAc) - α - Ser/Thr
核心 5	GalNAc - α - 1,3 - GalNAc - α - Ser/Thr
核心 6	GlcNAc - β - 1,6 - GalNAc - α - Ser/Thr
核心 7	GalNAc - α - 1,6 - GalNAc - α - Ser/Thr
核心 8	Gal - α - 1,3 - GalNAc - α - Ser/Thr

所有的核心结构都可被唾液酸化。核心 1 ~ 4 和核心 6 还以延伸的、复杂的 O - 聚糖出现，这些聚糖携带抗原，如 ABO 和 Lewis 血型决定簇、线性 I 型抗原（Gal - β - 1,4 - GlcNAc - β - 1,3 - Gal -）和（GlcNAc - β - 1,6 -）分支 I 型抗原。1 型延伸单元（基于 Gal - β - 1,3 - GlcNAc 序列）和 2 型延伸单元（基于 Gal - β - 1,4 - GlcNAc 序列）多次延伸可为另外的糖或功能基团的结合提供一个支架（scaffold），延伸后的 O - GalNAc 聚糖末端结构以 α - 糖苷

键连接 Fuc、Gal、GlcNAc 和唾液酸，GalNAc 可以是 α – 连接和 β – 连接。

3. O – 连接聚糖的合成 与 N – 连接聚糖合成不同，O – 连接聚糖合成是在多肽链合成后进行的，而且不需聚糖载体。在多肽 – N – 乙酰半乳糖胺基转移酶（polypeptide – N – acetyl – galactosaminyltransferase，ppGalNAcT）的作用下，将 UDP – GalNAc 中的 GalNAc 基转移至多肽链的 Ser/Thr 的羟基上，形成 O – 连接。然后，逐个加上糖基，合成不同的 O – GalNAc 聚糖核心。与 N – 糖基化和 O – 甘露糖基化相反，没有连接脂类的中间产物参与生物合成，在高尔基体内也没有糖苷酶参与 O – GalNAc 聚糖的加工，只有糖基转移酶参与聚糖核心的合成。最后在 N – 乙酰葡糖胺转移酶和半乳糖转移酶的作用下，聚糖通过反复加上 GlcNAc – β – 1,3 – Gal – β – 1,4（poly – N – acetyllactosamine）形成 I 抗原，少数延伸反应形成 GalNAc – β – 1,4 – GlcNAc –（LacdiNAc）序列和 Gal – β – 1,3 – GlcNAc – 序列；在 β – 1,6 – N – 乙酰葡糖胺转移酶作用下加上线性聚乙酰乳糖胺形成 I 抗原。最后是复杂结构的 O – GalNAc 聚糖合成。ABO 和其他基于聚糖的血型常以唾液酸、Fuc、硫酸基作为末端结构。与 N – 聚糖不同，O – GalNAc 聚糖没有 N – 聚糖中常见的 NeuAc – α – 2,6 – Gal 连接，例如唾液酸化 Tn 抗原及延长的核心 1 和 3。因此，在大多数产黏蛋白哺乳动物中，α – 2,6 – 唾液酸转移酶对 GalNAc 修饰，α – 2,3 – 唾液酸转移酶对 Gal 修饰，一些唾液酸转移酶和硫转移酶更喜欢以 O – GalNAc 为底物。

二、蛋白聚糖

蛋白聚糖（proteoglycan）是一类非常复杂的大分子糖复合物，主要由核心蛋白与一至多条糖胺聚糖（glycosaminoglycans，GAGs）链共价接合形成的。糖胺聚糖，亦称黏多糖（mucopolysaccharide），是由二糖单位重复连接而成的线性多糖。其二糖单位之一为氨基己糖（葡糖胺和半乳糖胺）故称糖胺聚糖，另一种是糖醛酸（葡糖醛酸或艾杜糖醛酸）。除糖胺聚糖外，蛋白聚糖还含有一些 N – 连接聚糖或 O – 连接聚糖。

蛋白聚糖一般聚糖含量多于蛋白质，糖胺聚糖比其他三种聚糖大得多（如一条相对分子质量为 20 000 的 GAG 含约 80 个糖残基，而一条典型的双天线 N – 聚糖只含 10~12 个残基），所以糖胺聚糖通常决定着蛋白聚糖的化学特性。糖胺聚糖链的种类、数量、长度以及硫酸化的程度等决定了糖胺聚糖复杂多样，加上核心蛋白种类颇多，使蛋白聚糖呈现多样化的特点。

（一）重要的糖胺聚糖

根据二糖单位的组成、结构及糖 – 肽连接方式，糖胺聚糖被分为多种，主要有透明质酸（hyaluronic acid，HA）、硫酸软骨素（chondroitin sulfate，CS）、硫酸皮肤素（dermatan sulfate，DS）、肝素（heparin，Hp）和硫酸乙酰肝素（heparan sulfate，HS）（或称硫酸类肝素）以及硫酸角质素（keratan sulfate，KS），其结构与功能见本章第一节。

（二）核心蛋白

与糖胺聚糖链共价结合的蛋白质称为核心蛋白（core protein），它的种类很多，相对分子质量 20×10^3 ~ 25×10^3。由于成熟蛋白聚糖的核心蛋白常是包埋在糖胺聚糖及寡糖链的复杂结构之内，因此用常规蛋白质测序是相当困难的。电子显微镜旋转投影技术特别是分子生物学技术的发展，解决了研究核心蛋白分子结构的难题。目前应用 cDNA 克隆技术使核心蛋白全氨基酸顺序得到阐明的已不下 10 余种。兹以 4 种不同的蛋白聚糖为例做简要介绍：①核心蛋白最小的蛋白聚糖，称为丝甘蛋白聚糖（serglycan）。其核心蛋白相对分子质量仅约 20×10^3，含有 24 个连续重复的 Ser – Gly 序列，是连接糖胺聚糖链的部位。丝甘蛋白聚糖存在于造血细胞和肥大细胞的贮存颗粒中，是典型的细胞内蛋白聚糖。②饰胶蛋白聚糖（decorin），核心蛋白相对分子质量约 36 000，因能修饰胶原蛋白而得名，以富含亮氨酸重复序列的结构花式为其特征。③黏结蛋白聚糖（syndecan），核心蛋白相对分子质量为 32×10^3，含有胞质结构域、插入膜质的疏水结构域和胞外结构域，胞外结构域连有硫酸乙酰肝素和硫酸软骨素，是细胞膜表面主要蛋白聚糖之一。④聚集蛋白聚糖（aggrecan），细胞外基质的重要成分之一，核心蛋白相对分子质量高达 $225 \times 10^3 \sim 250 \times 10^3$。聚集蛋白聚糖可分为几个结构域，其中包括 3 个球状结构域及在成熟蛋白聚糖中连接寡糖和糖胺聚糖链的中间区域。这种蛋白聚糖是软骨中的主要结构大分子。

蛋白聚糖一般具有的特点有：其核心蛋白可分为几个不同的结构域；所有核心蛋白均含有相应的糖胺聚糖取代结构域；一些蛋白聚糖通过核心蛋白特殊结构域锚定在细胞表面或细胞外基质的大分子中。另外，有些核心蛋白还含有其他具备特异性相互作用性质的结构域。

（三）连接区

除透明质酸外，所有的糖胺聚糖的延伸是在一个与核心蛋白共价连接的所谓连接区（寡糖链）上进行的。连接区合成的开始和糖肽间连键类型与糖蛋白中的相同，只是寡糖链形式有所不同。CS/DS 链和 HS/Hp 链连接区是一个四糖链：葡糖醛酸 – 1,3 – Gal – β – 1,3 – Gal – β – 1,3 – Xyl – β – 1 – O – Ser，属 O – 寡糖链；聚糖的二糖单位（己糖醛酸→己糖胺）装配在它的非还原端 GlcUA 上。软骨蛋白聚糖聚合物的连接区是 O – GalNAc，这是一个分支的六糖链，CS 或 KS 就是取代其中一个分支末端的 Sia 残基与核心蛋白相连。还有很多蛋白聚糖的连接区是 N – 寡糖链，如存在于角膜中的小分子硫酸角质素蛋白聚糖，其 KS 就是通过一个双天线复杂型 N – 寡糖链与核心蛋白连接的。

（四）蛋白聚糖的生物合成

在内质网上，蛋白聚糖先合成核心蛋白的多肽链，多肽链合成的同时即以 O – 连接或 N – 连接的方式在丝氨酸或天冬酰胺残基上进行聚糖加工。聚糖的延长和加工修饰主要是在高尔基体内进行，以单糖的 UDP 衍生物为供体，在多肽链上逐个加上单糖，而不是先合成二糖单位。每一单糖都有其特异性的糖基转移酶，使聚糖依次延长。聚糖合成后再予以修饰，糖胺的氨基来自谷氨酰胺，硫酸基则来自"活性硫酸"或 3′ – 磷酸腺苷 – 5′ – 磷酰硫酸。差向异构酶可将葡糖醛酸转变为艾杜糖醛酸。

三、糖脂

根据国际纯化学与应用化学联盟和国际生化联盟（IUPAC – IUB）命名委员会所下的定义，糖脂（glycolipids）是指糖类通过其还原末端以糖苷键与脂质相连接形成的化合物。糖脂是一类两亲（amphipathic）化合物，其脂质部分是亲脂的（lipophilic），而糖链部分是亲水的（hydrophilic）。

糖脂在生物体分布甚广，但含量较少，仅占脂质总量的一小部分。糖脂的种类繁多，根据脂质部分的不同可分为 4 类：①分子中含鞘氨醇的鞘糖脂（glycosylsphingolipid）；②分子中含甘油酯的甘油糖脂（glyceroglycolipid）；③由磷酸多萜醇衍生的糖脂；④由类固醇衍生的糖脂。其中，研究得较为深入的是鞘糖脂。

(一) 鞘糖脂

鞘糖脂是糖链以糖苷键与神经酰胺相连形成的（图3-29）。其亲脂部分神经酰胺为鞘氨醇被脂肪酸酰化形成的，脂肪酸一般是碳原子数14～26的长链脂肪酸，有饱和的，也有不饱和的，以饱和和低不饱和脂肪酸居多；亲水的糖链一般较短，多在10个糖基以下。根据糖链所含单糖的性质，鞘糖脂可分为中性鞘糖脂和酸性鞘糖脂，前者指糖链中只含中性糖类，后者除中性单糖外，还含有唾液酸或硫酸化的单糖。

$$CH_3(CH_2)_{12}-CH=CH-CH-CH-CH_2$$

图3-29 鞘糖脂的结构

1. 中性鞘糖脂 半乳糖基神经酰胺（galactosylceramide，GalCer）是第一个被发现的中性鞘糖脂，是单个半乳糖以糖苷键与神经酰胺 C_1 上的羟基相连。GalCer 由 Thudichum 于1884年从人脑中分离得到，是人脑中含量最丰富的糖脂分子，因此又称脑苷脂（cerebroside）。与 GalCer 不同，其他中性鞘糖脂是从患溶菌酶贮藏疾病、降解聚糖的酶错误或缺失的遗传性疾病等的患者的组织中发现的。如神经节系列的中性鞘糖脂及其唾液酸化衍生物是从 Tay-Sachs 患者的脑中发现的，同样葡糖基神经酰胺（glucosylceramide，GlcCer）是从 Gaucher 患者的脾中发现的。半乳糖基神经酰胺的结构见图3-30。

图3-30 半乳糖基神经酰胺的结构

随着分离、纯化和分析技术的提高，在所有脊椎动物的组织中均发现了中性鞘糖脂，仅基于聚糖结构变化而描述的独特的鞘糖脂就达数百种，如哺乳动物非神经组织的主要鞘糖脂红细胞系列和异细胞系列、乳糖系列和新乳糖系列等。图3-31是常见各系列中性鞘糖脂的核心糖链的结构。

图3-31 各种系列中性鞘糖脂的核心糖链结构

含岩藻糖的中性鞘糖脂——岩藻糖脂（fucolipid）受到人们的特别关注，因为它们中间有一些具有人类 ABH 血型、Lewis 血型等抗原活性。岩藻糖脂不仅作为人类血型的细胞表面抗原，而且还可能作为肿瘤标志物，因为某些肿瘤会产生一些岩藻糖脂，而这些岩藻糖脂在相应正常组织中不存在或较少。另外，在红细胞膜上还存在一些含 20 个以上糖基的、高度复杂的鞘糖脂即巨糖脂（megaloglycolipids），其组成单糖为 Glc、Gal、GlcNAc 和 Fuc，具有 ABH 血型活性和 Ti 抗原活性。

上述各类鞘糖脂的糖链中都不含酸性基团，所以称为中性鞘糖脂。

2. 酸性鞘糖脂 鞘糖脂的糖链中如果含酸性基团，诸如硫酸根、唾液酸等，则称为酸性鞘糖脂。糖链部分含硫酸酯的鞘糖脂称为硫酸鞘糖脂（sulfoglycosphingolipids），也叫硫苷脂（sulfatides）。最简单的硫酸鞘糖脂为硫酸脑苷脂（cerebroside sulfate），其结构式为 $HSO_3 - 3 - Gal - \beta - 1,1' - Cer$，这一硫酸鞘糖脂是脑、肾和小肠中的一个主要鞘糖脂，异染性脑白质病患者的脑和肾中也有相当数量的这一鞘糖脂。硫酸鞘糖脂广泛分布于哺乳动物的各器官中，脑中最多，除肾脏、胃、小肠外，在脾、肺、红细胞、血清中都能测出，已经分离出十几种不同的硫酸鞘糖脂，如硫酸乳糖基神经酰胺（lactosyl ceramide sulfate）、硫酸化和二硫酸化的神经节系列的鞘糖脂、硫酸化乳糖和新乳糖系列鞘糖脂等。

糖链中含有唾液酸的鞘糖脂统称为神经节苷脂（gangliosides）。尽管已知的唾液酸有几十种，但出现在神经节苷脂中的主要有两种：即 N - 乙酰神经氨酸（N - acetylneuraminic acid）和 N - 羟乙酰神经氨酸（N - glycolylneuraminic acid）。人体内的神经节苷脂几乎全是 N - 乙酰神经氨酸，N - 羟乙酰神经氨酸则主要存在于动物的非神经组织及人的某些肿瘤组织的神经节苷脂中。

（二）甘油糖脂

糖分子直接或间接地通过磷酸结合在二酰甘油上的糖脂称为甘油糖脂（glyceroglycolipids）。甘油糖脂与神经糖脂是糖脂的两大类。神经糖脂是动物界中主要的糖脂，而甘油糖脂则广泛存在于高等植物、绿藻类和细菌中，其中重要的甘油糖脂有存在于叶绿体膜上的单或双半乳糖苷二酰甘油、结核菌菌体上的磷酸肌醇低聚甘露糖苷。另外，哺乳动物体内也有少量的甘油糖脂，如存在于脑中的半乳糖苷二酰甘油等。

四、糖基化对蛋白质结构与功能的影响

体内已知的蛋白质至少有 1/3 为糖蛋白，目前对糖蛋白的蛋白质部分的结构和功能的研究已经较为深入，但长期以来对糖蛋白中聚糖的功能所知甚少。近年来随着聚糖结构与功能研究技术的发展，对聚糖的功能也有所了解。聚糖不但能影响蛋白质部分的构象、聚合、溶解及降解，还参与糖蛋白的相互识别和结合等，这些作用是蛋白质和核酸不能替代的。

（一）对糖蛋白新生肽链的影响

不少糖蛋白的 N - 连接聚糖参与新生肽链的折叠并维持蛋白质正确的空间构象。如用核酸点突变的方法去除疱疹性口炎病毒的 G 蛋白的两个糖基化位点后，此 G 蛋白的链内二硫键就错配成链间二硫键，空间构象发生改变；同样的方法使 α_1 - 抗胰蛋白酶去糖，圆二色谱分析表明肽链的折叠发生改变。糖蛋白中的糖链还能影响亚基的聚合，如运铁蛋白受体（transferrin receptor）有 3 个 N - 连接聚糖，分别位于 Asn_{251}、Asn_{317} 和 Asn_{727}，已发现

Asn_{727} 连接高甘露糖型聚糖，与肽链的折叠和运输密切相关；Asn_{251} 连接有三天线复杂型聚糖，此聚糖对于形成正常二聚体起重要作用。

糖蛋白的聚糖还可影响糖蛋白在细胞内的分拣和投送。溶酶体酶合成后被运输至溶酶体内就是一个典型的例子。溶酶体酶在内质网合成后，其聚糖末端的甘露糖在高尔基体内被磷酸化成甘露糖-6-磷酸，然后与存在于溶酶体膜上的甘露糖-6-磷酸受体识别并结合，定向转移至溶酶体内。若聚糖链末端甘露糖不被磷酸化，那么溶酶体酶只能分泌至血浆，而溶酶体内几乎没有酶，导致疾病产生。

（二）对蛋白质生物学性质的影响

1. 对蛋白质溶解性和稳定性的影响 处于糖蛋白分子表面的糖链可提高蛋白质的溶解性质，如原核生物表达真核蛋白易形成包涵体，重要的原因是蛋白质未能糖基化。糖基化对蛋白质稳定性具有重要的影响，如糖链的加入能增强纤连蛋白这种细胞外基质蛋白的稳定性，而去糖基化的纤连蛋白对蛋白酶更敏感从而导致其稳定性下降。另外，多羟基糖侧链还可能影响蛋白质的水溶性及蛋白质带电荷的性质。

2. 对蛋白质生物活性的影响 一般来说，去除聚糖的糖蛋白容易受蛋白酶水解，说明聚糖可保护肽链，延长其半衰期。不少酶属于糖蛋白，若去除聚糖，并不影响酶的活性，但也有些酶的活性依赖其聚糖，如 β-羟基-β-甲基戊二酸单酰辅酶 A 还原酶（HMG-CoA）去聚糖后其活性降低 90% 以上，脂蛋白脂酶 N-连接聚糖的核心五糖为酶活性所必需。但蛋白质的聚糖也可起屏障作用，影响糖蛋白的作用。

免疫球蛋白 G（IgG）也是 N-连接糖蛋白，其聚糖主要存在于 Fc 段。IgG 的聚糖与 IgG 结合于单核细胞或巨噬细胞上的 Fc 受体、对补体 C1q 的结合和激活以及诱导细胞毒等过程有关。若 IgG 去除聚糖，其铰链区的空间构象遭到破坏，上述与 Fc 受体和补体的结合功能就丢失。IgG 的 N-糖链缺失外链 Gal 后，可成为一种自身抗原，被免疫系统识别而产生自身抗体，形成 Ag-Ab 复合物，沉积于关节腔内，引起炎症，类风湿关节炎、系统性红斑狼疮等都是与 IgG 的糖链结构改变有关的自身免疫性疾病。

3. 对蛋白质药代动力学的影响 蛋白质药物的糖基化可延长药物在体内的半衰期，这对于指导蛋白质药物的研究具有重要意义。例如 Amgen 公司的科学家合成了一种新型促红细胞生成蛋白（novel erythropoiesis stimulating protein，NESP）。与促红细胞生成素（EPO）相比，NESP 在 33 和 88 位各增加了 1 个 N-糖基化位点，其体内半衰期是 EPO 的 3 倍，从而达到了减少用药次数的目的。

4. 对蛋白质免疫原性的影响 糖蛋白的糖链可通过阻止肽链中的一些抗原决定簇被免疫系统识别实现免疫屏蔽作用。因此，通过对蛋白质糖基化修饰或改变糖基化水平，可达到降低活性蛋白质药物免疫原性的目的。

（三）在分子识别和细胞识别中的作用

聚糖中单糖间的连接方式有 1，2、1，3、1，4、1，6 连接几种，又有 α 和 β 之分，这种结构的多样性是聚糖起分子识别作用的基础。猪卵细胞透明带中相对分子质量为 55×10^3 的 ZP-3 蛋白，含有 O-连接聚糖，能识别精子并与之结合。受体与配体识别和结合也需聚糖的参与。如整合蛋白（integrin）与其配体——纤连蛋白结合，依赖于完整的整合蛋白 N-连接聚糖的结合，若用聚糖加工酶抑制剂处理 K562 细胞，使整合蛋白聚糖改变成高甘露糖型或杂合型，均可降低与纤连蛋白识别和结合的能力。红细胞的血型物质含糖达

80%～90%，ABO 系统中血型物质 A 和 B 均是在血型物质 O – 聚糖非还原端各加上 GalNAc 或 Gal，仅一个糖基之差，使红细胞能分别识别不同的抗体，产生不同的血型，可见聚糖功能之奇妙。细菌表面存在各种凝集素样蛋白，可识别人体细胞表面的聚糖结构而侵袭细胞。

五、糖基化异常导致的疾病

糖蛋白中寡糖链具有重要的生物功能。在疾病状态下，由于寡糖链代谢酶类的活力改变，可引起糖链结构的异常，进而导致糖蛋白及其所在细胞功能的失常，甚至出现恶性表型，例如肿瘤细胞。结构异常的糖链也可能被免疫系统识别，产生自身抗体，从而引起自身免疫性疾病。下面是糖基化异常导致的一些疾病。

（一）糖缺乏糖蛋白综合征

糖缺乏糖蛋白综合征（carbohydrate-deficient glycoprotein syndrome，CDGS）是新出现的一组临床表现异质性的常染色体隐性糖基化异常疾病。根据血清运铁蛋白的等电聚焦图谱分析，已经界定了 4 种类型的 CDGS（Ⅰ～Ⅳ型），其中以 CDGS Ⅰ 型最常见。根据临床表现和分子缺陷性质，CDGS Ⅰ 型又可细分为 Ia、Ib 和 Ic 型三种亚型，其中 CDGS Ia 型是 CDGS 中最常见的一种类型。CDGS Ia 患者一般出生时有典型的肌张力减退、畸形、不易存活、肝功能障碍、特别易受感染等表现，还表现为脑发育不全、脂肪分布异常等，20% 患者出生后几年内死亡。生化和分子遗传学分析发现 CDGS Ia 型的糖基化缺陷是由磷酸甘露糖变位酶 2 基因座（PMM2）缺陷引起的，而 PMM2 是编码 GDP – Man 和 Dol – P – Man 生物合成关键步骤的酶。在 CDGS Ia 型中，磷酸甘露糖变位酶缺乏活性，降低了 GDP – Man 和 Dol – P – Man 水平，继而引起 $Glc_3Man_9GlcNAc_2$ 合成的减少，或产生截短形式的 Dol – P – 寡糖，最终导致 N – 连接聚糖蛋白糖基化缺失或异常，如使血清运铁蛋白糖基化发生糖缺失或改变。其他类型的 CDGS 同样是由于与 N – 聚糖组装、转移和早期加工有关的遗传缺陷引起的。

（二）白细胞黏附缺陷Ⅱ型

白细胞黏附缺陷Ⅱ型（leukocyte adhesion deficiency Ⅱ，LAD Ⅱ）为一罕见的原发性免疫缺陷病，其病因是由于岩藻糖代谢异常，使 GDP – Man 生成 GDP – Fuc 的量降低，导致白细胞表面选择素配体岩藻糖化抗原 SLeX 缺陷，引起白细胞的滚动功能异常，影响其黏附在血管内皮细胞上，不能穿透血管壁进入炎症区域。

（三）先天性红细胞生成不良性贫血Ⅱ型

先天性红细胞生成不良性贫血Ⅱ型（congenital dyserythropoietic anemia Ⅱ，CDA Ⅱ）是一种常染色体隐性遗传缺陷。患者要承受无效生成红细胞的后果，包括贫血、骨髓反应性增生、脾大、胆结石、肝病等。尽管其发病是否由于糖基化尚不确定，但对该患者细胞聚糖的分析表明，一对红细胞膜蛋白携带的 N – 聚糖结构上有缺陷。正常情况下，这些蛋白质含有二天线复合型 N – 聚糖，而且有两个天线上都用长链多聚乳糖胺修饰，但 CDA Ⅱ 患者的这些蛋白质几乎不含多聚乳糖胺。因此，可推断 CDA Ⅱ 应与糖基化异常有关。

（四）半乳糖血症

半乳糖血症（galactosemia）是人类的一种基因型遗传代谢缺陷性疾病，是由于缺乏半乳糖 – 1 – 磷酸尿苷酰转移酶导致婴儿不能代谢奶汁中乳糖分解生成的半乳糖所致，表现为血和尿中半乳糖增多。半乳糖血症主要症状是营养障碍、白内障、智力低下和肝脾肿大等。

食物中无半乳糖时，症状可好转。成人后能产生尿苷二磷酸－半乳糖焦磷酸化酶（UDP-galactose pyrophosphorylase），能将半乳糖－1－磷酸转化为 UDP 半乳糖，使半乳糖不会蓄积。

（五）Ehlers-Danlos 综合征

Ehlers-Danlos 综合征（Ehlers-Danlos syndrome，EDS），也称唐氏综合征（21 三体综合征）或皮肤弹力过度症（cutis hyperelastica），是一类与蛋白聚糖合成缺陷有关的疾病。EDS（早老型）临床表现为结缔组织失常，以患者不易存活、皮肤松弛、骨骼肌异常、肌张力低、关节活动过度等为特征，还伴有运动和语言发育迟缓。患者的饰胶蛋白聚糖部分缺失，并且某些分子的合成没有延伸的糖胺聚糖链。这主要是由于负责将半乳糖添加到木糖基丝氨酸（xylosylserine）上的半乳糖基转移酶 I 的活性降低，在患者中仅达到正常的 5%，且患者的这种酶是热不稳定性的；负责将第二个半乳糖残基加到 GAG 核心链上的酶——半乳糖基转移酶 H，仅有正常活性的 20%。

（六）癌症

糖基化变更是癌细胞的普遍特征，并且有某些类型的聚糖结构被公认为是肿瘤发展的标志物。下面讨论在癌细胞中常见的专一的酶学途径变更及其改变的糖基化与临床预后的相关性，这些变化的遗传学基础，以及可以表明在恶变中这些途径的重要性的体外检测及体内研究。

肿瘤细胞如同在胚胎发生中的正常细胞一样，也经历被活化和快速生长、附于其他各种细胞型或细胞基质并侵入组织的过程。正如脊椎动物的胚胎发育和细胞激活中典型地伴有细胞糖基化类型的改变，糖基化改变也是细胞恶变向肿瘤发展的普遍特征。在 20 世纪 70 年代晚期，随着单克隆抗体技术的发展，研究者们在寻求抗肿瘤的"魔弹"中发现了许多"肿瘤特异性"抗体是针对糖抗原表位的，特别是针对那些由糖鞘脂携带的糖抗原表位。进一步研究表明，这些糖抗原决定簇是"癌－胚抗原"，即它们也在胚胎组织、肿瘤细胞及少数某些类型的正常成人细胞表达。某些糖基化改变的类型与带瘤动物及患者的实际预后有相关意义，这使得人们对这些变化更加重视。

在恶变细胞中可能发生各种类型的糖基化变化。已发现常见的糖链结构的变化有：某些结构的表达丧失或表达过度；不完全的或截短的结构的持续表达；前体的堆积；和较少见的是出现新的结构。在正常生物合成途径中改变糖基化过程早期的分支点可明显影响一种类型结构的相对量，从而使得另一种结构成为主要成分。然而，这并不是由简单的随机的肿瘤细胞中的生物学紊乱所造成，现已有更多的数据说明，只有生物合成途径的有限部分常与细胞的恶性转化及肿瘤的发展有关。最常见的与癌症相关的糖基化改变包括：N－聚糖分支的变更；唾液酸数量、连键以及乙酰化的改变；N－乙酰神经氨酸在人肿瘤中的表达；糖胺聚糖表达的变更；糖鞘脂表达的变更与脱落；半乳凝素和多聚乳糖胺的表达；ABH（O）血型有关结构表达的改变；糖基磷脂锚定表达的丧失等。

（七）糖尿病并发症

糖尿病（diabetes mellitus，DM）是一类由于胰岛素分泌不足或（和）胰岛素作用低下而引起的代谢性疾病，长期高血糖将产生心血管和神经系统疾病等并发症。糖尿病并发症与糖基化异常密切相关。糖尿病患者体液中由于积累了大量游离的葡萄糖，造成糖的醛基与蛋白质的氨基端在非酶催化下发生化学反应生成晚期糖基化终产物（advanced glycation end products，AGEs）。AGEs 是蛋白质老化的标志，可被降解、清除老化蛋白质的酶所识别而被降解、清除。现在越来越多的事实表明，AGEs 不仅与被修饰的大分子的降解有关，还与其受体相互作用激活多个信号传导通路、促进多种细胞因子的合成与释放、促使糖尿病并发症的发生与发展有关。

糖尿病肾病（diabetic nephropathy，DN）是糖尿病的一种严重血管并发症，是引起糖尿病患者死亡的主要原因之一。其基本病理改变为肾小球系膜细胞增殖、肾小球基底膜增厚、细胞外基质增多和肾小球硬化。DN 的发病机制极其复杂，其中 AGEs 与实验性 DN 的许多病理性改变有关，如 AGEs 可通过改变细胞电荷、溶解度、结构等而产生一系列化学的、细胞的和组织的效应，进而这些效应导致细胞衰老；AGEs 还可与特异受体以及黏连蛋白发生反应以影响细胞因子（包括 TGF21 和 CTGF）的表达，从而调控多种肾细胞的生长和增殖。另外，AGEs 的形成可抑制 NO 产生，由于 NO 是血管舒张因子，有抗血管平滑肌增殖的作用，因此 AGEs 的积聚导致血管增厚、弹性减低，内皮功能不良，影响组织重构，引起血管平滑肌过度增殖，血管通透性增加，导致心血管和视网膜病变等并发症。

糖尿病另一个特别令人关注的代谢改变是细胞中 UDP－GlcNAc 量的增加。一种观点认为，细胞质中 UDP－GlcNAc 的增加进一步增加了细胞核与细胞质糖蛋白的 O－GlcNAc 水平，从而改变了蛋白质的磷酸化和功能。研究表明，核蛋白 O－GlcNAc 化增加可导致糖尿病心肌病，内皮细胞 NO 合酶 O－GlcNAc 化可引起勃起功能障碍。

六、糖组学

（一）糖组学的概念与产生

自从 1988 年牛津大学教授首次提出糖生物学的概念并由此诞生糖生物学以来，糖生物学在糖链结构、生物合成、生理功能方面等取得了极大的进展。在基因组学和蛋白质组学相继出现并正在为人类做出巨大的贡献、改变着人类的生活时，作为第三种生命信息分子的糖链正越来越受到重视，糖组学也应运而生。糖组（glycome）是指细胞内所有的糖链（包括糖复合物），糖组学（glycomics）则是研究生物中所有糖类化合物的分子结构与生物功能的关系、糖类的生物合成与分解代谢规律、糖类工具酶的基因表达与调控机制以及糖脂、糖蛋白合成与组装机制等的一门学科。

（二）糖组学的研究内容

糖组学的研究远较基因组学、蛋白质组学复杂。目前糖组学关注的焦点是糖蛋白，为了更好地与蛋白质组学相关联，将研究对象锁定为糖肽。研究核心内容为：①分析单物种生物所产生的所有聚糖；②以糖肽为研究对象确认编码糖蛋白的基因；③结合有效的理化和生化性质，研究糖蛋白糖链的性质。主要分为三大部分：结构糖组学、功能糖组学以及生物信息学，其中结构糖组学主要包括"糖捕获"技术、亲和色谱技术等，功能糖组学主要包括微阵列技术等。

（三）糖组学的研究方法

1. 结构糖组学相关技术 糖链的分离纯化即"糖捕获"技术是糖组学研究的第一步，基本策略是：根据不同糖蛋白类型使用凝集素柱进行纯化，然后利用特异性蛋白酶的消化产生糖肽，最为理想的是每一糖肽只有单一的糖链组成；利用凝集素亲和色谱从经过消化的混合物中初步分离出糖肽，采用反相或双相 HPLC 与不同类型的柱联合应用进一步纯化；

最后对糖肽进行鉴定。目前基本研究目标是初步建立糖组数据库，数据库至少包括编码核心蛋白的基因、糖肽的相对分子质量、吡啶胺化寡糖（pyridylaminated oligosaccharide）在二维图谱的位置、系列凝集素的解离常数 4 个重要参数，主要研究方法包括序列分析、质谱及解离常数测定。然而，糖捕获技术也存在着缺陷，主要是：由于该技术是通过肽 – N – 糖苷酶 F（peptide – N – glycosidase F，PNGase F）将 ^{18}O 结合至 N – 糖基化位点从而准确地识别每个糖基化位点，因此不能应用于 O – 糖肽；应用凝集素收集糖肽，糖肽的种类会受到限制。因此，Aebersold 等提出利用化学方法收集更多的糖肽。从生物学角度考虑，亲和糖捕获技术比化学捕获技术更有意义，而且后者很难鉴定一些低表达蛋白；但从整体角度而言，两种技术存在互补。

前沿亲和色谱法（frontal affinity chromatography，FAC）是目前测定解离常数值的最佳方法，具有方便、敏感、高效等特点，能有效分析蛋白酶、核酸酶以及凝集素之间的相互作用。该法最主要特点是在样品浓度不变的情况下，将过量体积的样品（如荧光标记糖肽）连续地加入凝集素柱中，再利用电喷雾电离质谱或荧光进行检测，与电喷雾电离质谱比较，荧光检测更为快速灵敏。目前该色谱法已成功实现与 HPLC 系统的联用。此外，为了应用于糖肽，研究者亦考虑用 4 – 氟 –7 – 硝基 –2,1,3 – 苯并氧杂噁二唑进行标记检测。

除此之外，结构糖组学还有其他一些研究方法，如：①双向凝胶电泳结合荧光染色和质谱技术；②毛细管电泳结合质谱技术；③核磁共振技术，该技术不仅能够精确地指出糖链中与蛋白质作用的确切位点，还可用于确认抗原决定簇，检测糖链的构象，提供一系列有关构象方面的信息，但是核磁共振技术的敏感性不高，需要大量样品才能获取高质量的结构数据。

2. 功能糖组学相关技术 微阵列技术能够充分、全面、有代表性地展现整个糖组学，其优势体现在高通量性和敏感性。目前微阵列技术主要应用于识别糖与蛋白质间的相互作用，如寻找抗生素治疗的新靶点以及进一步研究细菌的耐药机制。微阵列技术一般包括 3 种类型：单糖或二糖微阵列、多糖微阵列、寡糖微阵列。

（1）单糖或二糖微阵列 该技术是将单糖以及二糖通过异化 Michael 反应结合于玻璃板表面，再通过荧光标记的植物凝集素特异性显示糖与蛋白质间的相互作用。

（2）多糖微阵列 该技术是将多糖或糖蛋白固定于硝化纤维素包被的玻璃板。固定的效果取决于相对分子质量的大小，相对分子质量较大的更易固定。多糖微阵列可以应用于细菌多糖的抗原性分析。

（3）寡糖微阵列 该技术的目的在于应用寡糖链来筛选能与其相互作用的配体。寡糖相对分子质量较低且具有一定亲水性，故其不能直接以非共价结合的方式固定在固体介质上。为了克服这些缺陷，Feizi 等建立了一种寡糖微阵列技术，将寡糖连接在酯链上，这些新生糖脂以及糖基化神经酰胺能固定于硝酸纤维素膜，并可筛选出糖蛋白配体，之后利用薄层色谱和质谱来鉴定配体成分的序列。目前寡糖微阵列技术还处于起始阶段，将来其发展主要着眼于如何快速高密度地在微小孔上合成寡糖以及如何更好地从自然界获取寡糖。

3. 生物信息学 目前糖组学数据库及生物信息学还处于萌芽阶段，由于糖链结构的复杂性，用于基因组学和蛋白质组学的生物信息学算法和技术都无法直接应用于糖组学。至今只有为数不多的有关糖组学方面的网络工具及数据库，并且由于缺乏一致的算法，各个数据库的相关数据不能实现共享。这些因素严重限制了糖组学生物信息学技术的发展。

（四）糖组学与医药的关系

糖基化是转录后修饰或共翻译修饰的重要事件，已知超过 50% 的真核细胞蛋白均有糖基化修饰，结合于各种糖蛋白的聚糖在含量、结构和连接位置不尽相同。在病理状态下（如癌症、炎症、衰老等），由于聚糖代谢酶类活力的改变或缺陷，可使糖复合物中的糖链数量和结构产生异常，最终导致细胞功能失常，甚至出现恶性表现；糖链结构异常还可能被机体免疫系统识别，引起细胞免疫和体液免疫应答，导致自身免疫反应及免疫调节功能紊乱。因此，利用糖组学的方法分析病变细胞与正常细胞之间所表现出来的糖蛋白的差异，对于研究疾病的发生、发展及疾病治疗意义重大。目前利用双向凝胶电泳等技术已经成功分离鉴定了多种癌症的糖基化异常的标记物，如肾细胞癌的标记物血清糖蛋白、乳腺癌和结直肠癌标记物 HPA 相关糖蛋白、肝癌标记物 HAb18G/CD147 等。另外，免疫球蛋白糖链结构异常可导致一些自身免疫性疾病，如 IgA 肾病、类风湿关节炎，这为这两类疾病在临床上建立一种特异、灵敏的血清学检测方法提供了理论基础，开辟了一条新途径。

糖基化变化对新药研发亦具有重要意义。利用糖组学技术可分析糖基化对蛋白质活性的影响，从而有可能获得活性最佳的糖蛋白药物。糖基化的差异也可用于构建多糖类疫苗，如以特殊的多糖与合成多肽结合，用于癌症的免疫治疗已在临床试用。Marc Meichenin 等发现一种新型肠肿瘤相关抗原——多聚凝集素抗原，抗体的特异性取决于糖链的结构，针对多聚凝集素抗原可以进行免疫治疗。

糖组学在实际应用上仍然有很多问题有待解决，比如糖链结构分析在早期诊断中的研究不多，在方法学上也有待改进。但随着糖组学的深入发展，质谱、高效液相色谱、光谱学等技术将为糖蛋白糖基化修饰与肿瘤关系的研究开拓出一片新天地，深入研究糖蛋白或糖链结构及作用机制对肿瘤的预防、诊断、治疗有重要的指导意义。

（王凤山 刘纯慧）

扫码"练一练"

第四章　脂　质

脂质（lipids），又称脂类，是一类低溶于水而高溶于有机溶剂（如乙醚、丙酮、三氯甲烷等）并能为机体所利用的生物有机分子。对大多数脂质而言，其化学本质为脂肪酸（多数是 4 碳以上的长链一元羧酸）和醇（包括甘油醇、鞘氨醇、高级一元醇和固醇）等所组成的酯类及其衍生物。脂质的元素组成主要是碳、氢、氧，有些脂质还含有氮、磷及硫。

第一节　脂质的分类、结构与功能

一、脂质的分类

脂质是根据溶解性定义的一类生物分子，在化学组成上变化较大，因此给这类物质准确分类造成一定困难。一般按其化学组成分为三大类。

（一）单纯脂质

单纯脂质（simple lipid）是由脂肪酸与醇（甘油醇、高级一元醇）所组成的脂质。它又可分为脂、油和蜡三小类。

1. 脂　一般在室温时为固态，是由 3 分子脂肪酸和 1 分子甘油结合而成的三酰甘油，称脂肪或真脂，也称中性脂。

2. 油　指一般在室温时为液态的脂肪，正确的名称为脂性油。就化学本质来说，脂含较多饱和脂肪酸，而油含较多不饱和脂肪酸和低分子脂肪酸。

3. 蜡　主要由长链脂肪酸和长链醇或固醇组成，如虫蜡、蜂蜡等。

（二）复合脂质

复合脂质（compound lipid）除含脂肪酸和醇外，尚有其他非脂分子成分（如胆碱、乙醇胺、糖等）。复合脂质按非脂成分的不同可分为以下几种。

1. 磷脂　磷脂的非脂成分为磷酸和含氮碱（如胆碱、乙醇胺）。磷脂根据醇成分的不同，又可分为甘油磷脂（如磷脂酸、磷脂酰胆碱、磷脂酰乙醇胺等）和鞘氨醇磷脂（简称鞘磷脂）。

2. 糖脂　糖脂的非脂成分是糖（单己糖、二己糖等），并因醇成分不同，又分为鞘糖脂（如脑苷脂、神经节苷脂）和甘油糖脂（如单半乳糖基二酰基甘油、双半乳糖基二酰基甘油）。

鞘磷脂和鞘糖脂合称为鞘脂（sphingolipid）。

（三）衍生脂质

衍生脂质（derived lipid）是指由单纯脂质和复合脂质衍生而来或与之关系密切，但也具有脂质一般性质的物质。

1. 取代烃　主要是脂肪酸及其碱性盐（皂）和高级醇，少量脂肪醛、脂肪胺和烃。

2. 固醇类（甾类）　包括固醇（甾醇）、胆酸、强心苷、性激素、肾上腺皮质激素。

3. 萜　包括许多天然色素（如胡萝卜素）、香精油、天然橡胶等。

4. 其他脂质　如维生素 A、D、E、K，脂酰 CoA，类二十碳烷（前列腺素、凝血噁烷和白三烯），脂多糖，脂蛋白等。

此外，根据能否形成皂盐，把脂质分为两大类：一类是能被碱水解而产生皂（脂肪酸盐）的称可皂化脂质（saponifiable lipid）；另一类是不被碱水解产生皂的称不可皂化脂质（unsaponifiable lipid）。类固醇和萜是两类主要的不可皂化脂质。也可根据脂质在水中和水界面上的行为不同，将它们分为极性（polar）脂质和非极性（nonpolar）脂质两大类。

二、单纯脂质的结构与功能

（一）脂肪的结构

脂肪（fat）又称真脂或中性脂肪，它是由 1 分子甘油与 3 分子脂肪酸组成的脂肪酸甘油三酯，化学名称为三酰甘油（triacylglycerol）、三脂酰甘油、甘油三酯（triglyceride，TG）。自然界存在的脂肪中其脂肪酸绝大多数含偶数碳原子，脂肪的结构如下。

$$\begin{array}{l} H_2C-O-CO-R_1 \\ \ \ HC-O-CO-R_2 \\ H_2C-O-CO-R_3 \end{array}$$

三酰甘油

R_1、R_2、R_3 代表脂肪酸的烃基，它们可以相同也可以不同。当 $R_1 = R_2 = R_3$ 时，称为单纯甘油酯；三者中有两个或三个不同者，称为混合甘油酯。通常 R_1 和 R_3 为饱和烃基，R_2 为不饱和烃基。一般在常温下为固态的脂（脂肪），其脂肪酸的烃基多数是饱和的；在常温下为液态的油，其脂肪酸的烃基多数是不饱和的。

在自然界中还存在二酰甘油（二脂酰甘油、甘油二酯）及单酰甘油（单脂酰甘油、甘油一酯），但含量极少，其结构如下。

二酰甘油　　　　　单酰甘油

（二）脂肪酸

1. 脂肪酸的种类　从动植物和微生物中分离出来的脂肪酸已有百余种。在生物体内，大部分脂肪酸都以结合形式如三酰甘油、磷脂、糖脂等存在，但也有少量脂肪酸以游离状态存在于组织和细胞中。

脂肪酸（fatty acid，FA）是由一条长的烃链（"尾"）和一个末端羧基（"头"）组成的羧酸。烃链多数是线形的，分支或含环的烃链很少。烃链不含双键和叁键的为饱和脂肪酸（saturated FA），含一个或多个不饱和键的为不饱和脂肪酸（unsaturated FA）。只含单个不饱和键的脂肪酸称单不饱和脂肪酸（monounsaturated FA），含两个或两个以上不饱和键的称多不饱和脂肪酸（polyunsaturated FA）。不同脂肪酸之间的主要区别在于烃链的长度（碳原子数目）、不饱和键的数目和位置。

2. 脂肪酸的命名　每个脂肪酸可以有通俗名（common name）、系统名（systematic

name）和简写符号，而系统命名则遵循有机酸命名的原则，将包括羧基碳原子在内的最长直链碳链作为主链，从羧基端碳原子开始编号，并将双键位置写在其前面。例如，通俗名称的亚麻酸（linolenic acid）为 18 碳 3 烯多不饱和脂肪酸，其双键位置分别为 9、12、15，因此其系统名为 9,12,15 - 十八碳三烯酸。为简便书写脂肪酸，其原则是先写出碳原子数目，再写出双键的数目，双键位置用 Δ（delta）右上标数字表示，如亚麻酸可简写为 $18:3^{\Delta 9,12,15}$。脂肪酸的 ω 命名规则是将离羧基碳原子最远的碳原子称为 ω - 碳原子（C_ω），依次编为 $\omega-1$、$\omega-2$、$\omega-3$ 等。因此，亚麻酸即归类于 $\omega-3$ 不饱和脂肪酸，可写成 $18:3$，$\omega-3$。此外，ω 编码体系也将离羧基最近的碳原子（C_2）称为 α - 碳原子，向左碳原子依次为 β、γ、δ 和 ε 等碳原子，脂肪酸碳原子的编号如下。

$$CH_3-CH_2-CH=CH-CH_2-CH=CH-CH_2-CH=CH-CH_2-CH_2-CH_2-CH_2-CH_2-CH_2-COOH$$

| Δ 编号 | 18 | 17 | 16 | 15 | 14 | 13 | 12 | 11 | 10 | 9 | 8 | 7 | 6 | 5 | 4 | 3 | 2 | 1 |
| ω 编号 | $\omega-1$ | $\omega-2$ | $\omega-3$ | $\omega-4$ | $\omega-5$ | $\omega-6$ | $\omega-7$ | $\omega-8$ | $\omega-9$ | $\omega-10$ | | | | ε | δ | γ | β | α |

3. 饱和脂肪酸　动、植物脂肪中的饱和脂肪酸以软脂酸和硬脂酸为主，其分布广并且比较重要。常见的天然饱和脂肪酸如表 4 - 1 所示。

表 4 - 1　重要的天然饱和脂肪酸

简写式	分子结构简式	系统名称	习惯名称	m. p.（℃）
10:0	$CH_3(CH_2)_8COOH$	n - 十烷酸（n - decanoic acid）	癸酸（capric acid）	32
12:0	$CH_3(CH_2)_{10}COOH$	n - 十二烷酸（n - dodecanoic acid）	月桂酸（lauric acid）	43
14:0	$CH_3(CH_2)_{12}COOH$	n - 十四烷酸（n - tetradecanoic acid）	豆蔻酸（n - myristic acid）	54
16:0	$CH_3(CH_2)_{14}COOH$	n - 十六烷酸（n - hexadecanoic acid）	软脂酸（n - palmitic acid）	62
18:0	$CH_3(CH_2)_{16}COOH$	n - 十八烷酸（n - octadecanoic acid）	硬脂酸（n - stearic acid）	69
20:0	$CH_3(CH_2)_{18}COOH$	n - 二十烷酸（n - eicosanoic acid）	花生酸（arachidic acid）	75
22:0	$CH_3(CH_2)_{20}COOH$	n - 二十二烷酸（n - docosanoic acid）	山萮酸（n - behenic acid）	81
24:0	$CH_3(CH_2)_{22}COOH$	n - 二十四烷酸（n - tetracosanoic acid）	掬焦油酸（lignoceric acid）	84
26:0	$CH_3(CH_2)_{24}COOH$	n - 二十六烷酸（n - hexacosanoic acid）	蜡酸（cerotic acid）	89

4. 不饱和脂肪酸　在不饱和脂肪酸中比较重要的有亚油酸、亚麻酸和花生四烯酸等（表 4 - 2）。

表 4 - 2　重要的天然不饱和脂肪酸

族	简写式	分子结构式	系统命名	习惯名称	m. p.（℃）
$\omega-7$	$16:1\Delta^9$（$16:1\omega^7$）	$CH_3(CH_2)_5CH=CH(CH_2)_7COOH$	顺 -9 - 十六碳 - 烯酸（cis - 9 - hexadecenoic acid）	棕榈油酸（palmitoleic acid）	0
$\omega-9$	$18:1\Delta^9$（$18:1\omega^9$）	$CH_3(CH_2)_7CH=CH(CH_2)_7COOH$	顺 -9 - 十八碳 - 烯酸（cis - 9 - octadecenoic acid）	油酸（oleic acid）	13

续表

族	简写式	分子结构式	系统命名	习惯名称	m. p. (℃)
$\omega-6$	$18{:}2\Delta^{9,12}$ ($18{:}2\omega^{6,9}$)	$CH_3(CH_2)_3(CH_2CH{=}CH)_2(CH_2)_7COOH$	顺，顺 $-9,12-$ 十八碳二烯酸（$cis, cis-9,12-$ octadecadienoic acid）	亚油酸（linoleic acid）	-5
$\omega-3$	$18{:}3\Delta^{9,12,15}$ ($18{:}3\omega^{3,6,9}$)	$CH_3(CH_2CH{=}CH)_3(CH_2)_7COOH$	全顺 $-9,12,15-$ 十八碳三烯酸（all $cis-9,12,15-$ octadecatrienoic acid）	$\alpha-$ 亚麻酸（$\alpha-$ linolenic acid）	-17
$\omega-6$	$18{:}3\Delta^{6,9,12}$ ($18{:}3\omega^{6,9,12}$)	$CH_3(CH_2)_3(CH_2CH{=}CH)_3(CH_2)_4COOH$	全顺 $-6,9,12-$ 十八碳三烯酸（all $cis-6,9,12-$ octadecatrienoic acid）	$\gamma-$ 亚麻酸（$\gamma-$ linolenic acid）	-14.4
$\omega-6$	$20{:}4\Delta^{5,8,11,14}$ ($20{:}4\omega^{6,9,12,15}$)	$CH_3(CH_2)_3(CH_2CH{=}CH)_4(CH_2)_3COOH$	全顺 $-5,8,11,14-$ 二十碳四烯酸（all $cis-5,8,11,14-$ eicosatetraenoic acid）	花生四烯酸（arachidonic acid）	-50
$\omega-3$	$20{:}5\Delta^{5,8,11,14,17}$ ($20{:}5\omega^{3,6,9,12,15}$)	$CH_3(CH_2CH{=}CH)_5(CH_2)_3COOH$	全顺 $-5,8,11,14,17-$ 二十碳五烯酸（all $cis-5,8,11,14,17-$ eicosapentaenoic acid）	鱼油五烯酸（EPA）	-54
$\omega-3$	$22{:}6\Delta^{4,7,10,13,16,19}$ ($22{:}6\omega^{3,6,9,12,15,18}$)	$CH_3(CH_2CH{=}CH)_6(CH_2)_2COOH$	全顺 $-4,7,10,13,16,19-$ 二十二碳六烯酸（all $cis-4,7,10,13,16,19-$ docosahexoenoic acid）	DHA	-45.5 约 -44.1
$\omega-9$	$24{:}1\Delta^{15}$ ($24{:}1\omega^9$)	$CH_3(CH_2)_7CH{=}CH(CH_2)_{13}COOH$	顺 $-15-$ 二十四烯酸（$cis-15-$ tetracosenic acid）	神经酸（nervonic acid）	39

5. 脂肪酸的功能　人和哺乳动物含有 Δ^4、Δ^5、Δ^8 和 Δ^9 去饱和酶（desaturase），因此可以合成软脂酸和油酸这两种单不饱和脂肪酸。但是缺乏 Δ^9 以上的去饱和酶，因此无法合成亚油酸（linoleic acid，$18{:}2\Delta^{9,12}$）、亚麻酸（$18{:}3\Delta^{9,12,15}$）和花生四烯酸（$20{:}4^{\Delta 5,8,11,14}$）等多不饱和脂肪酸。因为这类脂肪酸对于维持人类正常生理功能是必不可少的，但人体自身又不能合成，必须从膳食（主要是植物源性食物）中获取，因此称之为必需脂肪酸（essential fatty acid）。必需脂肪酸缺乏会引起生长停滞、生殖衰退和肝、肾功能紊乱等。

亚油酸和亚麻酸（$\alpha-$ 亚麻酸）属于两个不同的多不饱和脂肪酸（PUFA）家族：omega -6（$\omega-6$）和 omega -3（$\omega-3$）系列。$\omega-6$ 和 $\omega-3$ 系列分别是指第一个双键离甲基末端 6 个碳和 3 个碳的必需脂肪酸。

亚油酸是 $\omega-6$ 家族的原初成员，在人和哺乳类体内能将它转变为 $\gamma-$ 亚麻酸，并继而延长为花生四烯酸。后者是维持细胞膜的结构和功能所必需的，也是合成生理活性脂质类二十碳烷化合物的前体。如果发生亚油酸缺乏症，则必须从膳食中获得 $\gamma-$ 亚麻酸和花生四烯酸，因此，在某种意义上它们也是必需脂肪酸。

$\alpha-$ 亚麻酸是 $\omega-3$ 家族的原初成员。由膳食供给亚麻酸时，人体能合成 $\omega-3$ 家族的 20 碳和 22 碳成员：二十碳五烯酸（EPA）和二十二碳六烯酸（DHA）。体内许多组织含有这些重要的 $\omega-3$ PUFA；DHA 在眼的视网膜和大脑皮质中特别活跃。大脑中的 DHA 一半是在出生前积累的，一半是在出生后积累的，这表明脂质在怀孕和哺乳期间的重要性。

人体内 $\omega-3$ 和 $\omega-6$ PUFA 不能互相转变。临床研究表明：$\omega-6$ PUFA 能明显降低血清胆固醇的水平，但降低三酰甘油的效果一般，而 $\omega-3$ PUFA 降低血清胆固醇的能力虽然不强，但能显著降低三酰甘油的水平。它们对血脂水平的不同影响的生化机制尚不清楚。

膳食中 $\omega-6$ PUFA 缺乏将导致皮肤病变，$\omega-3$ 必需脂肪酸缺乏将导致神经和视觉疑难症及心脏疾病。

大多数人可以从膳食中获得足够的 $\omega-6$ 必需脂肪酸（脂质形式），但可能缺乏最适量的 $\omega-3$ 必需脂肪酸。有些学者认为，膳食中这两类必需脂肪酸的理想比例为 $4\sim10g$（$\omega-6$）：$1g$（$\omega-3$）。$\omega-6$ 和 $\omega-3$ 必需脂肪酸的主要膳食来源见表 4-3。

表 4-3　$\omega-6$ 和 $\omega-3$ 多不饱和脂肪酸的来源

$\omega-6$	来源
亚油酸	植物油（葵花籽、大豆、棉籽、红花籽、玉米胚、小麦胚、芝麻、花生、油菜籽）
$\gamma-$ 亚麻酸和花生四烯酸	肉类，玉米胚油等（或在体内由亚油酸合成）

$\omega-3$	来源
$\alpha-$ 亚麻酸	油脂（芝麻、胡桃、大豆、小麦胚、油菜籽） 种子，坚果（芝麻、大豆、胡桃）
EPA 和 DHA	人乳 海洋动物：鱼（鲭、鲑、鲱、沙丁鱼等），贝类，甲壳类（虾、蟹等） （或在体内由 $\alpha-$ 亚麻酸合成）

三、复合脂质的结构与功能

（一）磷脂的结构与功能

磷脂（phospholipid）是含有磷酸基的复合脂质，可分为甘油磷脂和鞘磷脂两大类。前者为甘油酯的衍生物，而后者为鞘氨醇酯的衍生物。磷脂是一类结构脂，主要参与细胞膜系统的组成。

1. 甘油磷脂　甘油磷脂又称磷酸甘油酯，其结构特点是甘油的两个羟基被脂肪酸酯化，3 位的羟基被磷酸酯化成磷脂酸，其中 1 位羟基常被饱和脂肪酸酯化，2 位羟基常被 $C_{16}\sim C_{20}$ 的不饱和脂肪酸如花生四烯酸酯化。磷脂酸的磷酸羟基再被氨基醇（如胆碱、乙醇胺或丝氨酸）或肌醇取代，形成不同的甘油磷脂。磷脂酸的磷酸基再连接其他醇羟基化合物的羟基，即组成不同的磷脂。化学结构式如下。

$$\begin{array}{c} H_2COCOR_1 \\ | \\ R_2COO-CH \quad O^- \\ | \quad\quad | \\ H_2C-O-P-O-X \\ \| \\ O \end{array}$$

磷脂

当 $X=H$ 时即为磷脂酸（phosphatidic acid），它是各种甘油磷脂的母体化合物。

磷酸甘油酯的两个长脂肪酸链为非极性的尾部，其余部分则为极性的头部，所以磷脂是两性脂质。磷酸甘油酯分子中一般含有 1 分子的饱和脂肪酸（多连在 C_1 上）和 1 分子的不饱和脂肪酸（多连在 C_2 上）。磷酸甘油酯结构中甘油的第二个碳原子是不对称中心，国际理论和应用化学联合会和国际生物化学联盟的生物化学命名委员会建议采用下列命名原则。

将甘油的三个碳原子指定为 1、2、3 位，2 位上的羟基用投影式表示，一定要放在左边，这种编号称为立体专一编号，用 sn（stereospecific numbering）表示，写在化合物的前面。根据这一命名原则甘油磷酸命名如下。

$$
\begin{array}{ll}
H_2C{-}OH & 1 \\
HO{-}CH & 2 \\
H_2C{-}OH & 3
\end{array}
$$

sn：立体专一编号

sn-甘油-3-磷酸
（3-sn-甘油磷酸）

sn-甘油-1-磷酸
（1-sn-甘油磷酸）

　　天然存在的磷脂都属于 3 – sn – 甘油磷酸的构型，即 L 构型，故可在系统名前冠以 L – α – 或 3 – sn – 。下面介绍几种重要的甘油磷脂。

　　（1）卵磷脂　卵磷脂（lecithin）又称磷脂酰胆碱（phosphatidylcholine），是组成细胞膜最丰富的磷脂之一，其结构式如下。

卵磷脂

　　式中，R_1 和 R_2 代表脂肪酸的烃基，其中 R_1 是饱和的，R_2 是不饱和的。常见的有硬脂酸、软脂酸、油酸、亚油酸、亚麻酸、花生四烯酸、EPA、DHA 等。

　　卵磷脂是白色油状物质，极易吸水。由于它含有相对多的不饱和脂肪酸，表面很容易被氧化。卵磷脂在蛋黄和大豆中特别丰富，卵黄中卵磷脂的含量高达 8% ~10%，卵磷脂具有抗脂肪肝作用。工业上卵磷脂常作为乳化剂使用，工业用卵磷脂主要从大豆油精炼过程中的副产品中获得。

　　（2）脑磷脂　脑磷脂（cephalin）即磷脂酰胆胺（phosphatidylcholamine），又叫磷脂酰乙醇胺（phosphatidylethanolamine），其结构式如下。

脑磷脂

　　脑磷脂在动植物体内含量也很丰富，它与血液凝固有关，血小板的脑磷脂可能是凝血酶原激活剂的辅基。

　　（3）磷脂酰丝氨酸　磷脂酰丝氨酸（phosphatidylserine）又称丝氨酸磷脂，是磷脂酸的磷酸基团与丝氨酸的羟基连成的酯，其结构式如下。

磷脂酰丝氨酸

磷脂酰丝氨酸是血小板中带负电荷的酸性磷脂，当血小板因组织受损而被激活时，膜中的这些磷脂转向外侧，作为表面催化剂与其他凝血因子一起致使凝血酶原活化。脑组织中丝氨酸磷脂的含量比脑磷脂还高，在体内丝氨酸磷脂可能脱羧基而转变成脑磷脂。

（4）磷脂酰肌醇　磷脂酰肌醇（phosphatidylinositol）又称肌醇磷脂（lipositol），是磷脂酸中的磷酸基团与肌醇（环己六醇）连接而成的酯。所生成的肌醇磷脂还可以再连接第二个、第三个磷酸基团，分别称为肌醇磷脂—磷酸和肌醇磷脂二磷酸等，其结构如图 4 – 1 所示。

图 4 – 1　磷脂酰肌醇及其磷酸化的衍生物结构

①、②、③表明磷酸分子掺入结构的顺序，掺入后可相应称为肌醇磷脂、磷酸肌醇磷脂和肌醇磷脂二磷酸

肌醇磷脂常与脑磷脂在一起，在肝及心肌中大多数为肌醇磷脂，而脑组织中多为一、二磷酸肌醇磷脂。

（5）缩醛磷脂　缩醛磷脂（plasmalogen）与一般甘油磷脂不同，它在甘油 C_1 位（即 α 位）以与长链烯醇形成的醚键（脂性醛基）代替与脂肪酸形成的酯键。它的水解产物之一是长链烯醇，它很容易互变异构成醛，因此缩醛磷脂具有醛反应。

缩醛磷脂可水解，随水解程度不同而产生不同的产物。缩醛磷脂溶于热乙醇、KOH 溶液，微溶于丙酮或石油醚，不溶于水。缩醛磷脂存在于脑组织及动脉血管中，可能有保护血管的功能。

氨基乙醇缩醛磷脂是最常见的一种缩醛磷脂。有的缩醛磷脂的脂性醛基在 β 位上，也有的不含氨基乙醇，而含胆碱基（图 4 – 2）。

图 4 – 2　氨基乙醇缩醛磷脂的结构

（6）二磷脂酰甘油　二磷脂酰甘油（diphosphatidylglycerol）又称心磷脂（cardiolipin），是由 2 分子磷脂酸与 1 分子甘油结合而成的磷脂，其结构如图 4 – 3 所示。

图 4 – 3　二磷脂酰甘油的结构

心磷脂大量存在于心肌，它有助于线粒体膜的结构蛋白质同细胞色素 c 的连接，是惟一有抗原性的脂质。

甘油磷脂具有以下特征：它有一个高度极性的头部，都带电荷。因其碳氢尾部是从自然界各种脂肪酸以多种组合方式衍生而成，故甘油磷脂的种类繁多。甘油分子 C_1 上连接的脂酰（基）多属饱和的，而 C_2 上所连接的脂酰（基）多属不饱和的。以红细胞卵磷脂的组成为例，其分子含有的碳氢链为 $C_{16} \sim C_{24}$，双键个数介于 $0 \sim 6$。

C_1：16:0，61%；18:0，24%；18:1，10%；18:2，0.6%。

C_2：16:0，9%；16:1，1.8%；18:1，26%；18:2，35%；

18:3，1.0%；20:3，4%；20:4，12%；20:5，0.5%；22:6，1.6%。

由于卵磷脂含有相对多的不饱和脂肪酸，表现为易被氧化。

甘油磷脂极少溶解于水中，易形成微团。因是两性脂质，故在构成生物膜结构中尤为重要。

所有的甘油磷脂在 pH 7.0 时，其磷酸基团带的是负电荷。

2. 鞘磷脂 鞘磷脂（sphingophospholipid, sphingomyelin）是鞘氨醇磷脂的简称，由各 1 分子的（神经）鞘氨醇、脂肪酸、磷酸及胆碱（或胆胺）所组成，是一种不含甘油的磷脂。在高等动物的脑髓鞘和红细胞膜中特别丰富，也存在于许多植物的种子中。神经鞘磷脂与前述几种磷脂不同，它的脂肪酸并非与醇基相连，而是借酰胺键与氨基结合。神经鞘氨醇（sphingenine）与神经鞘磷脂的结构如图 4-4 所示。

HO—C—C=C—(CH₂)₁₂—CH₃ （神经）鞘氨醇 ... 神经酰胺的典型结构 ... 磷酸胆碱 ... 神经酰胺 ... 神经鞘磷脂

图 4-4 神经鞘氨醇与神经鞘磷脂的结构

磷酸胆碱为鞘氨醇磷脂的极性头部，脂肪酸和神经鞘氨醇的长链为非极性尾部，即鞘氨醇磷脂也是两性脂质。神经鞘磷脂在脑和神经组织中含量较多，也存在于脾、肺及血液中，是高等动物组织中含量最丰富的鞘磷脂类。

（二）糖脂的结构与功能

糖脂（glycolipid）是一类含有糖成分的复合脂质。糖脂是糖通过其半缩醛羟基以糖苷键与脂质连接形成的化合物。糖鞘脂（glycosphingolipid）是其中一部分，它包括脑苷脂类和神经节苷脂类，其共同特点是含有鞘氨醇的脂，其头部含糖。它在细胞中含量虽少，但在许多特殊的生物功能中却十分重要，因此引起了生化工作者极大的兴趣。

糖脂的组成和神经磷脂相似,其结构都含有1分子神经酰胺(鞘氨醇及脂肪酸各1分子)。

1. 脑苷脂类 脑苷脂(cerebroside)是脑细胞膜的重要成分,由 β - 己糖(葡萄糖或半乳糖)、脂肪酸(22~26C,最普遍的是 α - 羟基二十四烷酸)和鞘氨醇各 1 分子组成,因是以中性糖作为极性头部,故称为中性糖鞘脂类。重要代表物为葡萄糖脑苷脂、半乳糖脑苷脂和硫酸脑苷脂(简称脑硫脂)。它们的分子结构如图 4 – 5 所示。

图 4 – 5 脑苷脂重要代表物的结构

糖脂主要分布于脑及神经组织中,亦是动物细胞膜的重要组成成分。糖脂的非极性尾部可以伸入细胞膜的脂双层结构,而其极性头部则露出膜表面,且不对称地朝向细胞外侧定位,它们不仅参与细胞间的通信,而且是 ABO 血型的抗原决定簇,有人成功地用 α - 半乳糖苷酶处理 B 型血,使其转变成 O 型血。

2. 神经节苷脂类 神经节苷脂(ganglioside)是一类酸性糖脂。它的极性头部含有唾液酸,即 N – 乙酰神经氨酸,故带有酸性。人的大脑灰质中含有丰富的神经节苷脂类,约占全部脂质的6%,非神经组织中也含有少量神经节苷脂。不同的神经节苷脂类所含的己糖和唾液酸的数目与位置各不相同。现已分离出几十种神经节苷脂,几乎所有神经节苷脂都有一个葡萄糖基与神经酰胺以糖苷键相连,此外还有半乳糖、唾液酸和 N – 乙酰 – D – 半乳糖胺。神经节苷脂的组成如图 4 – 6 所示。

$$D\text{-半乳糖} \xrightarrow{\beta(1,3)} N\text{-乙酰-}D\text{-半乳糖胺} \xrightarrow{\beta(1,4)} D\text{-半乳糖} \xrightarrow{\beta(1,4)} D\text{-葡萄糖}$$

唾液酸与 D-半乳糖以 $\alpha(3,2)$ 相连;神经鞘氨醇(N-脂酰鞘氨醇基)与 D-葡萄糖以 $\beta(1,1')$ 相连——脂肪酸

图 4 – 6 神经节苷脂的组成

神经节苷脂是一类最重要也最复杂的糖鞘脂，已从脑灰质、脑白质和脾等组织中分离出来。神经节苷脂因在 20 世纪 40 年代从神经节细胞中被发现而得名，它还存在于红细胞中。虽然在细胞膜中含量很少，但有许多特殊的生物功能，它与血型和组织器官的专一性有关，还可能与组织免疫、细胞间的识别以及细胞的癌变等有关。它在神经系统特别是神经末梢中含量丰富，可能在神经冲动传递中起重要作用。

除了上述的鞘氨醇糖脂以外，还有甘油糖脂（glyceroglycolipid），也称糖基甘油酯（glycoglyceride），它是由二酰甘油与己糖（主要为半乳糖或甘露糖）或脱氧葡萄糖结合而成的化合物，主要存在于绿色植物和微生物中。哺乳类虽然含有甘油糖脂，但分布不普遍，主要存在于睾丸和精子的质膜以及中枢神经系统的髓磷脂中。甘油糖脂有的含一分子己糖，也有的含两分子己糖，常见的如半乳糖二酰甘油和二甘露糖二酰甘油的结构式如下。

半乳糖二酰甘油(半乳糖甘油二酯)   二甘露糖二酰甘油(二甘露糖甘油二酯)

（三）类固醇的结构与功能

类固醇也称甾类（steroid），其结构以 3 个六元环和 1 个五元环融合在一起的环戊烷多氢菲（perhydrocyclopentanophenanthrene）为核心。其中胆固醇（cholesterol）为最主要和最常见的成员，其他甾类几乎都是由它衍生而来；在甾核的 C_3 上有一个羟基，在 C_{17} 上有一分支的碳氢链；有 α 型和 β 型。

环戊烷多氢菲

α 型固醇的基本结构   β 型固醇的基本结构

式中，R 为支链，C_3 上有羟基，α 型或 β 型由 C_3 羟基的立体位置与 C_{10} 上甲基的位置决定。C_3 上的羟基位置与 C_{10} 上甲基的位置相反者（即在平面下）称 α 型，以虚线连接；与 C_{10} 上甲基位置相同者（在平面上）称 β 型，以实线连接。所有固醇的 C_{10} 和 C_{13} 上都有甲基。

1. 胆固醇　胆固醇是环戊烷多氢菲的衍生物，普遍存在于人和动物的细胞和组织中，在脑、肝、肾和蛋黄中含量很高。生物体内的胆固醇有以游离形式存在的，也有与脂肪酸（多为不饱和脂肪酸）结合而以胆固醇酯的形式存在的。它们的结构式见下页。

胆固醇中位于 C_3 位上的羟基是亲水的，而其余部分完全由碳氢链组成，是疏水的，因

胆固醇

胆固醇酯

此胆固醇也是一种两性分子。

胆固醇的两性性质使它能够与磷脂一起构成膜的组分，并对膜中脂质的物理状态和膜的流动性具有调节作用。胆固醇除与磷脂共同构成细胞膜的结构组分外，还与神经兴奋传导有关，参与脂质代谢和血浆脂蛋白的合成。胆固醇及其酯还是类固醇激素和胆汁酸的前体，是神经鞘绝缘物质，同时它们还具有解毒功能。

胆固醇是临床生化的一个重要指标，在正常情况下，机体在肝脏中合成和从食物中摄取的胆固醇，将转化为甾体激素或成为细胞膜的组分，并使血浆中胆固醇的水平维持稳定。血清胆固醇为游离胆固醇与胆固醇酯的总和，正常值为 (3.975 ± 0.8) mmol/L $[(153 \pm 31)$ mg/100ml$]$。在冠心病和动脉粥样硬化症中，粥样斑块是胆固醇等脂质沉积而成。胆结石症的胆石成分几乎都是胆固醇的晶体。当肝脏发生严重病变时，胆固醇浓度会降低；而在黄疸性梗阻和肾病综合征患者中，胆固醇浓度往往会升高。此外，据国外报道，体内胆固醇长期偏低是诱发癌症的因素之一。

胆固醇为白色斜方晶体，易溶于乙醚、三氯甲烷、苯及热乙醇中，不能皂化。它与毛地黄糖苷容易结合而沉淀。胆固醇在三氯甲烷溶液中与乙酸酐及浓硫酸作用产生蓝绿色（Lieberman – Burchard 反应），可用来测定胆固醇的含量。

胆固醇　　　　　　　　　　　　　　蓝绿色

2. 胆酸与胆汁酸　胆酸（cholic acid）是人和动物胆囊合成分泌的物质。根据分子中所含羟基的数目、位置及构型的不同可分为多种胆酸。到目前为止，发现的胆酸已超过 100种，其中常用的不过数种，如胆酸（$3\alpha,7\alpha,12\alpha$ – 三羟基胆酸）、去氧胆酸（$3\alpha,12\alpha$ – 二羟基胆酸）、猪去氧胆酸（$3\alpha,6\alpha$ – 二羟基胆酸）、鹅去氧胆酸（$3\alpha,7\alpha$ – 二羟基胆酸）、熊去氧胆酸（$3\alpha,7\beta$ – 二羟基胆酸）以及少量石胆酸（3α – 羟基胆酸）。它们的结构式分别见下页。

熊去氧胆酸作为胆石溶解药已被收载于《中国药典》（2020 年版二部），此外，还有利胆药去氢胆酸（dehydrocholic acid），其结构式见下页。

胆酸(3α,7α,12α-三羟基胆酸)

去氧胆酸

猪去氧胆酸

鹅去氧胆酸

熊去氧胆酸

石胆酸

去氢胆酸

　　胆汁酸（bile acid）是由肝内胆固醇直接转化而来，是胆固醇的主要代谢终产物。人体内每天合成胆固醇 1~1.5g，其中 0.4~0.6g 在肝内转变为胆汁酸。各种胆酸或去氧胆酸均可与甘氨酸（NH_2CH_2COOH）或牛磺酸（$NH_2CH_2CH_2SO_3H$）以酰胺键结合，形成各种结合胆酸（甘氨胆酸和牛磺胆酸），即胆汁酸。它们是胆汁有苦味的主要原因。胆汁酸是水溶性物质，在肝内合成。胆囊分泌的胆汁，是胆汁酸的水溶液。由胆酸形成的两种胆汁酸的结构式如下。

甘氨胆酸

　　在胆汁中，大部分胆汁酸形成钾盐或钠盐，称为胆盐。胆盐是一种乳化剂，可促进脂肪的消化和吸收。

牛磺胆酸

第二节　生物膜的组成、结构与功能

生物体的基本结构和功能单位是细胞，生命活动过程中各种代谢反应几乎都是在细胞内进行的。细胞以细胞膜与外界隔开，使细胞内部形成一个稳定的内环境，并通过它与外界进行信息、能量和物质交换。此外，细胞内还存在许多内膜系统，组成具有各种特定功能的亚细胞结构和细胞器，包括细胞核、线粒体、内质网、高尔基体、溶酶体及过氧化物酶体等，这些细胞器也都是由膜包裹着，细胞膜和各种细胞器膜统称为生物膜（biomembrane）。

生物膜具有多种功能，生物体内许多重要的生命活动过程如细胞免疫、神经传导、代谢调控、激素和药物作用以及肿瘤发生等均与生物膜有关，生物膜执行各种生物学功能是与其化学组成、结构及特点密切相关的。

生物膜的研究不仅具有重要的理论意义，而且有着广泛的实际应用价值。在医药方面，几乎所有疾病都与膜的变异有密切关系。很多细胞质膜上的受体可能是药物的靶体。人工膜（脂质体）作为药物载体已经进入临床应用。

一、生物膜的基本化学组成

从化学组成上来看，生物膜主要由蛋白质、脂质和糖类组成，还有水、金属离子等。膜上各成分的比例并不是固定不变，而是随着膜的来源和功能上的不同而有所差异。蛋白质和脂质的比值表现出较大的差别，其变化范围可在 0.28 ~ 3.2（表 4 - 4）。

表 4 - 4　几种生物膜的化学组成（干重%）

生物膜	神经髓鞘	红细胞膜	肝细胞质膜	心细胞线粒体内膜
蛋白质	22	60	60	76
脂质	78	40	40	24

膜中蛋白质和脂质的比值变化常与膜的功能密切相关。通常功能复杂或多样的膜，蛋白质的含量较高。相反，膜功能越简单，其膜蛋白的种类和含量越少。大多数膜干重的60% 左右是蛋白质，脂质在 40% 以下。神经纤维的髓鞘膜功能单纯，主要起绝缘作用，其脂质高达 78%，而线粒体内膜中脂质则为 25%，二者剩下的主要是蛋白质。此外，不到 10% 干重的是糖类，都是以糖脂或糖蛋白的形式存在。生物膜中还含有一定量的水（15% ~ 20%）和金属离子。水与膜紧密结合，也是维持膜结构稳定所必需的。

（一）膜脂

膜脂组成复杂，不同膜中脂质组成差别较大（表 4 - 5），组成生物膜的脂质有磷脂、糖脂及胆固醇等，其中以磷脂为主要组分，分布也较广泛。膜脂主要是作为生物膜的骨架参与膜的构成，同时对极性化合物形成通透屏障，还可激活某些膜蛋白。

138

表 4 – 5 哺乳动物生物膜中的脂质组成（总脂%）

膜　脂	神经髓鞘	红细胞质膜	肝细胞质膜	内质网	线粒体
磷脂	42	60	54	67	76
磷脂酰胆碱	10	17	24	40	39
磷脂酰乙醇胺	15	18	7	17	35
磷脂酰丝氨酸	9	7	4	5	2
神经鞘磷脂	8	18	19	5	0
糖脂	28	3	7	<1	<1
胆固醇	22	23	17	6	3
其他脂质*	8	13	22	27	21

注：* 包括磷脂酸、磷脂酰肌醇、磷脂酰甘油、二磷脂酰甘油等少量膜脂。

虽然生物膜中的脂质种类繁多，分子结构各异，然而膜脂之间都有一种共同的结构特点，即它们都是中极两性分子（amphipathic molecule），即在同一分子内既含亲水性头部基团，又有疏水性尾部基团，这种中极两性性质在维持膜的结构上是非常重要的。

1. 磷脂 构成生物膜主要成分的磷脂中主要是甘油磷酸二酯，即以甘油为骨架，甘油中第 1、2 位碳原子的两个羟基分别与两个脂肪酸生成酯，第 3 位碳原子的羟基与磷酸生成酯，最简单的是磷脂酸。磷脂酸的含量虽不多，但它是其他甘油磷酸酯合成的前体，如磷脂酰胆碱、磷脂酰乙醇胺、磷脂酰丝氨酸、磷脂酰肌醇和二磷脂酰甘油等。

生物膜中除含有甘油磷脂外，还含有鞘磷脂。这种磷脂分子以鞘氨醇代替甘油作为骨架，它的氨基以酰胺键与一个长链脂肪酸相连形成神经酰胺，而一个羟基则与磷酸胆碱（或磷酸乙醇胺）相连。

无论甘油磷脂还是鞘磷脂都系两性分子。这一特征决定了它们在生物膜中的双分子排列。

2. 糖脂 动物细胞的质膜几乎都含有糖脂，其含量约占外层膜脂的 5%，这些糖脂大多都是鞘氨醇的衍生物。例如半乳糖脑苷脂（galactocerebroside），这种糖脂是髓鞘膜的主要糖脂，约占外层膜脂的 40%。糖脂在质膜中大多含有 1～15 个糖残基。

细菌和植物细胞质膜的糖脂几乎都是甘油的衍生物，非极性部分以亚麻酸的含量较为丰富，极性部分则是糖残基，可以是一个（如半乳糖）或更多个。

糖脂中还有一种神经节苷脂，是带有数目不等糖残基（至少有一个唾液酸）的神经酰胺。这种糖脂具有受体的功能，如霍乱毒素、干扰素、促甲状腺素和破伤风素等的受体都是神经节苷脂类化合物。它们可能还有调节膜蛋白功能的作用。

3. 胆固醇 生物膜组分中的胆固醇具有重要的生物学作用。一般来讲，动物细胞胆固醇的含量较植物细胞高，而质膜的胆固醇含量又多于细胞内膜系。胆固醇的两性特点对生物膜中脂质的物理状态有一定调节作用。它不仅可以调节膜的流动性，增加膜的稳定性，还可以降低水溶性物质的通透性。

（二）膜蛋白

膜蛋白是生物膜的又一重要成分，它在生物膜中担负着主要功能，包括催化细胞代谢、物质运输、膜上组分及细胞的运动、细胞对外界信息的接受和传递，以及维持细胞结构等。膜蛋白的含量因细胞的类型不同而有所差异，但大多数含量为 40%～60%。

按蛋白质在膜中的存在位置以及从膜中分离的难易程度，通常把膜蛋白分为外在蛋白质和内在蛋白质两类（图4-7）。前者分布于膜的表面，后者埋藏于脂质层内。

图4-7　膜蛋白的分布

a. 外在蛋白质，它的亲水性部分结合到其他膜蛋白及脂质的极性表面上；b~f. 都是内在蛋白质，各以不同方式嵌入膜中；b和e. 外侧表面的蛋白质，可以带糖链；画阴影线的部位表示非极性区域

1. 外在蛋白质　又称周围蛋白质（extrinsic protein）或外周蛋白质（peripheral protein）。其主要特征是它们分布在膜的表面，通过离子键等较弱的次级键与膜表面松散结合。外在蛋白质比较易于分离，通过改变介质的pH、离子强度或加入金属螯合剂即可从膜中分离下来并显示水溶性。具有一般水溶性蛋白质的各种特征。如构成呼吸链的重要成分细胞色素c就是一种典型的外在蛋白质。外在蛋白质一般占膜蛋白的20%~30%。

2. 内在蛋白质　内在蛋白质（intrinsic protein）又称整合蛋白质（integral protein），与膜脂一样，也属于两性分子，但由于内在蛋白质分子内部亲水性和疏水性氨基酸残基分布不均，使分子内形成亲水和疏水区段。其亲水基团主要由极性氨基酸残基的侧链基团提供，而疏水部分则由非极性氨基酸残基的侧链基团提供。在生物膜上，内在蛋白质的疏水区域与膜脂上的疏水核心通过疏水作用紧密结合，而亲水部分则伸展在水溶液的环境之中。内在蛋白质与膜脂的这种紧密结合，使得它很难与生物膜分离，只有使用对膜具破坏性的试剂如有机溶剂或去污剂（如SDS）才能将它们与膜脂分开；而且一旦除去表面活性剂或有机溶剂，则又重新聚合成为不溶状态。

（三）糖类

生物膜中含有一定量的糖类，在真核细胞中，无论质膜还是细胞内膜系都有糖类分布，前者占质膜重量的2%~10%。它们大多数与膜蛋白结合，少量与膜脂结合。膜中的糖常以寡糖链形式与蛋白质或脂质结合，形成糖蛋白或糖脂。在生物膜中组成寡糖的单糖主要有：半乳糖、甘露糖、岩藻糖、半乳糖胺、葡糖胺、葡萄糖和唾液酸等。糖蛋白可能与大多数细胞的表面行为有关，在接受外界信息以及细胞间相互识别方面具有重要作用。

暴露于细胞表面的糖基与细胞的一些特性有重要关联，例如决定血型ABO抗原之间的差别，只在于寡糖链末端糖基组成的不同。A型抗原的糖链末端必须是乙酰氨基半乳糖基，B型的是半乳糖基，而O型则比A、B型都缺少一个糖基（表4-6）。

表4-6　ABO血型专一性的结构基础

血型	结构特点
O	半乳糖基—乙酰氨基葡萄糖基
	岩藻糖基

续表

血型	结　构　特　点
A	乙酰氨基半乳糖基—半乳糖基—乙酰氨基葡萄糖基 岩藻糖基
B	半乳糖基—半乳糖基—乙酰氨基葡萄糖基 岩藻糖基

乙酰神经氨酸（一种唾液酸）含一个羧基，常出现在糖蛋白或糖脂的糖链末端，能对抗许多酶的水解，对细胞膜起保护和识别作用。

二、生物膜的结构与特性

生物膜是由蛋白质、脂质和糖类组成的超分子体系。因此，探讨生物膜的分子结构与特性除了对它的各组分进行研究外，还必须研究它们之间的相互关系。下面介绍生物膜中分子间作用力、生物膜结构的主要特征以及生物膜结构的分子模型。

（一）生物膜中分子间作用力

一般认为，在生物膜中有 3 种主要分子间作用力：静电引力、疏水作用和范德华力（van der Waals force）。

1. 静电引力　静电引力存在于分子的一切极性和带电基团之间，它们相互吸引或排斥。在膜两侧的脂质与蛋白质的亲水极性基团通过静电引力的相互吸引可形成很稳定的结构。静电引力在膜蛋白之间的相互作用也很重要。膜中疏水区的介电常数较低，它可以使蛋白质分子的极性部分之间形成强烈的静电引力。

2. 疏水作用　疏水作用对维持膜结构起主要作用。蛋白质分子具有非极性基团的氨基酸侧链和脂双层的疏水脂酰链，都有不与水接触的强烈倾向。这些非极性基团之间相互趋近的力，称为疏水作用，所以疏水作用依赖于水的存在。而当非极性基团相互靠近时，范德华力就成为疏水作用的主要因素。

3. 范德华力　范德华力倾向于使膜中分子尽可能彼此靠近，所以，它在膜结构中也十分重要，它和疏水作用有相互补充的作用。

（二）生物膜结构的主要特征

尽管生物膜种类繁多，但都具有以下一些特征。

1. 生物膜的流动性　生物膜的流动性是指生物膜各组分所做的各种形式的运动。既包括膜脂，也包括膜蛋白的运动状态。有时，也将膜蛋白的运动状态称为"运动性（mobility）"。

流动性是生物膜结构的主要特征。研究结果表明，合适的流动性对生物膜表现其正常功能具有重要作用。例如能量转换、物质运送、信息传递、细胞分裂、细胞融合、胞吞、胞吐以及激素作用等都与膜的流动性有密切关系。

膜脂的流动性是指脂质分子可以做各种形式的运动，如脂质分子在膜内做侧向扩散或侧向移动，膜脂分子围绕轴心的自旋运动甚至上下翻转等。膜脂的流动性与脂酰基的碳链长度和不饱和性以及胆固醇的含量有关。脂酰基的碳链越短，不饱和度越高，其流动性越强。然而，胆固醇作为一种在结构上不同于其他膜脂的分子，对生物膜的流动性有双重影响：在膜具有较高流动性的情况下，其结构上相对强的刚性使得膜的流动性降低；相反，在膜流动性不高的情况下，它的存在能提高膜的流动性。

膜蛋白在膜中的运动主要包括两种形式：一种是沿着与膜平面垂直的轴做旋转运动，其旋转扩散与周围的脂质有密切关系；另一种是沿着膜表面做侧向扩散运动，这是绝大多数膜蛋白运动所采取的方式。这种侧向扩散在多数情况下是随意和无序的，然而，某些膜蛋白并非随意扩散，而是集中到细胞膜的某一固定区域，例如许多受体蛋白在结合配体以后，会聚合在细胞膜某一特定区域，即膜蛋白的侧向扩散要受细胞骨架的限制。

生物膜的流动性是生物膜表现各种正常功能所必需的，对生物膜的功能具有深刻影响。例如随着膜的流动性增强，膜对水和其他亲水性的小分子的通透性就会增加；许多药物的作用机制与膜的流动性相关，例如麻醉剂一般都具有增加膜流动性的作用。

2. 生物膜的不对称性　构成膜组分的脂质、蛋白质和糖类在膜两侧的分布都是不对称的。就膜脂来说，膜脂的不对称性是指不同膜脂在膜两侧分布的不均一性，从而导致膜两侧电荷数量、流动性等的差异。例如含有胆碱的磷脂（磷脂酰胆碱和鞘磷脂）主要分布在膜的外层，它们不带有净电荷，因而不会相互排斥。而氨基磷脂（磷脂酰丝氨酸和磷脂酰乙醇胺）主要分布在膜的内层，由于磷脂酰丝氨酸带有净负电荷，从而使得质膜的内面带负电荷。再如，在动物细胞膜上，外层的胆固醇含量高于内层，显现不对称分布。

与膜脂一样，膜蛋白在膜两侧的分布也是不对称的。某些外在蛋白质只附着在外层的表面，而某些外在蛋白质正好相反；含脂蛋白与外在蛋白质的情形差不多；内在蛋白质也一样，有的插在外层，有的只插在内层，有的虽然横跨内外两层，但是相连的寡糖链只存在于膜的外侧。膜蛋白分布的不对称性对于生物膜的正常生理功能极为重要，例如细胞表面受体分子只有当它与配体结合的部位面向细胞膜的外侧才有用。

糖类在膜上的分布也不对称，无论质膜还是细胞内膜系的糖脂和糖蛋白的寡糖的分布都不对称。膜结构的这种不对称性与其生物学功能密切相关。

3. 生物膜的相变和分相　相变和分相是生物膜结构的另一重要特征。低于某一温度时，膜脂分子上的脂酰基链呈高度有序的排列，这种有序排列导致生物膜处于一种类似固体或结晶的状态。而高于某一温度时，膜脂上的脂酰基从有序状态转变为无序状态，原先处于固体态的膜脂逐渐转变为流体态或液晶态。生物膜这种从固态转变为液态的过程称为相变。发生相变时的温度称为相变温度（transition temperature）。脂酰基链越长，饱和度越高，生物膜的相变温度就越高。膜脂中当两种或两种以上纯磷脂混合时，由于它们的相变温度不同，当温度降至某一值时，有的已转变为凝胶态，有的则仍处于液晶态，处于凝胶态和液晶态的磷脂分子分别各自汇集，生物膜的这种性质称为分相（phase separation）。

各种膜脂由于组分不同而具有各自的相变温度。生物膜脂质组成很复杂，其相变温度的范围很宽，有时可达几十度。同样，由于脂质的组分比较复杂，又有膜蛋白以及其他各种因素的影响，因此，即使在生理温度，在一定条件下，也有可能产生分相的现象。

在生物膜中，胆固醇作为一种具有特殊结构的分子能调节脂酰基的两种状态：如果脂酰基处于无序状态，胆固醇就具有"浓缩"效应，这种浓缩效应有利于膜脂从液态转变为固态；相反，如果脂酰基处于有序状态，胆固醇则能够破坏其有序状态。

膜脂的相变可影响到其中膜蛋白的功能：如果一种内在蛋白质的活性中心位于它的亲水区域，则相变对该蛋白质的功能影响不大；但是，如果这种内在蛋白质是一种跨膜的运输蛋白，则膜脂的相变可直接影响到它的运输速度。胰岛素受体就是一例，随着膜脂中不饱和脂肪酸比例的增加，受体与胰岛素的亲和力增大。

（三）生物膜的结构模型

1. 脂双层模型 对生物膜结构的认识有一个发展的过程，1899 年 Charles Overton 在研究细胞膜的透性时提出脂质和胆固醇类物质可能是构成细胞膜的主要组分。1925 年 E. Gorter 与 F. Grendel 用丙酮抽提了红细胞膜的脂质并铺成单分子层，用 Langmuir 槽测定了其表面面积，同时也计算了红细胞膜的表面面积。结果发现，前者为后者的两倍，因而最早提出了膜中脂质分子以双分子排列的结构模型（图 4 – 8）。该模型可以解释生物膜许多重要的现象。

图 4 – 8 脂双层的结构示意

a. 结构 b. 模型

膜脂的两性性质使得它们在水溶性环境之中能自发地形成在热力学上稳定的脂双层结构。在这种脂双层结构中，膜脂分子的疏水尾部通过疏水作用紧密结合在一起，尽量避免与水分子接触，而亲水的头部则暴露在水相之中。直到如今，脂双层是生物膜结构主体的论点仍然被广泛接受。

2. 流动镶嵌模型 迄今为止，人们已提出了各种各样的生物膜结构模型，但是，目前最能反映生物膜化学结构和生物功能的结构模型是由 S. J. Singer 和 G. Nicholson 于 1972 年提出的流动镶嵌模型（fluid mosaic model）（图 4 – 9）。该模型的主要内容是：生物膜以具有流动性的二维脂双层作为基本骨架，在上面镶嵌有各种蛋白质，这些蛋白质有的分布在表面，有的横跨整个脂双层，其中的蛋白质相对自由地"浮动"在脂双层骨架上，而形成一种镶嵌的样式。

图 4 – 9 生物膜的流动镶嵌模型

流动镶嵌模型尽管有许多实验证据支持，但它描述的生物膜仍然是一种相对静止的结构。而生物膜真实的结构却是更为复杂和更具动态性，例如许多实验结果表明，膜的不同部分的流动性是不均匀的。由于脂质组成的不同，膜脂－膜蛋白、膜蛋白－膜蛋白的相互作用以及环境因素（如温度、pH、金属离子等）的影响，在一定的温度条件下有的膜脂呈现凝胶态，而有的却处于可流动的液晶态。即使同样处于液晶态，膜中各部分的流动性也不尽相同，整个膜可以被看成是具有不同流动性"微区"（domain）相间隔的动态结构。因此，该模型虽然得到比较广泛的支持，但它仍然存在一些局限性，还不能算是一种完美无缺的模型。

三、细胞膜上的生物分子结构与功能

细胞膜上的生物大分子主要有蛋白质（包括酶）、脂质（主要是磷脂）和糖类，生物膜的基本结构由膜脂和膜蛋白的基本性质决定。其最基本的结构骨架是脂双层结构。生物膜可以选择性地进行物质运输，包括代谢底物的进入与代谢产物的排出和为细胞提供能量转换的场所。此外，生物膜还提供了细胞识别的位点，并完成细胞内外信息跨膜传递。

（一）膜中的结构脂质

构成生物膜的结构脂质主要包括磷脂、糖脂和胆固醇三类，其中磷脂（甘油磷脂和鞘磷脂）的含量最高。

不同的生物膜其组成有明显的不同，这与不同组分在生物膜的功能中所起作用的不同有关。组成生物膜的磷脂分子有以下几个主要特征。

（1）具有1个极性头和2个非极性尾（脂肪酸链），但心磷脂除外，它具有4个非极性的尾部。

（2）多数磷脂为甘油磷脂，少数为鞘磷脂。

（3）除饱和脂肪酸外，还常常含有不饱和脂肪酸，不饱和脂肪酸多为顺式结构。磷脂中不饱和脂肪酸对膜的流动性有极大影响，因为磷脂在温度较低时，排列成一种半晶体凝胶状，其分子相对不能移动，但在温度较高时，它们可以移动，此时，其疏水基有较大的活动性。其转变点与脂肪酸的饱和度极为相关。

（二）物质转运

细胞质膜是细胞与环境进行物质交换的通透性屏障，小分子物质进出细胞的方式主要有简单扩散（simple diffusion）、协助扩散（facilitated diffusion 或称易化扩散）、主动运输（active transport）等（图4-10）。

所谓简单扩散是指物质由浓度高的一侧转运到浓度低的一侧，这种跨膜转运方式既不需要提供能量，也无需膜蛋白的协助，而依赖于膜两侧物质的浓度差和分子大小。协助扩散也是物质顺浓度梯度的跨膜转运，也不需要细胞提供能量。但在扩散的过程中，有特异的膜蛋白"协助"其转运，使转运速度增加，转运特异性增强。这类特异的膜蛋白有两类：载体蛋白和通道蛋白。上述两种转运方式也被称为被动运输（passive transport）。除此之外，还有主动运输，它是物质逆浓度梯度与电化学梯度运输的跨膜运动方式，需要特异膜蛋白参与。

图 4 - 10　生物膜的物质转运模式

a. 被动运输　b. 主动运输

（三）信息传递

细胞可以接受外界的刺激或者某种信息，并通过结合在质膜上的受体（膜蛋白）将其传入胞内，启动一系列过程，最终表现为生物学效应。如一些亲水性的化学信号分子（包括神经递质、蛋白质激素、生长因子等）一般都不进入细胞，而是通过与细胞膜特异受体的结合对靶细胞产生效应。

（四）能量转换

生物膜的另一突出功能是能量转换，以线粒体膜为典型代表。线粒体能够将储存于有机物中的化学能转变为可直接被细胞利用的能量，因而是为细胞生命活动直接提供能量的场所。线粒体分为内膜和外膜，内膜上分布着电子传递体系，当糖、脂质等营养物质氧化分解时，通过电子传递逐步释放能量，线粒体内的特殊装置就将这种能量转移到高能化合物腺苷三磷酸（ATP），后者即参与一些需能的生理活动。

四、脂质的特殊生物功能

细胞的主要组分膜脂在大多数细胞中占干重的 5% ~ 10%，这些脂质在细胞中大都处于被动状态。而另一类脂质，虽然量比较少，却有着某些特殊的生物功能，在代谢和信号传递中起着积极的作用。第一种可作为强信号因子，如被血液从一个组织携带到另一个组织的激素、对胞外信号（如激素和生长因子）产生应答的胞内信使；第二种在叶绿体和线粒体的电子传递反应，或在糖基化反应的糖基转运过程中作为酶的辅因子；第三种由带共轭双键系统的脂质组成，即色素，它们可以吸收可见光，其中一些在视觉和植物光合作用中作为捕光色素；另一些可以生成有特定颜色的天然色素，如南瓜和胡萝卜的橙色、金丝雀羽毛的黄色等。这些特殊的脂质是从质膜中的脂质或脂溶性维生素 A、D、E、K 衍生而来。下面简要介绍这些有机活性脂质。

图 4-11　磷脂酰肌醇的细胞内调节作用

（一）信号分子

1. 磷脂酰肌醇作为胞内信号分子　磷脂酰肌醇和它的磷酸化衍生物在几个不同的步骤中调节细胞结构和代谢（图 4-11）。磷脂酰肌醇-4,5-二磷酸分布在质膜内表面上，作为特定的骨架蛋白以及胞外分泌过程中与膜融合相关的可溶性蛋白的特定结合位点。它也可以作为信号分子贮存点，当细胞外的信号与质膜外表面的特殊受体发生作用时，这些分子产生应答并释放到胞内。该信号分子通过一系列反应发生作用：从酶催化移去磷脂头部基团开始，直到最终酶（蛋白激酶 C）被活化。例如，当抗利尿激素与其质膜受体（位于肾集合管的上皮细胞）结合时，磷脂酶 C 被活化。磷脂酶 C 水解磷脂酰肌醇-4,5-二磷酸中甘油与磷酸之间的键，释放出两个产物：水溶性的肌醇-1,4,5-三磷酸（IP_3）和二酰甘油，二

酰甘油与质膜相连。IP_3 会引起内质网中 Ca^{2+} 的释放，二酰甘油和胞液中 Ca^{2+} 浓度的增加，从而一起激活蛋白激酶 C。此酶可以催化 ATP 上的磷酸基转移到一个或多个靶蛋白的特定残基上，并因而改变它们的活性及与之相关的细胞代谢。膜鞘脂质也可以作为胞内信使，如神经酰胺和鞘磷脂都是蛋白激酶的强调节子。

2. 类花生酸携带信号　类花生酸是旁分泌激素，这类激素只能对其合成位点附近的细胞发生作用，而不能被血液运送到其他组织或器官，与其细胞发生作用。这些脂肪酸衍生物在脊椎动物组织中发挥着不同作用。现已知道，它们调节的生理过程有受伤或疾病时的炎症、发热和疼痛、血液凝聚、血压调节和胃酸分泌等。

所有的类花生酸都是 20 碳的多不饱和脂肪酸——花生四烯酸（$20:4\Delta^{5,8,11,14}$）的衍生物。类花生酸共分 3 类，包括前列腺素、血栓烷和白三烯。

前列腺素（prostaglandin, PG）含有一个源于花生四烯酸的五碳环，因最早在前列腺中分离得到而被命名。PG 可分为两大类：PGE（醚溶性）、PGF（可溶于磷酸缓冲液）。PG 在许多组织中发挥作用，主要是调节胞内信号分子 cAMP 的合成。cAMP 介导了许多激素的作用，因此 PG 会影响到许多细胞和组织的功能。有些 PG 促使子宫平滑肌在月经期间或劳动时收缩；

另有一些 PG 可以使血液流入特定器官，影响睡眠周期和某些组织对激素（如肾上腺素和胰高血糖素）的应答反应；还有一些 PG 可以使体温升高（导致发热），引起炎症及疼痛。

血栓烷（thromboxane）有一个六元环，环上有醚键。它们源于血小板并在血液凝块的形成和诱导血液流向凝块过程中发挥作用。John Vane 曾经证明一些非甾体抗炎药（NSAIDS）（阿司匹林、布洛芬、对乙酰氨基酚等）可以抑制前列腺素 H 合酶的活性，此酶可以在花生四烯酸生成 PG 和血栓烷的早期反应中起催化作用。

白三烯（leukotriene）最初发现于白细胞，其分子含有 3 个共轭双键。强生物信号分子，如白三烯 D_4、白三烯 A_4 的衍生物，可以诱导沿肺通气孔排列的肌肉发生收缩。过量的白三烯会引起哮喘病症。某些抗哮喘药物如泼尼松可以抑制三烯类的合成。对蜂蜇、青霉素及其他过敏剂敏感的人群，有时会出现过敏性休克，此时非平滑肌的强收缩是过敏反应的一部分。

3. 类固醇激素在组织间传送信号　类固醇化合物是固醇类化合物的衍生物。它们有甾核，但没有胆固醇上与 D 环直接相连的碳氢链，它们比胆固醇的存在更为广泛。类固醇激素可以被蛋白质载体通过血管运输到作用靶点，进入细胞，结合在核中高度专一性的受体上，促使基因表达和代谢。因为激素与其受体有很强的亲和力，所以毫摩尔级或更少浓度的激素就足够对靶组织发生作用。类固醇激素主要有雄激素和雌激素，还有肾上腺皮质分泌的激素：皮质醇和醛固酮。泼尼松和脱氢皮质醇是类固醇类抗炎药物，它们通过抑制磷酸激酶 A_2 催化产生的花生四烯酸，抑制白三烯、前列腺素和血栓烷的合成，可用于哮喘、风湿等许多疾病的治疗。

（二）辅因子

维生素 E、K 和脂溶性醌是氧化还原酶的辅因子。维生素 E 是生育酚（tocopherol）的总称，它们都含有一个芳香环和一个长的异戊二烯侧链。生育酚是疏水性的，常结合在细胞膜、脂质沉积物和血液中的脂蛋白上。它是生物抗氧化剂，其芳香环可与大多数氧化基团以及其他一些自由基发生反应，并破坏它们的氧化活性，从而保护不饱和脂肪酸不被氧化，避免因脂肪酸被氧化对膜脂造成的损害，从而防止红细胞脆性增加。生育酚存在于蛋类和植物油中，小麦种子中含量尤其丰富。实验动物在缺乏维生素 E 时会出现鳞状皮肤、肌肉无力、消瘦和不孕等症状。

维生素 K 的芳香链在活性凝血酶的形成中经历一个氧化还原过程。凝血酶原是血浆中的一种蛋白质，是血液凝聚过程中所必需的。凝血酶是蛋白水解酶，它可以裂解血纤维蛋白原的肽键，使之转化为血纤维蛋白，这种不可溶的血纤维蛋白将血液凝块聚集在一起。人体中缺乏维生素 K 的比较少，只有少数初生婴儿会因缺乏维生素 K 而导致一种出血性疾病，并可能致命。维生素 K_1（叶绿醌）存在于绿色植物的叶子中，维生素 K_2（甲基萘醌）则是由脊椎动物肠中的细菌合成。

泛醌和质体醌是异戊二烯类脂质，它们分别存在于线粒体和叶绿体中，在驱使 ATP 合成的氧化还原反应中作为脂溶性电子载体发挥作用。

（三）色素

维生素 A 是激素前体，也称视黄醇（retinol），对人类和其他脊椎动物的健康来说必不可少，但人和脊椎动物自身不能合成，因此只能从饮食中摄取。

维生素 A 包括很多不同形式，也分别行使不同的功能：如作为激素和作为脊椎动物眼睛的视觉色素。它的衍生物视黄酸可以通过细胞核内蛋白质受体的介导发生作用，调节包括皮肤在内的上皮组织在发育过程中的基因表达。视黄酸是药物维甲酸（又叫 Retin - A）中的活性成分，用于治疗严重的皮肤粉刺和皱纹。维生素 A 衍生物视黄醛是一种色素，可以促使视网膜中视杆细胞和视锥细胞对光产生应答，进而对大脑产生神经信号。

　　维生素 A 最初是从鱼肝油中分离得到的。肝、蛋、牛奶和黄油都是很好的食物来源。在脊椎动物中，β - 胡萝卜素（正是它使胡萝卜、甜土豆还有其他一些黄色蔬菜带有颜色）可以被酶催化转变成维生素 A。缺乏维生素 A 会导致皮肤、眼睛和黏膜干燥，生长迟缓，夜盲症等，其中夜盲症为维生素 A 缺乏病的早期症状。

（杜振宁）

扫码"练一练"

第五章　酶

　　生命系统是由数以千计的化学反应组成的，而几乎所有的反应都是在高效、专一的催化剂的催化下进行的。酶（enzyme）就是由细胞合成的，在机体内行使催化功能的生物催化剂（biocatalyst）。1926 年，James Batcheller Summer 从刀豆中分离获得了脲酶结晶，并提出酶的化学本质就是蛋白质。后来 John Howard Northrop 等得到了胃蛋白酶、胰蛋白酶和胰凝乳蛋白酶的结晶，进一步确认了酶的蛋白质本质。现在已经发现生物体内存在的酶有数千种，并有数百种酶已得到了结晶。

　　绝大多数酶的本质是蛋白质或蛋白质与辅酶的复合体，极少数是 RNA 和 DNA，现在将这些化学本质为 RNA 或 DNA 的酶称为核酶（ribozyme），从而打破了所有酶的化学本质都是蛋白质的传统概念。

　　由于酶的独特的催化功能，使它在工农业和医疗卫生等领域具有重大实用意义。酶的高效性和专一性以及不需要在高温、强酸、强碱的条件下作用的特性是普通的化学催化反应所无法比拟的。酶的研究成果给催化剂的设计，药物的设计，疾病的预防、诊断和治疗以及遗传和变异等提供了理论依据和新概念、新思路。

第一节　酶是生物催化剂

一、酶的生物学意义

扫码"学一学"

　　大多数酶是由生物细胞产生的，以蛋白质为主要成分的生物催化剂，但是近二十几年来的研究表明 RNA 也是一种真正的生物催化剂。抗体酶（abzymes）是专一作用于抗原分子的，有催化活性的，有特殊生物功能的蛋白质。因此酶是生物体内一类具有催化活性和特定空间构象的生物大分子，包括蛋白质和核酸等。

　　生物体代谢中的一切化学反应都是在酶的参与下进行的。从这个意义上说，没有酶就没有生命。酶量与酶活性的改变都会引起代谢的异常乃至生命活动的停止。

　　酶在生物机体内大体担负四种类型的功能：①执行具体的生理机制，如乙酰胆碱酯酶（acetylcholinesterase）与神经冲动传导有关；②参与消除药物毒物转化等过程，如限制性内切核酸酶（restriction endonuclease）能识别并水解外源 DNA，防止异种生物物质的侵入；③协同激素等物质起信号转化、传递与放大作用，如细胞膜上的腺苷酸环化酶（adenylate cyclase）、蛋白激酶（protein kinase）等可将激素信号转化并放大，增强代谢活性；④催化代谢反应，在生物体内建立各种代谢途径，形成相应的代谢体系，其中最基本的是生命物质的合成系统和能量的转换系统。

　　由于生命物质的合成与能量转换是一切生物所必需的，因此不论什么生物都具有与此相关的酶系和辅酶。但是，不同生物又有各自特殊的代谢途径和代谢产物，它们还有各自相应的特征酶系、酶谱。即使是同类生物，酶的组成与分布也是有明显的种属差异。其次，在同种生物各种组织中酶的分布也有所不同。而且在同一类组织中，由于功能需要与所处环境的不同，酶的含量也可能有显著差异。为适应特定功能的需要，酶在同一细胞内，甚至在同一细胞器内，它的组成和分布也是不均一的。因此，酶的组成和分布是生物进化与组织功能分化的基础。

此外，在生物的长期进化过程中，为适应各种生理机能的需要和适应外界条件的千变万化，生物体本身还形成了从酶的合成到酶的结构和活性等各种水平的调节机制。

二、酶的催化特性

受酶催化的化学反应被称为酶促反应，其中的反应物被称为底物（substrate）。酶作为一种特殊催化剂也具有一般催化剂的特征。例如它只能催化或加速热力学上可能进行的反应，而绝不能改变反应的平衡常数，酶本身在反应前后不发生变化。但是，酶作为一种生物催化剂，它与一般化学催化剂又有所不同，具有下列几个特点：①酶的主要成分是蛋白质，极易受外界条件的影响，例如对热非常敏感，容易变性失活，所以酶作用一般都要求比较温和的条件，如常温、常压、接近中性的酸碱度等；②酶的催化效率非常高，酶促反应比相应的非酶促反应要快 $10^3 \sim 10^{17}$ 倍；③酶具有高度的专一性，酶对所作用的底物有严格的选择性，通常一种酶只能作用于某一类或某一种特定的物质，这也说明酶对底物的化学结构和空间结构有高度严格的要求；④酶的催化活性是受到调节和控制的，它的调控方式包括反馈调节、抑制剂调节、共价修饰调节、酶原激活及激素控制等；⑤酶可催化某些特异的化学反应，体内某些物质的合成只能由酶促反应完成，如某些蛋白质、多肽、核酸以及其他一些生物活性物质的合成都要通过酶促反应进行。

（一）酶催化的高效性

酶的催化效率是无与伦比的，生物体内的大多数反应，在没有酶的情况下几乎是不能进行的。例如像二氧化碳分子发生水合反应生成碳酸这样简单的反应也是通过体内碳酸酐酶催化的。

$$CO_2 + H_2O \longrightarrow H_2CO_3$$

每个酶分子在 1 秒内可以使 6×10^5 个 CO_2 分子发生水和作用，这样以保证使组织细胞中的 CO_2 迅速进入血液，然后再通过肺泡及时排出，这个经酶催化的反应要比未经催化的反应快 10^7 倍。再如刀豆脲酶催化尿素水解的反应。

$$H_2N-\overset{\overset{\text{O}}{\|}}{C}-NH_2 + 2H_2O + H^+ \longrightarrow 2NH_4^+ + HCO_3^-$$

在 20℃酶催化反应的速度常数是 3×10^4/秒，尿素非催化水解的速度常数为 3×10^{-10}/秒，因此，脲酶催化反应的速度比非催化反应速度快 10^{14} 倍。据报道，如果在人的消化道中没有各种酶类参与催化作用，那么，在体温 37℃的情况下，要消化一餐简单的午饭，大约需要 50 年。再如将唾液淀粉酶稀释 100 万倍后，仍具有催化能力。由此可见，酶的催化效率是极高的，在生物细胞内，虽然各种酶的含量很低，但却可催化大量的底物发生反应。

（二）酶作用的专一性

酶对底物的专一性（specificity）是指酶对参与反应的底物有严格的选择性，即一种酶只作用于一类化合物或一定的化学键，以促进一定的化学变化，生成一定的产物。专一性通常分为以下几种。

1. 立体化学专一性　是从底物的立体化学性质来考虑的一种专一性，可分为两类。

（1）**立体异构专一性** 当底物具有立体异构体时，酶只能作用于其中一种。例如 L－氨基酸氧化酶只催化 L－氨基酸氧化，对 D－氨基酸无作用；精氨酸酶只催化 L－精氨酸水解，对 D－精氨酸则无效。

底物分子没有不对称碳原子，而酶促反应产物含有不对称碳原子时，该底物受酶催化后，往往只得到一种立体异构体。如丙酮酸被乳酸脱氢酶催化还原时，只产生 L－乳酸。

$$
\begin{array}{c}
CH_3 \\
| \\
C{=}O + 2H \\
| \\
COOH
\end{array}
\quad\xrightleftharpoons{\text{乳酸脱氢酶}}\quad
\begin{array}{c}
CH_3 \\
| \\
HO{-}C{-}H \\
| \\
COOH
\end{array}
$$

丙酮酸 　　　　　　　　　　　　　L-乳酸

酶的立体专一性在实践中具有很重要的生物学意义，例如某些药物只有某一种构型才有生理效应，而有机合成的药物一般是混合构型产物，若用酶便可进行不对称合成或不对称拆分。如用乙酰化酶制备 L－氨基酸时，将有机合成的 D,L－氨基酸经乙酰化后，再用乙酰化酶处理，这时只有乙酰－L－氨基酸被水解，于是便可将 L－氨基酸与乙酰－D－氨基酸分开。

（2）**几何异构专一性** 有些酶只能作用于顺反异构体中的一种，这称为几何异构专一性。例如，延胡索酸酶只催化延胡索酸（反丁烯二酸）加水生成 L－苹果酸，对顺丁烯二酸（马来酸）则无作用。

$$
\begin{array}{c}
HOOC{-}C{-}H \\
\| \\
H{-}C{-}COOH
\end{array}
\quad\xrightarrow[\text{+H}_2\text{O}]{\text{延胡索酸酶}}\quad
\begin{array}{c}
COOH \\
| \\
HO{-}C{-}H \\
| \\
CH_2 \\
| \\
COOH
\end{array}
$$

延胡索酸 　　　　　　　　　　　　　L-苹果酸

2. 非立体化学专一性 如果一种酶不具有立体化学专一性，则可从底物的化学键及组成该键的基团来考虑其专一性。如以 A－B 为底物，可认为它是由三部分所组成，即 A、B 与连接它们的键。非立体化学专一性可依据酶对这三种组成部分选择程度的不同而分为三类。

（1）**键专一性** 对酶来说，在键专一性中，重要的是连接 A 和 B 的键必须"正确"。例如，酯酶的作用键必须是酯键，而对构成酯键的有机酸和醇（或酚）则无严格要求。

（2）**基团专一性** 具有基团专一性的酶除了需要有"正确"的化学键以外，还需要基团 A 和 B 中的一侧必须"正确"。基团专一性又称相对专一性。如胰蛋白酶作用于蛋白质的肽键，此肽键的羧基必须由赖氨酸或精氨酸提供，而对肽键的氨基部分没有严格要求。胰蛋白酶作用部位如图 5－1 所示。

$$
\begin{array}{c}
{\quad\;\; H \;\; O \qquad\qquad H \;\; O}\\
{\quad\;\; | \;\;\; \| \qquad\qquad\; | \;\;\; \|}\\
-N{-}C{-}C{-}N{-}C{-}C{-}\\
{\;\; | \qquad\qquad\quad | \qquad |}\\
{\;\; H \quad\text{赖氨酸} \quad H \quad R}\\
{\qquad\quad\text{或}}\\
{\qquad\text{精氨酸}}\\
{\qquad\qquad\uparrow}\\
{\qquad\text{水解部位}}
\end{array}
$$

图 5－1 胰蛋白酶的作用部位

（3）**绝对专一性** 具有绝对专一性的酶要求底物的键和 A、B 都必须严格的"正确"，否则无作用。如脲酶只催化尿素的水解，对其他一切尿素的衍生物都不起作用。为解释酶作用的专一性，曾提出过不同的假说，早在1894年Emil Fischer曾提出"锁与钥匙学说"（lock and key theory），认为酶与底物之间在结构上就像一把钥匙插入到一把锁中去一样有

底物(钥匙)
＋
活性中心
酶(锁)
酶与底物复合物

图5-2 酶与底物结合的"锁与钥匙"模型

严格的互补关系（图5-2）。该学说有着不能解释酶的逆反应的局限性，如果酶的活性中心是"锁和钥匙"学说中的锁，那么，这种结构不可能既适合于可逆反应的底物，又适合于可逆反应的产物。1958年D. E. Koshland提出"诱导契合"假说（induced-fit hypothesis），该假说认为：当底物与酶互补结合时，酶分子本身不是固定不变的，酶分子与底物的契合是动态的契合，当酶分子与底物分子接近时，酶蛋白受底物分子的诱导，其构象发生有利于同底物结合的变化，酶与底物在此基础上互补契合，进行反应。

（三）酶的调节性

生命现象表现了它内部反应历程的有序性。这种有序性是受多方面因素调节和控制的，而酶活性的控制又是代谢调节作用的主要方式，是酶区别于一般催化剂的重要特征。生物体内酶的调节是错综复杂而又十分重要的，是生物体维持正常生命活力必不可少的，一旦失去了调控，破坏了这种有序性，就会导致代谢紊乱，表现病态甚至死亡。酶活性的调节控制有下列几种方式。

1. 酶浓度的调节 调节酶的浓度主要有两种方式，一种是诱导或抑制酶的合成；一种是调节酶的降解。例如，在分解代谢中，β-半乳糖苷酶的合成，平时处于被阻遏状态。当乳糖存在时，抵消了阻遏作用，于是酶受乳糖的诱导而合成。大肠埃希菌有一种所谓的葡萄糖效应，就是当有葡萄糖存在时，不利用乳糖，表明葡萄糖抑制了β-半乳糖苷酶的合成。

2. 激素的调节 激素通过与细胞膜或细胞内受体相结合而引起一系列生物学效应，以此来调节酶活性。这种调节也和生物合成有关，但调节方式有所不同。有些酶的专一性是由激素调控的，例如乳腺组织合成乳糖是由乳糖合成酶催化的，该酶由两个亚基即催化亚基和调节亚基组成。催化亚基本身不能合成乳糖，但可以催化半乳糖以共价键的方式连接到蛋白质上形成糖蛋白。调节亚基和催化亚基结合后，改变了催化亚基的专一性，可以催化半乳糖和葡萄糖反应生成乳糖。调节亚基的水平是由激素控制的。妊娠时，调节亚基在乳腺生成；分娩时，由于激素水平的急剧变化，调节亚基大量合成，它和催化亚基结合成乳糖合成酶，大量合成乳糖以适应生理的需要。

3. 共价修饰调节 这种调节方式本身又是通过酶催化进行的。在一种酶分子上，共价地引入一个基团，从而改变酶的活性。引入的基团又可以被第三种酶催化除去。例如，磷酸化酶的磷酸化和去磷酸化，大肠埃希菌谷氨酰胺合成酶的腺苷酸化和去腺苷酸化就是以这种方式调节活性的。

4. 限制性蛋白酶水解调节 限制性蛋白酶水解是一种高特异性的共价修饰调节系统。细胞内合成的新生肽大都以无活性的前体形式存在，一旦生理需要，就会通过限制性水解作用使前体转变为具有生物活性的蛋白质或酶，从而启动和激活以下各种生理功能：酶原

激活、血液凝固、补体激活等。除了参与酶活性调控外，限制性蛋白酶还起着切除、修饰、加工等作用，因而具有重要的生物学意义。

5. 酶原激活　酶原激活是指体内合成的非活化的酶的前体，在适当条件下，受到 H^+ 离子或特异的蛋白酶限制性水解，切去某段肽或断开酶原分子上某个肽键而转变为有活性的酶。如胰蛋白酶原，在小肠里被其他蛋白水解酶限制性地切去一个六肽，活化成为胰蛋白酶。血液凝固是由体内十几种蛋白质因子参加的级联式酶促激活反应，其中大部分为限制性蛋白水解酶。在凝血过程中首先由蛋白质因子（称为凝血因子 X_a 的蛋白酶）激活凝血酶原，生成活性凝血酶，并由它再催化可溶性的纤维蛋白原，转变成不稳定的可溶性纤维蛋白，聚集成网状细丝，以网住血液的各种成分。在凝血酶的作用下，收缩成血块，导致破损的血管被封闭而修复。补体是一类血浆蛋白，和免疫球蛋白一样发挥防御功能。免疫球蛋白对外来异物有"识别"结合作用和激活补体作用。补体是一组蛋白酶（由 11 种蛋白质组分组成），通常以非活性前体形式存在于血清中，一旦接受抗原的入侵信号，被限制性蛋白酶水解而激活的补体组分，最终会形成"攻膜复合物"执行其功能。

6. 抑制剂和激活剂的调节　抑制剂的调节指酶活性受到大分子或小分子抑制剂抑制，从而影响酶的活性。大分子如胰脏的胰蛋白酶抑制剂（抑肽酶），小分子如甘油酸 – 2,3 – 二磷酸，是磷酸变位酶的抑制剂。激活剂的调节指酶活性受到离子、小分子化合物或生物大分子的激活，从而提高酶的活性。金属离子对酶的激活最常见，小分子化合物如果糖 – 2,6 – 二磷酸是果糖磷酸激酶有效的激活剂，生物大分子如限制性蛋白酶对酶原的激活、cAMP 对蛋白激酶的激活等。

7. 反馈调节　许多小分子物质的合成是由一连串的反应组成的。催化此物质生成的第一步反应的酶，往往可以被它的终端产物所抑制，这种对自我合成的抑制叫反馈抑制，这在生物合成中是常见的现象。例如，异亮氨酸可抑制其合成代谢通路中的第一个酶——苏氨酸脱氨酶，当异亮氨酸的浓度降低到一定水平时，抑制作用解除，合成反应又重新开始。再如合成嘧啶核苷酸时，终端产物 UTP 和 CTP 可以控制合成过程一连串反应中的第一个酶。反馈抑制就是通过这种调节控制方式，调节代谢物流向，从而调节生物合成。

8. 变构调节　变构调节源于酶反馈抑制的调节，如某一生物合成途径表示如下。

$$AB \rightarrow C \rightarrow D \rightarrow E \rightarrow F$$

产物 F 作为这一合成途径中几个早期的酶（如 A→B）的变构抑制剂，对这一合成途径加以反馈抑制，避免产物过量堆积。变构抑制剂与酶的结合引起酶构象的改变，使底物结合部位的性质发生变化并改变了酶的催化活性。变构酶大多为寡聚蛋白，因此变构调节的机制涉及亚基之间的相互作用，如将变构酶拆分成单亚基，即失去调节活性，但仍保持了酶的催化活性。

9. 金属离子的调节　有一些酶需要 K^+ 活化，NH_4^+ 往往可以代替 K^+，但 Na^+ 不能活化这些酶，有时还有抑制作用。这一类酶有 L – 高丝氨酸脱氢酶、丙酮酸激酶、天冬氨酸激酶和酵母丙酮酸羧化酶等。

另有一些酶需要 Na^+ 活化，K^+ 起抑制作用。如肠中的蔗糖酶可受 Na^+ 激活，二价金属离子如 Ca^{2+}、Zn^{2+}、Mg^{2+}、Mn^{2+} 往往是酶表现活力所必需的，这些离子的浓度变化都会影响有关酶的活性。

20 世纪 90 年代初期，人们又发现了一种蛋白质活性的调节方式——蛋白质剪接（protein splicing）。蛋白质的自我剪接说明成熟的蛋白质序列与 mRNA 序列不一定顺序对应，一个单一的前体蛋白通过剪接机制可以产生多种蛋白质分子，这种新的蛋白质活性调节机制还有待进一步研究。此外，酶的区域化（compartmentation）和多酶复合体等与酶活力的调控也有密切关系。

三、酶的分类与命名

（一）酶的分类

依据国际酶学委员会（IEC）的规定，按催化反应的类型可分六大类。

（1）氧化还原酶类（oxido – reductases）　催化氧化还原反应。

（2）转移酶类（transferases）　催化功能基团的转移。

（3）水解酶类（hydrolases）　催化水解的反应。

（4）裂合酶类（lyases）　催化水、氨或二氧化碳的去除或加入。

（5）异构酶类（isomerases）　催化各种类型的异构作用。

（6）合成酶类（ligases）　催化消耗 ATP 的成键反应。

在此基础上，每一大类又可根据酶作用底物的性质进一步细分为各种亚类，乃至亚亚类。

（二）酶的命名

1. 习惯命名法

（1）一般采用底物加反应类型而命名，如蛋白水解酶、乳酸脱氢酶、磷酸己糖异构酶等。

（2）对水解酶类，只用底物名称即可，如蔗糖酶、胆碱酯酶、蛋白酶等。

（3）有时在底物名称前冠以酶的来源，如血清谷 – 丙转氨酶、唾液淀粉酶等。

2. 系统命名法　鉴于新酶的不断发现和过去文献中命名的混乱，国际酶学委员会规定了一种酶只有一种名称的系统命名法。它包括酶的系统命名和 4 个用数字分类的酶编号，例如对催化下列反应的酶命名。

$$ATP + D – 葡萄糖 \longrightarrow ADP + D – 葡糖 – 6 – 磷酸$$

该酶的正式系统命名是 ATP：葡萄糖磷酸转移酶，表示该酶催化从 ATP 中转移 1 个磷酸基团到葡萄糖分子上的反应。它的分类数字是：E. C 2.7.1.1.，E. C 代表按国际酶学委员会的规定命名，第 1 个数字 2 代表酶的分类名称（转移酶类），第 2 个数字 7 代表亚类（磷酸转移酶类），第 3 个数字 1 代表亚亚类（以羟基作为受体的磷酸转移酶类），第 4 个数字 1 代表 D – 葡萄糖作为磷酸基的受体。

国际酶学委员会规定，在以酶作为主要论题的文章里，应该把它的编号、系统命名和来源在第一次叙述时写出，以后可按习惯，采用习惯命名或系统命名的名称。

第二节　酶的化学本质、结构与功能

一、酶的化学本质及其组成

（一）酶的化学本质

酶的化学本质除有催化活性的核酶之外几乎都是蛋白质。到目前为止，被人们分离纯

扫码"学一学"

化研究的酶已有数千种，绝大多数酶是蛋白质这一结论有以下主要依据：①酶经酸碱水解后的最终产物是氨基酸，酶能被蛋白酶水解而失活。大多数酶的氨基酸组成已确定，如核糖核酸酶由 124 个氨基酸组成，木瓜蛋白酶由 212 个氨基酸组成等。②酶是具有空间结构的生物大分子，一切可以使蛋白质变性失活的因素都可使酶变性失活。③酶和蛋白质一样，也是两性电解质，在溶液中是带电的，即在不同 pH 下呈现不同的离子状态，在电场中向某一电极泳动，各自具有特定的等电点。④酶和蛋白质一样，具有不能通过半透膜等胶体性质。⑤酶也有蛋白质所具有的化学呈色反应。以上事实表明酶在本质上属于蛋白质。但是，不能说所有的蛋白质都是酶，只是具有催化作用的蛋白质才称为酶。

酶的催化活性取决于其蛋白质空间构象的完整性，一旦酶被变性或解离成亚基就失去活性。这说明蛋白质酶的空间结构对它们的催化活性是必需的。

（二）酶的化学组成

酶和其他蛋白质一样，按其分子组成可分为简单蛋白质和结合蛋白质两类。

有些酶的活性仅仅决定于它的蛋白质结构，如水解酶类（淀粉酶、蛋白酶、脂肪酶、纤维素酶、脲酶等），这些酶的结构由简单蛋白质构成，故称为单纯酶；另一些酶，其结构中除含有蛋白质外，还含有非蛋白质部分，如大多数氧化还原酶类，这些酶由结合蛋白质构成，因而称为结合酶（conjugated enzyme）。在结合酶中，蛋白质部分称为酶蛋白（apoenzyme），非蛋白质部分统称为辅因子（cofactor）。辅因子又可分成辅酶（coenzyme；Co）和辅基（prosthetic group）两类。酶蛋白与辅因子结合成的完整分子称为全酶（holoenzyme），即全酶＝酶蛋白＋辅因子（辅酶或辅基）。只有全酶才有催化活性，将酶蛋白和辅因子分开后均无催化作用。

（三）单体酶、寡聚酶及多酶复合体

根据酶蛋白的特点和分子大小又把酶分成三类。

（1）单体酶　单体酶（monomeric enzyme）一般只有一条多肽链。属于这类的酶很少，大多是催化水解反应的酶，它们的相对分子质量较小，为 13 000 ~ 35 000。这类酶有核糖核酸酶、胰蛋白酶、羧肽酶 A、溶菌酶等。但有的单体酶是由多条肽链组成，如胰凝乳蛋白酶是由 3 条肽链组成，肽链之间由二硫键相连构成一个共价整体。

（2）寡聚酶　寡聚酶（oligomeric enzyme）是由几条至几十条多肽链亚基组成，这些多肽链或相同，或不同。多肽键之间不是共价结合，彼此很容易分开。寡聚酶相对分子质量从 35 000 到几百万。己糖激酶、甘油醛 – 3 – 磷酸脱氢酶等属于这类酶。相当数量的寡聚酶是调节酶，在代谢调控中起重要作用。

（3）多酶体系　多酶体系（multienzyme complex）是由几种酶靠非共价键彼此嵌合形成的复合体。它有利于一系列反应的连续进行。这类多酶复合物的相对分子质量很高，一般都在几百万以上。在脂肪酸合成中的脂肪酸合酶复合物就是一种多酶体系，是由 7 种酶和一个酰基携带蛋白构成，相对分子质量为 2200×10^3，*E. coli* 丙酮酸脱氢酶复合物（pyruvate dehydrogenase complex）由 60 个亚基 3 种酶组成，相对分子质量约为 4600×10^3。

二、辅因子的作用

酶的辅因子包括辅酶和辅基。这是按其与酶蛋白结合的牢固程度来区分的。与酶蛋白结合比较疏松（一般为非共价结合）并可用透析方法除去的称为辅酶；与酶蛋白结合牢固

（一般以共价键结合），不能用透析方法除去的称为辅基。也有人主张根据辅酶或辅基参与酶促反应时，它们所需要的条件不同来区分它们。

辅酶及辅基从其化学本质来看可分为三类：一类为无机金属元素，如铜、锌、镁、锰、铁等（表5-1）；另一类为小分子的有机物，如维生素、铁卟啉等。多数维生素及其衍生物在活细胞中主要是构成许多酶的辅酶或辅基；还有一类是蛋白质辅酶。

表5-1　酶分子中含有或需要的无机元素举例

无机元素	酶	无机元素	酶
Fe^{2+} 或 Fe^{3+}	细胞色素	Ca^{2+}	α-淀粉酶（也需 Cl^-）
Cu^{2+}	细胞色素氧化酶	K^+	丙酮酸激酶（也需 Mn^{2+} 或 Mg^{2+}）
Mg^{2+}	己糖激酶	Na^+	质膜 ATP 酶（也需 K^+ 及 Mg^{2+}）
Mn^{2+}	精氨酸酶	Se	谷胱甘肽过氧化物酶
Zn^{2+}	羧肽酶	Mo^{3+}	黄嘌呤氧化酶

体内酶的种类很多，而辅酶（或辅基）的种类却较少。通常一种酶蛋白只能与一种辅酶结合而成为一种专一性结合酶，但一种辅酶往往能与不同的酶蛋白构成许多不同专一性的结合酶，例如 NAD^+ 和 $NADP^+$ 可与许多种酶蛋白构成多种专一性不同的脱氢酶类。可见决定酶催化作用的专一性和高效率是酶蛋白部分，而辅酶或辅基在酶促反应中常参与特定的化学反应，它们决定酶促反应的类型。辅酶和辅基在酶促反应中主要起着递氢、传递电子或转移某些化学基团作用。

（一）无机离子对酶的作用

有些酶本质是金属蛋白质，金属离子与酶蛋白牢固结合，如黄嘌呤氧化酶中含 Cu^{2+}、Mo^{3+}；有些酶本身不含金属离子，必须加入金属离子才有活性，称金属活化酶。此种金属离子也常称为激活剂（activator），如 Mg^{2+} 可活化各种激酶。无机离子在酶分子中的作用有以下几方面。

（1）无机离子维持酶分子活性构象，甚至参与活性中心，如羧肽酶 A 中的 Zn^{2+}。

（2）无机离子在酶分子中通过本身的氧化还原而传递电子，如各种细胞色素中的 Fe^{3+} 与 Cu^{2+}。

（3）无机离子在酶与底物之间起桥梁作用，将酶与底物连接起来，如各种激酶依赖 Mg^{2+} 与 ATP 结合而发挥作用。

（4）利用离子的电荷影响酶的活性，如中和电荷等。α-淀粉酶利用 Cl^- 中和电荷，以利于其与淀粉结合。

（二）维生素与辅酶的关系

维生素（vitamin）是一类在机体中含量很少，但具有重要生理功能的物质。在人和动物体内，大多数维生素不能由机体合成或合成不足，而必须从食物中获得。

维生素分脂溶性和水溶性两大类。脂溶性维生素有 A、D、E、K 四族，各有其重要生理功能。在水溶性维生素中，除维生素 C 外，统称为 B 族维生素。几乎所有的 B 族维生素，均参与辅酶组成，因此也是许多酶发挥其催化活性所必要的组成部分。

B 族维生素参与组成的辅酶及其作用见表5-2。

表 5 – 2　B 族维生素及其辅酶形式

B 族维生素	酶	辅酶形式	辅酶作用
维生素 B_1（硫胺素）	α – 酮酸脱羧酶	焦磷酸硫胺素（LTPP）	α – 酮酸氧化脱羧，酮基转移
硫辛酸	α – 酮酸脱氢酶复合物	二硫辛酸（L<S|S）	α – 酮酸氧化脱羧
泛酸	乙酰化酶	辅酶 A（CoA）	转移酰基
维生素 B_2（核黄素）	各种黄酶	黄素单核苷酸（FMN）、黄素腺嘌呤二核苷酸	传递氢原子
维生素 PP（烟酰胺）	多种脱氢酶	烟酰胺腺嘌呤二核苷酸（NAD^+）、烟酰胺腺嘌呤二核苷酸磷酸（$NADP^+$）	传递氢原子
维生素 H（生物素）	羧化酶	生物素	传递 CO_2
叶酸	甲基转移酶	四氢叶酸（THF）	"一碳基团"转移
维生素 B_{12}（钴胺素）	甲基转移酶	5 – 甲基钴胺素、5 – 脱氧腺苷钴胺素	甲基转移
维生素 B_6（吡哆醛）	氨基转移酶	磷酸吡哆醛	转氨、脱羧、消旋反应

　　体内某种维生素不足时可发生相应的缺乏症。有些维生素缺乏的生化机制尚不完全清楚。如 B 族维生素缺乏往往会导致各种酶促反应的障碍，以致代谢失常。

（三）蛋白质类辅酶

　　某些蛋白质自身不起催化作用，但起辅酶作用，为某些酶所必需。这些辅酶称基团转移蛋白（group transfer proteins）或蛋白质类辅酶（protein coenzyme），它们一般是较小的分子，而且比多数酶具有更高的热稳定性。蛋白质类辅酶参与基团转移反应或氧化还原反应，主要是通过递氢或递电子而起作用。金属离子、铁硫复合体（iron sulfur cluster）和血红素（heme group）通常是存在于这些蛋白质类辅酶中的反应中心。如细胞色素是含有血红素辅基的蛋白质类辅酶。有些蛋白质类辅酶含有两个硫醇侧链（thiol side chains）的反应中心。如硫氧还蛋白（thioredoxin），分子中具有与半胱氨酸残基相同的结构形式（ – Cys – X – X – Cys），这些半胱氨酸残基的硫醇侧链（巯基）在可逆氧化还原反应中，可形成胱氨酸的二硫键，在光合成和核糖核苷酸合成中，硫氧还蛋白就是一种还原剂。二硫键反应中心位于硫氧还蛋白的分子表面，有利于形成酶的活性中心。硫氧还蛋白在核糖核苷酸二磷酸还原成脱氧核糖核苷酸二磷酸中的作用见图 5 – 3。

图 5 – 3　核糖核苷酸二磷酸的还原

三、酶的结构与功能

酶的分子结构是酶功能的物质基础。酶蛋白不同于非酶蛋白，各种酶的生物学活性之所以有专一性和高效性，都是由其分子结构的特殊性决定的。酶的催化活性不仅与酶分子的一级结构有关，而且与其高级结构有关。如果酶蛋白变性或解离成亚单位，则酶的催化活性通常会丧失，如果酶蛋白分解成其组成的氨基酸，则其催化活性会完全丧失，所以酶具有完整的一、二、三级和四级结构是维持其催化活性所必需的。

（一）酶的活性中心和必需基团

酶同其他蛋白质一样，也是由 20 种氨基酸组成的，也同样具有一级结构和空间结构。一般认为，一级结构的氨基酸的排列顺序对酶活力的影响是化学性的影响。实验证明，酶的催化活力只集中表现在少数特异氨基酸残基的某一区域，如木瓜蛋白酶由 212 个氨基酸残基组成，当用氨肽酶从 N 端水解掉分子中的 2/3 肽链后，剩下的 1/3 肽链仍保持活性的99%，说明木瓜蛋白酶的生物活性集中表现在肽链 C 端的少数氨基酸残基及其所构成的空间结构区域。这些特异氨基酸残基比较集中并构成一定构象，此结构区域与酶活性直接相关称为酶的活性中心（active center），所以酶的活性中心是酶与底物结合并发挥其催化作用的部位。一般处于酶分子的表面或裂隙中，酶的活性中心的化学基团，实际上是某些氨基酸残基的侧链或肽链的末端氨基和羧基，这些基团一般不集中在肽链的某一区域，更不互相毗邻，往往在一级结构上相距较远，甚至可分散在不同链上。主要依靠酶分子的二级和三级结构的形成（即肽链的盘曲和折叠）才使这些在一级结构上互相远离的基团靠近，集中于分子表面的某一空间区域，故"活性中心"又称"活性部位"（active site）。如 α - 糜蛋白酶其一级结构中含 5 对二硫键，活性中心内含组氨酸$_{57}$、天冬氨酸$_{112}$和苏氨酸$_{195}$，在一级结构中 3 种氨基酸残基位置相距较远（图 5 - 4a），当形成空间结构时，活性中心的关键氨基酸残基相互靠近，集中于特定空间区域起催化作用（图 5 - 4b）。对于需要辅酶或辅基的酶，其辅因子也是活性中心的重要组成部分。如某些含金属的酶，其中的金属离子也属于活性中心的一部分。

图 5 - 4　α - 糜蛋白酶的结构

a. α - 糜蛋白酶的一级结构　b. α - 糜蛋白酶的空间结构与活性中心

酶的活性中心内的一些化学基团，是酶发挥催化作用与底物直接作用的有效基团，故称为活性中心内的必需基团（essential group）。但酶活性中心外还有一些基团虽然不与底物直接作用，却与维持整个分子的空间构象有关，这些基团可使活性中心的各个有关基团保持最适的空间位置，间接地对酶的催化发挥其必不可少的作用，这些基团称为活性中心外的必需基团。

图 5-5　胰凝乳蛋白酶活性部位示意图

就功能而论，活性部位内的几个氨基酸侧链基团，又可分为底物结合部位和催化部位。底物结合部位是与底物特异结合的有关部位，因此也叫特异性决定部位。催化部位直接参与催化反应，底物的敏感键在此部位被切断或形成新键，并生成产物（图5-5）。

催化部位和底物结合部位并不是各自独立存在的，而是相互关联的整体。往往催化效率能否充分发挥，在很大程度上，取决于底物结合的位置是否合适。也就是说，底物结合部位的作用，不单单是固定底物，而且要使底物处于被催化的最优位置。因此，酶的催化部位与底物结合部位之间的相对位置是很重要的。所以酶的活性中心与酶蛋白的空间构象的完整性之间，是辩证统一的关系。当外界物理化学因素破坏了酶的结构时，首先就可能影响活性中心的特定结构，进而就必然影响酶活力。

综上所述，酶的结合部位、催化部位和必需基团，在酶的催化作用上都是重要的，它们之间的关系如下。

$$
必需基团
\begin{cases}
活性中心或活性部位
\begin{cases}
底物结合部位 \\
催化部位
\end{cases} \\
活性中心外的必需基团
\end{cases}
$$

具有相似催化作用的酶往往有相似的活性中心。如多种蛋白质水解酶的活性中心均含有丝氨酸和组氨酸残基，处于这两个氨基酸附近的氨基酸残基顺序也十分相似。有些酶在一条酶蛋白肽链上可以有多个活性中心，能完成多种催化功能，称为多功能酶（multifunctional enzyme），如肝脂肪酸合成酶有7个酶活性中心，协同作用使脂肪酸快速有序地合成。

（二）酶的活性中心与酶作用的专一性

酶作用的专一性主要取决于酶活性中心的结构特异性。如胰蛋白酶催化碱性氨基酸（Lys 和 Arg）的羧基所形成的肽键水解，胰凝乳蛋白酶则催化芳香族氨基酸（Phe、Tyr 和 Trp）的羧基所形成的肽键水解。X 射线衍射显示胰蛋白酶分子的活性中心丝氨酸残基附近有一凹隙，其中有带负电荷的天冬氨酸侧链（为结合基团），故易与底物蛋白质中带正电荷的碱性氨基酸侧链形成盐键而结合成中间产物；而胰凝乳蛋白酶凹陷中则有非极性氨基酸侧链，可供芳香族侧链或其他大的非极性脂肪族侧链伸入，通过疏水作用而结合，故这两种蛋白酶有不同的底物专一性。

（三）酶的空间结构与催化活性

酶的活性不仅与一级结构有关，并且与其空间结构紧密相关，在酶活性的表现上，有时空间结构比一级结构更为重要。因为活性中心需借助于一定的空间结构才得以维持。有时只要酶活性中心各基团的空间位置得以维持就能保持全酶的活性，而一级结构的轻微改变并不影响酶活性。如牛胰核糖核酸酶由 124 个氨基酸残基组成，其活性中心为组氨酸$_{12}$及组氨酸$_{119}$，当用枯草杆菌蛋白酶将其中的丙氨酸$_{20}$ – 丝氨酸$_{21}$的肽键水解后，得到 N 端 20 肽（1~20）和另一 104 肽（21~124）两个片段，前者称 S 肽，后者称 S 蛋白。S 肽含有组氨酸$_{12}$，而 S 蛋白含有组氨酸$_{119}$，两者单独存在时均无活力，但在 pH 7.0 介质中，使两者按 1∶1 重组时，两个肽段之间的肽键并未恢复，但酶活性却能恢复。这是 S 肽通过氢键及疏水作用与 S 蛋白结合，使组氨酸$_{12}$又与组氨酸$_{119}$互相靠近，恢复了表现酶活力的空间构象的缘故（图 5-6）。由此可见保持活性中心的空间结构是维持酶活性所必需的。

图 5-6　牛胰核糖核酸酶的切断与重组

（四）酶原的激活

某些酶（绝大多数是蛋白酶）在细胞内合成或初分泌时没有活性，这些无活性的酶的前身称为酶原（zymogen），使酶原转变为有活性酶的作用称为酶原激活（zymogen activation）。酶的激活机制主要是分子内肽链的一处或多处断裂，同时使分子构象发生一定程度的改变，从而形成酶活性中心所必需的构象。如胰蛋白酶原在激活过程中，赖氨酸 – 异亮氨酸之间的肽键被打断，失去一个六肽，断裂后的 N 端肽链的其余部分解脱张力的束缚，这样使它能像一个放松的弹簧一样卷起来，使酶蛋白的构象发生变化，并由于把与催化有关的组氨酸$_{46}$、天冬氨酸$_{90}$带至丝氨酸$_{185}$附近，形成一个合适的排列，因而就自动地产生了活性中心。激活胰蛋白酶原的蛋白水解酶是肠激酶，而胰蛋白酶一旦生成后，也可自身激活。胰蛋白酶原激活过程的示意见图 5-7。

图 5-7　胰蛋白酶原的激活过程

除消化道的蛋白酶外，血液中有关凝血和纤维蛋白溶解的酶类，也都以酶原的形式存在。酶原激活的生理意义在于避免细胞产生的蛋白酶对细胞进行自身消化，并使酶在特定的部位和环境中发挥作用，保证体内代谢的正常进行。

第三节　酶的催化作用机制

一、酶能显著降低反应活化能

在任何化学反应中，只有那些能量达到或超过一定限度的"活化分子"才能发生变化，形成产物。能引起反应的最低的能量水平称反应能阈（energy threshold），分子由常态转变为活化状态所需的能量称为活化能（activation energy）。活化能是指在一定温度下，1mol 反应物达到活化状态所需要的自由能，单位是焦耳/摩尔（J/mol）。

在一个化学反应体系中，活化分子越多，反应就越快，化学反应速度与反应体系中活化分子的浓度成正比。因此，设法增加活化分子数，就能提高反应速度。要使活化分子增多，有两种可能的途径：一种是提高反应物的温度（加热或光照射），使一部分分子获得能量而活化，直接增加活化分子的数目，以加速化学反应的进行；另一种是降低化学反应所需的活化能，间接增加活化分子的数目。酶和一般催化剂的作用就是能够降低反应所需的活化能。活化能愈低，反应物分子的活化愈容易，以致相同的能量能使更多的分子活化，从而加速反应的进行。

酶的催化作用的实质就在于它能显著降低化学反应的活化能，使反应在较低能量水平上进行，从而加速化学反应，故能表现为高度的催化效率（图 5-8）。例如 H_2O_2 的分解，在无催化剂时，活化能为 75kJ/mol，用胶状钯作

图 5-8　非催化反应与催化反应的自由能变化
①无酶催化的反应；②有酶催化的反应

催化剂时，只需活化能 50kJ/mol，当有过氧化氢酶催化时，活化能下降到 8kJ/mol。

二、中间复合物学说与反应过渡态

酶之所以能降低活化能，加速化学反应，可用过渡态理论来解释。这个理论认为，在酶促反应中，酶（E）总是先与底物（S）形成不稳定的酶底物复合物（ES），再分解成酶（E）和产物（P），（E）又可与（S）结合，继续发挥其催化功能，所以少量酶可催化大量底物。

$$S + E \Longrightarrow ES \longrightarrow P + E$$
底物　酶　　中间产物 产物　酶

由于 E 与 S 结合，形成 [ES]，致使 S 分子内的某些化学键发生极化，呈现不稳定状态称过渡态（transition state），大大降低了 S 的活化能，使反应加速进行。在双底物反应中，其进程如下式。

$$S_1 + E \longrightarrow ES_1 \xrightarrow{S_2} P_1 + P_2 + E$$

中间复合物学说现已得到一些可靠的实验证据。例如用吸收光谱法证明了在含铁卟啉

的酶如过氧化物酶（peroxidase）参加催化的反应中，确有中间产物的形成，因为过氧化物酶的吸收光谱在与 H_2O_2 作用前后有所改变，这说明过氧化物酶与 H_2O_2 作用后，已经转变成了新的物质。另外，用 ^{32}P 标记底物的方法，也证明了在磷酸化酶（phosphorylase）催化的蔗糖合成反应中，发现有酶同葡萄糖结合的中间产物（葡萄糖–酶络合物）。有的酶同底物结合的中间物甚至可以直接用电镜观察或 X 射线衍射而证实其存在。

酶的活性中心不仅与底物结合，而且与过渡态中间物结合，其结合作用比底物与活性中心的结合更紧密，当底物和酶结合成过渡态的中间产物时，要释放一部分结合能，这部分能量的释放，使得过渡态的中间产物处于比 E + S 更低的能级，因此使整个反应的活化能进一步降低，从而使反应大大加速。

底物同酶结合成中间复合物是一种非共价结合，依靠氢键、离子键、范德华力等次级键来维系。

三、酶催化作用高效率的机制

酶是专一性强且催化效率很高的生物催化剂，这是由酶分子的特殊结构决定的。不同的酶可有不同的作用机制，并可有多种机制共同作用。

（一）底物和酶的"邻近"和"定向"效应

酶和底物复合物的形成过程既是专一性的识别过程，又是分子间反应变为分子内反应的过程。在这一过程中包括两种效应："邻近"效应（approximation，proximity）和"定向"效应（orientation）。

"邻近"效应系指 A 和 B 两个底物分子结合在酶分子表面的某一狭小的局部区域，其反应基团互相靠近（邻近），从而降低了进入过渡态所需的活化能，这种效应称为"邻近"效应。显然，"邻近"效应大大增加了底物的有效浓度。由于化学反应速度与反应物的浓度成正比，在这种局部的高浓度下，反应速度将会相应提高。

酶催化反应的"邻近"效应，使得酶表面某一局部范围的底物有效浓度远远大于溶液中的浓度，曾测到过某底物在溶液中的浓度为 0.001mol/L，而在酶表面局部范围的浓度高达 100mol/L，比溶液中浓度高 10^5 倍左右。

"定向"效应是指反应物的反应基团之间和酶的催化基团与底物的反应基团之间的正确取位产生的效应。酶不仅能使反应物在其表面某一局部范围互相接近，而且还可使反应物在其表面对着特定的基团几何地定向（图 5 - 9），因而反应物就可以用一种"正确的方式"互相碰撞而发生反应。

不适合的定位
不适合的靠近

适合的靠近
不适合的定位

适合的靠近
适合的定位

图 5 - 9　底物的"邻近"和"定向"效应

另外，从分子间反应转为分子内反应可加大反应速度的角度来看，也可以加深对"邻近""定向"效应的理解。例如乙酸苯酯的催化水解以叔胺为催化剂，由分子间转为分子内反应，反应速度可提高 1000 倍。

大量资料证明，"邻近"效应与"定向"效应在双分子反应中起的促进作用至少可分别达 10^4 倍，两者共同作用则可使反应速度升高 10^8 倍，这与许多酶催化效率的计算很相近。

总之，酶促反应是因为酶的特殊结构及功能，酶可以通过"邻近"效应和"定向"效应使参加反应的底物分子结合在酶的活性部位上，使作用基团互相邻近并定向，使一种分子间的反应变成类似于分子内的反应，大大提高了酶的催化效率，从而使反应得以高速进行。

（二）底物的变形和诱导契合

当酶遇到其专一性底物时，酶中某些基团或离子可以使底物的某些敏感键发生"变形"（distortion），从而使底物分子比较接近于它的过渡态，降低了反应的活化能，同时，由于底物的诱导，酶分子的构象也会发生变化，并对底物产生张力作用（strain）而使底物扭曲，促进 ES 进入过渡状态（图 5 – 10），使反应易于发生。

图 5 – 10　酶的张力作用使底物分子扭曲

前面已指出，酶与底物结合时，酶受到底物分子的诱导，其构象发生适合于与底物结合的变化（有点像戴手套时手套在手的"诱导"下所发生的变化），催化基团转入了有效的作用位置，最终导致酶与底物之间的完全契合。如此形成的一个互相契合的酶 – 底物复合物，进一步转换成过渡态，酶才能高速地催化反应，这就是目前公认的"诱导契合"学说（induce-fit theory）（图 5 – 11）。

"诱导契合"学说认为：①酶分子具有一定的柔顺性；②酶作用的专一性不仅取决于酶和底物的结合，也取决于酶的催化基团的正确取位。正因为如此，诱导契合学说认为催化部位要诱导才能形成，而不是"固有的"，因

图 5 – 11　酶与底物结合的"诱导契合"模型

此可以排除那些不适合的物质偶然"落入"现成的催化部位而被催化的可能。诱导契合学说也能很好地解释所谓"无效"结合，因为这种物质不能诱导催化部位形成。近年来 X 射线衍射分析的实验结果证明了酶与底物结合时，确有显著的构象改变，从而支持这一学说。如以 X 射线衍射分析发现未结合底物的自由羧肽酶与结合了甘氨酰酪氨酸底物的羧肽酶在构象上有很大的区别。溶菌酶和弹性蛋白酶的 X 射线衍射分析也得到类似的结果。这些都是"诱导契合"学说的有力证明。

（三）酸碱催化作用

酸碱催化（acid-base catalysis）是通过瞬时地向反应物提供质子或从反应物接受质子以稳定过渡态，加速反应的一类催化机制。酸碱催化剂有两种，一种是狭义的酸碱催化剂，即 H^+ 与 OH^-。由于酶反应的最适 pH 一般接近于中性，因此 H^+ 及 OH^- 的催化作用在酶促反应中的重要性比较有限。另一种是广义的酸碱催化剂作用，即质子受体与质子供体的催化，在酶促反应中的重要性更大。细胞内许多有机反应均属广义酸碱催化作用。这些反应包括羰基的加水，羧酸酯和磷酸酯的水解，各种分子的重排及取代反应等。已知酶分子中含有几种功能基团，可以起广义酸碱催化作用，如氨基、羧基、巯基、酚羟基及咪唑基等（表 5 - 3）。

表 5 - 3　酶分子中具有广义酸碱催化功能的基团

氨基酸残基	广义酸基团（质子供体）	广义碱基团（质子受体）
Glu，Asp	—COOH	—COO⁻
Lys，Arg	—NH₃⁺	—NH₂
Tyr	▱—OH	▱—O⁻
Cys	—SH	—S⁻
His	—C═CH　HN⁺NH　|　C　|　H	—C═CH　HN　N:　|　C　|　H

广义的酸碱催化不能与狭义的酸碱催化混为一谈，两者的主要差别在于：①后者是 H^+ 或 OH^- 加速反应，前者是酶分子上的酸性和碱性基团催化反应；②缓冲溶液的浓度对它们的影响不一样。狭义的酸碱催化反应速度只取决于 pH，与缓冲溶液浓度没有关系，而就广义的酸碱催化而言，缓冲溶液有助于通过提供或夺取质子来稳定过渡态，因此反应速度不仅取决于底物和酶的质子化状态，还取决于缓冲溶液的浓度，显然缓冲溶液浓度的升高能提高广义酸碱催化的效率。

影响酸碱催化反应速度的因素有两个：即酸或碱的强度（pK 值）及质子传递的速度。

第一个因素是酸碱的强度。在这些功能基团中咪唑基是催化中最有效、最活泼的一个催化功能基。组氨酸咪唑基的解离常数 pK 约为 6.0，这意味着由咪唑基上解离下来的质子的浓度与水中的氢离子浓度相近，因此它在接近于生物体液 pH 的条件下（即在中性条件下），有一半以酸形式存在，另一半以碱形式存在。也就是说，咪唑基既可以作为质子供体，又可以作为质子受体在酶促反应中发挥催化作用。

第二个因素是这些功能基供出质子或接受质子的速度。在这方面，咪唑基又因它供出

酸形式   碱形式

或接受质子的速度十分迅速而有其优越性，其半衰期小于 10^{-10} s，而且供出质子或接受质子速度几乎相等。由于咪唑基有如此优点，所以组氨酸在大多数蛋白质中虽然含量很少，却占有很重要的地位。推测组氨酸很可能在生物进化过程中，不是作为一般的蛋白结构成分，而是被选择作为酶分子中的催化结构而保留下来的。事实上，组氨酸是许多酶的活性中心的构成成分。

由于酶分子中存在多种提供质子或接受质子的基团，因此酶的酸碱催化效率比一般酸碱催化剂高得多。例如肽键在无酶存在下进行水解时需要高浓度的 H^+ 或 OH^-，和在高温下长时间（10~24 小时）的作用，而以胰凝乳蛋白酶作为酸碱催化剂时，在常温、中性pH下很快就可使肽键水解。

（四）共价催化

共价催化（covalent catalysis）是指某些酶与底物结合形成一个反应活性很高的共价中间产物，这个中间产物以较大的概率，转变为过渡状态，因此反应的活化能大大降低，底物可以越过较低的能阈而形成产物。共价催化作用可分为亲核催化（nucleophilic catalysis）作用和亲电子催化（electrophilic catalysis）作用两大类。

1. 亲核催化作用 亲核催化是指具有一个非共用电子对的基团或原子，攻击缺少电子而具有部分正电性的原子，并利用非共用电子对形成共价键进行催化反应。酶蛋白氨基酸侧链提供各种亲核中心，具有催化功能的亲核基团主要是：组氨酸的咪唑基、丝氨酸的羟基及半胱氨酸的巯基。此外，许多辅酶也具有亲核中心。

亲核催化作用中的最重要一类是有关酰基转移的亲核催化作用。这类酶分子中的亲核基团能首先接受含酰基的底物如酯类分子中的酰基，形成酰化酶中间产物，接着酰基从中间产物转移到最后的酰基受体分子上。酰基受体可能是水分子或某种醇。在亲核催化反应进行时，底物的酰基转移给酶［式（2）］的速度比直接转给最终酰基受体的速度［式（1）］快得多，酰化酶与最终酰基受体起反应［式（3）］的速度也较反应（1）快。酶促催化两步反应的总速度要比非催化反应大得多。因此形成不稳定的共价中间产物，可以大大加速反应。

非催化反应：

$$RX + H_2O \xrightarrow{\text{慢}} ROH + HX \tag{1}$$

含酰基的反应物   最终酰基受体 产物

含亲核基团的酶催化的反应：

$$RX + E\text{—}OH \xrightarrow{\text{快}} ROE + HX \tag{2}$$

含羟基的酶   酰化了的酶

$$ROE + H_2O \xrightarrow{\text{快}} ROH + E\text{—}OH \tag{3}$$

总反应： $$RX + H_2O \xrightarrow{\text{酶（快）}} ROH + HX \tag{4}$$

2. 亲电子催化作用 在亲电子催化作用中，催化剂和底物的作用与亲核催化相反，也就是说，亲电子催化剂从底物中吸取 1 对电子。酶分子亲电子的基团有亲核碱基被质子化的共轭酸，如—NH_3^+。在酶的亲电子催化过程中，有时其必需的亲电子物质不是上述的共轭酸，而是由酶中非蛋白质组成的辅因子提供，其中金属阳离子是很重要的一类。

现已知 100 多种酶在催化过程中形成共价中间物，表 5 - 4 列举了某些典型的例子。

表 5 - 4　几种酶的共价催化

亲核基团	实例	共价中间物
Ser（—OH）	丝氨酸蛋白酶	脂酰化酶
Cys（—SH）	半胱氨酸蛋白酶	脂酰化酶
Asp（—COO^-）	ATP 酶	磷酸化酶
Lys（ε—NH_2）	乙酰乙酸脱羧酶	Schiff 碱
His（咪唑基）	磷酸甘油酸变位酶	磷酸化酶
Tyr（—OH）	谷氨酰胺合成酶	腺苷酸化酶

（五）金属离子催化

在所有已知的酶中，有近 1/3 的酶表现活性时需要金属离子的存在，根据金属离子与蛋白质结合作用的大小，将需要金属的酶分成两大类：一类为金属酶（metalloenzyme），另一类为金属 – 激活酶（metal-activated enzyme）。前者含有紧密结合的金属离子，多数为过渡金属离子，如 Fe^{2+}、Fe^{3+}、Cu^{2+}、Zn^{2+}、Mn^{2+} 或 Co^{3+}，后者与溶液中的金属离子松散地结合，通常是碱金属离子或碱土金属离子，例如 Na^+、K^+、Mg^{2+} 或 Ca^{2+}。

金属离子参与的催化被称为金属催化。金属离子以 5 种方式参与催化：①作为 Lewis 酸接受电子，使亲核基团或亲核分子（如水）的亲核性更强；②与底物结合，使其在反应中正确定向；③作为亲电催化剂，稳定过渡态中间物上的电荷；④通过价态的可逆变化，作为电子受体或电子供体参与氧化还原反应；⑤作为酶结构的一部分。

在许多金属离子参与催化的反应中，金属离子起了类似于质子的作用，类似于 Lewis 酸，但有些金属离子不只带一个正电荷，作用要胜过质子。另外，不少金属离子有络合作用，并且在中性 pH 溶液中，H^+ 浓度很低，但金属离子却能以高浓度存在，故有"超级酸"（superacids）之称。二甲草酰乙酸脱羧是 Cu^{2+} 和 Ni^{2+} 金属离子催化反应的实例。

Mn^{2+} 与二甲基草酰乙酸盐的螯合是以静电引力稳定过渡态形成的烯醇离子状态。这个机制支持了金属离子不能催化乙酰乙酸脱羧的观点，因其不能形成上述的螯合物。许多草酰乙酸盐的酶的活性都需要金属离子。金属离子的催化还远远不能很好地解释酶的催化反应，如 Mn^{2+} 的催化和含 Mn^{2+} 酶的催化速度可差 10^8 倍。

金属离子可以通过电荷的屏蔽催化反应，如激酶的实际底物为 Mg^{2+} – ATP 复合物而不是 ATP。

Mg^{2+}-ATP复合物

在这里，Mg^{2+} 除了起定向作用外，还对磷酸基团的负电荷起了静电屏蔽作用。否则这些电荷会排斥亲核攻击的电子对，尤其是具有阴离子性质的亲核剂。

金属离子通过水的离子化促进亲核催化。金属离子的电荷性使其结合的水分子比游离水更具酸性，因此甚至在低于中性 pH 下为 OH^- 离子的来源。例如 $(NH_3)_5Co^{3+}(H_2O)$ 的水分子根据下面反应离子化。

$$(NH_3)_5Co^{3+}(H_2O) \rightleftharpoons (NH_3)_5Co^{3+}(OH^-) + H^+$$

产生的金属离子结合的羟基是一种有力的亲核体，pK 值为 6.6，比游离水的 pK 值低约 9 个单位。

四、核酶与抗体酶

(一) 核酶

20 世纪 80 年代以前，人们一直认为酶是蛋白质，直到 1981 年，Thomas R. Cech 等人在研究四膜虫 rRNA 的功能自我剪接时，在试图确定何种酶参与了 mRNA 剪接的实验中意外地发现 RNA 分子在完全没有蛋白质的情况下可以催化其自身的剪接。1983 年，Sidney Altman 等人在研究细菌 RNase P 时观察到组成 RNase Pt 的 RNA 分子单独存在时，也能完成切割 rRNA 前体的反应，证明该 RNA 分子具有酶的催化活性。1986 年，Thomas R. Cech 又发现 L-19RNA 在一定条件下能以高度专一性的方式去催化寡聚核苷酸底物的切割与连接。人们将这类具有酶的催化特征，本质上又不是蛋白质而是核酸的分子定名为核酶（ribozyme）。核酶的发现，从根本上改变了以往只有蛋白质才具有催化功能的概念。

1994 年，Breaker RR. 实验室首次发现一个小的单链 DNA 分子同样能够催化 RNA 磷酸二酯键的水解，随后又发现 DNA 还具有连接酶的活性。这些具有催化活性的 DNA 被称为脱氧核酶（deoxyribozyme）或 DNA 核酶。

1. 核酶的概念 广义地说核酶包括 RNA 核酶和 DNA 核酶两类，其生化本质分别是小分子的 RNA 和 DNA。RNA 核酶又称催化 RNA、核酶、类酶、酶性 RNA，是具有生物催化活性的 RNA。其功能是切割和剪接 RNA，底物是 RNA 分子。其作用特点是：切割效率低，易被 RNase 破坏，包括催化转核苷酰反应、水解反应（RNA 限制性内切酶的反应）和连接反应（聚合酶活性）等；还可能具有氨基酸酯酶、氨酰 tRNA 合成酶和肽酰转移酶活性，表明核酶在翻译过程中和核糖体发挥功能中起着重要作用。DNA 核酶既能以 DNA 为底物，又能以 RNA 为底物，而且某些 DNA 核酶的催化效率远高于 RNA 核酶，现在已知的 DNA 核酶能催化的反应有：DNA 连接反应，RNA 磷酸二酯键的水解，DNA 裂解反应等。

2. 核酶的种类 按作用底物，自然界现有催化分子内反应（*in cis*）（如自我剪接和自我剪切）的核酶，也有催化分子间（*in trans*）反应（如原核生物 RNase P 中的 RNA）的核酶。催化分子内反应的核酶又可分为自我剪接（self-splicing）核酶和自我剪切（self-cleavage）核酶两类。自我剪接共有三种类型：第一类内含子自我剪接反应；第二类内含子自我剪接反应和核 mRNA 前体的剪接反应。

第一类内含子自我剪接反应需要 Mg^{2+} 和鸟苷（或 GTP）参加，剪接的第一步是鸟苷（或 GTP）的—OH 攻击 5′-剪接点，鸟苷共价结合到内含子的 5′端，并释放出 5′-外显子；第二步是 5′-外显子的 3′—OH 攻击 3′-剪接点，5′-外显子与 3′-外显子之间形成磷酸二酯键，同时释放出线状内含子（图 5-12a），第一类内含子核酶已被应用于治疗某些由基因突变造成的遗传性疾病。这类核酶可将正确基因引入细胞内，通过剪接将突变的基因片段取代出来。

第二类内含子自我剪接需要 Mg^{2+} 参加，但不需要鸟苷（或 GTP）。在自我剪接的过程中，首先是位于 3′–剪接点附近的腺嘌呤核苷的—OH（位于 3′–剪接点上游 7~8 个核苷酸处）进攻 5′–剪接点。使 5′–剪接点断开，并形成"套索"状的中间产物，然后是 3′–剪接点断开，两个外显子连接，同时释放出"套索"状内含子（图 5–12b）。

核 mRNA 前体的剪接与第二类内含子的剪接相似，但剪接反应必须在"剪接体"中进行。有 5 种核内小核糖核蛋白颗粒 SnRNP（u1、u2、u5、u4/u6）参加。首先是 u1、u2 和 u5 分别结合到 5′–剪接点并剪开，形成游离的 5′–外显子和"套索"状中间物，然后 u4 离开"剪接体"，3′–剪接点断开。最后 5′–外显子和 3′–外显子共价连接，形成成熟的 mRNA 和"套索"状的内含子（图 5–12c）。

图 5–12　RNA 催化的剪接反应
a. 第一类内含子的自我剪接反应　b. 第二类内含子的自我剪接反应
c. 核 mRNA 前体的剪接反应　方框表示外显子，直线表示内含子

现已证实，无论第一类内含子自我剪接反应，还是第二类内含子自我剪接反应都是可逆的，表明它们都能催化内含子移位和实现 RNA 重组。

3. 核酶的应用　核酶具有核酸内切酶活性，能特异性催化 RNA 的切割或连接；可作为反义 RNA，干扰特定基因的表达，其作用优于反义 RNA，核酶还能在 mRNA 的特定位点上将 mRNA 进行切割。此外，核酶作为一种生物学研究技术，在 RNA 水平上阻断基因表达，因此可以用来确定基因功能并对生命起源的探索提供帮助。

由于核酶在阻断基因表达和抗病毒方面的作用，在医学上具有广阔的应用前景。例如利用核酶可以专一性地切割某些序列的特性，设计靶向 mRNA 的核酶，对病毒 mRNA、致癌基因表达的 mRNA 和突变的 mRNA 等进行切割，阻断它们合成蛋白质。如针对 HIV（人类免疫缺陷病毒）的 RNA 序列和结构，设计出专门裂解 HIV 病毒的 RNA 的核酶，而这种核酶对正常细胞 RNA 则没有影响。核酶是催化剂，可以反复作用，因此与反义 RNA 相比，核酶药物不仅用药剂量少，毒性也较小，而且核酶对病毒作用的靶向序列具有专一性，因此病毒较难产生耐受性。脱氧核酶还可以用于抑制有害基因的表达，该类药物的优点是不

具有免疫原性，故不会对机体产生免疫反应。

近年来，利用核酶进行基因治疗的研究也取得很大的进展，如利用第一类内含子可进行基因修复，治疗肌肉强直性营养不良缺陷等疾病；抗 HIV 核酶已进入临床试验，抗肝炎病毒的核酶在肝细胞培养中成功地抑制了病毒的复制；其他应用有抗生殖道感染、抗白血病、抗免疫排斥反应等等。

（二）抗体酶

抗体（antibody）是在抗原物质刺激下所形成的一类能与抗原特异结合的血清活性成分，又称为免疫球蛋白（Ig）。抗体与酶都是生物大分子，其化学本质都是蛋白质，在进化过程中承担着不同的使命。抗体有着极高的亲和力，且与酶的结合动力学极其相似，但无催化活力，虽然两者结构不同，但它们具有两大共性：①都是蛋白质；②都能高选择配体，专一地与靶分子结合。抗体特异性地结合抗原且帮助巨噬细胞摄入并摧毁抗原；酶则高选择性地结合底物并催化反应高效率进行。

1969 年，Jencks 在过渡态理论基础上预言：若抗体能结合反应的过渡态，理论上它能够获得催化性质。1984 年 Lerner 进一步推测：以过渡态类似物作为半抗原，则其诱发出的抗体即与该类似物有着互补的构象，这种抗体与底物结合后，可诱导底物进入过渡态构象，从而使抗体具有催化作用。1986 年 Lerner 与 Schultz 同时报道了他们成功地得到了具有酶催化活性的抗体，开创了催化剂研究和生产的崭新领域。

1. 抗体酶的概念 抗体酶（abzyme）是具有催化功能的抗体分子，本质上为免疫球蛋白，但在可变区被赋予了酶的属性，故又被称为催化抗体（catalytic antibody）。抗体酶的制备过程是根据酶与底物作用的过渡态结构设计合成一些类似物——半抗原，用人工合成的半抗原免疫动物，以杂交瘤细胞技术生产针对人工合成半抗原的单克隆抗体，这种抗体既具有抗体的高度选择性，又具有酶的高效催化效率。抗体酶是生物学与化学的研究成果在分子水平上交叉渗透的产物，是将抗体的多样性和酶分子的巨大催化能力结合在一起的蛋白质分子设计的新方法。

最早是模拟具酯酶催化特性的抗体酶，现已能模拟多种酶特性的抗体酶。对这些抗体酶的研制，人们期望得到某些新药，使其具有针对性强、药效高的特点，以便用于治疗艾滋病和癌症等重大疾病。

2. 抗体酶的反应类型 抗体酶具有典型的酶反应特征，如与配体结合的专一性（包括立体专一性），可以达到甚至超过天然酶的专一性；具有高效性，比非催化反应快 $10^4 \sim 10^8$ 倍，有些已接近天然酶反应速度；具有与天然酶相近的米氏动力学及 pH 依赖性等。抗体酶能催化某些特殊反应。

（1）酰基转移反应 在生物体内合成蛋白质的过程中，氨基酸在掺入肽链之前必须进行活化以获得额外能量，这种活化过程即酰基转移反应，又称氨酰基化反应。以中性磷酸二酯作为反应过渡态的稳定类似物所制备的单克隆抗体可以催化带丙氨酰酯的胸腺嘧啶 3′—OH 基团的氨酰化反应，反应速度比无催化反应的速度提高了 10^8 倍。酰基转移抗体酶的研究有利于改进蛋白质的人工合成方法，合成新型 tRNA。

（2）水解反应 主要有酯水解和酰胺水解两类。蛋白质水解都是酰胺水解，如 1989 年 B. L. Iverson 等用 Co Ⅲ – 三乙烯酰胺 – 肽复合物作为半抗原，得到能专一切割 Gly – Phe 肽键的抗体酶。酯酶水解酯类是酯的羧基碳原子受到亲核攻击、形成四面体过渡态，过渡态的最终断裂即形成水解产物。以四面体过渡态磷酸酯类似物为半抗原，所得到的抗体能催化酯的水解。

$$F_3C-\overset{\overset{\displaystyle O}{\|}}{C}-\overset{}{\bigcirc}-CH_2-\overset{\overset{\displaystyle O}{\|}}{C}-O-\overset{}{\bigcirc}-\overset{\overset{\displaystyle O}{\|}}{C}-CH_3 \qquad 酯$$

$$F_3C-\overset{\overset{\displaystyle O}{\|}}{C}-\overset{}{\bigcirc}-CH_2-\overset{\overset{\displaystyle O^-}{|}}{\underset{\overset{|}{X}}{C}}-O-\overset{}{\bigcirc}-\overset{\overset{\displaystyle O}{\|}}{C}-CH_3 \qquad 四面体过渡态$$

$$F_3C-\overset{\overset{\displaystyle O}{\|}}{C}-\overset{}{\bigcirc}-CH_2-\overset{\overset{\displaystyle O^-}{|}}{\underset{\overset{\|}{O}}{P}}-O-\overset{}{\bigcirc}-\overset{\overset{\displaystyle O}{\|}}{C}-CH_3 \qquad 磷酸酯类似物$$

（3）金属螯合反应　金属螯合反应对于辅酶、辅因子和酶的结合来说意义重大。Schultz 等用 N – 甲基原卟啉诱导产生的抗体可以催化平面状卟啉的金属螯合反应。该抗体不仅可催化 Cu^{2+}、Zn^{2+} 和卟啉的螯合，还可催化 Co^{2+}、Mn^{2+} 和卟啉的螯合。所得抗体每小时每个抗体分子可使 80 个卟啉分子与金属螯合，仅比金属螯合酶速度低 10 倍，而非催化反应比抗体酶催化的反应慢 2500 倍。实验表明，抗体酶对其中某些金属卟啉具有很高的亲和力，意味着可以研制抗体血红素复合物为催化剂催化氧化还原反应、电子传递反应等。

由于抗体酶是人工设计的酶，理论上其催化范围十分广泛，随着半抗原设计和抗体酶筛选技术的不断发展，其品种在不断地增加，催化的反应类型也在扩大。其中有些反应没有天然的酶可以催化，抗体酶甚至可以使热力学上无法进行的反应得以进行。迄今为止，已开发出近百种抗体酶，除了上述列举的反应外，尚有多种催化反应类型的抗体酶，如：①有机酸、碳酸酯水解反应；②立体选择性内酯反应；③氧化还原反应和过氧化反应；④胸腺嘧啶二聚体裂解反应；⑤分支酸变位反应；⑥β – 消除反应；⑦烯烃的异构化反应；⑧原子重排反应与光诱导反应等。

3. 抗体酶的应用　由于抗体酶具有较高的催化活力和较好的专一性，能够根据人们的意愿设计出天然蛋白酶所不能催化的反应，用以催化在结构上有差异的底物，近年来，相关研究工作得到迅速的发展，抗体酶的研究不仅具有重要的理论价值，其应用前景也不可估量。

抗体酶作为一种催化剂，可用于化学合成药物中对映体的拆分。目前世界上全合成的化学药物中有 500 多种手性药物，其中只有 10% 为单一对映体药物。对映体药物由于性质上的相似而导致拆分困难。使用抗体酶进行化学和药物合成的优势在于抗体酶反应的特异性，因此可以用抗体酶来合成手性药物或者进行外消旋体的拆分，得到手性的产物。

正在研究设计中的可降解可卡因的抗体酶，有望成为一类副作用较小的新药。由于可卡因水解产物芽子碱甲酯（ecgonine methyl ester）并无成瘾性，所以加快可卡因的水解反应，使之在体内尽快转化为芽子碱甲酯和苯甲酸是克服可卡因成瘾性的一个有效途径。动物试验证明，以可卡因这一水解反应的反应过渡态类似物为半抗原所产生的单克隆抗体酶可以高效地催化这一水解反应，从而有效地治疗可卡因成瘾。实验表明，用该单克隆抗体酶治疗可卡因成瘾具有不影响正常生理功能，无明显毒副作用以及半衰期较长等优点。

在医药应用方面，一种称为抗体导向的抗体酶药物前体治疗（antibody-directed abzyme prodrug therapy，ADAPT）令人关注（图 5 – 13），其原理就是以利用肿瘤细胞特异性表面抗原为靶体，用抗体将以抗癌药物为母核的前体药物运载到肿瘤组织细胞，然后在酶的催化作用下将前体药物转化成具有药理活性的抗癌药物，作用于肿瘤细胞，大大提高了抗癌药物的靶向性。

细胞毒

药物前体

抗体酶

肿瘤细胞

肿瘤细胞表面
特异性抗原

图 5-13　ADAPT 法

　　ADAPT 提高了作用于肿瘤细胞的抗癌药物浓度，减轻了对正常组织细胞的损害，实际上是生物导弹技术的发展。目前有两种设计方法：①将抗体酶与抗肿瘤前药相连，进入体内后与肿瘤细胞表面相应受体结合，而后水解前药；②抗体酶可与肿瘤细胞特异性结合，前药进入体内识别抗体酶并在其催化下水解成有活性的药物。例如 5FdU 是一种抗癌药物，在体内可以转变成 5-氟脱氧尿苷酸（5FdUMP），它是胸苷酸合成酶的抑制剂，能抑制 DNA 的合成，但它除了抑制肿瘤细胞的 DNA 合成，也同样抑制正常细胞的 DNA 合成，因此毒性很大。如果将 5FdU 设计为无毒前药，静脉给药时前药只有遇到抗体酶后才会释放出有毒的 5FdU，就可只杀死靶部位的细胞。由此设想将抗体酶与肿瘤专一性抗体偶联成双特异性抗体的抗癌药物，可以避免癌症化疗中药物缺乏专一性而导致的毒性高、半衰期短以及到达肿瘤细胞的化疗药物浓度低等缺点。

　　除了用于肿瘤治疗外，现在还有胰岛素前药用于治疗糖尿病。将胰岛素用一定的化学基团修饰后转变成无活性的前药，而后在抗体酶的催化下可转变成有活性的胰岛素，动物实验证实，这种前药释放系统可以延长胰岛素所维持的低血糖时间。抗体酶导向前药还可以用于 HIV 及其他慢性病毒病的治疗，开发新的疫苗等。此外，抗体酶将有可能用来专一地清除心血管病患者血管壁上的血液凝块。抗体酶的固定化已取得成功，具有酯酶活力的抗体酶已用于生物传感器的制造上。抗体酶技术已受到高度重视，抗体酶的定向设计开辟了一个不依赖于蛋白质工程的真正酶工程的新领域。

第四节　酶促反应动力学

　　酶促反应动力学（kinetics of enzyme-catalyzed reactions）是研究酶催化反应的速度、变化规律以及各种影响因素的科学。影响酶促反应速度的因素很多，诸如温度、氢离子浓度、底物浓度、酶浓度、抑制剂和激活剂等。

　　研究酶促反应动力学具有重要的理论意义和广泛的实践意义：既有助于阐明酶的结构

扫码"学一学"

与功能之间的关系，也可为酶作用机制的研究提供实验证据；不仅有助于寻找最佳的反应条件，以最大限度地发挥酶促反应的高效率，还有助于了解酶在代谢中的作用以及某些药物作用的机制等。

一、底物浓度对酶反应速度的影响

（一）中间络合物学说

1903 年 Henri 用蔗糖酶水解蔗糖做实验，研究底物浓度与反应速度的关系，在酶浓度恒定的条件下，可以测出一系列不同底物浓度下的反应速度，以反应速度对底物浓度作图，可得到图 5–14，该曲线可以分为三段。

图 5–14　底物浓度与酶促反应速度的关系

第一段：当底物浓度较低时，反应速度与底物浓度的关系成正比关系，表现为一级反应。

第二段：随着底物浓度的增加，反应速度不再按正比升高，反应表现为混合级反应。

第三段：当底物浓度远远超过酶浓度（[S] ≫ [E]）时，底物浓度对反应速度影响变小，最后反应速度与底物浓度几乎无关，反应速度也达极限值即 $V = V_{max}$（最大速度），表现为零级反应。

根据这一实验结果，Henri 和 Wurtz 提出了酶底物中间络合物学说。该学说认为：酶促反应中，酶先与底物形成中间复合物（ES），再转变成产物（P），并重新释放出游离的酶。反应用下式表示。

$$S + E \rightleftharpoons ES \longrightarrow P + E$$

根据中间复合物学说可以解释图 5–13 实验曲线，在酶浓度恒定条件下，当底物浓度很小时，酶未被底物饱和，这时反应速度取决于底物浓度。随着底物浓度增大，单位时间内 ES 生成也增多，而反应速度取决于 ES 的浓度，故反应速度也随之增高。当底物浓度加大后，酶逐渐被底物饱和，反应速度的增加和底物的浓度就不成正比，继而底物增加至极大值，溶液中所有的酶全部被底物饱和，溶液中没有多余的酶，虽增加底物浓度也不会有更多的中间复合物生成，因此酶促反应速度与底物无关，反应达到最大反应速度（V_{max}）。当底物浓度对反应速度作图时，就形成一条双曲线。需要指出的是：只有酶催化反应才有这种饱和现象，底物浓度对酶促反应速度的影响是非线性的。与此相反，非催化反应无此饱和现象，反应速度与反应物的浓度成正比。

（二）米氏方程及其推导

1913 年 L. Michaelis 和 M. L. Menten 在前人工作的基础上，根据酶反应的中间复合物学说对图 5–13 的曲线加以数学处理，提出酶促反应动力学的基本原理，即米氏方程。

$$v = \frac{V_{max}[S]}{K_m + [S]}$$

米氏方程反映了底物浓度与酶促反应速度间的定量关系，式中 V_{max} 为酶完全被底物饱和时的最大反应速度，$[S]$ 为底物浓度，K_m 为 ES 的解离常数即米氏常数，v 为底物浓度不足以产生最大速度时的反应速度。

根据上述理论和单底物反应规律，酶促反应可按下式进行。

$$E + S \underset{K_2}{\overset{K_1}{\rightleftharpoons}} ES \xrightarrow{K_3} E + P \tag{5-1}$$

式中，K_1、K_2 分别为 $E + S \rightleftharpoons ES$ 正逆反应两方向的速度常数，K_3 为 ES 生成 P + E 的速度常数。由于反应处于初速度阶段时，S 的消耗很少，产物 P 的量极少，故由 P + E 逆行而重新生成 ES 的可能性可不予考虑，此时反应速度取决于 ES 浓度。

$$v = K_3[ES] \tag{5-2}$$

从式 (5-1) 可知，ES 的生成和解离速度各为

$$ES \text{ 的生成速度} = K_1[E][S] \tag{5-3}$$

$$ES \text{ 的解离速度} = (K_2 + K_3)[ES] \tag{5-4}$$

当处于衡定状态时，ES 复合物的生成速度与分解速度相等，即得下式。

$$K_1[E][S] = (K_2 + K_3)[ES] \tag{5-5}$$

将式 (5-5) 重排

$$[ES] = \frac{[E][S]}{(K_2 + K_3)/K_1} \tag{5-6}$$

将 $(K_2 + K_3)/K_1$ 复合常数用 K_m（米氏常数）来表示，则式 (5-6) 成为

$$[ES] = [E][S]/K_m \tag{5-7}$$

如 E 的起始浓度为 $[E_0]$，恒态时 $[E] = [E_0] - [ES]$。 $\tag{5-8}$

通常底物浓度比酶浓度过量得多，即 $[S] \gg [E]$，所以 ES 的形成不会明显降低 $[S]$，故而 $[S]$ 的降低可忽略不计。

将式 (5-8) 代入式 (5-7)，得到

$$[ES] = ([E_0] - [ES])[S]/K_m \tag{5-9}$$

从式 (5-9) 中求解 $[ES]$。

$$[ES] = [E_0]\frac{[S]/K_m}{1 + [S]/K_m} \tag{5-10}$$

$$[ES] = \frac{[E_0][S]}{K_m + [S]} \tag{5-11}$$

将式 (5-11) 代入式 (5-2)，得

$$v = K_3\frac{[E_0][S]}{K_m + [S]} \tag{5-12}$$

当 $[S]$ 为极大时，全部 E 均转为 ES，$[ES] = [E_0]$，此时 v 即为最大速度 V_{max}，亦即 $v = V_{max}$。

故 $\qquad\qquad V_{max} = K_3[E_0] \qquad [E_0] = V_{max}/K_3 \tag{5-13}$

将式 (5-13) 代入式 (5-12) 即得

$$v = \frac{V_{max}[S]}{K_m + [S]} \tag{5-14}$$

式 (5-14) 就是米氏方程，它表明了底物浓度与反应速度间的定量关系。若将该式移项、加项及整理可得

$$vK_m + v[S] = V_{max}[S] \tag{5-15}$$

$$vK_{\mathrm{m}} + v[\mathrm{S}] - V_{\mathrm{max}}[\mathrm{S}] - V_{\mathrm{max}} K_{\mathrm{m}} = -V_{\mathrm{max}} K_{\mathrm{m}} \qquad (5-16)$$

$$(v - V_{\mathrm{max}})([\mathrm{S}] + K_{\mathrm{m}}) = -V_{\mathrm{max}} K_{\mathrm{m}} \qquad (5-17)$$

因 V_{max} 和 K_{m} 均为常数，而 v 及 S 为变数，故式（5-17）实际上可写成 $(x-a)(y+b) = K$。这是典型的双曲线方程。可见米氏方程与实际结果是相符的。

当 [S] 和 K_{m} 相比如果小得多时，则式（5-14）分母中 [S] 可略去不计，而得到：$v = V_{\mathrm{max}}/K_{\mathrm{m}}[\mathrm{S}]$。这说明反应对底物为一级反应，其速度与 [S] 成正比，即图 5-14 曲线的第一段，反之，当 [S] 和 K_{m} 相比要大得多时，式（5-14）分母中 K_{m} 可略去不计，而得到：$v = V_{\mathrm{max}}[\mathrm{S}]/[\mathrm{S}] = V_{\mathrm{max}}$，说明此时反应速度达到最大的恒定值，与底物的浓度无关，反应为零级，即图 5-14 曲线的第三段。

（三）米氏常数的意义和应用

当酶促反应处于 $v = 1/2V_{\mathrm{max}}$ 的特殊情况时，则米氏方程为

$$\frac{V_{\mathrm{max}}}{2} = \frac{V_{\mathrm{max}}[\mathrm{S}]}{K_{\mathrm{m}} + [\mathrm{S}]}$$

$K_{\mathrm{m}} + [\mathrm{S}] = 2[\mathrm{S}]$，故 $K_{\mathrm{m}} = [\mathrm{S}]$。这说明米氏常数 K_{m} 为酶促反应速度达到最大反应速度一半时的底物浓度，单位是 mol/L，与底物浓度的单位一样，是酶的一个特征性常数。

米氏常数在酶学和代谢研究中均为重要特征数据，在实际应用中具有重要意义。

（1）鉴定酶 K_{m} 的大小只与酶的性质有关，而与酶浓度无关。K_{m} 值随测定的底物、反应的温度、pH 及离子强度而改变。故对某一酶促反应而言，在一定条件下都有特定的 K_{m} 值，可用来鉴别酶。通过测定 K_{m} 值，可鉴别不同来源或相同来源但在不同发育阶段、不同生理状态下催化相同反应的酶是否属于同一种酶。各种酶的 K_{m} 值相差很大，大多数酶的 K_{m} 值为 $10^{-6} \sim 10^{-1} \mathrm{mol/L}$。

（2）判断酶的专一性和最适底物 同一种酶如果有几种底物，就有几个 K_{m} 值，其中 K_{m} 值最小的底物一般称为该酶的最适底物或天然底物。不同的底物有不同的 K_{m} 值，这说明同一种酶对不同底物的亲和力不同。一般用 $1/K_{\mathrm{m}}$ 近似表示酶对底物亲和力的大小，$1/K_{\mathrm{m}}$ 愈大，表示酶对该底物的亲和力愈大，酶促反应愈易于进行。显然，最适底物时酶的亲和力最大。酶通常是根据最适底物来命名的。例如，蔗糖酶既可催化蔗糖分解（K_{m} 为 $2.8 \times 10^{-2} \mathrm{mol/L}$），也可催化棉籽糖分解（$K_{\mathrm{m}}$ 为 350mmol/L），因为前者为最适底物，故称蔗糖酶，而不称棉籽糖酶。

K_{m} 值随不同底物而异的现象可以帮助判断酶的专一性，并且有助于研究酶的活性部位。

（3）计算一定速度下的底物浓度或一定底物浓度时的反应速度 若已知某个酶的 K_{m} 值，就可以计算出在所要求的反应速度下应加入的底物浓度，也可计算出在某一底物浓度时，某反应速度相当于 V_{max} 的百分率（可用于估计产物生成量）。例如当 [S] = 3K_{m} 时，代入式（5-14）。

$$v = \frac{V_{\mathrm{max}} \times 3K_{\mathrm{m}}}{K_{\mathrm{m}} + 3K_{\mathrm{m}}} = 3/4 V_{\mathrm{max}} = 75\% V_{\mathrm{max}}$$

（4）了解酶的底物在细胞内的浓度 通过酶的 K_{m} 值及其底物在细胞内的浓度，可以推知该酶在细胞内是否受到底物浓度的调节。一般说来，作为酶的天然底物，它在体内的浓度水平应接近于它的 K_{m} 值。如酶的 K_{m} 远低于细胞内的底物浓度（低 10 倍以上），说明该酶经常处于底物饱和状态，底物浓度的稍许变化不会引起反应速度有意义的改变。反之，

如酶的 K_m 值大于底物浓度，则反应的速度对底物浓度的变化就十分敏感。

（5）判断反应方向或趋势　催化可逆反应的酶，对正逆两向底物的 K_m 值往往是不同的。测定这些 K_m 值的差别以及细胞内正逆两向底物的浓度，可以大致推测该酶催化正逆两向反应的效率，这对了解酶在细胞内的主要催化方向及生理功能有着重要意义。

（6）判断代谢过程的限速步骤　当一系列不同的酶催化一个代谢过程的连锁反应时，如能确定各种酶的 K_m 及其相应底物的浓度，还有助于寻找代谢过程的限速步骤。例如酶1、2、3 分别催化 A→B→C→D 三步连锁反应，它们相对底物 A、B、C 的 K_m 分别为 10^{-2}、10^{-3} 和 10^{-4}mol/L，而细胞内 A、B、C 的浓度均接近 10^{-4}mol/L，则可推知限速反应为 A→B 这一步。

（7）推测代谢途径　生物体内的代谢作用常常是在多酶体系下进行的，同一种底物往往可以被几种酶作用，一种物质在体内的代谢途径也不止一条，在一定条件下该代谢物究竟走什么样的代谢路线，可由 K_m 来推测。例如，丙酮酸在某些生物体内可转变成乳酸、乙酰辅酶A 和乙醛，分别由乳酸脱氢酶、丙酮酸脱氢酶和丙酮酸脱羧酶催化，这3 种酶催化丙酮酸转变成上述 3 种产物时的 K_m 值分别为 1.7×10^{-5}、1.3×10^{-3} 和 1.0×10^{-3}mol/L。所以，当丙酮酸浓度较低时，主要走乳酸脱氢酶催化丙酮酸形成乳酸的途径（K_m 值小的反应占优势）。

（8）判断抑制类型　测定不同抑制剂对某个酶 K_m 及 V_{max} 的影响，可以判断该抑制剂的抑制作用类型，从而区别该抑制剂是竞争性还是非竞争性抑制剂。

（四）米氏常数的求法

从酶的 $v-[S]$ 图上可以得到 V_{max}，再从 $1/2V_{max}$ 可求得相应的 $[S]$ 即为 K_m 值。但实际上用这个方法来求 K_m 值是行不通的，因为即使用很大的底物浓度，也只能得到趋近于 V_{max} 的反应速度，而达不到真正的 V_{max}，因此测不到准确的 K_m 值。为了得到准确的 K_m 值，可以把米氏方程的形式加以改变，使它成为相当于 $y=ax+b$ 的直线方程，然后用外推法求出 K_m 值。

1. Lineweaver – Burk 方程（双倒数作图法）

将米氏方程两边取倒数。

$$\frac{1}{v} = \frac{K_m + [S]}{V_{max}[S]} \quad 即 \frac{1}{v} = \frac{K_m}{V_{max}}\left(\frac{1}{[S]}\right) + \frac{1}{V_{max}} \tag{5-18}$$

右式即称为 Lineweaver – Burk 方程。这一线性方程，用 $1/v$ 对 $1/[S]$ 作图即得到一条直线（图 5-15），直线的斜率为 K_m/V_{max}，$1/v$ 的截距为 $1/V_{max}$，当 $1/v=0$ 时，$1/[S]$ 的截距为 $-1/K_m$。

$$0 = \frac{K_m}{V_{max}}\left(\frac{1}{[S]}\right) + \frac{1}{V_{max}}$$

$$\frac{1}{[S]} = \frac{-(1/V_{max})}{K_m/V_{max}} = -\frac{1}{K_m}$$

2. Hanes 作图法

式（5-18）的两侧均乘以 $[S]$ 可得

$$[S]/v = 1/V_{max}[S] + K_m/V_{max} \tag{5-19}$$

式（5-19）也是直线方程式，称为 Hanes 方程式。用 $[S]/v$ 对 $[S]$ 作图（图5-16），所得直线的斜率为 $1/V_{max}$，$[S]/v$ 轴上的截距为 K_m/V_{max}，而 $[S]$ 轴上的截距为 $-K_m$。Hanes 法的优点为数据点在坐标图中的分布较平坦，但因 $[S]/v$ 包含两个变量，这就增大了误差，且统计处理也复杂得多。

图 5 – 15　双倒数作图法　　　　　　图 5 – 16　Hanes 作图法

二、pH 的影响与最适 pH

大多数酶的活性受 pH 影响较大。在一定 pH 下酶表现最大活力，高于或低于此 pH，活力均降低。通常把表现出酶最大活力时的 pH 称为酶的最适 pH（optimum pH）。pH 对不同酶的活性影响不同（图 5 – 17）。典型的最适 pH 曲线是钟罩形曲线。

图 5 – 17　pH 对酶活性的影响

各种酶在一定条件下都有一定的最适 pH。一般来说，大多数酶的最适 pH 在 5.0 ~ 8.0，动物体中的酶 pH 多在 6.5 ~ 8.0，植物及微生物中的酶 pH 多在 4.5 ~ 6.5。但也有例外，如胃蛋白酶的最适 pH 为 1.5，肝中精氨酸酶最适 pH 为 9.8。

pH 对酶反应速度的影响，主要有以下几个方面。

（1）影响酶和底物的解离　酶分子活性部位上有关基团的解离受 pH 影响，有的酶必须处于解离状态才能很好地与底物结合，在此情况下，酶和底物解离最大的 pH 最有利于酶促反应的加速，活力最高。如胃蛋白酶与带正电荷的蛋白质分子结合最为敏感，乙酰胆碱酯酶也只有在底物（乙酰胆碱）带正电荷时，酶与底物最易结合。相反，有的酶如蔗糖酶、木瓜蛋白酶，则要求底物处于兼性离子状态时最易结合。因此，这些酶的最适 pH 在底物的等电点附近。所以，pH 对不同酶和底物的影响不同，对其酶促反应的速度的影响也就不同。

（2）影响酶分子的构象　过酸或过碱可以改变酶的活性中心的构象，甚至会破坏酶的空间结构，使酶活性丧失。由于酶活力受 pH 的影响很大，因此在酶的提纯及测活时要选择酶的稳定 pH，通常在某一 pH 缓冲液中进行。一般最适 pH 总是在该酶的稳定 pH 范围内，故酶在最适 pH 附近最为稳定。

三、温度的影响与最适温度

大多数化学反应的速度都和温度有关并随温度升高而加快，酶催化的反应也不例外。但酶是蛋白质，会随温度的升高而变性。如果在不同温度条件下进行某种酶反应，然后将测得的反应速度相对于温度作图，即可得到图5－18所示的钟罩形曲线。从曲线中可看出，在较低的温度范围内，酶反应速度随温度升高而增大，但超过一定温度后，反应速度反而下降，因此只有在某一温度下，反应速度达到最大值，这个温度通常就称为酶反应的最适温度（optimum temperature）。最适温度不是酶的特征物理常数，酶的最适温度与底物浓度、保温时间、介质pH和离子强度等许多因素影响有关。每种酶在一定条件下都有其最适温度。一般来讲，动物细胞内的酶最适温度在35～40℃，植物细胞中的酶最适温度稍高，通常在40～50℃，微生物中的酶最适温度差别较大，如 *Taq* DNA聚合酶的最适温度可高达70℃。

图5－18 温度对酶反应速度的影响

温度对酶促反应速度的影响表现在两个方面，一方面是当温度升高时，与一般化学反应一样，反应速度加快。反应温度每提高10℃所增加的反应速度称为反应的温度系数，用 Q_{10} 表示，对大多数酶来说，温度系数 Q_{10} 多为2，也就是说，温度每升高10℃，酶反应速度为原反应速度的2倍。另一方面由于酶是蛋白质，随着温度升高，使酶蛋白逐渐变性而失活，导致酶反应速度下降。因此，图5－18所表现的酶反应速度的改变，实际上是温度的两种影响的综合结果：温度加速酶反应，温度加速酶蛋白变性。温度的这种综合影响与时间有密切关系，根本原因在于温度促使酶蛋白变性是随时间累加的。一般讲，反应时间越长，酶的最适温度就越低，反应时间短则最适温度就高，因此只有在规定的反应时间内才可确定酶的最适温度。

掌握温度对酶作用的影响规律对酶的实际应用具有一定的指导意义，如在低温下保存菌种和作物种子，就是利用低温降低了酶的活性以延缓新陈代谢过程这一特性；相反，高温杀菌则是利用高温使酶蛋白变性失活，导致细菌死亡的特性。

四、酶浓度的影响

在一定条件下，酶的浓度与反应初速度成正比。因为在酶催化的反应中，酶先要与底物形成中间复合物，当底物浓度大大超过酶浓度时，反应达到最大速度，这时反应速度随酶浓度的增加而增加（当温度和pH不变时），反应速度与酶浓度两者成正比例关系。这种正比关系也可由米氏方程推导出来。

$$v = V_{max}[S]/K_m + [S]$$

又因为

$$V_{max} = K_3[E_0]$$

所以

$$v = K_3[E_0][S]/K_m + [S] = \frac{K_3[S]}{K_m + [S]}[E_0] \quad (5-20)$$

如果固定底物的初始浓度，则 $K_3[S]/(K_m + [S])$ 是常数，并用 K' 表示，故 $v = K'[E_0]$。v 对

图5－19 反应速度与酶浓度的关系

[E_0] 作图 5-19 为一直线。酶反应的这种性质是酶活力测定的基础之一，在酶的分离纯化中常被应用。

五、激活剂的影响

凡能提高酶的活性，加速酶促反应进行的物质都称为激活剂（activator）。酶的激活剂可以是一些简单的无机离子，无机阳离子如 Na^+、K^+、Ca^{2+}、Mg^{2+}、Cu^{2+}、Zn^{2+}、Co^{2+}、Cr^{3+}、Fe^{2+} 等，无机阴离子如 Cl^-、Br^-、I^-、CN^-、NO_3^-、PO_4^{3-} 等。Cl^- 是唾液淀粉酶最强的激活剂。RNA 酶需 Mg^{2+}，脱羧酶需要 Mg^{2+}、Mn^{2+}、Co^{2+} 为激活剂。激活作用可能有这几方面的机制：①与酶分子中的氨基酸侧链基团结合，稳定酶催化作用所需的空间结构；②作为底物或辅酶与酶蛋白之间形成联系的桥梁；③作为辅酶或辅基的一个组成部分协助酶的催化作用。

一些小分子的有机物如维生素 C、半胱氨酸、还原型谷胱甘肽等还原剂，对某些含巯基的酶具有激活作用，这是由于这些酶需要其分子中的巯基处于还原状态才具催化作用。如木瓜蛋白酶及甘油醛-3-磷酸脱氢酶在分离提取过程中，其分子上的巯基较易氧化成二硫键而使酶活力降低，当加入上述任何一种化合物后，能使二硫键还原成巯基从而提高酶活力。还有些酶的催化作用易受某些抑制剂的影响，凡能除去抑制剂的物质也可称为激活剂，如乙二胺四乙酸（EDTA），它是金属螯合剂，能除去重金属杂质，从而解除重金属对酶的抑制作用。

激活剂对酶的作用是相对的且具有一定的选择性，一种酶的激活剂对另一种酶来说，也可能是一种抑制剂，如 Mg^{2+} 对脱羧酶有激活作用而对肌球蛋白腺苷三磷酸酶却有抑制作用；而 Ca^{2+} 则相反，对前者有抑制作用，但对后者却起激活作用。有时离子之间有拮抗作用，例如 Na^+ 抑制 K^+ 激活的酶，Ca^{2+} 能抑制 Mg^{2+} 激活的酶。有时金属离子之间也可相互替代，如 Mg^{2+} 作为激酶的激活剂可被 Mn^{2+} 代替。不同浓度的激活剂对酶活性的影响也不相同。另外酶原可被一些蛋白酶选择性水解肽键而被激活，这些蛋白酶也可看成激活剂。

六、抑制剂的影响

酶分子中的必需基团（主要是指酶活性中心上的一些基团）的性质受到某种化学物质的影响而发生改变，从而导致酶活性的降低或丧失称为抑制作用（inhibition）。能对酶起抑制作用的物质称为酶抑制剂（inhibitor）。抑制剂通常对酶有一定的选择性，一种抑制剂只能引起某一类或某几类酶的抑制。抑制作用不同于失活作用，变性剂对酶的变性作用无选择性。通常酶蛋白受到一些物理因素或化学试剂的影响，破坏了次级键，部分或全部改变了酶的空间构象，从而引起酶活性的降低或丧失，这是酶蛋白变性的结果，凡是使酶变性失活的因素如强酸、强碱等，其作用对酶没有选择性，不属于抑制剂。

研究抑制剂对酶的作用，对研究生物机体的代谢途径、酶活性中心功能基团的性质、酶作用的专一性以及酶作用的机制等都具有十分重要的意义。由于很多药物是酶的抑制剂，通过对病原体内某些酶的抑制作用或改变体内某些酶的活性而发挥其治疗功效，了解酶的抑制作用也是阐明药物作用机制和设计研究新药的重要途径。

（一）不可逆抑制

抑制剂与酶的必需基团以共价键结合而引起酶活力丧失，不能用透析、超滤、凝胶过滤等物理方法除去抑制剂而恢复酶活力，称为不可逆抑制（irreversible inhibition）。抑制作用随着抑制剂浓度的增加而逐渐增加，当抑制剂的量大到足以和所有的酶结合时，则酶的活性就完全被抑制。根据不同抑制剂对酶的选择性不同，这类抑制作用又可分为非专一性不可逆抑制与专一性不可逆抑制两类。

1. 非专一性不可逆抑制 抑制剂可作用于酶分子上的不同基团或作用于几类不同的酶，不论其是否为必需基团皆进行共价结合。由于酶的必需基团也被抑制剂作用，故可使酶失活。属于这一类的抑制剂有：烷化剂（磺乙酸、DNFB 等）和酰化剂（如酸酐、磺酰氯等）等。

某些重金属离子（Pb^{2+}、Cu^{2+}、Hg^{2+}），有机砷化合物及对氯汞苯甲酸等，能与酶分子的巯基进行不可逆结合，许多以巯基为必需基团的酶（称为巯基酶），会因此而被抑制，用二巯基丙醇（british anti-lewiste，BAL）和二巯丁二酸钠等含巯基的化合物可使酶复活。

$$\text{酶}\begin{matrix}\diagup SH\\\diagdown SH\end{matrix} + Pb^{2+}(Hg^{2+}\text{或}Cu^{2+}) \longrightarrow \text{酶}\begin{matrix}\diagup S\\\diagdown S\end{matrix}Pb\ (Hg^{2+}\text{或}Cu^{2+})+2H^+$$

$$\text{酶}\begin{matrix}\diagup S\\\diagdown S\end{matrix}Pb + \begin{matrix}COONa\\|\\HC-SH\\|\\HC-SH\\|\\COONa\end{matrix} \longrightarrow \text{酶}\begin{matrix}\diagup SH\\\diagdown SH\end{matrix} + \begin{matrix}COONa\\|\\HC-S\\|\ \ \ \ \ \diagdown Pb\\HC-S\diagup\\|\\COONa\end{matrix}$$

2. 专一性不可逆抑制 抑制剂专一作用于酶蛋白分子中一种氨基酸侧链基团或仅作用于一类酶，进行共价结合，从而抑制酶的活性。属于这一类的抑制剂有：有机汞（对氯汞苯甲酸）可专一地作用于巯基，二异丙基氟磷酸（DFP）和有机磷农药专一地作用于丝氨酸羟基等。有机磷杀虫剂专一作用于胆碱酯酶活性中心的丝氨酸残基，使其磷酰化而不可逆抑制酶活性，有机磷杀虫剂的结构与底物愈近似，其抑制愈快，有人称其为假底物（pseudosubstrate）。当胆碱酯酶被有机磷杀虫剂抑制后，乙酰胆碱不能及时分解，导致乙酰胆碱过多而产生一系列胆碱能神经过度兴奋症状。解磷定等药物可与有机磷杀虫剂结合，使酶与有机磷杀虫剂分离而复活。

$$\begin{matrix}R_1O\\ \ \ \ \ \diagup\\R_2O\end{matrix}\begin{matrix}O\\\|\\P\\\diagdown\\X\end{matrix} + HO-E \longrightarrow \begin{matrix}R_1O\\ \ \ \ \ \diagup\\R_2O\end{matrix}\begin{matrix}O\\\|\\P\\\diagdown\\OE\end{matrix} + HX$$

有机磷杀虫剂　　　胆碱酯酶　　　　磷酰化胆碱酯酶

$$\begin{matrix}R_1O\\ \ \ \ \ \diagup\\R_2O\end{matrix}\begin{matrix}O\\\|\\P\\\diagdown\\OE\end{matrix} + \overset{+}{N}-CH=NOH \longrightarrow \overset{+}{N}-CH=N-O-P\begin{matrix}O\\\|\\\ \ \ \ \diagdown OR_1\\\diagup OR_2\end{matrix} + E-OH$$

磷酰化胆碱酯酶　　解磷定(PAM)　　　　　　　磷酰化解磷定　　　　　胆碱酯酶

有些专一性不可逆抑制剂在与酶作用时，通过酶的催化作用，其中某一基团被活化，使抑制剂与酶发生共价结合从而抑制了酶活性，如同酶的自杀，此类抑制剂称为自杀底物（suicide substrate）。例如新斯的明（prostigmin）抑制胆碱酯酶时，先被胆碱酯酶水解，所产生的二甲氨基甲酰基可结合到酶活性中心的丝氨酸羟基而抑制酶活性，故有扩瞳作用。

新斯的明　　　　　　胆碱酯酶　　二甲氨基甲酰胆碱酯酶

（二）可逆抑制

抑制剂与酶以非共价键结合而引起酶活性的降低或丧失，可用物理方法除去抑制剂而恢复酶的活性。这种抑制作用是可逆的，称为可逆抑制（reversible inhibition）。这类抑制剂与酶分子的结合部位可以是活性中心，也可以是非活性中心。

根据抑制剂与酶结合的关系，可逆抑制作用通常分为三种类型：

1. 竞争性抑制　竞争性抑制（competitive inhibition）是较常见且重要的可逆抑制。抑制剂（I）和底物（S）对游离酶（E）的结合有竞争作用，影响了底物与酶的正常结合（图 5-20）。因为酶的活性部位不能同时既与底物结合又与抑制剂结合，因而在底物和抑制剂之间竞争酶的过程中形成了一定的平衡关系。大多数竞争性抑制剂的结构与底物结构类似，因此能与酶的活性部位结合，与酶形成可逆的 EI 复合物，但 EI 不能分解成产物 P，酶反应速度下降。其抑制作用的强弱取决于抑制剂与底物浓度的比例，而不取决于两者的绝对量。竞争性抑制通常可用增大底物浓度来消除。此外还有一些因素也可以造成抑制剂与底物和酶的结合互相排斥。比如，两者的结合位置虽然不同，但由于空间障碍使得 I 和 S 不能同时结合到酶分子上，故不可能存在 IES 三联复合体。可用下式表示。

$$E + S \underset{\longleftarrow}{\overset{K_s}{\longrightarrow}} ES \overset{K_0}{\longrightarrow} E + P$$
$$+$$
$$I \underset{\longleftarrow}{\overset{K_i}{\longrightarrow}} EI$$

图中 a 底物；b 竞争性抑制剂；c 非竞争性抑制剂、底物

图 5-20　竞争性与非竞争性抑制剂的区别

a. 酶-底物复合物　b. 竞争性抑制剂阻止底物与酶的结合

c. 非竞争性抑制剂不阻止底物与酶的结合

式（5-20）中 K_s 及 K_i 分别代表 ES 复合体和 EI 复合体的解离常数。在此反应体系中，当加入 I 时，可破坏 E 和 ES 的平衡，使 ES→E→EI。此时再增加 S 的浓度，又可逆转而使 EI→E→ES，故在酶量恒定的条件下，反应速度与［S］和［I］的比值有关。

根据平衡学说，式（5-20）可表示如下。

$$K_s = [E][S]/[ES]，故 [ES] = [E][S]/K_s \qquad (5-21)$$

$$K_i = [E][I]/[EI]，故 [EI] = [E][I]/K_i \qquad (5-22)$$

前已述及，反应的初速度 V 与 ES 的浓度成正比，而最大反应速度 V_{max} 与酶的总浓度

$[E_0]$ 成正比。

即 $$v = K_0[\text{ES}] \qquad V_{\max} = K_0[E_0] \tag{5-23}$$

故 $$v/V_{\max} = [\text{ES}]/[E_0] \tag{5-24}$$

而酶的总浓度 $$[E_0] = [E] + [\text{ES}] + [\text{EI}] \tag{5-25}$$

将式（5-25）代入式（5-24），再将式（5-21）、式（5-22）中的 $[\text{ES}][\text{EI}]$ 值代入式（5-25），得

$$\frac{v}{V_{\max}} = \frac{[\text{ES}]}{[E]+[\text{ES}]+[\text{EI}]} = \frac{[E][S]/K_s}{[E]+[E][S]/K_s+[E][I]/K_i}$$

$$= \frac{[S]/K_s}{1+[S]/K_s+[I]/K_i} = \frac{[S]}{K_s+[S]+K_s[I]/K_i} \tag{5-26}$$

$$v = \frac{V_{\max}[S]}{K_s(1+[I]/K_i)+[S]} \tag{5-27}$$

如以米氏常数 K_m 代替 K_s，则

$$v = \frac{V_{\max}[S]}{K_m(1+[I]/K_i)+[S]} \tag{5-28}$$

用 Lineweaver - Burk 法将式（5-28）作双倒数处理，可得

$$\frac{1}{v} = \frac{K_m}{V_{\max}}\left(1+\frac{[I]}{K_i}\right)\frac{1}{[S]}+\frac{1}{V_{\max}} \tag{5-29}$$

图 5-21　竞争性抑制动力学图

a. $[S]$ 对 v 作图　b. Lineweaver - Burk 双倒数作图

式（5-28）和式（5-29）是竞争性抑制作用的反应速度公式。当 $[S]$ 为无限大时，式（5-28）分母中 $K_m(1+[I]/K_i)$ 一项可略去不计，$v = V_{\max}$，故当 $[S]$ 对 v 作图时（图 5-21a），有 I 时的曲线虽较无 I 时的曲线向右下方移动，但在 $[S]$ 为无穷大时可与无 I 时的曲线相交。若以 $1/[S]$ 对 $1/v$ 作图（图 5-21b），可见有 I 存在时的直线斜率高于无 I 时的斜率，增加了 $(1+[I]/K_i)$ 倍。当有 I 时，其在横轴上的截距为 $-\dfrac{1}{K_m}\Big/\left(1+\dfrac{[I]}{K_i}\right)$，也即 K_m 变为 $K_m(1+[I]/K_i)$，可见有竞争性抑制剂存在时，K_m 增大，且 K_m 随 $[I]$ 的增加而增加，称为表观 K_m，以 K_m^{app} 表示。无 I 与有 I 时的两条动力学曲线在纵轴上相交，其截距为 $1/V_{\max}$，即 $V_{\max}$ 的数值不变。

竞争性抑制动力学特点为：①当有 I 存在时，K_m 增大而 $V_{\max}$ 不变，故 $K_m/V_{\max}$ 也增大；②K_m^{app} 随 $[I]$ 的增加而增大；③抑制程度与 $[I]$ 成正比，而与 $[S]$ 成反比，故当底物浓

度极大时，同样可达到最大反应速度，即抑制作用可以解除。

最典型的竞争性抑制是丙二酸对琥珀酸脱氢酶的抑制作用。丙二酸与琥珀酸结构相似，因而竞争性地争夺琥珀酸脱氢酶的活性中心，产生竞争性抑制。

若增加底物琥珀酸的浓度，抑制作用即降低，甚至解除。

磺胺类药物也是典型的竞争性抑制剂。对磺胺敏感的细菌在生长和繁殖时不能利用现成的叶酸，只能利用对氨基苯甲酸合成二氢叶酸，而磺胺类药物与对氨基苯甲酸结构类似，竞争占据细菌体内二氢叶酸合成酶，从而抑制细菌生长所必需的二氢叶酸的合成。二氢叶酸可再还原为四氢叶酸，后者是合成核酸所必需的，磺胺抑制了细菌二氢叶酸的合成，使细菌核酸的合成受阻，从而抑制了细菌的生长和繁殖，而人体能从食物中直接利用叶酸，故其代谢不受磺胺影响。二氢叶酸的化学结构如图 5 – 22 所示。

图 5 – 22　二氢叶酸的结构

抗菌增效剂 TMP 可增强磺胺药的药效，因为它的结构与二氢叶酸有类似之处，是细菌二氢叶酸还原酶的强烈抑制剂，它与磺胺药配合使用，可使细菌的四氢叶酸合成受到双重阻碍，因而严重影响细菌的核酸及蛋白质合成。

竞争性抑制原理是药物设计的根据之一，如抗癌药阿糖胞苷、6 – 氟尿嘧啶等都是利用竞争性抑制原理而设计出来的。

2. 非竞争性抑制　非竞争性抑制（noncompetitive inhibition）是指底物 S 和抑制剂 I 与酶的结合互不相关，既不排斥，也不促进，两者没有竞争作用。S 可与游离 E 结合，也可和 EI 复合体结合。同样 I 可和游离 E 结合，也可和 ES 复合体结合，但三联复合物 IES 不能释放出产物，因此酶活力降低。这种抑制剂通常与酶的非活性中心部位结合，其结构与底物无共同之处。非竞争性抑制作用的强弱取决于抑制剂的绝对浓度，因而不能用增大底物浓度来消除抑制作用。

式中，K_s 及 K_s' 分别为 ES 及 IES 解离出 S 的解离常数，而 K_i 及 K_i' 分别为 IE 及 IES 解离出 I 的解离常数；当反应体系中加入 I，既可使 E 和 IE 的平衡倾向 IE，又可使 ES 与 IES 的平衡倾向 IES，并且 $K_i = K_i'$，故实际上并不改变 E 和 ES 的平衡，也不改变 E 和 S 的亲和力。同样在 E 和 I 的混合物中加入 S，因 $K_s = K_s'$，也不改变 E 和 IE 的平衡，不改变 E 和 I 的亲和力。同样根据平稳学说得

$$[ES] = [E][S]/K_s \qquad [IE] = [E][I]/K_i \qquad (5-30)$$

$$[IES] = [ES][I]/K_i' = [E][S][I]/K_sK_i' \qquad (5-31)$$

$$或 [IES] = [IE][S]/K_s' = [E][I][S]/K_iK_s' \qquad (5-32)$$

$$而 [E_0] = [E] + [ES] + [IE] + [IES] \qquad (5-33)$$

根据式（5-24）
$$\frac{v}{V_{max}} = \frac{[ES]}{[E_0]}$$

将以上各式代入式（5-24），再经过推导后，得到

$$v = \frac{V_{max}[S]}{K_m\left(1+\frac{[I]}{K_i}\right) + [S]\left(1+\frac{[I]}{K_i}\right)} \qquad (5-34)$$

将式（5-34）作双倒数处理，得

$$\frac{1}{v} = \frac{K_m}{V_{max}}\left(1+\frac{[I]}{K_i}\right)\frac{1}{[S]} + \frac{1}{V_{max}}\left(1+\frac{[I]}{K_i}\right) \qquad (5-35)$$

式（5-34）、式（5-35）为非竞争性抑制作用的动力学公式。当 [S] 为无限大时，式（5-35）简化成 $\frac{1}{v} = \frac{1}{V_{max}}\left(1+\frac{[I]}{K_i}\right)$ 或 $v = \frac{V_{max}}{(1+[I]/K_i)}$，即 v 恒小于 V_{max}。以 [S] 对 v 作图（图 5-23a），有 I 时的曲线低于无 I 时的曲线而不能相交。若以 1/[S] 对 1/v 作图（图 5-23b），可见有 I 时的直线的斜率和竞争性抑制一样，也为 $\frac{K_m}{V_{max}}\left(1+\frac{[I]}{K_i}\right)$，高于无 I 时的直线斜率，有 I 时在纵轴上的截距为 $\frac{1}{V_{max}}\left(1+\frac{[I]}{K_i}\right)$，高于无 I 时的截距。说明有 I 时的最大速度随 [I] 增加而减小，称为表观 V_{max}（V_{max}^{app}），即 $V_{max}^{app} = \frac{V_{max}}{1+[I]/K_i}$ 但有 I 时在横轴上的截距仍为 $-1/K_m$，和无 I 时的一样，即 K_m 的数值不变，或 $K_m^{app} = K_m$。这是因为：当 1/v = 0 时，$\frac{K_m}{V_{max}}\left(1+\frac{[I]}{K_i}\right)\frac{1}{[S]} = -\frac{1}{V_{max}}\left(1+\frac{[I]}{K_i}\right)$ 简化得 $K_m\frac{1}{[S]} = -1$，故 $\frac{1}{[S]} = -\frac{1}{K_m}$。

非竞争性抑制的动力学特点为：①当有 I 存在时，K_m 不变而 V_{max} 减小，K_m/V_{max} 增大；②V_{max}^{app} 随 [I] 的加大而减小；③抑制程度只与 [I] 成正比，而与 [S] 无关。

3. 反竞争性抑制 反竞争性抑制（uncompetitive inhibition）为抑制剂 I 不与游离酶 E 结合，却和 ES 中间复合体结合成 EIS，但 EIS 不能释出产物，表示如下。

K_s 和 K_i 分别为 ES 及 EIS 的解离常数，当反应体系中加入 I 时，可使 E + S 和 ES 的平

图 5 – 23　非竞争性抑制动力学图

a. [S] 对 V 作图　b. Lineweaver – Burk 双倒数作图

$$E + S \underset{}{\overset{K_S}{\rightleftharpoons}} ES \overset{K_0}{\longrightarrow} E + P$$

衡倾向 ES 的形成，因此 I 的存在反而增加 S 和 E 的亲和力。这种情况恰巧和竞争性抑制剂相反，故称为反竞争性抑制。根据平衡学说推导如下。

$$[ES] = [E][S]/K_s \tag{5-36}$$

$$[EIS] = [ES][I]/K_i = [E][S][I]/K_s K_i \tag{5-37}$$

$$[E_0] = [E] + [ES] + [EIS] \tag{5-38}$$

将以上各式代入式 (5 – 24) $\dfrac{v}{V_{max}} = \dfrac{[ES]}{[E_0]}$，再经推导后，得到下式。

$$v = \frac{V_{max}[S]}{K_m + [S]\left(1 + \dfrac{[I]}{K_i}\right)} \tag{5-39}$$

用 Lineweaver – Burk 法将式 (5 – 39) 作双倒数处理，可得

$$\frac{1}{v} = \frac{K_m}{V_{max}}\frac{1}{[S]} + \frac{1}{V_{max}}\left(1 + \frac{[I]}{K_i}\right) \tag{5-40}$$

式 (5 – 39)、式 (5 – 40) 是反竞争性抑制作用的反应速度公式。当 [S] 为无限大时，式 (5 – 40) 简化为 $\dfrac{1}{v} = \dfrac{1}{V_{max}}\left(1 + \dfrac{[I]}{K_i}\right)$，故和非竞争性抑制相似，$v$ 也恒小于 V_{max}。以 [S] 对 v 作图(图 5 – 24a)，有 I 时的曲线低于无 I 时的曲线而不能相交。若以 1/[S] 对 1/v 作图 (图 5 – 24b)，可见有 I 时直线斜率与无 I 时相同，呈平行，斜率均为 K_m/V_{max}。有 I 时在纵轴上的截距为 $\dfrac{1}{V_{max}}\left(1 + \dfrac{[I]}{K_i}\right)$，即 $V_{max}^{app} = \dfrac{V_{max}}{1 + [I]/K_i}$，数值随 [I] 的增加而减少。有 I 时在横轴上的截距为 $-\dfrac{1}{K_m}\left(1 + \dfrac{[I]}{K_i}\right)$ 即 $K_{max}^{app} = \dfrac{K_m}{1 + [I]/K_i}$，可见 K_m^{app} 也随 [I] 增加而减少。

反竞争性抑制的动力学特点为：①当 I 存在时，K_m 和 V_{max} 都减小，而 K_m/V_{max} 不变；②有 I 时的 K_{max}^{app} 和 V_{max}^{app} 都随 [I] 的增加而减小；③抑制程度既与 [I] 成正比，也和 [S] 成正比。

兹将上述三类抑制作用的各种动力学参数列于表 5 – 5。

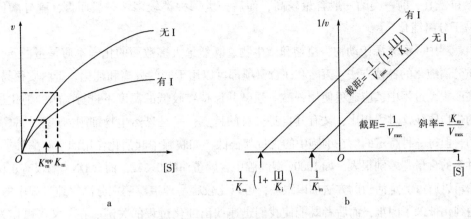

图 5-24 反竞争性抑制动力学

a. $[S]$ 对 V 作图　b. Lineweaber-Burk 双倒数作图

表 5-5　三类抑制作用的动力学参数

抑制种类	Lineweaver-Burk 作图法				表观 V_{max} (V_{max}^{app})	表观 K_m (K_{max}^{app})
	斜率	纵轴截距	横轴截距	直线交点		
无	$\dfrac{K_m}{V_{max}}$	$\dfrac{1}{V_{max}}$	$-\dfrac{1}{K_m}$		V_{max}	K_m
竞争性抑制	$\dfrac{K_m}{V_{max}}\left(1+\dfrac{[I]}{K_i}\right)$	$\dfrac{1}{V_{max}}$	$-\dfrac{1}{K_m}\Big/\left(1+\dfrac{[I]}{K_i}\right)$	纵轴	V_{max}	$K_m\left(1+\dfrac{[I]}{K_i}\right)$
作用	（增大）	（不变）	（减小）		（不变）	（增大）
非竞争性抑制	$\dfrac{K_m}{V_{max}}\left(1+\dfrac{[I]}{K_i}\right)$	$\dfrac{1}{V_{max}}\left(1+\dfrac{[I]}{K_i}\right)$	$-\dfrac{1}{K_m}$	横轴	$\dfrac{V_{max}}{1+[I]/K_i}$	K_m
作用	（增大）	（增大）	（不变）		（减小）	（不变）
反竞争性抑制	$\dfrac{K_m}{V_{max}}$	$\dfrac{1}{V_{max}}\left(1+\dfrac{[I]}{K_i}\right)$	$-\dfrac{1}{K_m}\left(1+\dfrac{[I]}{K_i}\right)$	无交点平行	$\dfrac{V_{max}}{1+[I]/K_i}$	$\dfrac{K_m}{1+[I]/K_i}$
作用	（不变）	（增大）	（增大）		（减小）	（减小）

第五节　酶的分离、纯化及活性测定

一、酶的分离、纯化

　　酶的分离纯化工作是酶学研究的基础。研究酶的性质、作用、结构与功能关系、反应动力学、代谢途径、作为工具酶以及在医药等各个领域的应用等都需要高度纯化的酶制剂以免除其他的酶或蛋白质的干扰。同时，酶的纯化过程还是一门实验科学，每一个酶的纯化往往需要通过多次实验进行摸索，几乎没有通用的规律可循。

　　生物细胞产生的酶有两类：一类是由细胞内产生后分泌到细胞外发挥作用的酶，称为细胞外酶。这类酶大都是水解酶，如胃蛋白酶、胰蛋白酶就是分别由胃黏膜细胞和胰腺细胞所分泌的。另一类酶在细胞内产生后并不分泌到细胞外，而在细胞内发挥作用，称为细胞内酶。这类酶在细胞内往往与细胞结构结合，有一定的分布区域，催化的反应具有一定的顺序性，使许多反应能有条不紊地进行。如氧化还原酶在线粒体上，蛋白质合成的酶存在于微粒体上。前一类酶一般含量较高，而后一类酶种类较多。一般而言，胞外酶比胞内酶更易于分离纯化。

自然界中，酶来源于动物、植物和微生物。既然绝大多数酶的化学本质是蛋白质，那么蛋白质分离纯化的各种方法、策略和注意事项都可以用于酶的分离和纯化。蛋白质很易变性，所以在酶提纯过程中，应避免使用强酸、强碱并保持在较低的温度下进行。酶的纯化过程与一般的蛋白质纯化过程相比，又有其自身独有的特点：一是虽然生物细胞内产生的总酶量是很高的，但每一种特定的酶在细胞中的含量却很低，如胰腺中起消化作用的水解酶种类虽多，但各种酶的含量却差别很大，如1000g湿胰腺中含胰蛋白酶0.65g，而含DNA酶仅有0.0005g；二是酶可以通过测定活力的方法加以跟踪，可以比较容易地追踪酶在分离纯化过程中的去向。前者给纯化带来了困难，而后者既能使我们迅速找出纯化过程的关键所在，又可以作为选择分离纯化方法和操作条件的指标。

由于在生物组织细胞中，除了我们所需要的目标酶之外，往往还有许多其他酶和一般蛋白质以及其他杂质，因此制取某种酶制剂时必须经过分离和纯化的过程。由于使用酶制剂的目的不同，对酶制剂的纯度要求也不同，需要根据不同的目的采用不同的纯化方法和步骤。在整个酶的分离纯化过程的每一步骤，始终要测定酶的总活力和比活力，这样才能知道经过某一步骤回收了多少酶、提高了多少纯度，了解酶的纯化效率，从而决定某一步骤的取舍和每一步骤的次序。

（一）酶的抽提

1. 生物材料的破碎　各种生物组织的细胞有着不同的特点，在考虑破碎方法时，要根据细胞性质和处理量，采用合适的方法。对细胞外酶只要用水或缓冲液浸泡，滤去不溶物，就可得到粗抽提液。对于细胞内酶，则必须先使细胞膜破裂后才能释放出来。动物细胞较易破碎，通过一般的研磨器、匀浆器、高速组织捣碎机等就可达到目的。微生物及植物细胞具有较厚的细胞壁，较难破碎，需要用超声波、细菌磨、溶菌酶、某些化学溶剂（如甲苯、去氧胆酸钠、去垢剂等）在适宜的pH和温度下保温一定时间，使菌体自溶液化或经冻融等处理加以破碎，制成组织匀浆。

2. 抽提　通常在低温条件下，以水或低盐缓冲液从组织匀浆中抽提酶，得到酶的粗提液。由于大多数酶属于清蛋白或球蛋白类，因此一般的酶都可以用稀盐、稀酸或稀碱的水溶液抽提出来。抽提液和抽提条件的选择取决于酶的溶解度、稳定性等。抽提液的pH选择应该在酶的pH稳定范围内，并且最好能远离其等电点。关于盐的选择，由于大多数蛋白质在低浓度的盐溶液中较易溶解，故一般用等渗盐溶液，最常用的有 0.02～0.05mol/L 磷酸缓冲液、0.15mol/L 氯化钠和柠檬酸缓冲液等。抽提温度通常都控制在 0～4℃。

通常抽提生物膜中的酶需加去垢剂（如 Triton X-100，去氧胆酸盐等）、增溶剂，促使酶的抽提，最后再透析去除增溶剂，恢复酶活性。抽提时为防止过冷、过热引起的酶分子变性失活，可加入适量的二甲基亚砜或甘油加以保护。此外，重金属离子影响和氧化失活作用（如酶的活性中心有巯基等）明显时，也应考虑去除。

（二）酶的纯化

酶的抽提液中除了含有目标酶以外，还含有各种小分子和大分子杂质。小分子物质在纯化过程中会自然地除去，大分子物质包括核酸、黏多糖和杂蛋白等往往干扰纯化。核酸一般可用鱼精蛋白或氯化锰使之沉淀去除，黏多糖可用醋酸铅处理，剩下的就是杂蛋白，因此纯化的主要工作就是将目标酶从杂蛋白中分离出来。

酶的提纯手段一般都是依据酶的分子大小、形状、电荷性质、溶解度、专一结合位点等性质而建立的。要想达到比较理想的纯化结果，得到纯酶，往往需要根据酶本身的性质选择几种方法联合使用。表5-6列出了最常用的纯化方法。

表5-6　常用的酶纯化方法

性质	方法
溶解度	改变离子强度、改变pH或温度、改变介电常数
电荷极性	离子交换色谱、聚焦电泳、等电聚焦
大小或质量	离心分离、透析、超滤、凝胶过滤
亲和部位	亲和色谱、染料配体亲和色谱、免疫吸附色谱、共价色谱

分离纯化的方法很多，常用的有盐析法、有机溶剂沉淀法、等电点沉淀法及吸附分离法等。

根据酶和杂蛋白带电性质的差异进行分离的方法有离子交换法和电泳法，前者用于大体积制备，应用很广，分辨力也高；电泳法主要作为分析鉴定的工具或用于少量分离。

选择性变性法在酶的纯化工作中是常用的简便而有效的方法。主要是根据酶和杂蛋白在某些条件下热稳定性的差别，使杂蛋白变性而达到除去大量杂蛋白的目的，常用的除选择性热变性外，还有酸碱变性等。有些酶相当耐热，如胰蛋白酶、RNA酶加热到90℃也不破坏，因此在一定条件下将酶液迅速升温到一定温度（50~70℃），经一定时间后（5~15分钟）迅速冷却，可使大多数杂蛋白变性沉淀，大大提高酶的纯度。

酶是生物催化剂，在提纯时必须尽量减少酶活力的损失，因此全部操作通常控制在0~5℃之间的低温下进行。一般在进行有机溶剂分级分离时必须在零下15℃进行。为防止重金属使酶失活，有时需在抽提溶剂中加入少量EDTA螯合剂，有时为了防止酶蛋白中的巯基被氧化失活，需要在抽提溶剂中加少量巯基乙醇。在整个分离提纯过程中不能过度搅拌，以免产生大量泡沫，导致酶变性。

提纯的目的，不仅在于得到一定量的目标酶，而且要求得到不含或尽量少含其他杂蛋白的酶制品。在纯化过程中，除了要测定一定体积或一定重量的制剂中含有多少活力单位外，还要测定酶制剂的纯度。

一个酶的纯化过程，常常需要经过多个步骤，各种纯化酶的方法都各有其固有的优缺点，因此，在设计某一酶的纯化路线时，应考虑各种因素对选用的纯化方法及先后次序的影响。一般来说，根据溶解度变化建立的纯化方法较适宜于早期的纯化阶段，规模较大；而柱色谱法（如离子交换色谱）或电泳分离更适宜于后期的纯化过程，规模较小。存在蛋白水解酶时为了尽快将酶纯化，宁愿先用一些快速提纯法（如硫酸铵盐析等），而不采用较费时的柱色谱等方法。采用高效液相色谱（HPLC）也能使色谱操作快速进行。凝胶过滤时可采用较坚硬的交联珠状琼脂糖（agarose）介质来提高操作压力，使流速加快，缩短色谱时间。离子交换色谱和色谱聚焦的珠状亲水介质与常规介质相比，分辨率较高，但价格比较昂贵，且需要特殊仪器，一般只适用于纯化过程的最后几步。亲和色谱具有高度的专一性且技术发展日新月异，但除非用传统法制备得不到均质产品或产生部分失活外，一般不再费力采用亲和色谱技术。

二、酶活力的测定与纯度评价

酶活力（enzyme activity）也称为酶活性，是指酶的催化能力，其测定与酶的分离和纯化是酶学研究不可缺少的环节。实际上，酶学研究的诸多方面（如动力学和催化机制的研究）都是在此基础上进行的。酶的活力测定，实际上是酶的定量测定。酶的定性和定量测定的原理不同于一般化学物质，不能直接用重量或体积来表示，而用酶的活力来表示，酶活力的高低是研究酶的特性、进行酶的生产及应用时的一项必不可少的指标。酶纯化的目标是使酶制剂具有最大的催化活性和最高纯度，而对酶纯度的评价是通过酶纯度和酶活性的检验来实现的。

（一）酶活力的测定

1. 酶活力与酶的活力单位　　酶活力是指酶催化某一化学反应的能力。酶的活力大小，可以用在一定条件下它所催化的某一化学反应的速度来表示。酶催化的反应速度愈大，则酶的活力也愈大。所以测定酶的活力就是测定酶促反应的速度。

按米氏公式可知反应初速度与酶浓度成正比，即 $v = K'[E_0]$。这是定量测定酶浓度的理论基础，酶反应速度可用单位时间内、单位体积中底物的减少量或产物的增加量来表示。在测定酶活力时，底物往往是过量的，因此底物的减少量占总量的比例极小，不易准确测定。与此相反，产物从无到有，易于准确测定。由于在酶促反应中，底物减少与产物增加的速度相等，因此在实际酶活力测定中通常测定产物的增加量，所以反应速度的单位是：浓度/单位时间。

在实验中必须确保所测定的是初速度，即底物消耗的百分比很低，此时产物浓度－时间（$p-t$）呈直线关系（图 5 – 25）。否则，由于底物的消耗，反应速度变慢或者由于产物的积累产生的逆反应明显地影响正向反应速度，使得 $p-t$ 作图逐渐偏离直线。所以测定酶浓度首先要确定 $p-t$ 的直线范围。在酶催化反应中如果其他条件选择好后，决定 $p-t$ 关系的主要因素是底物浓度、酶浓度和反应时间。一般采用高底物浓度 $[S] \geqslant 100K_m$（零级反应）测定反应初速度以定量酶浓度。

图 5 – 25　当 $[S] \geqslant 100K_m$，在不同酶浓度下产物形成量与时间的关系

酶活力的高低是以酶活力单位（activity unit，U）来表示的。酶活力单位的含义是指酶在最适条件下，单位时间内，酶催化底物的减少量或产物的生成量。1961 年国际酶学委员会统一规定：1 个酶活力国际单位（international unit，IU）指在特定条件下，1min 内生成 1μmol/L 产物的酶量（或转化 1μmol 底物的酶量）。1972 年国际酶学委员会又推荐一个新的酶活力国际单位，即 Katal（Kat）单位，1Kat 单位定义为"在最适条件下，每秒可使 1moL/L 底物转化的酶量。"1Kat $= 6 \times 10^7$ IU。酶的催化作用受测定环境的影响，因此测定酶活力要在最适条件下进行，即最适温度、最适 pH、最适底物浓度和最适缓冲液离子强度等，只有在最适条件下测定才能真实反映酶活力的大小。

2. 酶的比活力　酶的比活力（specific activity）代表酶的纯度。根据国际酶学委员会的规定：比活力用单位质量（通常是每毫克）酶所含有的活力单位数表示，对同一种酶来说，比活力愈大，表示酶的纯度愈高。

$$比活力 = 活力(U)/蛋白质(mg) = 总活力(U)/总蛋白质(mg)$$

在酶纯化过程中，需要时刻关注比活力的变化。当一种酶的比活力不能再增加的时候，此酶可视为高纯度。需要注意的是：酶的比活力与酶的稳定性有密切的关系。任何一种酶的比活力都会随着时间的推移而下降，稳定性越差，比活力下降得就越快。比活力的大小可用来比较每单位质量蛋白质的催化能力，是酶学研究和酶的应用中经常使用的数据。

3. 常用的酶活力测定方法　通过两种方式可进行酶活力测定，其一是测定完成一定量反应所需的时间，其二是测定单位时间内酶催化的化学反应量。测定酶活力就是测定产物增加量或底物减少量，主要根据产物或底物的结构和理化特性来决定具体酶促反应的测定方法，最常用的方法有以下几种。

（1）分光光度法　分光光度法（spectrophotometry）主要利用底物和产物在紫外或可见光范围的光吸收的不同，选择一适当的波长，测定反应过程中反应进行的情况。这一方法的优点是简便、省时和样品用量少，可检测到 nmol/L 水平的变化。该方法可以连续地跟踪反应过程中光吸收的变化，已成为酶活力测定中一种最重要的方法。几乎所有的氧化还原酶都可用此法测定。

由于分光光度法有其独特的优点，因此把一些原来没有光吸收变化的酶反应与一些能引起光吸收变化的酶反应偶联，使第一个酶反应的产物转变成为第二个酶的具有光吸收变化的产物来进行测量。例如己糖激酶（hexokinase，HK）催化 ATP 和葡萄糖的磷酰化反应，它的活力测定可以在含有过量葡糖 – 6 – 磷酸脱氢酶（glucose – 6 – phosphate dehydrogenase，G – 6 – PDH）和 NADP$^+$ 存在下进行，通过测定 NADPH 在 340nm 吸光度的增加来达到。

$$葡萄糖 + ATP \xrightleftharpoons{HK} 葡糖\text{-}6\text{-}磷酸 + ADP$$

$$葡糖\text{-}6\text{-}磷酸 + NADP^+ \xrightleftharpoons{} 葡糖\text{-}6\text{-}磷酸 + NADPH + H^+$$

上述方法称为酶偶联分析法（enzyme coupling assay）。

（2）荧光法　荧光法（fluorometry）主要是根据底物或产物的荧光性质差别来进行测定。由于荧光方法的灵敏度往往比分光光度法要高若干个数量级，而且荧光强度和激发光的光源有关，因此在酶学研究中，越来越多地被采用，特别是一些快速反应的测定方法。荧光测定方法的缺点是易受其他物质干扰，有些物质如蛋白质能吸收和发射荧光，这种干扰在紫外光区尤为显著，故用荧光法测定酶活力时，尽可能选择可见光范围的荧光进行测定。

（3）放射性核素测定方法　用放射性核素标记底物，经酶作用后所得到的产物经过适当的分离，测定产物的脉冲数即可换算出酶的活力单位。该方法的优点是灵敏度极高，可达 fmol 或更高水平。已知六大类酶几乎都可以用此方法测定。通常用于底物标记的放射性核素有 ^{3}H、^{14}C、^{32}P、^{35}S 和 ^{131}I 等。例如测定蛋白激酶的活力，可以通过蛋白激酶催化组蛋白的磷酰化反应，用 $[\gamma-^{32}P]$–ATP 作为底物，用三氯乙酸沉淀法把磷酰化的组蛋白和未反应的 $[\gamma-^{32}P]$–ATP 分开，然后经洗涤烘干，计数。通过放射性核素计数的改变就能计算出蛋白激酶的活力。

（4）电化学方法　电化学方法（electrochemical method）常用的是 pH 测定法。pH 测定法最常用的是玻璃电极，再配以高灵敏度的 pH 计，跟踪反应过程中 H$^+$ 变化的情况，用 pH 的变化来测定酶的反应速度。也可以用恒定 pH 测定法，在酶反应过程中，用不断加入碱或酸来保持其 pH 恒定，用加入的碱或酸的速度来表示反应速度。用此法可以测定许多酯酶的活力。另外，还可用离子选择电极法测定某些酶的酶活力，用氧电极可以测定一些耗氧的酶反应，如葡萄糖氧化酶的活力就可用这个方法很方便地测定。

此外，还有一些测定酶活力的方法，例如旋光法、量气法、量热法和色谱法等，但这些方法使用范围有限，灵敏度较差，只应用于个别酶活力的测定。

（二）酶纯度的评价

酶纯化的目标是使酶制剂具有最大的催化活性和最高纯度，而对酶纯度的评价是通过酶纯度和酶活性的检验来实现。

1. 酶纯度的检验　经分离纯化的酶，需要检验其纯度，以判断是否有进一步纯化的必要。表 5–7 列举了一些常用的检验酶纯度的方法。需要注意的是：由于酶分子结构的复杂性，由两种方法检验为均一的酶制剂可能出现结果不一致的现象，因此，酶的纯度应注明达到何种纯度，如电泳纯、色谱纯、HPLC 纯等。

表 5–7　一些常用的检验酶纯度的方法

方法	注意事项
超速离心	对检测少量杂质（<5%）时不太满意，当存在配合解离体系时也会出现问题
电泳	必须在多种 pH 下进行，在单一 pH 下，两种酶可能一起移动
SDS 电泳	检测与亚基相对分子质量不同的杂质的主要方法，对检测制备物中蛋白质水解作用非常有用，酶由不同亚基组成时，会出现多条区带
等电聚焦	检测杂质的极灵敏方法，有时当存在表观异质性时，会出现假象
免疫技术	高度的专一性，但抗血清制备较为麻烦

用电泳法检验酶的纯度是一般实验室常用的方法，它具有所用样品少（10μg 左右）、仪器简单、速度快（2~4 小时）、操作方便等优点，其中使用最多的为聚丙烯酰胺凝胶电泳。聚丙烯酰胺凝胶电泳分离时，电泳系统兼有"电荷效应""浓缩效应"和"分子筛效应"，因而分辨率较高。

2. 酶活力的检验　检测纯化酶的催化活性时，需要使测定条件保持在最适状态。如测定体系中有足够的激活剂和辅因子，无抑制剂时，还需搞清酶在什么条件下保存较为稳定。在有些情况下需加入一些还原剂（如二硫苏糖醇、巯基乙醇），以保证半胱氨酸侧链巯基处于还原态。在低温贮存酶时，可将酶在 50%（体积比）的甘油溶液中保存在 -18℃，以减少酶的失活。长期保存酶制剂时，应考虑到痕量蛋白水解酶导致酶降解的可能性。

第六节　酶工程技术

许多天然酶本身存在着诸如稳定性差、抗原性强、不良反应大、含量低和反应条件特殊等一些不尽如人意的性质。酶的这些缺陷极大地限制了它们的应用，为此，人们一直在想方设法利用各种手段，按照自己的意愿去改造它们，甚至想在对已有的酶结构和功能认识的基础上创造自然界根本不存在的酶，以造福于人类。随着酶学研究和酶的应用推广的不断深入，酶工程（enzyme engineering）作为酶学和工程学相互渗透、融合的一门新兴科学技术得到迅速发展，并在1971年第一届国际酶工程会议上被正式命名。它是酶学、微生物学的基本原理与化学工程及基因重组技术有机结合而产生的交叉学科，是生物工程的重要组成部分。

天然酶在开发和应用中由于受到酶的稳定性差、分离纯化工艺复杂、成本高等限制，尽管已被发现和鉴定的酶有8000多种，但是目前国际上工业用和研究用的商品酶仅数百种。根据研究和解决上述问题的手段不同将酶工程分为化学酶工程和生物酶工程。前者通过对酶的化学修饰或固定化处理，改善酶的性质以提高酶的效率和降低成本，甚至通过化学合成法制造人工酶；后者是酶学和以基因重组技术为主的现代分子生物学技术相结合的产物，生产性能稳定、具有新的生物活性及催化效率更高的克隆酶、突变酶以及合成自然界不曾有的新酶。

一、化学酶工程技术

化学酶工程又称为初级酶工程（primary enzyme engineering），主要是指化学修饰酶、固定化酶及人工酶的研究和应用。

（一）化学修饰酶

化学修饰酶是利用化学的手段对酶分子上的氨基酸侧链基团进行修饰，从而改善酶的性能，以适用于医药的应用及研究工作的要求。化学修饰的方式分为两类，一类是非特异性修饰，另一类是位点特异性修饰。前者对被修饰的氨基酸残基无选择性，后者选择性作用于特定的氨基酸残基。化学修饰的途径，可以通过修饰剂对酶分子表面进行修饰，也可以对酶分子的内部进行修饰。无论采用何种方式或途径，酶化学修饰的基本原理都是充分利用修饰剂所具有的各类化学基团的特性，直接或间接地与酶分子上某种氨基酸残基产生化学反应，从而对酶分子结构进行改造。充当化学修饰剂的主要是小分子，也有高分子化合物，如葡聚糖、聚乙二醇和肝素等。对酶分子的化学修饰的主要方法有以下几种。

1. 化学修饰酶的功能基　最经常修饰的氨基酸残基既可是亲核的（Ser、Cys、Thr、Lys、His），也可是亲电的（Tyr、Trp），或者是可氧化的（Tyr、Trp、Met）。例如通过脱氨基作用，酰化反应可修饰抗白血病药物门冬酰胺酶（asparaginase）的游离氨基，使该酶在血浆中的稳定性提高若干倍。再如，将 α-胰凝乳蛋白酶（α-chymotrypsin）表面的氨基修饰成亲水性更强的—$NHCH_2COOH$，使酶抗不可逆热失活的稳定性在60℃时提高1000倍，在更高温度下，稳定化效应更好。

2. 酶的化学交联反应　用具有两个反应活性部位的双功能试剂能使相隔较近的两个氨基酸残基之间或酶与其他分子之间发生交联反应。交联剂有同型双功能、异型双功能和可被光活化试剂三种类型，每类中又可分为可裂解型和不可裂解型。同型双功能交联剂两端具有相同的活性反应基团，可与氨基反应的双亚氨酸酯是一个典型的同型双功能交联剂。此外，N-羟琥珀酰亚氨酯、二硝基氟苯等同型双功能交联剂对氨基有专一性。但是，戊二醛除与氨基反应外还能与羟基反应，异型双功能交联剂一端与氨基作用而另一端与巯基作用，用碳二亚胺时，第二个反应基团是羧基。可被光活化的交联剂一端与酶反应后，另一端经光照产生一个活性基团，如碳烯或氮烯，它们具有高反应性，但没有专一性。将人α-半乳糖苷酶A经交联反应修饰后，其酶活性比天然酶稳定，对热变性与蛋白质水解酶的稳定性也明显增加。用戊二醛将胰蛋白酶和碱性磷酸酶交联而成杂化酶，可作为部分代谢途径的有用模型，测定复杂的生物结构。若将两种大小、电荷和生物功能不同的药用酶交联在一起，则有可能在体内将这两种酶同时输送到同一部位，提高药效。

3. 大分子修饰作用　可溶性高分子化合物如肝素、葡聚糖、聚乙二醇可修饰酶蛋白的侧链，提高酶的稳定性，改变酶的一些重要性质。如α-淀粉酶与葡聚糖结合后热稳定性显著增加，在65℃结合酶的半衰期为63分钟，而天然酶的半衰期只有2.5分钟。再如用聚乙二醇修饰门冬酰胺酶，肝素、葡聚糖或聚乙二醇修饰尿激酶，修饰过的酶在血液中的半衰期可以成几十倍的增长，耐热性提高，抗原性消失，并具有耐酸、耐碱和抗蛋白酶的作用。还有研究结果表明：将聚乙二醇连到脂肪酶、胰凝乳蛋白酶上，所得产物溶于有机溶剂，可在有机溶剂中有效地起催化作用。用葡聚糖等大分子修饰超氧化物歧化酶（SOD），大大地改进了一些影响SOD临床应用的理化性质，使其耐热性、耐酸碱能力、抗蛋白酶水解能力以及对EDTA的稳定性都有了明显的提高。

化学修饰不仅能改变酶的性能，有时甚至能赋予一种酶全新的活性。例如使用氟化磺酰苯甲烷和硒化氢依次处理枯草杆菌蛋白酶，可选择性地将其活性中心的Ser_{221}转变成一个含硒半胱氨酸。于是原来的蛋白酶变成了一种含硒枯草杆菌蛋白酶。有趣的是，这种人造的含硒酶能够模拟谷胱甘肽过氧化物酶，从而有效地催化烷基过氧化物对巯基的氧化。除了具有氧化还原酶的活性以外，含硒枯草杆菌蛋白酶还能促进活化酯的水解和氨解，但原来的水解肽的活性似乎已丧失了。

（二）固定化酶

固定化酶（immobilized enzyme）是从20世纪50年代开始发展起来的一种新技术。其原理是将一种可溶性酶与不溶性的有机或无机基质结合，或者将其包埋到特殊的具有选择透过性的膜内，使之成为不溶于水的，但仍具有酶活性的状态。经过固定化的酶不仅仍具有高的催化效率和高度专一性，而且提高了酶的稳定性，延长了酶的使用寿命，简化了后续工艺，便于重复和持续使用。通常固定化酶的方法有载体结合、交联和包埋三种（图5-26）。

1. 载体结合　载体结合法是将酶结合于水不溶性载体的一种固定化方法，也是最早的固定化酶技术。在这种方法中，与载体结合的酶量和固定以后的酶活性取决于载体的性质。载体的选择又取决于酶的性质以及颗粒大小、表面积、亲水基团与疏水基团的摩尔比和化学组成。一般而言，亲水基团和被结合的酶浓度增加能提高固定化酶的活性。用来固定酶的载体最常见的有多糖衍生物（如纤维素、葡聚糖和琼脂糖）和聚丙烯酰胺凝胶。根据结合的形式不同，载体结合还可以进一步分为物理吸附、离子结合和共价结合三种方法。其中物理吸附法和离子结合法既能用于酶的固定化，又能用于微生物细胞的固定化，而共价结合法只能用于酶的固定化。

2. 交联　交联是通过双功能或多功能试剂的作用使酶与酶或微生物与微生物细胞分子之间形成共价键的一种固定化方法，通常会与其他方法结合起来使用。如果交联在酶分子

图 5 - 26　固定化酶制备的三种方法

a. 载体结合　b. 交联　c. 包埋

之间进行，则代价昂贵，效率低下，因为其中的一些酶分子将不可避免地主要起支持物作用。使用最多的双功能试剂是戊二醛。由于交联反应条件较为激烈，而这样的条件会改变酶活性中心的构象，因此，有时会造成酶活性的显著下降。但是尽可能地降低交联剂浓度和缩短反应时间将有利于提高固定化酶的比活。

3. 包埋　包埋是将酶分子或微生物细胞整合到半透性胶形成的网格内或用半透性的多聚物膜包被酶的一种固定化方法。根据包埋的方式不同，包埋又可以分为网格型和微胶囊型。前者将酶或微生物包在交联的不溶性多聚物（如聚丙烯酰胺、聚乙烯醇或天然淀粉）的细微网格中，后者则将酶包在半透性的多聚物膜内。在包埋中使用的无论是胶还是膜，所起的作用都是截留酶，但允许底物通过。

与共价结合和交联不一样的是：酶分子在包埋中并不与胶或膜结合，很少改变酶的高级结构，酶活回收率较高，这样的性质使它广泛应用于酶和微生物细胞的固定化。但在包埋中化学聚合的反应比较剧烈，会导致酶活性的损失。因此，各种酶在包埋中选择好最合适的条件非常必要。

（三）人工酶

人工酶（artificial enzyme）又称为人工合成酶（synzyme），是一类利用化学半合成法或化学全合成法合成的具有类似酶活性且比天然酶简单的多聚物或寡聚物，有时还包括天然蛋白的具有酶活性的衍生物。人工酶在结构上必须具备两个要素，一个是底物结合位点，另一个是催化位点。一般来说，构成底物结合位点相对简单，而构建催化位点比较困难。在设计两个位点的时候，可分别考虑，但如果底物结合位点能很好地结合反应过渡态类似物，则这样的位点往往也具有催化活性。一般而言，人工酶遵守米氏动力学。

许多人工酶是通过模拟天然酶与底物的结合和催化过程而得到的。通过对某些天然或人工合成的化合物引入某些活性基因，使其具有酶的行为。目前用于构建模拟酶的这类酶模型分子有环糊精、冠醚、铁卟啉、环芳烃等。利用环糊精已成功地模拟了胰凝乳蛋白酶、核糖核酸酶、氨基转移酶、碳酸酐酶等。例如 1985 年，Bender 等人利用 β - 环糊精的空穴作为底物的结合部位，以连在环糊精侧链上的羧基、咪唑基及环糊精自身的一个羟基共同构成催化中心，构建成了胰凝乳蛋白酶的模拟酶。它的催化能力和天然的胰凝乳蛋白酶相近，但模拟酶的热稳定性与 pH 稳定性大大优于天然酶，其活力至少在 80℃ 仍能保持稳定，而其稳定 pH 范围为 2.0 ~ 13.0。

有些人工酶是模拟天然酶的活性部位，人工合成的具有催化活性的多肽。1977 年人工合成的八肽 Glu – Phe – Ala – Glu – Glu – Ala – Ser – Phe 具有溶菌酶的活性，其活力为天然酶的 50%。1990 年，Steward 等使用胰凝乳蛋白酶底物酪氨酸乙酯作为模板，用计算机模拟胰凝乳蛋白酶的活性位点，构建出一种由 73 个氨基酸残基组成的多肽，其活性部位由 Ser、Asp 和 His 组成。此肽对烷基酯底物的活力为天然胰凝乳蛋白酶的 1%，并显示了底物特异性以及对胰凝乳蛋白酶抑制剂的敏感性等。将电子传递催化剂 $[Ru(NH_3)_5]^{3+}$ 连到巨头鲸肌红蛋白表面的 3 个 His 残基上，产生了一种"半合成的无机生物酶"，可以将其从氧气的载体转化成一种氧化酶——氧化抗坏血酸同时还原分子氧，效果与天然的抗坏血酸氧化酶差不多。1993 年曾报道了人工合成了两种"肽酶"，每种仅含有 29 个氨基酸，但分别具有胰凝乳蛋白酶及胰蛋白酶的催化活性。

二、生物酶工程技术

生物酶工程是酶学和以 DNA 重组技术为主的现代分子生物学技术相结合的产物，因此，又称为高级酶工程（advanced enzyme engineering）。主要包括下面内容：用基因工程技术大量生产酶（克隆酶）；对酶基因进行修饰，产生遗传修饰酶（突变酶）；采用随机突变、基因重组和自然选择等酶分子的定向进化方式在体外改造酶基因，并定向筛选出所需性质的新酶。

（一）克隆酶

酶基因的克隆和高效表达技术的应用，使克隆各种重要实用性的天然酶基因成为可能。通常先在特定的酶的结构基因前加上高效的启动子和必要的调控序列，再将此基因片段克隆到一定的质粒载体中，然后将带有特定酶基因的上述杂交表达载体导入到适当的宿主细胞中（细菌或酵母细胞），通过规模发酵方法可以大量地生产人类所需要的符合设计方向的酶制剂。

目前，在用基因工程技术生产克隆酶的研究中，已成功地实现 α – 淀粉酶基因的克隆，使产酶能力提高 3 ~ 5 倍，这是第一个获得美国食品药品管理局（FDA）批准用基因工程菌生产的酶制剂。此外青霉素酰胺酶基因和耐热菌亮氨酸合成酶基因已在 *E. coli* 中成功表达。利用 DNA 重组技术使葡萄糖异构酶在 *E. coli* 中表达，在细胞中的酶蛋白含量为 40%，而热稳定性提高了 50% 以上。此外，还构建了耐热的 β – 淀粉酶、脂肪酶工程菌，并已用于工业化生产。中国还开展了木糖异构酶、纤维素酶、糖化酶、超氧化物歧化酶、溶菌酶等酶活力的研究，取得了初步成果。在医用酶方面，继第一代溶血栓剂尿激酶、链激酶基因克隆表达以后，第二代溶血栓剂尿激酶原及组织纤溶酶原激活物（tPA）表达成功并投入生产。随着基因工程与蛋白质工程的不断发展，克隆酶的生产开始成为人们的研究热点，已有数百种酶的基因克隆成功，其中一部分已进行了高效表达，在环境治理、药物合成等方面发挥作用。

（二）定位突变

定位突变（site-directed mutagenesis）就是应用蛋白质工程技术，在基因水平上将天然酶的核苷酸序列进行替换、删除、添加或修饰，以使酶在特定位置的氨基酸序列发生变化，再经过筛选得到"新酶"的过程。这种天然酶活性基团经改造所得到的"新酶"称为突变酶。定位突变是改造酶的催化活性最有效的方法之一。通过对酶基因的定位突变，使得人们可以根据蛋白质结构的研究结果，按照既定的蓝图改造编码蛋白质基因中的 DNA 顺序，经过宿主细胞的表达，能够产生被改造的具有特定氨基酸顺序、高级结构、理化性质和生物功能的新性状的酶，从而可以改变酶的催化活性、底物专一性、最适 pH；改变含金属酶的氧化还原能力；改变酶的别构调节功能；改变酶对辅酶的依赖性等；提高酶的稳定性。例如将枯草杆菌蛋白酶的天冬氨酸$_{99}$和谷氨酸$_{156}$这两种酸性氨基酸分别替换成碱性氨基酸 Lys 后，使这个酶在 pH 7.0 和 pH 6.0 时的活力分别提高了 1 倍和 10 倍。

（三）定向进化

在实验室中模仿自然进化的关键步骤——突变、重组和筛选，在较短时间内完成漫长的自然进化过程，有效地改造蛋白质，使之适于人类的需要，这种具有明确的人为设定的目标，只针对特定蛋白质的特定性质的进化过程被称为定向进化（directed evolution）。

近年来，易错 PCR（error-prone PCR）、DNA 混编（DNA shuffling）和高突变菌株等技术的应用，在对目的基因表型有高效检测筛选系统的条件下，建立了酶分子的定向进化策略，基本上实现人为快速进化的目标。

酶分子的定向进化属于蛋白质的非合理设计，它不需要事先了解酶的结构、功能关系和催化机制方面的信息，而是从一个或多个已经存在的亲本酶出发，人为地创造特殊的进化条件，模拟自然进化机制，经过基因的突变和重组，构建一个人工突变酶库，通过筛选最终获得预先期望的具有某些特性的进化酶。以对单一酶分子基因进行定向进化为例，可以说明酶分子基因进行定向进化的基本原理。在待进化酶基因的 PCR 扩增反应中，利用 *Taq* DNA 聚合酶不具有 3′→5′校对功能，并控制突变库的大小使其与特定的筛选容量相适应，选择适当条件以较低的比率向目的基因中随机引入突变，进行正向突变间的随机组合以构建突变库，凭借定向的筛选方法，选出所需性质的优化酶，从而排除其他突变体（图 5-27）。也就是说，定向进化的基本规则是"获取你所筛选的突变体"。简言之，定向进化 = 随机突变 + 正向重组 + 筛选。与自然进化不同，前者是人为引发的，后者相当于环境作用于突变后的分子群，通过选择某一方向的进化而排除其他方向的突变作用。酶分子的定向进化过程完全是在人为控制下进行的，是酶分子朝向人们期望的特定目标进化。

定向进化技术已经被广泛应用于各种酶分子的改造，使其朝向人们期望的性质进化。自 1991 年起，人们先后对 L-门冬氨酸酶、天冬氨酰二肽酶、海藻糖合成酶系进行定向进化，取得了许多满意的结果。获得 L-天冬氨酸进化酶的活力比天然酶高 28 倍；天冬氨酰二肽进化酶的活力比天然酶高 47 倍；对海藻糖-6-磷酸合成酶的操纵子进行了定向进化改造，建立了 Shuffling-PCR 方法，使海藻糖的产量提高了 12.3 倍。细胞色素 P-450 酶系的"定向进化"产生的突变体的活性高而且稳定，并避免了天然酶中所需的辅因子。

迄今为止，人们对各种生物基因的了解和按合理设计策略改造它们的能力还是有限的。因此利用蛋白质体外定向进化策略可突破这一局限性，快速获得所需功能的蛋白质，从而将大大促进酶学的发展。蛋白质体外定向进化是蛋白质工程的新策略，它标志着人为地掌握生物进化进程的时代已经到来，该技术的发展和应用必将给人类社会带来巨大的经济和社会效益。

酶工程作为现代生物技术的一个重要组成部分，有着广阔的发展前景。随着酶学、分子生物学基础理论的研究，化学工程技术和基因工程技术的不断发展和更新，酶工程必将在工业、医药、化学分析、环境保护、能源开发和生命科学理论研究等各个领域发挥越来越大的作用。发展成为一个更大的、充满生机的生物技术产业。

图 5-27　酶分子的体外定向进化原理

三、酶与酶工程在医药上的应用

（一）酶在疾病诊断上的应用

疾病治疗效果的好坏，在很大程度上取决于诊断的及时性和准确性。现代疾病的诊断方法很多，其中酶学诊断发展迅速。由于酶催化的高效性和特异性，酶学诊断方法具有简便、快捷、可靠的特点，在临床诊断上已得到广泛的应用。酶学诊断方法包括两个方面：一是根据体内原有酶活力的变化来诊断某些疾病；二是利用酶来测定体内某些物质的含量，从而诊断某些疾病。

1. 根据体液内酶活力的变化诊断疾病　一般健康人体液内所含有的某些酶的量是稳定在一定范围的。若出现某种疾病，则体液内的一种或几种酶的活力将会发生相应的改变，因此，可根据体液内某些酶的活力变化情况来诊断出某些疾病。血清中有很多酶，除少数血清酶在血中发挥重要催化功能外，大多数血清酶的活性很低。但当体内某些器官或组织发生病变时，往往会影响一些血清酶的活性，因此，测定血清酶活力在疾病诊断上具有重要意义。血清酶活力测定已广泛用于诊断肝胆疾病、心肌梗死、肿瘤、骨骼疾病等。

（1）血清酶测定应用于肝胆疾病的诊断 当肝脏病变时，可引起血清中很多酶活力的变化，主要有以下几种。

1）氨基转移酶 包括血清谷草转氨酶（sGOT）与血清谷丙转氨酶（sGPT），血清氨基转移酶是急性黄疸型肝炎前期最早出现的异常指标，因为它是肝细胞损伤最敏感的指标之一。

2）卵磷脂-胆固醇转酰基酶（LCAT） 该酶由肝脏合成而分泌入血，催化卵磷脂和游离胆固醇之间的转脂酰基作用而生成溶血卵磷脂及胆固醇酯。在肝病时，血清中的酶活力降低。

3）γ-谷氨酰转肽酶（γ-GT） 该酶催化下述反应。

$$\gamma\text{-谷氨酰-半胱氨酰-甘氨酸}+\text{L-氨基酸}\xrightarrow{\gamma\text{-GT}}\gamma\text{-谷氨酰-L-氨基酸}+\text{半胱氨酰-甘氨酸（GSH）}$$

活动性肝病患者血清中 γ-GT 升高，故 γ-GT 是活动性肝病的诊断指标。

（2）血清酶的测定应用于急性心肌梗死的诊断 应用于心肌梗死的血清酶主要有血清谷草转氨酶（sGOT）、乳酸脱氢酶（LDH）和肌酸激酶（CK），其中 LDH 与 CK 具有较高阳性率与特异性。

1）LDH 同工酶 LDH_1 在心肌中含量最高，心肌梗死时，释放 LDH_1 明显高于其他同工酶，因而患者血清中 LDH_1/LDH_2 值明显升高。

2）CK 同工酶 CK-MB（M 及 B 表示亚基）同工酶是诊断心肌梗死的最好指标，心肌梗死时，血清中 CK-MB 可增高 6 倍。

（3）血清酶的测定应用于诊断肿瘤

1）γ-GT γ-GT 可作为活动性肝病的指标，它对肝癌的诊断也有一定意义。实验证明，原发性或继发性肝癌时，血清 γ-GT 均明显升高。

2）半乳糖基转移酶（Gal T）同工酶 该酶有Ⅰ、Ⅱ两种同工酶。正常人血清中只有 Gal T-Ⅰ，而癌症患者血清中的 Gal T-Ⅰ虽仅略高于正常，但可出现 Gal T-Ⅱ，阳性率为 73%~83%，所以 Gal T-Ⅱ是一个较好的癌症诊断指标。

2. 用酶测定体液中某些物质的量诊断疾病 由于酶具有专一性强、催化效率高等特点，可以利用酶来测定体液中某些物质的含量从而诊断某些疾病。

（1）利用葡萄糖氧化酶和过氧化氢酶的联合作用，检测血液或尿液中葡萄糖的含量，从而作为糖尿病临床诊断的依据，这两种酶都可以固定化后制成酶试纸或酶电极，可十分方便地用于临床检测。

（2）利用尿酸氧化酶测定血液中尿酸的含量诊断痛风病。固定化尿酸氧化酶已在临床诊断中使用。利用胆碱酯酶或胆固醇氧化酶测定血液中胆固醇的含量诊断心血管疾病或高血压等。这两种酶都经固定化后制成酶电极使用。

（3）利用酶标免疫测定诊断相关疾病。所谓酶标免疫测定，是先把酶与某种抗体或抗原结合，制成酶标记的抗体或抗原，然后利用酶标抗体（或酶标抗原）与待测抗原（或抗体）结合，再借助于酶的催化特性进行定量测定，测出酶-抗体-抗原结合物中的酶含量，就可以计算出欲测定的抗体或抗原的含量。通过抗体或抗原的量就可以诊断某种疾病。常用的标记酶有碱性磷酸酶和过氧化物酶等。通过酶标免疫测定，可以诊断肠虫、毛线虫、血吸虫等寄生虫以及疟疾、麻疹、疱疹、乙型肝炎等疾病。随着细胞工程的发展，已生产出各种单克隆抗体，为酶标免疫测定带来了极大的方便和广阔的应用前景。

（二）酶在治疗上的应用

早期酶制剂主要用于治疗消化道、烧伤及感染引起的炎症等疾病，现在国内外酶制剂的应用更为广泛，其制剂品种已超过 700 余种，用于治疗疾病的酶类药物主要有以下几类。

1. 与治疗胃肠道疾病有关的酶类药物　这类酶作为消化促进剂，早已为人们所采用。该类酶的作用是水解和消化食物中的蛋白质、糖类和脂类等成分。早期使用的消化剂，其最适 pH 为中性至微碱性，故常将酶与胃酸中和剂 NaHCO₃ 一同服用。最近已从微生物制得不仅在胃中，同时也能在肠中促进消化的复合消化剂，内含蛋白酶、淀粉酶、脂肪酸和纤维素酶。助消化酶类药物中有胃蛋白酶、胰酶、纤维素酶及淀粉酶等。

2. 与治疗炎症有关的酶类药物　临床上应用的消炎酶有胰蛋白酶、凝乳蛋白酶、溶菌酶、菠萝蛋白酶、木瓜蛋白酶、枯草杆菌蛋白酶、胶原蛋白酶、黑曲霉蛋白酶等。这些酶能水解炎症部位纤维蛋白及脓液中黏蛋白，适用于消炎、消肿、消疮、排脓与促进伤口愈合。蛋白酶的消炎作用已被实验与临床应用所证实，但其在体内的吸收途径、在血液中的半衰期以及在体内如何保持活性等，仍然是当今药用酶研究的热门课题。

3. 与防治冠心病有关的酶类　胰弹性蛋白酶具有 β - 脂蛋白酶的作用，能降低血脂、防治动脉粥样硬化。激肽释放酶（血管舒缓肽）有舒张血管作用，临床上用于治疗高血压和动脉粥样硬化。

4. 与溶解血纤维有关的酶类　血纤维蛋白在血液的凝固与解凝过程中有着十分重要的作用。健康人体血管中凝血和抗凝血过程保持着良好的动态平衡，其血管内既无血栓形成，也无出血现象发生。目前已用于临床治疗的这类酶不断增加，其中止血酶有凝血酶和凝血酶致活酶；抗血栓酶有纤溶酶、葡激酶、尿激酶与链激酶，但后两者的作用是使无活性的纤溶酶原转化为有活性的纤溶酶，使血液中纤维蛋白溶解，防止血栓形成。

5. 具有抗肿瘤作用的酶类　酶能治疗某些肿瘤，如 L - 天冬酰胺酶能水解破坏肿瘤细胞生长所需的 L - 天冬酰胺，干扰或破坏肿瘤组织代谢，而正常细胞能自身合成天冬酰胺故不受影响。临床上用于治疗淋巴肉瘤和白血病。谷氨酰胺酶也有类似作用，用于治疗多种白血病、腹水瘤、实体瘤等。神经氨酸苷酶是一种良好的肿瘤免疫治疗剂。此外，尿激酶可用于加强抗癌药物如丝裂霉素 C（mitomycin C）的药效，米曲溶栓酶也能治疗白血病和肿瘤等。

6. 其他酶类药物　这类酶很多，如青霉素酶能分解青霉素，治疗青霉素引起的过敏反应；细胞色素 c 是参与生物氧化的一种非常有效的电子传递体，可用作为组织缺氧治疗的急救和辅助用药；超氧化物歧化酶用于治疗类风湿性关节炎和放射病；透明质酸酶可分解黏多糖，使组织间质的黏稠性降低，有助于组织通透性增加，用作药物扩散剂并治疗青光眼；弹性蛋白酶有降血压和降血脂的作用；激肽释放酶能治疗与血管收缩有关的各种循环障碍；葡聚糖酶能预防龋齿等。

（三）固定化酶在医药领域的应用

固定化酶在工业、医学、分析工作及基础研究等方面有广泛用途，与医药有关的主要有以下几个方面。

1. 药物生产中的应用　医药工业是固定化酶用得比较成功的一个领域，并已显示巨大的优越性。如酶法水解 RNA 制取 5′ - 核苷酸，若将 5′ - 磷酸二酯酶制成固定化酶用于水解 RNA 制备 5′ - 核苷酸，比用液相酶提高效果 15 倍。此外，青霉素酰化酶、谷氨酸脱羧酶、延胡索酸酶、L - 门冬氨酸酶、L - 门冬氨酸 - β - 脱羧酶等都已制成固定化酶用于药物生产。

2. 亲和色谱中的应用 亲和色谱是利用生物大分子能与其相应的专一分子可逆结合的特性而发展起来的一种色谱方法。如抗体和抗原、酶和底物或抑制剂、核糖核酸与其互补的脱氧核糖核酸间都存在专一的亲和力，若将其一方固定化在载体上，就可根据它们间的专一结合力而将被分离的大分子物质吸附于载体上，洗去杂质后再将它解离，就可得到纯的物质。

3. 医疗上的应用 制造新型的人工肾，这种人工肾是由微胶囊的脲酶和微胶囊的离子交换树脂的吸附剂组成。前者水解尿素产生氨，后者吸附除去产生的氨，以降低患者血液中过高的非蛋白氮。

（四）蛋白酶抑制剂的设计及其在医药上的应用

随着人们对酶分子认识程度的不断深入，基于酶作用机制的抑制剂研究、酶与生物活性物质之间的相互作用及其影响的研究，为有目的地设计和合成酶抑制剂作为临床药物提供了理论基础，并已经成为医学领域中新药研究开发的热点。

酶的抑制剂在生理和医药上有极重大的作用，例如常用药物磺胺药就是一种竞争性抑制剂，磺胺药分子结构类似细菌细胞壁合成的一种前体分子（PABA），因而可与催化PABA的酶结合，造成对酶的抑制，达到抗菌消炎的作用。

在临床上有很多药物以酶作为靶点，如胸苷酸合成酶抑制剂和二氢叶酸还原酶抑制剂作为抗癌药物，嘌呤核苷磷酸化酶抑制剂作为化疗剂和免疫抑制剂等。其中约20%的抑制剂作用于蛋白酶，这是因为细胞内数量众多的蛋白酶不仅承担着重要的生理功能，同时与人体疾病密切相关，如肿瘤的生长、转移等均与蛋白水解酶活性有关，在恶性细胞中蛋白水解酶活性升高，降解基质和结缔组织，从而有利于肿瘤的生长和转移。

现已知有半胱氨酸蛋白酶、天冬氨酸蛋白酶、丝氨酸蛋白酶和基质金属蛋白酶四类蛋白酶与人体疾病密切相关，尤其与恶性肿瘤的发生有关，这些高活性的酶如果不受任何约束，人体正常生理活动将受到破坏。下面以几个典型的抑制剂为例，介绍蛋白酶抑制剂设计的基本方法及目前的研究进展。

1. 血管紧张肽转化酶抑制剂的设计 人的血压是由多种复杂的机制来调控的，其中有两种蛋白水解酶——血管紧张肽酶和血管紧张肽转化酶（angiotensin converting enzyme，ACE）起着关键作用（图5-28）。血压产生的原因是由于一种称为血管紧张肽的多肽能够引起血管的收缩和刺激肾上腺皮质激素分泌。主要的机制是前肾素-血管紧张肽以及激肽原在体内的转变过程。肾素（血管紧张肽原酶）刺激血管紧张肽原释放一种无活性的十肽——血管紧张肽Ⅰ，在血管紧张肽转化酶的作用下，血管紧张肽Ⅰ进一步水解为八肽的血管紧张肽Ⅱ，血管紧张肽Ⅱ是目前已知的最强的内源性升压物质，对血管有直接的升压效应，这可能是一部分高血压的产生基础。

Asp-Arg-Val-Tyr-Ile-His-Pro-Phe-His-Leu- ¦ -Val-Ile-His⋯

血管紧张肽原

↓（血管紧张肽原酶）

Asp-Arg-Val-Tyr-Ile-His-Pro-Phe- ¦ -His-Leu

血管紧张肽Ⅰ

↓（血管紧张肽转化酶 ACE）

Asp-Arg-Val-Tyr-Ile-His-Pro-Phe

血管紧张肽Ⅱ

图5-28 血管紧张肽原酶和血管紧张肽体系

血管紧张肽转化酶抑制剂就是通过与血管紧张肽转化酶作用而使血管紧张肽 II 的生物合成得到抑制，从而达到降压的效果。那么，如何设计血管紧张肽转化酶抑制剂呢？人们从羧肽酶 A 作用机制的研究得到启发，已知 ACE 在活性中心含有金属离子，因此是金属蛋白酶家族中的一员，而且 ACE 和羧肽酶 A 一样，也是一种含锌二肽外切酶。因此，有理由认为 ACE 与一种常见的含锌蛋白酶——羧肽酶 A 有相似之处，都可从底物的 C 端水解氨基酸，不同的是羧肽酶 A 从 C 端水解掉一个氨基酸，而 ACE 则从血管紧张肽 I 降解掉两个氨基酸。另外，人们发现一种九肽的蛇毒 Glu – Trp – Pro – Arg – Pro – Glu – Ile – Pro – Pro 可降低人的血压，但口服无效，人们希望能找到一种小分子来替代这种吸收差或容易被代谢的肽。1973 年，人们发现 L – 苄基琥珀酸是羧肽酶 A 的强抑制剂，据此设计了一个 ACE 抑制剂的分子模型——琥珀酰氨基酸。考虑到已经发现的 ACE 天然多肽抑制剂（如蛇毒）中，C 端都是脯氨酸，因此，琥珀酰脯氨酸作为第一个 ACE 抑制剂研究起始物被合成并对其生理活性进行了系统的研究。通过实验发现羧基端含脯氨酸单元的二肽是 ACE 的弱竞争性抑制剂，从这个抑制剂出发进行结构优化，人们于 1977 年设计出临床上用于治疗高血压的血管紧张肽转化酶抑制剂药物——卡托普利（captopril）（图 5 – 29）。卡托普利与 ACE 抑制剂原型的区别在于与 Zn^{2+} 配位的羧基改为巯基，与蛇毒具有类似的抑制作用且口服有效。卡托普利是第一个通过对酶作用机制的研究设计出的用于临床的药物。

图 5 – 29　血管紧张肽转化酶抑制剂卡托普利的设计过程

2. HIV 蛋白酶抑制剂的设计　人感染人类免疫缺陷病毒（HIV）后可引起人类获得性免疫缺陷综合征。HIV 通过破坏人的免疫系统最终导致人的死亡，人类获得性免疫缺陷综合征是世界十大致命疾病之一。由于导致人类获得性免疫缺陷综合征的 HIV 是一种逆转录病毒，因此治疗此疾病比治疗细菌引起的疾病困难得多。因为逆转录病毒感染宿主细胞后，在逆转录酶作用下，将其 RNA 逆转录成 DNA，在整合酶作用下，病毒 DNA 整合到宿主 DNA 分子上，因此这将会改变宿主细胞中正常的信息流。

HIV 病毒颗粒进一步繁殖时不仅需要 DNA、RNA，还需要合成蛋白质来提供关键酶和结构蛋白，这些能组装成病毒外壳的蛋白质首先以蛋白质前体的形式合成，通过剪切才具有活性，然后进行装配。这一过程需要的剪切酶就是 HIV 蛋白酶。因此，HIV 复制过程中需要的逆转录酶、整合酶和 HIV 蛋白酶都可作为治疗人类获得性免疫缺陷综合征的靶酶。血管紧张肽原酶抑制剂设计方法为 HIV 蛋白酶抑制剂的设计提供了很好的思路。研究发现，HIV 蛋白酶和血管紧张肽原酶同为酸性蛋白质，并具有对称的活性中心结构。由于血管紧张肽原酶抑制剂是在二羟乙烯结构类似的分子上优化而成的，研究人员用 X 射线分析了这种酶和抑制剂复合物的空间结构，根据数据分析的结果设计了用二羟乙烯结构类似物嵌合在环状的尿素分子上，进一步寻找酶和抑制剂之间存在的重要的相互作用力以优化这一抑制剂的结构，最后得到了 DMP323 分子（图 5 - 30），并且发现如果去掉一个羟基，抑制活性基本不变。

图 5 - 30　HIV 蛋白酶抑制剂的结构

由于化学随机筛选方法的不断改进，现在已经可以提供更多的非多肽结构类似物作为药物设计的起点，Saquinavir 作为 HIV 蛋白酶抑制剂，是这一领域最杰出的研究成果，也是第一个在美国批准为治疗人类获得性免疫缺陷综合征的药物。X 射线晶体研究阐明了酶对底物分子的切割位点（图 5 - 31），根据底物多肽顺序的框架，人们设计出了最小的多肽结构类似物，P_1 和 P_1 分别为 Phe 和 Pro，继续引入一羟乙烯基团，得到一个 HIV 蛋白酶的抑制剂，以其作为药物设计的起点进一步优化，在 N 端加上 Asp，对酶的亲和力可增加 50 倍，如将 N 端酶疏水口袋的侧链换成喹啉基团，尤其是顺式结构的萘烷取代了 C 端的 Pro 残基，可得到 HIV 蛋白酶非常强的抑制剂 Saquinavir。药效学和毒理学研究证实可应用于临床。这种人工设计的抑制剂是 HIV 蛋白酶有效的克星。

蛋白酶抑制剂在治疗 AIDS 上的成功极大地激起了科学家们将它用于治疗其他疾病的兴趣。丙型肝炎病毒、SARS、朊病毒、细胞巨化病毒等蛋白酶的结构已经确定。同时，科学家们开始认识到蛋白酶在非病毒性疾病中的重要性，比如蛋白酶可能与骨质疏松症和炎症有关。此外，还可能导致脑卒中或者是阿尔茨海默病。

目前，用计算机模拟技术进行快速有效的寻找药物的起始化合物的方法日臻成熟。由于酶及酶抑制剂的 X 射线晶体结构数目不断增加，提供了很多底物和抑制剂与酶相互作用的结构信息，并将这些信息用计算机形象而定量地展现出来，可以非常详细地观察分子之间的相互作用。人们通过对酶与底物的空间结构信息、酶的作用机制进行综合考虑来设计有活性的抑制剂，如 SARS 冠状病毒 3CL 蛋白酶是一类类似于胰凝乳蛋白酶的半胱氨酸蛋白酶。在病毒的整个生活史中起关键调控作用，利用计算机模拟技术，目前已筛选出了一种小分子抑制剂可以有效地抑制 3CL 蛋白酶的活性。

$K_i(\text{nmol/L})$

抑制剂

优化的结构

6400

140

0.4

图 5 – 31 Saquinavir 药物的发现

扫码"练一练"

目前，世界上越来越多的医药公司开始致力于设计靶酶的抑制剂的计算机软件开发，计算机模拟技术为全新药物的设计开辟了又一个新的领域。

（杜振宁）

第六章 核酸

核酸（nucleic acid）是含有磷酸基团的重要生物大分子，这类物质都是从细胞核中提取出来的，而且都具有酸性，因此称为核酸。在自然界中，一切生物都含有核酸，即使比细菌还小的病毒也含有核酸。所以凡是有生命的地方就有核酸存在。核酸占细胞干重的5%～15%。

核酸在细胞内通常以与蛋白质结合成核蛋白的形式存在。天然的核酸分为两大类，即核糖核酸（ribonucleic acid，RNA）和脱氧核糖核酸（deoxyribonucleic acid，DNA）。DNA主要分布在细胞核中，RNA可存在于细胞质和细胞核中。

核酸是生物体遗传变异的物质基础。遗传与变异是最重要、最本质的生命现象。生物遗传信息贮存在DNA分子上，但生物性状并不由DNA直接表现，而是通过各种蛋白质的生物功能才表现出来。蛋白质的结构是由DNA决定的，也就是说遗传信息是由DNA传向蛋白质。遗传信息的这种传递不是直接的，而是通过中间信使mRNA来传递，即DNA把自己的信息先传给mRNA，然后再由mRNA传给蛋白质。所以蛋白质的生物合成和生物性状的表现（如新陈代谢、生长发育、组织分化等）都直接与核酸紧密相关。DNA是遗传信息的载体，因此DNA分子结构的改变，必将导致生物功能的改变。各种先进实验技术不断的创造和使用，为研究核酸的结构和功能奠定了基础。核酸的研究与应用是开发新药、战胜疾病、创造新物种与新品种的有效手段。核酸研究已成为现代生物化学、分子生物学与医药学发展的重要领域。

第一节 核酸的基本结构单元——核苷酸

扫码"学一学"

核苷酸（nucleotide）是一类极为重要的生物小分子，几乎参与细胞内的每一项重要的生物功能，其最重要的功能无疑是作为核酸的基本组成单位，为所有的物种编码各种各样的遗传信息。

核酸是由许多分子的单核苷酸聚合而成的多核苷酸（polynucleotide），所以单核苷酸（mononucleotide）是组成核酸的基本结构单位。单核苷酸还可以进一步分解成核苷（nucleoside）和磷酸。核苷再进一步分解成碱基（base）（嘌呤碱与嘧啶碱）和戊糖（pentose）。戊糖有两种：D-核糖（D-ribose）和D-2-脱氧核糖（D-2-deoxyribose），据此将核酸分为核糖核酸（RNA）和脱氧核糖核酸（DNA）。核酸的逐步水解过程如图6-1所示。

图 6-1 核酸的水解

203

RNA 主要由腺嘌呤、鸟嘌呤、胞嘧啶和尿嘧啶四种碱基组成的核糖核苷酸构成。DNA主要由腺嘌呤、鸟嘌呤、胞嘧啶和胸腺嘧啶四种碱基组成的脱氧核糖核苷酸组成。RNA 和 DNA 分子中三种碱基是相同的，只有一种碱基不同，RNA 分子中是尿嘧啶，而 DNA 分子中是胸腺嘧啶。RNA 和 DNA 的基本化学组成比较见表 6－1。

表 6－1　DNA 和 RNA 的基本化学组成比较

	DNA	RNA
嘌呤碱	腺嘌呤	腺嘌呤
	鸟嘌呤	鸟嘌呤
嘧啶碱	胞嘧啶	胞嘧啶
	胸腺嘧啶	尿嘧啶
戊糖	D－2－脱氧核糖	D－核糖
酸	磷酸	磷酸

一、核苷酸的结构与组成

核苷酸由核苷（nucleoside）和无机磷酸组成。核苷实为一种戊糖的糖苷，由碱基与核糖或脱氧核糖通过 $\beta-N-$ 糖苷键连接而成。

（一）碱基

碱基是核苷酸中最重要的部分，因为在核酸分子中，编码遗传信息的是特定的碱基序列。碱基也被称为含氮碱基（nitrogenous bases），它们是含有 N 原子的嘌呤（purine）或嘧啶（pyrimidine）的衍生物。衍生于嘧啶的碱基被称为嘧啶碱基，衍生于嘌呤的碱基被称为嘌呤碱基。

嘧啶是六元的芳香杂环，含有两个 N 原子，为一个平面结构；嘌呤由六元的嘧啶环与五元的咪唑环（imidazole ring）融合而成，共有九个原子组成，其中有四个 N 原子。嘌呤环不完全在一个平面上，在嘧啶环和咪唑环之间有小的弯曲。无论是嘧啶还是嘌呤，其上的所有原子都被统一编号。按照惯例，编号的方向是顺时针。

1. 常见的碱基　生物体内最常见的嘧啶碱基是胞嘧啶（cytosine）、尿嘧啶（uracil）和胸腺嘧啶（thymine），胸腺嘧啶即是 5－甲基尿嘧啶（5－methyluracil）；嘌呤碱基是腺嘌呤（adenine）和鸟嘌呤（guanine）。其中 RNA 和 DNA 都有的碱基是胞嘧啶、腺嘌呤和鸟嘌呤，而尿嘧啶通常只存在于 RNA 中，胸腺嘧啶只存在于 DNA 中。

2. 修饰碱基　除了以上 5 种常见的碱基以外，有机体内还存在着 100 多种其他嘌呤或嘧啶的衍生物，这些碱基有的很少见，有的是 5 种常见碱基的修饰产物或代谢产物，例如次黄嘌呤（hypoxanthine）、黄嘌呤（xanthine）、尿酸（uric acid）、二氢尿嘧啶（dihydrouracil）。

（二）核糖和脱氧核糖

RNA 和 DNA 两类核酸是因所含戊糖不同而分类的。RNA 含 $\beta-D-$核糖，DNA 含 $\beta-D-2-$脱氧核糖。某些 RNA 中含有少量 $\beta-D-2-O-$甲基核糖。核酸分子中的戊糖都是 $\beta-D$ 型。

$\beta-D-$核糖　　　　　$\beta-D-2-$脱氧核糖　　　　　$\beta-D-2-O-$甲基核糖

（三）核苷

戊糖和碱基缩合而成的糖苷称为核苷（nucleoside）。戊糖和碱基之间的连接是戊糖的第一位碳原子（C_1）与嘧啶碱的第一位氮原子（N_1）或嘌呤碱的第九位氮原子（N_9）相连接。戊糖和碱基之间的连接键是 N—C 键，一般称为 $N-$糖苷键。

核苷中的 D-核糖和 D-2-脱氧核糖都是呋喃型环状结构。糖环中的 C_1 是不对称碳原子，所以有 α 和 β 两种构型。核酸分子中的糖苷键均为 $\beta-$糖苷键。

应用 X 射线衍射法证明，核苷中的碱基与糖环平面互相垂直。

根据核苷中所含戊糖不同，将核苷分为核糖核苷和脱氧核糖核苷两类。

在核苷的编号中，为了避免碱基环上原子的编号与呋喃糖环上原子编号混淆，在呋喃糖环上各原子编号的阿拉伯数字后需加 "′"，以便与碱基编号区别。

核糖上的 2′-羟基是否存在似乎是很小的差别，但对于 RNA 和 DNA 的二级结构和对碱水解和酶促水解的敏感性则会产生巨大的影响。

对核苷进行命名时，先冠以碱基的名称，如腺嘌呤核苷、胸腺嘧啶脱氧核苷等。

RNA 中主要的核糖核苷有四种：腺嘌呤核苷（adenosine，A）、鸟嘌呤核苷（guanosine，G）、胞嘧啶核苷（cytidine，C）和尿嘧啶核苷（uridine，U）。其结构式如下。

腺嘌呤核苷　　　　鸟嘌呤核苷　　　　胞嘧啶核苷　　　　尿嘧啶核苷
　（腺苷）　　　　　（鸟苷）　　　　　（胞苷）　　　　　（尿苷）

DNA 中主要的脱氧核糖核苷有四种：腺嘌呤脱氧核苷（deoxyadenosine，dA）、鸟嘌呤脱氧核苷（deoxyguanosine，dG）、胞嘧啶脱氧核苷（deoxycytidine，dC）、胸腺嘧啶脱氧核苷（deoxynucleoside，dT）。其结构式如下。

腺嘌呤脱氧核苷
(脱氧腺苷)

鸟嘌呤脱氧核苷
(脱氧鸟苷)

胞嘧啶脱氧核苷
(脱氧胞苷)

胸腺嘧啶脱氧核苷
(脱氧胸苷)

生物体内还有一些修饰核苷主要存在于 RNA 分子上（特别是 tRNA 和 rRNA 等），是由修饰碱基与戊糖组成的核苷，如 tRNA 中含有少量假尿嘧啶核苷（pseudouridine），其结构特殊，它的核糖不是与尿嘧啶的 N_1 相连，而是与嘧啶环的 C_5 相连，结构式如下。

假尿嘧啶核苷

核苷的性质：核苷的水溶性要比自由的碱基高得多，这归于核糖部分的高度亲水性。与糖苷一样，核苷在碱性条件下较稳定。嘧啶核苷还能抵抗酸水解，但嘌呤碱基很容易发生酸水解而产生游离的碱基和戊糖。

（四）核苷酸

核苷中戊糖的羟基磷酸酯化，即形成核苷酸（nucleotide）。核苷酸是核苷的戊糖羟基的磷酸酯。根据核苷酸中的戊糖不同，核苷酸可分为两大类：核糖核苷酸和脱氧核糖核苷酸。由于核糖中有三个游离的羟基（2′，3′和 5′），因此核糖核苷酸有 2′－核糖核苷酸、3′－核糖核苷酸和 5′－核糖核苷酸三种，但是自然界的核苷酸多为 5′－磷酸核苷。而脱氧核糖只有 3′ 和 5′ 两个游离羟基可被酯化，因此只有 3′－脱氧核苷酸和 5′－脱氧核苷酸两种。自然界存在的游离核苷酸为 5′－核苷酸。

常见的核糖核苷酸结构如下。

磷酸酯键

5′－腺苷一磷酸
(AMP)

5′－鸟苷一磷酸
(GMP)

5′－尿苷一磷酸
(UMP)

5′－胞苷一磷酸
(CMP)

3′－腺苷一磷酸
(3′-AMP)

核酸（RNA 或 DNA）是由许多单核苷酸分子以 3′,5′ – 磷酸二酯键连接而成的多核苷酸。其连接方式是：一个核苷酸的戊糖的 5 位碳原子（C_5'）上的磷酸基与相邻的核苷酸的戊糖的第 3′位碳原子（C_3'）上的羟基结合，同时脱去 1 分子水。

$$（碱基）_1—（戊糖）—OH + HO—P—O—（戊糖） \longrightarrow （戊糖）—O—P—O—（戊糖） + H_2O$$

构成 RNA 和 DNA 的基本结构单位见表 6 – 2。

表 6 – 2　RNA 和 DNA 的基本结构单位

RNA 的基本结构单位	DNA 的基本结构单位
腺嘌呤核苷酸 （adenosine monophosphate，AMP）	腺嘌呤脱氧核苷酸 （deoxyadenosine monophosphate，dAMP）
鸟嘌呤核苷酸 （guanosine monophosphate，GMP）	鸟嘌呤脱氧核苷酸 （deoxyguanosine monophosphate，dGMP）
胞嘧啶核苷酸 （cytidine monophosphate，CMP）	胞嘧啶脱氧核苷酸 （deoxycytidine monophosphate，dCMP）
尿嘧啶核苷酸 （uridine monophosphate，UMP）	胸腺嘧啶脱氧核苷酸 （deoxythymidine monophosphate，dTMP）

二、核苷酸的理化性质

核苷酸的某些性质由碱基决定，例如紫外吸收、酮式与烯醇式的互变；某些性质由核糖或脱氧核糖决定，例如易溶于水和具有旋光性；某些性质由磷酸基团和碱基共同决定的，例如核苷酸的两性解离和具有等电点；某些性质与 N – 糖苷键有关，如核苷酸特别是嘌呤核苷酸在酸性溶液中不稳定，易发生脱碱基反应。

（一）一般性状

核苷酸为无色粉末或结晶，易溶于水，不溶于有机溶剂。由于戊糖含有不对称碳原子，因此核苷酸溶液具有旋光性。

（二）紫外吸收

由于嘌呤碱和嘧啶碱具有共轭双键，因此碱基、核苷和核苷酸在 240 ~ 290nm 波段有吸收峰，其最大吸光度值在 260 附近，不同的核苷酸有不同的吸收特性。因此，可以用紫外分光光度法对核苷酸做定性和定量测定。

1. 核苷酸的定量测定　精确称取核苷酸若干毫克，用 0.01mol/L 盐酸定容至一定体积，在波长 260nm 下测定样品的吸光度，根据核苷酸的摩尔吸收系数可以计算出样品中核苷酸的百分含量。计算公式为

$$核苷酸 = \frac{A_{260}}{E_{260}c} \times Mr \times 100\%$$

式中，A_{260} 为所测样品的吸光度；Mr 为所测核苷酸的相对分子质量；E_{260} 为所测核苷酸的摩尔吸收系数；c 为所测核苷酸的样品浓度（mg/ml）。

DNA 及 RNA 中某些碱基、核苷和核苷酸的相对分子质量见表 6 – 3。

表 6-3 某些碱基、核苷和核苷酸的相对分子质量

名称	相对分子质量	名称	相对分子质量	名称	相对分子质量
腺嘌呤	135	腺苷	267	腺苷—磷酸	347
鸟嘌呤	151	鸟苷	283	鸟苷—磷酸	363
胞嘧啶	111	胞苷	243	胞苷—磷酸	323
尿嘧啶	112	尿苷	244	尿苷—磷酸	324
胸腺嘧啶	126	胸腺嘧啶脱氧核苷	242	胸腺嘧啶脱氧核苷—磷酸	322

2. 核苷酸的定性鉴定 由于不同的核苷酸有其独特的紫外吸收曲线，因此，选定某两个波长的吸光度值之比，可以用作鉴定不同核苷酸的指标。常用的指标为：A_{250}/A_{260}，A_{280}/A_{260}，A_{290}/A_{260}。其标准比值见表 6-4。

表 6-4 四种单核苷酸吸收光谱的标准比值

核苷酸 \ A 比值	A_{250}/A_{260}		A_{280}/A_{260}		A_{290}/A_{260}	
pH	2.0	7.0	2.0	7.0	2.0	7.0
CMP	0.46	0.84	2.10	0.99	1.55	0.30
AMP	0.85	0.80	0.22	0.15	0.03	0.003
UMP	0.74	0.73	0.38	0.40	0.03	0.03
GMP	1.22	1.15	0.68	0.68	0.40	0.28

由于溶液的 pH 会影响核苷酸的解离状态，因而影响其紫外吸收特性，所以测定时要严格控制溶液的 pH。

（三）核苷酸的互变异构作用

碱基上带有酮基的核苷酸能转化为烯醇式。在溶液中，酮式和烯醇式两种互变异构体常同时存在，处于平衡态。在生物体内，核酸结构中的核苷酸主要是酮式。

（四）碱基、核苷和核苷酸的解离

1. 碱基的解离 由于嘧啶和嘌呤化合物杂环中的氮及某些取代基团具有结合或释放质子的能力，所以这些化合物既有碱性解离又有酸性解离的性质。胞嘧啶环所含氮原子上有 1 对未共用电子，可与质子结合，使第 3 位的 ═N— 转变成带正电荷的 ═N⁺H—基团。此外，胞嘧啶 C_2 位上的烯醇式羟基的性质与酚羟基相似，具有释放质子的能力，呈酸性。因此，在水溶液中，胞嘧啶的中性分子、阳离子和阴离子之间具有平衡关系。

过去认为 pH4.4 的解离与胞嘧啶的氨基有关，其实氨基在嘧啶碱中所呈的碱性极弱。这是因为嘧啶环与苯环相似，具有吸引电子的能力，使得氨基氮原子上未共用电子对不易与氢离子结合，氢离子主要是与环中的第三位的氮原子（N_3）相结合。

尿嘧啶和胸腺嘧啶环上 C_4 位无氨基对 N_3 的影响，因此 N_3 不易离子化，其值较高。

在腺嘌呤中，质子结合在 N_1 上，其 $pK_1' = 4.15$。腺嘌呤的 $pK_2' = 9.8$，是由于 N_3 位上 —NH— 的解离。

在鸟嘌呤中，质子结合在 N_7 上。N_7 上的解离 $pK_1' = 3.3$，N_1 上的解离 $pK_2' = 9.6$，N_9 上的解离 $pK_3' = 12.3$。

2. 核苷的解离 在核苷中，由于戊糖的存在，对碱基的解离有一定的影响，例如腺嘌呤环的 pK_1' 由原来的 4.15 降为 3.63，胞嘧啶的 pK_1' 由 4.4 降为 4.1。pK_1' 值下降说明糖的存在增强了碱基的酸性解离。核糖中的羟基也可以解离，其 pK_1' 值通常在 12 以上。

3. 核苷酸的解离 核苷酸中含有磷酸基，使核苷酸具有较强的酸性。在核苷酸中，碱基部分的 pK' 值与核苷的相似，另外两个解离常数是由磷酸基引起的。这两个解离常数分别为 $pK_1' = 0.7 \sim 1.6$，$pK_2' = 5.9 \sim 6.5$。

由于核苷酸含有碱基和磷酸基，因此，核苷酸为两性电解质，它们在不同 pH 的溶液中解离程度不同，在一定条件下可形成兼性离子。在腺苷酸、鸟苷酸、胞苷酸中 pK_1' 值是由于第一磷酸基——PO_3H_2 的解离，pK_2' 值是由于含氮环 $= N^+ H$ 的解离，而 pK_3' 则是由于第二磷酸基——PO_3H_2 的解离。核苷酸的等电点（pI）可按下式计算。

$$pI = \frac{pK_1' + pK_2'}{2}$$

当处在等电点时，核苷酸主要呈兼性离子存在。尿苷酸的碱基碱性极弱，测不出含氮环的解离曲线，所以不能形成兼性离子。

三、生物体内的重要核苷酸衍生物

（一）5′-核苷二磷酸类和5′-核苷三磷酸类

在生物体内，5′-核苷酸可以在 5′ 位上进一步磷酸化而形成 5′-核苷二磷酸和 5′-核苷三磷酸。例如腺苷酸（AMP）可以磷酸化产生腺苷二磷酸（adenosine diphosphate，ADP）和腺苷三磷酸（adenosine triphosphate，ATP）。

腺苷二磷酸（ADP）　　　　　　　　　　腺苷三磷酸（ATP）

其他核苷酸也可以和腺苷酸一样在生物体内进行磷酸化，产生相应的核苷二磷酸和核苷三磷酸。四种核苷三磷酸（ATP、CTP、GTP、UTP）是体内 RNA 生物合成的原料。四种三磷酸脱氧核苷（dATP、dCTP、dGTP、dTTP）是生物合成 DNA 的原料。

核苷三磷酸化合物在生物体内的能量代谢中起着重要的作用。体内物质氧化时所产生的能量一般不能直接用于生理活动，但释放出来的能量可供 ADP 磷酸化形成 ATP。因此体内物质氧化所放出的能量先储存于 ATP 中，当体内需要能量时，ATP 水解释放出能量以满足生理活动的需要。可见，ATP 在生物体内化学能的储存和利用中起着关键的作用。有些核苷三磷酸参与某些代谢过程，如 CTP 参加磷脂的合成，UTP 参加多糖的合成，GTP 参加蛋白质和嘌呤的合成等，在这些合成代谢过程中 ATP、CTP、UTP 和 GTP 起提供能量的作用。

（二）环化核苷酸

环化核苷酸如环化腺苷酸和环化鸟苷酸普遍存在于动植物和微生物细胞中。它们的结构式如下。

3′,5′–环腺苷酸　　　　　　　　　　　3′,5′–环鸟苷酸

3′,5′–环腺苷酸（3′,5′–cyclic adenylic acid）或称环腺一磷（cAMP），3′,5′–环鸟苷酸（3′,5′–cyclic guanylic acid）或称环鸟一磷（cGMP）。

环化核苷酸参与调节细胞生理生化过程从而控制生物的生长、分化和细胞对激素的效应。cAMP 和 cGMP 分别具有放大激素作用信号和缩小激素作用信号的功能，因此称为激素的第二信使。cAMP 还参与大肠埃希菌中 DNA 转录的调控。

外源 cAMP 不易通过细胞膜，cAMP 的衍生物双丁酰 cAMP 可通过细胞膜，现已应用于临床，对心绞痛、心肌梗死等有一定疗效。

扫码"学一学"

第二节　核酸的种类和结构

核酸即多核苷酸，是由多个核苷酸通过 3′,5′–磷酸二酯键相连的多聚物，可分为核糖核酸（RNA）和脱氧核糖核酸（DNA）两类，其中 DNA 是生物体主要的遗传物质，只有少数病毒以 RNA 为遗传物质。DNA 之所以成为遗传物质是与其结构分不开的，其一级结构贮

存遗传信息，二级结构有助于遗传物质的复制、转录、重组和修复。RNA 除了作为某些病毒的遗传物质，还可以在基因表达中起主导作用，甚至还可以作为核酶起作用。RNA 功能的多样性与其复杂多变的结构有关。

一、DNA 的分子结构

（一）DNA 的一级结构

DNA 的一级结构是指 DNA 分子中核苷酸的排列顺序和连接方式。由于核苷酸之间的差异仅仅是碱基的不同，故也可称为碱基排列顺序。生物界物种的多样性即寓于 DNA 分子中四种核苷酸（A、T、G、C）千变万化的不同排列组合之中。

1. 脱氧核苷酸之间的连接键　DNA 分子是由数量巨大的 4 种脱氧核苷酸按一定的顺序以 3′,5′ - 磷酸二酯键连接而成的多聚脱氧核苷酸。3′,5′ - 磷酸二酯键的形成是由一个脱氧核苷酸的脱氧核糖 5′位上的磷酸基团（已含 5′ - 磷酸酯键）再与另一个脱氧核苷酸的脱氧核糖 3′位上的羟基形成 3′ - 磷酸酯键，这种由同一个磷酸所形成的两个酯键合称为 3′,5′ - 磷酸二酯键，属于共价键，也是稳定 DNA 一级结构的作用力。如果这种共价键发生断裂，DNA 的一级结构便遭到破坏，称为 DNA 降解。图 6 - 2 所示为 DNA（片段）的一级结构及 3′,5′ - 磷酸二酯键。

（图中化学结构式，右侧标注：）

A　C　G
Ⓟ　Ⓟ　Ⓟ　OH　　　　a

p-A-C-G-OH　　　　b
pApCpGOH　　　　c
pACG　　　　d

图 6 - 2　DNA 的一级结构

2. 多脱氧核苷酸链的方向性　脱氧核苷酸的连接方式是有方向性的，所形成的一条多脱氧核苷酸链的两个末端是不同的，一端称为 5′端，另一端称为 3′端。5′端是指该末端的脱氧核苷酸 5′位上的磷酸基团不再与另一个脱氧核苷酸连接（即不再形成 3′,5′ - 磷酸二酯键）；3′端是指该末端的脱氧核苷酸 3′位上是羟基，不再连接另一个脱氧核苷酸（即没有形成 3′,5′ - 磷酸二酯键）。对一条链而言，如果从左到右（或从上到下）的走向是 5′→3′，那么，从右到左（或从下到上）的走向就是 3′→5′。

常用一种简单的方式表示核酸的一级结构，图 6 - 1a 为线条式缩写表示法，图中垂直线表示戊糖的碳链，A、C、G 表示不同的碱基，P 代表磷酸基，由 P 引出的斜线一端与 3′ 相连，另一端与 5′ 相连，代表两个核苷酸之间的 3′，5′ – 磷酸二酯键。图 6 – 1b 和图 6 – 1c 为文字式缩写，P 在碱基左侧，表示 P 在 5′ 位置上；P 在碱基右侧，表示 P 与 3′ 相连。有时，多核苷酸中磷酸二酯键上的 P 也可省略，而写成 pACG（d）。各种简化式的读向是从左到右，所表示的碱基序列是从 5′ →3′，核苷酸之间的连接键是 3′，5′ – 磷酸二酯键；如双链核酸的两条链为反向平行，同时描述两条链的结构时必须注明每条链的走向。

不同的 DNA 的核苷酸数目和排列序列不同，生物的遗传信息就储存记录于 DNA 的核苷酸序列中。测定 DNA 的核苷酸序列，即测定 DNA 的一级结构，如大肠埃希菌 DNA、果蝇 DNA、小鼠 DNA 和人类 DNA 等的一级结构测序工作均已完成。

（二）真核细胞染色质 DNA 与原核生物染色质 DNA 一级结构的特点

真核细胞染色质由 DNA、组蛋白、非组蛋白和 RNA 组成。其中 DNA 相对分子质量很大，它是遗传信息的载体。与原核细胞染色质 DNA 比较，在一级结构上真核细胞 DNA 具有以下特点。

1. 重复序列　真核细胞染色质 DNA 具有许多重复排列的核苷酸序列，称为重复序列。按重复程序不同可分为高度重复序列、中度重复序列和单一序列三种。

（1）高度重复序列　许多真核细胞染色质 DNA 都含有高度重复序列。这种重复序列结构的"基础序列"短，含 5 ~ 100bp，重复次数可高达几百万次（$10^6 ~ 10^7$）。高度重复序列结构中 G—C 含量高，进行 CsCl 梯度离心时常在 DNA 主峰旁显示一个或多个小峰，这些小峰称为卫星峰，这部分 DNA 又称为卫星 DNA。这种 DNA 的 GC 含量一般少于主带中的 DNA。浮力密度也低。

（2）中度重复序列　这种结构的"基础序列"长，可达 300bp，或更长，重复次数从几百到几千不等。组蛋白基因、rRNA 基因（rDNA）及 tRNA 基因（tDNA）大多数为中度重复序列。

（3）单一序列　又称单拷贝序列，真核细胞中，除组蛋白外，其他所有蛋白质都是由 DNA 中单一序列决定的。每一序列片段决定一个蛋白质结构，为一个蛋白质的结构基因。迄今为止，在真核生物中还没有发现一个蛋白质基因是多顺反子结构。

2. 间隔序列与插入序列　在真核细胞 DNA 分子中，除了编码蛋白质和 RNA 的基因序列片段外，还有一些片段不编码任何蛋白质和 RNA，它们可以存在于基因与基因之间，也可以存在于基因之内。前者称为间隔序列，后者称为插入序列。在许多 DNA 分子中，常常含有长短不一的间隔序列，也常常出现一些插入序列将一个基因分成几段，如鸡卵清蛋白基因、珠蛋白基因都含有插入序列。通常把基因的插入序列称为内含子（intron），把编码蛋白质的基因序列称为外显子（exon）。

3. 回文结构　在真核细胞 DNA 分子中，还存在许多特殊的序列。这种结构中脱氧核苷酸的排列在 DNA 两条链中的顺读与倒读意义是一样的（即脱氧核苷酸排列序列相同），脱氧核苷酸以一个假想的轴成为 180° 旋转对称（即使轴旋转 180° 两部分结构完全重合），这种结构称为回文结构，如图 6 – 3 所示。

对称轴

图 6 – 3　回文结构

原核生物 DNA 序列组成具有以下不同特点。

（1）原核生物在 DNA 序列组成上的最大特点是基因重叠，如病毒 DNA 分子一般都不大，但又必须装入相当多的基因，因此可能在这种压力下导致病毒 DNA 在进化过程中重叠起来。也就是说在同一 DNA 序列中，常包括不同的基因区，这些重叠在一起的基因，使用的编码组序不同，因此虽然是同样的 DNA 序列区段内，都可翻译出不同的蛋白质。如在噬菌体 ΦX174 中，基因 B 和基因 K 重叠在基因 A 之内。由图 6-4 可见在同一部分核苷酸序列片段中，它们在三个编码组之中，含义各不相同。

图 6-4　噬菌体 ΦX174 中的基因重叠

由于基因的重叠，在重叠部位一个碱基的突变将影响两个或三个蛋白质的表达。

（2）在原核生物的 DNA 序列组织中，每个转录的 mRNA 常常包含了多个顺反子，而且功能上有关的顺反子通常串联在一个 mRNA 分子上。这些编码在同一个 mRNA 分子中的多种功能蛋白在生理功能上都是密切相关的。这种 DNA 序列组织可能是原核基因协同表达的一种调控方式。如 ΦX174 噬菌体 DNA 序列，从启动子 P_0 开始转录的 mRNA 包含了基因 D—（E）—J—F—G—H。其中基因 J、F、G、H 都是编码噬菌体的外壳蛋白。因此原核生物 DNA 序列的另一个特点是功能上相关的结构基因转录在同一个 mRNA 分子上。

（3）原核生物 DNA 序列所含有的结构基因是连续的，一般不含有插入或间隔序列，而且在转录调控区的 DNA 序列的组织形式是多种多样的，调控区的不同组织形式与不同的生物功能有明显关系。

（三）DNA 的二级结构

DNA 的二级结构主要是各种形式的螺旋，特别是 B 型双螺旋，此外还有 A 型双螺旋、Z 型双螺旋、三链螺旋和四链螺旋等。

1. B 型双螺旋　DNA 二级结构的主要形式是 James Watson 和 Francis Crick 于 1953 年提出的 B 型双螺旋（B-form double helix），其主要内容如下。

（1）DNA 由两条呈反平行的多核苷酸链组成，两条链相互缠绕形成右手双螺旋。

（2）组成右手双螺旋的两条链是互补的（complementary），它们通过特殊的碱基对结合在一起，碱基配对规则是一条链上的 A 总是与另一条链的 T，一条链上的 G 总是和另一条链上的 C 以氢键配对。其中 A═T 碱基对有 2 个氢键，G≡C 碱基对有 3 个氢键（图 6-5）。

（3）碱基对位于双螺旋的内部，并垂直于暴露在外的脱氧核糖磷酸骨架。碱基对之间通过疏水作用和范德华力相互垛叠在一起，对双螺旋的稳定起一定的作用。

（4）双螺旋的表面含有明显的大沟（major groove）和小沟（minor groove），其宽度分别为 2.2nm 和 1.2nm。

（5）双螺旋的其他常数包括相邻碱基对距离为 0.34nm，并相差约 36°。螺旋的直径为 2nm，每一转完整的螺旋含有 10 个碱基对（base pairs，bp）（细胞内实际值接近 10.5bp），其高度为 3.4nm（图 6-6）。

图 6-5 A═T 和 G≡C 碱基对的配对性质

图 6-6 B 型 DNA 双螺旋结构的
主要特征

2. A 型双螺旋 B 型双螺旋仅是 DNA 双螺旋多种构象中的一种，在一定的条件下，双链 DNA 可以从 B 型转变成其他构象。至少已发现有 A、B、C、D、E、T 和 Z 等 7 种，但在正常的细胞环境中能够存在的双螺旋只有 B 型、A 型和 Z 型，其中 B 型是细胞内最主要的形式。

引起 DNA 双链构象改变的主要因素包括：①碱基组成和序列；②盐的种类；③相对湿度。

DNA 在相对脱水的条件下（低湿度），可形成 A 型双螺旋（A-DNA）。与细而长的 B-DNA 相比，A-DNA 更宽、更平和更短：每一圈螺旋为 11bp 而不是 10.5bp；螺距为 2.46nm，而不是 3.4nm；螺旋的直径为 2.6nm，而不是 2.0nm；碱基对不再近乎垂直于螺旋轴，而是相对于螺旋轴倾斜了 19°；相邻的碱基对距离 0.23nm，而不是 0.34nm；它的大沟窄而深，但小沟宽而浅。

尽管在生理条件下，相对脱水的 DNA 纤维能够形成 A-DNA，但是究竟在体内 DNA 会不会形成这样的结构尚不清楚。然而，在基因转录的时候，DNA 与 RNA 形成的杂交双链为 A 型双螺旋。此外，RNA 双螺旋也为 A 型。双链 RNA 或者 DNA-RNA 杂交双链之所以以 A 型双螺旋存在，是因为 RNA 的 2'-羟基造成的空间位阻阻止了 B 型双螺旋的形成。

3. Z 型双螺旋 1972 年，Fritz M. Pohl 等发现人工合成的 GC 相间排列的多聚核苷酸（GCGCGC）在高盐的条件下，旋光性会发生改变。接着 Alexander Rich 对上述六聚脱氧核苷酸的单晶进行了 X 射线衍射分析，提出了 Z–DNA 模型。其结构特点如下。

（1）戊糖磷酸骨架呈"Z"字形（zigzag）走向。在 Z–DNA 中 C 和核糖以反式连接，而 G 和核糖以顺式连接，由于 GC 的交替排列，顺式、反式构象也交替排列，致使主链 P—G—P 的走向与螺旋轴平行，而 P—C—P 的走向与螺旋轴垂直而呈"Z"字形。

（2）左手螺旋。G 的糖苷键呈顺式，不仅使螺旋旋转方向发生改变，而且使 G 残基位于分子表面。

（3）分子外形呈波形。这是由于碱基对向螺旋的外表面移动，中轴不再像 B–DNA 位于碱基对，而是移向小沟。

（4）C 的糖环 C_2' 为内式，碱基为反式，使糖环转离小沟，而 G 的糖环 C_3' 为内式，碱基为顺式，使糖环弯向小沟。胞嘧啶的 C_5 和鸟嘌呤的 N_7、C_8 原子填满了大沟，并指向表面，使大沟变得不明显，而小沟窄而深（图 6–7、图 6–8）。

图 6–7 A 型 DNA 双螺旋、B 型 DNA 双螺旋和 Z 型 DNA 双螺旋的球棍模型

图 6–8 A 型 DNA 双螺旋、B 型 DNA 双螺旋和 Z 型 DNA 双螺旋的棍式模型

（上方是侧视图，下方是俯视图）

（5）A 型双螺旋、B 型双螺旋和 Z 型双螺旋的比较见表 6 - 5。

表 6 - 5　A 型双螺旋、B 型双螺旋和 Z 型双螺旋的比较

	A 型双螺旋	B 型双螺旋	Z 型双螺旋
外形	短而宽	长而瘦	长而细
每碱基对上升距离	0.23nm	0.332 ± 0.19nm	0.38nm
螺旋直径	2.55nm	2.37nm	1.84nm
螺旋方向	右手	右手	左手
螺旋内每重复单位的 bp 数	1	1	2
每圈 bp 数	约 11	约 10	12
碱基夹角	32.7°	34.6°	60°/2
螺距	2.46nm	3.32nm	4.56nm
碱基对倾角	+19°	1.2° ±4.1°	−9°
螺旋轴位置	大沟	穿过碱基对	小沟
大沟	极度窄、很深	很宽，深度中等	平坦
小沟	很宽、浅	窄，深度中等	极度窄、很深
糖苷键构象	反式	反式	C 为反式，G 为顺式
糖环折叠	C_3'内式	C_2'内式	嘧啶 C_2'内式，嘌呤 C_3'内式
存在	双链 RNA，RNA/DNA 杂交双链，低温度 DNA（75%）	双链 DNA（高湿度，92%）	嘧啶和嘌呤交替存在的双链 DNA 或 DNA 链上嘧啶和嘌呤交替存在的区域

Z - DNA 最早是在体外发现的，它在体外的存在需要满足两个条件：①高的盐浓度。如果是 NaCl，浓度超过 2mol/L；如果是 $MgCl_2$，浓度要超过 0.7mol/L。高的盐浓度能够减少两条链之间靠得最近的磷酸基团间的排斥力，因为 Z - DNA 的形成导致带负电荷的磷酸根距离更近了（Z - DNA 为 0.8nm，B - DNA 为 1.2nm）。②嘌呤 - 嘧啶相间排列，例如多聚（dG - dC）。目前认为在适当的盐浓度下，任何不少于 6 个 bp 的嘌呤 - 嘧啶交替排列顺序都能形成 Z - DNA。有时并不严格的嘧啶 - 嘌呤相间序列，例如含有 2 个 5 - 甲基胞嘧啶（5 - methylcytosine，m^5C）的六聚核苷酸 m^5CGATm^5CG，即使在生理盐水的浓度下在体外也能形成 Z - DNA。事实上，体内 m^5C 上的甲基被认为有利于 B 型向 Z 型的转变，因为在 B - DNA 上，这些疏水的甲基伸入到大沟的水溶性环境之中，不利于 B - DNA 的稳定。而在 Z - DNA 中，同样的甲基却能形成一种稳定的疏水"补丁"（hydrophobic patch）。

关于体内 Z - DNA 形成的生物学意义，现在一般认为可能与基因表达调控有关。也许，DNA 的局部区域发生 Z - DNA 和 B - DNA 的可逆性转变充当调节基因表达的开关。当一个 DNA 分子的某个区域从 B - DNA 转变成 Z - DNA 以后，细胞内某些调节蛋白可以结合上去，从而改变基因表达。例如，SV40 DNA 上能够增强基因表达的增强子（enhancer）序列中就有此结构。Z - DNA 一般在移动的 RNA 聚合酶的后面形成，DNA 转录产生的负超螺旋对它有稳定作用。它们出现在移动的 RNA 聚合酶的后面可能阻止下一个 RNA 聚合酶的转录。

Z - DNA 除了参与基因表达调控以外，可能还能通过释放来自螺旋本身的拓扑学张力而促进同源重组。

4. 双螺旋稳定的因素　DNA 的双螺旋结构通常是很稳定的，起稳定作用的因素包括以下几点。

（1）氢键　包括螺旋内部的氢键和螺旋外部的氢键。

螺旋内部的氢键是碱基对之间的氢键。在双螺旋中嘧啶和嘌呤之间的距离正好与一般氢键的键长（0.27nm）差不多，而且氢键供体原子和氢键受体原子处于一条直线上，利于形成氢键。若嘌呤与嘌呤或嘧啶与嘧啶配对，其空间的大小都不适合氢键的形成。单个氢键仍是不稳定的，但由 20 个以上的碱基对组成的双螺旋在室温下已相当稳定。

外部氢键是戊糖－磷酸骨架上的极性原子与周围的水分子之间形成的。

（2）碱基堆积力（base-stacking）　这是碱基对之间在垂直方向上的相互作用所产生的力，它包括疏水作用和范德华力。

虽然多聚核苷酸链的磷酸核糖骨架是高度亲水的，但碱基杂环 π 电子云导致嘧啶和嘌呤本身带有一定程度的疏水性。因此在水溶液中，这些疏水基团自发聚集在一起，正像球状蛋白质的疏水核心一样。从热力学的角度来看，DNA 形成双螺旋有利于高度亲水性的磷酸基团与水的接触增加到最大限度，同时使碱基与水的接触减少到最小限度。

在双螺旋中，相邻碱基对的间隔是 0.34nm，而范德华力的半径（指引力和斥力正好相平衡的距离）平均为 0.17nm，这使得相邻碱基产生范德华力。

碱基间相互作用的强度与相邻碱基之间环重叠的面积成正比。总的趋势是嘌呤与嘌呤之间＞嘌呤与嘧啶之间＞嘧啶与嘧啶之间。另外碱基的甲基化能提高碱基的堆积力。

（3）阳离子或带正电荷的化合物对磷酸基团的中和　核苷酸的磷酸基团上都带有负电荷，因此双链之间存在着静电的排斥作用。溶液中的阳离子（如 Mg^{2+} 或多胺类化合物）可以中和磷酸的负电荷，消除了静电斥力。当离子浓度降低，中和作用减弱时，排斥力加大，DNA 双螺旋稳定性就降低。

5. DNA 的非标准二级结构　除了上述三种最常见的标准二级结构模式以外，细胞内的 DNA 在特殊的条件下还可能形成其他几种非标准的二级结构。这些特殊的条件包括：DNA 受到某些蛋白质的作用（如组蛋白）；DNA 本身所具有的特殊模体，例如反向重复序列（inverted repeats）、回文结构（palindromic structure）、镜像重复（mirror repeat）、直接重复（direct repeat）、高嘌呤序列、高嘧啶序列、富含 A 序列和富含 G 序列、弯曲（bending）、十字形、P－DNA、三链螺旋与 H－DNA、四链螺旋与 G－四联体、滑动错配 DNA（slipped mispaired DNA，SMP－DNA）。

（四）DNA 的三级结构

如图 6－9 所示，DNA 可以以两种形式存在，右为松弛型（relaxed），左为超螺旋（supercoiling）。在松弛型状态下，DNA 以正常的 B 型双螺旋存在，每一圈 10 个碱基对，这时候双螺旋的能量状态最低。但是，如果通过某种手段使得 DNA 双螺旋每一圈的碱基对数目多于或少于 10 对，将导致 DNA 双螺旋缠绕过多或缠绕不足；如果这时的 DNA 两端被固定或者 DNA 本来是共价闭环的，则 DNA 将会因内部的张力无法释放而自发地形成超螺旋结构。

DNA 超螺旋分为正超螺旋和负超螺旋，其中正超螺旋为左手超螺旋，由 DNA 双螺旋过度缠绕引起，负超螺旋为右手超螺旋，由 DNA 双螺旋缠绕不足引起。

负超螺旋 DNA 是由于两条链的缠绕不足引起，很容易解链，因此有利于 DNA 的复制、重组和转录。但是，在 DNA 复制和转录过程中，随着解链的深入，原来的负超螺旋会逐渐被消耗，并最终被正超螺旋取代。正超螺旋的出现将会阻碍 DNA 的继续复制和转录，细胞内存在的 DNA 拓扑异构酶，可及时清除正超螺旋。

图 6 - 9　超螺旋 DNA （左）和松弛型（右）

（五）染色质与染色体

DNA 与蛋白质形成的复合体最为重要的是染色质（chromatin）或染色体（chromosome）以及 DNA 病毒颗粒，这里仅介绍染色质和染色体。

1. 染色质　与原核生物的基因组形成鲜明对照的是：真核生物的基因组 DNA 是高度折叠的，并与一些特殊的蛋白质结合形成一种致密的动态多聚物，即染色质。这种蛋白质 - DNA 复合物在细胞核内发生的复制、重组、修复和转录中起重要的作用。

染色质是一种动态的结构，通常在细胞核为高度压缩的无定形的长纤维。在有丝分裂的中期呈高度浓缩。染色质的组成包括 DNA、蛋白质和少量的 RNA。在质量上，DNA 和紧密结合的蛋白质差不多各占一半。在染色质上的蛋白质有组蛋白（histones）和非组蛋白两类（non-histone proteins）。

染色质可分为常染色质（euchromatin）和异染色质（heterochromatin）。常染色质在间期浓缩程度很低，染色淡，具有转录活性；异染色质浓缩程度高，染色深，一般没有转录活性。异染色质 DNA 在 S 期复制时比常染色质要晚，这是由于异染色质中高度浓缩的结果。

染色质中最重要的结构单元是核小体，而核小体是由 DNA 和组蛋白组成的串珠状（beads on a string）结构。

（1）组蛋白　组蛋白是染色质上含量最丰富的蛋白质，富含碱性氨基酸——Lys 和 Arg，属于一类较小的碱性蛋白。它们在细胞正常 pH 下，带有正电荷，这样就可以和 DNA（其磷酸基团带负电荷）静电结合。

组蛋白主要有 5 种类型，即 H1、H2A、H2B、H3、H4。某些生物或组织还有 H1 或 H5。各种组蛋白在进化上具有很高的保守性，但保守性程度是不一样的，组蛋白在氨基酸顺序的保守性表明它们在各种真核生物的染色质中所起的作用十分相似。

（2）非组蛋白　非组蛋白是指在染色质上除组蛋白以外的各种蛋白质总称。其数目繁多，功能广泛（结构、酶和基因表达调节），成分也不固定，许多尚未定性。

（3）核小体　核小体（nucleosome）可视为染色质的一级结构单位，它在电镜下呈串珠状（图 6 - 10）：每一个"珠子"由组蛋白核心（histone core）和环绕其上（而不是穿过）的 DNA 组成（约 146bp）；相邻"珠子"之间的连线为 DNA，称为连接 DNA（linker DNA），长度 8 ~ 114bp 不等，它最容易受到核酸酶的水解。H1 与连接 DNA 结合，但去除 H1 并不会破坏核小体结构（图 6 - 11）。

图 6-10 电镜下的核小体结构　　　　图 6-11 核小体结构模型

组蛋白核心是一个八聚体，由 4 组二聚体通过组蛋白折叠结合在一起。H3 与 H4 通过一个折叠形成异源二聚体，H2A 与 H2B 通过另外一个组蛋白折叠形成另一个异源二聚体。两个 H3-H4 二聚体通过 H3 之间的 4-螺旋束（4-helix bundle）形成 H3-H4 四聚体，最后一对 H2A-H2B 通过 H2B 与 H4 之间的相互作用形成八聚体。

组蛋白核心通过静电引力与 DNA 结合，其表面大约环绕 1.8 圈 DNA 双螺旋，这导致 DNA 长度被压缩 6~7 倍。组蛋白也与一些参与组蛋白核心组装和调节基因表达的非组蛋白结合。有时，组蛋白还会受到乙酰化、甲基化和磷酸化等形式的共价修饰，以改变分子的电荷，从而影响到它们与 DNA 的相互作用。

通过 X 射线衍射分析发现构成核小体核心的组蛋白单体 N 端和 C 端尾巴不在核心结构之中，而是伸出来通过超螺旋上的沟与相邻的核小体接触；每隔 10bp DNA 双螺旋小沟面对蛋白质的表面并与 Arg 侧链接触；DNA 的大沟朝外，能够被序列特异性调节蛋白识别和结合；在核小体表面的 DNA 卷曲并略显过分缠绕（螺距为 10.2bp/圈而不是 10.5bp/圈）。

2. 染色体　染色体是基因组的结构单位。它由一个 DNA 分子和与它相结合的蛋白质组成，一般呈高度浓缩的状态。

原核生物含有一个单一的连续环状染色体，呈超螺旋状态，被包装成多个来回的环，没有核膜包围，但集中在某一区域，并与质膜接触。出现在原核生物染色体上的蛋白质主要是一些碱性蛋白。其中最普遍的是 HU 蛋白，此蛋白质由 2 个亚基组成，相对分子质量为 19 000。

真核生物染色体为线形，有多个。不同的染色体大小不一样，但都呈高度浓缩的状态。每一条染色体都含有三个重要的功能元件：自主复制序列（autonomously replicating sequence，ARS），中心粒（centromere）和端粒（telomere）。它们是线形 DNA 复制和正确分离所必需的。其中 ARS 充当 DNA 复制起始区，中心粒负责细胞分裂过程中复制的染色体精确分离，端粒为线性 DNA 的两端，为染色体的复制和稳定所必需。

3. 真核生物染色体的包装　虽然 DNA 通过与组蛋白形成核小体的结构在一定程度实现了压缩，但还远远不够。实际上核小体仅仅是染色质的一级结构，在此结构的基础上，真核的染色质还需要经过更高水平的包装、折叠和浓缩，在细胞分裂中期到达最高水平，形成明晰可见的染色体结构。

首先由核小体构成的 10nm 纤维折叠成一种被称为螺线管的有规则的螺旋结构。螺线管的下一级包装折叠是成环。环由 30nm 纤维上面的特殊区域附着在特殊的 DNA 结合蛋白上而形成。

30nm 纤维形成的环从非组蛋白骨架向各个方向辐射展开。而核心骨架沿着螺旋的路径朝向染色单体的轴。这些环还可以进一步卷曲折叠成6个单体（相当于6枚花瓣）的玫瑰花瓣状结构。每一个玫瑰花瓣含有300kb的DNA，结果产生200～300nm的纤维。

在玫瑰花瓣的基础上，环还可以进一步折叠成每圈含有30个玫瑰花瓣的螺旋，每个螺旋约含有9Mb的DNA。这些螺旋还可以继续浓缩成为最终的直径为1 400nm的中期染色体（图6-12）。

图6-12 从DNA双螺旋到染色体

（六）基因与基因组

1. 基因 基因位于染色体上，在一条染色体上有很多基因，代表特定性状的特定基因与某一条特定染色体上的特定位置相联系，因此基因是在染色体上占有一定空间的特定DNA片段。真核生物的体细胞里每条染色体都有其另一条同源染色体，即一个染色体是由二条染色单体配对存在的，所以体细胞是二倍体（diploid）细胞；而生殖细胞里每条染色体都只有一条，所以是单倍体（haploid）细胞。二倍体细胞每一个基因也是成对存在的，每一对基因分别位于来自双亲的染色体的同一位置上，此位置称基因座（locus），一对同源染色体在同一基因座上的一对基因称为一对等位基因（allele）。每一个体的每一基因座上只有两个等位基因，可是在一个群体中，每个基因座上可以有两个以上等位基因，这就是复等位基因（multiple allele）。

当一个生物体带有一对完全相同的等位基因时，则该生物体就该基因而言是纯合的（homozygous）或可称纯种（true-breeding）；反之，如果一对等位基因不相同，则该生物体是杂合的（heterozygous）或可称杂种（hybrid）。

等位基因各自编码蛋白质产物决定某一性状，并可因突变而失去功能，等位基因之间存在相互作用，当一个等位基因决定生物性状的作用强于另一等位基因并使生物只表现出其自身的性状时，就出现显、隐性关系，作用强的是显性，作用被掩盖而不能表现的为隐性，显性完全掩盖隐性的是完全显性（complete dominance），两者相互作用而出现介于两者的中间性状的是不完全显性（incomplete dominance）。

2. 基因组 生物体基因组由整套染色体组成，一条染色体就是一个双链DNA分子，DNA分子中的全部核苷酸序列分别构成了基因和各种结构单元。基因组的DNA分子，也可划分为基因的编码序列和非编码序列。分析解剖基因组内多种DNA序列的结构特征，有助于解读这些 DNA 序列中包含的遗传信息，认识其生物学功能，以其最终认识所有生物的遗传本性。基因组 DNA 序列按其结构和功能可分成以下几类。

（1）基因序列和非基因序列　基因序列指基因组决定蛋白质（或 RNA 产物）的 DNA 序列，一端为 ATG 起始密码子，另一端则是终止密码子。非基因序列则是基因组中除基因序列以外的所有 DNA 序列，主要是两个基因之间的间插序列（内含子）。

（2）编码序列和非编码序列　编码序列指编码 RNA 和蛋白质的 DNA 序列。由于基因是由内含子和外显子组成，内含子是基因内的非蛋白编码序列，所以内含子序列以及居间序列统称为非蛋白质编码序列。

（3）单一序列和重复序列　单一序列是基因组里只出现一次的 DNA 序列。重复序列指在基因组里重复出现的 DNA 序列。基因组内的重复序列有的是分散分布，有的是成簇存在。根据 DNA 序列在基因组中的重复频率，可将其分为轻度重复序列、中度重复序列和高度重复序列。

基因组学（genomics）是研究生物体基因和基因组的结构组成，稳定性及功能的一门学科。它包括结构基因组学（structural genomics）和功能基因组学（functional genomics）。前者是研究基因和基因组的结构，各种遗传元件的序列，基因组作图的基因定位等；后者是研究不同的序列具有的不同功能，基因表达的调控，基因和环境之间（包括基因与基因、基因与其他 DNA 序列、基因与蛋白质）的相互作用等。

二、RNA 的种类和分子结构

（一）RNA 的种类

根据结构、功能不同，动物、植物和微生物细胞的 RNA 主要有三类：核蛋白体 RNA（ribosomal RNA，rRNA）、转运 RNA（transfer RNA，tRNA）、信使 RNA（messenger RNA，mRNA）。一系列研究发现，小分子 RNA 操纵着许多细胞功能，通过互补序列的结合作用于 DNA，从而关闭或调节基因的表达。

1. 核糖体 RNA（rRNA）　核糖体 RNA 是细胞中主要的一类 RNA，rRNA 占细胞中全部 RNA 的 80% 左右，是一类代谢稳定、相对分子质量最大的 RNA，存在于核蛋白体内。

核糖体（ribosome）是细胞内蛋白质生物合成的场所。在迅速生长着的大肠埃希菌中，核糖体约占细胞干物质的 60%。每个细菌细胞约含 16×10^3 个核蛋白体。每个真核细胞约有 1×10^6 个核糖体。原核生物核糖体中蛋白质约占 1/3，rRNA 约占 2/3；真核生物核糖体中蛋白质和 rRNA 各占一半。核糖体由两个亚基组成，一个称为大亚基，另一个称为小亚基，两个亚基都含有 rRNA 和蛋白质，但其种类和数量却不相同。

大肠埃希菌核糖体（70S）
- 30S 亚基
  - 16S RNA
  - 21 种蛋白质
- 50S 亚基
  - 23S RNA
  - 5S RNA
  - 34 种蛋白质

高等动物核糖体（80S）
- 40S 亚基
  - 18S RNA
  - 30 种蛋白质
- 60S 亚基
  - 28S RNA
  - 5.8S RNA
  - 5S RNA
  - 40 种蛋白质

S 为沉降系数单位，1 个 S 单位 $= 1 \times 10^{-13}$ s。

大肠埃希菌核糖体的沉降系数为 70×10^{-13} s，用 S 单位表示则为 70S。

2. 转运 RNA（tRNA）　转运 RNA 也叫转移 RNA，是细胞中一类最小的 RNA，tRNA 一般由 73~93 个核苷酸构成，相对分子质量 23×10^3 ~ 28×10^3。在已测定核苷酸序列的

tRNA 中，链最短的为 63 个核苷酸，如牛心线粒体丝氨酸 tRNA，链最长的有 93 个核苷酸，如大肠埃希菌丝氨酸 tRNA。tRNA 的沉降系数为 4S。tRNA 约占细胞中 RNA 总量的 15%。在蛋白质生物合成中 tRNA 起携带氨基酸的作用。细胞内 tRNA 的种类很多，每一种氨基酸都有与其相对应的一种或几种 tRNA。

3. 信使 RNA（mRNA）　mRNA 在细胞中含量很少，占 RNA 总量的 3% ~ 5%。mRNA 在代谢上很不稳定，它是合成蛋白质的模板，每种多肽链都由一种特定的 mRNA 负责编码。因此，细胞内 mRNA 的种类很多。mRNA 的相对分子质量极不均一，其沉降系数在 4S ~ 25S 间，mRNA 的平均相对分子质量约为 500×10^3。大肠埃希菌的 mRNA 平均含有 900 ~ 1500 个核苷酸。真核 mRNA 中最大的是丝心蛋白 mRNA，它由 19 000 个核苷酸组成。

mRNA 是异源性很高的 RNA，每一个 mRNA 分子携带一个 DNA 序列的拷贝，在细胞中被翻译成一条或多条多肽链。其代谢活跃，更新迅速，半衰期一般较短。mRNA 的结构特点：①相对分子质量大小不一，由几百至几千个核苷酸组成；②绝大多数真核细胞 mRNA 在 3′端有一段长约 200 个碱基的多腺苷酸［poly（A）］；③真核 mRNA 的 5′端有一特殊结构——7 - 甲基鸟嘌呤核苷三磷酸（结构式如下），称为帽结构，与蛋白质生物合成的起始有关；④mRNA 分子中有编码区和非编码区，编码区是所有 mRNA 分子的主要结构，该区域编码特定蛋白质分子的一级结构；非编码区与蛋白质合成的调控有关；⑤每分子 mRNA 可与几个至几十个核糖体结合成串珠样的多核糖体（polysome）。

7-甲基鸟嘌呤核苷三磷酸（$m^7G^{5'}ppp^{5'}Np$）

mRNA 是在核蛋白体将记录在 DNA 分子中的遗传信息转化成蛋白质氨基酸顺序时的模板。mRNA 的核苷酸排列顺序与基因 DNA 核苷酸顺序互补。每个细胞约有 10^4 分子 mRNA。mRNA 是单链 RNA，其长度变化很大。mRNA 的长度取决于它所指导合成的蛋白质长度。例如如果一个蛋白质含有 100 个氨基酸，那么编码合成这种蛋白质的 mRNA 至少需要 300 个核苷酸长度，因为 3 个核苷酸编码一个氨基酸。但是，实际上 mRNA 的长度一般都比指导蛋白质合成所需要的核苷酸链长度长。这是因为分子中有些区段是不参加翻译的。

原核细胞的 mRNA 具有下列结构特点：①包括细胞和病毒的原核细胞 mRNA 一般都为多顺反子结构，即一个单链 mRNA 分子可作为多种多肽和蛋白肽链合成的模板；②原核细胞 mRNA 的转录与翻译是偶合的，即 mRNA 分子一边进行转录，同时一边进行翻译；③原核细胞 mRNA 分子包含有先导区、翻译区和非翻译区，即在两个顺反子之间有不参加翻译的插入顺序。

与原核细胞结构相比较，真核细胞 mRNA 的结构具有以下明显不同特点：①极大多数真核细胞 mRNA 的 3′端有一段多腺苷酸［poly（A^+）］，其长度约 200 个腺苷酸。原核细胞 mRNA 3′端一般不含 poly（A^+）顺序。而 poly（A^+）的结构与 mRNA 从细胞核移至细胞质过程有关，也与 mRNA 的半衰期有关。新合成的 mRNA poly（A^+）较长，衰老 mRNA 的 poly（A^+）较短；另外，真核细胞 mRNA 的 5′端有一个特殊结构——7 - 甲基鸟嘌呤核苷三磷酸（通常有三种类型 $m^7G^5ppp^5Np$，$m^7G^5ppp^5N'mpNp$ 和 $m^7G^5ppp^5N'mpNmp$）这种结构简称帽结构，原核生物 mRNA 无帽结构。②真核细胞 mRNA 一般为单顺反子（即一个 mRNA 分子只为一种多肽编码）。③真核细胞 mRNA 的转录与翻译是分开进行的，先在核内转录产生前体 mRNA（核不均一 mRNA，即 HnRNA），转运到胞质内后，再在核外加工为成熟 mRNA，然后起翻译作用。

除上述三类 RNA 以外，细胞内还有一些其他类型的 RNA，如细胞核内的不均一核 RNA（HnRNA，heterogeneous nuclear RNA）、核小 RNA（SnRNA，small nuclear RNA）和染色体 RNA（ChRNA，chromosomal RNA）等。

4. 小干涉 RNA 和微小 RNA

（1）小干涉 RNA（small interfering RNA，siRNA）　siRNAs 是含有 21～22 个单核苷酸长度的双链 RNA，通常人工合成的 siRNA 为 22 个碱基左右的单核苷酸双链 RNA。细胞内的 siRNA 系由双链 RNA（dsRNA）经特异 RNA 酶Ⅲ家族的 Dicer 核酸酶切割形成的 19～21 个碱基左右的双链 RNA。这种小分子 dsRNA 可以促使与其互补的 mRNA 被核酸酶切割降解，从而有效地定向抑制靶基因的表达。将由 dsRNA 诱导的这种基因沉默效应定义为 RNAi（RNA 干涉，RNA interferon）。RNAi 涉及的步骤与因素较多，属于基因转录后调控，其过程需要 ATP 参与。一般分为两个阶段：①dsRNA 进入细胞后，由依赖 ATP 的 Dicer 核酸酶切割，将其分解成具有 19～21 个碱基左右的双链 siRNA；②RISC（RNA 诱导的沉默复合物）识别并降解 mRNA。RISC 是一种蛋白核酸酶复合物（Argonaute 是目前惟一已知参与复合物形成的一种蛋白质），RISC 能够与 siRNA 互补的 mRNA 结合，一方面使 mRNA 被 RNA 酶裂解，另一方面以 siRNA 作为引物，以 mRNA 为模板，在 RdRP（依赖于 RNA 的 RNA 聚合酶）作用下合成 mRNA 的互补链。结果 mRNA 形成双链 RNA，此 dsRNA 在 Dicer 核酸酶作用下也裂解成 siRNA，这些新生成的 siRNA 也具有诱发 RNAi 的作用，通过这种聚合酶链式反应，细胞内的 siRNA 大大扩增，显著增加了对基因表达的抑制，从而使目的基因沉默，产生 RNA 干涉作用。

（2）微小 RNA（microRNA，miRNAs）　miRNA 是一类含 19～25 单核苷酸的单链 RNAs，在 3′端有 1～2 个碱基长度变化，广泛存在于真核生物中，如脊椎动物、软体动物、环节动物、节肢动物等，不编码任何蛋白质，本身不具有开放阅读框（open read frame，ORF）；具有保守性、时序性和组织特异性，即在生物发育的不同阶段有不同的 miRNA 表达，在不同组织中表达不同类型的 miRNA。成熟的 miRNA5′端为磷酸基，3′端为羟基，它们可以和上游或下游序列不完全配对而形成基环结构。miRNA 是通过与靶 mRNA 3′- UTR 碱基配对的方式来执行对靶 mRNA 的转录翻译抑制的功能。

在细胞核内编码 miRNA 的基因转录成 pri-microRNA（pri-miRNA），在 Drosha RNaseⅢ 作用下，pri-miRNA 被剪切成约 70 个核苷酸长度的 miRNA 前体（pro-miRNA）。Pre-miRNA

在转运蛋白 Exportion 5 作用下，从核内转运到胞质中。在 Dicer 酶作用下，miRNA 前体被剪切成 21~25 个核苷酸长度的双链 miRNA。成熟 miRNA 与其互补的 miRNA 结合形成双螺旋结构。

随后，双螺旋解旋，其中一条结合到 RNA 诱导的基因沉默复合物（RISC）中，形成 RISC 复合物。此复合物结合到靶 mRNA 上，平链 miRNA 与靶 mRNA 的 3′ – UTR 不完全互补配对，从而阻断该基因的翻译过程。

不同种类 RNA 的比较见表 6 – 6。

表 6 – 6　不同种类 RNA 的比较

RNA 名称		作用	存在
mRNA	信使 RNA	翻译模板	所有的细胞
tRNA	转移 RNA	携带氨基酸，参与翻泽	所有细胞
rRNA	核糖体 RNA	核糖体组分，参与翻译	所有细胞
snRNA	小分子细胞核 RNA	参与真核 mRNA 前体的剪接	真核细胞
snoRNA	小分子细胞核仁 RNA	参与真核 rRNA 前体的后加工	真核细胞
7SLRNA	7S 长 RNA	参与蛋白质的定向和分泌	真核细胞
tmRNA	转移信使 RNA	兼有 mRNA 和 tRNA 的功能	原核细胞
micRNA	信使干扰互补 RNA	调节 mRNA 的翻译	原核细胞
gRNA	指导 RNA	参与真核 mRNA 的编辑	某些真核细胞
vRNA	病毒 RNA	作为 RNA 病毒的遗传物质	RNA 病毒
RNAi	干扰 RNA	调节基因的表达	真核细胞
ribozyme	核酶	催化特定的生化反应	原核细胞、真核细胞和某些 RNA 病毒
Y RNA		不明，与细胞质某些特殊的蛋白质形成核糖核酸蛋白复合物	脊椎动物
Xist RNA		调节女性一条 X 染色体转变成巴氏小体	人
V RNA		不明，与细胞质某些特殊的蛋白质形成鞍马状复合物	真核细胞

（二）RNA 的二级结构

1. 共性结构特点

（1）RNA 的基本组成单位是 AMP、GMP、CMP 及 UMP。一般含有较多种类的稀有碱基核苷酸，如假尿嘧啶核苷酸及带有甲基化碱基的多种核苷酸等。

（2）每分子 RNA 中约含有几十个至数千个 NMP，与 DNA 相似，彼此通过 3′,5′ – 磷酸二酯键连接而成多核苷酸链。

（3）RNA 主要是单链结构，但局部区域可卷曲形成双链螺旋结构，或称发夹结构（hairpin structure）。双链部位的碱基一般也彼此形成氢键而互相配对，即 A – U 及 G – C，双链区有些不参与配对的碱基往往被排斥在双链外，形成环状突起（图 6 – 13）。具有二级结构的 RNA 进一步折叠形成 RNA 分子的三级结构（图 6 – 14）。

图 6 – 13　RNA 的二级结构

图 6 – 14 RNA 的三级结构

2. 参与蛋白质生物合成的三类 RNA 的二级结构 细胞内 RNA 分子的主要生物功能是参与蛋白质的生物合成，主要有三大类，即核糖体 RNA（ribosomal RNA，rRNA）、转运 RNA（transfer RNA，tRNA）及信使 RNA（messenger RNA，mRNA）。

RNA 的二级结构主要取决于它的碱基组成，其二级结构的多样性可以和蛋白质相媲美。少数病毒 RNA 由两条互补的多核糖核苷酸链组成，它的二级结构为 A 型双螺旋。多数 RNA 仅由一条链组成，它们的二级结构主要是由链内碱基的互补性决定的：链内互补的碱基可以相互作用形成链内 A 型双螺旋，非互补的碱基则游离在双螺旋之外，形成如图 6 – 15 所示的各种二级结构。不同种类 RNA 的二级结构实际就是上述不同二级结构形式的组合，以 tRNA 为例，它的二级结构是由若干茎环结构组合成的三叶草结构。

图 6 – 15 9 种 RNA 的二级结构

（1）tRNA 的二级结构 tRNA 分子只有一条链组成，含有 73 ~ 94 个核苷酸，其中有不少是修饰核苷酸或修饰碱基（如次黄嘌呤、硫尿嘧啶、假尿苷和甲基化嘌呤），链内的大多数碱基通过氢键相连，但几乎所有的 tRNA 分子上不变的核苷酸都在三叶草结构上非氢键区域。构成 tRNA 二级结构的要素有：环（loop）、茎（stem）和臂（arm）。一个典型 tRNA 的二级结构像三叶草（cloverleaf），含有四个环和四个茎。环由链内没有配对的碱基突出而成，茎则是链内互补的碱基之间配对形成的局部 A 型双螺旋，臂则是紧靠着茎又不属于环的非配对核苷酸（图6-16）。

图6-16 tRNA的二级结构

按照5′→3′的顺序，四个环依次是D环（D loop）、反密码子环（anticodon loop）、可变环（variable loop）和TψC环。四个茎依次是受体茎（acceptor stem）、D茎、反密码子茎和TψC茎。臂有D臂、反密码子臂、TψC臂和氨基酸臂。

受体茎是紧靠氨基酸与tRNA连接形成氨酰tRNA的地方，它由5′端序列和3′端序列互补配对而成。尽管不同的tRNA一级结构差别很大，但它们的二级结构却惊人地相似，而且3′端的最后三个核苷酸总是CCA，它们与3′端的第四个核苷酸一起，并不参与形成受体茎，而是构成接受氨基酸的臂。氨基酸被添加到CCA末端腺苷酸的2′-羟基或3′-羟基上，在蛋白质生物合成中作为氨基酸的供体。

D环得名于它经常含有一个修饰的碱基，即二氢尿嘧啶（dihydrouracil，D）。

反密码子环因含有反密码子而得名。反密码子由三个核苷酸组成的单位，它能够按照碱基互补配对的原则去阅读mRNA上同样由三个核苷酸组成的特定密码子，以将核苷酸序列翻译成氨基酸序列。紧靠反密码子5′端的核苷酸总是U，紧靠3′端的核苷酸总是嘌呤核苷酸（通常烷基化）。

在反密码子茎和TψC茎之间通常还有一个所谓的可变环或额外环（extraloop），其大小在不同的tRNA上会有变化，因此，有时可以作为区分不同tRNA的标志。

TψC环含有7个没有配对的碱基，包括TψC序列，其中ψ表示假尿苷。核糖体与tRNA结合通过TψC环识别。

（2）rRNA的二级结构　核糖体是蛋白质生物合成的场所，其中的RNA被称为核糖体RNA（ribosomal RNA，rRNA）。根据沉降系数的高低，rRNA有几种不同的类型。原核生物有 5S rRNA、16S rRNA 和 23S rRNA；真核生物有 5S rRNA、5.8S rRNA、18S rRNA 和 28S rRNA。在所有的 rRNA 分子上都发现有大量链内互补的序列，这些序列通过互补配对，使得 rRNA 高度折叠。在不同物种的同一类型的 rRNA 上存在十分保守的折叠样式。

以 16S rRNA 为例，其内部存在大量的短螺旋，间隔有单链的环，这是根据形成氢键的序列比对出来的。比较不同物种来源的 16S rRNA 和类似 16S rRNA 分子的一级结构和二级结构发现，尽管它们在一级结构上相似性并不高，但它们的二级结构却惊人地相似。显然，16S rRNA 的分子进化是二级结构在起作用，而不是在核苷酸的序列上。

（3）mRNA 的二级结构　mRNA 的种类繁多，对于各种 mRNA 二级结构的研究进行得很少。实际上，人们关心更多的是它们的一级结构，而不是二级结构，因为编码多肽或蛋白质氨基酸序列的是其一级结构。然而，已经发现，mRNA 分子的二级结构，特别是两端的二级结构对于翻译有影响，而某些 mRNA 借助于末端特殊的二级结构对基因的表达进行调控。出现在 mRNA 分子上最多的二级结构部件也是茎环结构。

3. 锤头核酶的二级结构　锤头核酶（hammerhead ribozyme）是一类小分子，并能进行自我切割而产生两个 RNA 产物的催化性 RNA。图 6-17 所示所有锤头核酶都含有三个碱基配对的茎（茎Ⅰ、茎Ⅱ和茎Ⅲ）和一个高度保守的为切割必需的 CUGA 序列。

三个茎的序列可以变化，但必须维持 Watson - Crick 碱基对。中央核心序列在各种锤头核酶内是高度保守的。

图 6-17　锤头核酶的二级结构

中央核心包括两个结构域：结构域Ⅰ由 CUGA 序列和尿苷转角（uridine turn）组成，紧靠茎Ⅰ；结构域Ⅱ由非 Watson - Crick 碱基对组成，将茎Ⅱ和茎Ⅲ连接起来。

（三）RNA 的三级结构

如图 6-18 所示，构成 RNA 三级结构的主要元件有假结（pseudoknot）、"吻式"发夹（kissing hairpins）和发夹环突触结构（hairpin loop-bulge contact）等三种形式。tRNA 则可形成倒 L 型三级结构（图 6-19）。

图 6-18　三种 RNA 的三级结构

图 6-19　tRNA 的倒 L 形三级结构

1. tRNA 的三级结构　tRNA 三级结构形成的原因是 D 环上的碱基与不变碱基以及 TψC

环上的碱基之间的发生的氢键作用。由于氢键涉及 tRNA 分子上的不变碱基，这就突出了三级结构在 tRNA 功能上的重要性。这些氢键将 D 臂和 TψC 臂折叠到一起，并将三叶草二级结构弯曲成稳定的倒 L 型三级结构。

在三级结构中，氨基酸受体茎位于 L 的一端，与 L 另一端的反密码子相距 7nm 左右，而 D 环和 TψC 环形成 L 的角。在 L 型构象中，碱基的排列方向都是尽可能增加碱基平面之间的疏水堆积力，这是仅次于氢键而稳定 L 型构象的因素。

2. rRNA 的三级结构　与 rRNA 二级结构相比，对于 rRNA 三级结构的认识还很少，这主要是因为其天然的 rRNA 在核糖体内与蛋白质在一起，蛋白质对其三级结构有重要的影响。尽管如此，随着人们对完整的核糖体和单个核糖体亚基结构认识的深入，rRNA 三级结构的研究也取得了一些突破，X 射线衍射获得的数据表明，核糖体的整体构象由 rRNA 决定，核糖体蛋白质一般正好位于 RNA 螺旋之间。

第三节　核酸的理化性质

扫码"学一学"

一、核酸的分子大小

采用电子显微镜照相及放射自显影等技术，已能测定许多完整 DNA 的相对分子质量。噬菌体 T2DNA 的电镜像显示整个分子是一条连续的细线，直径为 2nm，长度为（49 ± 4）μm。由此计算其相对分子质量约为 1×10^8。大肠埃希菌染色体 DNA 的放射自显影像为一环状结构，其相对分子质量约 2×10^9。真核细胞染色体中的 DNA 相对分子质量更大。果蝇巨染色体只有一条线形 DNA，长达 4.0cm，相对分子质量约为 8×10^{10}，为大肠埃希菌 DNA 的 40 倍。RNA 分子比 DNA 短得多，其相对分子质量只达 53×10^4。

二、核酸的溶解度与黏度

RNA 和 DNA 都是极性化合物，都微溶于水，而不溶于乙醇、乙醚、三氯甲烷等有机溶剂。它们的钠盐比自由酸易溶于水，RNA 钠盐在水中溶解度可达 4%。

高分子溶液比普通溶液黏度要大得多，不规则线团分子比球形分子的黏度大，而线性分子的黏度更大。由于天然 DNA 具有双螺旋结构，分子长度可达几厘米，而分子直径只有 2nm，分子极为细长，因此，即使是极稀的 DNA 溶液，黏度也极大。RNA 分子比 DNA 分子短得多，RNA 呈无定形，不像 DNA 那样呈纤维状，RNA 的黏度比 DNA 黏度小。当 DNA 溶液加热，或在其他因素作用下发生螺旋→线团转变时，黏度降低，所以可用黏度作为 DNA 变性的指标。

三、核酸的酸碱性质

碱基上含有可解离的酸碱基团，这些基团的 pK_a 不一样。在中性 pH 下，碱基主要以内酰胺形式存在。尿嘧啶的 N_1 和 N_3 的 pK_a 均超过 8；与此相比，胞嘧啶的 N_3 的 pK_a 为 4.5。嘌呤碱基的解离情况见表 6 - 7。各个基团的 pK_a 决定了在中性 pH 下氢原子是否与环上的各个 N 原子结合，而结合与否又决定了这些 N 原子是作为氢键的供体还是受体。嘌呤碱基和嘧啶碱基之间的氢键配对是 DNA 双螺旋结构形成的基础，对于核酸的生物学功能至关重要。

表 6 - 7　核苷酸的解离性质

核苷酸	碱基 N 的 pK_a	磷酸基团 pK_1	磷酸基团 pK_2
5′ - AMP	3.8（N_1）	0.9	6.1
5′ - GMP	9.4（N_1）	0.7	6.1
	2.4（N_7）	0.8	6.3
5′ - CMP	4.5（N_3）		
5′ - UMP	9.5（N_3）	1.0	6.4

多核苷酸中两个单核苷酸残基之间的磷酸残基的解离具有较低的 pK'值（p$K' = 1.5$），所以当溶液的 pH 高于 4 时，全部解离，呈多阴离子状态。因此，可以把核酸看成是多元酸，具有较强的酸性。核酸的等电点较低，酵母 RNA（游离状态）的等电点为 pH 2.0～2.8。多阴离子状态的核酸可以与金属离子结合成盐。一价阳离子如 Na^+、K^+，两价阳离子如 Mg^{2+}、Mn^{2+} 等都可与核酸形成盐。核酸盐的溶解度比游离酸的溶解度要大得多。多阴离子状态的核酸也能与碱性蛋白，如组蛋白等结合。病毒与细菌中的 DNA 常与精胺、亚精胺等多阳离子胺类结合，使 DNA 分子具有更大的稳定性与柔韧性。

由于碱基对之间氢键的性质与其解离状态有关，而碱基的解离状态又与 pH 有关，所以溶液中的 pH 直接影响核酸双螺旋结构中碱基对之间氢键的稳定性。对 DNA 来说，碱基对在 pH 4.0～11.0 之间最为稳定。超越此范围，DNA 就要变性。

四、核酸的紫外吸收

由于核酸的组成成分嘌呤及嘧啶碱基杂环上的共轭双键使碱基对紫外线具有强烈的吸收，所以核酸也有强烈的紫外吸收。最大吸收值在 260nm 处（图 6 - 20）。利用这一特性，可以鉴别核酸样品的蛋白质杂质。

图 6 - 20　核苷酸的紫外吸收

利用核酸的紫外吸收特性，还可对核酸进行定量测定。由于核酸制品的纯度不一，相对分子质量大小不同，所以很难以核酸的重量来表示它的摩尔消光系数。因核酸分子中碱基和磷原子的含量相等，因此可以根据磷的含量测定核酸溶液的吸光度值。以每升的核酸溶液中 1mol 磷为标准来计算核酸的消光系数，就叫摩尔磷消光系数 $e(p)$。

$$e(p) = \frac{A}{CL}$$

式中，A 为吸光度值，C 为每升溶液中磷的摩尔数，L 为比色杯内径的厚度。

由于

$$C = \frac{每升溶液中磷的重量（g）\ W}{磷的原子量（30.98）}$$

所以

$$e(p) = \frac{30.98A}{WL}$$

这样，只要测定核酸溶液的磷含量和紫外吸收值，就可以求得它的 $e(p)$ 值。一般，DNA 的 $e(p)$ 值均较其所含核苷酸单体的 $e(p)$ 值的总和低 20% ~60%。降低程度与核酸分子中双链结构多少有关。核酸在变性时，$e(p)$ 值显著升高，此现象称为增色效应（hyperchromic effect）。在一定条件下，变性核酸可以复性，此时 $e(p)$ 值又回复至原来水平，这一现象叫减色效应（hypochromic effect），所以 $e(p)$ 值可作为核酸复性的指标。减色效应是由于在 DNA 双螺旋结构中堆积的碱基之间的电子相互作用，而减低了对紫外光的吸收。

五、核酸的变性、复性和杂交

(一) 变性

如图 6-21 所示，核酸的变性是指核酸受到加热、极端的 pH 或离子强度的降低等因素或特殊的化学试剂（尿素、盐酸胍和甲醛等）的作用，其双螺旋区的氢键断裂，变成单链的过程，其中并不涉及共价键断裂。

图 6-21　DNA 的变性和复性

核酸在变性时，其一系列理化性质发生改变，例如紫外吸收和浮力密度升高，黏度降低，生物活性（主要是 RNA）降低和丧失，其中紫外吸收增加的现象称为增色效应（hyperchromic effect）。增色效应产生的原因是双螺旋结构之中的碱基堆积作用降低了紫外吸收，当核酸变性以后，碱基堆积作用被削弱，紫外吸收随之升高。上述性质的变化可用作检测核酸变性的指标。

如图 6-22 所示，双链 DNA 热变性是在很窄的温度内发生的，与晶体在熔点时突然熔化的情形相似，因此 DNA 也具有"熔点"，用 T_m 表示。T_m 实际是 DNA 的双螺旋有一半发生热变性时相应的温度。DNA 的 T_m 通常介于 82~95℃。

图 6-22 G+C 含量对 DNT T_m 的影响

若以温度 T 对 DNA 溶液的紫外吸光率作图，得到的典型 DNA 变性曲线为 S 型。S 型曲线下方平坦段，表示 DNA 的氢键尚未破坏；当加热到某一温度，氢键突然断裂，DNA 迅速解链，同时伴随着吸光率的陡然上升；此后因"无链可解"而出现增色效应丧失的上方平坦段。T_m 定义中包含了使被测 DNA 有一半发生变性的意思，即增色效应达到一半时的温度作为 T_m，它在 S 型曲线上，相当于吸光率增加的中点处所对应的横坐标。

DNA 的 T_m 并不是固定不变的，至少受到四种因素的影响。

（1）DNA 的均一性　DNA 的均一性有两种含义：一是指 DNA 分子中碱基组成的均一性，如人工合成的 poly（dA-dT）或 poly（dG-dC）具有高度的均一性，因为只含有一种碱基对，与天然 DNA 比较，其 T_m 范围就很窄。这是因为前者在变性时的氢键断裂几乎同时进行，故所要求的变性温度更趋于一致。其次还包含有待测样品 DNA 的组成是否均一的意思，即是否含有其他杂 DNA 的污染。例如所测样品中只含有一种病毒 DNA，其 T_m 范围就窄，若混有其他来源的 DNA，则 T_m 范围就变宽。总的说来，某种 DNA 均一性越高，变性时 DNA 双螺旋之间的氢键断裂所需能量比较接近，其 T_m 范围就越窄，反之亦然。

（2）含量　在溶剂条件固定的前提下，T_m 的高低取决于 DNA 分子中的含量。如图 6-23 所示，含量越高，T_m 值越高。这是因为 G≡C 碱基对具有 3 个氢键，而 A=T 碱基对只有 2 个氢键，显然破坏 G≡C 间氢键需比破坏 A=T 氢键付出更多的能量，故含量高的 DNA，其 T_m 也高。实验证明，DNA 的 T_m，与其含量呈正相关。

T_m 与 G+C 含量（X）百分比的这种关系可用以下经验公式来表示（DNA 溶解在 0.2mol/L NaCl 中）：$X\%$（G+C）=2.44（T_m-69.3℃）。

（3）离子强度　溶液中的阳离子能够中和或屏蔽 DNA 链上磷酸根的负电荷，减弱两条链之间的排斥而增强 DNA 双螺旋结构的稳定性，因此

图 6-23 DNA 分子中的 G+C 含量与 DNA T_m 之间的关系曲线

DNA 溶液中的离子强度越高，T_m 就越高。

（4）其他变性因素的作用　许多容易形成氢键的试剂（例如尿素和甲酰胺）都能够破坏碱基对之间的氢键，因此可以降低 DNA 的 T_m。而那些能够提高 DNA 上的碱基溶解性的试剂（如甲醇）或者能够破坏 DNA 分子外被水化层的试剂（如氯乙酸），因减弱碱基之间的疏水作用也能导致 T_m 的下降。某些蛋白质（如单链 DNA 结合蛋白）因为能够稳定 DNA 单链状态也能降低 T_m。相反，许多蛋白质与 DNA 结合以后能够阻止 DNA 变性，因此反而提高了 T_m。

RNA 的 T_m 较为复杂，对于少数双链 RNA 来说，其 T_m 的性质与 DNA 相近。但是，绝大多数 RNA 为单链，其分子内的双螺旋区域有限，因此一方面在变性时，性质变化程度不及 DNA；另一方面是它的 T_m 较低，变性曲线较宽。

（二）复性和杂交

1. 复性　与蛋白质变性一样，核酸变性在一定条件下也是可逆的。当各种变性因素不复存在的时候，变性时解开的互补单链全部或部分恢复到天然双螺旋结构的现象称为复性（renaturation）。热变性 DNA 一般经缓慢冷却后即可复性，此过程被称为退火（annealing）。这一术语也用以描述杂交核酸分子的形成。

伴随着 DNA 复性的是其浮力密度和紫外吸收的减少、黏度的增加和生物活性的恢复，其中紫外吸收减少的现象被称为减色效应（hypochromic effect）。

DNA 复性的第一步是两个互补的单链分子间的接触以启动部分互补碱基的配对，这是所谓的"成核"作用（nucleation）。随后，成核的碱基对经历小范围重排以后，单链的其他区域像"拉链"一样迅速复性（图 6 – 24）。

影响 DNA 复性的因素有温度、离子强度、DNA 浓度和 DNA 序列的复杂度等。

图 6 – 24　DNA 的复性历程

（1）温度　一般认为低于 T_m 25℃ 左右的温度是复性的最佳温度，越远离于此温度，复性速度就越慢。在很低的温度（如低于 4℃）下，分子的热运动显著减弱，互补链配对的机会自然大大减少。从分子热运动的角度考虑，维持在 T_m 以下较高温度，实际上更有利于复性。此外，复性时温度的下降需缓慢进行，若在超过 T_m 的温度下迅速冷却至低温，复性几乎是不可能的。实验室中经常以此方式保持 DNA 的变性状态。

（2）DNA 浓度　DNA 浓度越高，则溶液中 DNA 分子越多，相互碰撞结合"成核"的机会越大，就越有利于复性。

（3）离子强度　DNA 溶液中的离子强度直接影响到 DNA 链的带电状况，离子强度越高，DNA 链上磷酸根基团被屏蔽的效果就越好，DNA 互补单链之间的排斥作用就越弱，因而越有利于复性。

（4）DNA 序列的复杂度（sequence complexity）　具有简单序列的 DNA 分子（复杂度低），如 poly（dA）和 poly（dT）这两种单链序列复性时，互补碱基的配对很容易实现。而序列复杂的 DNA（复杂度高），如小牛胸腺 DNA 的非重复部分，一般以单拷贝存在于基因组中，这样的序列要完成互补配对，显然要比上述复杂度低的 DNA 分子复性困难得多。

2. 核酸杂交　将不同来源的 DNA 经热变性，冷却，使其复性，在复性时，如这些异源 DNA 之间在某些区域有相同的序列，则会形成杂交 DNA 分子。DNA 与互补的 RNA 之间也会发生杂交。核酸杂交（hybridization）可以在液相或固相载体上进行，它已成为核酸研究中一项常规的技术，被广泛应用于生物化学、分子生物学和医学等相关学科。在医学上，该技术目前已应用于多种遗传性疾病的基因诊断、传染病病原体的检测和恶性肿瘤的基因分析等。

最常用的是以硝酸纤维素膜作为载体进行杂交。英国分子生物学家 E. M. Southern 创立的 Southern 印迹法（Southern blotting）就是将凝胶电泳分离的 DNA 片段转移至硝酸纤维素膜上后，再进行杂交。其操作是将 DNA 样品经限制性内切酶降解后，用琼脂糖凝胶电泳分离 DNA 片段，将胶浸泡在 NaOH 中进行 DNA 变性，然后将变性 DNA 片段转移到硝酸纤维素膜上在 80℃烤 4~6 小时，使 DNA 固定在膜上，再与标记的变性 DNA 探针进行杂交，杂交反应在较高盐浓度和适当温度（68℃）下进行 10 多个小时，经洗涤除去未杂交的标记探针、将纤维素膜烘干后进行放射自显影即可鉴定待分析的 DNA 片段。除 DNA 外，RNA 也可用作探针（probe）。可用 ^{32}P 标记探针，也可用生物素标记探针。

将 RNA 经电泳变性后转移至纤维素膜上再进行杂交的方法称 Northern 印迹法（Northern blotting）。根据抗体与抗原可以结合的原理，用类似方法也可以分析蛋白质，这种方法称 Western 印迹法（Western blotting）。应用核酸杂交技术，可以分析含量极少的目的基因，是研究核酸结构与功能的一个极其有用的工具。

六、核酸的水解

酸、碱和酶均可导致核酸水解。

1. 酸水解　核酸分子内的糖苷键和磷酸二酯键对酸的敏感性不同：糖苷键 > 磷酸酯键；而嘌呤糖苷键 > 嘧啶糖苷键。例如将核酸在 pH1.6 和室温下对水透析或在 100℃下、在 pH2.8 溶液中存放 1 小时，多数嘌呤碱基即可脱落。核酸的脱嘧啶作用需要在更加剧烈的条件下进行，如使用 98%~100% 甲酸，在 175℃下作用 2 小时或使用三氟乙酸在 155℃下作用 60~80 分钟，多数嘧啶碱基才会脱落。

2. 碱水解　RNA 的磷酸二酯键对碱异常敏感。在室温下，0.3~1mol/L KOH 溶液在 24 小时左右可将 RNA 完全水解，并得到 2′-核苷酸或 3′-核苷酸的混合物。

DNA 对碱的作用并不敏感，其抗碱水解的生理意义在于作为遗传物质的 DNA 应更稳定，不易水解。而 RNA（主要是 mRNA）是 DNA 的信使，完成任务后应该迅速降解。

3. 酶促水解　核酸可受到多种不同酶的作用而发生水解，但是不同的酶对底物的专一性、水解的方式和磷酸二酯键的断裂方式是不同的，因此可以按照上述性质对有关的酶进行分类。按照底物特异性可分为只能水解 DNA 的 DNA 酶（DNase），只能水解 RNA 的 RNA 酶（RNase）和既能水解 DNA 又能水解 RNA 的核酸酶；按照作用方式可分为内切核酸酶和外切核酸酶；按照磷酸二酯键的断裂方式可分为产物为 5′ - 核苷酸的水解酶和产物为 3′ - 核苷酸的水解酶。常见的水解酶的名称和性质参见表 6 - 8。

表 6 - 8　不同性质的核酸酶

类别		名称	作用方式	底物	产物
RNA 酶	R N A	RNase T1	内切	—GpN—	Gp，—Gp
		RNase A	内切	—PypN—	Pyp，—Pup
		RNase U2	内切	—PupN—	Pup，—Pup
		RNase T2	内切	—NpN—	Np
		RNase H	内切	与 DNA 杂交的 RNA	pN
DNA 酶	D N A	DNase Ⅰ	内切	DNA	Pn，pN—
		DNase Ⅱ	内切	DNA	Np，—Np
		链球菌 DNase	内切	DNA	Pn，pN—
		限制性内切核酸酶（RE）	内切，切点位于特殊的碱基序列	双链 DNA	黏端 DNA，平端 DNA
核酸酶	R N A	P1 核酸酶	内切、外切	DNA、RNA	pN
		M 核酸酶	内切	DNA、RNA	Np
		S1 核酸酶	内切	单链 DNA 或 RNA	pN
	D N A	牛脾磷酸二酯酶	内切	DNA、RNA	Np
		蛇毒磷酸二酯酶	内切	DNA、RNA	pN

七、核酸的催化性质

1. 核酶　核酶（ribozyme）主要指一类具有催化功能的 RNA，亦称 RNA 催化剂。核酶是 1982 年，Thomas R. Cech 等研究原生动物四膜虫 rRNA 时，首次发现 rRNA 基因转录产物的 I 型内含子剪切和外显子拼接过程可在无任何蛋白质存在的情况下发生，证明了 RNA 具有催化功能。为区别于传统的蛋白质催化剂，Thomas R. Cech 给这种具有催化活性的 RNA 定名为核酶。1983 年 Sidney Altman 等人在研究细菌 RNase P 时发现，当约 400 个核苷酸的 RNA 单独存在时，也具有完成切割 rRNA 前体的功能，并证明了此 RNA 分子具有全酶的活性。随着研究的深入，Thomas R. Cech 发现 L - 19 RNA 在一定条件下，能以高度专一性的方式去催化寡聚核苷酸底物的切割与连接。核酶可以识别底物 RNA 的特定序列，并在专一性位点上进行切割，其特异性接近 DNA 限制性内切酶，高于 RNase，具有很大的潜在的应用价值。

核酶的发现，从根本上改变了以往只有蛋白质才具有催化功能的概念，为此，Thomas R. Cech 和 Sidney Altman 也因此获得了 1989 年的诺贝尔奖。

自然界中已发现多种核酶，目前主要有四种核酶能用于反式切割靶 RNA：四膜虫自身剪接内含子、大肠埃希菌 RNase P、锤头状核酶和发夹状核酶。

核酶的具体作用主要有：①核苷酸转移作用；②水解反应，即磷酸二酯酶作用；③磷酸转移反应，类似磷酸转移酶作用；④脱磷酸作用，即酸性磷酸酶作用；⑤RNA 内切反应，即 RNA 限制性内切酶作用。

2. 脱氧核酶 脱氧核酶（deoxyribozyme）是利用体外分子进化技术合成的一种具有催化功能的单链 DNA 片段，具有高效的催化活性和结构识别能力。

1994 年，Gerald. F. Joyce 等报道了一个人工合成的 35bp 的多脱氧核糖核苷酸能够催化特定的核糖核苷酸或脱氧核糖核苷酸形成的磷酸二酯键，并将这一具有催化活性的 DNA 称为脱氧核酶或 DNA 酶（DNA enzyme, DE）。

1995 年，在 *Nature* 上报道了一个具有连接酶活性的 DNA，能够催化与它互补的两个 DNA 片段之间形成的磷酸二酯键。迄今已经发现了数十种脱氧核酶。

尽管到目前为止，还未发现自然界中存在天然的脱氧核酶，但脱氧核酶的发现仍然使人类对于酶的认识又产生了一次重大飞跃，是继核酶发现后又一次对生物催化剂知识的补充。这将有助于了解有关生命的一个最基本问题，即生命如何由 RNA 世界演化为今天的以 DNA 和蛋白质为基础的细胞形式。这项发现也揭示出 RNA 转变为 DNA 过程的演化路径可能也存在于其他与核酸相似的物质中，有助于了解生命基础结构及其进化过程。

根据催化功能的不同，可以将脱氧核酶分为 5 大类：切割 RNA 的脱氧核酶、切割 DNA 的脱氧核酶、具有激酶活力的脱氧核酶、具有连接酶功能的脱氧核酶、催化卟啉环金属螯合反应的脱氧核酶。其中以对 RNA 切割活性的脱氧核酶更引人注意，不仅能催化 RNA 特定部位的切割反应，而且能从 mRNA 水平对基因进行灭活，从而调控蛋白质的表达。

对于脱氧核酶的研究有望成为基因功能研究、核酸突变分析、治疗肿瘤、对抗病毒及肿瘤等疾病的新型基因治疗药物的新型核酸工具酶。

第四节 核酸的合成、分离纯化及含量测定

扫码"学一学"

一、核酸的化学合成

核酸的化学合成已成为生物化学和分子生物学研究中不可缺少的一项技术，像 PCR 引物、测序引物、DNA 芯片、基因工程、DNA 探针和干扰 RNA 等都需要使用化学的手段合成长短不一的核酸。此外，合成的寡聚核苷酸还可以应用在疾病的诊断和治疗上。人工合成最长的可达 150 个核苷酸。

与生物合成的方法相比，核酸的化学合成具有以下几点好处：不受序列和结构的限制；在合成中可直接引入修饰的碱基、修饰的糖和修饰的核糖 – 磷酸骨架，从而提高特异性、碱基配对的稳定性，甚至产生新的功能。

核酸的化学合成与多肽的化学合成在原理上基本相似，如都需要对核苷酸单体上的活性基团进行保护或去保护，对成键基团进行活化，一般都使用固相合成法等。

人工合成核酸的基本步骤包括起始原料的制备、偶联反应和去保护。

（一）起始原料的制备

1. 核苷酸的来源 合成所需要的核苷酸单体可以从某些生物中制备（如鲑鱼的精子），也可以通过化学合成得到。

2. 核苷的保护 一般使用二甲氧基三苯基（dimethoxytriphenyl group, DMT）对核糖或脱氧核糖的 5′ – 羟基进行保护，脂酰基（acyl）对碱基上的氨基进行保护。如苯甲酰基（benzoyl, Bz）对 A 或 C 上的氨基进行保护，异丁酰基（isobutyryl）对 G 上氨基的保护（图 6 – 25）。如果合成 RNA，还需要使用氰乙基（cyanoethyl）对 2′ – 羟基进行保护。

图 6 – 25　核苷酸的制备、保护和 3′ – 羟基的活化

　　保护基团所起的作用是既能防止反应发生在不该发生的位置，还能增加核苷酸在有机溶剂中的溶解性。

　　DMT 对 5′ – 羟基的保护是暂时的，在合成中需要使用酸处理除去，以便让后面的偶联反应得以进行。由于对碱基上氨基提供保护的脂酰基对酸很稳定，因此，在合成中保留不变，只是在最后一步去保护反应中使用氨水处理即可除去。

　　3. 磷酸化或亚磷酸化　这一步的目的是在 3′ – 羟基加上反应性磷基团。磷可以是五价的（磷酸），也可以是三价的（亚磷酸），但三价磷的反应性更强。

　　（二）偶联反应

　　这一步反应的目的是将核苷酸之间通过 3′,5′ – 磷酸二酯键偶联起来。保护基团的存在致使反应只能发生在 3′ – 磷酸和 5′ 自由的羟基之间，而不会产生 5′,5′连接或 3′,3′连接或分子连接（图 6 – 26）。这样的偶联反应可按 3′→5′方向循环多次，一直合成到所需要的长度为止。

图 6 – 26　核苷酸之间的偶联反应

(三) 去保护

这一步反应是为了去除连在碱基上和 3′, 5′ 连接上的（如果是 RNA 还包括 2′ – 羟基）保护性基团, 产生真正的单链 DNA 或 RNA。

核酸的化学合成一般都使用固相合成法, 并实现了自动化。

二、核酸的分离、纯化和定量

提取核酸的一般原则是先破碎细胞, 提取核蛋白使其与其他细胞成分分离, 然后用蛋白质变性剂如苯酚或去垢剂（十二烷基硫酸钠）等, 或用蛋白酶处理除去蛋白质。最后所获得的核酸溶液用乙醇等使其沉淀。

在提取、分离、纯化过程中应特别注意防止核酸的降解。为获得天然状态的核酸, 在提取过程中, 应防止核酸酶、化学因素和物理因素所引起的降解。

为了防止内源性核酸酶对核酸的降解, 在提取和分离核酸时, 应尽量降低核酸酶的活性。通常加入核酸酶的抑制剂。在核酸的提取过程中常用酸、碱, 所以在提取时应注意强酸、强碱对核酸的化学降解作用。核酸（特别是 DNA）是大分子, 高温、机械作用力等物理因素均可破坏核酸分子的完整性。因此核酸的提取过程应在低温（0℃左右）以及避免剧烈搅拌等条件下进行。

(一) 核酸的提取

1. 两种核蛋白的分离 核酸在细胞内通常以核蛋白的形式存在。其中 RNA 以核糖核蛋白（ribonucleoprotein）, DNA 以脱氧核糖核蛋白（deoxyribonucleoprotein）形式存在。借助两种核蛋白在不同浓度的盐溶液中的溶解度的差别, 可将它们分开。脱氧核糖核蛋白在 0.14mol/L NaCl 溶解度很低, 而在 1mol/L NaCl 溶液中很高, 而核糖核蛋白在 0.14mol/L NaCl 溶液中的溶解度较高, 因此常用 0.14mol/L NaCl 溶液抽取核糖核蛋白, 而用 1mol/L 氯化钠溶液提取脱氧核糖核蛋白。

2. 蛋白质的去除 一旦得到核蛋白, 就需要将与核酸结合的蛋白质除去。去除蛋白质的方法包括蛋白酶 K 的消化和苯酚/三氯甲烷的多次抽取。如果抽取 DNA, 可先用 RNA 酶消化去除残留的 RNA；如果是抽取 RNA, 事先可用 DNA 酶尽可能除去残留的 DNA。在苯酚/三氯甲烷抽取中, 核酸溶解在上层水相, 而蛋白质变性后处于两相交界处。

3. 核酸的沉淀 在苯酚/三氯甲烷抽取以后, 水相中的核酸可在一定盐浓度下, 使用 2.5 ~ 3 倍体积的冷无水乙醇进行沉淀。如果纯化的是 RNA, 尤其是 mRNA, 需要特别小心, 务必采取各种必要的措施防止 RNA 的降解。

(二) 电泳

核酸在一般正常的 pH 下均带负电荷, 因此, 也可使用电泳对不同大小的核酸进行分离、鉴定。用于核酸的电泳方法有琼脂糖电泳和聚丙烯酰胺凝胶电泳。使用最多的是琼脂糖电泳, 聚丙烯酰胺电泳一般用于小相对分子质量核酸的分离和 DNA 序列分析之用。

如果使用琼脂糖电泳, 可使用溴乙锭（ethidium bromide, EB）染色进行检测, 因为 EB 可插入到 DNA 双螺旋的碱基对之间, 在 UV 照射下发出荧光；如果是聚丙烯酰胺凝胶电泳, 一般用放射自显影或银染法等进行检测。

(三) 离心

离心也是核酸研究中的一项常见技术, 它除了用来收集沉淀的 DNA 以外, 还可以用来进一步纯化核酸，获得高纯度的 DNA。此外，还可以用它来测定一种 DNA 分子中的 GC 含量。

（四）色谱

各种色谱蛋白质的方法同样可以用来纯化核酸。如利用阴离子交换色谱分离制备核酸，羟基磷灰石分离单链 DNA 和双链 DNA，寡聚 dT 亲和色谱分离带有多腺苷酸尾巴的真核生物 mRNA。

（五）核酸含量测定的原理

1. 定磷法　RNA 和 DNA 中都含有磷酸，根据元素分析获知，RNA 的平均含磷量为 9.4%，DNA 的平均含磷量为 9.9%。因此，可从样品中测得的含磷量来计算 RNA 或 DNA 的含量。

用强酸（如 10mol/L 硫酸）将核酸样品消化，使核酸分子中的有机磷转变为无机磷，无机磷与钼酸反应生成磷钼酸，磷钼酸在还原剂（如抗坏血酸、$\alpha - 1,2,4 -$ 羟基萘酚磺酸、氯化亚锡等）作用下还原成钼蓝。可用比色法测定 RNA 样品中的含磷量。

2. 定糖法　RNA 含有核糖，DNA 含有脱氧核糖，根据这两种糖的颜色反应可对 RNA 和 DNA 进行定量测定。

（1）核糖的测定　RNA 分子中的核糖和浓盐酸或浓硫酸作用脱水生成糠醛。糖醛与某些酚类化合物缩合而生成有色化合物，如糠醛与地衣酚（3,5 - 二羟甲苯）反应产生深绿色化合物，当有高铁离子存在时，则反应更灵敏。

反应产物在 660nm 有最大吸收，并且与 RNA 的浓度成正比。

（2）脱氧核糖的测定　DNA 分子中的脱氧核糖和浓硫酸作用，脱水生成 $\omega -$ 羟基 $-\gamma -$ 酮基戊醛，与二苯胺反应生成蓝色化合物。

反应产物在 595nm 处有最大吸收，并且与 DNA 浓度成正比。

3. 紫外吸收法　核酸纯度检测和核酸定量的最简单方法是紫外分光光度法，通过测定 A_{260}/A_{280}。来推算。对于 DNA 来说，如果比值大于 1.9，则可视为较纯；如果小于 1.9，则可能有蛋白质污染。对于 RNA 来说，如果比值在 1.8 ~ 2.0，则可视为较纯。

对于纯的 DNA 来说，1 个 A_{260} 相当于 50μg/ml 双链 DNA 或 35μg/ml 单链 DNA；对于纯的 RNA 来说，1 个 A_{260} 相当于 40μg/ml RNA。

（李　谦）

扫码"练一练"

第七章　生物大分子之间的分子识别与相互作用

扫码"学一学"

生物体内生物分子和所涉及的化学物质都存在分子运动及变化，包括生物分子的自身运动及各种物质的分子代谢。生物分子之间、生物大分子与化学物质之间也存在着各种各样的相互作用。

生物大分子是生命活动的物质基础，任何生命现象都由生物大分子主导。单个生物大分子不可能表现出生命现象和功能，只有通过与配体、与其他生物大分子的相互作用，才显示出它的生物学特性和功能。生物大分子之间特异性地、可逆解离地形成复合物的能力是生命活动的基础，这种特异性的、可逆的相互作用被称为生物分子的识别。因此生物大分子之间的相互作用是研究它们的结构和功能的极重要方面，是认识生物大分子与生命现象之间关系的核心内容。

第一节　生物大分子之间的分子识别

生物体内的蛋白质、核酸（DNA 和 RNA）、多糖等都属于生物大分子的范畴，它们的相对分子质量在 $10^4 \sim 10^6$ 之间。某些脂质，特别是生物膜中与蛋白质非共价键连接的脂质复合物也具有生物大分子特性。蛋白质、核酸等生物大分子由相对分子质量较低的基本单位首尾连接而成。它们具有一级结构、二级结构以及更高级的结构。这些结构是生物大分子的功能所必需的。

多糖是十分重要的生物大分子，在分子识别、蛋白质生物活性方面具有重要作用。它由单糖通过糖苷键（glycosidic bond）共价相连。它们的生物合成与蛋白质、核酸不同，不需要模板。多糖在结构、组成和分子大小上变化范围较宽。很多多糖不是独立地起作用的，而是与蛋白质或脂质结合，成为糖蛋白（glycoprotein）或糖脂（glycolipid），使生物大分子显示出多姿多彩的立体化学结构。这为生物大分子的相互作用、分子识别的研究提供了广阔的前景。

在不同的生物大分子之间，普遍存在着一种专一性结合现象。例如淀粉酶与底物淀粉的结合；胰岛素与胰岛素受体（一种糖蛋白）的专一结合；凝血酶与血纤维蛋白原的专一结合；阻遏蛋白与 DNA 的结合等。生物大分子之间及生物大分子与小分子之间的这种专一性结合，就是所谓的分子识别。

一、生物大分子相互作用的过程

大分子之间相互作用是不可能一下完成，从溶液中热运动开始直到发生特异性结合，要经历复杂的过程，大致有以下几个阶段。

1. 扩散　两分子在结合之前依靠热运动而彼此靠近。热运动引起分子从原有位点移动，然后到达邻近的新位置，这称为扩散。由于快速不定的碰撞和反弹，单个大分子会不断从一个方向折向另一方向，随机地从一个途径转变为另一途径，因此扩散成为不断改变方向、不断碰撞的过程。

2. 运动　广义上讲，分子运动可以分为 3 类：①分子从一个位置移到另一位置的移位运动；②振动；③旋转。所有这些运动形式对相互作用的大分子表面的接近都极为重要，移位运动所产生的扩散碰撞速率与扩散分子的浓度成正比。球状蛋白质分子每秒绕其轴心做大约 10^6 次旋转和滚翻。如果两个分子在相对方向上发生有效的碰撞，那么化学反应就可能在两分子之间迅速进行。

3. 分子间的相互作用与识别　从分子生物学的角度看，生物大分子的相互作用和识别是生命过程的核心问题。没有这种相互作用和识别，就没有基因的复制和表达、蛋白质的生物合成和功能及生命过程的调节。蛋白质、核酸、多糖之间的相互作用和识别都是通过大分子各自特定部位高级结构的匹配、契合来实现的。它们要求：①两种生物大分子的结合部位之间，微区构象能够相嵌互补，形成相当大的接触面。这种互补接触面不是一开始就存在的，而是有一个诱导、变构的过程。②同时要求两个结合部位的微区有相应的化学基团，相互之间能产生足够的结合力，使两种大分子结合起来。

二、分子识别过程的动力学

1. 结合与解离　通过简单扩散，两个大分子或一个大分子与一个小分子可发生随机碰撞，形成复合物，所以这种结合反应导致复合物形成的速率受扩散限速。由于在碰撞过程中一个、有时是两个分子需调整其表面结构，使分子反应表面相互契合。在反应表面调整适应前，经常发生两分子彼此反弹，使结合反应不能发生，所以复合物形成速率可能很低。一旦两分子表面相互契合，并能充分接近，彼此之间即可形成多个弱化学键，实现双分子结合反应。随机热运动又可使弱化学键断裂，使复合物解离。在一个平衡反应体系中，结合反应与解离反应偶联在一起，处于平衡状态。

一般说，复合物中两分子结合愈强，解离反应的速率也就愈低。与热运动能量比较，如果形成的化学键总能量极小，可以忽略不计，那么两分子结合反应速率与复合物解离反应速率近似相等；如果形成的化学键总能量很高，则极少发生解离反应。当某种生物学功能需要两分子长期维持紧密结合状态时，那么两分子间所发生的结合反应就很强。

阻遏蛋白是一种基因调节蛋白，结合 DNA 后使基因关闭，这种 DNA－蛋白质相互结合反应极强。如果某种功能需要复合物发生快速结构变化，那么两分子之间的相互作用则较弱。

2. 平衡常数　两分子之间结合力大小是生物分子相互作用特异性高低的特征。如果分子 A 可特异识别分子 B，这种相互作用（结合反应）达到平衡点时复合物 AB 的形成速率与解离速率是相等的，即

$$A + B \underset{K_{off}}{\overset{K_{on}}{\rightleftharpoons}} AB$$

式中，K_{on} 为结合速率常数，K_{off} 为解离速率常数。利用两个速率常数可分别计算结合速率和解离速率：结合速率 $= K_{on}[A][B]$，解离速率 $= K_{off}[AB]$。当反应达到平衡点时结合速率与解离速率相等，即 $K_{on}[A][B] = K_{off}[AB]$，所以有

$$\frac{[A][B]}{[AB]} = \frac{K_{off}}{K_{on}} = K_{eq}$$

式中，K_{eq} 为平衡常数，又称亲和常数。测定反应达到平衡点时的 A、B 和 AB 浓度即可计算出平衡常数。结合反应愈强，测得的亲和常数值愈小。

两分子相互作用的反应平衡常数与结合所需的标准自由能变化（$\Delta G^\ominus$）有关。生物

系统中的简单结合反应的亲和常数为 $10^3 \sim 10^{12}$ mol/L，相对应的结合能在16.8～71.4kJ/mol，可产生4～17个氢键。

三、分子识别的特性

1. 作用的专一性 生物大分子在机体内行使各种各样的功能，参与了形形色色的反应，它们行使的功能和参与的反应都具有高度专一性。这种专一性也是药物分子与生物大分子相互作用并产生某专一性生物效应的理论基础。不同生物大分子之间相互作用专一性的基本原理是相同的。

（1）酶与底物作用的专一性 酶的主要特征之一就是其催化作用的专一性。在这个反应过程中，底物浓度、酶浓度、反应温度、pH、激活剂与抑制剂等都是影响酶反应动力学的重要因素。底物与酶的特异性结合是催化反应的开始，所以结合能直接影响催化反应。

（2）抗原－抗体相互作用的专一性 机体的免疫系统接受抗原物质（如多糖、核酸和蛋白质等）刺激后，由浆细胞合成和分泌的一类能与抗原发生特异性结合的球蛋白，被称为抗体。

抗原与相应抗体相遇可发生特异性结合，呈现某种反应现象，在体内表现为溶菌、杀菌，促进吞噬、中和毒素等作用。在体外可出现凝集、沉淀、细胞溶解和补体结合等反应。

（3）受体与配体相互作用的特异性 任何胞外信号分子引起靶细胞一定的应答反应均需依赖信号分子与特异受体的结合。受体蛋白依据其细胞定位被区分为膜受体、胞内受体或核受体。信号分子，如激素、神经递质等被称为配体，必须与受体蛋白特定位点结合，引起受体分子构象变化，进而启动细胞功能变化。

细胞或组织对特异配体分子的应答是由它所具有的特异受体以及配体结合受体所启动的胞内反应实现的。不同类型细胞所具有的受体不同，对同一配体分子所引起的反应不同；相同类型的受体也可能出现在不同类型的细胞中，但同一信号分子在不同类型细胞中以不同方式引起不同的反应。例如乙酰胆碱受体（AChR）分布于骨骼肌、心肌和胰腺细胞，当ACh释放时，其骨骼肌的受体引起肌收缩，其心脏的受体引起心率减缓，其胰腺的受体则引起腺体分泌。

在某些细胞，不同的受体与配体的相互作用可引起相同的细胞反应。例如胰高血糖素、肾上腺素与肝细胞相应受体结合均可引起糖原分解，释放葡萄糖，使血糖升高。受体蛋白只能与特异的信号分子相结合，这就是受体与配体相互作用的特异性，又称结合特异性。

（4）蛋白质与糖链相互作用的专一性 人的胃液、唾液、卵巢囊肿的黏液和红细胞中都含有血型物质，它包含约75%的糖，主要是岩藻糖、半乳糖、氨基葡萄糖和氨基半乳糖。含糖部分决定血型物质的特异性。

在糖蛋白中，糖链结构可以直接影响肽链构象以及由构象决定的所有功能。糖链相互识别并互补性结合，引起细胞黏附，动物凝集素对受体蛋白的专一性识别可发生在蛋白质与糖链、糖链与糖链之间的相互作用，表明糖链标记的识别具有多元化的特征。

细胞表面的糖链犹如天线，担负着细胞间的识别、黏附以及信息传递任务。如精子与卵子的识别过程中，糖起到了至关重要的作用。

（5）蛋白质与核酸相互作用的专一性 在真核细胞的许多生物化学反应过程中，如基因表达与调控、DNA复制、损伤和修复，蛋白质的生物合成等都涉及核酸（DNA、RNA）与蛋白质的相互作用。与蛋白质－蛋白质相互作用一样，DNA－蛋白质的相互作用的情况极其复杂，方式较多。

组蛋白、DNA 聚合酶与 DNA 识别、结合时对 DNA 序列的选择不是很严格，但真核细胞转录调节因子和限制性内切核酸酶等对 DNA 序列的识别具有高度特异性，它们可以从 $10^6 \sim 10^9$ 个碱基对的序列中选择性地结合一些仅为几个至十几个的核苷酸区域。

蛋白质与特异 DNA 序列的选择性结合主要依赖两种类型的相互作用提供结合能。第一类相互作用是多肽链与碱基对之间的直接接触，第二类相互作用是多肽链中的碱性氨基酸残基与戊糖骨架之间的电荷联系。

多肽链对特异 DNA 序列的识别与结合可以通过限定结构进行，结构生物学家利用多种先进分析技术，通过 DNA - 蛋白质相互作用分析，已经鉴定出多种结合特异 DNA 序列的蛋白质结构元件，其中最常见的是存在于原核细胞、真核细胞调节蛋白中的 HTH（螺旋 - 转角 - 螺旋模体），DNA、RNA 结合蛋白中的锌指结构（Zinc finger）。目前已知的蛋白质识别基元大多数是与 DNA 大沟接触。

2. 分子识别过程中高级结构的变化　生物大分子的高层次结构靠分子内非共价键来维系，这些非共价键使分子中很多基团不能自由转动；而一些在表面的基团因不参与非共价键的形成，自由度较大，可处于不停的热运动中。有些非共价键可因外来分子或周围环境的影响而改变，从而使生物大分子局部空间构象有所改变。

有时构象的改变和生物活性呈现密切相关。酶反应的诱导契合学说就是以这种现象为依据，即是酶在与底物相互作用下，具有柔性和可塑性的酶活性中心被诱导发生构象变化，因而产生互补性结合。这种构象的诱导变化是可逆的，可以复原。

诱导契合学说也可以扩展到化学配体（激素、药物）与受体的相互作用，抑制剂与酶的相互作用以及生物大分子之间的相互作用。

受体分子与药物结合和解离时，构象发生可逆性变化。激动剂与受体诱导契合后，使受体构象变化引起生物活性；而拮抗剂虽也可与受体结合，但不能诱导同样的构象变化。

某些转录阻遏蛋白，在与 DNA（10 个碱基对的寡核苷酸）结合过程中也会发生构象变化，而且变化过程极为迅速。

遗传信息的传递与表达过程也是一个极其复杂的调控过程，该过程有蛋白质、核酸等多种生物大分子参与。

细胞信号转导过程也是一个复杂的生物调控过程，需要多种蛋白质、酶等生物大分子的连续和协调。细胞对信号（激素、神经递质等）的反应是通过能和细胞外信号分子特异结合的蛋白质起作用。当配基与受体特异结合后，可引起受体蛋白质分子的构象发生改变，而引发一系列的细胞内反应，导致细胞功能上的改变。

总之，生物大分子在行使功能时表现出结构的可变性、作用的专一性，而且各种生物大分子相互配合，协调统一，构成一个活的有机整体。对生物大分子结构和功能方面这些共性的深入了解，为机体的一些生命活动、生理调节、病理变化以及药理机制等提供了新的资料，也为有的放矢地进行新药的定向设计合成提供了理论基础。

四、分子识别的化学基础

化学物质具备特异的化学基团或化学结构，与互补的生物大分子发生作用，导致生物大分子的化学或构象上的变化，进而引发或抑制了某些生物反应。因此，可以认为化学物质与蛋白质受体、酶和核酸之间的作用力，是生物效应的原动力。

　　通常把分子间相互作用力分为两类，即强相互作用（主要指共价键）和弱相互作用（又称分子间力，包括范德华力、氢键等）。前者通常维持分子的基本结构，它是使分子中或分子间的原子之间结合的主要相互作用，这些作用决定着生物大分子的一级结构。也有一部分化合物是通过强相互作用起作用的，其结合能远远超过分子的平均热动能。弱相互作用在数值上虽比强相互作用小得多，但在维持生物大分子的二级、三级、四级结构及功能活性上起着相当重要的作用，也是化合物与生物大分子相互作用的重要识别方式。

　　1. 共价键结合　共价键有一定的大小和方向，是有机分子之间最强的作用力。生命系统中底物与受体的键合也主要是指共价键的形成，也是一些药物在体内起作用的机制。

　　药物与受体的某（些）原子共享一对或数对电子，构成共价键，共价键键能很高（除非被体内特异的酶催化可使共价键断裂，否则很难恢复原形，因而这样的药物产生的作用比较持久，是不可逆过程）。不可逆共价作用的药物可形成长期的药理效应及毒理效应，这类作用方式常见于抗癌药、抗寄生虫药、抗生素、杀虫剂等。

　　药物的主要共价结合方式有烷基化作用、酰基化作用和磷酰化作用，药物的共价基团往往具有较高的化学活性而缺乏特异选择性。有些药物或毒物的本身结构并不包含共价结合基团，而是在体内转化成共价结合基团，由此所生成的化合物再和生物分子以共价键相互作用。

　　β - 内酰胺类抗生素如青霉素类（penicillins）和头孢菌素类（cephalosporins）的抑菌作用是因为分子内的 β - 内酰胺环结构有内张力，因而有潜在的化学活性，而且分子的立体配置与构成细菌细胞壁的酰化的 D - 丙氨酰 - D - 丙氨酸相似，可与催化细胞壁生物合成的转肽酰酶（peptidyl transferase）反应。转肽酰酶（又称肽酰转移酶）被酰化，细菌的生长受到了抑制（图 7 - 1）。

图 7 - 1　青霉素酰化作用

　　某些有机磷杀虫药、胆碱酯酶抑制剂和烷化剂类抗肿瘤药都是通过与其作用的生物受体间形成共价键而发挥作用。

　　氮芥（nitrogen mustard）类双功能生物烷化剂的抗癌作用是在 DNA 的碱基或磷酸基部位发生了烷基化作用，形成交叉连接。烷基化的 DNA 改变了构型或发生了断裂而丧失了功能，起到杀伤癌细胞的作用。

　　2. 非共价键的相互作用　氨基酸、核苷酸或单糖通过强大的共价键，聚合成多肽链、多核苷酸链或多糖链。生物大分子主链上的共价键决定着分子的线性结构。结构单位在分子内的排列顺序决定了这些生物大分子特有的信息内容。生物大分子中既存在着相邻原子间强烈的吸引作用，即共价键，又存在着分子间较弱的作用，即弱的非共价键。弱的非共价键具有两方面的功能：一是决定了生物大分子各种物理化学性质（如溶解度、表面张力、黏度等）和分子的高级结构，是大分子立体结构形成和维持的主要因素之一；二是决定了生物大分子之间的特异性相互作用。各种生物大分子功能的实现和所具有的结构信息在体内的运转，都极大地依赖这些弱键的作用。

当生物大分子之间接近到某种距离时，这些弱的非共价键就可以在不同分子之间形成。水溶液中，各种非共价键的作用只是典型的共价键的 1/130～1/300，仅在 37℃ 时才比热碰撞的平均能量略强。单个非共价键不可能克服驱使分子彼此分离的热运动。需要在分子表面之间形成大量非共价键才能克服分子热运动。两分子表面的大量原子需要匹配、契合，才可形成大量的非共价键。尽管其作用比共价键小两个数量级，并有一定的作用范围，但在表面匹配、结合、相互作用中，在决定大分子的功能方面，非共价键具有极重要的作用。

生物大分子相互作用涉及的非共价键包括疏水作用、范德华力、氢键和静电引力、离子键。生物分子相互结合的复合物，其自由能变化可以分为静电贡献和非静电贡献。当然分子所带静电荷引起两分子相互结合对自由能有很大贡献。但是，生物大分子结合、相互作用的表观驱动力大部分起源于非静电引力的弱相互作用，如疏水作用可以很好解释生物分子的一些结构变化和功能作用。

（1）离子键的相互作用　在生理 pH 时，药物分子中的多种基团（如羧基、磺酰氨基和脂肪族胺基）均呈电离状态，季铵盐在任何时候都呈电离状态。几乎所有可带电荷的药物都是阳离子，少数为阴离子。

另一方面，在生理 pH 条件下，某些构成蛋白质或酶的氨基酸残基，如精氨酸和赖氨酸的碱性基团被质子化，带正电荷；酸性氨基酸如天冬氨酸或谷氨酸等残基则解离为带负电荷的离子。核酸也带有电荷。

在生物体内，药物与受体相反电荷的作用时间很短，大约 10^{-5} 秒，主要是因为体液中离子浓度较高有可能发生离子交换作用。但即使这样短暂的时间，对于其他的弱相互作用（如氢键、疏水作用和电荷转移等）也很重要，它可以使药物–受体结合得比较牢固和持久；另一方面，静电引力不受方向的影响，因而在受体对随机转运过程中的药物分子的初始识别和趋近，也有重要作用。

季铵盐类药物具有持久的正电荷，例如筒箭毒碱、杀菌剂溴化苄烷铵（苯扎溴铵、新洁尔灭）、拟胆碱药氯贝胆碱、神经节阻断剂六甲季铵和丁溴东莨菪碱（胆碱能阻断剂）都是季铵类药物。

溴化苄烷铵

氯贝胆碱

六甲季铵

丁溴东莨菪碱

（2）离子–偶极和偶极–偶极的相互作用　在药物和受体分子中，由于碳和其他原子（如 N、O）间电负性的差异，电荷分布不均匀，导致电子的不对称分布，因而生成电子偶极。可见于带有部分正、负电荷的羰基、酯、醚、酰胺、腈和其他基团。

　　只要电荷相反并分布适当，所形成的偶极就能被受体中的离子或其他偶极吸引，水溶液中可发生同样现象，生成水合离子。这一相互作用可以加强或减弱药物与受体的结合，它随偶极的方位而定。

　　药物受体复合物中偶极－偶极的相互作用也有助于稳定此复合物，但比离子－偶极相互作用弱，完全取决于偶极间的距离和它们各自的方位。就作用的大小而言，偶极－偶极相互作用介于离子－偶极和诱导离子－偶极相互作用之间，后者较范德华力强。离子－偶极和偶极－偶极的相互作用是最经常出现于药物－受体复合物中的键力形式。

　　（3）氢键的相互作用　氢键在保持生物体系的完整性和药物与受体分子的相互契合方面有着特殊的重要性，如水、DNA、蛋白质和各种生物活性物质（包括药物），在生物相中的物理性状可能与这些分子结构中相关的原子对间靠氢键建立起来的多重氢键有直接关系。

　　在 DNA 双螺旋中，氢键连接着腺嘌呤－胸腺嘧啶和鸟嘌呤－胞嘧啶共平面碱基。在 RNA 中也是如此，所不同的是尿嘧啶代替了胸腺嘧啶。虽然在双螺旋结构中多重氢键大大增加了结构的稳定性，但就每一个孤立氢键而言，是相对较弱的，而且是可逆的。

　　在 DNA 和 RNA 分子中存在的这些氢键易受烷化剂的攻击，从而使大分子的结构被破坏。肽链间的氢键是形成蛋白质稳定构象的主要结合力之一，蛋白质分子上暴露着的其他质子供－受体基团，则更易与药物分子上的氢键基团相互作用，其中具有—OH、—COOH、—CO—、—NH$_2$ 和—SH 这样的质子供－受体基团的药物分子，可以通过氢键有效地与受体结合。

　　随着对氢键的深入研究，人们又提出了一种芳香氢键（或称 π－平面氢键），即芳香环的电子云作为质子受体与一个氢键的质子供体所形成的氢键，通常是酰胺和芳香环间形成的氢键。实验证明这种氢键在序列特异的蛋白质－DNA 相互作用中能代替普通氢键的功能。

　　（4）疏水作用　很多生物大分子间相互作用的作用力之一是疏水作用。由于水的结构没有容纳非极性残基的能力，因此水可以强制地使暴露的疏水基团聚集在一起。某些生物大分子，如蛋白质或核酸分子的局部表面区域呈一定的疏水性。两个分子间的疏水区域聚集在一起，可以减小它们对氢键联系的水分子网络的破坏效应。熵是造成疏水作用的动力，蛋白质分子表面的疏水侧链，通过形成非极性的小团来防止水的有序性增加和熵的减少。因此，如果酶的活性部位在疏水区域，是富含非极性的残基，那么对具有大的疏水残基的底物，疏水作用使酶的活性部位与底物疏水残基接近、紧密地聚集在一起。结果，酶对底物肯定有强的催化作用。而对十分亲水的底物，该酶的催化活性就弱得多。

　　蛋白质或酶的表面通常具有极性链或极性区域，这是由构成它们的氨基酸侧链上的烷基链或苯环在空间上相互接近时形成的。高分子的蛋白质可形成分子内疏水链、疏水腔或疏水缝隙，可以稳定肽链的折叠构象或蛋白质的高级结构。

　　药物疏水部分与生物大分子的疏水区域的这种相互作用，对于形成药物－受体复合物并使之稳定化具有重要作用。疏水作用对于药物－受体复合物的形成极为有利。

　　（5）范德华力　一些原子的正负电荷瞬间偏离，产生偶极。当两种分子由于运动而相互接近，达到一定距离时，范德华力开始做出贡献。两原子借助于范德华力相互吸引，彼此靠近。当两者距离达到范德华半径时，范德华力最大。当两个原子进一步接近，又会产生强烈的排斥力。由于在一个相互作用的微区内，有的原子间相互吸引，有的原子间排斥，它们平衡时的作用力之和，使两个大分子靠近在一起。两个大分子之间有效的范德华力，只有当它们处于立体构象互补时才能产生。这说明某单一的范德华力是原子之间固有的作用力，并不存在专一性。但当相互之间几何匹配的微区表面形成大量的范德华力相互作用时，才显现出特异性、专一性。

范德华力在分子结合力中虽属最弱，但因形成这种引力的原子数量较多，特别是在前述各种键力的协同下，对稳定药物－受体复合物有着积极的影响。

（6）螯合作用　具有供电子基团的化合物与金属离子结合并形成环状结构的化合物，称为螯合作用，与金属离子形成螯合物的物质称为配位体。配位体上供电子的基团一般只限于含氮、氧和硫原子的基团。螯合环最稳定的是五元环和六元环，含硫的四元环也比较稳定。体内有许多可以发生螯合作用的物质，如氨基酸、蛋白质、核酸以及某些羧酸代谢物等都是良好的配位体，体内存在的可螯合的金属离子有铁、镁、铜、锰、锌和钴等，它们是许多蛋白质和酶系的必需辅因子。

二巯基丙醇可作为锑、砷、汞和金的螯合解毒剂。消旋青霉胺可与铜离子形成 1∶1 或 2∶1 螯合物，特别是 2∶1 铜螯合物，含有两个可离解的羧基，水溶性很好。因此青霉胺作为铜的解毒剂，用于治疗因铜排泄作用降低产生铜蓄积引起的肝豆状核变性。

乙二胺四乙酸（EDTA）和二巯基丙醇（BAL）合用，对于解铅中毒有良好的协同作用，BAL 可进入细胞内，与脑浆中铅离子螯合，而 EDTA 与血浆中的铅螯合。

3. 大分子特异性作用的结构基础　生物大分子的微环境，特别是活性部位的微区域，是研究大分子反应和相互作用的关键部位和焦点。活性部位的微区域是复杂的，有其物理、化学的以及几何特征。实际上这些特征的加强和削弱以至丧失，对大分子结构、功能有巨大的影响。因此从物理、化学上以及几何特征上了解，有利于对生物大分子功能特异性作用的理解。

（1）轨道的对称性　大分子相互作用部位的电子轨道具有对称性，对反应的特异专一性十分重要。反应前，两分子的电子轨道都具有对称性。因分子间作用而逐渐接近靠拢，两个反应物的轨道变形融合，适当取向后成为反应后的电子轨道。新的轨道保持原有的对称性。因此，作为一般规律，要求反应前后都保持轨道的对称性，反应物的分子轨道必须以对称性守恒的方式转化为产物的分子轨道。这就是对称性允许（symmetry-allowed）的反应，这个途径的活化能低。如果两者电子轨道不具有这种对称性，或者不能转换成产物的对称性轨道，反应便遇到了一个激发态能量的势垒，反应途径所需的活化能高，反应不能进行，也就是两者不能相互作用。

（2）能级　生物分子间的相互作用，产生自由能的变化，更确切地说产生生物大分子能势的变化，包括电子绕核运动、核之间相对运动以及整个分子的整体运动。分子势能决定着分子的反应能力和稳定性。生物分子之间的相互作用简化为电子与核之间的关系，与电子能级有一定的关系。分析和比较亲电子、亲核的反应物及被反应物的电子能级，发现一些反应规律：①亲电子试剂的最低空能级，当低于被反应分子的最高被占据能级时，就发生反应。若高于被反应分子的最高被占能级时，则不发生反应。②亲核试剂的最高被占据能级，高于或接近被反应分子的最低空能级时，则发生反应。一些酶与底物的反应往往遵从电子能级的这些关系。

（3）构象　很多生物大分子之间，如抗体与抗原、酶与蛋白质底物、受体与蛋白质因子等的相互作用和分子识别中，立体构象因素起着直接作用。蛋白质分子表面经常会出现一些"洞穴"，这些"洞穴"常常是其活性所在的部位。例如许多水解酶类，它们的活性部位多为"洞穴"结构。若水解酶的底物是大分子，如蛋白水解酶、溶菌酶、核酸酶，这种"洞穴"是一个沟槽，底物分子借助嵌插（intercalation）作用而插入沟槽。

因此，了解大分子表面的几何特征，即其表面的几何形状以及两个作用物之间构象上的互相吻合和匹配，对认识活性部位有重要意义。

（4）非共价键的网络　除了几何特征之外，生物大分子构象中另一重要方面是构象中的氢键网络。氢键网络协同疏水作用，是稳定生物大分子高级结构、相互作用和分子识别的重要因素。大分子表面的活性部位存在众多的氢键，而且呈复杂的氢键网络。这个网络有三方面功能：①维持这一部位的构象特征；②作为静电作用的匹配，与富含氢键的部位相互作用；③作为一种次级相互作用，氢键能使这一局部构象有相当的柔性，有与另一分子作用部位产生新的氢键的可能性，从而提供大分子间相互作用的基础。因而，两个分子的互相吻合、匹配包含有两种不同性质的互补：①立体几何形状互补，分子表面的匹配；②相互吸引力的作用互补，包括电荷互补、疏水表面互补、氢键供受体互补等。

目前，尽管人们对大分子之间的相互作用和识别的高度特异性、专一性机制尚不了解，但可以明确的是，生物体内发生的这些现象与非生命的物理、化学水平上的机制是统一的，在基础层次上是一致的，生物体内的物质运动也完全遵循物理和化学规律，不可能存在生物体特有的物质运动规律，生命现象只是比一般的物理、化学水平上的运动以更复杂化、可调控的形式表现出来。

第二节　生物大分子之间的相互作用

一、蛋白质与蛋白质的相互作用

生物大分子通过它们之间相互作用，实现特异的生物学功能。蛋白质的功能是同其他分子相互作用中表现出来的。因此在结构水平上了解蛋白质识别和相互作用的原理十分重要。20世纪90年代初发展起来的结构生物学（structure biology）就是研究生物大分子的空间结构，以及在其生物学功能时生物大分子空间构象的变化。

（一）蛋白质相互作用的结构基础

蛋白质肽链通过内部有规律的氢键相互作用，形成α螺旋和β折叠股，即蛋白质二级结构的主要形式。这些二级结构主链骨架的原子之间形成广泛、大量的氢键，使水分子不可能与肽键的羰基氧和亚氨基氢形成氢键，从而使结构内部极稳定。形成球形结构时，α螺旋和β折叠股组合方式十分有限，在许多不同蛋白质分子的核心结构中同一组合方式往往会重复发生。这些α螺旋和β折叠股组合成超二级结构。超二级结构进一步组合成复杂超二级结构，即模体（motif），又称基序、结构式样。常见的结构式样有以下类型：①β发夹结构，由位于同一层面内的、两条反向平行β折叠股与一段环形连接肽段连接而成。除了环形部分之外，两条β折叠股之间有氢键相互联系。②β拱型（β-arch），位于不同层面的、相对的两个β折叠通过一个连接肽连接的环拱结构。β拱内的两个β折叠由于位于不同层内，彼此之间无氢键连接，环拱的连接肽段内的残基数目比β发夹结构中环形部分要多。③βαβ结构式样，由两个相邻的β折叠股通过一定长度的α螺旋连接在一起。丙糖磷酸异构酶含有多个βαβ构象，并在许多蛋白质中都存在。④αα结构式样，有些蛋白质主要由α螺旋构成，在α螺旋之间有一个转角或者长一些的环，使α螺旋改变方向。各种血红素结合蛋白就是这种结构。

随着结构生物学的诞生，新的蛋白质结构类型不断被阐述，数量不断增加。有人估计可能有 200～300 种结构域类型参与蛋白质的相互作用。下面列举数种，以说明参与蛋白质相互作用的结构多样性。

（1）BRCT 结构域　BRCT（breast cancer susceptibility gene C terminus）结构域最先发现于乳腺癌抑癌蛋白 BRCA1 的羧基端，是并不十分保守的蛋白质 – 蛋白质相互作用的结构域。它由大约 95 个氨基酸残基组成，立体结构由 3 个 α 螺旋围绕 4 条平行的 β 折叠构成。

含 BRCT 结构域的蛋白质有乳腺癌易感基因蛋白（BRCA1）、DNA 修复蛋白（XRCC1）等。XRCC1 蛋白含有 2 个功能域，大约各由 100 个氨基酸残基构成，每个区域都含有 BRCT 结构域，可以通过 BRCT 形成同源二聚体。XRCC1 利用 BRCT 还可以与 DNA 连接酶结合。估计 BRCT 结构域在蛋白质之间起构成同源或异源二聚体的作用。

（2）Lim 结构域　Lim 结构域由 60 个氨基酸残基组成，富含 Cys 和 His，有 2 个串联的锌指结构（Zinc finger）。每个锌指结构有反平行 β 折叠，在 C 端有一个锌指结合构象和一段 α 螺旋。Lim 结构域常含有 7 个 Cys 残基，结合 2 个锌原子。每个 Lim 结构域保守的 Cys、His、Arg 残基可与两个锌离子结合。

两个锌指结构通过保守的残基构成疏水性界面，包裹在一起。因此，其疏水核心对 Lim 结构域的主体折叠十分重要，而每一个锌离子结合区的氢键起着维持锌指的几何结构的作用。Lim 结构域主要介导与其他蛋白质之间的相互作用，这些蛋白质包括细胞骨架蛋白、胰岛素受体、POU 同源域蛋白、bHLH 蛋白和其他 Lim 蛋白等。

现发现，含有 Lim 结构域的蛋白质已有 300 种以上。一般可以分为 3 组。第 1 组含有成对的 Lim 结构域，在靠近它们的 C 端常常有一个同源结构域，称为 Lim 同源域（Lim – homoedomain，Lim – HD）；也有的蛋白质含有两个 Lim 结构域和另外一小段序列。第 2 组含有一个或两个单一序列的 Lim 结构域。第 3 组属于不同来源的 Lim 结构域，在 C 端常有一些附加结构域成分。

（3）SH3 结构域　SH3 结构域含有 5 个反平行的 β 折叠股，形成两个垂直的 β 折叠结构。SH3 结构域中，配体结合位点是一组芳香族氨基酸残基组成的保守疏水性区域，并被两个荷电的可变环围绕，像个小口袋。在蛋白质相互作用中，SH3 结构域一般结合的靶位点是富含 Pro 残基的肽链区域。后者形成左手的富含 Pro 的螺旋，其最小的共同序列（consensus）是 Pro – X – X – Pro。每个 Pro 通常在脂肪族残基的后面。所有这些脂肪族残基 – Pro 都结合到 SH3 结构域的疏水性口袋内。有两类 SH3 结构域，分别识别配体上富含 Pro 的结构式样：RKXXPXXP 和 PXXPXR。原则上配体（靶位点）能以两个方向结合到 SH3 中，这种方向性是由于配体上 Arg 或 Lys 残基能同 SH3 结构域带电荷的外缘相互作用的结果，而配体上几个 Pro 结合在 SH3 的疏水性口袋内部。不仅 Pro 残基，通常还有 Arg 能够形成部分结合核心，接触到 SH3 结构域。如果配体还有残基能同 SH3 内的环参与相互作用，那么结合的亲和性和特异性还能提高。

（4）SH2 结构域　SH2 结构域能同配体（靶）蛋白质上含磷酸酪氨酸（pY）的肽段相互作用、识别。SH2 由约 100 个氨基酸残基组成的 β 折叠和 α 螺旋构成。结构域中央是 β 折叠，夹在两个 α 螺旋之间。在 β 折叠后的一侧形成一个口袋，口袋是 SH2 结构域进行蛋白质相互作用的部位，由保守残基组成疏水核心。而 SH2 内可变的残基也是相互作用部位的一部分，结构域内还有一个固定的 Arg 残基，带有正电荷。

配体蛋白质含有磷酸化酪氨酸（pY）的肽段。该磷酸化的肽段通常为伸展的 β 折叠股，同 SH2 的 β 折叠垂直方向结合。SH2 结构域的疏水区域总体上与配体 pY 肽段结合，其中带正电荷的 Arg 残基特异地与配体上 pY 的磷酸基团的氧原子结合，是 SH2 结构域与 pY 肽段高亲和性结合所必需的。而可变区残基参与对配体 pYC 端的 3~6 个残基结合，显示出相互作用、识别的特异性。

SH2 结构域在进行蛋白质之间相互作用时，必须在磷酸化 pY 肽与非磷酸化肽之间做出分辨。对非磷酸化肽亲和性低，而对含 pY 的肽显示出高亲和性。

（5）Bromo 结构域　Bromo 结构域在酵母到人类的上万种蛋白质中存在。已证明它专一地同含有乙酰化赖氨酸残基的肽链相互作用，是能同乙酰化赖氨酸相互作用的惟一结构域。

Bromo 结构域由大约 110 个残基构成。立体结构由 4 个 α 螺旋（分别为 α2，αA，αB 和 αC）的束、1 个左手扭曲、1 个介于螺旋 αZ 和 αA 之间的长环（称为 ZA 环）构成。4 个 α 螺旋紧密捆绑在一起，成左手扭曲的束，双双反向平行。在这个结构中，环 ZA 有一个较稳定的构象，被包裹在螺旋 αZ 和 αA 之间，构成一个疏水口袋，成为蛋白质之间相互作用中乙酰化赖氨酸结合的部位。因此，分子间的相互作用基本上是疏水性的。

Bromo 结构域常出现在大多数染色质偶联蛋白（chromatin associated protein）中。如 p300/CBP，是核受体激活因子复合物的一个组分，含有 Bromo 结构域，能识别乙酰化的赖氨酸，从而介导组蛋白乙酰化酶（HAT）到染色质的特定部位，调控 DNA 与组蛋白的作用，继而调节基因的表达。

（6）POZ 结构域　POZ 结构域是进化上比较保守的蛋白质 – 蛋白质相互作用结构域，由 120 个残基组成。在含有 C_2H_2 锌指的氨基端，蛋白质内大约 10% 残基为该结构域。拥有 POZ 结构域的蛋白质分子多数为转录因子。

这些蛋白质因子通过 POZ 结构域形成高度紧密扭曲结合的同源二聚体。每个单体分子有 1/4 的表面用于二聚体分子间作用，因此这种结构域特别适合于同源二聚体的形成。同源二聚体还有一个较大疏水表面，并由保守的氨基酸残基构成沟槽，用于和其他蛋白质分子相互作用。在 PLZF（promyelocytic leukemia zinc finger）蛋白中，通过 POZ 结构域形成 PLZF 的同源二聚体，其中心架构是一组 α 螺旋，而分子的头尾由短的 β 折叠封住。POZ 结构域可以和组蛋白去乙酰化酶复合物作用，从而对转录表现出抑制作用。

（7）WW 结构域　WW 结构域一般由 38~40 个半保守的氨基酸残基组成，介导蛋白质 – 蛋白质的相互作用，在功能上它与 SH3 结构域相似。它是最小的结构域之一。在一级结构上，WW 结构域的主要特征是含有两个相隔一定数目的氨基酸残基的 Trp 残基（相隔 20~22 个残基）。其他有 5 个位置是保守或半保守的。

WW 结构域被认为是自然界蛋白质中已知的最紧密的球状结构。它主要表现为一个扭转并稍弯曲的 3 个反平行 β 折叠结构。这 β 折叠结构特别紧密。位于折叠片层底部有残基 Tyr_{28} 和 Trp_{39}，两者的侧链形成一个平坦的疏水面，这个疏水面是与配体蛋白质相互作用的区域，边上的两个疏水残基 Leu_{30} 和 His_{32} 也部分地参与了这种相互作用。

WW 结构域的配体已被证明是 Pro 富含区。体外实验显示，序列 XPPXY（称为 PY 结构式样）作为配体，是结合于 WW 结构域所必需的。相比之下，SH3 的配体有所不同，是 PXXP 保守序列，以及不同于 PY 结构式样 XPPXY 的其他多脯氨酸的形式。

如何实现蛋白质配体与 WW 结构域的相互作用？首先配体蛋白的两个 Pro 残基与 WW 结构域的第二个 Trp 残基形成范德华力相互作用，其次是配体的 Tyr 残基插入到由相对保守的 Leu_{30} 和 His_{32} 形成的疏水口袋内，与 His_{32} 建立起氢键相互作用。

（8）锚定蛋白重复序列的结构域　锚定蛋白重复序列（ankyrin repeat，ANK）是普遍存在于蛋白质中的一类结构式样。在已确定存在该序列的 400 多种蛋白质中，约有 3000 个 ANK 序列，从病毒、原核、真核生物到人类，广泛存在这类蛋白质，形成了一个大家族。在这些蛋白质分子中，有 2~25 个数目不等的 ANK 序列单元串联起来，形成许多大的 ANK 结构域（ANK domain），图 7-2 表示了 ANK 重复序列单元的大致结构。ANK 结构域的主要功能是介导蛋白质与蛋白质之间的相互作用。

图 7-2　保守的 ANK 重复序列

典型的 ANK 序列一般含有 22 个残基。ANK 序列中每个位置都可以被特定残基所替代。蛋白质的功能越相似，其同源性、保守性越强。保守性残基在结构上的作用是：①一些残基参与每个独立重复单元的形成；②形成各重复单元之间相互作用的表面。

ANK 重复序列单元在结构域中折叠成 $\beta_2\alpha_2$ 结构。β 发夹（β_2）在反平行的两个 α 螺旋（α_2）之外侧，与 α 螺旋构成的平面几乎垂直。彼此相邻的 ANK 之间，通过 β 发夹形成一个连续的反平行 β 折叠，而 α 螺旋肩并肩排列，依赖疏水作用相互堆积，形成一个紧密而舒展的螺旋平面，一侧疏水，另一侧亲水。从空间上看，ANK 结构式样结构域像一只弯曲的手，β 折叠为手指，而螺旋平面像手掌部分。手指与手掌互相垂直，从而形成手心内部的一个疏水性深沟（图 7-3）。这是 ANK 结构域与它的靶蛋白接触、相互作用的位点。

图 7-3　典型的 ANK 重复序列结构

a. 空心箭头代表 β 发夹结构，实心箭头代表 β 折叠之间的氢键作用　b. 蛋白 GABPβ 的 ANK 结构域 X 晶体衍射图

β 发夹结构通常由 4 个亲水氨基酸组成，它一方面形成连续的 β 折叠，另一方面通过主链与 ANK 序列上第一个残基 Asp 侧链之间形成氢键来稳定结构。α 螺旋的疏水性残基侧链形成非极性表面，相邻的 ANK 螺旋在形状上完全互补，从而形成紧密的堆积结构。超二级结构的 ANK 式样中有四肽序列 TPLH，形成一个紧密转角（tight turn），连接 β_2 和 α_1。这种单一的结构式样没有一定的结构和功能，只是构成蛋白质骨架的基本元件。几个结构式样串联起来形成特定的结构域，才有与靶蛋白接触、相互作用的功能。

（9）PH 结构域　PH 结构域是一种存在于信号蛋白和细胞骨架相关蛋白中的功能性区域，由大约 120 个残基组成，在信号传导网络中与各种信号分子相互作用。

PH 结构域基本上由两组反向平行 β 折叠和一个位于 C 端的长 α 螺旋构成。一组 β 折叠结构由 β_1、β_2、β_3、β_4 等 4 条反向平行肽链组成。另一组 β 折叠由 β_5、β_6 和 β_7 三条反向平

行肽链组成。在 β_1/β_2、β_3/β_4 以及 β_6/β_7 之间各有一个环状肽段。这两组 β 折叠结构在空间上近似垂直。有人把这样的片层结构称为"β 桶"，可能相互包裹成"三明治"样的结构。

PH 结构域的配体蛋白种类广泛。其中特别重要的是与 G 蛋白 Gβγ 亚基相互作用，很多蛋白质和酶含有 PH，如 PLCβ、胰岛素受体底物、Ras - GTP 酶活化蛋白（Ras - GAP）等都可以被 Gβγ 激活。这些表明酪氨酸蛋白激酶（TPK）家族可能通过 PH 结构域而成为 G 蛋白的效应分子。除了与蛋白质相互作用，PH 还可能通过 PIP$_2$，IP$_3$ 介导，而发生蛋白质 - 脂质相互作用。这些相互作用都发生在 PH 结构域带正电荷的一侧面。

（10）环指结构域　环指结构域（ring finger domain）是锌指结构的一类，由 40 ~ 60 个氨基酸残基构成，结合 2 个锌原子，介导蛋白质 - 蛋白质相互作用。

环指结构域也称 C3HC4，锌离子被 4 个 Cys 或者 3 个 Cys 及 1 个 His 残基的 4 分子螯合。它的通式是 CX2CX（9 ~ 39）CX（1 ~ 3）HX（2 ~ 3）C/HX2CX（4 ~ 48）CX2C，Cys 和 His 是锌结合的残基。所有环指都含有两个在一起的 Zn^{2+} 结合位点。环指的立体结构因蛋白质而异。IEEHV（immediate early equine herpes virus）蛋白的环指中即有 ββαβ 折叠构象，而在 PML 中其结构为 βββ - 环 - α^3 - β。但是，环指还是相对保守的构象，包括基本的 β 链构象，Zn^{2+} 的连接系统，以及保守残基构成的疏水核心。环指结构域介导蛋白质之间的相互作用。例如，信号转导途径中的接头分子 c - Cb1，具有环指结构域，通过该结构域的疏水性残基的范德华力相互作用，结合泛素结合酶（ubiquitin protein ligase），使泛素从一种底物转移给磷酸化的靶蛋白，使磷酸化的靶蛋白泛素化（ubiquitination）。

（二）酶与底物的相互作用

根据当前对酶的催化机制的认识，特别是酶活性部位催化基团的不同，催化肽键水解的酶类可分为 4 种类型：丝氨酸蛋白酶、锌蛋白酶、天冬氨酸蛋白酶和巯基蛋白酶。其中对丝氨酸蛋白酶和天冬氨酸蛋白酶与底物相互作用了解较多。

1. 丝氨酸蛋白酶与底物蛋白质的相互作用　丝氨酸蛋白酶（serine proteases）家族成员分布广泛，按结构不同可以分为两类，胰蛋白酶样三级结构和非哺乳动物的丝氨酸蛋白酶（如枯草杆菌蛋白酶）。尽管两类酶没有明显的序列同源性和共同的折叠方式，但它们与底物结合、相互作用的模式极其相似。胰蛋白酶样三级结构包括哺乳动物内常见的分泌酶，如胰凝乳蛋白酶（chymotrypsin）、胰蛋白酶（trypsin）、弹性蛋白酶（elastase），还有参与凝血过程的凝血酶等。

胰凝乳蛋白酶、胰蛋白酶和弹性蛋白酶在许多方面很相似。例如，在结构上，这三种酶的氨基酸残基大约有 40% 相同，酶内部残基的同源性高达 60%，肽链的折叠方式基本相同。它们的催化机制也相同。丝氨酸蛋白酶的空间结构比一级结构更保守，下面以胰凝乳蛋白酶为代表说明丝氨酸蛋白酶类的共同特性。

胰凝乳蛋白酶的相对分子质量为 25×10^3，三条肽链由两个链间二硫键连接，其中有若干反平行的 β 折叠和少量 α 螺旋。活性部位内 3 个起催化作用的关键残基是 Ser$_{195}$、His$_{57}$、Asp$_{102}$。其他带电荷的基团大多位于分子表面。残基 Ser$_{195}$ 在催化活性中起关键作用，它所表现的活性已不是普通的 Ser 的性质，而是在酶活性部位特定环境中（靠近 His$_{57}$ 和 Asp$_{102}$）可产生的特殊反应。在生理条件下，Ser 的侧链—CH$_2$OH 基团通常有相当大的惰性。但在活性部位的 Ser$_{195}$ 却表现出非同一般的反应性是如何产生的呢？在胰凝乳蛋白酶的立体结构中，不同序列位置的 Ser$_{195}$、His$_{57}$ 和 Asp$_{102}$ 组成一个催化三联体（catalytic triad）或电荷转移系统（charge relay system）。

图 7－4　胰凝乳蛋白酶催化三联体

在没有底物存在时，因 Asp$_{102}$ 侧链羧基起负电荷的作用，His$_{57}$ 的咪唑基倾向于从 Ser$_{195}$ 侧链获得 1 个质子。当底物存在时，Ser$_{195}$ 的侧链羟基对底物进行亲核攻击，而它自身的质子被 His$_{57}$ 接受。失去了质子的 Ser$_{195}$ 侧链的亲核攻击能力大大增强，故表现出异常高的催化活性。Asp$_{102}$ 侧链羧基的主要作用，是稳定过渡态中质子化的 His$_{57}$ 侧链咪唑基的正电荷。

图 7－5　底物存在时的胰凝蛋白酶催化三联体

在所有已发现的丝氨酸蛋白酶中，它们的催化活性部位都有 Asp、His 和 Ser 组成的催化三联体。这个三联体对底物肽键相互作用，通过氢键的变化和对底物肽键的亲核攻击，造成底物肽键的断裂。催化过程主要有两个阶段，即酰基化和去酰基化反应。每一阶段的反应均经历 3 个中间构型的变化。

尽管这三种酶的催化机制及催化活性部位十分相似，但它们的底物特异性明显不同。对于底物敏感肽键氨基侧的氨基酸残基，胰蛋白酶需要碱性氨基酸（Lys 或 Arg），而弹性蛋白酶需要的是侧链小而不带电荷的残基。立体结构研究显示，产生上述区别的原因是酶的底物结合位点袋形结构中有微小的氨基酸残基差异。胰凝乳蛋白酶的底物结合位点形成非极性袋形结构，适合于芳香族和大型疏水性氨基酸的侧链基团进入。但是在胰蛋白酶的类似袋形结构中，1 个 Asp 残基取代了 Ser$_{189}$，因此它的底物敏感肽键的碱性氨基酸侧链呈正电荷时，可以产生强离子键。而在弹性蛋白酶的底物结合位点袋形结构的入口处，有两个侧链较大的氨基酸残基 Thr 和 Val 取代了 Gly，只能允许较小的非极性氨基酸的侧链进入。因此，三种酶各自微小的结构差异，限定了它们所接受侧链的立体结构类型及化学特性，使这些酶水解肽键时，对不同氨基酸侧链类型选择性上存在极大差异。

2. 锌蛋白酶与底物蛋白质的相互作用　锌蛋白酶（Zinc protease）是含有锌离子的蛋白水解酶。锌蛋白酶家族的成员有羧肽酶 A 和羧肽酶 B、胶原酶（collagenase）、血管紧张肽转换酶、嗜热菌蛋白酶（thermolysin）等。尽管结构差异很大，但它们的锌离子结合位点、参与催化的几个关键氨基酸残基以及催化机制都相似。

羧肽酶 A 和羧肽酶 B 能够把底物肽链 C 端氨基酸残基一个个地水解，所以是外肽酶。但它们的专一性有所区别。羧肽酶 A 倾向于水解芳香族或较大的脂肪族氨基酸残基；而羧肽酶 B 倾向于水解碱性氨基酸。两者结构相似，但羧肽酶 B 有 1 个 Asp 出现于活性部位对底物敏感肽键结合位置附近，对底物肽链 C 端带正电荷的碱性氨基酸侧链显示出敏感性；而羧肽酶 A 没有该 Asp 残基。

牛胰羧肽酶 A 有 1 条肽链，由 307 个氨基酸残基组成，结合 1 个锌离子，是紧密椭圆球体形状。α 螺旋占 38%，β 折叠占 17%。锌离子位于靠近分子表面的空穴中，它有 4 个配体：2 个 His 咪唑基（His$_{69}$ 和 His$_{196}$）和 1 个水分子，此外附近还有 1 个 Glu 残基（Glu$_{270}$）。在锌离子周围有 1 个较大的疏水性口袋，以容纳底物肽链 C 端的芳香族或脂肪族氨基酸残基侧链。

羧肽酶 A 的催化机制中，识别底物肽链 C 端时发生了酶分子的诱导契合和水分子的活化。诱导契合是底物结合时伴随着发生构象变化，结果进一步发生了 3 个相互作用：①诱导契合使酶的 Tyr_{248} 侧链基团和底物 C 端之间形成氢键；②Arg_{145} 侧链移动，和底物肽链 C 端形成氢键；③酶的疏水口袋的结构适于将底物肽链 C 端芳香族残基和较大的非极性残基放入其中。除了 C 端最末一个残基外，第二个残基在相互作用中也很重要。它所提供的敏感肽键的羰基氧与 Arg_{127} 侧链胍基之间产生静电作用，它的亚氨基与酶的 Tyr_{248} 侧链形成氢键。

酶与底物的相互作用中，发生了水分子的激活。蛋白质在水溶液中，水分子本身缺乏攻击肽键的能力。但是，羧肽酶 A 的锌离子在附近 Glu_{270} 羧基侧链的帮助下，其配体水分子的氧原子的亲核性大大增加，性质类似于氢氧根离子。

3. 天冬氨酸蛋白酶与底物蛋白质的相互作用　天冬氨酸蛋白酶（aspartic protease）的活性部位起关键作用的是两个 Asp 残基。这类酶有胃蛋白酶、凝乳酶（chymosin 或 rennin）、肾素（血管紧张肽原酶，renin）等，最具代表性的是胃蛋白酶（pepsin）。由于这类酶通常在较低 pH 时才有活性，天冬氨酸蛋白酶又称为胃蛋白酶。

人胃蛋白酶的相对分子质量为 33×10^3，有两个相似的结构域，由单一肽链组成。它的活性部位呈伸展状，可以和底物的 4~7 个氨基酸残基相互作用。活性部位在两个结构域之间，每个结构域都提供一个 Asp 残基，活性部位有两个 Asp，即 Asp_{215} 和 Asp_{32}。两个 Asp 之间有 1 个活化的水分子。这两个 Asp 的侧链和活化水分子之间以弱键相互作用，其中一个 Asp 质子化，而另一个 Asp 非质子化。质子化的 Asp 残基的侧链 pK_a 为 1.2（通常 Asp 侧链羧基 pK_a 约为 4.5），这意味着胃蛋白酶活性部位的微环境中，由于一系列弱键相互作用，改变了这个质子化 Asp 残基的侧链性质，使其成为强酸，即成为强有力的质子供体。胃蛋白酶活性部位的两个 Asp 不仅可以参与激活它们中间的水分子，而且可以作为质子的供体和受体。它们对酶的催化过程起着关键作用。

4. 核糖核酸酶 A　核糖核酸酶 A（RNaseA）在生物化学史上具有重要作用。它是第一个被测序的酶蛋白，第一个进行 X 射线衍射分析的酶，第一个人工合成具有天然活性的酶，并对蛋白质复性研究做出过贡献。

RNaseA 催化的水解分为两个阶段进行：①底物 RNA 敏感键断裂，生成 2′,3′-环磷酸二酯中间产物。②中间产物水解。反应①是可逆反应，而反应②是不可逆反应，并且反应②的反应速度比反应①快得多，所以容易获得上述中间产物。RNaseA 和底物结合，主要靠酶蛋白分子中 9 个带正电荷的 Lys 和 Arg 残基，同 RNA 分子主链骨架磷酸负电荷之间的静电作用。RNaseA 不能水解单链 DNA，原因是 DNA 分子中的核糖没有 2′-羟基，不能形成 2′,3′-环磷酸二酯中间产物。

酶的最适 pH 约为 7。质子化和非质子化的 His 咪唑基的 pK_a 分别为 6 和 8，恰与 RNaseA 最适 pH 相符。在 RNaseA 的底物敏感键两侧分别是 His_{12} 和 His_{119}，在催化反应的第二阶段，它们分别扮演具有关键作用的一般性碱和一般性酸。

RNaseA 的催化机制大致如下：①在反应第一阶段，His_{12} 作为一般性碱，接受底物敏感键 2′-羟基的质子，从而增加了 2′-氧原子对敏感键磷原子的亲核攻击能力，生成短暂的五价磷共价中间物。如果以嘌呤取代敏感键连接的嘧啶，RNaseA 仍可与之结合，但 His_{12} 和 2′-羟基之间的距离增加 0.15mm，足以阻止催化过程。Lys_7 和 Lys_{41} 的正电荷与敏感键磷酸基团氧原子之间的静电相互作用，有利于增加后者的负电荷。His$_{119}$作为一般性酸，使磷酸的1个氧原子质子化，并参与将这个质子传递给5′-氧原子，造成敏感键断裂，形成比五价磷中间物更稳定的2′,3′-环磷酸二酯中间物。这样，在催化反应的第一阶段先后产生两种共价中间物。②第二阶段发生的反应几乎是第一阶段的逆反应，但是两个His所起的质子供体和受体作用正好相反，而且水分子取代已被除去的5′-氧原子作为质子供体。在这一阶段，可能又一次出现五价磷中间物（图7-6）。

酶-底物复合物   五价(磷)中间物

2′,3′-环酯   2′,3′-环酯

五价(磷)中间物   酶-产物复合物

图 7-6 RNaseA 的催化机制

从以上催化过程可以看出，RNaseA利用了邻近效应、一般酸碱催化、静电效应和共价催化等多种方式，使RNA分子的敏感键断裂。

在形成2′,3′-环磷酸酯过程中，His$_{12}$和His$_{119}$分别扮演一般酸和特异酸的角色。而Lys$_7$和Lys$_{41}$的正电荷起稳定过渡态负电荷的作用。在环磷酸酯开裂时，His$_{121}$和His$_{119}$的作用发生交换。在上述过程中，出现两种瞬时中间物。

（三）抗体与抗原的相互作用

抗体与抗原相互作用复合物的结构，通过一种抗体与一系列相关抗原的结合亲和力的测定，抗体分子的定点突变，使用亲和性标记试剂，甚至复合物的X射线衍射分析等方法进行研究，越来越清楚地给我们描述了抗原分子与抗体结合区、抗体专一性等的分子基础。

1. 抗原、抗体结合的亲和力 抗原与抗体结合是可逆的。决定特异抗体在抗原-抗体反应中对抗原结合强度的最重要因素是它的亲和力（affinity 或 avidity）。亲和力是抗原与抗体相互作用强度的量度。亲和力的大小依赖于抗体的抗原结合位点与抗原决定簇之间在空间上的密切匹配程度，以及相互作用力的性质。

2. 抗原与抗体结合的复合物　所有抗体都是多价的，绝大多数免疫化学过程是多价的相互作用。抗原也可以是多价的，因为它含有多个拷贝相同的抗原决定簇，或者它含有可被不同抗体识别的多个抗原决定簇。多价的相互作用大大稳定了抗原－抗体复合物，致使它们的反应几乎不可逆的。

当具有一种以上抗原决定簇的抗原分子同多克隆抗体混合在一起时，所形成的复合物被分子间桥（intermolecular bridges）连接而变得十分稳定。在复合物形成过程中，一个抗体结合了一个以上的抗原分子。如果这些抗原分子由于第二种抗体结合到其他抗原决定簇而连接起来，就能形成一种环状或者网络状结构。这样的相互作用形成稳定而非常大的复合物。

3. 抗原与抗体相互作用的条件　在分子水平上研究抗原与抗体的相互作用，特别以分子较小、结构清楚的半抗原为研究对象，系统地改变半抗原的结构，然后测定与抗体的相对亲和力大小，得到了一些十分有意义的结论：①抗原决定簇与抗体的抗原结合部位在空间上必须能嵌合、互补。抗体蛋白中 6 个 CDR 一般都参与对抗原决定簇的接触。抗体与该部位的嵌合、互补，是特异性结合的结构基础。半抗原分子的结构稍做修改，将与原有抗体的亲和力大大减弱。因此，半抗原或抗原对抗体的抗原结合部位在分子外形上密切匹配的程度，对它们的相互作用和识别起着特别重要的作用。由于抗体是由 L－氨基酸残基组成，其抗原结合部位总是呈光学不对称的，反映在与抗原相互作用上要求一定的不对称性。抗 D 型半抗原的抗体，只能与 D 型半抗原结合，而不能与 L 型残基的半抗原结合；反之亦然。②抗原与抗体两者接触面要求有对应的化学基础，通过它们的弱相互作用力，使两者结合起来，达到足够的结合力。

4. 抗原与抗体结合的专一性　抗原与抗体结合的专一性，如上述，主要涉及空间结构的互补和基团所携电荷的匹配，结合部位在空间上相嵌互补，以及基团分布上的彼此配合，使抗原－抗体的结合达到最高的亲和力。这里带正电荷基团与带负电荷基团之间对应分布，形成静电力；一个或几个非极性基团与另一个或几个非极性基团对应分布，形成疏水作用，其结果是抗原与抗体能专一性地结合。

下面举例说明抗原与抗体结合专一性是如何产生的。

溶菌酶抗体与溶菌酶中两个相隔甚远的肽段，即第 18～27 和第 116～129 氨基酸残基相结合。抗体中 6 个 CDR 全都参与了同抗原决定簇的接触。V_L 和 V_H 区在结合过程中变化不多，彼此通过滑动寻找到最适合的位置，使抗体与溶菌酶的接触更加紧密。在相对较宽广的接触区（约 3nm×2nm）内只有一个水分子保留下来。由于形成 12 个氢键和大量的范德华力，使这一对抗原、抗体有较高的亲和力（$K_d = 10^{-8}$ mol/L）。它们的接触区平面较平整，只有溶菌酶的 Glu_{121} 的侧链深深地嵌入抗原与抗体的结合位点，处于 3 个芳香族氨基酸残基侧链的包围之中，并与主链的一个羧基氧原子形成氢键。与此相反，流感病毒外膜的神经氨酸酶与抗体（Fab）结合时，其构象有很大的变化。抗体的 V_L 和 V_H 结构域相对移动 0.3nm，两者更加接近，似乎把抗原决定簇部位握住一样，而不是比较刚性地插入、嵌入。抗原诱导的抗体发生构象变化，在免疫反应中有重要意义。抗原与抗体之间的相互作用十分类似于酶与底物的作用，它们强烈的特异性、专一性来源于大量非共价的弱相互作用，如静电力、范德华力和氢键的共同作用。疏水作用的存在大大加强了这些作用。事实上，许多抗原决定簇或抗体的抗原结合位点都富含芳香族氨基酸残基。

半抗原与 IgG 相互结合的情况可以对基团之间的空间互补性看得更清楚。如图 7－7 所示，维生素 K_1（半抗原）的萘醌环与抗体 Fab 的浅槽内结合，处于一些残基及其侧链包围之中，包括同轻链 CDR3 的 Tyr_{90} 酚环、重链 CDR3 的 Gly_{103} 和轻链 CDR1 的 Gly_{29}、Asn_{30} 接触，然后折向下方，而与轻链 CDR1 的 Ser_{93}、Leu_{94} 接近，其末端则与重链 CDR2 的 Trp_{54}、CDR1 的 Glu_{35} 残基侧链接近。

图 7－7　维生素 K_1 与它的 IgG 抗原结合部位的结合

L1 和 L3 表示轻链 CDR1 和 CDR2；H1、H2 和 H3 分别表示重链 CDR1、CDR2 和 CDR3；轻链上的 Tyr_{90} 和 Arg_{95} 位于重链和轻链共同形成的浅槽的底部

二、蛋白质与 RNA 的相互作用

RNA 既作为遗传信息分子，又作为功能性分子，参与细胞的许多基本生化过程。人们预言，在细胞中 RNA 会像蛋白质一样，具有庞大的分子种类和结构类型，显示出巨大的结构多样性和功能多样性。RNA 携带来自 DNA 的遗传信息进行蛋白质生物合成，形成核糖体、RNA 前体的剪接体等核酸－蛋白质复合物。几乎所有的 RNA 功能都需要蛋白质可逆或不可逆的参与。在绝大多数情况中，RNA 与蛋白质相互作用在这些生化过程中，起着关键性、决定性的作用。

RNA 与蛋白质相互作用的研究过去一直远远落后于蛋白质与 DNA 相互作用的研究，主要原因是很难大量制备序列确定的纯 RNA 分子或者片段。近年来，由于建立了噬菌体 RNA 聚合酶体外转录系统，以及改进了 RNA 体外合成的技术，获得单一的 RNA 片段已不再成为技术上的难题，大大促进了蛋白质与 RNA 相互作用的研究。

（一）蛋白质识别的 RNA 二级结构单元

1. RNA 中蛋白质识别的结构单元的概述　RNA 的结构非常复杂。除了非配对的线性 RNA 之外，RNA 链内碱基配对能产生各种各样的二级结构，有 RNA 螺旋（helix）、发夹（hairpin）、膨泡（bulage）、内环（bubble）和假结（pseudoknot）等结构单元。这些结构单元之间进一步相互作用，使 RNA 形成复杂的三级结构。另外，RNA 还含有不少非 Watson－Crick 标准的碱基配对，如 G－U 和 C－U 等。这些不规则的碱基对使经典的 A 型双螺旋扭曲变形，大沟加宽。膨泡和内环也可以使核糖磷酸骨架扭曲，改变沟的宽度。

RNA 的复杂结构，使蛋白质对 RNA 的识别比蛋白质对 DNA 的识别要复杂得多。DNA 基本上具有规则的双螺旋结构，相互间差别主要在于碱基对在双螺旋大沟上所提供的氢键供体和受体的不同。蛋白质与 DNA 的相对作用主要是蛋白质基团与 DNA 碱基形成专一性的氢键，以及与胸腺嘧啶中甲基间的疏水作用，即所谓"直接读出"（direct readout）。与此相反，RNA 不规则的二级结构和复杂的三级结构，使蛋白质与 RNA 的识别以"间接读出"（indirect readout）机制为主。所有的 RNA 结构，包括线状序列、发夹、膨泡、内环、假结、双螺旋等都可以作为蛋白质专一性识别的靶结构，而且 RNA 的特定三级结构使蛋白质同 RNA 的核糖磷酸骨架之间也可以产生专一性的相互作用。甚至有的蛋白质识别相应的 RNA 仅仅通过识别 RNA 整体构象来实现，而与 RNA 的序列无关。这是间接读出机制的一

种极端情况。

RNA 像蛋白质一样，具有极丰富的二级、三级结构，使 RNA 具有各种各样的结构域，进行生物大分子之间的相互作用，参与细胞的各种生化功能。下面介绍一些研究得比较深入的 RNA 结构单元（图 7–8）。

图 7–8　一些 RNA 结合蛋白识别的 RNA 结合单元

a. Rev 蛋白识别的一个内环结构　b. Tat 蛋白识别的一个 RNA 膨泡　c. R17 外壳蛋白识别的一个 RNA 发夹

d. T4 基因 32 蛋白识别的一个 RNA 假结　e. RegA 蛋白识别位点，一段简单的 RNA 序列　f. L11 蛋白识别的 RNA 片段

2. RNA 链的内环结构　内环（bubble）是一段 RNA 双链区中间由于有未配对的碱基，而产生的一个环状结构。HIV 病毒 Rev 蛋白结合的 Rev 应答元件（Rev responsive element, RRE），就是一个 RNA 内环。该内环富含嘌呤碱基，其中环的部分含有 G–G 和 G–U–A 残基，并形成 G–G、G–A 不规则碱基对（图 7–8a）。内环是 Rev 蛋白结合所必需的。单独的内环也足以产生与 Rev 蛋白高亲和力的结合。环区的 G–G 碱基对可以用 A–A 对替代，因为它们可以使结合位点的核糖磷酸骨架产生相同的变形。

3. RNA 链中的膨泡结构　膨泡结构是指在一段 RNA 双链区，只有一条链上含有未配对的碱基。HIV 病毒 Tat 蛋白结合于病毒 mRNA 的 Tat 应答区（Tat responsive region, TAR）内一个 RNA 膨泡，从而允许病毒转录物积聚。TAR 应答区形成一个具有长茎的发夹结构，茎区含有一个 UCU 膨泡。该膨泡必须具备的基本结构是：环上含有至少两个碱基，而且有 5′端的 U（即 U23），G26–C39 和 A27–U38 碱基对不能改变，A22 和 U23 的 5′–磷酸被乙基化修饰。

4. RNA 链中的发夹结构　RNA 发夹结构的结合蛋白比较常见。位于发夹结构环区的碱

基比位于 A 型双螺旋区的碱基更加暴露，所以发夹的环区是蛋白质结合的很好位点，典型的例子包括核糖体蛋白、snRNA（small nuclear ribonucleoprotein）、U1A、U170K 和 U2B，还有一些噬菌体外壳蛋白在 RNA 环区的结合。其中研究得最清楚的是 R17 噬菌体外壳蛋白与一个发夹结构的相互作用。R17 外壳蛋白的 RNA 识别位点有几个基本特点：①具有发夹结构；②序列为 RNYA（R = 嘌呤，N = 任意碱基，Y = 嘧啶）的一个四碱基发夹环对蛋白质结合最有利；③茎区特定位置上一个不配对的嘌呤碱基对蛋白质识别很重要。

5. RNA 链中的假结结构　当一个 RNA 环和其紧邻的单链区段形成碱基对时，就可以形成假结结构。T4 噬菌体基因 32 蛋白结合在它自身的 mRNA 上，对翻译进行自我调控。这个 mRNA 的 5′端形成一个假结，基因 32 的蛋白和这个假结结合，能进一步增强与其 mRNA 的结合。核糖体蛋白 S4 和 S15 也都结合于 RNA 假结结构。

6. RNA 链中的其他结构　T4 噬菌体 RegA 蛋白识别的 RNA 位点是一段与起始密码子重叠的短序列，该位点不存在任何稳定的二级结构，但 RegA 能识别 RNA 上特定的单链序列。另外一些情况如核糖体大亚基蛋白 L11 和一个长达 58 个核苷酸的 rRNA 结构域结合。L11 很可能不识别碱基，而是在三维结构的水平上识别 RNA 的骨架。这是蛋白质识别 RNA 位点立体构象的例子。就蛋白质与 RNA 相互作用来说，远比蛋白质与 DNA 相互作用要更具有多样性，任何一种 RNA 结构都可能是潜在的结合位点。

（二）蛋白质中 RNA 结合结构域

在众多的 RNA 结合蛋白中寻找氨基酸序列的同源性，已发现了许多结合 RNA 的结构域（RNA binding domain，RBD）（表 7 - 1）。

表 7 - 1　RNA 结合蛋白的 RNA 结合结构域

结构域	长度（aa）	实例
RNP 式样	80	UsnRNP 蛋白、hnRNP 蛋白、RNA 加工和翻译的调控因子
富含 Arg 的式样	12 ~ 18	噬菌体 N 蛋白、HIV、Tat、Rev
双链 RNA 结合结构域	65 ~ 68	双链 RNA 激活的蛋白激酶 DAI、果蝇 staufen 蛋白、人细胞 TAR 结合蛋白
KH 结构域	50	HnRNP 蛋白、核糖体蛋白 S3、酵母剪接调节因子 MER1、NusA、FMR1
锌指结构	23	TF Ⅲ、P48、XFG5 - 1
冷休克结构域	70 ~ 80	Y box 结合蛋白、爪蟾 mRNA 蛋白 P54、P56

1. RNP 结构式样　RNP 是了解比较清楚的 RNA 结合结构域，又名 RNA 结合蛋白共同序列（RNP consensus sequence，RNP - CS）、共同序列 RNA 结合结构域或 RNA 识别结构式样（RNA recognition motif）。目前已在 200 多种 RNA 结合蛋白中发现这一结构域，这些蛋白质分别结合 RNA 前体、mRNA、rRNA 和 snRNA。RNP 结构式样的长度为 80 ~ 90 个氨基酸残基，含两段短的强保守序列 RNP1 和 RNP2。RNP1 和 RNP2 长度分别为 8 个和 6 个氨基酸残基。序列为 Lys/Arg - Gly - Phe/Tyr - Gly/Ala - Phe - Val - X - Phe/Tyr，含有许多保守的疏水性氨基酸，特别是 Tyr 和 Phe。两序列之间间隔约 30 个氨基酸残基。RNP 结构式样的二级结构模式是 βαββαβ，其中 4 股反向平行的 β 折叠片位于中间，两个 α 螺旋位于两侧。RNP1 和 RNP2 位于中间的两个 β 折叠股，在 RNA 的结合中起至关重要的作用。保守的芳香族氨基酸中，有两个突出到溶液中，其余则与另外的疏水性氨基酸一起形成疏水内核。

RNP 结构式样中有 3 个精细的结构元件可能与 RNA 相互作用：①β 折叠；②连接 β 折叠的环区；③N 端和 C 端邻近区域。RNP1 和 RNP2 上高度保守的氨基酸尽管对 RNA 结合至关重要，但可能并不参与识别不同的 RNA 序列。与 RNA 结合专一性有关序列是在 RNP 结构式样的最可变区域，特别是末端和环区。RNP 结构式样的 β 折叠，含有许多高度保守的残基，构成一个结合表面。高度可变的精细的识别位点依托于这一结构，决定 RNA 结合专一性。因此，同一家族含有许多高度保守结构单元的蛋白质，却能结合于结构多样、功能不同的各种 RNA 分子。

2. 富含 Arg 的结构式样　富含 Arg 的结构式样（arginine-rich motif，ARM）发现于病毒和核糖体的一些蛋白质中，是 10 ~ 20 个氨基酸的富含 Arg 的序列。除了都富含 Arg 外，它们几乎没有同源性。Rev 和 Tat 都是 ARM 蛋白。逆转录病毒 Rev 蛋白中，ARM 式样专一性地识别 RNA 螺旋，至少有 6 个氨基酸是 RNA 专一性结合所必需的。这 6 个氨基酸中有 4 个 Arg。

RNA 中识别富含 Arg 结构式样（ARM）的位点很复杂，有茎环（N 蛋白）、内环（Rev 蛋白）或膨泡（Tat 蛋白）等，最主要的识别元件可能是 RNA 的构象，而不是特殊的一级结构序列。Rev 蛋白和 Rev 应答元件（RRE）之间的相互作用，除了可能的氢键之外，RNA 中 Rev 应答元件的一个关键结构组成是非典型的 Watson – Crick 碱基对 $G\equiv G$，以及 $A\equiv A$。这说明在专一性识别中，RNA 的核糖 – 磷酸骨架是重要的位点，因此富含 Arg 的结构式样对 RNA 骨架的识别起着重要作用。

3. 结合双链 RNA 的结构域　在双链 RNA 的结合蛋白中，结合双链 RNA 结构域的共同序列（consensus sequence）长为 65 ~ 68 个氨基酸残基，同源性约 30%。有一些结合蛋白既可专一性地结合于双链 RNA，又可结合于 DNA – RNA 杂合双链，例如 *E. coli* 的 RNase Ⅲ 对含有特定内环结构的双链 RNA 螺旋结合最强，它结合 RNA 的结构域含有一个 $\alpha – \beta – \beta – \beta – \alpha$ 结构。3 股反向平行的 β 折叠片在内侧，外侧每边有一段 α 螺旋。位于第 1、第 2 个 β 折叠股之间的环 2 和位于第 3、第 1 个 β 折叠股之间的环 4 含有一些带正电荷的残基，以及一些氢受体和氢供体，都可能参与同 RNA 位点的结合。

总的来说，探索 RNA 结合蛋白对 RNA 位点的相互作用，由于 RNA 构象的多样性、复杂性，需要大量的 RNA 与蛋白质复合物进行 X 射线晶体衍射分析的数据，但至今对此做深入研究的还不多。

三、蛋白质与 DNA 的相互作用

DNA 信息需要各种各样的 DNA 结合蛋白去组织、复制和阅读。处于静止状态或活性状态的染色体都含有各种蛋白质。这些 DNA 结合蛋白有两种情况：一种是在 DNA 链上非特异性地结合，把 DNA 包装成一定的结构，但并不妨碍其他 DNA 结合蛋白的接触，例如组蛋白与 DNA 链形成核小体结构。另一情况是蛋白质结合到 DNA 一段短的序列上，这些短序列通常是进化上保守的、特异性的。不同序列有不同的蛋白质结合。DNA 结合蛋白具有各种不同的功能，有的帮助 DNA 长链折叠成一定的功能结构，有的起始 DNA 复制，有的控制基因转录或参加转录的调控等等。真核生物的每种细胞类型总含有明显不同的一组调控蛋白，作用于基因组，协同作用，产生不同的基因表达。这些蛋白质总称为序列特异性 DNA 结合蛋白。

因此，DNA 与蛋白质之间的相互作用是所有活细胞的中心过程之一。它们对生命活动至关重要，是分子生物学极为重要的领域。

（一）蛋白质的 DNA 结合结构域

各种 DNA 结合蛋白，特别是转录因子（transcription factors）都含有与 DNA 相互作用的区域，称为 DNA 结合结构域（DNA-binding domain），简称结合域。大多数蛋白质的 DNA 结合结构域都有一定的结构，X 射线晶体结构衍射分析显示了这些结构如何同 DNA 靶序列相互作用。很多蛋白质不是单独起作用的，往往需要其他蛋白质参与。例如很多 DNA 结合蛋白要求二聚化，甚至四聚化，因为有些单体形式的蛋白质往往不能结合于 DNA 上。DNA 结合蛋白除了有 DNA 结合域外，还有蛋白质-蛋白质相互作用的区域。其中一类蛋白质-蛋白质相互作用区域是转录因子的转录激活结构域（transcription active domain），对基因活性进行调控。绝大多数 DNA 结合蛋白具有复杂的结构，它们的 DNA 结合结构域只是整个分子的一部分或一小部分。

对基因进行调节、控制的蛋白质，如各种转录因子、基因调控因子，相对于作用于它的靶位点 DNA 序列而言，广义地称为反式作用因子（*trans*-acting factors）。

下面以蛋白质结构的特点，叙述若干类型的 DNA 结合蛋白的结构式样。

1. 螺旋-转角-螺旋

（1）基本结构　在原核细胞中，与一些基因的转录、转录调控有关的蛋白质研究得最多的是 RNA 聚合酶（RNA polymerase）、Lac 阻遏蛋白（lac repressor）、CAP 蛋白、Trp 阻遏蛋白（trp repressor）和 λ 阻遏蛋白（λ repressor）等。这 5 种 DNA 结合蛋白中发现 DNA 结合域具有比较类似的结构式样，即两个 α 螺旋被一个转角的短肽链连接起来（图 7-9）。这种结构称为螺旋-转角-螺旋（helix-turn-helix，HTH）结构式样。两个 α 螺旋在立体结构上呈 120° 角的交叉位置，转角的肽段由 15~20 个氨基酸残基构成。这种结构是原核生物很多调控蛋白内 DNA 结合域的基本结构。尽管这些蛋白质或酶的整体结构、功能有很大差异，构象互不相同，但它们的 DNA 结合域却十分类似，大多是 HTH 式样。可以说，它是原核生物反式作用因子的结构特征之一。

a　　　　b　　　　c　　　　d

图 7-9　一些蛋白质中 HTH 结构式样的立体图形

a. CAP 的 C 端结构域　b. Trp 阻遏蛋白二聚物的一个亚基　c. Lac 阻遏蛋白的 DNA 结合结构域　d. Antp 同源异形域

反式作用因子结合于 DNA 的位点称为 DNA 序列元件或顺式作用元件（*cis*-acting element）。顺式作用元件是一段短的 DNA 序列。上述 Lac、Trp 或 λ 阻遏蛋白结合的顺式作用元件是在有关操纵子（operon）的操纵基因（operator）内，所以这些阻遏蛋白分别作用于各自操纵基因的 DNA 序列。

HTH 结构式样中一个 α 螺旋在与 DNA 位点接触时，负责同 DNA 大沟直接接触，识别 DNA 序列的结构特性，因此这一 α 螺旋称为识别螺旋（recognition helix）。阻遏蛋白对 DNA

位点结合的特异性，取决于识别螺旋某些氨基酸残基。这些氨基酸残基同伸展到 DNA 大沟内某些碱基的功能基团做特异性接触，以及同 DNA 骨架的磷酸基团接触（图 7–10）。具有 HTH 结构式样的其他蛋白质不能很好地结合于相同的 DNA 位点，因为在它们的识别螺旋中没有正确的氨基酸残基可以与 DNA 元件的序列进行有效接触。

（2）HTH 结构式样与 DNA 位点的相互作用　HTH 类型的 DNA 结合蛋白有一个明显特点，它们都以二重对称的二聚体形式结合于 DNA 序列上。结合 HTH 蛋白的 DNA 元件由两个非常类似的"半位点"构成，呈反向重复序列。二聚体蛋白的每个单体分别接触于半位点上，这样增加了结合的亲和性。接触加倍，也使相互作用的自由能加倍。

图 7–10　λ 阻遏蛋白的 HTH 式样及其与操纵基因相互作用的模式

a. HTH　b. HTH 与 λ 操纵基因的相互作用

对 λ 阻遏蛋白与其操纵基因 DNA 位点的 X 射线晶体结构衍射分析，证明了关于蛋白质与 DNA 元件之间相互作用的一般特性：①每个阻遏蛋白单体的识别螺旋（螺旋 3′和 3）倚靠在半位点的 DNA 大沟内，而螺旋 5′和 5 相互接触，使阻遏蛋白二聚体的两个单体保持在一起。②与蛋白质相互作用的 DNA，在外形上类似于标准的 B 型 DNA。可以看出 DNA 稍微有点弯曲，特别是在 DNA 片段的两端，沿着阻遏蛋白二聚体有点弯曲；而 DNA 的其余部分保持直线(图 7–11)。

（3）HTH 结构与 DNA 位点的识别　HTH 结构式样是 DNA 结合蛋白的基本结构之一，广泛存在于原核和真核生物中，特别是原核生物的调控因子具有这一类结构，如 kCro、CAP、λ 阻遏蛋白、Lac 阻遏蛋白、Trp 阻遏蛋白等。这些蛋白质是二聚体形式，在二聚体分子表面有一对识别螺旋（α 螺旋）参与对 DNA 的识别和结合。这一对识别螺旋彼此倾斜，中心距离

图 7–11　λ 阻遏蛋白二聚体与操纵基团 DNA 两个半位点结合，形成复合物的几何图形

3.4nm，分别嵌入到 DNA 相邻的两个大沟内，通过其特征性的氨基酸残基与大沟内特异性碱基序列进行作用。这些作用力包括形成最佳的氢键、离子键和范德华力。这些作用力之和越大，识别和结合的特异性越强。除了识别螺旋之外，HTH 结构域另一 α 螺旋的主链和侧链还参与同 DNA 骨架磷酸基团的相互作用，跨过大沟，与 DNA 形成非特异性结合。这种非特异性作用也为蛋白质 – DNA 的识别和结合做出了贡献。在结合过程中，B 型 DNA 构象有扭转变形的变构现象。HTH 蛋白与 DNA 复合物已做过详尽的 X 射线衍射分析，它们的

DNA 结合区精细结构也已被阐明。

Cro 蛋白的识别特异性是由识别螺旋（第 3 个 α 螺旋）暴露侧链和 DNA 大沟内碱基对边缘之间形成氢键所决定的。例如 Gln 残基的侧链同腺嘌呤可以形成两个氢键。第 2 个 α 螺旋也接近于 DNA，但与 DNA 主链骨架接触，与磷酸基团进行非特异性作用。这使蛋白质 - DNA 复合物处于稳定状态，更有利于促进特异性识别和结合。Cro 蛋白的 α 螺旋 3 的正确大小和形状很容易同大沟内 5 个碱基对之间形成最有利的氢键、范德华力和离子键等相互作用（图 7 - 12），因而建立起 Cro 蛋白和 DNA 结合位点的识别、结合特异性。

图 7 - 12　λCro 操纵基因序列和阻遏蛋白的 α 螺旋接触、识别的机制

HTH 结构域与 DNA 特定序列相互作用的详尽研究表明，尽管各种蛋白质与 DNA 的作用各不相同，具有种种特殊性，但与主链糖基 - 磷酸骨架的作用、与碱基对的作用是两个基本特征。

1）HTH 停靠在 DNA 上　HTH 结构式样与 DNA 骨架相互作用使 HTH 停靠在大沟的一侧，螺旋的另一区段停靠在大沟的另一侧。肽链的—NH 基团、Gln 和 Asn 侧链的中性 NH_2 基团、Ser 和 Thr 的—OH 基团，同 DNA 主链磷酸基非酯化的氧原子形成氢键是特别重要的。带正电荷的侧链同 DNA 磷酸基团形成的氢键起主要作用。这些相互作用使蛋白质处于非常正确接触的范德华力环境中。

2）特异性的碱基接触　在决定 HTH 蛋白与碱基对特异性结合的机制中，直接接触是最主要的。蛋白质各种侧链（Gln、Asn、Ser、Arg、Lys）给出或接受氢键，形成复杂的氢键网络。此外，非极性的相互作用、碱基对与插入的肽链之间广泛的范德华力也起重要作用。

应该指出，DNA 构象还受到整个结构域中残基的种类、分布状况以及二聚体的整个空间结构的影响。识别 DNA 的单位是整个结构域，甚至是二聚化蛋白质分子。在靶位点上，蛋白质 - DNA 的整个接触，包括同 DNA 骨架的接触、停靠，都在对特异性做出贡献。

2. 锌指结构与 DNA 元件的相互作用　锌指结构蛋白质是自然界中广泛分布的一类含锌蛋白质，构成了一个超家族。锌指结构家族蛋白，根据其形状和结合锌的复杂性，特别是锌指四面体结构，可以分为 C_2H_2、C_4 和 C_6 等几种类型。无论结构域形状是单纯锌指（zincfinger）、锌扭（zinctwist）或锌簇（zinccluster），它们的共同特点是以锌离子作为活性部位的一部分。各种锌指结构及其与 DNA 相互作用方式都有明显差异。

锌蛋白大多含有锌指结构。这种指形本身并不一定具有结合 DNA 的特异性，许多锌指蛋白都具有十分相似的锌指外形。每个锌指结构能结合于它独特的靶 DNA 序列，是因为锌指结构的氨基酸有精确序列，或者分子内邻近部分的结构，决定了该蛋白质结合 DNA 序列的能力。现在已证实，RNA 聚合酶 Ⅱ（RNA polymerase Ⅱ）和 RNA 聚合酶 Ⅲ（RNA polymerase Ⅲ）的转录因子均存在着锌指结构。如果发现某种蛋白质有多个锌指结构，甚至可以怀疑其功能是转录因子。

（1）TFⅢA　真核生物的基础转录因子 TFⅢA 具有典型的锌指结构。非洲爪蟾的 TFmA 相对分子质量约 4 万（40×10^3），由 344 个氨基酸残基构成的肽链，大部分残基通过 Zn^{2+} 形成 9 个锌指结构（图 7 – 13）。每个锌指结构都有一些疏水残基构成疏水核，其中有些保守性氨基酸残基在锌指的三级结构中提供一个骨架，一个反向平行的 β 折叠与 α 螺旋形成锌指环，一些非保守性残基决定着每一锌指区域的特征。

图 7 – 13　TFⅢA 锌指结构与 DNA 双螺旋的关系

现在有两种模型阐述锌指类型的调控蛋白与 DNA 相互连接的几何结构。模型 1 显示了多个连续的锌指重复单元沿 DNA 双链大沟呈螺旋状旋绕，表明 TFⅢA 与 DNA 在结构上全部呈平行性结合。模型 2 是调控蛋白作为一个整体位于 DNA 双链的一侧，另一侧被其他蛋白质保护着。这一段 DNA 的序列分析表明，每 10 个核苷酸之间有一 G 簇，G 或 GG、GGG 周期性地出现，相隔约 5.5bp。蛋白质的锌指结构成簇地与 DNA 序列结合，TFⅢA 与 5S rRNA 基因内部启动子区的 3 个重要区域 CCTGG 结合。

也有证据认为，识别 DNA 序列的不是锌指结构本身，而是蛋白质分子另外的基团，锌指结构可能只是维持了该结构域的构象而已。更可能是不同的锌指蛋白与 DNA 序列之间存在完全不同的结合方式，相互作用呈多样性。

（2）Zif 268 蛋白　小鼠调控蛋白 Zif 268 是 C_2H_2 型锌指蛋白，是静止细胞进入细胞分裂时被激活的最初几个基因之一的产物。如图 7 – 14 所示，它有 3 个相邻的锌指结构，可以匹配到双螺旋 DNA 的大沟内。复合物结构分析指出，每个锌指结合于 DNA 大沟内，以类似方式与 3 对碱基进行周期性接触。3 个锌指在大沟内排列成 C 形弯曲，与双螺旋 DNA 的大沟弯曲相吻合。所有 3 个锌指都从大致相同的角度接近 DNA，蛋白质 – DNA 接触的几何图形非常类似。人工合成的双链序列 5′ – CCGTG – GGCC – 3′ 与该锌指蛋白结合后进行结晶和 X 射线晶体衍射分析，结果是锌指 1 结合在 DNA 片段 3′ 端的 3 个碱基对 GCG；锌指 2

结合于中央的 3bp（TGG）；锌指 3 结合于 5′端的 3bp（GCG）。蛋白质同 DNA 的这种排列可以说是反向平行的，即蛋白质的 N 端结合于 DNA 的 3′端。因为锌指 1 和锌指 3 接触相同的 3 对碱基（GCG），可以预期，锌指结构 1 接触 DNA 的 3 个关键性氨基酸，将会同锌指 3 接触 DNA 残基的构象状况非常相似。事实上，它们的确一样，它们都是 Arg、Asp 和 Arg。锌指结构 2 接触不同的 3 个碱基（TGG），因而在它的 3 个关键性位置上有不同的一套氨基酸：Arg、Asp 和 His。这 3 个锌指结构的关键性残基中，前两个残基都是 Arg 和 Asp。其中 Arg 直接接触于 3 对碱基中的 G。所有 Asp 都不直接接触 DNA，而是接触前面的 Arg，帮助 Arg 定位到同靶 G 有最佳相互作用的位置。

图 7 – 14　Zif 268 的锌指结构同 DNA 大沟的结合以及同碱基对的接触

a. 3 个锌指中，各有 2 个氨基酸（共 6 个氨基酸，其中 5 个是 Arg）同 DNA 大沟内 G 发生特异性接触　　b. 蛋白质与 DNA 复合物的立体构象

　　每个锌指结构通过其保守的 His 和 Arg 残基，同 DNA 的磷酸基接触。与磷酸基进行接触的 His，就是同锌离子作配位键连接的 His 残基。此外，Zif 268 肽链中还有第 4 个残基同 DNA 骨架的磷酸基进行接触。

　　3. 亮氨酸拉链　　在研究调控蛋白 C/TBP 的 DNA 结合区氨基酸序列时，发现蛋白质的肽链周期性地重复出现亮氨酸残基。一些 DNA 结合蛋白如 Jun、GCN4、Fos 和 c – Mys 等的氨基酸序列中，虽然不存在共同的保守序列，但含亮氨酸，并且所含的 4 ~ 5 个亮氨酸残基精确地相距 7 个氨基酸残基，也就是亮氨酸呈周期性地出现（图 7 – 15）。亮氨酸周期重复不在于形成一个疏水面，而在于两个蛋白质的两个 α 螺旋之间，依靠周期性亮氨酸侧链交错相插，螺旋靠拢，在疏水作用之下形成一个稳定的非共价结合的拉链结构，即所谓的亮氨酸拉链（leucine zipper）。

　　借助于亮氨酸拉链结构，两个蛋白质分子（亚基）形成二聚体。具有亮氨酸拉链的 DNA 结合蛋白通常以二聚体形式与 DNA 结合。应该形成二聚体但未互相配合的肽链往往不能形成稳定的 α 螺旋。它们的螺旋化和卷曲往往是在二聚化过程中完成的。某些蛋白质需要匹配的同源或异源亚基，以二聚体的形式结合于 DNA。

图 7-15　构成亮氨酸拉链的 α 螺旋

与其他 DNA 结合结构域不同，亮氨酸拉链蛋白中，C 端的亮氨酸拉链本身不能结合 DNA。位于拉链 N 端的碱性氨基酸区是结合 DNA 的区域。亮氨酸拉链蛋白所结合的 DNA 靶位点，通常是有间隔的反向重复序列。不同的亮氨酸拉链蛋白都有一个相对保守的区域，参与 DNA 结合。例如 GCN4、Jun 等蛋白质都有一段 30 个氨基酸的碱性区域，序列十分相似。在缺乏 DNA 时，这段碱性区段似乎相当无结构性，当结合于 DNA 序列时，碱性区域就几乎完全成为 α 螺旋。这一类蛋白质结构称为碱性区 - 亮氨酸拉链（basic region/leucine zipper，bZip）结构域。通过亮氨酸拉链形成的二聚体可以与更广泛的基因片段相互作用，并且成为调控基因表达的一种模式。

4. 同源异形域　同源异形域（homeodomain，HD）蛋白是一大类真核生物的 DNA 结合蛋白。它们的名称来自称为同源异形框（homeobox）的编码基因。同源异形框长约 180bp。同源异形框基因和同源异形域（HD）蛋白广泛存在于从酵母到高等哺乳动物的所有真核生物中，仅果蝇就已发现有 60 多种 HD 蛋白质。

同源异形框基因在染色体上可以分为复合型和分散型。复合型基因在染色体上成簇地串联分布。如果蝇的 hom 同源异形框基因簇，在染色体上有 8 个基因。小鼠的同源异形框基因 *hox* 分布在 4 簇中，分别称为 *hox a*、*hox b*、*hox c* 和 *hox d*，共约 13 种基因。这些复合型也称为 *hom/hox* 簇基因。分散型同源异形框基因数量很多，分布在各染色体上。根据它们的同源异形域（HD）蛋白质的结构，可以分为 16 种以上的类型，如 Lim、POU、NK - 1、Eve 蛋白、Ems 蛋白等。

同源异形域蛋白质的共同特点是分子中含有同源性很强的同源异形域（HD）；它们的差别是除了 HD 同源性程度有所不同之外，还有分子内其他肽段结构不同，显示出蛋白质水平上的多样性。

（1）同源异形域蛋白的结构　各种类型的同源异形域蛋白，除了含有共同的同源异形域（HD）之外，还有其他各种类型的肽段（图 7-16）。例如果蝇触角足（antennapedis，

Amtp）蛋白、Lab、Ems 等蛋白质含有保守的六肽 IYPWMK 结构。成对控制蛋白（paired，Prd）含有成对控制结构域。POU 类型的蛋白质具有它们共同的 DNA 结合结构域，即 POU 结构域。POU 结构域由两个亚单位构成，一是 POU 类型共同的同源异形域，称为POU－HD，第二个亚单位是 POU 类型特异性的结构，称为 POU 特异性结构域（POU－S），POU－HD 和 POU－S 是两个独立的亚结构，各具有独立的 HTH 结构式样（图 7－17）。

图 7－16　各种同源异形域蛋白的一般结构

图 7－17　同源异形域（HD）的共同序列

HD 形成 3 个 α 螺旋，表示 H 的残基区域倾向形成疏水核心，B 的残基同 DNA 大沟接触，m 的残基同小沟接触，#的残基同磷酸基团接触。

（2）同源异形域蛋白与 DNA 位点的相互作用

1）同源异形域与 DNA 位点的结合　用 MNR 和 X 射线衍射分析果蝇的 Antp HD 蛋白与人工合成的 14bp 双链 DNA 的复合物，获得了它们相互作用、结合的大致轮廓。HD 蛋白与 DNA 结合主要通过 HTH 内的识别螺旋。与很多真核转录因子相似，HD 的识别螺旋大致可以分为两部分，C 端的 Arg/Lys 残基倾向于接触 DNA 骨架的磷酸基团，N 端残基负责同 DNA 碱基相互作用，因此 HD 的识别螺旋具有定位和识别的双重功能。如图 7－18 所示，Antp HD 的 α 螺旋Ⅲ与 DNA 位点作用，作用包括对 DNA 主链（α 链和 β 链两个单链）的特异性识别和非特异性接触两个方面。

2）POU 同源异形域与 DNA 的相互作用　以 POU 同源异形域为例，说明对 DNA 位点的特异性识别。POU 特异性结构域（POU－S）由 4 个 α 螺旋组成，有高度保守的紧密的疏水核心，许多亲水性残基位于蛋白质一侧表面。螺旋Ⅱ、螺旋Ⅲ及其转折区形成 HTH 结构。POU 类型的 Oct－1 蛋白中，螺旋Ⅲ是识别螺旋，Thr_{45} 同半位点 DNA 序列 ATGC 中的

T2 和 C3 形成氢键，Arg_{49} 同 G3 和 G4 形成氢键，Gln_{44} 同 A1 形成氢键。结构域内其他保守残基也参与接触，如 Arg_{20} 和 Gln_{27} 与碱基及磷酸基的氧原子形成氢键，使整个氢键网络更加稳定。

图 7 – 18　果蝇 Antp 蛋白与 HD – DNA 识别以及复合物内相互作用

不同类型的同源框蛋白具有不同的结构特征。从目前已有的结果分析看，同源框蛋白是广泛存在于真核生物的一类转录调控因子，通过保守性较强的螺旋 – 转折 – 螺旋结构式样与启动子或增强子序列相结合。同一种同源框蛋白可能识别多种 DNA 序列，同一 DNA 序列也可能识别多种同源框蛋白，相互之间亲和性不同，结合的倾向和牢固程度各不相同，以此表现出结合的特异性。

5. 螺旋 – 环 – 螺旋

（1）结构　螺旋 – 环 – 螺旋（helix-loop-helix，HLH）结构式样含有 40～50 个氨基酸残基，在两个两性的 α 螺旋之间有一个长度可变的连接环。每个 α 螺旋有 15～16 个残基，其中有若干个保守氨基酸。通过 α 螺旋之间的相互作用，HLH 蛋白能形成同源或异源二聚体（图 7 – 19）。环的存在能够使两个 α 螺旋比较自由地移动和独立地起作用。

图 7 – 19　MyoD 内 bHLH 结构域二聚体与其靶 DNA 之间复合物的立体结构

在绝大多数 HLH 结构式样附近都有富含碱性氨基酸的肽段，并在 15 个氨基酸残基中有 6 个是保守的，这个区域是结合 DNA 所必需的（图 7 – 19）。这一类具有 HLH 和碱性残基的 DNA 结合蛋白质称为 bHLH 蛋白。转录因子 MyoD、E12、E47 蛋白（结合于 Ig 基因的增强子）、原癌基因 c – *Myc* 的表达产物 MYC 蛋白等都是 bHLH 蛋白。

（2）二聚化及与 DNA 的结合　有的 bHLH 蛋白没有细胞特异性，如哺乳动物的 E12/E47 和果蝇的 Da 蛋白等。但有的 bHLH 蛋白具有组织特异性，如哺乳动物的 MyoD 和果蝇 AC－S。后者作为转录激活因子（transcription activation factor）时，必须有 Da 蛋白作为分子伴侣（molecular chaperones）形成异源二聚体，其功能才有效。

bHLH 蛋白二聚体的形成及其结合 DNA 的难易，和二聚体的分子伴侣有关。

另一类型的 HLH 蛋白没有碱性区，并且含有破坏 DNA 结合功能的氨基酸残基 Pro，如 Id 蛋白。这类 HLH 蛋白，像 bHLH 蛋白一样具有形成二聚体的能力。但是它们的二聚体中有一个亚基没有碱性区，这个蛋白质不能特异地结合 DNA。

许多原核及真核生物基因的转录因子具有形成二聚体的结构域。这个结构域对于 DNA 结合蛋白的结构和功能是极为重要的。形成二聚体的能力主要来自亮氨酸拉链、HTH 和 HLH 等结构域。

DNA 结合蛋白以二聚体形式与序列元件接触、结合，似乎是十分普遍的现象，并且大多数是通过 α 螺旋的相互作用形成二聚体，当然也有很多例外。与亮氨酸拉链等类型蛋白质不同，锌指结构的蛋白质不需要形成二聚体，只是以自身折叠的小重复单元识别 DNA，以指形区肽链形成特定的 α 螺旋识别 DNA。

（3）碱性区－α 螺旋－环－α 螺旋/亮氨酸拉链　有的蛋白质，如原癌基因的产物 Myc 和 Max，具有碱性区－α 螺旋－环－α 螺旋/亮氨酸拉链（basic region－helix－loop－helix/Leacine Zipper，bHLH－Zip）。该结构式样有 60～100 个保守的氨基酸残基，N 端为 15 个残基的碱性区，从 N 端碱性区至第一个。螺旋段为 DNA 特异性结合域，紧接着两个 α 螺旋以及之间有一个长度不等的环区。N 端和 C 端各约 15 个残基构成的 α 螺旋，分别具有亲水性和疏水性。该 bHLH 结构式样也称为两性 α 螺旋（amphipathic helix）。依靠 α 螺旋的疏水性侧面形成二聚体。原癌基因（proto oncogene）*myc* 表达产物 Myc 和结合蛋白 Max 都具有 bHLH－Zip 结构。bHLH 和 Zip 一起连接在碱性区。bHLH－Zip 同 DNA 相互作用的方式十分类似于 bHLH。主要的差别是 bHLH－Zip 要求有亮氨酸拉链额外的相互作用，以保证两个蛋白质亚基（单体）二聚化。

（二）蛋白质与 DNA 相互作用的一般规律

蛋白质与 DNA 的相互作用有特异性和非特异性两类。非特异性结合的蛋白质能识别 DNA 的共同结构特征，而特异性结合的蛋白质能识别双螺旋 DNA 的序列。

非特异性结合是蛋白质同 DNA 主链骨架接触，大多数涉及磷酸二酯中的氧原子，只有很少同糖环有疏水作用。非特异性结合对于蛋白质和 DNA 的识别不甚重要。任何碱性的或中性氨基酸侧链都能同磷酸二酯的氧接触，而 Asp 和 Glu 侧链由于不利的静电作用而很少参与接触。在有的蛋白质如 λ 阻遏蛋白中，短的极性侧链以及肽链中的—NH 在同 DNA 骨架的接触中起着较重要的作用。它们比 Arg 或 Lys 的侧链提供更多的立体接触特异性。

特异性结合是蛋白质识别 DNA 的特定序列，同碱基的接触是这种结合的关键。碱基接触有很多不同的情况，包括：①蛋白质侧链同碱基直接形成氢键；②多肽骨架与碱基偶然形成氢键；③水分子介导的氢键；④疏水接触。双链 DNA 的大沟对于位点特异性识别更为重要，很少出现在小沟内（同源异形域的 N 端也参与小沟内的特异性识别）。双链 DNA 沟槽内部的特征，即碱基对的排布在信息传递过程中起着关键作用。因此在特异性识别中，蛋白质和碱基序列之间存在着某种匹配的结构因素。

1. DNA 大沟内存在特异性识别的信息　碱基对的类型决定了大沟内可形成氢键的方向

和立体结构接触中范德华力大小重要因素，决定了潜在氢键的供体和受体的种类、数量和排布，因此决定了 DNA 双螺旋序列与蛋白质结合的结构特征。

序列特异性结合蛋白与 DNA 位点通过氢供体和氢受体相互作用形成氢键互补而加以识别。例如腺嘌呤（A）中的 N_6、鸟嘌呤（G）中的 N_2、胞嘧啶（C）中的 N_4 等都是氢供体，而 A 中的 N_7 和 N_3，T 中的 O_4 和 O_2，G 中的 N_7、O_6 和 N_3，C 中的 O_2 等都是氢受体。这些氢供体或氢受体基团都位于双螺旋的大沟或小沟内，具有特定的方向和方位。如果作为配体的蛋白质分子也具有处于特定空间结构的氢供体或氢受体，当它们和 DNA 大沟或小沟中相应碱基对的氢供体和氢受体在结构上互补，并处于适当的距离时，就可形成氢键，蛋白质和 DNA 达到相互接触和特异性结合。

此外，DNA 双螺旋沟的宽窄和深浅也直接影响到对不同蛋白质匹配、结合的能力。例如，A 型双螺旋 DNA 的大沟极深、小沟宽而浅，碱基对在小沟一侧比较暴露；B 型双螺旋 DNA 的大沟宽而略深，小沟窄而浅；Z 型 DNA 的大沟消失，小沟窄而深。通常的 B 型 DNA 中，富于氢键和立体结构的信息位于大沟一边，碱基对的信息暴露于螺旋表面。由此可见，双螺旋 DNA 的结构类型不同，大沟和小沟的结构也不同，不同 DNA 序列在沟内呈现的潜在氢供体和氢受体的数量和排布方式也不相同。总的来说，大沟内的潜在信息比小沟丰富。

2. 小沟的"二元码"识别　双螺旋 DNA 小沟内，不同碱基对形成氢键的潜在能力和相互之间差异，要比大沟内小得多。小沟内 A – T 碱基对的氢键排布形式实际上与 T – A 相似。无论 A – T 或 T – A，只有作为氢受体的潜在能力，不能与肽链上可以作为氢受体的基团互相作用。而 G – C 和 C – G 的情况也类似，氨基基团形成氢供体的位置，在两种碱基对之间都有受体 – 给体 – 受体排布。由于处于中央的氢供体多少具有一些柔性，G – C 和 C – G 在小沟内氢键的排布方式相互之间差异不太大。小沟里只有两种形式存在，一类是 A – T 或 T – A，另一类是 G – C 或 C – G。所以，DNA 小沟只有"二元码"的识别信号。大沟内 4 种碱基对（G – C，C – G，A – T 和 T – A）分别有不同的氢键的排布方位，因此大沟是"四元码"。由此可见，DNA 的大沟和小沟内形成氢供体和氢受体的潜在数量和排布方式不同。大沟携带的信息比小沟多。

3. 氨基酸与碱基之间形成氢键　双链 DNA 的碱基对可以与肽链的 α 螺旋相互作用。每个碱基对在大沟内显露出 3 个潜在氢供体或氢受体。G – C 碱基对在大沟内是供体 – 供体 – 受体的排布，A – T 碱基对是供体 – 受体 – 供体的排布。这些排布可以分别与特定的氨基酸形成氢键。例如 G – C 碱基对可以与 Arg 侧链胍基、Glu 的羧基形成 3 个氢键，相互匹配（图 7 – 20）。

图 7 – 20　两个氨基酸侧链与 DNA 大沟内暴露的 G – C 边缘相互作用

这种氢键互补的识别理论能比较圆满地说明序列特异性 DNA 结合蛋白对 DNA 的识别特异性，也可以解释 DNA 上很多功能域既受 DNA 序列的影响，又受其构象的影响。当保守区内某些碱基被取代，不影响 DNA 上氢供体或氢受体的排布方位和特异性，则原有功能保持不变。当局部 DNA 构象或电荷密度发生改变，足以影响到这些基团的相对方位时，则该区段 DNA 与蛋白质相互作用的功能会受到影响。

这样对于碱基的突变、修饰等生物学作用都可以做出较好的理解。DNA 是一种有特定空间构象的生物大分子。例如当甲基化修饰后，甲基基团的引入而改变了分子的构象。引入到 N^6 – mA 或 m^5C 位置的甲基，在 DNA 双螺旋的大沟内暴露在外，必然影响到碱基对与蛋白质分子的结构吻合以及相互作用，使原有 DNA 与蛋白质的特异性亲和作用大大减弱，或根本无亲和性，强烈地影响到两种大分子之间的相互识别和结合。

除了形成氢键之外，立体结构也可能起着重要作用。DNA 结合蛋白与 DNA 大沟或小沟内具有很大的可以接触表面。互补表面之间的范德华力对蛋白质 – DNA 识别的特异性做出贡献，对沟内立体结构的接触起着很大作用，成为分子之间识别信号的一部分。

4. DNA 形态在特异性结合中的作用 蛋白质 – DNA 复合物中，双链 DNA 形态发生变化已有很多例子，特别是原核生物的降解物活化蛋白（catabolite activator protein，CAP）对 *E. coli* 乳糖操纵子（*lac* operon）CAP 位点 DNA 的结合复合物、λ 噬菌体阻遏蛋白（λ repressor）、434 噬菌体阻遏蛋白、Trp 阻遏蛋白等的 DNA 复合物都有较好的研究。

CAP – cAMP 同原核生物基因的激活因子结合，再与调控区位点相互作用，这为蛋白质和 DNA 序列的特异性识别、匹配、吻合提供了一个很好的实例。

CAP 与启动子 DNA 的结合，引起 DNA 片段 90° 的弯曲（图 7 – 21）。这种弯曲主要由于两个扭结（kink），或者是 DNA 螺旋突然出现转曲所引起的。在这个转曲点上相邻的碱基对不再整齐排列，两条单链不再平行。DNA 的 CAP 结合位点同 CAP 单体的复合物，由一些氨基酸残基同碱基对特异地相互作用，以及氨基酸残基同 DNA 主链骨架相互作用来保持稳定。前者有 3 个氨基酸残基的侧链与 3 个碱基对在大沟内形成氢键。而后者有 13 个氨基酸的功能基团同 DNA 骨架中 11 个磷酸基团之间形成氢键和离子键。因此，CAP 蛋白同 DNA 有着十分广泛的相互作用。

图 7 – 21   CAP – DNA 复合物中 DNA 的扭结之一

a. CAP 单体的识别螺旋结合于 *lac P* 的 DNA 半位点，在第 5、6 碱基对（标记为 G5 和 T6）之间形成扭结

b. 是 a 的简化，要注意在第 5、6 碱基对氢键不平行，因而形成一个扭结；而其他碱基对的氢键之间相互平行

5. 蛋白质与 DNA 的非特异性相互作用 有些 DNA 结合蛋白与 DNA 结合是非特异性的，与碱基序列无关。蛋白质主要是通过识别 DNA 主链骨架的戊糖磷酸的结构特征与之结合的。因此，很可能在 DNA 骨架和蛋白质的某些结构因素之间存在结构互补。双链 DNA 的细微构象与碱基序列有关，但 DNA 骨架、沟槽的总体构象可能同碱基序列无关。蛋白质和 DNA 两类大分子非特异性结合涉及一系列结构因素，这些结构因素包括结构上旋转对称、特定距离的相反电荷、两类分子在形成氢键的基团之间排布的匹配，以及分子表面能形成足够大的范德华力。

蛋白质和 DNA 之间非特异性相互作用存在着某些结构因素。

（1）蛋白质和双链 DNA 中都存在 0.7nm 的重复距离　在蛋白质反向平行 β 折叠中，相间交替残基的酰氨基朝相同方向，它们的 N 原子相隔距离约 0.7nm。β 折叠完全伸展的肽链中，相间交替的 C_β 残基（侧链上与 C_α 相接的碳原子）的情况也是如此。

因此，双链 DNA 和蛋白质的 α 螺旋、反向平行 β 折叠、完全伸展的肽链等 3 种二级结构之间都有相关基团距离大小的维度可容性、匹配性。0.7nm 重复距离、DNA 旋转对称性以及它们之间的相容性，构成了蛋白质与双螺旋 DNA 之间非特异性结合的结构基础。

蛋白质与 DNA 普遍性识别首先要满足维度和对称结构的相容性，然后蛋白质和 DNA 结构式样之间的电性中和是相互接触的基础。

（2）DNA 及其结合蛋白两类分子的对称性　DNA 结合蛋白多采取多聚体形式，大多为二聚体，因此存在着分子的对称性问题。蛋白质多聚体的亚基可以有多种结合方式：①平移对称；②二重轴对称；③二重旋转对称；④螺旋对称。对于双螺旋 DNA 来说，一条双链 DNA 分子的构型十分有限。蛋白质结合位点的 DNA 序列应该是反向重复序列。这就是说，DNA 和蛋白质都有可以相互识别的结构式样。

6. 非特异性相互作用的模型

（1）类型 Ⅰ——含碱性氨基酸残基的 α 螺旋与 B 型 DNA 的接触　这一类包括 α 螺旋与双螺旋 DNA 的沟槽边缘主链骨架的相互作用。α 螺旋的有关侧链处于伸展或弯曲状态，可与大沟的边缘接触，蛋白质只与 DNA 骨架上磷酸基团相互作用，没有同碱基直接接触。如图 7-22 所示，这里有三种情况：①两个相邻残基可以横跨大沟。α 螺旋相邻的两个残基 Arg 或（和）Lys 分别接触到大沟两侧的单链上，碱性残基的侧链正电荷与骨架上的磷酸基团接触，侧链的伸展构象有适当的长度，能和磷酸基团形成氢键以及中和电荷。肽链与 DNA 之间无特异性接触。②肽链 α 螺旋的第 1，5 位 Arg 或（和）Lys 残基处于伸展状态，接触到大沟内，同大沟内同一单链上相邻磷酸基团之间的距离（约 0.7nm）正好匹配、接触，形成普遍性识别的模型之一。③与上述第①种情况类似，但相互识别是在小沟内，Arg 和 Lys 侧链可以弯曲，α 螺旋容纳到双螺旋 DNA 小沟的较小空间内。

图 7-22　蛋白质在 DNA 大沟或小沟内非特异性相互作用的三类模型

（2）类型 Ⅱ——反向平行 β 折叠与 DNA 的接触　反向平行 β 折叠覆盖了双螺旋 DNA

的小沟。这里 β 折叠的大小和对称轴刚好与双链 DNA 主链相匹配，肽链骨架能与核酸骨架形成氢键。β 折叠股具有两种方向，一种是肽链的极性与 DNA 骨架走向同向平行，另一种是反向平行，两者之间仍表现出结构的互补性。这两种走向的 β 折叠把两条肽链都可嵌合在 DNA 小沟内。肽链的—NH_2 交替地朝向主链的两个方向，间隔的—NH_2 之间的距离约 0.7nm。如果一小段相间氨基酸是碱性残基，那么刚好与 DNA 链上相邻的磷酸基团可以中和电性。反向平行 β 折叠肽链中，同一折叠股内的 Lys 和 Arg 的侧链可以在 DNA 小沟内同一条主链上的磷酸基团结合，β 折叠与 DNA 小沟之间形成稳定的接触。

（3）类型Ⅲ——伸展的肽链与 DNA 的接触　不形成二级结构的伸展多肽链和双链 DNA 之间也可以有非特异性的结合。多肽链的交替残基与 DNA 双螺旋的一条链相互接触，另一交替的残基同另一条单链相互接触。这要求参与相互作用的残基必须是 Lys 或 Arg，它们的侧链有足够的伸展，可以达到 DNA 的骨架。这些残基带正电荷基团，能够中和 DNA 链上磷酸基团的负电荷，也能与磷酸基团和（或）糖基形成氢键。应该指出，在类型Ⅲ中，单个肽链伸展的距离还不及大沟的宽度，伸展的肽链如果缺乏 Lys 或 Arg，与 DNA 骨架之间没有任何直接相互作用。

蛋白质与 DNA 结合的一般规律可以归纳如下：①参与识别的 DNA 序列具有某种二重对称性。蛋白质分子具有两个结合位点，分别与之结合。蛋白质一般是有二重对称结构的二聚体，两个单体的排列具有旋转对称性，与碱基序列的旋转对称性在结构上吻合。②DNA 的蛋白质接触区只不过在 DNA 分子一侧的大沟或小沟内。③蛋白质分子通常有一个或多个 α 螺旋区，其中某个螺旋负责与 DNA 特异性结合，称为"识别螺旋"。"识别螺旋"的 α 螺旋区内氨基酸与 DNA 特定序列的碱基接触。DNA 的这些部位必须有正确的碱基序列。④蛋白质及 DNA 分子接触时，都发生构象变化，通过诱导、配合进行相互作用。⑤带正电荷的氨基酸残基常与 DNA 骨架中带负电荷的磷酸基团形成离子键，这些离子键的形成不具有专一性，但可以加强、稳定相互作用。

（李　谦　左爱仁）

扫码"练一练"

物质分解代谢与能量转换

第八章　糖类的分解代谢

　　糖类最主要的生理功能是为机体提供生命活动所需要的能量。在不同的组织细胞内，糖分解代谢的途径各异，但各组织细胞都能有效地进行糖类的分解代谢。糖类的分解代谢途径主要有三条：①糖酵解途径，在供氧不足时，葡萄糖（简称葡糖）在细胞质中分解生成丙酮酸，丙酮酸进一步还原成乳酸，同时释放少量能量；②有氧氧化途径，在供氧充足时，葡萄糖在细胞质中分解生成的丙酮酸进入线粒体，通过柠檬酸循环彻底氧化分解成 CO_2 和 H_2O，并释放大量能量，这是糖氧化供能的主要途径；③戊糖磷酸途径，该途径是葡萄糖经葡糖 - 6 - 磷酸氧化分解生成 NADPH、戊糖磷酸和 CO_2，也可生成能量，但主要意义不是生成 ATP。这三条氧化途经，各有复杂的化学反应过程，通过代谢它们的中间产物可以相互转变（图 8 - 1），提供生物体所必需的能量或转变成其他代谢物。

图 8 - 1　葡萄糖的分解代谢途径

第一节　糖酵解

　　葡萄糖或糖原在无氧或缺氧条件下，分解为乳酸，同时产生少量 ATP 的过程，由于与酵母菌使糖生醇发酵的过程基本相似，故称为糖酵解（glycolysis）。

　　催化糖酵解反应的一系列酶存在于细胞质中，因此糖酵解全部反应过程均在细胞质中进行。

一、糖酵解途径

（一）糖酵解的反应过程

　　由葡萄糖生成乳酸包括 11 步连续反应，而由糖原开始则需要 12 步连续反应。分为两个阶段：第一阶段是由葡萄糖或糖原分解成丙酮酸（pyruvate）的过程；第二阶段是由丙酮酸还原成乳酸的过程。

1. 葡萄糖或糖原分解成丙酮酸

　　（1）葡萄糖磷酸化为葡糖 - 6 - 磷酸　若从葡萄糖开始酵解，葡萄糖受己糖激酶（hexokinase，HK）催化而活化成葡糖 - 6 - 磷酸（glucose - 6 - phosphate，G - 6 - P），该酶是糖酵解途径的限速酶之一。反应中需要 ATP 提供能量和磷酸基团，Mg^{2+} 为酶的必需激活剂，这是一个耗能不可逆反应。此过程不仅活化了葡萄糖，有利于葡萄糖进一步参与组织细胞的合成与分解代谢，同时还能使进入细胞的葡萄糖不再逸出细胞。

　　若从糖原开始酵解，糖原在糖原磷酸化酶的催化下，从糖原非还原端的葡萄糖基进行磷酸化分解生成葡糖 - 1 - 磷酸（glucose - 1 - phosphate，G - 1 - P），此反应不需要消耗

ATP。然后在葡糖磷酸变位酶催化下葡糖－1－磷酸异构成葡糖－6－磷酸。这里的磷酸来自细胞质中的无机磷。

己糖激酶广泛存在于各组织中，专一性不强，可作用于葡萄糖、果糖、甘露糖、氨基葡萄糖等多种己糖。该酶有四种同工酶，分别称为己糖激酶Ⅰ、Ⅱ、Ⅲ、Ⅳ型。己糖激酶Ⅰ、Ⅱ、Ⅲ型主要存在于肝外组织，由于它们K_m值较低（0.1mmol/L左右），对葡萄糖有较强的亲和力，使酶即使在葡萄糖浓度较低时仍可发挥较强的催化作用，从而保证了大脑等重要器官即使在饥饿、血糖浓度较低情况下，仍可有效地摄取利用葡萄糖以维持能量供应。Ⅳ型己糖激酶也称为葡萄糖激酶（glucokinase，GK），存在于肝细胞内，专一性较强，只能催化葡萄糖磷酸化。此酶K_m值较高（10mmol/L左右），与葡萄糖的亲和力较小，只有当饱食、血糖浓度较高时，才能充分发挥催化作用。这样，利于餐后大量吸收的葡萄糖进入肝脏，在葡萄糖激酶作用下，参与合成糖原并贮存起来，以维持血糖浓度相对恒定。

（2）葡糖－6－磷酸转变为果糖－6－磷酸　葡糖－6－磷酸是重要的中间代谢物，是许多糖代谢途径（无氧酵解、有氧氧化、戊糖磷酸途径、糖原合成、糖原分解）的连接点。

此反应由己糖磷酸异构酶（isomerase）催化醛糖（葡糖－6－磷酸）和酮糖［果糖－6－磷酸（fructose－6－phosphate，F－6－P）］的异构转变，反应可逆，需要Mg^{2+}参与，反应方向由底物与产物含量控制。

$$葡糖-6-磷酸 \xrightleftharpoons{\text{异构酶}} 果糖-6-磷酸$$

（3）果糖－6－磷酸转变为果糖－1,6－二磷酸　果糖－6－磷酸C_1由果糖－6－磷酸激酶－1催化磷酸化生成果糖－1,6－二磷酸（1,6－fructose－diphosphate，又称果糖－1,6－双磷酸）。该反应为糖酵解第二次消耗ATP的磷酸化反应，需要Mg^{2+}参与，是酵解途径第二个限速酶催化的不可逆反应。体外另有果糖－6－磷酸激酶－2，催化果糖－6－磷酸C_2磷酸化生成果糖－2,6－二磷酸（又称果糖－2,6－双磷酸），它不是酵解途径的中间产物，但在酵解的调控上有重要作用。

$$果糖-6-磷酸 \xrightarrow[\text{果糖-6-磷酸激酶-1}]{ATP \quad Mg^{2+} \quad ADP} 果糖-1,6-二磷酸$$

（4）果糖-1,6-二磷酸裂解为2分子丙糖磷酸　此反应是由醛缩酶（aldolase）催化的可逆反应，反应结果将六碳的磷酸己糖裂解生成磷酸二羟丙酮（dihydroxyacetone phosphate）和甘油醛-3-磷酸（glyceraldehyde-3-phosphate），反应趋向一分为二而成2分子丙糖磷酸。

果糖-1,6-二磷酸

磷酸二羟丙酮

丙糖磷酸异构酶

甘油醛-3-磷酸

（5）丙糖磷酸的相互转化　甘油醛-3-磷酸和磷酸二羟丙酮是同分异构体，在丙糖磷酸异构酶（triose phosphate isomerase）催化下可互相转变，是一个吸能反应，但在细胞内甘油醛-3-磷酸不断进入下一步反应，它的浓度低，所以磷酸二羟丙酮会向着生成甘油醛-3-磷酸的方向进行代谢，来自葡萄糖的 C_6、C_5、C_4 和 C_1、C_2、C_3 分别成为甘油醛-3-磷酸上的 C_3、C_2、C_1，因此可视为1分子葡萄糖生成了2分子甘油醛-3-磷酸。果糖、半乳糖和甘露糖等己糖也可转变成甘油醛-3-磷酸。磷酸二羟丙酮是连接糖代谢与甘油代谢的中介分子。

（6）甘油醛-3-磷酸氧化成甘油酸-1,3-二磷酸　在甘油醛-3-磷酸脱氢酶（glyceraldehyde-3-phosphate dehydrogenase）催化下，甘油醛-3-磷酸脱氢并磷酸化形成甘油酸-1,3-二磷酸。该反应是糖酵解途径惟一的脱氢反应，脱下的氢由 NAD^+ 接受还原为 $NADH + H^+$，同时形成含有一个高能磷酸酯键（酸酐键）的甘油酸-1,3-二磷酸，也是糖酵解途径中第一个形成高能化合物的步骤。反应中的磷酸来自细胞质中的无机磷。

反应（1）～（5）可视为糖酵解途径的投入阶段，消耗ATP；而从反应（6）起则可视为产出阶段，产生ATP。

甘油醛-3-磷酸脱氢酶

甘油醛-3-磷酸

甘油酸-1,3-二磷酸

（7）甘油酸-1,3-二磷酸转变为甘油酸-3-磷酸　甘油酸-1,3-二磷酸（又称1,3-双磷酸甘油酸）在甘油酸磷酸激酶催化下，将分子内高能磷酸基团转移给ADP，生成ATP和甘油酸-3-磷酸，反应需要 Mg^{2+}。这是糖酵解过程第一个产生ATP的反应。这种由高能化合物分子中的高能磷酸基直接使 ADP 磷酸化生成 ATP 的方式称为底物水平磷酸化（substrate level phosphorylation），是体内生成ATP的一种方式。

甘油酸磷酸激酶

甘油酸-1,3-二磷酸

甘油酸-3-磷酸

甘油酸-1,3-二磷酸还可以通过磷酸甘油酸变位酶催化生成甘油酸-2,3-二磷酸（又称1,3-双磷酸甘油酸）。甘油酸-2,3-二磷酸不能使ADP磷酸化生成ATP，其在调节血红蛋白运输氧的过程中起重要的作用，故在红细胞中含量较高。

（8）甘油酸 - 3 - 磷酸转变为甘油酸 - 2 - 磷酸 　在甘油酸磷酸变位酶催化下，甘油酸 - 3 - 磷酸分子中 C_3 的磷酸基团转移到 C_2 上，形成甘油酸 - 2 - 磷酸，Mg^{2+} 是必需的离子，该反应是可逆的。

$$
\begin{array}{ccc}
COOH & & COOH \\
| & \xrightarrow{\text{甘油酸磷酸变位酶}} & | \\
CH{-}OH & & CH{-}O{-}\text{P} \\
| & & | \\
CH_2{-}O{-}\text{P} & & CH_2{-}OH
\end{array}
$$

甘油酸-3-磷酸　　　　　　　　　甘油酸-2-磷酸

（9）甘油酸 - 2 - 磷酸转变为磷酸烯醇丙酮酸（惯称磷酸烯醇式丙酮酸）　在烯醇化酶（enolase）催化下，甘油酸 - 2 - 磷酸脱水，分子内部能量重新分布而生成磷酸烯醇丙酮酸（phosphoenolpyruvate，PEP）烯醇磷酸键，这是糖酵解途径中第二种高能磷酸化合物。烯醇化酶催化的反应需要 Mg^{2+} 或 Mn^{2+} 参与。

$$
\begin{array}{ccc}
COOH & & COOH \\
| & \xrightarrow{\text{烯醇化酶}} & || \\
CH{-}O{-}\text{P} & & C{-}O{\sim}\text{P} \\
| & \searrow & | \\
CH_2{-}OH & H_2O & CH_2
\end{array}
$$

甘油酸-2-磷酸　　　　　　　　　磷酸烯醇丙酮酸

（10）丙酮酸的生成　在丙酮酸激酶（pyruvate kinase）催化下，磷酸烯醇丙酮酸分子高能磷酸基团转移给 ADP 生成 ATP，是糖酵解途径第二次底物水平磷酸化反应，需要 Mg^{2+} 和 K^+ 参与，反应不可逆。丙酮酸激酶为糖酵解的第三个限速酶，产物烯醇丙酮酸极不稳定，会自发进行分子内原子重新排列，形成稳定的丙酮酸（pyruvate）。

$$
\begin{array}{ccccc}
COOH & & COOH & & COOH \\
| & \xrightarrow{\text{丙酮酸激酶}} & | & & | \\
C{-}O{\sim}\text{P} & & C{-}OH & \rightleftharpoons & C{=}O \\
|| & \nearrow\;\searrow & || & & | \\
CH_2 & ADP\;\;ATP & CH_2 & & CH_3
\end{array}
$$

磷酸烯醇丙酮酸　　　　　　　烯醇丙酮酸　　　　　　　丙酮酸

2. 丙酮酸还原为乳酸　当机体或组织处于氧供给不足的情况下（如缺氧、剧烈运动时的肌肉组织等），糖酵解产生的丙酮酸将在乳酸脱氢酶催化下加氢，还原生成终产物乳酸（lactate）。此时的供氢体来自上述第 6 步中的甘油醛 - 3 - 磷酸脱氢产生的 $NADH + H^+$，$NADH + H^+$ 使丙酮酸加氢还原成乳酸后重新转变成 NAD^+，这样保证了糖酵解的继续进行。

$$
\begin{array}{ccc}
COOH & & COOH \\
| & \xrightarrow{\text{乳酸脱氢酶}} & | \\
C{=}O & & HO{-}CH \\
| & \nearrow\;\searrow & | \\
CH_3 & NADH{+}H^+\;\;NAD^+ & CH_3
\end{array}
$$

丙酮酸　　　　　　　　　　　　乳酸

在有氧条件下，甘油醛 - 3 - 磷酸脱氢产生的 $NADH + H^+$ 通过两种穿梭方式从细胞质中进入线粒体（见第十二章），经电子传递链传递给氧生成水，同时释放，能量形成 ATP。

糖酵解的总反应式可表示为：

$$C_6H_{12}O_6 + 2NAD^+ + 2ADP + 2\,H_3PO_4 \rightarrow 2CH_3CHOHCOOH + 2NADH + 2H^+ + 2ATP + 2H_2O$$

糖酵解反应全过程可用图 8 - 2 表示。

除葡萄糖外，其他己糖也可转变成磷酸己糖进入酵解途径中，例如果糖可在己糖激酶催化下转变成果糖 - 6 - 磷酸；半乳糖经半乳糖激酶催化生成半乳糖 - 1 - 磷酸，再转变为葡糖 - 1 - 磷酸，又经变位酶催化生成葡糖 - 6 - 磷酸；甘露糖经己糖激酶催化生成甘露糖 - 6 - 磷酸，后者在异构酶的作用下转变成果糖 - 6 - 磷酸。

图 8 - 2　糖酵解反应全过程

(二) 糖酵解反应的特点

(1) 糖酵解反应的全过程没有氧的参与。糖酵解反应中生成的 NADH + H⁺ 只能将 2H 交给丙酮酸，使之还原为最终产物乳酸。

(2) 糖酵解反应中释放能量较少。糖以酵解方式进行代谢，只能发生不完全的氧化，1 分子葡萄糖可酵解为 2 分子乳酸，经两次底物水平磷酸化，可产生 4 分子 ATP，反应过程消耗 2 分子 ATP，故只净生成 2 分子 ATP；若从糖原开始酵解生成 2 分子乳酸，仅消耗 1 分子 ATP，则净生成 3 分子 ATP。

(3) 糖酵解反应的全过程中有 3 个限速酶。在糖酵解反应的全过程中，有三步是不可逆反应。这三步反应分别由己糖激酶 (葡萄糖激酶)、果糖 - 6 - 磷酸激酶 - 1、丙酮酸激酶 3 个限速酶催化，其中果糖 - 6 - 磷酸激酶 - 1 的催化活性最低，是最重要的限速酶，其活性大小，对糖的分解代谢的速度起着决定性的作用。

二、糖酵解的生理意义

(1) 糖酵解是机体相对缺氧时生理获得能量的主要途径。生物体在进行剧烈运动或长时间运动时，能量需求增加，糖酵解加速，此时即使呼吸和循环加快以增加氧的供应，仍不能满足需要，肌肉处于相对缺氧状态，必须通过糖酵解提供急需的能量。人们从平原初到高原时，组织细胞也往往通过增强糖酵解以获得足够的能量来适应高原缺氧。

(2) 糖酵解是某些组织在有氧时获得能量的有效方式。糖酵解是成熟红细胞获得能量的惟一方式。成熟红细胞没有线粒体，尽管它以运氧为其主要功能，却不能利用氧进行有氧氧化，只能靠糖酵解取得能量。也是神经、白细胞、骨髓等组织细胞在有氧情况下获得部分能量的有效方式。

(3) 糖酵解是肌肉在有氧条件下进行收缩时迅速获得能量的主要途径。肌肉 ATP 含量低，在肌肉收缩时仅几秒钟即可耗尽。此时即使不缺氧，但因葡萄糖进行有氧氧化的反应过程比糖酵解长，来不及满足需要，而通过糖酵解可迅速得到 ATP。

（4）糖酵解的中间产物是某一些物质的合成原料。①磷酸二羟丙酮是甘油的合成原料；②甘油酸 - 3 - 磷酸是丝氨酸、甘氨酸和半胱氨酸的合成原料；③丙酮酸是丙氨酸和草酰乙酸的合成原料。

在病理情况下，如呼吸或循环功能障碍、严重贫血、大量失血等造成机体缺氧时，导致糖酵解加速甚至过度，可因乳酸产生过多，造成乳酸酸中毒。此时，在临床治疗及护理中除应纠正患者的酸中毒外，还应注意针对病因改善其缺氧状况。此外，恶性肿瘤细胞即使在有氧时也通过糖酵解消耗大量葡萄糖而产生过多的乳酸。

三、糖酵解的调节

糖酵解途径中限速酶是己糖激酶、果糖 - 6 - 磷酸激酶 - 1 和丙酮酸激酶，它们催化的反应均为不可逆反应，构成糖酵解途径的 3 个调节点，分别受别构效应剂和激素的双重调节。

（一）别构效应剂对限速酶的别构调节

生物体内有多种别构效应剂（如代谢物）可以调节糖酵解速率，主要通过改变 3 个限速酶活性来实现的。

1. 果糖 - 6 - 磷酸激酶 - 1 的调节　果糖 - 6 - 磷酸激酶 - 1 在糖酵解途径中起决定作用，其催化效率最低。该酶是四聚体的别构酶，受多种别构效应剂的影响，其不仅具有结合果糖 - 6 - 磷酸和 ATP 的部位，而且还有与别构激活剂和抑制剂结合的部位。

ATP 和柠檬酸是果糖 - 6 - 磷酸激酶 - 1 的别构抑制剂。当细胞内 ATP 不足时，ATP 主要作为反应底物可结合酶的活性中心，保证酶促反应进行；当细胞内 ATP 增多时，ATP 则作为抑制剂可与果糖 - 6 - 磷酸激酶 - 1 的调节部位结合，降低酶对果糖 - 6 - 磷酸的亲和力，使糖酵解反应速度减慢。ADP、AMP、F - 1,6 - BP 和 F - 2,6 - BP 是果糖 - 6 - 磷酸激酶 - 1 的别构激活剂。当细胞内 ADP、AMP 增多时，糖酵解反应速度加快，ATP 生成增多，使糖酵解对细胞能量需要得以应答。

果糖 - 2,6 - 二磷酸（F - 2,6 - BP）是果糖 - 6 - 磷酸激酶 - 1 最强的别构激活剂，可与 AMP 一起消除 ATP、柠檬酸对果糖 - 6 - 磷酸激酶 - 1 的别构抑制作用。果糖 - 2,6 - 二磷酸在体内是由果糖 - 6 - 磷酸激酶 - 2 催化果糖 - 6 - 磷酸 C_2 位磷酸化所形成，可被果糖二磷酸磷酸酶 - 2 去磷酸化生成果糖 - 6 - 磷酸，失去调节作用。果糖 - 2,6 - 二磷酸的合成和分解见图 8 - 3。

图 8 - 3　果糖 - 2,6 - 二磷酸的合成和分解

2. 丙酮酸激酶的调节　丙酮酸激酶催化的不可逆反应是另一个重要调节点。果糖 - 1,6 - 二磷酸、ADP 是其别构激活剂，ATP 和丙酮酸是此酶的别构抑制作用。依赖 cAMP 的蛋白激酶和依赖 Ca^{2+}、钙调蛋白的蛋白激酶均可使其磷酸化而失去活性。胰岛素可诱导丙酮酸激酶的合成，胰高血糖素可通过 cAMP 抑制丙酮酸激酶的活性。

3. 葡萄糖激酶或己糖激酶的调节 己糖激酶受其反应产物葡糖–6–磷酸反馈抑制，而葡萄糖激酶分子中不存在葡糖–6–磷酸的别构结合部位，故在肝中不受产物葡糖–6–磷酸的影响。长链脂酰CoA对其有别构抑制作用，这样在饥饿时可减少肝等组织摄取葡萄糖。葡萄糖和胰岛素能诱导葡萄糖激酶基因的转录，促进酶的合成，加速反应的进行。

（二）激素的调节

胰岛素能诱导体内葡萄糖激酶、磷酸果糖激酶、丙酮酸激酶的合成。一般情况下激素的调节作用比对限速酶的变构调节或化学修饰调节作用慢，但作用时间较持久。

第二节 三羧酸循环

在有氧条件下，葡萄糖或糖原分解生成的丙酮酸不被还原成乳酸，而是进入线粒体继续进行有氧分解，通过柠檬酸（枸橼酸）循环彻底氧化最后分解成 CO_2 和 H_2O，并释放大量能量。这一过程之所以称为柠檬酸循环（citrate cycle）是因为在循环的一系列反应中，关键的化合物是柠檬酸，又因为它含有3个羧基，故又称三羧酸循环（tricarboxylic acid cycle，TAC、TCA 或 TCAC）。为了纪念德国科学家 Hans Krebs 在阐明柠檬酸循环所做出的突出贡献，这一循环又称 Krebs 循环。柠檬酸循环途径的发现是生物化学领域的一项重大成就。1953 年该项成就获得了诺贝尔生理学或医学奖。

葡萄糖或糖原经糖酵解降解为 2 分子丙酮酸是发生在细胞质中，而丙酮酸经柠檬酸循环彻底氧化最后分解成 CO_2 和 H_2O 是发生在线粒体内，所以糖酵解生成的丙酮酸首先必须要转运到线粒体内。

线粒体是由内、外两层膜包被的一个细胞器，两层膜之间有腔，线粒体中央是基质。丙酮酸可以扩散通过线粒体外膜，但进入基质需要内膜上的蛋白质转运。嵌在内膜中的丙酮酸转运酶可以特异地将丙酮酸从膜间质转运到线粒体的基质中，进入基质的丙酮酸脱羧生成乙酰CoA，经柠檬酸循环进一步氧化（图8–4）。

图 8–4 丙酮酸从细胞质转运到线粒体内

一、丙酮酸转化为乙酰 CoA

丙酮酸进入线粒体后，在丙酮酸脱氢酶复合物催化下氧化脱羧生成乙酰 CoA（acetyl‑CoA）。这是一个关键性的不可逆反应，是连接糖酵解和三羧酸循环的重要环节，也是糖类物质经丙酮酸进入线粒体氧化分解的必经途径。

$$\underset{\text{丙酮酸}}{\overset{\displaystyle COOH}{\underset{\displaystyle CH_3}{\mid}}} \begin{array}{c} COOH \\ \mid \\ C\!=\!O \\ \mid \\ CH_3 \end{array} + HSCoA + NAD^+ \xrightarrow[\text{TPP,FAD,硫辛酸}]{\text{丙酮酸脱氢酶复合物}} \underset{\text{乙酰 CoA}}{CH_3\!-\!\overset{O}{\overset{\|}{C}}\!\sim\!SCoA} + NADH + H^+ + CO_2$$

丙酮酸脱氢酶复合物（pyruvate dehydrogenase complex）惯称丙酮酸脱氢酶系，是糖有氧氧化途径的限速酶系和重要调节点。该复合物存在于线粒体，是由 3 种酶和 6 种辅因子构成的多酶复合体系，包括丙酮酸脱氢酶（辅酶是 TPP）、硫辛酸乙酰转移酶（辅酶是硫辛酸和 CoA）、二氢硫辛酸脱氢酶（辅基是 FAD），并需要线粒体基质中的 NAD^+ 作为受氢体，还有 Mg^{2+} 的参与。它们形成了紧密相连的连锁反应体系，提高催化效率。

丙酮酸脱氢酶复合物催化的具体化学反应包括（图 8‑5）：①在 TPP 参与下，由丙酮酸脱氢酶催化丙酮酸脱羧生成羟乙基‑TPP；②羟乙基‑TPP 与硫辛酸结合形成乙酰二氢硫辛酸；③乙酰二氢硫辛酸的乙酰基转移给 CoA，生成乙酰 CoA，此②、③两步反应均由二氢硫辛酸乙酰转移酶催化；④二氢硫辛酸脱氢氧化，脱下的 2H 由 FAD 接受生成 $FADH_2$；⑤$FADH_2$ 将 2H 交给 NAD^+，使之生成 $NADH + H^+$。此④、⑤两步反应均由二氢硫辛酸脱氢酶催化。生成的 $NADH + H^+$ 经呼吸链传递给氧生成水，并释放能量形成 ATP。

丙酮酸转化为乙酰 CoA 的反应实际上不是柠檬酸循环中的反应，而是糖酵解和柠檬酸循环之间的桥梁，真正进入柠檬酸循环的是丙酮酸脱羧生成的乙酰 CoA。

图 8‑5　丙酮酸脱氢酶复合物催化的反应

二、三羧酸循环反应过程与特点

三羧酸循环是指从 2 碳的乙酰 CoA 与 4 碳的草酰乙酸缩合生成 6 碳 3 个羧基的柠檬酸开始，经过一系列脱氢（氧化）和脱羧等连续反应，再生成 4 碳草酰乙酸进入下一轮循环。因反应从生成含有 3 个羧基的柠檬酸开始而得名，也称为柠檬酸循环。

（一）反应过程

1. 乙酰 CoA 与草酰乙酸缩合为柠檬酸　在柠檬酸合酶（citrate synthase）催化下，使乙酰 CoA 的高能硫酯键水解，释放的能量促进乙酰基与草酰乙酸缩合形成含有 3 个羧基的柠檬酸，同时释放出 HSCoA，此反应为不可逆反应，是三羧酸循环的第一个限速反应，故柠檬酸合酶为三羧酸循环的第一个限速酶。

$$
\begin{array}{c}
\underset{\text{乙酰 CoA}}{\underset{|}{\overset{O}{\overset{\|}{C}}\text{-SCoA}}}\overset{}{\underset{CH_3}{}}
+
\underset{\text{草酰乙酸}}{\underset{|}{\overset{O}{\overset{\|}{C}}\text{-COOH}}\underset{CH_2\text{-COOH}}{}}
\xrightarrow{\text{柠檬酸合酶}}
\underset{\text{柠檬酸}}{\overset{CH_2\text{-COOH}}{\underset{CH_2\text{-COOH}}{HO\text{-}\overset{|}{\underset{|}{C}}\text{-COOH}}}}
+ HSCoA
\end{array}
$$

2. 柠檬酸异构成异柠檬酸　在顺乌头酸酶（aconitase）催化下，柠檬酸脱水反应经过中间产物顺乌头酸的生成，然后再加水生成异柠檬酸（isocitrate）。该两步可逆反应总结果是将柠檬酸 C_3 上的羟基转移到 C_2 上生成了异柠檬酸，为下一步反应做好了准备。

$$
\underset{\text{柠檬酸}}{HO\text{-}\overset{CH_2\text{-COOH}}{\underset{CH_2\text{-COOH}}{\overset{|}{\underset{|}{C}}\text{-COOH}}}}
\underset{H_2O}{\overset{\text{顺乌头酸酶}}{\rightleftharpoons}}
\underset{\text{顺乌头酸}}{\overset{CH\text{-COOH}}{\underset{CH_2\text{-COOH}}{\overset{\|}{C}\text{-COOH}}}}
\underset{H_2O}{\overset{\text{顺乌头酸酶}}{\rightleftharpoons}}
\underset{\text{异柠檬酸}}{\overset{CH_2\text{-COOH}}{\underset{HO\text{-CHCOOH}}{\overset{|}{CH\text{-COOH}}}}}
$$

3. 异柠檬酸氧化脱羧生成 α-酮戊二酸　在异柠檬酸脱氢酶（isocitrate dehydrogenase）催化下，异柠檬酸发生氧化脱羧将 6 碳的异柠檬酸转变为 5 碳的 α-酮戊二酸（α-ketoglutarate，α-KG）。反应中脱下的 2H 由 NAD^+ 接受生成 $NADH + H^+$。此反应为不可逆反应，是三羧酸循环的第二个限速反应，异柠檬酸脱氢酶也是三羧酸循环最重要的限速酶，许多因素通过调节其活性控制三羧酸循环的速度。

$$
\underset{\text{异柠檬酸}}{\overset{COOH}{\underset{COOH}{\overset{|}{\underset{|}{CH_2}}\overset{|}{\underset{HO\text{-}CH}{CH\text{-COOH}}}}}}
\xrightarrow[\underset{NAD^+}{}]{\overset{\text{异柠檬酸脱氢酶}}{\overset{Mg^{2+}}{\longrightarrow}}\overset{CO_2}{\underset{NADH+H^+}{}}}
\underset{\text{α-酮戊二酸}}{\overset{COOH}{\underset{COOH}{\overset{|}{\underset{|}{C=O}}\overset{|}{CH_2}}}}
$$

细胞内有两种异柠檬酸脱氢酶：一种是以 NAD^+ 为辅酶，存在于线粒体内；另一种以 $NADP^+$ 为辅酶，主要存在于细胞质中。

4. α-酮戊二酸氧化脱羧生成琥珀酰 CoA　像丙酮酸一样，α-酮戊二酸也是一个酮酸，所以 α-酮戊二酸的氧化脱羧反应非常类似丙酮酸脱氢酶复合物催化的反应。反应是由 α-酮戊二酸脱氢酶复合物（α-ketoglutarate dehydrogenase complex）（惯称 α-酮戊二酸脱氢酶系）催化的，产物琥珀酰 CoA（succinyl CoA）同样有一个高能硫酯键，这一步反应高度不可逆，是三羧酸循环中第三个限速酶系和重要调节点。

α-酮戊二酸脱氢酶复合物的组成和催化机制与丙酮酸脱氢酶复合物类似，也是由 3 种酶和 6 种辅因子构成的多酶复合体系，包括 α-酮戊二酸脱氢酶（辅酶是 TPP）、硫辛酸琥珀酰转移酶（辅酶是硫辛酸和 CoA）、二氢硫辛酸脱氢酶（辅基是 FAD），反应的结果也相似，即脱下的氢最终也是由 NAD^+ 接受，也有 Mg^{2+} 的参与。

$$\text{α-酮戊二酸} + HSCoA + NAD^+ \xrightarrow[\text{TPP,硫辛酸,FAD}]{\text{α-酮戊二酸脱氢酶复合物}} \text{琥珀酰 CoA} + NADH + H^+$$

α-酮戊二酸　　　　　　　　　　　　　　　　琥珀酰 CoA

5. 琥珀酰 CoA 生成琥珀酸　在琥珀酰 CoA 合成酶（succinyl CoA synthetase）（又称琥珀酸硫激酶）催化下，使琥珀酰 CoA 高能硫酯键水解同时释放能量，驱动 GDP 磷酸化生成 GTP，分子本身转变为琥珀酸。生成的 GTP 通常可将高能磷酸基团转移给 ADP 磷酸化生成 ATP。这是三羧酸循环中发生的惟一底物水平磷酸化反应。

$$\text{琥珀酰 CoA} \xrightarrow[\text{琥珀酰 CoA 合成酶}]{GDP+Pi \quad GTP} \text{琥珀酸} + HSCoA$$

琥珀酰 CoA　　　　　　　　　　　　　　　　琥珀酸

$$GTP + ADP \longrightarrow GDP + ATP$$

6. 琥珀酸脱氢生成延胡索酸　在琥珀酸脱氢酶（succinate dehydrogenase）催化下，生成延胡索酸（反丁烯二酸），此酶的辅基 FAD 接受琥珀酸脱下的氢还原为 $FADH_2$，本反应是三羧酸循环中惟一以 FAD 作为受氢体的脱氢反应。

$$\text{琥珀酸} \xrightarrow[\text{琥珀酸脱氢酶}]{FAD \quad FADH_2} \text{延胡索酸}$$

琥珀酸　　　　　　　　　　　　　　　　延胡索酸

7. 延胡索酸加水生成苹果酸　在延胡索酸酶（fumarase）催化下，延胡索酸水合形成苹果酸，反应是可逆的。

$$\text{延胡索酸} \xrightarrow[H_2O]{\text{延胡索酸酶}} \text{苹果酸}$$

延胡索酸　　　　　　　　　　　　　　　　苹果酸

8. 苹果酸脱氢再生成草酰乙酸　在苹果酸脱氢酶（malate dehydrogenase）的催化下，苹果酸脱氢生成草酰乙酸，同时 NAD^+ 接受氢还原生成 $NADH + H^+$，反应是可逆的。再生的草酰乙酸则可继续与乙酰 CoA 结合成柠檬酸，参与下一轮三羧酸循环（图 8-6）。

$$\text{苹果酸} \xrightarrow[\text{苹果酸脱氢酶}]{NAD^+ \quad NADH+H^+} \text{草酰乙酸}$$

苹果酸　　　　　　　　　　　　　　　　草酰乙酸

三羧酸循环的总反应式可表达为：

$$CH_3CO \sim SCoA + 3NAD^+ + FAD + GDP + Pi + 2H_2O \rightarrow 2CO_2 + 3NADH + 3H^+ + FADH_2 + GTP + HSCoA$$

图 8-6　三羧酸循环
①柠檬酸合酶　②顺乌头酸酶　③异柠檬酸脱氢酶　④α-酮戊二酸脱氢酶复合物
⑤琥珀酰 CoA 合成酶　⑥琥珀酸脱氢酶　⑦延胡索酸酶　⑧苹果酸脱氢酶

（二）反应特点

1. 三羧酸循环是在有氧条件下进行的连续反应过程　氧间接参与三羧酸循环，因为三羧酸循环中产生的 NADH + H$^+$ 和 FADH$_2$ 必须经呼吸链把氢和电子传递给氧，重新氧化成 NAD$^+$ 和 FAD。

2. 三羧酸循环是乙酰基彻底氧化的过程　三羧酸循环每运转 1 次，消耗 1 个乙酰基。循环中有 2 次脱羧反应，生成两分子 CO$_2$。用 ^{14}C 标记乙酰 CoA 进行的实验发现，CO$_2$ 的碳原子来自草酰乙酸而不是乙酰 CoA，这是由于中间反应过程中碳原子被置换所致。三羧酸循环中有 4 次脱氢反应，生成 3 个 NADH + H$^+$、1 个 FADH$_2$，它们经呼吸链把氢和电子传递给氧原子生成水，同时释放能量，生成 11 分子 ATP；另外，通过底物水平磷酸化生成 1 个高能磷酸键，故三羧酸循环每循环 1 次可生成 12 分子 ATP。

3. 三羧酸循环中的 3 个限速酶　三羧酸循环代谢途径中的限速酶包括柠檬酸合酶、异柠檬酸脱氢酶和 α-酮戊二酸脱氢酶复合物，其中异柠檬酸脱氢酶是三羧酸循环中最重要的调节酶。它们催化的反应在生理条件下是不可逆的，所以三羧酸循环是不能逆转的，这就保证了线粒体供能系统的稳定性。

4. 三羧酸循环从草酰乙酸开始，最后又再生成草酰乙酸　草酰乙酸是三羧酸循环的起始物质，它的含量多少直接影响循环的速率，所以它是三羧酸循环得以顺利进行的关键物质。三羧酸循环中的草酰乙酸主要来自丙酮酸的直接羧化；也可通过丙酮酸的加氢还原和羧化先生成苹果酸，而后苹果酸脱氢生成草酰乙酸。

$$
\begin{array}{c}
CH_3 \\
| \\
C{=}O \\
| \\
COOH \\
\text{丙酮酸}
\end{array}
+ CO_2 + ATP + H_2O
\xrightarrow[\text{生物素}]{\text{丙酮酸羧化酶}}
\begin{array}{c}
COOH \\
| \\
C{=}O \\
| \\
CH_2 \\
| \\
COOH \\
\text{草酰乙酸}
\end{array}
+ ADP + Pi
$$

$$
\begin{array}{c}
CH_3 \\
| \\
C{=}O \\
| \\
COOH \\
\text{丙酮酸}
\end{array}
+ CO_2
\xrightarrow[\text{苹果酸酶}]{NADPH+H^+ \quad NADP^+}
\begin{array}{c}
COOH \\
| \\
CH_2 \\
| \\
HC{-}OH \\
| \\
COOH \\
\text{苹果酸}
\end{array}
\xrightarrow[\text{苹果酸脱氢酶}]{NAD^+ \quad NADH+H^+}
\begin{array}{c}
COOH \\
| \\
CH_2 \\
| \\
C{=}O \\
| \\
COOH \\
\text{草酰乙酸}
\end{array}
$$

5. 三羧酸循环的中间物质可不断更新，保证循环正常进行，并沟通糖与其他物质的代谢 三羧酸循环的中间产物包括草酰乙酸，在反应前后没有量的变化，起着催化剂的作用，但由于体内代谢途径的相互联系的物质转化，有些三羧酸循环的中间产物常移出循环而参与其他代谢途径，如草酰乙酸可转变为天冬氨酸或先转变为丙酮酸再转变为丙氨酸，而后两者均参与蛋白质的合成；琥珀酰 CoA 可用于血红素的合成；α-酮戊二酸可转变为谷氨酸等，所以为了维持三羧酸循环中间产物的一定浓度，保证三羧酸循环的正常运转以满足细胞能量代谢的需要，就必须及时补充消耗的中间产物。这种三羧酸循环中间产物的补充反应，叫做回补反应。

三、三羧酸循环的生理意义

1. 三羧酸循环是体内糖类、脂肪和蛋白质三大营养物质彻底氧化分解的共同途径 三羧酸循环的起始物乙酰 CoA，不但可以由糖分解成丙酮酸，然后氧化成乙酰 CoA 进入三羧酸循环；也可以由脂肪水解产生的甘油转化成磷酸二羟丙酮，进一步氧化成乙酰 CoA 进入三羧酸循环，脂肪酸经过 β-氧化分解成乙酰 CoA 进入三羧酸循环，还可以由氨基酸经过脱氨基生成 α-酮酸，进一步氧化成乙酰 CoA 进入三羧酸循环。总之，体内糖类、脂肪和蛋白质均可通过三羧酸循环彻底氧化成 CO_2、H_2O 和大量 ATP。因此，三羧酸循环实际上是糖类、脂肪和蛋白质三种主要有机物在体内氧化供能的通路，估计人体内 2/3 的有机物通过三羧酸循环被分解。

2. 三羧酸循环是体内糖类、脂肪和氨基酸代谢相互联系的枢纽 糖分解成乙酰 CoA，经三羧酸循环合成柠檬酸，转运到细胞质，用于合成脂肪酸，并进一步合成脂肪；糖和甘油通过代谢生成草酰乙酸等三羧酸循环中间物，可以合成非必需氨基酸；氨基酸分解生成草酰乙酸等三羧酸循环中间物，可以合成糖或甘油等过程都可经过三羧酸循环沟通实现。因此，三羧酸循环是体内连接糖类、脂肪和氨基酸代谢相互联系的枢纽（图 8-7）。

3. 三羧酸循环提供生物合成的前体 如中间产物琥珀酰 CoA 可用于与甘氨酸合成血红素；α-酮戊二酸可氨基化生成非必需氨基酸谷氨酸；草酰乙酸也可氨基化为天冬氨酸；乙酰 CoA 又是合成胆固醇、脂肪酸和酮体的原料。因而，三羧酸循环在提供生物合成的前体中也起重要作用。

图 8-7　物质代谢相互联系的枢纽——三羧酸循环

四、糖有氧氧化的生理意义

糖有氧氧化的主要生理意义是为全身各个组织提供能量，在正常情况下，机体绝大多数组织细胞通过葡萄糖有氧氧化供给各种生理活动与代谢反应所需要的 ATP。葡萄糖有氧氧化是机体获得能量的主要方式，葡萄糖有氧氧化各反应阶段脱下的氢在线粒体内通过呼吸链传递给氧的同时，释放的能量使 ADP 磷酸化生成 ATP。其中每分子 NADH 传递氢能产生 3 分子 ATP，FADH$_2$ 传递氢时可产生 2 分子 ATP，加上底物水平磷酸化产生的 ATP，体内 1 分子葡萄糖彻底氧化可净生成 38（或 36）分子 ATP（表 8-1）。

表 8-1　1 分子葡萄糖彻底氧化生成 ATP 数

细胞定位及反应阶段		反应	递氢体	ATP
细胞质		葡萄糖 → 葡糖-6-磷酸		-1
		果糖-6-磷酸 → 果糖-1,6-二磷酸		-1
	第一阶段	甘油醛-3-磷酸×2 → 甘油酸-1,3-二磷酸×2	NADH + H$^+$	2×3 或 2×2*
		甘油酸-1,3-二磷酸×2 → 甘油酸-3-磷酸×2		2×1
		磷酸烯醇丙酮酸×2 → 丙酮酸×2		2×1
线粒体	第二阶段	丙酮酸×2 → 乙酰 CoA×2	NADH + H$^+$	2×3
	第三阶段	异柠檬酸×2 → α-酮戊二酸×2	NADH + H$^+$	2×3
		α-酮戊二酸×2 → 琥珀酰 CoA×2	NADH + H$^+$	2×3
		琥珀酰 CoA×2 → 琥珀酸×2		2×1
		琥珀酸×2 → 延胡索酸×2	FADH$_2$	2×2
		苹果酸×2 → 草酰乙酸×2	NADH + H$^+$	2×3
合计（净生成数）				38（或 36）

注：* ①酵解途径产生的 NADH + H$^+$，若经苹果酸穿梭机制进入线粒体可产生 3 分子 ATP，经 α-磷酸甘油穿梭机制，则产生 2 分子 ATP（参见第十二章氧化磷酸化与光合磷酸化）；②1 分子葡萄糖分解生成 2 分子甘油醛-3-磷酸，故乘以 2。

葡萄糖有氧氧化的总反应式可表示为：

$$C_6H_{12}O_6 + 38（或36）ADP + 38（或36）Pi \rightarrow 38（或36）ATP + 44（或42）H_2O + 6CO_2$$

1 分子葡萄糖彻底氧化成 CO_2 和 H_2O 约释放 2840kJ 能量，净生成 38（36）分子（或mol）ATP。1mol ATP 在标准状态下释放 30.5kJ 能量，因此共有 $30.5 \times 38（36）= 1159$（1098）kJ/mol 用于合成 ATP，能量利用效率为 40% 左右，远超过一般机械效率的能量利用效率。

五、糖有氧氧化的调节

糖有氧氧化是机体获得能量的主要方式。有氧氧化的调节是为了适应机体或不同器官对能量的需要。糖的有氧氧化的三个阶段中，第一阶段由葡萄糖生成丙酮酸的调节在糖酵解已经阐述，下面主要讨论丙酮酸氧化脱羧生成乙酰 CoA 并进入三羧酸循环的一系列反应二、三阶段的调节。丙酮酸脱氢酶复合物、柠檬酸合酶、异柠檬酸脱氢酶和α-酮戊二酸脱氢酶复合物是这两个阶段的限速酶。

1. 丙酮酸脱氢酶复合物的调节 丙酮酸脱氢酶复合物既受别构效应，也受化学修饰这两种方式进行快速调节。

别构调节抑制剂有 ATP、乙酰 CoA、NADH、长链脂肪酸等，反应产物乙酰 CoA 和 NADH 对丙酮酸脱氢酶复合物有反馈抑制作用，使有氧氧化反应速度减慢，ATP、长链脂肪酸可增强其抑制作用；激活剂有 ADP、HSCoA、NAD^+ 和 Ca^{2+} 等，当进入三羧酸循环的乙酰 CoA 减少，而 AMP、HSCoA 和 NAD^+ 堆积时，则对该酶复合物有激活作用。

丙酮酸脱氢酶复合物可被丙酮酸脱氢激酶磷酸化。当其丝氨酸被磷酸化后，引起酶蛋白变构而失去活性。丙酮酸脱氢酶磷酸酶则使其脱磷酸而恢复活性。NADH、乙酰 CoA 增加，还可通过增强丙酮酸脱氢酶的活性，加强对丙酮酸脱氢酶复合物的抑制作用，协同减弱糖的有氧氧化，使 NADH 和乙酰 CoA 生成不致过多；而 NAD^+ 和 ADP 则有相反作用。胰岛素可增强丙酮酸脱氢酶活性，促进糖的氧化分解（图 8-8）。

图 8-8 丙酮酸脱氢酶复合物的调节

2. 三羧酸循环的调节 三羧酸循环的速率和流量受多种因素的调控。在三羧酸循环过程中有三步不可逆反应，即柠檬酸合酶、异柠檬酸脱氢酶和α-酮戊二酸脱氢酶复合物催化的反应，其中异柠檬酸脱氢酶和α-酮戊二酸脱氢酶复合物所催化的反应是三羧酸循环的主要调节点。

当 ATP/ADP 与 NADH/NAD$^+$ 两者的比值升高时，异柠檬酸脱氢酶和 α–酮戊二酸脱氢酶复合物被反馈抑制，三羧酸循环反应速度减慢；反之 ATP/ADP 的值下降则可激活两种酶的活性。此外，其他一些代谢产物对酶的活性也有影响，如柠檬酸能抑制柠檬酸合酶的活性，而琥珀酰 CoA 则可抑制 α–酮戊二酸脱氢酶复合物的活性。

当细胞线粒体内 Ca^{2+} 浓度升高时，Ca^{2+} 不仅可直接与异柠檬酸脱氢酶和 α–酮戊二酸脱氢酶复合物结合，降低其对底物的 K_m 值而使酶激活；也可激活丙酮酸脱氢酶复合物，从而促进有氧氧化和三羧酸循环的进行。

氧化磷酸化速率对三羧酸循环也有重大影响。三羧酸循环中 4 次脱氢生成的 NADH + H$^+$ 和 FADH$_2$ 中的氢和电子通过呼吸链传递进行氧化磷酸化生成 ATP，使氧化型 NAD$^+$ 和 FAD 得以再生，否则三羧酸循环中的脱氢反应将无法进行。因此，凡是抑制呼吸链各环节的因素均可阻断三羧酸循环运转（图 8–9）。

图 8 – 9 三羧酸循环的调控

3. 巴斯德效应 法国科学家 L. Pasteur 在研究酵母发酵时发现，在供氧充足的条件下细胞内糖酵解作用受到抑制，葡萄糖消耗、乳酸生成减少，这种有氧氧化对糖酵解的抑制作用称为巴斯德效应（Pasteur effect）。该效应亦存在于人体肌肉组织中。当肌肉组织供氧充足时，丙酮酸进入三羧酸循环氧化，氧化磷酸化加强，细胞内 ATP/ADP 值升高，从而抑制了果糖 – 6 – 磷酸激酶 – 1 和丙酮酸激酶，使果糖 – 6 – 磷酸和葡糖 – 6 – 磷酸含量增加，后者反馈抑制己糖激酶（HK），使葡萄糖利用减少，乳酸生成受抑制，呈现有氧氧化对糖酵解的抑制作用。当肌肉组织供氧不足时，丙酮酸不能进入三羧酸循环，氧化磷酸化受阻，使 ADP 与 Pi 不能生成 ATP，细胞内 ATP/ADP 值降低，细胞质内果糖 – 6 – 磷酸激酶 – 1 及丙酮酸激酶活性增强，丙酮酸就作为受氢体在细胞质中还原成乳酸，加强葡萄糖沿糖酵解途径分解。

在一些代谢旺盛的正常组织（如视网膜、睾丸、颗粒白细胞等）和肿瘤组织中，即使在有氧的条件下，仍然以糖酵解为产生 ATP 的主要方式，这种现象称为 Crabtree 效应或反巴斯德效应。在具有 Crabtree 效应的组织细胞中，其糖酵解酶系（如己糖激酶、果糖 – 6 – 磷酸激酶 – 1、丙酮酸激酶）活性强，而线粒体中产生 ATP 的酶系活性较低，氧化磷酸化减弱，以糖酵解酶系催化产生 ATP 为主。

第三节　戊糖磷酸途径

糖酵解和糖的有氧氧化是体内葡萄糖分解代谢的主要途径，除此之外，体内还存在其他分解代谢途径，戊糖磷酸途径（pentose phosphate pathway）就是另一重要途径。此途径是产生细胞所需的具有重要生理作用的特殊物质 $NADPH + H^+$ 和核糖 $-5-$ 磷酸。戊糖磷酸途径在肝脏、哺乳期乳腺、肾上腺皮质、性腺、红细胞、脂肪组织和骨髓等组织中最为活跃，全部反应过程均在细胞质中进行。

一、戊糖磷酸途径的反应过程

戊糖磷酸途径是一个比较复杂的代谢途径：戊糖磷酸途径从葡糖 $-6-$ 磷酸开始经脱氢生成葡糖酸 $-6-$ 磷酸，再经脱羧转变为戊糖磷酸，最后通过转酮和转醛作用进行分子基团的转换，重新生成葡糖 $-6-$ 磷酸，形成一个循环式代谢，循环式代谢的一个终产物是甘油醛 $-3-$ 磷酸。

1. 葡糖 $-6-$ 磷酸氧化生成葡糖酸 $-6-$ 磷酸　葡糖 $-6-$ 磷酸在葡糖 $-6-$ 磷酸脱氢酶（glucose $-6-$ phosphate dehydrogenase）催化下，脱氢生成葡糖酸内酯 $-6-$ 磷酸，脱下的氢由 $NADP^+$ 接受。葡糖酸内酯 $-6-$ 磷酸在葡糖酸内酯水解酶催化下，酯键断裂，生成葡糖酸 $-6-$ 磷酸。

葡糖 $-6-$ 磷酸　　　　　　葡糖酸内酯 $-6-$ 磷酸　　　　　　葡糖酸 $-6-$ 磷酸

2. 葡糖酸 $-6-$ 磷酸脱羧生成核酮糖 $-5-$ 磷酸　此反应由葡糖酸 $-6-$ 磷酸脱氢酶催化，Mg^{2+} 为激活剂，使葡糖酸 $-6-$ 磷酸脱氢和脱羧，生成核酮糖 $-5-$ 磷酸（ribulose $-5-$ phosphate）。脱下的氢由 $NADP^+$ 接受。

葡糖酸 $-6-$ 磷酸　　　　　　　　　　　核酮糖 $-5-$ 磷酸

3. 核酮糖 $-5-$ 磷酸经分子异构化转变成核糖 $-5-$ 磷酸　核酮糖 $-5-$ 磷酸在磷酸核糖异构酶（phosphoribose isomerase）催化下，先形成烯二醇中间产物，然后异化为核糖 $-5-$ 磷酸。这个反应是核糖的酮糖和醛糖的互变反应。

289

核酮糖-5-磷酸 ⇌ 烯二醇(中间产物) ⇌ 核糖-5-磷酸

4. 木酮糖-5-磷酸的生成 第二步反应生成的核酮糖-5-磷酸在磷酸戊糖差向异构酶（phosphoketopentose epimerase）或称表构酶的催化下，还可生成另一种产物，即木酮糖-5-磷酸（xylulose-5-phosphate）。

核酮糖-5-磷酸 →（戊糖磷酸差向异构酶）→ 木酮糖-5-磷酸

5. 景天庚酮糖-7-磷酸及甘油醛-3-磷酸的生成 第四步反应生成的木酮糖-5-磷酸与反应3生成的核糖-5-磷酸相互作用，生成景天庚酮糖-7-磷酸（sedoheptulose-7-phosphate）及甘油醛-3-磷酸。催化此反应的酶为转酮醇酶（transketolase），辅酶是TPP。转酮反应是将酮糖的二碳单位（羟乙醛基）转移到醛糖的 C_1 上，生成新的酮糖。

木酮糖-5-磷酸 + 核糖-5-磷酸 →（转酮醇酶）→ 甘油醛-3-磷酸 + 景天庚酮糖-7-磷酸

6. 赤藓糖-4-磷酸和果糖-6-磷酸的生成 第五步反应生成的庚酮糖-7-磷酸及甘油醛-3-磷酸在转醛醇酶（transaldolase）的催化下又可相互作用，生成赤藓糖-4-磷酸（erythrose-4-phosphate）和果糖-6-磷酸（fructose-6-phosphate）。转醛醇酶催化酮糖的三碳单位（二羟丙酮基）转移到醛糖的 C_1 上，此酶不需辅酶。

景天庚酮糖-7-磷酸 + 甘油醛-3-磷酸 →（转醛醇酶）→ 赤藓糖-4-磷酸 + 果糖-6-磷酸

7. 果糖-6-磷酸及甘油醛-3-磷酸的生成 木酮糖-5-磷酸和赤藓糖-4-磷酸之

间发生转酮基作用，生成糖酵解途径的两个中间产物：果糖－6－磷酸和甘油醛－3－磷酸。

$$\text{木酮糖–5–磷酸} + \text{赤藓糖–4–磷酸} \underset{\text{转醛醇酶}}{\rightleftharpoons} \text{甘油醛–3–磷酸} + \text{果糖–6–磷酸}$$

8. 葡糖－6－磷酸的生成 果糖－6－磷酸在己糖磷酸异构酶催化下，转变为葡糖－6－磷酸。此反应生成的葡糖－6－磷酸又可重复反应，从而形成一个循环式代谢途径。

$$\text{果糖–6–磷酸} \underset{\text{己糖磷酸异构酶}}{\rightleftharpoons} \text{葡糖–6–磷酸}$$

综上所述，戊糖磷酸途径如图8－10所示。1分子葡糖－6－磷酸经戊糖磷酸途径氧化，需要5分子葡糖－6－磷酸伴行，最后生成5分子葡糖－6－磷酸，实际消耗1分子葡糖－6－磷酸；戊糖磷酸途径两次脱氢，6分子葡糖－6－磷酸共生成12分子（NADPH＋H⁺），一次脱羧生成1分子CO_2，6分子葡糖－6－磷酸共生成6分子CO_2；戊糖磷酸途径过程中有多种磷酸戊糖生成，由一系列酶催化，其中葡糖－6－磷酸脱氢酶是限速酶，它受NADPH/NADP⁺比例的调节，比值大，反馈抑制此途径；NADPH对此酶有强烈的抑制作用，控制整个代谢途径的速度和NADPH的产量，所以戊糖磷酸途径进行的程度取决于机体对NADPH的需求。

戊糖磷酸途径总反应式为：

$$6\times\text{葡糖–6–磷酸} + 7H_2O + 12NADP^+ \rightarrow 6CO_2 + 5\times\text{葡糖–6–磷酸} + 12NADPH + 12H^+ + Pi$$

二、戊糖磷酸途径的生理意义

戊糖磷酸途径的主要生理意义是为机体提供核糖－5－磷酸和NADPH。

1. 提供核糖－5－磷酸作为核酸合成的原料 戊糖磷酸途径是机体利用葡萄糖生成核糖－5－磷酸的惟一途径。核糖－5－磷酸参与核苷酸的合成，核苷酸是合成核酸的原料，核酸参与蛋白质的生物合成，故在繁殖旺盛或损伤后修复再生作用强的组织，如梗死后的心肌和肝脏部分切除后残存的再生组织中戊糖磷酸途径往往进行得比较活跃。肌肉组织中缺乏葡糖－6－磷酸脱氢酶，故不能进行完整的戊糖磷酸途径，其合成核苷酸所需的核糖－5－磷酸可来自糖酵解生成的果糖－6－磷酸和甘油醛－3－磷酸经转酮醇酶、转醛醇酶、差向异构酶及异构酶的作用而形成。

2. 提供NADPH作为供氢体参与多种代谢反应 NADPH与NADH不同，它携带的氢不是通过呼吸链氧化以释放能量，而主要作为体内的供氢体参与多种代谢反应，发挥不同的功能。

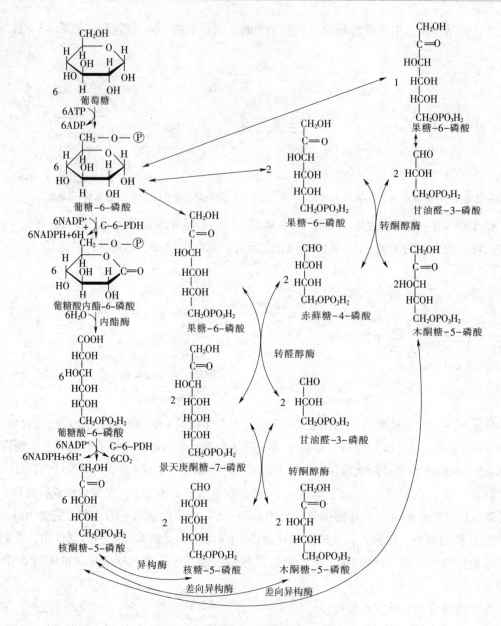

图 8－10　戊糖磷酸途径

（1）NADPH 是体内许多合成代谢的供氢体　体内脂肪酸、胆固醇、类固醇激素等物质的生物合成需要大量的 NADPH，绝大多数由戊糖磷酸途径提供。机体合成非必需氨基酸时，先由 α－酮戊二酸与 NADPH 及 NH_3 生成谷氨酸，谷氨酸可与其他 α－酮酸进行转氨基反应而生成相应的氨基酸。

（2）NADPH 参与体内羟化反应　体内的羟化反应主要体现在合成代谢和生物转化两方面，如从鲨烯合成胆固醇，从胆固醇合成胆汁酸、类固醇类激素等；是组成肝脏单加氧酶体系的成分，参与激素灭活、药物、毒物等非营养物质生物转化过程中的羟化反应均需要NADPH 供氢。

（3）NADPH 能维持还原型谷胱甘肽的还原状态　NADPH 是谷胱甘肽还原酶（glutathione reductase）的辅酶，此酶催化氧化型谷胱甘肽（GSSG）还原为还原态谷胱甘肽（glutathione，GSH），使其 GSH/ GSSG 的值维持在正常范围（约 500∶1），这种还原作用由NADPH 供氢。

$$GSSG + NADPH+H^+ \xrightarrow{\text{谷胱甘肽还原酶}} 2GSH + NADP^+$$

　　GSH 是体内重要的抗氧化剂，其具有保护体内含巯基的蛋白质或酶免遭氧化而丧失功能，还可以保护红细胞膜上的脂质和蛋白质不被氧化。此外，GSH 还参与细胞内 H_2O_2 的清除，对维持红细胞膜的完整性，防止溶血起到非常重要的作用。H_2O_2 不仅可以氧化脂膜，还可将血红蛋白氧化成高铁血红蛋白，从而破坏红细胞，造成溶血性贫血。NADPH 可维持高铁血红蛋白还原酶（methemoglobin reductase）的活性，使高铁血红蛋白还原为血红蛋白，保证血红蛋白的正常运氧功能。一些遗传性红细胞内缺乏葡糖 – 6 – 磷酸脱氢酶的患者，戊糖磷酸途径不能有效地进行，导致 NADPH 的生成数量减少，不能保持 GSH 处于还原状态，红细胞很容易被破坏而发生溶血，尤其是衰老的红细胞易于破裂，发生溶血，出现急性溶血性贫血（acute hemolytic anemia），并常在进食蚕豆以后发病，故称为蚕豆病（favism）。

　　3. 为细胞提供能量　在正常情况下，戊糖磷酸途径主要产生 NADPH，但在某些情况下（如三羧酸循环受阻），此途径也可为主要的供能形式。1 分子葡糖 – 6 – 磷酸经过戊糖磷酸途径完全氧化，可净产生 35 分子的 ATP。

　　1 分子葡糖 – 6 – 磷酸完全氧化成 CO_2 和 H_2O，需经 2 次戊糖磷酸途径产生 12 分子的（$NADPH + H^+$），每分子 NADPH 经转氢酶作用成为 NADH 后经呼吸链氧化可生成 3 分子 ATP，共产生 36 分子 ATP（12×3），减去从葡萄糖生成葡糖 – 6 – 磷酸消耗 1 分子 ATP，故 1 分子葡萄糖经戊糖磷酸途径可净产生 35 分子的 ATP。肾上腺皮质、中性粒细胞和泌乳期乳腺等组织中可部分依靠此途径供能。

$$NADPH+NAD^+ \xrightarrow{\text{转氢酶}} NADH+NADP^+$$
$$\xrightarrow[\text{氧化}]{} \text{呼吸链} +3ATP$$

　　4. 其他作用　戊糖磷酸途径还可以通过转酮醇基及转醛醇基反应使三碳糖、四碳糖、五碳糖、六碳糖及七碳糖在体内相互转变，为机体提供多种糖。

（王和生）

扫码"练一练"

第九章　脂质的分解代谢

脂质是脂肪及类脂的总称，是一类不溶于水而易溶于有机溶剂，并能为机体利用的有机化合物。脂肪又称三酰甘油、甘油三酯或三脂酰甘油，脂肪的主要生理功能是储存能量及氧化供能。类脂包括胆固醇及其酯、磷脂及糖脂等，是细胞膜的重要组成成分。

第一节　脂质在体内的消化和吸收

一、脂肪在体内的消化和吸收

（一）脂肪的消化

膳食中的脂质主要为脂肪，此外还含少量磷脂、胆固醇及其酯和一些游离脂肪酸（free fatty acid，FFA）。因唾液中无消化脂肪的酶，故脂肪在口腔里不被消化；胃液中仅含有少量的脂肪酶，它的最适 pH 为 6.3 ~ 7.0，而成人胃液 pH 为 1.5 ~ 2.0，不适于脂肪酶的作用，故脂肪在成人胃中几乎不能被消化。婴儿由于胃酸较少且乳汁中的脂肪已经乳化，故脂肪在婴儿胃中可少量被消化。无论成人或婴儿，脂肪消化的部位主要在小肠。

脂质不溶于水，必须在小肠经胆汁中胆汁酸盐的作用，乳化并分散成细小的微团（micelles）后，才能被消化酶消化。胆汁酸盐是较强的乳化剂，降低油与水相之间的界面张力，使脂肪及胆固醇酯等疏水的脂质乳化成细小微团，增加消化酶对脂质的接触面积；胆汁酸盐还能激活胰脂肪酶（pancreatic lipase），促进脂肪的水解，有利于脂肪及类脂的消化及吸收。胰腺分泌大量的胰脂肪酶它能水解特异三酰甘油的第 1、3 位酯键，对 2 位酯键的水解能力很弱，生成 2 - 单酰甘油（2 - monoglyceride）及 2 分子脂肪酸。胰脂肪酶必须吸附在乳化脂微团的水油界面上，才能作用于微团内的三酰甘油。胰液中有辅脂酶（colipase），它是胰脂肪酶对脂肪消化不可缺少的蛋白质辅因子。

$$
\begin{array}{l}
\quad\quad\quad O \\
\quad\quad\quad \| \\
CH_2-O-C-R_1 \\
O \\
\| \\
R_2-C-O-CH \quad\quad\xrightarrow[\quad\quad\quad\quad]{2H_2O} \quad R_1COOH+R_3COOH \\
CH_2-O-C-R_3 \\
\quad\quad\quad \| \\
\quad\quad\quad O
\end{array}
\quad
\begin{array}{l}
\quad\quad O \\
\quad\quad \| \\
R_2-C-O-CH \\
\quad\quad\quad CH_2-OH \\
\quad\quad\quad CH_2-OH
\end{array}
\xrightarrow{H_2O}
\begin{array}{l}
CH_2-OH \\
CH-OH + R_2COOH \\
CH_2-OH
\end{array}
$$

（二）脂肪的吸收

脂肪水解，主要产生两分子的脂肪酸和 1 分子 α - 单酰甘油；后者可进一步水解为甘油和脂肪酸。

体内小肠既能吸收脂肪完全水解的产物，也能吸收部分水解产物或未经水解乳化了的微滴（droplet）。吸收的途径大部分由淋巴系统进入血液循环，也有一小部分直接经门静脉进入肝脏，而未吸收的脂肪，进入大肠后被细菌分解。

1. 部分水解物 50%～57%的脂肪，在小肠中部分水解为脂肪酸、二酰甘油以及单酰甘油。这些水解产物进入肠黏膜细胞后，再合成三酰甘油，然后通过淋巴系统进入血液循环。

2. 完全水解物 约有40%的脂肪，经脂肪酶的作用完全水解为脂肪酸和甘油。甘油溶于水，与其他水溶性物质一起进入肠黏膜；脂肪酸虽不溶于水，但能与胆汁酸盐按一定比例结合，形成可溶于水的复合物，从而使脂肪酸也可透过肠黏膜细胞。脂肪酸与胆汁酸盐的复合物进入肠黏膜上皮细胞后，就在细胞内被分解，分解出的胆汁酸盐透过细胞进入血液循环到肝脏贮存于胆囊中，以供再次分泌时使用。进入肠黏膜细胞内的甘油和脂肪酸，可经门静脉进入肝脏，重新合成中性脂肪；另一部分脂肪酸与胆固醇结合成胆固醇酯。

3. 完全不水解物 尚有一部分脂肪，可不经水解而直接被吸收，但需要高度乳化为脂肪微滴后，才能被吸收进入肠黏膜细胞。经由淋巴系统进入血液循环。

进入肠黏膜后的脂肪、部分水解物、完全水解物。可以有两个途径被吸收：一是甘油和脂肪酸溶于水，经毛细血管吸收；二是乳化的脂肪微粒、高级脂肪酸及相应水解物等经淋巴管吸收。脂肪的水解产物——游离脂肪酸和单酰甘油，可与胆汁酸盐形成乳化微粒，在小肠绒毛膜上，乳化微滴中的单酰甘油和脂肪酸被吸收，胆汁酸盐不被吸收，而在小肠通过重吸收经门静脉又进入肝脏，在肝脏内转变为结合型胆汁酸，与胆汁一起重新分泌，经胆道再次排入肠腔，这就是胆汁酸的肝-肠循环。

二、类脂在体内的消化和吸收

食物中的甘油磷脂可被肠道中各种磷脂酶（phospholipase）水解，分别作用于甘油磷脂分子中的不同酯键（图9-1），生成小分子产物，包括甘油、脂肪酸、磷酸、含氮碱等。

$$\begin{array}{c} \text{磷脂酶 } A_1 \\ \downarrow \quad\quad O \\ \text{磷脂酶 } A_2 \quad\quad CH_2-O-\overset{\|}{C}-R_1 \\ O \downarrow \\ R_2-\overset{\|}{C}-O-CH \quad\quad O \\ CH_2-O-\overset{\|}{P}-X \\ \overset{\|}{OH} \uparrow \\ \text{磷脂酶 } C \quad \text{磷脂酶 } D \end{array}$$

图9-1 磷脂酶的作用位点

胰腺分泌一种磷脂酶 A_2 原，受胰蛋白酶激活生成磷脂酶 A_2（phospholipase A_2），在胆汁酸盐和 Ca^{2+} 协同下才有催化活性。此酶催化卵磷脂水解释放出1分子脂肪酸（R_2COOH），生成溶血磷脂（lysophospholipid），溶血磷脂具有溶血作用。蛇的毒液中含有磷脂酶 A_2，故被蛇咬伤后，毒液进入体内可引起严重的溶血症状。磷脂酶 A_2 也存在于小肠黏膜中。溶血卵磷脂也是一种有效的表面活性剂，有助于食物脂质的乳化，促进脂肪消化。磷脂酶 A_1（phospholipase A_1）广泛分布于动物细胞的内质网，它能催化甘油磷脂第一位酯键断裂，释放出1分子脂肪酸（R_1COOH）和溶血磷脂。磷脂酶 B（phospholipase B）催化溶血磷脂第1或2酯键水解，释放出两分子脂肪酸，生成甘油磷酸胆碱或甘油磷酸乙醇胺等。磷脂酶 B 被认为是磷脂酶 A_1 和磷脂酶 A_2 的混合物。溶血磷脂亦可受磷脂酶 B 的作用，水解释放出1分子脂肪酸，同时生成甘油磷酸胆碱。甘油磷酸酶又称磷脂酶 C（phospholipase C），胆碱磷酸酶又称为磷脂酶 D（phospholipase D），这两种酶分别作用于第3酯键和磷脂分子在中磷酸与取代基团（如胆碱等）间的酯键水解，可将甘油磷酸胆碱完全水解成甘油、磷酸和胆碱。磷脂酶 C、磷脂酶 D 分布不广，尤其是后者主要存在于高等植物组织中，但动物体内存在另一种甘油磷酸二酯酶，可将甘油磷酸胆碱水解，释放出胆碱和磷酸甘油，后者再经磷酸甘油脱氢酶作用，生成磷酸二羟丙酮或磷酸甘油醛。脑磷脂与丝氨酸磷脂的水解过程与卵磷脂相似。

在胆汁酸盐协助下，磷脂在肠内约有 25% 可以不经消化就直接吸收进入肝脏中，但大部分磷脂仍是在水解后被吸收。吸收后的磷脂水解产物，在肠壁上重新合成完整的磷脂分子，再进入血液并分布于全身。

食物中的胆固醇全部来自动物性食品，如蛋黄、动物内脏、奶油等。植物性食品不含胆固醇。所含植物固醇如豆固醇和谷固醇，不仅本身不被吸收，还能抑制胆固醇的吸收。食物所含的胆固醇，一部分与脂肪酸结合形成胆固醇酯，胆固醇酯仅占 10% ~ 15%；另一部分以游离状态存在，是主要的存在形式。后者经胆汁酸盐乳化后，被胆固醇酯酶水解为游离胆固醇。

在肠内还有随胆汁及其他消化液分泌的胆固醇，它们都是以游离形式为主。胰液和肠液中均含有胆固醇酯酶（cholesteryl esterase），催化胆固醇酯水解，生成游离胆固醇和脂肪酸。胆固醇作为脂溶性物质，需借助胆汁酸盐的乳化作用才能在肠内被吸收。吸收后的胆固醇约有 1/3 在肠黏膜细胞内，经酶的催化又重新酯化成胆固醇酯。然后，三酰甘油、胆固醇酯、磷脂和未酯化的少量游离胆固醇与 ApoB 48、ApoC、ApoA I、ApoA IV 一起组成乳糜微粒，经淋巴进入血循环。因此，淋巴液和血液循环中的胆固醇，大部分以胆固醇酯的形式存在。乳糜微粒的组成中绝大部分（80% ~ 95%）为三酰甘油，是食物脂肪的运输形式。胆固醇在肠道的吸收率不高，一般仅占食物中含量的 20% ~ 30%。未被吸收的食物胆固醇在肠腔内被细菌还原为粪固醇排出体外。生物体内的胆固醇主要由自身合成。

食物中的纤维素、果胶、琼脂等能与胆汁酸盐结合成复合物，影响胆汁酸盐对脂质的乳化，减少胆固醇的吸收。所以冠心病患者多吃蔬菜、豆类对降低胆固醇的吸收有好处。

未被吸收的类脂进入大肠，被肠道微生物分解成各种组分，并被微生物利用。胆固醇被还原生成粪固醇而排出体外。

脂质的消化与吸收见图 9-2。

图 9-2 脂质的消化与吸收

第二节 脂质在体内的贮存和运输

一、脂质在体内的贮存和动员

(一) 脂库

脂肪组织是贮存脂肪的主要场所，以皮下、肾周围、肠系膜和大网膜等最多，这些贮存脂肪的部位称为脂库。其含量因人而异，一般占体重的 10% ~ 20%。脂肪主要作为贮能物质，故称为贮存脂。贮存脂的量受营养状况、运动、神经和激素等多种因素的影响而变动，故又称为可变脂。脂库内的脂肪经常处于不断地合成（称贮存）与不断地分解（称动员）的更新状态，保持动态平衡。人体内共有三大脂库。第一大脂库在内脏周围。内脏周围有适量脂肪可以支撑、固定内脏，起到保护和稳定的作用。但是这部分脂肪过多，就会限制和影响内脏的功能和活动，如肥胖的人一活动就会感到心慌气短，这与心脏受到周围脂肪组织的挤压有一定关系。正常的肝脏也含有脂肪，如果脂肪含量超过肝重的 5% 即为脂肪肝。第二大脂库在腹腔中的腹膜上。腹膜属于浆膜，覆盖于腹、盆腔壁的内面和脏器的外表，薄而透明，光滑且有光泽。依其覆盖的部位不同可分为壁腹膜或腹膜层和脏腹膜或腹膜脏层。前者被覆于腹壁、盆壁和膈下面；后者包被脏器，构成脏器的浆膜。两者互相延续构成腹膜囊。腹膜除对脏器有支持固定的作用外，还具有分泌和吸收功能。正常情况下腹膜可分泌少量浆液，以润滑脏器表面，减少它们运动时的摩擦。由于腹膜具有广阔的表面积，所以有较强的吸收能力。腹膜的主要功能就是贮存脂肪。如果腹膜贮存了过量的脂肪，其外在的表现就是大腹便便的"将军肚"。第三大脂库是皮下组织。皮下组织里含有适量脂肪，具有保持体温恒定的功能。尽管按照贮存脂肪的能力，是皮下组织最大，腹膜次之，内脏最弱；但是如果脂肪过剩，其贮存脂肪的次序却正好相反，首先贮存在内脏周围，其次是腹膜，最后才是皮下组织。

消化吸收的脂质大部分通过小肠绒毛的中央乳糜管，从淋巴进入血液，少量也可直接经门静脉进入肝脏，再由肝脏进入血液运至全身各组织器官。血液中的脂质均以脂蛋白的形式运输。这些脂肪可被各组织氧化利用，也可储存在脂肪组织中。除了由食物经消化道吸收的脂肪可贮存于脂库外，人体还能利用糖和氨基酸等原料合成脂肪，而且人体的脂肪主要由糖转化而来，食物脂肪仅是次要来源，如果食物中只有少量的脂肪，但有大量过剩的糖类，同样也会使人发胖。

贮存的脂肪与食物中的脂肪不同，食物中的脂肪是构成体内脂肪的原料，其中的脂肪酸必须在肝脏、脂肪组织及肠壁进行碳链长短及饱和度的改造后，才能变成机体自身贮存的脂肪。

(二) 脂肪的动员

贮存在脂肪细胞中的脂肪，被脂肪酶逐步水解为游离脂肪酸及甘油并释放入血，以供给全身各组织氧化利用的过程称为脂肪动员。在能量供求平衡的情况下人体内也有一定数量的脂肪酸和甘油被动员释放而进入血液。

在脂肪组织中三酰甘油被不同的脂肪酶分解为脂肪酸和甘油，反应分三步进行。

脂肪细胞中的脂肪分解成游离脂肪酸和甘油，释放入血。脂肪酸不溶于水，必须与血浆清蛋白结合成为脂肪酸－清蛋白复合物而运输。每分子清蛋白可结合 10 分子游离脂肪酸。血浆中长链脂肪酸都以清蛋白结合的形式存在；短链脂肪酸有一定水溶性。空腹血浆脂肪酸浓度为 $0.7 \sim 0.8 mmol/L$，饱食状态下比空腹时的浓度低很多。血液中脂肪酸主要被心、肝和骨骼肌等组织摄取利用。脂肪酸在血液中的清除速率极快，血浆脂肪酸－清蛋白复合物清除一半所需时间仅 $1 \sim 2$ 分钟。甘油溶于水，可直接由血液运送到肝、肾、肠等组织。脂肪的贮存、动员和运输见图 9－3。

图 9－3 脂肪的贮存、动员和运输

（三）脂肪酶的作用

催化脂肪分解各步反应的酶分别是三酰甘油脂肪酶、二酰甘油脂肪酶和单酰甘油脂肪酶。三酰甘油脂肪酶的活性受多种激素的调节，故又称为激素敏感性脂肪酶（hormone sensitive lipase，HSL）。该酶活性较低，是脂肪动员的限速酶。肾上腺素、去甲肾上腺素、胰高血糖素、生长素等激素，能作用于脂肪细胞膜表面受体，激活腺苷酸环化酶，促进 cAMP 合成，激活依赖 cAMP 的蛋白激酶，使细胞质内 HSL 磷酸化而活化，从而促进三酰甘油脂肪酶的活性，增加脂肪的动员，称为脂解激素（lipolytic hormones）；而胰岛素、前列腺素、雌二醇等激素，因能降低脂肪细胞中的 cAMP 浓度，故能抑制三酰甘油脂肪酶的活性，减少脂肪的动员，拮抗脂解激素的脂解作用，称为抗脂解激素（antilipolytic hormones）。正常情况下，因血液中脂解激素与拮抗脂解激素保持相对平衡，故使脂肪的贮存和动员也处于动态平衡。

二、血浆脂蛋白和脂质的运输

（一）血脂的组成和含量

血浆中所含的脂质统称为血脂，主要包括三酰甘油、磷脂、胆固醇和胆固醇酯以及游离脂肪酸等。

血脂的含量受膳食、种族、性别、年龄、职业、运动状况、生理状态以及激素水平等多因素影响，波动范围较大。例如青年人血浆胆固醇水平低于老年人，某些疾病时，血脂含量有很大变化，如糖尿病和动脉粥样硬化的患者，血脂一般都明显升高。因此，测定血脂的含量有助于疾病的诊断，在临床上具有重要的意义。空腹时血脂相对稳定，故临床上采用清晨测定空腹（禁食 12~16 小时后）血脂的含量，它能反映体内脂质代谢的动态概况。正常成人空腹血脂组成和含量见表 9-1。

表 9-1　正常成人空腹血脂的组成和含量

脂质名称	正常参考值	
	mmol/L（平均值）	mg/dl（平均值）
总脂		400~700（500）
总磷脂	48.44~80.73（64.58）	150~250（200）
三酰甘油	0.11~1.69（1.13）	10~150（100）
总胆固醇	2.59~6.21（5.17）	100~240（200）
胆固醇酯	1.81~5.17（3.75）	70~200（145）
游离胆固醇	1.03~1.81（1.42）	40~70（55）
游离脂肪酸		5~20（15）

（二）血脂的来源和去路

血浆中脂质的含量虽然受多种因素的影响而易发生变化，但健康成人血脂的含量在 400~700mg/dl 波动。这是因为在正常情况下血脂的来源和去路维持着动态平衡。

血脂的来源主要有：①外源性，食物经消化吸收入血的脂质；②内源性，由肝脏等组织合成和脂库动员释放入血的脂质。血脂的主要去路有：①经血液循环到各组织氧化供能；②进入脂库贮存；③构成生物膜；④还可转变成其他物质。

（三）血浆脂蛋白的分类及其分离方法

1. 血浆脂蛋白的概念　脂质物质的分子极性小，难溶于水，血浆中的脂质必须与蛋白质结合形成水溶性的脂蛋白复合物，这种复合物称血浆脂蛋白（plasma lipoprotein），是脂质在血浆中的存在与运输形式。脂肪动员释入血浆中的长链脂肪酸则与蛋白质结合而运输。

2. 血浆脂蛋白的分类　血浆脂蛋白呈球状，由脂质和蛋白质两类成分组成。因其所含的脂质和蛋白质成分不尽相同，可形成多种血浆脂蛋白。通常利用电泳法和超速离心法，可分别将血浆脂蛋白分为四种。

（1）电泳分离法　一般常用滤纸、醋酸纤维薄膜、琼脂糖或聚丙烯酰胺凝胶作为支持物。主要是由于各类脂蛋白所含蛋白质的种类和数量不同，颗粒表面电荷不同，故在电场中的迁移率也不同(图 9-4)，从而彼此分离。根据其在电场中的移动速度的快慢，并对照血清蛋白电泳图谱相对位置给予命名。依次分为 α-脂蛋白、前 β-脂蛋白、β-脂蛋白和

血清蛋白电泳— （图）

原点 γ β α₂ α₁ 清蛋白

脂蛋白电泳— （图）

原点 β 前β α
（CM）

图9-4 血浆脂蛋白电泳与蛋白质电泳图谱与命名

乳糜微粒四类。①α-脂蛋白移动速度最快，相当于血浆蛋白电泳时 α₁-球蛋白的位置，正常含量占脂蛋白总量的30%～47%；②β-脂蛋白相当于血浆蛋白电泳时 β-球蛋白的位置，含量最多，约占血浆脂蛋白的48%～68%；③前β-脂蛋白位于α-脂蛋白和β-脂蛋白之间，相当于血浆蛋白电泳时 α₂-球蛋白的电泳位置，其含量占脂蛋白的4%～16%。前β-脂蛋白含量少时在一般电泳谱上甚至看不到；④乳糜微粒停留在原点。乳糜微粒仅在进食后才出现，故正常人空腹血浆中不应检出乳糜微粒。

（2）密度分离法（超速离心法） 各类脂蛋白中脂质及蛋白质的含量不同，因而密度也就各不相同。若脂蛋白组成中脂质含量高，蛋白质含量少，则密度低；反之，密度就高。将血浆在一定密度的蔗糖或盐溶液中进行超速离心时，各种脂蛋白因不同而漂浮或沉降，按密度由小到大可将血浆脂蛋白分为四类：①乳糜微粒（chylomicrons, CM），密度最小，在最上层；②极低密度脂蛋白（very low density lipoprotein, VLDL）；③低密度脂蛋白（low density lipoprotein, LDL）；④高密度脂蛋白（high density lipoprotein, HDL），密度最大，在最下层。

电泳分类法与密度分类法的对应关系是：α-脂蛋白相当于HDL、前β-脂蛋白相当于VLDL、β-脂蛋白相当于LDL。

除上述四类脂蛋白外，血浆中还有中间密度脂蛋白（intermediate density lipoprotein, IDL）和脂蛋白（a）[lipoprotein, LP (a)]。IDL是VLDL在血浆中的中间代谢物，其颗粒大小介于VLDL和LDL之间，密度为1.006～1.019g/ml；LP（a）的脂质组成与LDL相似，但含有载脂蛋白ApoA。目前认为LP（a）与心血管疾病有关，LP（a）水平高者患心血管疾病的危险性也高。

3. 血浆脂蛋白的组成 血浆脂蛋白可分为脂质和蛋白质两大成分。

（1）脂质 各类脂蛋白均含有三酰甘油、磷脂、胆固醇及其酯等成分，但含量及组成比例却相差甚远。CM含三酰甘油最多，占脂蛋白颗粒的80%～95%，蛋白质最少（约占1%），故密度最小，颗粒最大；VLDL含三酰甘油亦多，占脂蛋白的50%～70%，但其中三酰甘油的来源与乳糜微粒不同，主要为肝脏合成的内源性三酰甘油，且蛋白质含量高于CM，密度比CM大；LDL含胆固醇及胆固醇酯较多（40%～50%），因此是一类运输胆固醇的脂蛋白颗粒；HDL中蛋白质含量最多（50%），故密度最高，颗粒最小，亦含磷脂及胆固醇。血浆脂蛋白的组成、性质和主要生理功能见表9-2。

表9-2 血浆脂蛋白的组成、性质和主要生理功能

分类	密度法	CM	VLDL	LDL	HDL
	电泳法	CM	前β-脂蛋白	β-脂蛋白	α-脂蛋白
物理性质	形态	微粒	小泡	微小泡	平圆面
	颗粒直径（nm）	90～100	30～90	20～30	7.5～10
	密度（g/ml）	<0.95	0.95～1.006	1.006～1.063	1.063～1.210
	Sf值（漂浮系数）	>400	20～400	0～20	沉降
	电泳迁移率	原点	前β-脂蛋白	β-脂蛋白	α-脂蛋白

分类	密度法 电泳法	CM CM	VLDL 前β-脂蛋白	LDL β-脂蛋白	HDL α-脂蛋白
化学组成（%）	蛋白质	1~2	5~10	20~25	45~55
	脂质	98~99	90~95	75~80	45~55
	三酰甘油	80~95	50~70	8~10	6~8
	磷脂	8	16~20	20~24	21~23
	总胆固醇	4	20~22	43~47	18~20
	游离型	1	6~8	6~10	4
	酯化型	3	12~16	37~39	15
	主要载脂蛋白	B 48 A I C E	B 100 C II E	B 100	A I A II C I
合成部位		小肠	肝、小肠	血浆	肝、肠、血浆
主要生理功能		转运外源性 三酰甘油	转运内源性 三酰甘油	转运内源性 胆固醇	逆向转运 胆固醇

（2）载脂蛋白 血浆脂蛋白中的蛋白质部分称载脂蛋白（apolipoprotein，apo），迄今为止已从血浆中分离出至少 20 种载脂蛋白，主要有 ApoA、ApoB、ApoC、ApoD、ApoE 等五大类。每类载脂蛋白又可分为若干亚类，其中 ApoA 又分为 ApoA I 、ApoA II 和 ApoA IV；ApoB 又分为 ApoB 100 和 ApoB 48；ApoC 又分为 ApoC I 、ApoC II 和 ApoC III 等。不同的脂蛋白所含的载脂蛋白不同，如 CM 主要含 ApoB 48 和ApoC III；VLDL 主要含 ApoB 100、ApoC I 、ApoC II 、ApoC III 和 E；LDL 几乎只含 ApoB 100；HDL 主要含 ApoA I 、ApoA II （表9-3）。

表9-3 血浆脂蛋白中主要载脂蛋白的含量（%）

载脂蛋白	血浆脂蛋白			
	CM	VLDL	LDL	HDL
ApoA I	7			67
ApoA II	4			22
ApoB 48	23			
ApoB 100		37	98	
ApoC I	15	3		2
ApoC II	15	7		2
ApoC III	36	40		4
ApoD				痕量
ApoE		13		痕量

载脂蛋白的主要功能是结合及转运脂质，而且还发现有某些特殊功能。ApoA I 能激活卵磷脂-胆固醇脂酰转移酶（lecithin cholesterol acyltransferase，LCAT），从而促进 HDL 成熟和胆固醇从血浆逆向转运至肝脏。ApoC II 是脂蛋白脂肪酶（lipoprotein lipase，LPL）的激活剂，能够促进 CM 和 VLDL 的降解。ApoC III 能够抑制 LPL 的活性。ApoB 100 和 ApoE 参与对 LDL 受体及肝脏 ApoE 受体的识别，促进 LDL 以及 CM 和 VLDL 的降解。ApoD 促进胆固醇及三酰甘油在 VLDL、LDL 与 HDL 之间的转运，又被称为脂质转运蛋白。

4. 血浆脂蛋白的结构 各种血浆脂蛋白都具有相似的基本结构，非极性较强的三脂酰甘油及胆固醇酯位于脂蛋白的内部构成内核，而其表面覆盖有由载脂蛋白、磷脂及胆固醇等双性分子组成的单层外壳结构，它们的非极性基团向内与内核结合，极性基团朝外，增加了脂蛋白颗粒的亲水性，致使脂蛋白颗粒能均匀分散在血液中，而使脂质易于在血浆中运输。绝大多数的载脂蛋白含有亲脂兼亲水的 α 螺旋结构，不带电荷的疏水性氨基酸残基组成螺旋的非极性面，而带电荷的亲水性氨基酸残基组成螺旋的极性面。这种双性 α 螺旋结构有利于载脂蛋白与脂质的结合，而且还能稳定脂蛋白的结构。载脂蛋白可分为两类：一类是镶嵌于外壳结合紧密的内在载脂蛋白，在血液运输和代谢过程中彼此不脱离脂蛋白分子，如 VLDL 和 LDL 中的 ApoB 100；另一类是于外壳结合较松散的外周载脂蛋白，在血液运输和代谢过程中它们可在不同脂蛋白之间穿梭，促进脂蛋白的代谢，如载脂蛋白 E 和载脂蛋白 C。脂蛋白的基本结构见图 9-5。

图 9-5 血浆脂蛋白的结构

（四）血浆脂蛋白的功能和代谢

不同血浆脂蛋白合成的部位不同，功能不同，代谢过程也不同（图 9-6）。

1. 乳糜微粒

（1）CM 的合成 CM 功能是运输外源性三酰甘油。CM 在小肠上皮细胞中合成，其特点是含有 80% ~95% 脂肪，而蛋白质含量很少。食物中脂肪被消化吸收的单酰甘油和脂肪酸，在小肠黏膜细胞中再重新合成三酰甘油，连同合成和吸收的磷脂、胆固醇及 ApoB 48、ApoA Ⅰ、ApoA Ⅱ、ApoA Ⅳ 等形成新生的 CM，经淋巴管进入血液。ApoB 48 是合成 CM 所必需的载脂蛋白，其含量多少与摄入食物中的三酰甘油含量有关。由于乳糜微粒的颗粒半径较大，能使光散射而呈现乳浊，因此饱餐后会出现血清浑浊。

（2）CM 的降解 新生的 CM 进入血液后，在血液循环中 CM 主要经历两方面的变化：一是从 HDL 分子中获得 ApoC 及 ApoE，同时将部分 ApoA Ⅰ、ApoA Ⅱ、ApoA Ⅳ 转移给 HDL，形成成熟 CM；二是成熟 CM 中获得的 ApoC Ⅱ 能激活存在于肌肉、骨骼肌及脂肪等组织中毛细血管壁内皮细胞表面的脂蛋白脂肪酶。LPL 催化 CM 中三酰甘油和磷脂水解，生成甘油、脂肪酸及溶血磷脂等，被各组织吸收利用。在 LPL 作用下，CM 内核 90% 以上的三酰甘油被水解，其表面的磷脂、胆固醇及 ApoA Ⅰ、ApoA Ⅱ、ApoA Ⅳ、ApoC 及磷脂、胆固醇等脱离 CM，转移到 HDL 上，形成新生的 HDL。CM 颗粒逐渐变小，最终成为富含 ApoB 48、ApoE 和胆固醇酯的 CM 残余颗粒，与肝细胞膜上的 ApoE 受体结合后，进入肝细胞降解。其代谢过程见图 9-6a。

图 9-6 各类脂蛋白代谢

a. CM 代谢 　b. VLDL 及 LDL 代谢 　c. HDL 代谢

正常人 CM 在血浆中代谢十分迅速，半衰期仅 5～15 分钟，饭后 12～14 小时血浆中不再含有 CM。若在空腹血浆中存有明显的 CM，表示有血浆脂蛋白的异常。

2. 极低密度脂蛋白

（1）VLDL 的合成　VLDL 功能是运输内源性三酰甘油。VLDL 主要在肝细胞中合成，有小部分在小肠黏膜细胞合成。其特点是含有 50%～70% 脂肪，而蛋白质含量也很少。肝细胞可利用葡萄糖或食物来源的以及脂肪动员释出的脂肪酸作为原料合成的三酰甘油，再与磷脂、胆固醇及 ApoB 100、ApoE 等形成新生 VLDL。其中胆固醇来自 CM 残余颗粒及肝脏自身合成，ApoB 100 全部由肝脏合成，肝脏合成的 VLDL 分泌后经肝静脉进入血液。

（2）VLDL 的降解　VLDL 入血后，亦从 HDL 分子获得 ApoC 和 ApoE，形成成熟的 VLDL，然后 ApoC II 激活肝外组织血管内皮表面的 LPL，LPL 催化 VLDL 中的三酰甘油水解释放出甘油和脂肪酸，供组织吸收利用，同时 VLDL 颗粒表面的磷脂、胆固醇及 ApoC 向 HDL 转移，而 HDL 的胆固醇酯向 VLDL 转移。在此过程中，VLDL 颗粒逐渐变小，密度逐渐增大，形成富含 ApoB 100 及 ApoE 的中间密度脂蛋白（IDL），一部分 IDL 与肝细胞膜 ApoE 受体结合而进入肝细胞代谢，在肝细胞脂肪酶（HTCL）催化下水解三酰甘油和磷脂，另一部分未被肝细胞摄取的 IDL 则进一步被 LPL 催化水解其三酰甘油，同时将其表面多余的 ApoE 转移给 HDL，最后仅剩下 ApoB 100，IDL 转变成 LDL 继续代谢（图 9-6b）。因此 IDL 是 VLDL 的代谢产物，同时也是 LDL 的前体。VLDL 在血中的半衰期为 6～12 小时。

当血液经过脂肪组织、肝、肌肉等组织毛细管时，经管壁的脂蛋白脂肪酶的作用，使乳糜微粒和极低密度脂蛋白中的脂肪水解成脂肪酸和甘油，这些水解产物的大部分进入细胞，被氧化或重合成脂肪而储存。这种作用进行得很快，所以正常人空腹血浆几乎不易检出乳糜微粒，而且极低密度脂蛋白也很少。

3. 低密度脂蛋白

（1）LDL 的合成　LDL 功能是转运肝脏合成的内源性胆固醇至肝外。LDL 的合成途径有两条：①在血浆中由 VLDL 转变而来的；②有小部分在肝脏合成后直接分泌到血液中。其特点是胆固醇的含量约占 50%，其中 2/3 左右为胆固醇酯。

（2）LDL 的降解　血浆中 2/3 LDL 代谢主要通过 LDL 受体途径被全身各组织细胞摄取利用。体内各组织细胞膜表面广泛分布 LDL 受体，其中以肝、肾上腺皮质、卵巢和睾丸等组织的 LDL 受体数量较多，代谢 LDL 的能力也较强，而有一半在肝脏降解。该受体能特异地识别并结合含 ApoB 100 或 ApoE 的脂蛋白，故又称 ApoB、ApoE 受体。当血浆 LDL 与受体结合后，在质膜聚集形成内吞泡进入细胞，在内吞泡中经膜 H^+ – ATPase 作用，pH 降低酸化，使 LDL 与受体分离并与溶酶体融合。在各种溶酶体水解酶、胆固醇酯酶的作用下，ApoB 100 被水解为氨基酸，胆固醇酯被水解为游离胆固醇和脂肪酸。释出的游离胆固醇可被细胞利用，具有重要的生理功能和调节作用：①构成、更新细胞膜的重要成分；②合成类固醇激素；③抑制内质网 HMG – CoA 还原酶的活性，降低胆固醇的合成；④从转录水平抑制 LDL 受体的基因表达，使 LDL 的摄入减少；⑤激活内质网脂酰 CoA 胆固醇脂酰转移酶（acyl CoA cholesterol acyltransferase，ACAT），胆固醇酯合成增加并储存于细胞质。如果 LDL 受体缺陷，VLDL 残粒不能经肝脏 LDL 受体识别进行代谢，只能转变成 LDL，使血浆中 LDL 浓度增加（图 9 – 6b）。另外，血浆中剩余的 1/3 LDL 亦可被单核 – 吞噬细胞系统中的巨噬细胞及血管内皮细胞清除。这两类细胞膜表面具有清道夫受体（scavenger receptor，SR），可与修饰 LDL 结合而摄取，清除血浆中的修饰 LDL。LDL 在血浆中的半衰期为 2~4 天。

血浆中 LDL 水平与动脉粥样硬化呈明显的正相关，因此 LDL 被认为是导致动脉粥样硬化的危险因子。

4. 高密度脂蛋白

（1）HDL 的合成　HDL 功能是将胆固醇从肝外组织逆向转运至肝脏代谢。HDL 主要在肝脏合成，其次在小肠亦可合成。刚从细胞内合成分泌的 HDL 或由 CM 和 VLDL 代谢水解后形成的 HDL 均称为新生 HDL，主要由磷脂、游离胆固醇和 ApoA、ApoC、ApoE 等组成，呈圆盘状磷脂双层结构。新生的 HDL 进入血液后，在 LCAT 的作用下，其颗粒表面磷脂酰胆碱第 2 位脂酰基转移至胆固醇分子的 C_3 羟基上，生成溶血磷脂酰胆碱和胆固醇酯，新生成的胆固醇酯再转移到圆盘状 HDL 双脂层核心内部，形成内核，同时其表面的 ApoC 和 ApoE 又移到 CM 和 VLDL 上。此过程所消耗的磷脂酰胆碱和游离胆固醇可不断从细胞膜、CM 和 VLDL 处得到补充。随着 LCAT 反复作用，进入 HDL 内核的逐渐增多，使磷脂双层伸展分离，新生的双层盘状 HDL 逐渐转变为单脂层球状成熟 HDL。

（2）HDL 的降解　主要在肝脏降解，成熟 HDL 可被肝细胞膜上的 HDL 受体结合和摄取，完成了胆固醇由肝外向肝内转运，与 LDL 转运胆固醇的方向相反。肝细胞中胆固醇酯水解生成的胆固醇大部分转变为胆汁酸，后者通过胆汁分泌发挥乳化作用。此外，HDL 内核的胆固醇酯在血浆胆固醇酯转运蛋白（cholesleryl ester transport protein，CETP）的作用下，转移给 VLDL 和 LDL，再通过 IDL 及 LDL 被肝脏最后清除（图 9 – 6c）。HDL 在血浆中的半衰期为 3~5 天。

综上所述，HDL 在代谢中，HDL 在 LCAT、ApoA I 和其他蛋白质的作用下，可将肝外组织、其他血浆脂蛋白颗粒以及动脉壁中的胆固醇逆向转运到肝脏代谢转化或排出体外，阻止了游离胆固醇在动脉壁等组织的沉积，维持细胞内胆固醇的相对恒定，从而防止动脉粥样硬化的发生发展，因而有对抗动脉粥样硬化的作用。

（五）血浆脂蛋白与代谢紊乱

血浆脂蛋白与代谢有着密切关系，血浆脂蛋白异常会造成代谢性疾病，如高脂血症、心脑血管疾病、动脉粥样硬化、肥胖症，详见第十六章第三节三、脂质代谢疾病。

第三节　脂肪的分解代谢

体内脂肪可来自食物，也可由糖与蛋白质转化合成。脂肪分解代谢是机体能量来源的重要手段。在脂肪分子中氢原子及碳原子所占的比例比糖高得多，而氧原子则相对很少，所以同样质量的脂肪和糖完全氧化分解生成 CO_2 和 H_2O 时，脂肪所需的氧就比糖多，氧化磷酸化亦进行得较多，因而释放的能量也较糖的多。正因为脂肪分子中含氧少，必须要有充足的氧供应才能进行，缺氧即受阻，这和糖可以在无氧条件下进行分解（酵解）是不同的。

一、脂肪的氧化分解

体内各组织细胞除了成熟的红细胞外，几乎都具有水解脂肪并氧化分解利用其水解产物的能力。一般情况下，脂肪在体内氧化时，首先在脂肪酶的催化下，水解成脂肪酸和甘油，然后再分别进行氧化分解。

$$R_2-\overset{O}{\overset{\|}{C}}-O-\overset{CH_2-O-\overset{O}{\overset{\|}{C}}-R_1}{\underset{CH_2-O-\overset{O}{\overset{\|}{C}}-R_3}{\overset{|}{C}H}} + 3H_2O \xrightarrow{\text{脂肪酶}} \underset{CH_2OH}{\overset{CH_2OH}{HOC-H}} + \underset{R_3COOH}{\overset{R_1COOH}{R_2COOH}}$$

三酰甘油　　　　　　　　　甘油　　脂肪酸

二、甘油的氧化分解

甘油既可来自脂肪组织的脂肪动员，也可来自血浆中的脂蛋白脂肪酶对三酰甘油的水解，甘油扩散入血后随血液循环运至肝、肾和肠等组织细胞进一步氧化分解，甘油经甘油激酶（glycerokinase）的催化，消耗 ATP，生成甘油–3–磷酸。在这些组织细胞中甘油激酶活性较高，是甘油代谢的主要器官。骨骼肌和脂肪细胞中此酶的活性很低，故不能很好地利用甘油。

甘油–3–磷酸可在甘油–3–磷酸脱氢酶的催化下转变成为磷酸二羟丙酮。脱下的氢可使该酶的辅酶 NAD^+ 还原为 $NADH + H^+$。磷酸二羟丙酮是糖代谢的重要中间物质。通过磷酸甘油与磷酸二羟丙酮的可逆转变，可经糖的分解代谢途径继续氧化分解并释放能量，或甘油可经糖异生途径转变为糖或糖原，糖也可转变为甘油和脂肪酸，进而合成为脂肪。

$$\underset{CH_2OH}{\overset{CH_2OH}{HO-CH}} \xrightarrow[\substack{\text{甘油激酶}\\ \text{（肝、肾、肠）}}]{ATP \quad ADP} \underset{CH_2O-\textcircled{P}}{\overset{CH_2OH}{HO-CH}} \xrightarrow[\text{甘油–3–磷酸脱氢酶}]{NAD^+ \quad NADH+H^+} \underset{CH_2O-\textcircled{P}}{\overset{CH_2OH}{C=O}}$$

糖酵解 → 乳酸
糖异生 → 糖或糖原

甘油–3–磷酸　　　　　　　磷酸二羟丙酮

三、脂肪酸的 β – 氧化

脂肪酸是人体重要的能源物质之一。在供氧充足的条件下，脂肪酸在体内可分解成 CO_2 和 H_2O 水并释放出大量能量。除脑组织外，大多数组织都能氧化利用脂肪酸，但以肝脏和肌肉组织最活跃。

（一）脂肪酸的活化——脂酰 CoA

脂肪酸进行氧化分解前必须活化。脂肪酸转变为脂酰 CoA 的过程称为脂肪酸的活化。活化过程在线粒体外进行。位于内质网或线粒体外膜上的脂酰 CoA 合成酶（acyl – CoA synthetase）在 ATP、HSCoA 及 Mg^{2+} 存在的条件下，催化脂肪酸活化，形成脂酰 CoA，这也是脂肪酸氧化分解中惟一消耗 ATP 的反应。

$$脂肪酸+ATP+HSCoA \xrightarrow[Mg^{2+}]{脂酰CoA合成酶} 脂酰CoA+AMP+PPi$$

生成的脂酰 CoA 不仅含有高能硫酯键，而且增加了水溶性，从而使脂肪酸的代谢活性明显提高。反应过程中生成的焦磷酸（PPi）迅速被细胞内的焦磷酸酶水解，阻止了逆向反应的进行。1 分子脂肪酸。虽然仅消耗了 1 分子 ATP，但实际消耗了 2 分子高能磷酸键，这在计算脂肪酸氧化分解产能时应予注意。

（二）脂酰 CoA 进入线粒体

脂肪酸的活化在细胞质中进行，而催化脂肪酸氧化的酶系则存在于线粒体基质内，因此，活化的脂酰 CoA 必须进入线粒体内才能进行氧化分解，但其不能直接通过线粒体内膜，需要一种特定的转运载体，才能转运至线粒体内膜。这个载体是肉碱（carnitine，L – 3 – 羟基 – 4 – 三甲基铵丁酸）。

$$CH_3-\overset{\overset{\displaystyle CH_3}{|}}{\underset{\underset{\displaystyle CH_3}{|}}{N}}{}^+-CH_2-\underset{\underset{\displaystyle OH}{|}}{CH}-CH_2-\overset{\overset{\displaystyle O}{\|}}{C}-O^-$$

L-3-羟基-4-三甲基铵丁酸（肉碱）

肉碱通过其羟基与脂酰基连接成酯，生成的脂酰肉碱很容易通过线粒体内膜。线粒体内膜的两侧都存在肉碱脂酰转移酶（carnitine acyl transferase，CAT）。位于线粒体内膜外侧面的为肉碱脂酰转移酶 I（CAT I），催化脂酰 CoA 与肉碱生成脂酰肉碱，后者借助线粒体内膜的肉碱 – 脂酰肉碱移位酶（carnitine acylcarnitine translocase）的作用下，通过内膜进入线粒体基质。此移位酶实际上是线粒体内膜转运肉碱及脂酰肉碱的载体，它将 1 分子脂酰肉碱转运入线粒体基质的同时又将 1 分子肉碱转运到线粒体内膜的外侧。进入线粒体内的脂酰肉碱，则在位于线粒体内膜内侧面的肉碱脂酰转移酶 II（CAT II）的作用下，转变为脂酰 CoA 并释放肉碱，脂酰 CoA 即可在线粒体基质中酶体系的作用下，进行 β – 氧化（图 9 –7）。

CAT I 与 CAT II 属于同工酶，其中 CAT I 为脂肪酸 β – 氧化的限速酶。在饥饿、高脂低糖膳食及糖尿病等时，体内糖的氧化利用降低，此时，CAT I 的活性增高，脂肪酸氧化增强。相反，饱食后脂肪酸合成加强，丙二酸单酰 CoA 含量增加，抑制 CAT I 活性，使脂肪酸的氧化被抑制。

图 9-7 脂酰 CoA 进入线粒体的转运机制

（三）β-氧化的反应过程

脂酰 CoA 进入线粒体后逐渐进行氧化分解，由于氧化发生在脂酰基的 β-碳原子上，故称为 β-氧化（β-oxidation）。脂酰 CoA 经脱氢、加水、再脱氢、硫解 4 步连续反应，β-氧化是体内脂肪酸氧化的主要形式。

1. 脱氢 脂酰 CoA 在脂酰 CoA 脱氢酶催化下，α-碳原子和 β-碳原子上各脱去 1 个氢原子，生成 Δ^2-烯脂酰 CoA，脱下的 2H 由 FAD 接受生成 $FADH_2$。

$$RC_\gamma H_2 C_\beta H_2 C_\alpha H_2 COSCoA \xrightarrow{\quad FAD \quad FADH_2 \quad} RC_\gamma H_2 C_\beta \overset{H}{=} C_\alpha \underset{H}{} COSCoA$$

脂酰 CoA　　　　　　　　　　　　　烯脂酰 CoA（反式）

2. 加水 Δ^2-烯脂酰 CoA 在 Δ^2-烯脂酰水解酶的催化下，加水生成 L（+）-β-羟脂酰 CoA。

$$RC_\gamma H_2 C_\beta \overset{H}{\underset{H}{=}} C_\alpha COSCoA \xrightarrow{\quad H_2O \quad} RC_\gamma H_2 C_\beta \overset{OH}{\underset{H}{|}} C_\alpha H_2 COSCoA$$

烯脂酰 CoA（反式）　　　　　　　　　L(+)-β-羟脂酰 CoA

3. 再脱氢 L（+）-β-羟脂酰 CoA 在 β-羟脂酰 CoA 脱氢酶的催化下，在 β-碳原子上脱去 2 个氢原子，生成 β-酮脂酰 CoA，脱下的 2H 由 NAD 接受生成 NADH + H^+。

$$RC_\gamma H_2 C_\beta \overset{OH}{\underset{H}{|}} C_\alpha H_2 COSCoA \xrightarrow{\quad NAD^+ \quad NADH+H^+ \quad} RC_\gamma H_2 C_\beta \overset{O}{\parallel} C_\alpha H_2 COSCoA$$

L(+)-β-羟脂酰 CoA　　　　　　　　　　β-酮脂酰 CoA

4. 硫解 β-酮脂酰 CoA 在 β-酮脂酰 CoA 硫解酶的催化下，加入 1 分子 HSCoA 参与反应，使碳链从 α-碳原子与 β-碳原子之间断裂，生成 1 分子乙酰 CoA 和 1 分子比原来少 2 个碳原子的脂酰 CoA。

$$RC_\gamma H_2 C_\beta C_\alpha H_2 COSCoA \xrightarrow[\qquad HSCoA \qquad]{} RC_\gamma H_2 C_\beta OSCoA$$

$$C_\alpha H_2 COSCoA$$

β-酮脂酰 CoA   脂酰 CoA (比原来少 2 个碳原子)

新生的脂酰 CoA 可继续重复进行脱氢、加水、再脱氢、硫解反应，最终将脂酰 CoA 全部分解为乙酰 CoA 为止。脂肪酸 β-氧化过程见图 9-8。

图 9-8　脂肪酸 β-氧化过程

（四）乙酰 CoA 的彻底氧化

脂肪酸 β-氧化生成的乙酰 CoA 在线粒体中进入三羧酸循环被彻底氧化生成二氧化碳和水并释放出大量能量。此外，乙酰 CoA 还可作为合成酮体、脂肪酸、胆固醇等物质的原料。

（五）脂肪酸 β-氧化的能量计算

脂肪酸 β-氧化是体内重要的能量来源。以 1 分子 16 碳的软脂酸为例，其氧化的总反应式如下。

$$CH_3(CH_2)_{14}CO \sim SCoA + 7HSCoA + 7FAD + 7NAD^+ + 7H_2O \longrightarrow 8CH_3CO \sim SCoA + 7FADH_2 + 7NADH + 7H^+$$

软脂酰 CoA 共进行 7 次 β - 氧化，分解生成 8 分子乙酰 CoA、7 分子 FADH$_2$、7 分子 NADH + H$^+$，每分子乙酰 CoA 通过三羧酸循环氧化可产生 12 分子 ATP。因此，1 分子软脂酸彻底氧化总共生成 $(7 \times 2) + (7 \times 3) + (8 \times 12) = 131$ 个 ATP。减去脂肪酸活化时消耗的 2 个高能磷酸键（相当于 2 分子 ATP），净生成 129 分子 ATP（或 129 分子 ATP $\times 51.6 = 6656$kJ/mol）。

软脂酸相对分子质量为 256，其彻底氧化生成 129 分子 ATP，而葡萄糖相对分子质量为 180，其彻底氧化生成 36 或 38 分子 ATP。相比较可见脂肪酸氧化产能比葡萄糖多得多。

1 分子软脂酸在体外氧化成 CO$_2$ 和 H$_2$O 所释放的能量为 9791kJ，故其能量利用率为 68% [（6656/9791）$\times 100\%$]，其余以热能形式散发。若按细胞内反应物和产物的实际浓度运算，这个过程中能量的回收率超过 80%，表明人体能十分有效地利用脂肪酸氧化提供的能量。

（六）脂肪酸 β - 氧化的生理意义

1. 脂肪酸的彻底氧化为机体提供能量 脂肪酸的彻底氧化可为机体生命活动提供能量，其供能效率比糖的氧化还高。例如软脂酸（16 碳）经氧化彻底分解可净生成 129 分子 ATP。这说明脂肪酸是体内有效供能和贮能的物质。除脑组织外，大多数组织均能以这种方式氧化脂肪供能，其中肝和肌肉最强。

2. β - 氧化的终产物乙酰 CoA 的去路 β - 氧化的终产物乙酰 CoA 除了可以氧化产生能量供机体需要外，还可作为合成酮体、脂肪酸、胆固醇等物质的原料。

3. β - 氧化产生的水的去路 β - 氧化过程产生大量的水可供陆生动物体内物质代谢时对水的需求。

四、奇数碳脂肪酸的氧化

大多数哺乳动物组织中奇数碳原子的脂肪是罕见的，但在反刍动物，如牛、羊中，奇数碳链脂肪酸氧化提供的能量相当于它们所需能量的 25%。人体脂肪也含有少量的奇数碳原子脂肪酸，奇数碳原子的脂肪酸也像偶数碳原子的脂肪酸一样进行 β - 氧化，它们经 β - 氧化后除生成乙酰 CoA 外，还会生成 1 分子丙酰 CoA。如具有 17 个碳的直链脂肪酸可经正常的 β - 氧化途径，产生 7 个乙酰 CoA 和 1 个丙酰 CoA。另外，缬氨酸、异亮氨酸和甲硫氨酸等支链氨基酸氧化降解亦可产生丙酰 CoA。丙酰 CoA 经 β - 氧化及异构酶的作用可转变为琥珀酰 CoA，进入三羧酸循环氧化分解或经糖异生途径转变成糖。

丙酰 CoA 的氧化途径经 3 步酶促反应转化为琥珀酰 CoA（图 9 - 9）。①丙酰 CoA 在丙酰 CoA 羧化酶（propionyl - CoA carboxylase）（生物素作为辅酶）的催化下，与 HCO$_3^-$（提供 CO$_2$）结合 ATP 供能而生成 D - 甲基丙二酰 CoA；②甲基丙二酰 CoA 差向异构酶（methylmalonyl - CoA epimerase）催化 D - 甲基丙二酰 CoA 转化为 L - 甲基丙二酰 CoA；③最后一步的反应在甲基丙二酰 CoA 变位酶（methylmalonyl - CoA mutase）（腺苷钴胺素为辅因子）催化下，发生一个少见的羰基 CoA 基团转移到甲基并置换一个氢的反应，而生成琥珀酰 CoA，产物琥珀酰 CoA 可以进入三羧酸循环又可转换成草酰乙酸，由于草酰乙酸可用作糖异生的底物，因此，来自奇数碳脂肪酸的丙酰基可以净转化为葡萄糖（参见第八章）。

丙酰 CoA

$$CH_3—CH_2—C(=O)—S—CoA$$

丙酰 CoA 羧化酶

HCO_3^-
ATP
生物素
$AMP+PPi$

D-甲基丙二酰 CoA

甲基丙二酰 CoA
差向异构酶

L-甲基丙二酰 CoA   辅酶维生素 B_{12} 琥珀酰 CoA

甲基丙二酰 CoA
变位酶

图 9 - 9 丙酰 CoA 转化为琥珀酰 CoA 的反应过程

五、不饱和脂肪酸的氧化

$$CH_3(CH_2)_7C=C—CH_2(CH_2)_6C(=O)\sim SCoA$$
油酰基 CoA

β-氧化·3 次循环

$$CH_3(CH_2)_7C=C—CH_2—C(=O)\sim SCoA + 3CH_3C\sim SCoA$$
Δ^3-顺-十二烯酰 CoA

烯酰 CoA 异构酶

$$CH_3(CH_2)_7CH_2—C=C—C(=O)\sim SCoA$$
Δ^2-反-十二烯酰 CoA

烯酰 CoA 水化酶

$$CH_3(CH_2)_7CH_2—C(OH)H—CH_2—C(=O)\sim SCoA$$

再开始 β-氧化

$$6CH_3C(=O)\sim SCoA$$

图 9 - 10 不饱和脂肪酸的氧化过程

脂肪组织中的各种不饱和脂肪酸约占 3/4。不饱和脂肪酸与饱和脂肪酸氧化基本相似，均在线粒体内进行 β - 氧化而降解，但前者还需要另外两个酶：一个是异构酶，一个是差向异构酶。如油酰基 CoA（oleoyl - CoA）的降解与硬脂酰 CoA 的降解在 β - 氧化的最初 3 步轮回中是完全相同的。其不相同之处在于，饱和脂肪酸 β - 氧化过程中生成的脂酰基 CoA 为 Δ^2 - 反式烯脂酰 CoA，而天然不饱和脂肪酸分子中含有一个或多个双键，这些双键均为顺式（cis）构型，在 β - 氧化过程中其油酰基 CoA 生成 Δ^3 - 顺式十二烯酰 CoA，Δ^3 - 顺式十二烯酰 CoA 要继续进行 β - 氧化，必须转化为 Δ^2 - 反式（trans）构型。线粒体内存在有特异的 Δ^3 - 顺式→Δ^2 - 反式烯脂酰 CoA 异构酶，能够催化 Δ^3 - 顺式转化为 Δ^2 - 反式构型，再继续进行 β - 氧化。油酰基 CoA 的氧化过程见图 9 - 10。

六、酮体的生成和利用

酮体（ketone bodies）是乙酰乙酸（acetoacetate）、β - 羟丁酸（β - hydroxybutyrate）及

丙酮（acetone）3 种有机化合物的总称。其中以 β – 羟丁酸最多，约占酮体总量的 70%，乙酰乙酸占 30%，而丙酮的量极微。酮体是脂肪酸在肝脏氧化分解的正常产物，因肝脏中有活性较强的合成酮体的酶系，但其在肝内不能进一步氧化分解需转运至肝外彻底氧化利用。若肝内生成超过肝外组织利用的能力，则可能形成酮血症、酮尿症和酮症酸中毒。

（一）酮体的生成过程

酮体在肝细胞线粒体内合成，原料是脂肪酸 β – 氧化产生的乙酰 CoA，合成过程如下。

1. 乙酰乙酰 CoA 的生成 2 分子乙酰 CoA 在硫解酶（thiolase）的作用下，缩合生成乙酰乙酰 CoA，并释放出 1 分子的 HSCoA。

2. HMG – CoA 的生成 乙酰乙酰 CoA 在 β – 羟基 – β – 甲基戊二酸单酰 CoA 合酶（β – hydroxy – β – methyl glutaryl – CoA synthase）作用下，再与 1 分子乙酰 CoA 缩合生成 β – 羟基 – β – 甲基戊二酸单酰 CoA（β – hydroxy – β – methyl glutaryl – CoA，HMG – CoA），并释放出 1 分子的 HSCoA。

3. 酮体的生成 HMG – CoA 在裂解酶（lyase）的作用下，裂解生成乙酰乙酸和 1 分子乙酰 CoA。因为肝脏同时具有 HMG – CoA 合酶和 HMG – CoA 裂解酶，所以合成酮体是肝脏特有的功能。

4. 乙酰乙酸还原为 β – 羟丁酸 乙酰乙酸在线粒体内膜 β – 羟丁酸脱氢酶（β – hydroxy butyrate dehydrogenase）的作用下，还原生成 β – 羟丁酸，反应所需的氢由 $NADH + H^+$ 提供，还原速度取决于线粒体内 $NADH/NAD^+$ 的值。

5. 丙酮的形成 部分乙酰乙酸可自发脱羧生成少量的丙酮（图 9 – 11）。

图 9 – 11 酮体的生成

肝脏线粒体内含有各种合成酮体的酶系，尤其是 HMG – CoA 合酶是合成酮体的关键酶。但肝内却缺乏氧化酮体的酶系，因此肝脏不能利用酮体，酮体合成在肝内合成后，必须通过血液运输至肝外组织氧化分解。

（二）酮体的利用

肝外许多组织，特别是心肌、骨骼肌及脑和肾等组织具有活性很强的利用酮体的酶系，如琥珀酰 CoA 转硫酶、乙酰乙酸硫激酶及乙酰乙酰 CoA 硫解酶，在这些酶的作用下，乙酰乙酸被活化成为乙酰乙酰 CoA，然后在硫解酶作用下分解成 2 分子乙酰 CoA，后者进入三羧酸循环彻底氧化成 CO_2 和 H_2O，并释放出大量能量。（图 9 - 12）

图 9 - 12 酮体的氧化利用

1. 琥珀酰 CoA 转硫酶 主要存在于心、肾、脑和骨骼肌的线粒体中，当琥珀酰 CoA 存在时，在此酶的催化下，使乙酰乙酸活化生成乙酰乙酰 CoA 和琥珀酸。

2. 乙酰乙酸硫激酶 主要存在于肾、心、脑组织中，在此酶的催化下，通过消耗 ATP 直接使乙酰乙酸与 HSCoA 结合生成乙酰乙酰 CoA。

3. 乙酰硫解酶 乙酰乙酰 CoA 和 HSCoA 在此酶的催化下，生成 2 分子乙酰 CoA。

4. β - 羟丁酸脱氢酶 此酶以 NAD^+ 为辅酶，催化 β - 羟丁酸脱氢生成乙酰乙酸，然后再转变为乙酰 CoA 被进一步氧化分解。

此外，部分丙酮可在一系列酶作用下，可转变为丙酮酸或乳酸，进而异生成糖。这是脂肪酸的碳原子转变成糖的一个途径。

总之，肝脏是生成酮体的器官，但不能利用酮体；肝外组织不能生成酮体，却可以利用酮体。

（三）酮体生成的生理意义

（1）酮体是脂肪在肝内正常的中间代谢产物，是肝脏输出能源的一种形式。

（2）酮体溶于水，分子小，能通过血 - 脑屏障及肌肉毛细血管壁，是肌肉尤其是脑组织的重要能源。

（3）脑组织不能氧化脂肪酸，却有较强的利用酮体的能力。

（4）长期饥饿和糖供应不足时，酮体可以代替葡萄糖成为脑组织及肌肉组织的主要能源。

（5）酮体生成超过肝外组织利用的能力时引起血中酮体升高，严重时可导致酮血症、酮症酸中毒，尿中出现酮体称酮尿症。

（四）酮体生成的调节

在正常代谢中，酮体的合成和利用受到调节，处于平衡状态。

1. 激素的影响 饱食后，胰岛素分泌增加，脂解作用受抑制，脂肪动员减少，进入肝脏的脂肪酸减少，因此，使酮体的生成量减少。而在饥饿时，胰高血糖素等脂解激素分泌增加，使脂肪酸动员加强，血中游离脂肪酸浓度升高，使肝脏摄取游离脂肪酸增加，有利于脂肪酸的 β – 氧化和酮体的生成。

2. 饱食和饥饿的影响　进入肝细胞的游离脂肪酸主要有 2 条去路：一条是在细胞质中酯化合成三酰甘油和磷脂；另一条是进入线粒体内进行 β – 氧化，生成乙酰 CoA 和酮体。饱食及糖供应充足时，肝糖原丰富，糖代谢旺盛，此时进入肝细胞的脂肪酸主要与甘油 – 3 – 磷酸反应生成三酰甘油和磷脂。而饥饿或糖供应不足时，糖代谢减慢，甘油 – 3 – 磷酸和 ATP 不足，脂肪酸的酯化减少，主要在线粒体内进行 β – 氧化，酮体的生成也增多。

3. 丙二酰 CoA 控制脂酰 CoA 进入线粒体的速率　饱食后糖氧化分解所生成的乙酰 CoA 及柠檬酸能激活乙酰 CoA 羧化酶，促进丙二酰 CoA 的合成。而后者能竞争性地抑制肉碱脂酰转移酶 I 的活性，从而阻止脂酰 CoA 进入线粒体内进行 β – 氧化。

从上述可见，脂肪酸的氧化及酮体生成受多个环节的影响。

（五）酮血症、酮尿症与酮症酸中毒

在正常情况下，糖供应充足，生物体主要依靠糖有氧氧化供能，脂肪动员较少，酮体合成也较少，并且很快地被肝外组织摄取利用，所以血液中仅含有少量酮体，0.03 ~ 0.5mmol/L（0.3~5mg/dl）。

1. 酮血症　在饥饿、糖尿病、高脂低糖膳食时，脂肪动员增加，酮体生成增加，如果超过肝外组织利用酮体的能力时，将导致血中酮体含量异常升高，称为酮血症（ketonemia）。

2. 酮尿症　发生酮血症的同时，在尿中也可出现大量酮体的现象，称为酮尿症（ketonuria）。

3. 酮症酸中毒　酮体中乙酰乙酸和 β – 羟丁酸（约占酮体总量的 99% 以上）都是酸性较强的有机酸，当血中酮体过高时，易使血液 pH 下降导致酸中毒，称为酮症酸中毒。酮症酸中毒（ketoacidosis）是一种临床常见的代谢性酸中毒。治疗时除对症给予碱性药物外，糖尿病患者可给予胰岛素和葡萄糖，以纠正糖代谢紊乱，增加糖的氧化供能，减少脂肪动员和酮体的生成。

第四节　类脂的分解代谢

一、磷脂的分解代谢

磷脂是含有磷酸基的脂质，按化学组成不同可分为甘油磷脂和鞘磷脂两大类，甘油磷脂以甘油为基本结构，鞘磷脂以鞘氨醇为基本结构。体内含量最多的磷脂是甘油磷脂，且分布广泛。鞘磷脂主要分布在大脑和神经髓鞘中。

（一）磷脂的生理功能

1. 生物膜的基本成分　组成生物膜的不连续的流动双分子层，疏水性脂酰链朝向双分子层内侧区，亲水性磷脂酰衍生物取代基朝向双分子层外侧水相区，这种结构决定了生物膜的性质，决定了膜的一系列生物学功能。

2. 磷脂是脂蛋白的组成成分　磷脂与载脂蛋白位于脂蛋白分子表面，而疏水部分朝向核心，将三酰甘油、胆固醇不溶于水的物质包裹在核心，形成溶于水的脂蛋白颗粒，使脂蛋白在血液中具有运输脂质物质的功能。

3. 合成第二信使的原料 磷脂衍生物肌醇三磷酸是某些激素的第二信使。

4. 组成肺泡表面的活性物质 二软脂酰磷脂酰胆碱（二软脂酰卵磷脂）是肺泡表面的活性物质中的主要脂质，对于维持肺泡正常呼吸功能是非常重要的。

5. 组成神经鞘磷脂 神经鞘磷脂是神经髓鞘的组成成分，神经髓鞘能防止神经冲动向周围神经纤维扩散，能保证神经冲动的定向传导。

（二）催化磷脂分解代谢的磷脂酶

体内磷脂的分解代谢由磷脂酶催化完成。在磷脂酶催化下大部分磷脂可逐步被水解生成脂肪酸、甘油、磷酸及胆碱、胆胺等，然后被吸收进入体内，小部分磷脂可不经过水解而包含在乳糜微粒中完整地被吸收。

参与磷脂水解的酶主要有磷脂酶 A、B、C 和 D 等，它们作用于磷脂中不同的化学键（图 9-13）。

图 9-13 磷脂酶对磷脂的水解

1. 磷脂酶 A_1 自然界分布广泛，主要存在于细胞的溶酶体中，此外蛇毒及某些微生物中亦有。它能催化甘油磷脂的第一位酯键断裂，产物为脂肪酸和溶血磷脂。

2. 磷脂酶 A_2 普遍存在于动物各组织细胞膜及线粒体膜内，能使甘油磷脂分子中第 2 位酯键水解，产物为溶血磷脂及不饱和脂肪酸（多为花生四烯酸），Ca^{2+} 为此酶的激活剂。溶血磷脂是各种甘油磷脂经水解脱去一个脂酰基后的产物，是一类具有较强表面活性的物质，能使红细胞及其他细胞膜破裂，引起溶血或细胞坏死。多种蛇毒中含有此酶。

3. 磷脂酶 B 催化溶血磷脂的第 1 或 2 位酯键水解，其产物为脂肪酸和甘油磷酸胆碱或甘油磷酸乙醇胺等。

4. 磷脂酶 C 存在于细胞膜及某些细菌中，特异水解甘油磷脂分子中第 3 位磷酸酯键，其结果是释放磷酸胆碱、磷酸乙醇胺、磷酸肌醇、磷酸丝氨酸等，并余下作用物分子中的其他组分。

5. 磷脂酶 D 主要存在于植物，动物脑组织中亦有，催化磷脂分子中磷酸与取代基团（如胆碱等）间的酯键水解，释放出取代基团。

（三）脂肪肝和抗脂肪肝药物

正常人肝脏中脂质含量约占肝重的 5%，其中磷脂约占 3%，而三酰甘油约占 2%。肝脏中合成的脂质是以脂蛋白的形式转运出肝脏的，其中所含的磷脂是合成脂蛋白不可缺少的材料，因此，当磷脂在肝脏中合成减少时，肝脏中脂肪不能顺利地运出，引起脂肪在肝中的堆积过多而形成脂肪肝（fatty liver），此时肝脏被脂肪细胞浸润，肝实质细胞脂肪化超过 30%，形成非功能性脂肪组织。脂肪肝所含脂质占肝重的 10% 以上，其中主要是三酰甘油。形成脂肪肝的主要原因有以下几点。

1. 肝脏三酰甘油来源过多 常见于三酰甘油或糖的摄入过多以及脂肪动员加强。高脂肪及高糖膳食时，进入肝脏的三酰甘油和脂肪酸增多；糖在体内吸收后产生的乙酰 CoA、甘油 – 3 – 磷酸、NADPH 和 ATP 多用于合成三酰甘油；糖尿病患者脂肪动员加强，血浆游离脂肪酸水平上升，肝内三酰甘油的合成速度超过了作为运载工具的脂蛋白的合成速度时，也会发生脂肪肝。

2. VLDL 形成障碍 VLDL 能将肝内三酰甘油转运至外周组织，其组成成分中所含磷脂对三酰甘油转运起重要作用。胆碱和胆胺摄入或合成不足及必需脂肪酸供给不足均可影响肝细胞卵磷脂和脑磷脂的合成，导致 VLDL 形成障碍，VLDL 形成比三酰甘油的合成慢，致使肝细胞内的三酰甘油不能正常运出而使含量升高，形成脂肪肝。

3. 肝功能障碍 肝功能障碍影响 VLDL 的合成与释放，也会形成脂肪肝。

甲硫氨酸是胆碱的合成原料，合成过程需要维生素 B_{12} 参与；胆碱或胆胺和 CTP 是卵磷脂或脑磷脂的合成原料。甲硫氨酸、维生素 B_{12}、胆碱、CTP 和卵磷脂等都能促进肝脏 VLDL 的形成，具有抗脂肪肝作用，因此，胆碱、胆胺、磷脂、甲硫氨酸等可作为抗脂肪肝药物。此外，维生素 B_{12} 和叶酸是转甲基作用的辅因子，是合成胆碱所必需的，它们和胆碱、甲硫氨酸及其他辅因子组成复合制剂，对抗脂肪肝更有利。抗脂肪肝药物又称趋脂药，除上述药物外，还有肌醇也有抗脂肪肝作用，可能是肌醇能合成肌醇磷脂，促进了脂蛋白的合成和脂质的转运，因而起到抗脂肪肝作用。还有多不饱和脂肪酸，也有抗脂肪肝的作用。

二、胆固醇的分解代谢

胆固醇是体内最丰富的类固醇化合物，既是生物膜的组成成分，又是许多重要生理活性物质的前体。胆固醇广泛存在于全身各组织中，其中约 1/4 分布在脑及神经组织中，占脑组织总重量的 2% 左右。肝、肾及肠等内脏以及皮肤、脂肪组织亦含较多的胆固醇，每 100g 组织中含 200 ~ 500g，以肝为多，而肌肉较少，肾上腺、卵巢等组织胆固醇含量可高达 1% ~ 5%，但总量很少。

（一）胆固醇的生理功能

（1）胆固醇与磷脂是组成各种生物膜结构的重要成分。生物膜结构中胆固醇均为游离胆固醇，深入到脂质双层的母核及侧链是疏水的，具有一定的刚性，限制了膜磷脂的流动，阻碍其形成晶体，使膜的相变温度范围变宽，即在含有大量不饱和脂肪酸膜的区域中，胆固醇则增加膜的流动性，从而保证膜在较低温度时的流动性及正常功能。

（2）胆固醇在肝中转变为胆汁酸盐，这是胆固醇在体内代谢的主要去路。胆汁酸盐随胆汁一同排入肠道促进脂质物质的消化吸收。

（3）胆固醇是合成类固醇激素的基本原料。类固醇激素的共同结构特点就是都带有固醇的母核，以胆固醇为合成原料。它包括盐皮质激素（如醛固酮）、糖皮质激素（如皮质醇、可的松）、性激素（雄激素、雌激素）等。

（4）胆固醇在体内还能被转变为维生素 D_3，促进钙和磷的吸收。

（二）胆固醇的来源和影响因素

机体胆固醇有两个来源：外源性摄取和内源性合成。所谓外源性胆固醇就是机体通过膳食摄入获得的胆固醇，约占体内胆固醇来源的大约1/3。正常膳食每天约提供0.3～0.5g胆固醇。

1. 膳食中胆固醇的来源 膳食中胆固醇的有无和含量高低直接影响机体对外源性胆固醇的摄取。

（1）膳食中的胆固醇全部来自于动物性食物，如动物内脏、动物脑髓、蛋黄、奶油等。植物性食物不含胆固醇，而含植物固醇如谷固醇和豆固醇等，植物固醇不但不被人体吸收利用，而且还能抑制胆固醇的吸收。

（2）不同动物性食物中胆固醇的含量相差很多，高低相差数百甚至数千倍。动物蛋白的营养价值一般高于植物蛋白，不同的动物性食物含胆固醇的多少也不尽相同。

（3）食物中的胆固醇多以游离胆固醇的形式存在，胆固醇酯仅占 10%～15%。胆固醇酯经胆汁酸盐乳化后，在胰腺分泌的胆固醇酯酶的作用下水解为游离胆固醇，吸收入小肠黏膜细胞，在小肠黏膜细胞约85%的游离胆固醇与脂肪酸再合成胆固醇酯，然后游离胆固醇及胆固醇酯与三酰甘油、磷脂和 ApoB 48、ApoC、ApoA I 、ApoA IV 一起形成乳糜微粒，经淋巴进入血液循环。未被吸收的食物胆固醇在肠腔被细菌还原为粪固醇排出体外。胆固醇在肠道的吸收率不高，仅占食物总量的 20%～30%。

2. 影响胆固醇吸收的因素 影响机体胆固醇吸收的因素是多样的。首先机体胆固醇的吸收显示有明显的个体差异，提示有遗传因素的存在，其次下述的一些环境因素也可以影响机体胆固醇的吸收。

（1）膳食中胆固醇的含量 肠道对胆固醇的吸收率随膳食中胆固醇的含量增加而降低。膳食中胆固醇含量越多，肠道吸收率越低，但吸收总量有所增加。一般情况下，外源性摄取的减少而机体内源性合成代偿性增强。

（2）植物固醇 植物固醇不仅本身难于吸收，而且可以竞争性地抑制胆固醇的吸收，因此增加膳食中植物固醇的含量有助于降低胆固醇的吸收。

（3）胆汁酸盐 胆汁酸盐既有促进脂质的乳化和增强胰胆固醇酯酶活性等作用，又有利于混合微团的形成。食物中不能被利用的纤维素、果胶等容易与胆汁酸盐形成复合物，降低胆汁酸盐的有效浓度和功能，所以也有助于降低胆固醇的吸收。

（4）膳食中脂肪的质和量 食物中脂肪能增加胆固醇的吸收。首先脂肪可以促进胆汁的分泌，有利胆固醇酯的水解和吸收；其次脂肪水解产物脂肪酸可为游离胆固醇的重新酯化提供必要的脂酰基，有利于乳糜微粒的形成。脂肪对胆固醇吸收的影响与脂肪酸的饱和度有关，增加膳食中多不饱和脂肪酸的含量或提高不饱和脂肪酸与饱和脂肪酸的比值能有效地降低血胆固醇的水平。

（5）药物及其他　一些药物如为阴离子交换树脂的考来烯胺（消胆胺），它们能与胆汁酸盐结合，形成不能再发挥作用和重吸收的复合物，能有效地减少胆固醇的吸收和胆汁酸的肠肝循环。肠道细菌能使胆固醇还原为不易被吸收的粪固醇，因此临床长期应用广谱抗生素的患者常能增加胆固醇的吸收。

（三）胆固醇在体内的转化和排泄

胆固醇在人体内不能分解成 CO_2 和 H_2O，也不能作为能源物质，除了构成生物膜和血浆脂蛋白的成分外，主要的代谢去路是转化成为具有重要生理活性的物质，调节代谢反应或随胆汁排出体外。

1. 转变为胆汁酸　体内 75% ~ 85% 胆固醇可在肝脏转变为胆汁酸（bile acid），胆汁酸再与甘氨酸或牛磺酸结合成结合胆汁酸（conjugated bile acid）。胆汁酸以钠盐或钾盐的形式存在，称为胆汁酸盐或胆盐。它们不仅在脂质和脂溶性维生素的消化吸收中发挥着重要作用，同时也是机体胆固醇最主要的排泄途径。促进胆固醇向胆汁酸的转化和排泄，是降低血胆固醇水平重要的可行途径之一。胆汁酸可抑制肝脏中胆固醇转化生成胆汁酸的限速酶 7α - 羟化酶。因此，胆汁酸回吸收则对肝 7α - 羟化酶有反馈抑制作用；相反，阻断胆汁酸回吸收则有利于解除对 7α - 羟化酶的抑制作用和促进胆汁酸的合成和排泄。一些激素可通过调节 7α - 羟化酶的活性影响胆汁酸合成。如甲状腺素虽能促进胆固醇的合成，但促进胆固醇转化为胆汁酸的能力更强，所以甲状腺功能亢进患者多伴有血胆固醇水平降低，而甲状腺功能低下患者多伴高胆固醇血症。而一些药物如考来烯胺是通过有效地阻断胆汁酸的回吸收，促进胆汁酸的合成和排泄，从而达到降低血胆固醇水平的目的。

2. 转变为类固醇激素　胆固醇在肾上腺皮质细胞内可转变为肾上腺皮质激素；在卵巢可转变为雌二醇、孕酮等雌激素；在睾丸可转变为睾酮等雄激素。

3. 转变为维生素 D_3　在肝脏及肠黏膜细胞内，胆固醇可转变成 7 - 脱氢胆固醇，后者储存于皮下，经紫外线照射后可转变成维生素 D_3。维生素 D_3 本身无生物活性，需经肝、肾的代谢转化才能生成有活性的 1,25 - 二羟维生素 D_3。1,25 - 二羟维生素 D_3 具有显著的调节钙、磷代谢的活性，能促进钙、磷的吸收，有利于骨骼的生成，故儿童适当地进行日光浴，对生长发育有促进作用（图 9 - 14）。

图 9 - 14　胆固醇的转化

4. 胆固醇的排泄　胆固醇在人体内不能彻底氧化，部分胆固醇在肝脏转变为胆汁酸，随胆汁分泌经胆道系统排入小肠，其大部分又被肠黏膜重吸收，经门静脉返回肝脏，再排泄至肠道，即构成所谓胆汁酸的"肠 - 肝循环"。最终只有少部分随粪便排出体外。此外，也有一部分胆固醇直接随胆汁或通过肠黏膜排入肠道，其中大部分也被重吸收，而部分胆固醇被肠道细菌还原变成粪固醇，随粪便排出体外。

类固醇激素主要在肝中灭活，变为易于排出的形式，大部分从尿中排出，很少部分随胆汁排出。

皮肤通过皮脂腺尚可排出少量胆固醇和鲨烯，成人每天约排出 0.1g。

（四）胆固醇与胆结石

在胆囊或胆道形成的结石称为胆结石。胆结石的形成往往是因血浆胆固醇过高、胆汁浓而淤积或与发病部位感染有关，如炎症、寄生虫、术后等原因造成的。胆结石主要是由胆固醇、胆色素、胆酸、脂肪酸钙、碳酸钙等无机盐组成。

临床治疗上常采用利胆药如去氢胆酸、鹅去氧胆酸、熊胆酸等，去氢胆酸的主要作用是促进胆汁分泌，增加胆汁中的水分及总量，使胆汁稀释而有利于排空胆汁；鹅去氧胆酸和熊去氧胆酸改变胆汁中胆酸的成分，减少胆固醇的合成和分泌，有利于溶解胆结石的作用。

（王和生）

扫码"练一练"

第十章　氨基酸与核苷酸的分解代谢

第一节　蛋白质的营养价值与蛋白质的消化及吸收

扫码"学一学"

一、蛋白质的营养价值

　　组成蛋白质的氨基酸有 20 多种，从营养上分为必需氨基酸（essential amino acid）和非必需氨基酸（nonessential amino acid）两类。必需氨基酸是指机体需要，但是机体不能合成或合成量少，不能满足需要，必须由食物供给的氨基酸。机体本身合成能够满足需要，不是必须由食物供给的氨基酸称为非必需氨基酸。不同动物的必需氨基酸的种类不同，人体必需氨基酸有赖氨酸、色氨酸、缬氨酸、苯丙氨酸、亮氨酸、异亮氨酸、苏氨酸和甲硫氨酸 8 种。不论必需氨基酸还是非必需氨基酸，都是生命活动必不可少的。

　　食物蛋白质在体内的利用率称为蛋白质的营养价值。食物蛋白质营养价值的高低，主要取决其必需氨基酸的种类和数量。不同食物蛋白质因其所含的必需氨基酸的种类和数量不同，其营养价值也高低各异。一般来说，动物蛋白质比植物蛋白质所含的必需氨基酸的种类和数量更接近人体蛋白质的组成，因此动物蛋白质的营养价值比植物蛋白质高。

　　日常生活中，人们并不是以单一的某种蛋白质为食，而是摄入混合蛋白质，这样不同来源的蛋白质可以相互补充氨基酸的种类和数量，从而提高蛋白质在体内的利用率，称为蛋白质的互补作用。如谷类含赖氨酸较少，含色氨酸相对较多，而豆类含赖氨酸较多，相对含色氨酸较少。这两类食物如果单独食用，蛋白质的营养价值都不太高，如果混合食用就可以相互补充必需氨基酸，提高营养价值。蛋白质的营养价值和互补作用见表 10 – 1。

表 10 – 1　蛋白质的营养价值和互补作用

食物蛋白质	营养价值	食物蛋白质	营养价值	
			单独用	混合用
鸡蛋	94	豆腐	65	
牛奶	85	面筋	67	77
猪肉	74	小麦	67	
红薯	72	小米	57	
玉米	57	大豆	64	89
白菜	76	牛肉	64	
面粉	47	面粉 + 赖氨酸		71

二、蛋白质的消化

　　蛋白质是生物大分子，食物蛋白质消化后便于机体吸收与利用，并且蛋白质具有种属特异性，如果未经消化就被吸收进入体内，可能作为抗原引起过敏反应，消化过程可以消除蛋白质的种属特异性。蛋白质消化的基本过程如下。

$$食物蛋白质 \xrightarrow[胃]{水解酶} 胨及多肽 \xrightarrow[肠]{水解酶} 寡肽和氨基酸$$

食物中蛋白质的消化过程是指蛋白质经过消化道中各种蛋白酶和肽酶的作用，水解成寡肽和氨基酸的过程。唾液中没有水解蛋白质的酶，因此在口腔中没有蛋白质的消化和吸收，蛋白质的消化和吸收是从胃中开始的。胃酸使胃蛋白酶原激活变成有催化活性的胃蛋白酶（pepsin），胃蛋白酶可催化部分蛋白质水解为胨、胨和多肽。胃蛋白酶也可以激活胃蛋白酶原。

$$胃蛋白酶原 \xrightarrow[或胃蛋白酶]{HCl} 胃蛋白酶$$

在肠中有胰脏分泌的胰液和肠壁细胞分泌的肠液，它们都含有多种蛋白酶和肽酶。胰液中含有胰蛋白酶（trypsin）、糜蛋白酶（chymotrypsin）、弹性蛋白酶（elastase）和羧肽酶（carboxypeptidase）。这些蛋白酶刚分泌出来时，以没有活性的酶原的形式存在，经肠激酶或胰蛋白酶的作用后才转变成有活性的酶。肠液中含有肠激酶（enterokinase）、氨肽酶（aminopeptidase）和二肽酶（dipeptidase）。胨、胨、多肽和在胃中未水解的蛋白质在肠中经过上述多种酶的作用水解成寡肽和氨基酸。

$$胰蛋白酶原 \xrightarrow[胰蛋白酶]{肠激酶或} 胰蛋白酶$$

$$\left. \begin{matrix} 糜蛋白酶原 \\ 弹性蛋白酶原 \\ 羧肽酶原 \end{matrix} \right\} \xrightarrow{胰蛋白酶} \left. \begin{matrix} 糜蛋白酶 \\ 弹性蛋白酶 \\ 羧肽酶 \end{matrix} \right.$$

上述蛋白酶和肽酶都作用于肽键，催化肽键水解。根据其作用部位不同，可分为肽链内切酶和肽链外切酶。肽链内切酶催化肽链内部的肽键水解，如胃蛋白酶、胰蛋白酶、糜蛋白酶和弹性蛋白酶等。肽链外切酶催化肽链末端肽键水解，如羧肽酶、氨肽酶和二肽酶。

水解蛋白质的不同酶具有不同的底物专一性，它们分别作用于多肽链的不同肽键。胃蛋白酶主要作用于酸性氨基酸的羧基和芳香族氨基酸的氨基所形成的肽键。胰蛋白酶主要作用于碱性氨基酸的羧基和其他氨基酸的氨基形成的肽键。糜蛋白酶作用于芳香族氨基酸的羧基与其他氨基酸的氨基所形成的肽键。弹性蛋白酶作用于脂肪族氨基酸的羧基与其他氨基酸的氨基所形成的肽键。氨肽酶作用于寡肽的氨基末端肽键，羧肽酶 A 作用于中性氨基酸的羧基末端肽键，而羧肽酶 B 则作用于碱性氨基酸的羧基末端肽键。（图 10 - 1）

图 10 - 1 蛋白酶作用位点

综上所述，蛋白质的消化过程如图 10 - 2 所示。

图 10-2　蛋白质的消化过程

三、多肽和氨基酸的吸收

食物中蛋白质在胃肠道中经酶的催化作用，水解成氨基酸和寡肽。寡肽和氨基酸都可以被吸收，吸收的机制尚未完全阐明。一般认为氨基酸的吸收主要有主动转运和 γ - 谷氨酰基循环两种方式，两种方式均为需 ATP。

氨基酸的主动转运过程消耗 ATP，伴随钠离子的转运。肠黏膜细胞膜上具有转运氨基酸的载体，它们与氨基酸和钠离子形成复合体，转入细胞膜内，钠离子则由钠泵排出细胞外。转运氨基酸的载体有中性氨基酸载体、酸性氨基酸载体、碱性氨基酸载体、亚氨基酸与甘氨酸载体等。

γ - 谷氨酰基循环通过谷胱甘肽的代谢来完成氨基酸的吸收，包括多种酶催化的多种反应（图 10 - 3），其中 γ - 谷氨酰基转移酶位于细胞膜上，是该循环的关键酶。每转运 1 分子氨基酸需要消耗 3 分子 ATP。

图 10 - 3　γ - 谷氨酰基循环

E$_1$：γ - 谷氨酰基转移酶　E：γ - 谷氨酰环化转移酶　E$_3$：5 - 氧脯氨酸酶　E$_4$：肽酶　E$_5$：谷胱甘肽合成酶

多肽的吸收机制与氨基酸完全不同，动物体内寡肽（二肽和三肽）存在 3 种转运机制。

（1）依赖氢离子或钙离子浓度的主动转运，需消耗 ATP。在兔、小鼠、猪和人的空肠刷状缘膜囊上皮细胞中存在肽的主动加速转运，Ca^{2+} 对这种逆 H^+ 梯度转运有一定的作用，可能与 Ca^{2+} 能激活 ATP 酶有关。这种方式在缺氧和添加代谢抑制剂的情况下被抑制。

（2）依赖 pH 的氢离子或钠离子的交换转运体系，不需消耗 ATP。小肽转运的动力来源于质子的电化学梯度。位于小肠膜刷状缘顶端细胞钠离子 – 氢离子互运通道的活动引起质子活动。当小肽以易化扩散方式进入细胞，导致细胞内 pH 下降，从而使钠离子/氢离子互运通道活化而释放出氢离子，使细胞内 pH 恢复到原来的水平。当缺少氢离子浓度时，小肽的吸收依靠膜外的底物浓度进行；当细胞外氢离子浓度高于细胞内时，则通过产电共转运系统逆底物浓度转运。细胞去极化的发生和静息电位的恢复主要由 $Na^+ - H^+$ 交换系统完成。

（3）谷胱甘肽转运系统，谷胱甘肽在细胞内有抗氧化作用，因而这一转运系统可能具备独特的生理意义，但其机制目前并不十分清楚。目前认为谷胱甘肽转运系统与钠、钾、钙、锰离子的浓度梯度有关，而与氢离子的浓度无关。

而对于较大的肽的吸收机制提出的假设有：对亲水性肽利用细胞间隙或进行孔隙扩散；对疏水性肽利用细胞膜的脂质进行扩散、上皮细胞的胞饮或内吞作用进行吸收。

第二节　细胞内蛋白质的降解

扫码"学一学"

蛋白质是生命活动的基本功能分子，在细胞内，蛋白质处于合成与降解的动态平衡。蛋白质的降解在生物体中普遍存在，生物体内存在两种蛋白质降解过程，一种是不需要能量的，比如发生在消化道中的降解，这一过程只需要蛋白质降解酶的参与，发生在细胞外；另一种蛋白质降解发生在细胞内，需要能量，它是一种高效率、指向性很强的降解过程。在这一过程中，细胞给需要清除的蛋白质进行泛素标记，然后在一系列酶作用下，该蛋白质被降解。泛素介导的蛋白酶体系统与蛋白质质量控制、细胞周期、DNA 修复、转录以及免疫应激等密切相关，也与许多种疾病的发生相关。

一、细胞内蛋白质降解过程中的重要物质

1. 泛素　泛素（ubiquitin, Ub）是一种由 76 个氨基酸残基构成的多肽，相对分子质量8450。广泛存在于真核细胞内，进化上高度保守，人类与酵母间仅有 3 个氨基酸残基的差异。泛素链与蛋白质底物的结合，形成被蛋白酶体降解的识别信号。

2. 酶 E_1、酶 E_2、酶 E_3　细胞中存在着三种酶，即泛素活化酶（ubiquitin-activating enzyme, E_1）、泛素结合酶（ubiquitin-conjugating enzyme, E_2）、泛素蛋白连接酶（ubiquitin-protein ligating enzyme, E_3）。它们在蛋白质降解过程中分工不同，E_1 负责激活泛素分子，泛素分子被激活后就被运送到 E_2 上，E_2 负责把泛素分子绑在需要降解的蛋白质上。但 E_2 并不能识别指定的蛋白质，这就需要 E_3 帮助，E_3 具有辨认指定蛋白质的功能。

3. 蛋白酶体　蛋白酶体（proteasome）由 2 个 19S 和 1 个 20S 亚单位组成的桶状结构，19S 为调节亚单位，位于桶状结构的两端，识别多聚泛素化蛋白并使其去折叠。19S 亚单位上还具有一种去泛素化的同工肽酶，使底物去泛素化。20S 为催化亚单位，位于两个 19S 亚单位的中间，其活性部位处于桶状结构的内表面，可避免细胞环境的影响。酵母 20S 亚单

位由 4 个环状结构（αββα）组成，α 环和 β 环又分别由 7 个亚基组成。

二、细胞内蛋白质需能降解过程

由泛素介导的蛋白质降解经过两个阶段：泛素与蛋白质底物的相互作用；蛋白酶体对底物的降解。

第一阶段是多个泛素分子与靶蛋白共价结合。首先，泛素经 E_1 活化，泛素分子中 76 位甘氨酸与 E_1 上特殊半胱氨酸残基形成高能硫酯键，并伴有 ATP 水解。然后，通过转酯作用，泛素从 E_1 转移到 E_2 的半胱氨酸残基上，形成 E_2 – 泛素复合物。最后，在 E_3 参与下，泛素从 E_2 上转移到靶蛋白的赖氨酸残基上，形成泛素 – 靶蛋白复合物，使靶蛋白泛素化。多个泛素分子重复附加到靶蛋白分子上形成多泛素链。

第二阶段是多泛素化的靶蛋白在蛋白酶体的作用下水解。底物泛素链与蛋白酶体 19S 的泛素受体相互作用，蛋白质底物去折叠，并通过蛋白酶体受体端裂隙进入 20S 核心颗粒内部，被逐步降解。在泛素 C 端水解酶、脱泛素酶和寡肽酶的作用下，释放出泛素分子，可再次参与循环。

蛋白质在细胞内完整的降解过程如图 10 – 4 所示。

图 10 – 4　泛素介导的蛋白质降解

（1）E_1 负责激活泛素分子。这种反应需要 ATP 能量。

（2）泛素分子被激活后就被运送到 E_2 上，E_2 负责把泛素分子绑在需要降解的蛋白质上。

（3）E_3 能辨认需要被销毁的蛋白质。当 E_2 携带着泛素分子在 E_3 的指引下接近指定蛋白质时，E_2 就把泛素分子绑在指定蛋白质上。

（4）E_3 把指定蛋白质运送到细胞内的一种称为蛋白酶体的结构中。

（5）E_3 根据绑在指定蛋白质上的泛素分子标签决定接受并降解这种蛋白质。

（6）经过蛋白酶体的处理，蛋白质就被切成由 7~9 个氨基酸组成的短链。

三、泛素－蛋白酶体系统的生物学意义

泛素广泛存在于多种组织器官中，由泛素介导的蛋白质降解很可能对绝大多数细胞都具有重要的生理意义。泛素介导的蛋白质降解途径需要消耗 ATP 活化泛素，细胞正是通过对 ATP 形式储存的能量的需求，控制泛素引导的蛋白质降解过程的特异性。

对于新合成的蛋白质来说，泛素如同一位重要的质量监督员，细胞中合成的蛋白质质量有高有低，通过它的严格把关，通常有 30% 新合成的蛋白质没有通过质检，而被销毁。但如果它把关不严，就会使一些不合格的蛋白质蒙混过关；如果把关过严，又会使合格的蛋白质供不应求。这都容易使生物体出现一系列问题。

泛素参与细胞周期调控，进一步研究表明，细胞退出有丝分裂的关键是细胞周期蛋白经泛素－蛋白酶体途径降解所致。而有丝分裂和减数分裂过程中染色体的错误分离则可导致染色体数目改变，也是导致人类自发性流产的最主要原因。泛素－蛋白酶体系统的阐明，对于染色体数目异常的遗传性疾病，如唐氏综合征（21 三体综合征）以及恶性实体瘤发病机制的研究提供了理论和方法学基础。

肿瘤抑制因子 P53 蛋白被称为"基因组卫士"，50% 以上的人类癌症中均发现该蛋白质的突变。P53 经泛素－蛋白酶体途径降解，其中 E_3 与 P53 形成复合体。DNA 损伤后，P53 出现磷酸化，降低与 E_3 的结合，减少 P53 的降解，维持 P53 在细胞内的含量。人类乳头瘤病毒的感染与子宫颈癌的发生密切相关，此病毒通过利用自身编码的蛋白质激活寄主细胞的 E_3 酶，使 P53 蛋白泛素化被降解，而避开 P53 的抑制作用，使感染细胞不能正常进行 DNA 修复，突变的积累最终导致癌变的发生。

此外，神经退行性疾病，如阿尔茨海默病、帕金森病、肌萎缩性侧索硬化等，遗传性囊性纤维化以及转录因子 NF－KB 活化等过程均有泛素介导的蛋白质酶解系统参与。

泛素系统已成为研制相关药物的靶点，从而防止特定蛋白质的降解，或通过激发此系统以降解不需要的蛋白质。一种蛋白酶体抑制因子 Valcade（PS341），作为新药用于治疗多发性骨髓瘤已经进入临床试验阶段。

第三节　氨基酸的分解代谢

食物中蛋白质分解产生的氨基酸和体内蛋白质分解产生的氨基酸，其中一部分用于蛋白质合成，另一部分不参与合成新的蛋白质，那么这些不参与合成蛋白质的多余氨基酸会被分解，因为氨基酸在体内不能被储存，也不能直接排泄。此外，长期饥饿或其他原因引起糖类物质摄入不足或不能被正常分解时，氨基酸分解产生能量供生命活动需要。

组成蛋白质的 20 种基本氨基酸在化学结构上都含有 α－氨基（脯氨酸除外）和 α－羧基，因此它们有共同的代谢规律。氨基酸脱掉氨基，形成 α－酮酸。脱下的氨基合成尿素排出体外，或参与体内碱基等重要含氮化合物合成。氨基酸脱氨基后生成的 α－酮酸可以再合成氨基酸，或转变成糖、乙酰 CoA 和酮体等，也可能氧化成 CO_2 和水，并释放出能量以供机体需要。

扫码"学一学"

氨基酸在体内代谢过程如图 10 – 5 所示。

图 10 – 5　氨基酸在体内代谢过程

一、转氨作用

大多数氨基酸在肝脏中水解的第一步都是通过转氨作用脱氨，即将其氨基转移给一个 α – 酮酸，产生与原氨基酸相应的酮酸和一个新的氨基酸。催化转氨作用的酶称为氨基转移酶（amino-transferase）或转氨酶（transaminase）。氨基转移酶的种类很多，不同的氨基酸各有特异的氨基转移酶催化转氨反应。除甘氨酸、赖氨酸和组氨酸外，其余 α – 氨基酸均可参加转氨作用，并各自有其特异的酶。转氨作用的反应通式如下。

$$\underset{\text{COOH}}{\overset{R_1}{HC-NH_2}} + \underset{\text{COOH}}{\overset{R_2}{C=O}} \xrightarrow{\text{氨基转移酶}} \underset{\text{COOH}}{\overset{R_2}{HC-NH_2}} + \underset{\text{COOH}}{\overset{R_1}{C=O}}$$

大多数氨基转移酶需要 α – 酮戊二酸作为氨基的受体，新生成的氨基酸是谷氨酸，这样通过转氨作用，大多数氨基酸中的氨基被转移到谷氨酸中了，谷氨酸作为氨基的供体排出体外或用于生物合成途径。如丙氨酸可通过转氨，将氨基转移给 α – 酮戊二酸，生成谷氨酸，丙氨酸脱掉氨基生成丙酮酸。谷氨酸中的氨基还可以再经过第二个转氨反应转移给草酰乙酸，产生天冬氨酸。

氨基转移酶需要辅酶磷酸吡哆醛（pyridoxal phosphate，PLP）。磷酸吡哆醛是维生素 B_6 的磷酸酯，磷酸吡哆醛接受氨基酸分子中的氨基转变成磷酸吡哆胺，氨基酸成为相应的 α – 酮酸。磷酸吡哆胺进一步将氨基转移给另一种 α – 酮酸生成新的氨基酸，同时磷酸吡哆胺又变回磷酸吡哆醛。磷酸吡哆醛是氨基酸分解和合成过程中的一种氨基转移体，转氨作用机制大致如图 10 – 6 所示。

转氨反应是可逆反应，平衡常数在 1 左右，反应的方向取决于四种反应物的相对浓度，所以转氨作用既是氨基酸的分解代谢过程，也是体内某些非必需氨基酸合成的重要途径。

肝脏中天冬氨酸氨基转移酶活力最高，当肝细胞病变时，如患急性肝炎，由于细胞通透性增加，丙氨酸氨基转移酶被大量释放到血液中，于是血液中此酶活力明显增高，因此临床上常用此来推断肝功能是否正常。

二、脱氨作用

通过转氨作用，氨基酸将氨基转移到谷氨酸和天冬氨酸中，但只是一种新的氨基酸代替原来的氨基酸，并没有氨基的脱除。氨基酸需要通过脱氨作用脱除氨基，脱氨作用有氧化脱氨和联合脱氨两种方式，其中联合脱氨是主要的方式。

图中上部为化学结构式与反应方程式。

$$谷氨酸 + 丙酮酸 \xrightleftharpoons{GPT} \alpha-酮戊二酸 + 丙氨酸$$

$$谷氨酸 + 草酰乙酸 \xrightleftharpoons{GOT} \alpha-酮戊二酸 + 天冬氨酸$$

氨基酸 + 磷酸吡哆醛 $\xrightleftharpoons[+H_2O]{-H_2O}$ Schiff 碱

分子重排

$\alpha-$酮酸 + 磷酸吡哆胺 $\xrightleftharpoons[+H_2O]{-H_2O}$ Schiff 碱异构体

图 10 - 6　转氨作用机制

（一）氧化脱氨

在酶的催化下，氨基酸被氧化成 $\alpha-$酮酸，同时脱下氨基，此过程消耗氧，这种作用称为氧化脱氨。氧化脱氨作用主要的酶有氨基酸氧化酶、甘氨酸氧化酶和 L – 谷氨酸脱氢酶等。

氨基酸氧化酶有 L 型和 D 型两类。L 型氨基酸氧化酶催化 L – 氨基酸氧化脱氨基，反应分两步进行，先由 L – 氨基酸氧化酶催化 L – 氨基酸脱氢，产生亚氨基酸，亚氨基酸在水中不稳定，自发分解成 $\alpha-$酮酸和氨。L – 氨基酸氧化酶属脱氢酶，辅基是 FAD 或 FMN，二者接受氢后直接将氢传递给氧，产生过氧化氢。L – 氨基酸氧化酶在体内分布不广，活性较弱。D 型氨基酸氧化酶催化 D – 氨基酸脱氨，辅基是 FAD，主要存在于肾脏中。

$$HC\!-\!NH_2 + H_2O \xrightarrow[O_2]{氨基酸氧化酶} C\!=\!O + NH_3 + H_2O_2$$

甘氨酸氧化酶只能催化甘氨酸脱氨，产生乙醛酸和氨，辅基是 FAD。

$$H_2N\!-\!CH_2 + 1/2O_2 \xrightarrow{甘氨酸氧化酶} HC\!=\!O + NH_3$$

甘氨酸　　　　　　　　　　　　　　　乙醛酸

326

L－谷氨酸脱氢酶以 NAD$^+$ 或 NADP$^+$ 为辅酶，催化 L－谷氨酸氧化脱氢，产生 α－酮戊二酸和氨。反应可逆进行，平衡点偏向合成谷氨酸，这是工业发酵生产味精的主要原理。L－谷氨酸脱氢酶分布广，活力强，但特异性很高，只能催化 L－谷氨酸脱氨，不能催化其他氨基酸。

（二）联合脱氨

转氨作用和氧化脱氨的联合作用，称为联合脱氨作用。联合脱氨有两种方式：转氨偶联氧化脱氨和转氨偶联 AMP 循环脱氨。

转氨偶联氧化脱氨是指在氨基转移酶的作用下，氨基酸把氨基转给 α－酮戊二酸生成谷氨酸，谷氨酸从胞质中进入线粒体基质，在 L－谷氨酸脱氢酶的作用下氧化脱氨，又重新变成 α－酮戊二酸。在此过程中，α－酮戊二酸起氨基传递体的作用，作用的结果是氨基酸脱去氨基变成相应的 α－酮酸和氨。这个过程是可逆的，因此也是非必需氨基酸合成的重要途径。（图 10－7）

图 10－7　转氨偶联氧化脱氨

转氨偶联嘌呤核苷酸的循环过程是：氨基酸中氨通过两次转氨作用转给草酰乙酸，即氨基酸先将氨基转给 α－酮戊二酸，生成谷氨酸，谷氨酸再与草酰乙酸转氨生成天冬氨酸。天冬氨酸与次黄嘌呤核苷酸生成腺苷酸基琥珀酸（惯称腺苷酸代琥珀酸），此反应由腺苷酸基琥珀酸合成酶催化。腺苷酸基琥珀酸在裂解酶催化下，生成腺苷酸和延胡索酸。腺苷酸脱氢酶催化腺苷酸脱去氨基重新形成次黄嘌呤核苷酸。在这个循环过程中，次黄嘌呤核苷酸起传递氨基的作用。（图 10－8）

L－谷氨酸脱氢酶虽然在机体中广泛存在，但转氨偶联谷氨酸氧化脱氨不是所有组织细胞的主要脱氨方式。骨骼肌、心肌、肝脏及脑的脱氨方式可能都是以转氨偶联嘌呤核苷酸循环为主。实验证明，脑组织中的氨有 50% 是通过嘌呤核苷酸循环产生的。

图 10 - 8　转氨 - AMP 循环脱氨

三、氨的转运

包括脑在内的许多组织中,核苷酸降解等代谢过程会产生游离的氨,而氨对机体是有毒的,因而游离的氨必须转变成无毒的物质在体内转运,氨在体内以谷氨酰胺和丙氨酸两种形式运输。

(一) 谷氨酰胺的生成

组织中游离的氨基与谷氨酸结合产生无毒的谷氨酰胺,催化这个反应的酶是谷氨酰胺合成酶,谷氨酰胺合成酶在所有的组织中都广泛存在,反应需要 ATP 提供能量。谷氨酰胺既是氨在体内的运输形式,也可以作为生物合成反应中氨基的供体。

(二) 葡萄糖 - 丙氨酸循环

氨基酸也可以在丙氨酸氨基转移酶的作用下,把氨基转移给肌肉中糖分解的产物丙酮酸,由丙酮酸将氨基从血液中运往肝脏,在肝脏细胞胞质中,丙氨酸氨基转移酶把氨基从丙氨酸转移给 α - 酮戊二酸,形成丙酮酸和谷氨酸。丙氨酸将氨从肌肉中转运到肝脏,这就是葡萄糖丙氨酸循环。谷氨酸进入线粒体,在线粒体中由谷氨酸脱氢酶脱氨,或者谷氨酸将氨基转给草酰乙酸生成天冬氨酸,用于尿素合成。(图 10 - 9)

骨骼肌剧烈收缩,无氧分解产生的丙酮酸和乳酸,以及蛋白质分解产生氨,这些产物必须运往肝脏,丙酮酸和乳酸需要转变成葡萄糖运回肌肉,氨转变成尿素排出体外。葡萄糖丙氨酸循环完成这种转运,这样糖异生的能量压力从骨骼肌转为肝脏,肌肉中 ATP 就可以全部用于肌肉收缩。

图 10 –9　丙氨酸 – 葡萄糖循环

四、尿素循环

在氨基不用于合成新的氨基酸或其他含氮物质时，氨基转变为惟一的一种终产物尿素排出体外。尿素循环（urea cycle）是 Hans Kreb 于 1932 年发现，Hans Kreb 后来发现了柠檬酸循环。尿素合成只在肝脏中进行，体内绝大多数氨都集中于此。尿素进入血液，运往肾脏，随尿液排出体外。

尿素合成的原料是氨和 CO_2，循环过程是氨和 CO_2 先与 ATP 反应生成氨甲酰磷酸，然后鸟氨酸接受氨甲酰磷酸中的氨甲酰基形成瓜氨酸，瓜氨酸与天冬氨酸结合生成精氨基琥珀酸，接着精氨基琥珀酸分解为精氨酸和延胡索酸，最后精氨酸水解为尿素和鸟氨酸。尿素循环的主要反应过程如下。

氨和 CO_2 先与 ATP 反应生成氨甲酰磷酸，此反应由氨甲酰磷酸合成酶 I 催化。反应不可逆，为尿素循环的第一个限速步骤，N – 乙酰谷氨酸是此酶的变构激活剂。N – 乙酰谷氨酸是由谷氨酸和乙酰 CoA 合成的，当氨基酸降解速度增加时，转氨作用使谷氨酸浓度增加，随之促进 N – 乙酰谷氨酸合成，进而激活氨甲酰磷酸合成酶 I，因此有效排出氨基酸降解产生的氨。

$$NH_3+CO_2+2ATP \xrightarrow[Mg^{2+}]{\substack{\text{氨甲酰磷酸}\\\text{合成酶 I}}} H_2N\overset{\overset{\displaystyle O}{\|}}{-C}-O-PO_3H_2 + 2ADP + Pi$$

氨甲酰磷酸

氨甲酰磷酸在鸟氨酸转氨甲酰酶催化下，将氨甲酰基转移给鸟氨酸形成瓜氨酸。

$$\begin{array}{c} NH_2 \\ | \\ (CH_2)_3 \\ | \\ CH-NH_2 \\ | \\ COOH \end{array} \quad + \quad \begin{array}{c} NH_2 \\ | \\ C=O \\ | \\ O-PO_3H_2 \end{array} \quad \xrightarrow{\substack{\text{鸟氨酸转}\\\text{氨甲酰酶}}} \quad \begin{array}{c} O \\ \| \\ NH-C-NH_2 \\ | \\ (CH_2)_3 \\ | \\ CH-NH_2 \\ | \\ COOH \end{array} \quad +Pi$$

鸟氨酸　　　　氨甲酰磷酸　　　　　　瓜氨酸

瓜氨酸在 ATP 和 Mg^{2+} 存在下，由精氨基琥珀酸合成酶催化和天冬氨酸缩合成精氨基琥珀酸，同时产生 AMP 和焦磷酸。天冬氨酸在此反应中作为氨基的供体。

精氨基琥珀酸在精氨基琥珀酸裂解酶的催化下，生成精氨酸和延胡索酸。

精氨酸在精氨酸酶催化下，水解产生尿素和鸟氨酸。

尿素循环过程如图 10-10 所示。

图 10-10　尿素合成过程

如图 10-10 所示，尿素循环部分反应发生在线粒体中，部分发生在细胞质中，其通路是分别经过鸟氨酸和瓜氨酸在特异的运输体系下穿过线粒体膜实现的。

除氨甲酰磷酸合成酶 I 外，尿素循环中其他酶受其各自的底物浓度调控。尿素循环中某种酶如果发生遗传缺陷使酶的合成减少（精氨酸酶除外），相应的底物会在体内积累，一方面使该步反应速度增加，结果尿素生成速度正常；另一方面也会使尿素循环逆行直至产生氨的各个途径，结果会发生高氨血症（hyperammonemia）。虽然氨毒性的根本原因尚未了解，但是已清楚脑对高氨浓度尤其敏感，尿素循环中酶缺陷的症状包括智力迟钝和嗜眠症等。如果尿素中任何一种酶完全缺失，都会导致新生儿死亡。

五、氨基酸碳骨架的降解

20 种基本氨基酸的碳骨架可以再合成氨基酸，或转变成乙酰 CoA、α – 酮戊二酸、延胡索酸、草酰乙酸、丙酮酸 5 种产物进入柠檬酸循环。(图 10 – 11)

其中丙氨酸、苏氨酸、丝氨酸、半胱氨酸、甘氨酸、苯丙氨酸、酪氨酸、亮氨酸、赖氨酸及色氨酸共 10 种氨基酸的碳骨架分解后形成乙酰 CoA，精氨酸、组氨酸、谷氨酰胺、脯氨酸及谷氨酸共五种氨基酸形成 α – 酮戊二酸，异亮氨酸、甲硫氨酸和缬氨酸转变为琥珀酰 CoA，苯丙氨酸、酪氨酸形成延胡索酸，天冬氨酸、天冬酰胺转变为草酰乙酸。此外，苯丙氨酸和酪氨酸碳骨架的一部分也以乙酰 CoA 的形式进入柠檬酸循环。

在柠檬酸循环中，碳骨架进入糖异生或酮体合成途径，或者是彻底氧化成 CO_2 和 H_2O，并且释放出能量。氨基酸代谢只产生人体 10% ~ 15% 的能量，远不如糖和脂肪酸分解。

有些氨基酸如苯丙氨酸、赖氨酸、酪氨酸、亮氨酸、色氨酸，在分解过程中转变为乙酰乙酰 CoA，而乙酰乙酰 CoA 在肝脏中可以转变为乙酰乙酸和 β – 羟丁酸，因此这些氨基酸称为生酮氨基酸。糖尿病患者的肝脏中所形成的大量酮体，除来源于脂肪酸外，还来源于生酮氨基酸。

凡是能够形成丙酮酸、α – 酮戊二酸、琥珀酸和草酰乙酸的氨基酸都称为生糖氨基酸，因为这些物质都能导致生成葡萄糖和糖原，生糖氨基酸包括丙氨酸、甘氨酸、天冬氨酸、甲硫氨酸、谷氨酸等。

图 10 – 11　氨基酸碳骨架的降解

有些氨基酸如苯丙氨酸和酪氨酸，既可以生成酮体，又可以生成糖，因此称为生酮兼生糖氨基酸。

扫码"学一学"

第四节 个别氨基酸代谢

组成蛋白质的 20 种基本氨基酸在化学结构上的共同特点使得它们有着共同的代谢规律，但是不同的氨基酸侧链 R 基团不同，因此每种氨基酸又各有其代谢特点。

一、氨基酸的脱羧作用

在生物体内，氨基酸分解代谢的主要途径是脱氨基作用，然而有些氨基酸也可以进行脱羧基作用，生成相应的 CO_2 和胺。肾上腺素、γ - 氨基丁酸及组胺等生理活性胺的生物合成，都涉及相应的前体氨基酸的脱羧。催化氨基酸脱羧反应的酶是氨基酸脱羧酶，氨基酸脱羧酶的专一性很高，一般是一种氨基酸一种脱羧酶，而且只对 L - 氨基酸起作用。脱羧酶的辅酶是磷酸吡哆醛，只有组氨酸脱羧酶不需要辅酶。

谷氨酸脱羧产生 γ - 氨基丁酸（γ - aminobutyric acid，GABA），GABA 是抑制性神经递质，对中枢系统有抑制作用。

$$
\begin{array}{l}
\text{COOH} \\
| \\
\text{CH}_2 \\
| \\
\text{CH}_2 \\
| \\
\text{CHNH}_2 \\
| \\
\text{COOH}
\end{array}
\xrightarrow[\text{磷酸吡哆醛}]{\text{L-谷氨酸脱羧酶}}
\begin{array}{l}
\text{COOH} \\
| \\
\text{CH}_2 \\
| \\
\text{CH}_2 \\
| \\
\text{CH}_2\text{NH}_2
\end{array}
+ \text{CO}_2
$$

L-谷氨酸 　　　　　　　 γ-氨基丁酸

组氨酸脱羧生成组胺，组胺是一种强烈的血管舒张物质，创伤性休克或炎症病变部位都有组胺释放，它还有刺激胃黏膜分泌胃蛋白酶和胃酸的作用。在神经组织中组胺是感觉神经的一种递质，和周围神经的感觉与传递有密切关系。

$$
\text{HC}=\text{C}-\text{CH}_2\text{CHCOOH}
\xrightarrow[\text{磷酸吡哆醛}]{\text{组氨酸脱羧酶}}
\text{HC}=\text{C}-\text{CH}_2\text{CH}_2\text{NH}_2 + \text{CO}_2
$$

L-组氨酸 　　　　　　　 组胺

色氨酸先通过色氨酸羟化酶的作用生成 5 - 羟色氨酸，再经 5 - 羟色氨酸脱羧酶的作用生成 5 - 羟色胺。5 - 羟色胺是一种神经递质，与神经系统的兴奋与抑制有密切关系。脑中 5 - 羟色胺与睡眠、镇痛和体温调节等有关，当 5 - 羟色胺浓度降低时，可引起睡眠障碍、痛阈降低。此外，5 - 羟色胺可促进微血管收缩、血压升高和促进胃肠蠕动。

色氨酸 $\xrightarrow{\text{色氨酸羟化酶}}$ 5-羟色氨酸

5-羟色氨酸 $\xrightarrow{\text{5-羟色氨脱羧酶}}$ 5-羟色胺

酪氨酸脱羧形成的酪胺有升高血压的作用。

酪氨酸 ——酪氨酸酶——→ 3,4-二羟苯丙氨酸(DOPA) ——DOPA 脱羧酶——→ 多巴胺(DA)

鸟氨酸脱羧产生腐胺，再与 S – 腺苷甲硫氨酸反应生成精脒（spermidine）和精胺（spermine）。精脒和精胺中含有多个氨基，因此被称为多胺，多胺在细胞分裂过程中起重要调节作用。

鸟氨酸 ——鸟氨酸脱羧酶——→ 腐胺 ——+SAM——→ 亚精胺 ——+SAM——→ 精胺

氨基酸脱羧产生的胺在相应的胺氧化酶的作用下，氧化成醛，醛继续氧化产生酸，酸再氧化成 CO_2 和水。

$$RCH_2NH_2+O_2+H_2O \xrightarrow{\text{胺氧化酶}} RCHO+NH_3+H_2O_2$$

$$RCHO+1/2O_2 \xrightarrow{\text{醛氧化酶}} RCOOH \longrightarrow CO_2+H_2O$$

二、氨基酸与"一碳基团"代谢

生物体合成嘌呤、嘧啶等化合物时，需要氨基酸提供含有一个碳原子的基团。含有一个碳原子的基团称为一碳基团或一碳单位（one carbon unit），生物体内一碳基团有许多形式，如甲基（—CH_3）、亚甲基（—CH_2—）、次甲基（—CH=）、羟甲基（—CH_2OH）、甲酰基（—CHO）及亚氨甲基（—CH=NH）等。

一碳基团的转移需要以四氢叶酸（5,6,7,8 – tetrahydrofolic acid，THF）为载体。THF 是甲基蝶呤依次与对氨基苯甲酸和谷氨酸残基相连的衍生物，由二氢叶酸还原酶催化叶酸还原形成（图 10 – 12）。哺乳动物不能合成叶酸，必须由食物中获得或由肠道微生物提供。磺胺类药物是 THF 中对氨基苯甲酸的类似物，因而可以竞争性抑制微生物体内 THF 合成，哺乳动物不能合成叶酸，因此不受磺胺类药物的影响。

一碳基团与 THF 在 N^5, N^{10} 或 N^5 和 N^{10} 以共价键相连，如 N^5, N^{10} – 亚甲基四氢叶酸可以简写成 N^5, N^{10}—CH_2—THF，化学结构式和简式如下。

化学结构式　　　　　　　　　简式

图 10 – 12　叶酸的转化

许多氨基酸都可以作为一碳基团的来源，如甘氨酸、色氨酸、苏氨酸、丝氨酸和组氨酸等。氨基酸和一碳基团的关系如下。

甘氨酸氧化脱氨生成乙醛酸，再氧化成甲酸，甲酸和乙醛酸可分别与 THF 反应生成 N^{10} – 甲酰基四氢叶酸和 N^5, N^{10} – 次甲基四氢叶酸。凡是在代谢过程中产生甲酸的都可以通过这种方式产生一碳单位，如色氨酸等。苏氨酸可以分解为甘氨酸和乙醛，所以苏氨酸通过甘氨酸形成一碳基团。（图 10 – 13）

丝氨酸分子上的 β – 碳原子可以转移到 THF 上，同时脱去 1 分子水，生成 N^5, N^{10} – 亚甲基四氢叶酸。丝氨酸的 β – 碳原子转移后变为甘氨酸，因此丝氨酸既可以直接与四氢叶酸作用生成一碳基团，也可以通过甘氨酸形成 N^5, N^{10} – 次甲基四氢叶酸。（图 10 – 13）

组氨酸在分解过程中产生亚氨甲基谷氨酸和甲酰谷氨酸，它们可以分别与四氢叶酸作用，生成 N^5 – 亚氨甲基四氢叶酸和 N^5 – 甲酰基四氢叶酸。（图 10 – 14）

甲硫氨酸活化为 S – 腺苷甲硫氨酸（S – adenosylmethionine，SAM），SAM 在甲基转移酶作用下，提供甲基参与合成胆碱、肌酸和肾上腺素等化合物，SAM 本身转变为 S – 腺苷同型半胱氨酸，后者水解为同型半胱氨酸。同型半胱氨酸又可以从 THF 中接受甲基形成甲硫氨酸，并重复参与上述过程，称为甲硫氨酸甲基转移循环。（图 10 – 15）

一碳基团的几种形式之间可以发生相互转变，如 N^5, N^{10} – 亚甲基四氢叶酸脱氢生成 N^5, N^{10} – 次甲基四氢叶酸，加氢生成 N^5 – 甲基四氢叶酸。但生成 N^5 – 甲基四氢叶酸的反应为不可逆反应。因此 N^5 – 甲基四氢叶酸在细胞内含量较高，是一碳基团在体内存在的主要形式。（图 10 – 16）

図 10 – 13　甘氨酸、丝氨酸与一碳基团生成

図 10 – 14　组氨酸与一碳基团生成

图中结构（图10-15）

图 10 - 15　甲硫氨酸与一碳基团生成

图 10 - 16　一碳基团之间相互转变

三、含硫氨基酸代谢

体内有三种含硫氨基酸，分别是甲硫氨酸、半胱氨酸和胱氨酸。这三种氨基酸的代谢是相互联系的，甲硫氨酸可以转变成半胱氨酸，半胱氨酸和胱氨酸可以相互转变。

甲硫氨酸可以通过甲硫氨酸甲基转移循环生成同型半胱氨酸，同型半胱氨酸可以由 N^5 - 甲基四氢叶酸提供甲基，发生甲基化重新生成甲硫氨酸。或者同型半胱氨酸与丝氨酸结合生成胱硫醚（cystathionine），随后再生成半胱氨酸和 α - 酮丁酸。α - 酮丁酸继续降解成丙酰 CoA，再转化为琥珀酰 CoA，进入柠檬酸循环。（图 10 - 17）

2 分子半胱氨酸巯基脱氢形成胱氨酸，胱氨酸加氢还原为 2 分子半胱氨酸。胱氨酸中含有二硫键，二硫键是许多蛋白质维持活性所必需的。

半胱氨酸分解可以产生丙酮酸和牛磺酸，半胱氨酸转变为丙酮酸主要分三步进行，第一个中间产物半胱氨酸硫酸（cysteine sulfate）是一个分支点，一方面可以形成丙酮酸，另一方面也可以形成牛磺酸。（图 10 - 18）

图 10-17 同型半胱氨酸分解

图 10-18 半胱氨酸代谢

四、芳香族氨基酸代谢

芳香族氨基酸有酪氨酸、色氨酸和苯丙氨酸。

色氨酸分解过程十分复杂，色氨酸的 11 个碳原子中的 4 个转变为乙酰乙酰 CoA，另外 2 个转变为乙酰 CoA，其余 5 个形成 4 分子 CO_2 和 1 分子甲酸。色氨酸还可以合成 5-羟色胺、吲哚乙酸、烟酸等物质。

苯丙氨酸在苯丙氨酸单加氧酶的作用下生成酪氨酸，如果这种酶缺乏则引起苯丙酮尿症（phenyl ketonuria，PKU）。苯丙氨酸从正常经酪氨酸代谢途径转变为第二条途径，即与 α - 酮戊二酸转氨形成丙酮酸，聚集在血液中，最后由尿排出体外。苯丙酮酸影响新生儿神经系统发育，引起呕吐、智力迟钝以及其他神经疾患。患者在儿童时期限制摄入含有苯丙氨酸的饮食，可以防止发生智力迟钝。

酪氨酸在酪氨酸氨基转移酶催化下将氨基转移到 α - 酮戊二酸上，本身转变为 4 - 羟苯丙酮酸，后者脱羧形成尿黑酸，并产生 1 个 CO_2。尿黑酸中 4 个碳原子转变为延胡索酸，其余 4 个碳原子形成乙酰乙酸，后者经琥珀酰 CoA 活化成乙酰乙酰 CoA 进入柠檬酸循环。尿黑酸氧化酶缺乏时，引起尿黑酸症。尿黑酸症患者尿中含有的尿黑酸在空气中氧化聚合成类似黑色素的物质，因此尿液呈黑色，并且患者的结缔组织有不正常的色素沉着。

酪氨酸代谢可以生成黑色素，如果代谢途径中酪氨酸酶缺乏，表现为黑色素合成减少，称为白化病，临床症状为皮肤白化成粉色，头发为白色等。

酪氨酸还可以衍生成多巴、多巴胺、肾上腺素和去甲肾上腺素。这些物质在神经系统中起重要作用，它们和神经活动、行为以及大脑皮质的醒觉和睡眠节律等都有关系。

第五节 核酸的分解代谢

扫码"学一学"

一、核酸的消化与吸收

食物中的核酸多与蛋白质结合为核蛋白，在胃中受胃酸的作用，或在小肠中受蛋白酶作用，分解为核酸和蛋白质。核酸的消化、吸收主要在小肠进行。

核酸由胰液核酸酶和磷酸二酯酶降解为单核苷酸。后者再经肠液中核苷酸酶水解为核苷和磷酸，核苷经核苷磷酸化酶催化，磷酸解而生成含氮碱（嘌呤碱或嘧啶碱）与戊糖磷酸。戊糖磷酸可以进一步受磷酸化酶催化，分解成戊糖与磷酸。核酸的消化过程如图 10 - 19 所示。

图 10 - 19 核酸的消化过程

核苷酸及其水解产物均可被细胞吸收，但它们的绝大部分在肠黏膜细胞中又被进一步分解。分解产生的戊糖被吸收而参加体内的戊糖代谢；嘌呤和嘧啶碱则主要被分解而排出体外。因此，实际上食物来源的嘌呤和嘧啶碱很少被机体利用。

二、核酸的分解

体内核酸的分解代谢类似于食物中核酸的消化过程。核酸分解的第一步是水解核苷酸之间的磷酸二酯键，生成寡核苷酸和单核苷酸。水解磷酸二酯键的酶称为核酸酶（nuclease），只能水解 RNA 的核酸酶称为核糖核酸酶（RNase），只能水解 DNA 的核酸酶称为脱氧核糖核酸酶（DNase）。根据核酸酶作用的位置不同，又可将核酸酶分为外切核酸酶（exonuclease）和内切核酸酶（endonuclease）。外切核酸酶能从 DNA 或 RNA 链的一端逐个水解下单核苷酸，内切核酸酶催化水解多核苷酸内部的磷酸二酯键。

生物体内广泛存在核苷酸酶，将核苷酸分解成为核苷与磷酸。核苷经核苷磷酸化酶作用，磷酸解成自由的碱基及戊糖磷酸。碱基既可以参加核苷酸的补救合成，也可进一步水解。

三、嘌呤的分解

嘌呤在体内分解的终产物是尿酸，尿酸随尿液排出体外。尿酸仍然具有嘌呤环，只有取代基发生氧化。人体内只有腺嘌呤核苷脱氨酶，没有腺嘌呤脱氨酶，所以腺嘌呤核苷需要在腺嘌呤核苷脱氨酶作用下，脱去氨基成为次黄嘌呤核苷，再受核苷磷酸化酶催化分解成核糖-1-磷酸和次黄嘌呤。次黄嘌呤在黄嘌呤氧化酶的催化下，先氧化成黄嘌呤，然后氧化成尿酸。鸟嘌呤受鸟嘌呤脱氨酶催化脱氨生成黄嘌呤，黄嘌呤氧化成尿酸。

痛风（gout）是由尿酸在血液和组织中浓度过高而引起的关节疾病，尿酸钠结晶在关节中沉积可导致关节疼痛、关节炎症。尿酸在肾小管中沉积也会影响肾脏。痛风多发于男性，精确的原因未知，但经常涉及尿酸盐的排出减少。一个或另一个嘌呤代谢酶基因缺陷在一些病例中也是一个因素。

7-碳-8-氮次黄嘌呤
（别嘌呤醇）

痛风可以通过营养与药物联合进行有效的治疗。饮食中减少富含核酸或核苷酸的食物如动物的内脏、鱼子和海参等。别嘌呤醇可以缓解痛风的大部分症状，别嘌呤醇可抑制黄嘌呤氧化酶，而黄嘌呤氧化酶催化嘌呤转变为尿酸。别嘌呤醇是黄嘌呤氧化酶的底物，黄嘌呤氧化酶把别嘌呤醇转化为别黄嘌呤，别黄嘌呤与酶的活性中心紧密结合，使酶始终处于还原性形式而活力降低。当黄嘌呤氧化酶被抑制时，嘌呤代谢的产物是黄嘌呤与次黄嘌呤，它们比尿酸水溶性好，不容易形成结晶沉积。（图 10-20）

图 10-20　嘌呤分解代谢

四、嘧啶的分解

嘧啶的分解代谢主要在肝脏中进行。分解代谢过程中有脱氨基、氧化、还原及脱羧基等反应。胞嘧啶脱氨基转变为尿嘧啶。尿嘧啶和胸腺嘧啶先在二氢嘧啶脱氢酶的催化下，由 NADPH + H$^+$ 供氢，分别还原为二氢尿嘧啶和二氢胸腺嘧啶。二氢嘧啶酶催化嘧啶环水解，分别生成 β – 丙氨酸（β – alanine）和 β – 氨基异丁酸（β – aminoisobutyrate）。β – 丙氨酸和 β – 氨基异丁酸可继续分解代谢。β – 氨基异丁酸亦可随尿排出体外。食入含 DNA 丰富的食物、经放射线治疗或化学治疗的患者，以及白血病患者，尿中 β – 氨基异丁酸排出量增多。

胸腺嘧啶与尿嘧啶相似，还原、开环、水解生成 β – 氨基异丁酸，可直接从尿排出，也可转氨生成甲基丙二酸半醛，最后生成琥珀酰辅酶 A，进入三羧酸循环。（图 10 – 21）

图 10 – 21 嘧啶分解代谢

a. 胞嘧啶的分解代谢　　**b.** 胸腺嘧啶分解代谢

（刘岩峰）

扫码"练一练"

第十一章　氧化磷酸化与光合磷酸化

氧化磷酸化是耗氧生物产能代谢的顶峰。糖类、脂肪、蛋白质分解过程中的所有氧化步骤都在细胞呼吸的最后阶段汇集，其中氧化所释放的能量驱动着 ATP 的合成。光合磷酸化是光合生物捕获太阳能（生物圈中最终的能量来源）并且利用这种能量合成 ATP 的手段。总而言之，氧化磷酸化和光合磷酸化是绝大多数生物在绝大部分时间合成大部分 ATP 的途径。

第一节　生物氧化与氧化磷酸化

扫码"学一学"

一、生物氧化的概念与特点

1. 生物氧化的概念　生物氧化（biological oxidation）是指糖类、脂质、蛋白质等有机物质在细胞中被氧化分解，产生 CO_2 和 H_2O，同时释放出能量的过程。生物氧化是在组织细胞中进行的一系列氧化还原反应，又称为组织或细胞的呼吸作用。在真核生物细胞内，生物氧化主要是在线粒体内膜上进行，故称为线粒体氧化体系；在原核生物细胞内，生物氧化是在质膜上进行。

2. 生物氧化中物质氧化的方式　生物氧化中物质的氧化是失去电子，但表现形式有失电子、脱氢、加氧和加水脱氢等方式，其中脱氢和加水脱氢最为常见。

例如醛氧化为酸的过程，首先是醛分子结合 1 分子水后再脱去 2 个氢原子（1 对质子和 1 对电子），其结果是醛分子加入一个来自水分子的氧原子，总反应仍表现出失去电子。

3. 生物氧化的特点　从化学本质上看，生物氧化与非生物氧化没有很大差别，它们都是在反应过程中一种物质失去电子被氧化，另一种物质得到电子被还原，能量的转换也遵循能量守恒定律。但从反应过程上看，生物氧化与非生物氧化有明显不同，主要表现在以下 3 个方面。

（1）生物氧化只能在活细胞的温和条件下进行　细胞内的反应通常是在常温、常压、pH 接近中性的多水环境下进行；而非生物氧化大多在高温、高压等剧烈条件下进行。

（2）生物氧化需要一系列酶、辅酶和中间传递体参与　生物氧化是在一系列酶、辅酶和中间传递体的作用下逐步进行的，反应途径迂回曲折，井然有序。

（3）生物氧化中的能量是逐步释放，大部分能量储存在 ATP 中　生物氧化反应分阶段

341

进行，逐步释放能量，不会因为氧化过程中能量的骤然释放而对机体产生损害，同时逐步释放的能量可以被生物体充分、有效地利用；氧化过程中释放出的能量通常与磷酸化反应偶联在一起，从而将能量储存于高能磷酸化合物（如 ATP）中，供生命活动之需。而非生物氧化的能量则是一次性释放，释放的能量大多以光和热的形式散失。

二、线粒体氧化体系

机体内存在着多种生物氧化体系，其中最重要的是存在于线粒体内的细胞色素氧化酶体系，或称线粒体氧化体系。此外，还有微粒体氧化体系、过氧化物氧化体系以及存在于植物和微生物中的多酚氧化酶体系、抗坏血酸氧化酶体系等。

（一）电子传递过程

细胞内糖、脂肪、氨基酸等通过各自的分解途径，形成还原型辅酶，包括 NADH 和 $FADH_2$ 通过电子传递途径被重新氧化。还原型辅酶上的氢原子以质子形式脱下，其电子沿着一系列的电子载体转移，最后转移到分子氧。质子和离子型氧结合成水。在电子传递过程中释放出的大量自由能使 ADP 磷酸化成 ATP。

还原型的辅酶通过电子传递再氧化，其脱下的电子需经过一整套电子传递途径。电子传递过程包括电子从还原型辅酶通过一系列的电子载体所构成的电子传递链传递到氧的过程。这些电子载体都具有氧化–还原作用。电子传递和形成 ATP 的偶联机制称为氧化磷酸化作用。氧化磷酸化作用是电子在沿着电子传递过程中所伴随的，将 ADP 磷酸化而形成 ATP 的全过程。这个过程又称为氧化呼吸或呼吸代谢。

在电子传递过程中，还原型辅酶借助氧分子得以氧化的过程可用下式表示。

$$NADH + H^+ + 1/2O_2 \rightarrow NAD^+ + H_2O \qquad \Delta G^{\ominus\prime} = -220.07 kJ/mol \ (-52.6 kcal/mol)$$

$$FADH_2 + 1/2O_2 \rightarrow FAD + H_2O \qquad \Delta G^{\ominus\prime} = -181.58 kJ/mol \ (-43.4 kcal/mol)$$

上述反应式既表明还原型辅酶的氧化、氧的消耗，又表明在此反应中有水的生成。细胞对其燃料物质的彻底氧化是形成 CO_2 和 H_2O。CO_2 是通过柠檬酸循环形成的，水则是在电子传递过程的最后阶段生成。

上式所表明的标准自由能用 $\Delta G^{\ominus\prime}$ 表示，无论是 NADH 还是 $FADH_2$ 的氧化，都有大量自由能的释放，表明它们所带的电子对都具有高的转移势能。此势能推动电子从还原型辅酶顺坡而下，直到转移至分子氧上。同时，在电子传递过程中由自由能降低而释放出的自由能即用于合成 ATP。在葡萄糖的分解代谢中，1 分子葡萄糖共生成 10 个 NADH 和 2 个 $FADH_2$。它们的标准自由能为 $10 \times 52.6 + 2 \times 43.4 = 613 kcal/mol$（2564.8kJ/mol）在燃烧时，一个葡萄糖分子可释放出 2870.23kJ/mol（686kcal/mol）的热，因此可推算葡萄糖分子所释放自由能的 90% 都储存在还原型辅酶中，随后细胞再进一步利用。据计算，还原型辅酶所释放的自由能超过 3 个 ATP 的自由能含量，有利于推动电子的传递。在此过程中，能量的逐步释放，有利于 ADP 形成 ATP；特别是有利于形成并维持跨膜电势。

电子传递链在原核细胞存在于质膜上，在真核细胞存在于线粒体内膜上。

在电子传递过程中，电子的传递仅发生在相邻的传递体之间，它的传递方向取决于每个电子所具有的电化学势能的大小。电子传递还伴有 H^+ 的结合和释放，通过这一步骤，使 H^+ 能定向转移，通过 H^+ 的定向转移维持质子的跨膜电势，从而推动 ATP 的合成。

（二）呼吸链概念的建立

呼吸链概念的建立是由两个不同的研究途径经过几十年的研究，最后结合起来才构成的。

1890～1920年，发现了催化脱氢作用的脱氢酶可以在完全没有氧的条件下，将底物的氢原子脱下，于是产生了氢激活作用学说。Heinrich Otto Wieland 提出，氢的激活是生物氧化的主要过程，而氧分子不需要激活，即可与被激活的氢分子结合。1913年 Otto Heinrich Warburg 发现，极少量的氰化物能全部抑制组织和细胞对分子氧的利用，而氰化物对于脱氢酶并没有抑制作用。氰化物与铁原子可以形成非常稳定的化合物（如铁氰化物），于是提出生物氧化作用需要一种含铁的"呼吸酶"，这种呼吸酶起着激活分子氧的作用，氧的激活是生物氧化的主要步骤。后来匈牙利的科学工作者 A. Szent - Gyorgyi 将两种学说合并在一起，提出在生物氧化过程中氢的激活和氧的激活都是需要的，还提出"呼吸酶"和脱氢酶之间起电子传递作用的是黄素蛋白类物质。1925年 David Keilin 提出，细胞色素起着连续传递电子的作用。这时，对生物氧化的研究，越来越多地改用将分离提纯的电子传递链碎片或组分在试管中进行重组研究的方法，为进一步阐明生物氧化问题开辟了广阔的前景。应该指出，直到现在有关呼吸电子传递链及 ATP 的生成机制还未全部阐明，还有待进一步研究。

（三）电子传递链的组成成分

糖类、脂肪、氨基酸等有机物质代谢形成的还原型辅酶（包括 NADH 和 $FADH_2$）通过电子传递被重新氧化，即还原型辅酶上的氢原子以质子的形式脱下，其电子沿一系列按一定顺序排列的电子传递体转移，最后转移给分子氧，并生成水的全部体系称为电子传递链（electron transport chain，ETC）。由于消耗氧，故也叫呼吸链。

根据代谢物上脱下的初始氢受体不同，分为 NADH 呼吸链和 $FADH_2$ 呼吸链（图 11 - 1），这是两条在线粒体内非常典型的呼吸链。

图 11 - 1　NADH 呼吸链（上）和 $FADH_2$ 呼吸链（下）

线粒体内膜上的电子传递链是典型的多酶氧化还原体系，由多种氧化还原酶组成，包括烟酰胺脱氢酶、黄素脱氢酶、铁硫蛋白、辅酶 Q（或泛醌）、细胞色素等，以下分别予以介绍。

1. 烟酰胺脱氢酶　烟酰胺脱氢酶（nicotinamide dehydrogenase）是以 NAD^+ 或 $NADP^+$ 为辅酶，是一类不需氧的脱氢酶，属于烟酰胺的衍生物。此类酶催化脱氢时，与代谢物脱下的氢结合而还原成 NADH 或 NADPH，在 340nm 处有一吸收峰；当氢有受体时，NADH 或 NADPH 上的氢又可被转化成 NAD^+ 或 $NADP^+$，在 260nm 处有一吸收峰。根据这个特点可以判定该辅酶处于氧化态还是还原态，并用于此类脱氢酶活力的测定。以 NAD 为辅酶的脱氢酶主要参与线粒体底物到分子氧的传递过程；而 NADP 为辅酶的脱氢酶，主要是将代谢中间产物上的电子传递给需要电子的生物合成过程，如脂肪酸的生物合成。

$$NAD^+ +2H^+ +2e^- \Longleftrightarrow NADH + H^+$$
$$NADP^+ +2H^+ +2e^- \Longleftrightarrow NADPH^+ H^+$$

2. 黄素脱氢酶　黄素脱氢酶（flavin dehydrogenase）以 FMN 或 FAD 作为辅基，是一类不需氧的脱氢酶。此类酶催化脱氢时，是将代谢物上的一对氢原子直接传递 FMN 或 FAD 的异咯嗪基而形成 $FMNH_2$ 或 $FADH_2$。参与线粒体电子传递链的黄素脱氢酶主要有两种：NADH 的脱氢酶和琥珀酸脱氢酶。前者以 FMN 为辅基，能从 NADH 上接受一个质子和两个电子，而成为还原型，然后又将接受的质子和电子传递给另外的中间载体，成为氧化型。

$$NADH + H^+ + FMN \Longleftrightarrow NAD^+ + FMNH_2$$
$$琥珀酸 + FAD \Longleftrightarrow 延胡索酸 + FADH_2$$

此类酶所表现的催化活性与某些金属离子的存在有密切关系，如 NADH 脱氢酶和琥珀酸脱氢酶等含有几个非血红素铁原子，这些铁原子能与硫原子结合形成铁硫蛋白或铁硫中心，依赖铁的价态改变（$Fe^{2+} \longleftrightarrow Fe^{3+}$）来传递电子。

3. 铁硫蛋白　铁硫蛋白（iron-sulfur proteins）又称非血红素铁蛋白（nonheme iron proteins），含非卟啉和不耐酸的硫，其作用是借铁的变价进行电子传递。

$$Fe^{3+} + e \longrightarrow Fe^{2+}$$

铁硫蛋白最重要的特征是酸化时释放 H_2S（酸不稳定的硫）。其络合物中的铁硫一般以等摩尔存在，通常构成铁硫中心 Fe_2S_2 和 Fe_4S_4，然后再与蛋白质中的半胱氨酸连接（图 11-2）。某些铁硫蛋白只含有一个铁原子，它以四面体的形式与蛋白质中四个半胱氨酸的巯基结合。

图 11-2　铁硫蛋白

铁硫蛋白最早从厌氧菌中被发现，后来发现其在生物界中广泛存在。在线粒体内膜上通常与黄素酶或细胞色素结合。虽然铁硫蛋白的作用与电子传递有关，但目前对其具体作用尚不十分清楚。

4. 辅酶 Q　辅酶 Q（CoQ）广泛存在于生物界，所以又称泛醌（ubiquinone），它是电子传递链中惟一的非蛋白质组分，是一种脂溶性的醌类化合物，具有三种不同的氧化还原状态，即氧化型 Q、还原型 QH_2 以及介于两者之间的半醌 COQH。

氧化型 CoQ　　　　　　　　　还原型 CoQ

辅酶 Q 含有很长的脂肪族侧链，容易结合到膜上或与膜脂混溶。不同来源的辅酶 Q，其侧链长度也是不同的。其异戊二烯的 n 值在 6~10 之间。辅酶 Q 是一种中间传递体，它通过醌/酚结构互变传递氢。但是辅酶 Q 在电子传递链中的顺序尚有异议，有人认为在细胞色素 b 之前，也有人认为在细胞色素 b 和 c 之间。辅酶 Q 还参与植物光合作用的电子传递，在其中也起着重要作用。

5. 细胞色素　细胞色素（cytochrome）是一类以铁－卟啉为辅基的色素蛋白，铁原子处于卟啉结构的中心，构成血红素（heme）。细胞色素都以血红素为辅基，而使这类蛋白质具有红色，通过辅基中铁离子价态的可逆变化进行电子传递。

电子传递链中的细胞色素最初是 D. Keilin 根据细胞色素在可见光区有特征的吸收光谱，出现了 α、β 和 γ 三条吸收带，尤其是 α 的位置，将细胞色素分为 a、b、c 三类。其中，细胞色素 c 是惟一的可溶性细胞色素，也是目前了解最透彻的细胞色素蛋白质，其氨基酸序列被广泛测定，依据氨基酸序列的不同，可作为生物系统发生关系的一个判断指标。在线粒体的电子传递链中至少含有五种不同的细胞色素，称为细胞色素 b、c、c_1、a 和细胞色素 a_3，其中细胞色素 c 为线粒体内膜的周边蛋白，其余均为内膜的整合蛋白，细胞色素 b、c_1、c 的辅基都是血红素，而细胞色素 a、a_3 以血红素 A 为辅基，它与血红素的区别在于卟啉环上第 2 位以一个长的碳氢链代替乙烯基，在第 8 位以一个甲酰基代替甲基（图 11－3）。

血红素（heme）
（存在于细胞色素 b 和细胞色素 c 中）

血红素 A（hemeA）
（存在于细胞色素 aa_3 中）

图 11－3　血红素与血红素 A 的结构

细胞色素 aa_3 以复合物形式存在，称为细胞色素 c 氧化酶（cytochrome c oxidase）。除含有血红素 A 外，还含有两个必需的铜离子。铜在氧化还原反应中也发生价态变化（$Cu^+ \rightleftharpoons Cu^{2+} + e^-$）。除细胞色素 aa_3 外，其余的细胞色素中铁原子均与卟啉环和蛋白质形成六个共价键或配位键（其中与卟啉环形成四个配位键外，与蛋白质上的组氨酸和甲硫氨酸侧链相连形成两个共价键），因此不能再与 O_2、CO、CN^- 等结合。细胞色素 aa_3 的铁原子与卟啉环和蛋白质只形成五个配位键，所以还可与 O_2、CO、CN^- 等结合。在典型的线粒体电子传递链中，细胞色素的传递顺序是：$Cytb \rightarrow Cytc_1 \rightarrow Cytc \rightarrow Cytaa_3 \rightarrow O_2$。

（四）电子传递

电子传递是将来自还原型辅酶 NADH（或 $FADH_2$）的电子通过电子传递链传递给 O_2。电子传递链就是由复合物 I（NADH－CoQ 氧化还原酶）、复合物 II（琥珀酸－CoQ 氧化还原酶）、复合物 III（CoQ－细胞色素 c 氧化还原酶）、复合物 IV（细胞色素 c 氧化酶）组成的。这些复合物中的电子载体排序基本上是按照它们标准还原电位逐渐增大，即对电子亲和力逐渐增大排列的（表 11－1）。

表 11 - 1　底物和复合物中的氧化还原半反应和还原电位

	氧化还原半反应	还原电位 （$E^{\ominus}/V$）
复合物 I	$NAD^+ + H^+ + 2e^- \rightarrow NADH$	- 0. 32
	$FMN + 2H^+ + 2e^- \rightarrow FMNH_2$	- 0. 30
	延胡索酸 $+ 2H^+ + 2e^- \rightarrow$ 琥珀酸	0. 030
	$CoQ + 2H^+ + 2e^- \rightarrow CoQH_2$	0. 045
复合物 III	细胞色素 b （Fe^{3+}） $+ e^- \rightarrow$ 细胞色素 b （Fe^{2+}）	0. 08
	细胞色素 c_1 （Fe^{3+}） $+ e^- \rightarrow$ 细胞色素 c_1 （Fe^{2+}）	0. 22
	细胞色素 c （Fe^{3+}） $+ e^- \rightarrow$ 细胞色素 c （Fe^{2+}）	0. 23
复合物 IV	细胞色素 a （Fe^{3+}） $+ e^- \rightarrow$ 细胞色素 a （Fe^{2+}）	0. 29
	细胞色素 a_3 （Fe^{3+}） $+ e^- \rightarrow$ 细胞色素 a_3 （Fe^{2+}）	0. 35
	$1/2O_2 + 2H^+ + 2e^- \rightarrow H_2O$	0. 82

　　复合物含有很多氧化还原辅因子。通过这些辅因子的氧化和还原反应能够产生电子流，流动的方向是从一个还原剂到一个氧化剂。传递链中各个成分的还原电位都落在强还原剂 NADH 和最终的氧化剂 O_2 之间，辅酶 Q 和细胞色素 c 是电子传递链复合物之间的纽带。辅酶 Q 将电子由复合物 I 和复合物 II 转移至复合物 III，细胞色素 c 连接复合物 III 和 IV，复合物 IV 利用电子氧化还原为水。

　　图 11 - 4 给出了电子传递反应的次序，并标出了底物和主要中间电子载体以及 O_2 的还原电位。

图 11 - 4　电子传递反应的次序

　　从图 11 - 4 可以看出，复合物 I 将来自 NADH 的电子传递给 CoQ。

$$NADH + CoQ （氧化型） \longrightarrow NAD^+ + CoQ （还原型）$$

$$\Delta E^{\ominus'} = 0. 360V, \quad \Delta G^{\ominus'} = -69. 5kJ/mol$$

复合物 III 将来自还原型 CoQ 的电子传递给细胞色素 c。

$$CoQ（还原型）+ 细胞色素 c（氧化型）\longrightarrow CoQ（氧化型）+ 细胞色素 c（还原型）$$
$$\Delta E^{\ominus'} = 0.190V,\ \Delta G^{\ominus'} = -36.7kJ/mol$$

复合物 IV 将来自还原型细胞色素 c 的电子传递给 O_2。

$$细胞色素 c（还原型）+1/2O_2 \longrightarrow 细胞色素 c（氧化型）+H_2O$$
$$\Delta E^{\ominus'} = 0.59V,\ \Delta G^{\ominus'} = -113.8kJ/mol$$

从图 11-4 中电子传递链还存在另一个"入口"，即复合物 II 将来自经琥珀酸脱氢酶催化琥珀酸脱氢反应的 $FADH_2$ 电子传递给 CoQ。

$$FADH_2 + CoQ（氧化型）\longrightarrow FAD + CoQ（还原型）$$
$$\Delta E^{\ominus'} = 0.058V,\ \Delta G^{\ominus'} = -16.4kJ/mol$$

复合物 I、III 和 IV 催化的每步反应释放的能量足以驱动 1 分子 ATP 合成。正是由于这三步反应释放的能量使得基质内质子跨膜转移到膜间隙，形成的质子梯度驱动 ATP 合成。复合物 II 是出现在柠檬酸循环中的琥珀酸脱氢酶复合物，它对于质子浓度梯度的形成没有贡献，因为释放的能量太少，其作用是将电子由琥珀酸转移到 CoQ，形成电子传递链的一个支路。

1. 复合物 I 将来自 NADH 的电子传递给泛醌 复合物 I 即 NADH - CoQ 氧化还原酶（NADH - ubiquinone oxidoreductase，也称为 NADH 脱氢酶）催化 NADH 的两个电子转移给 CoQ（辅酶 Q）。复合物 I 是个非常复杂的酶，例如牛线粒体复合物 I 至少由 41 个亚基组成。图 11-5 给出了 NADH 的电子在复合物 I 中依次进行传递的过程。

图 11-5 复合物 I 中电子传递和质子转移

通过复合物 I 的电子转移的第一个反应是 NADH 将一个氢原子转移给 FMN，形成 $FMNH_2$，$FMNH_2$ 经半醌中间物通过两步反应被氧化，将两个电子传给铁 – 硫簇中的 Fe^{3+}，生成还原型 Fe^{2+}。然后，还原型铁 – 硫簇将电子传递给 CoQ，经过一个中间产物 CoQH，最后达到充分还原型 $CoQH_2$（图 11-6）。如果将鱼藤酮或安密妥加到可进行电子传递的线粒体悬浮液中，在复合物 I 中进行的电子传递将被阻断。

铁 – 硫簇是铁硫蛋白的辅基，主要有（2Fe - 2S）和（4Fe - 4S）两种类型，不仅复合物 I 中含有，而且复合物 II 和复合物 III 中也有（图 11-7）。铁 – 硫簇中的铁与无机硫化物（S^{2+}）和铁 – 硫蛋白中半胱氨酸残基的巯基螯合。铁 – 硫簇中的三价铁离子（Fe^{3+}）和二价铁离子（Fe^{2+}）之间进行还原和氧化转换时，每个铁 – 硫簇接受或给出 1 个电子。

图 11-6 CoQ 接受电子变成还原型 $CoQH_2$

图 11-7　[2Fe-2S] 和 [4Fe-4S] 两种类型铁-硫簇的结构

在电子通过复合物 I 转移时，质子也从基质转移到了膜间隙。研究表明，每从 NADH 转移 1 对电子给 CoQ 就将有 4 个质子被转移到膜间隙。显然，来自 NADH 的氢离子和基质中的质子被转移给了 FMN 形成 FMNH$_2$，这两个质子消耗在 CoQ 还原为 CoQH$_2$ 上了，但目前还不知道质子是怎样被转移到膜间隙的。

2. 复合物 II 将电子由琥珀酸转移到 CoQ　复合物 II 即琥珀酸-CoQ 氧化还原酶 [succinate-ubiquinone oxidoreductase，也称为琥珀酸脱氢酶复合物 （succinate dehydrogenase complex）] 接受来自琥珀酸的电子，同时也像复合物 I 一样催化 CoQ 还原为 CoQH$_2$。哺乳动物的复合物 II 是由 4 个亚基组成的，两个大的亚基构成琥珀酸脱氢酶，它含有 FAD 辅基和 3 个铁-硫簇，另外两个亚基似乎是体内为了将琥珀酸脱氢酶结合到膜上以及使电子转移到受体 CoQ 所需要的。

来自琥珀酸的两个电子转移给 CoQ，涉及 FAD 被一个氢阴离子还原和还原型黄素的两个单电子传递给 3 个铁-硫簇的过程（图 11-8）。由复合物 II 催化的反应中释放的自由能很少，所以该复合物对跨线粒体膜的质子浓度梯度没有什么贡献，它的主要贡献是将来自琥珀酸氧化的电子引入到电子传递链中。CoQ 可以接受来自复合物 I 或复合物 II 的电子，然后再将电子传给复合物 III。

图 11-8　通过复合物 II 的电子传递

3. 复合物 III 将电子由 CoQH$_2$ 传给细胞色素 c　复合物 III CoQ-细胞色素 c 氧化还原酶（ubiquinol-cytochrome c oxidoreductase），含有 9 个或 10 个不同的亚基、1 个[2Fe-2S] 以及细胞色素 c$_1$。其中，细胞色素 b 在单一的 1 条多肽链上含有 b$_{560}$ 和 b$_{566}$ 两个血红素，伴随着 1 分子 CoQH$_2$ 的氧化有 4 个质子被转移到线粒体膜间隙中（图 11-9），其中的 2 个质子来自 CoQH$_2$，另 2 个来自基质。电子被单电子载体细胞色素 c 接受，细胞色素 c 沿着内膜的外表面一侧移动并将 1 个电子转移给复合物 IV。

根据 Mitchell 于 1975 年提出的 CoQ 循环途径，电子在复合物Ⅲ中的传递顺序可能是 $CoQ \rightarrow Cytb \rightarrow Cytc_1 \rightarrow Cytc$。如果将抗霉素加到可进行电子传递的线粒体悬浮液中，在复合物Ⅲ中进行的电子传递将被阻断。

图 11-9　复合物Ⅲ电子传递和质子转移

4. 复合物Ⅳ将电子从细胞色素 c 传给 O_2　复合物Ⅳ中细胞色素 c 氧化酶（cytochrome c oxidase）是电子传递链的最后一个成员，这个复合物催化分子氧（O_2）中的氧原子接受经细胞色素 c 2 次单电子传递来的 2 个电子被还原成水（H_2O），并将基质中质子转移到膜间隙（图 11-10）。

图 11-10　复合物Ⅳ中电子传递和质子流动

哺乳动物中的复合物Ⅳ是二聚体，含有 13 条多肽链，总的相对分子质量大约为 40 万。复合物Ⅳ中含有细胞色素 a 和细胞色素 a_3，以及 CuA 和 CuB，两个铜离子，当它们参与电子传递时，变换于 Cu^{2+} 和 Cu^+ 状态之间。

细胞色素 c 氧化酶对质子浓度梯度的贡献是通过两种方式表现出来的。第一种方式是每传递 1 对电子（还原 O_2 中的每一个氧原子）就转移 2 个 H^+，第二种方式是当氧被还原为水时消耗基质 H^+。后一种方式虽然不参与实际的跨膜 H^+ 转移，但仍然对质子梯度形成有贡献，这一效果与每传递 1 对电子可净转移 4 个 H^+ 的效果是一样的。

O_2 的还原发生在酶的一个催化中心上，该中心包括细胞色素 a_3 的血红素铁原子和相邻的铜原子 Cu_B。细胞色素 a 和 Cu_A 每次从细胞色素 c 分子转移 1 个电子到使氧还原的部位，使得细胞色素 a_3 中的 Fe^{3+} 和 Cu_B^{2+} 还原为 Fe^{2+} 和 Cu_B^+（Fe^{2+}、Cu_B^+ 双核中心）。

图 11-11 给出了一种解释 O_2 还原的机制。还原形式的 Fe^{2+} 和 Cu_B^+ 结合氧形成过氧中间化合物。第 3 个电子还原二价铜，靠近这个铜原子的氧被质子化，同时电子在铁和铜之间再分布。当加入另一个质子和第 4 个电子时，O—O 键被切断，形成 1 个含有羟基的中间物，这个中间物再接受 2 个质子后释放出 2 分子的水，同时使酶呈现氧化型。

这个所谓的 Fe^{2+}、Cu_B^+ 双核中心可以结合有毒的配体，例如氰化物和一氧化碳，电子传递将被阻断。

图 11-11　细胞色素 c 氧化酶使 O_2 还原成 H_2O 机制

三、氧化磷酸化

（一）氧化磷酸化的概念

氧化磷酸化（oxidative phosphorylation）是需氧细胞的主要能量来源，是生物产生 ATP 的主要途径。氧化磷酸化作用指的是与生物氧化作用相伴而生的磷酸化作用；是将生物氧化过程释放的自由能，用以使 ATP 和无机磷酸生成高能 ATP 的作用。真核生物的电子传递和氧化磷酸化都是在细胞的线粒体内膜发生的作用。

1948 年，Eugene Kennedy 和 Albert Lehninger 发现真核生物中的线粒体是氧化磷酸化发生的场所，标志着生物能量转换研究现代阶段的开始。

（二）氧化磷酸化的作用机制

氧化磷酸化机制来自于 Peter Mitchell 化学渗透假说（chemiosmotic hypothesis）以及一些实验证据。许多早期的研究试图证实存在一个富含能量的磷酸化代谢物，该代谢物参与磷酸基团转移到 ADP 上，形成 ATP，而实际研究结果证实不存在这样的一个代谢物。

1961 年 Peter Mitchell 提出了电子传递与 ATP 合成是通过电子传递释放的自由能导致跨线粒体内膜的质子梯度偶联的化学渗透假说（chemiosmotic hypothesis）。化学渗透假说主要包括以下几点内容。

（1）一个完整的线粒体内膜对于偶联是绝对需要的。膜对 H^+、OH^-、K^+ 以及 Cl^- 等应当是不通透的，否则，质子浓度梯度将消失。

（2）电子通过电子传递链传递产生质子浓度梯度，使得线粒体内膜外侧（膜间隙）的 H^+ 浓度增大。

（3）跨膜的质子转移驱动 ADP 磷酸化。某些增加膜通透性的所谓解偶联剂可使底物（NADH 和琥珀酸）氧化继续进行，但抑制 ATP 合成。另外，增加线粒体内膜外侧的酸性（增加 H^+ 浓度）可刺激 ATP 合成。

按照该假说电子通过电子传递链传递导致质子由线粒体基质泵到膜间隙，同时由于基质中质子浓度变低，形成一个带负电的电场（图 11-12）。质子转移带来了两种效应：在线粒体内膜内外产生了质子浓度差，以及形成电场导致膜电位出现，这两种效应经计算对于每摩尔质子大约可产生相当于 21.8kJ 的能量。可以说质子动力通过 ATP 合酶驱动 ATP 合成。

图 11 - 12　电子传递导致质子梯度和膜电位形成

在 Peter Mitchell 提出化学渗透假说之前，已经积累了许多物质氧化以及线粒体电子载体循环氧化和还原的信息，人们推测这些氧化反应可能驱动 ATP 的形成，但氧化与 ADP 磷酸偶联的途径还不清楚。1956 年，Britton Chance 和 Ronald Williams 发现，一个悬浮在磷酸缓冲液的完整的线粒体只有当加入 ADP 和 Pi 时才会快速氧化底物和消耗氧（图 11 - 13）。换言之，一个底物（如琥珀酸）的氧化是与 ADP 磷酸化偶联的。

图 11 - 13　解偶联剂存在和不存在条件下线粒体的呼吸

DNP：2,4 - 二硝基苯酚

当加入寡霉素后 ATP 合成停止（寡霉素抑制 ATP 合成），同时氧消耗的也很少，表明氧消耗和 ATP 合成偶联，即电子传递和磷酸化偶联。偶联关系还可以通过加 2,4 - 二硝基苯酚（DNP）证实。如图 11 - 13 所示，当加入 DNP 后，氧消耗快速增加，但 ATP 没有进一步合成。表明在底物的氧化过程中并没有发生 ADP 磷酸化，即电子传递和磷酸化两个过程的偶联关系被破坏。像 2,4 - 二硝基苯酚那样破坏偶联的化合物称之为解偶联剂。

像 2,4 - 二硝基苯酚那样的解偶联剂大多数是脂溶性的弱酸，可结合质子跨过线粒体内膜进入基质（图 11 - 14），破坏了电子传递产生的质子梯度，使得驱动 ATP 合成的动力消失，这也证明了 Peter Mitchell 的质子浓度梯度驱动 ATP 合成的化学渗透假说。

图 11 - 14　解偶联剂 2,4 - 二硝基苯酚的解偶联作用

Peter Mitchell 根据解偶联剂现象和其他大量的实验资料提出了氧化磷酸化的机制。在化学渗透理论中，Peter Mitchell 认为跨线粒体膜的质子浓度梯度是由线粒体中酶复合物的作用产生的，这一梯度提供的能量用于 ADP 磷酸化。

（三）质子梯度的形成

电子传递使复合体Ⅰ、Ⅲ和Ⅳ推动 H^+ 跨过线粒体内膜到线粒体的间隙（图 11 – 15），线粒体间隙与细胞质相接触。H^+ 跨膜流动的结果造成线粒体内膜内部基质的 H^+ 浓度低于间隙。线粒体基质形成负电势，而间隙形成正电势，这样产生的电化学梯度即电动势（electromotive force，emf），称为质子动势或质子动力（protonmotive force，pmf）。其中蕴藏着的自由能即是 ATP 合成的动力。

图 11 – 15　线粒体电子传递链

1. 质子泵出的需能过程　一个质子逆电化学梯度跨过线粒体膜的自由能变化公式如下。

$$\Delta G = 2.3\, RT\,[\text{pH（膜内）} - \text{pH（膜外）}] + ZF\Delta\psi$$

式中，Z 为质子上的电荷（包括符号），F 为法拉第（faraday）常数，ψ 为膜电势。$\Delta\psi$ 的符号习惯上是当一个电子从负转移到正时，$\Delta\psi$ 为正值。线粒体内膜外的 pH 低于膜内的 pH，因此质子从线粒体基质逆质子梯度转移到膜外是一个吸能过程。而且质子从基质出去后使内膜的内表面比外表面电负性更强。一个正离子（阳离子）向外转移必然使 $\Delta\psi$ 为正值，而且使自由能增加，这就是需能过程。但是如果一个负离子被转移出去，就会得到完全相反的结果。

2. 质子转移机制的两种假设　电子传递链的 4 种电子传递复合体中的 3 种复合体即复合体Ⅰ、Ⅲ和Ⅳ都和质子转移有密切关系。

质子主动转移和电子传递产生的自由能相偶联的机制当前存在两种假设：一种是氧化 – 还原回路机制（redox loop mechanism）；另一种是质子泵机制（proton pump mechanism）。

（1）氧化 – 还原回路机制　该机制由 Mitchell 提出，简称为氧 – 还回路。他认为线粒体内膜呼吸链的各个氧化 – 还原中心即 FMN、CoQ、细胞色素以及铁 – 硫聚簇的排列可能既能执行电子的转移，又能转移基质的质子。前一个被还原的氧化 – 还原中心被后一个氧化 – 还原中心再氧化，同时相伴而生的是质子的转移，包括质子由基质泵出和在线粒体内膜外的质子回流到基质一边。氧 – 还回路机制可用图 11 – 16 表示。在线粒体内电子传递与质子转移相结合的设想中 FMN 和 CoQ 起着（$H^+ + e^-$）载体的作用。铁 – 硫聚簇和细胞色素是单纯的 e^- 载体，这些组分的排列既能满足电子传递又能伴有 H^+ 的转移。在传递过程中应有一种（$H^+ + e^-$）的载体存在。图 11 – 16 中的 X 应该是第 3 个 H^+ 的转移部位。

氧化 – 还原回路机制需要第 1 个氧化 – 还原载体处在还原态时比其氧化态含有更多的氢原子，其第 2 个氧化 – 还原载体在氧化态和还原态时所含的氢原子没有差异。事实上

FMN 和 CoQ 在还原态时确实含有较多的氢原子，因此可以起质子载体和电子载体的双重作用。如果这些中心专一地与细胞色素和铁 – 硫聚簇纯电子载体进行交换，这种机制设想是可以成立的。图 11 – 16 即表示这种交换机制。

图 11 – 16　氧化 – 还原回路机制示意图

这种氧化 – 还原回路机制的主要问题是，并没有发现一种 $(H^+ + e^-)$ 的电子载体存在。15 个纯电子载体（最多有 8 个铁硫蛋白、5 个细胞色素和 2 个 Cu 原子）中只有 2 个 $(H^+ + e^-)$ 载体。而已知的是有 3 个部位能合成 ATP，这表明，至少应有 3 个质子转运部位。因此，按此种机制设想必须有另外一个 $(H^+ + e^-)$ X 载体存在（图 11 – 16）。

为了解决上述问题，Peter Mitchell 曾提出一种设想，即 CoQ 可能在复合体的质子转移中发挥两次作用，即所谓 Q 循环。在 Q 循环中，CoQ 被认为是通过两个步骤还原。其中一个步骤就是半醌作为一个稳定的中间产物。如上所述，通过复合体 III 中作用步骤，就使得当每个电子从复合体 I 转移到细胞色素 c_1 时转运两个质子成为可能，但是 Q 循环不能在复合体 IV 起作用，因为复合体 IV 没有 $(H^+ + e^-)$ 载体。虽然如此它还是在电子传递过程中将质子从基质"泵"出到内膜外的细胞质中。

（2）质子泵机制　这个机制的内容是电子传递导致复合体的构象变化。质子的转移是氨基酸侧链 pK 值变化产生影响的结果。构象变化造成氨基酸侧链 pK 值的改变，结果发挥质子泵作用的侧链暴露在外并交替地暴露在线粒体内膜的内侧或外侧，从而使质子发生移位。这种系统即认为是质子泵的机制。

以上两种机制各自都有一些旁证，但尚未能在电子传递链本身得到完整的证据。

质子的跨膜转运和 ATP 形成机制是复杂的，也可能在一条电子传递链的不同部位的质子转运通过不同的机制。这正是当前引人注目的课题。

（3）合成一个 ATP 需要 2~3 个跨膜质子，在生理条件下合成一个 ATP 分子所需自由能为 40~50kJ/mol。这个值不可能只需要由一个质子流回到线粒体基质的跨膜驱动力，至少需要两个质子。此值很难精确测得，因为被转移的质子还有一部分又漏回基质。测定的结果表明，每合成 1 分子 ATP 有 2~3 个质子跨膜。

（四）ATP 合成机制

ATP 的合成是由一个酶的复合体系完成的。这个复合体系称为 ATP 合酶（ATP synthase），由两个主要的单元（unit）构成，如图 11 – 17 所示。起质子通道作用（proton – conducting）的单元称为 F_0 单元，催化 ATP 合成的单元称为 F_1

图 11 – 17　ATP 合酶结构示意图

单元。因此，ATP 合酶又称为 F_0F_1 – ATP 酶（F_0F_1 – ATPase）。线粒体 ATP 合酶体组分见表 11 – 2。

表 11 – 2　线粒体 ATP 合酶体组分

亚基	相对分子质量	作用	定位
F_1	378 000	含有合成 ATP 的催化部位	线粒体内膜向基质侧的球状体
α	56 000		
β	52 000		
γ	34 000		
δ	14 000		
ε	6 000		
F_0	25 000	含有质子通道	跨膜部位
	21 000		
	12 000		
	8 000		
F_1 抑制剂（IF_1）	10 000	调节质子流及 ATP 的合成	F_0F_1 之间的柄
寡酶素敏感性赋予蛋白质（OSCP）	23 000		
F_6	8 000		

1. F_1 单元和 F_0 单元的结构　F_1 单元是球状结构，其直径为 8.5 ~ 9.0nm，已知由 5 种不同的多肽链组成。化学计算表明其组分为 $α_3β_3γδε$，它的相对分子质量为378 000。用电子显微镜观察重组后的 F_0F_1 颗粒可清楚地看到这个颗粒呈哑铃状。F_0 和 F_1 之间由一个大约 5nm 的柄相连，柄包含有两种蛋白质。一种称为寡霉素敏感性赋予蛋白质（oligomycin-sensitivity-conferring protein，OSCP）。因这种蛋白质使酶复合体对寡霉素产生敏感性而得名。寡霉素（oligomycin）是一种抗生素，它的结构式如下。

寡霉素 B

它干扰对质子梯度的利用从而抑制 ATP 的合成。柄的另一种蛋白质称为偶合因子6（coupling factor 6，F_6）。F_1 催化 ATP 合成的部位在 β 亚基上，δ 亚基是 F_1 和 F_0 相连接所必需的。F_0 是跨线粒体内膜的疏水蛋白质，它是质子通道，由 4 种多肽链组成。这 4 种多肽链的相对分子质量分别为 $25 × 10^3$、$21 × 10^3$、$12 × 10^3$、8000。每个 F_1 单元含有 6 条相对分子质量为 8000 的肽链，很可能这六条肽链构成 H^+ 的跨膜孔道。寡霉素抑制剂对 ATP 合酶的抑制作用是由于它结合到 ATP 合酶的 F_0 亚基上，从而抑制 H^+ 通过 F_0，有趣的是寡霉素抑制剂并不是结合到寡霉素敏感性赋予蛋白质上。

有一种脂溶性的羧基试剂（carboxyl reagent）称为二环己基碳二亚胺（dicyclohexylcarbodiimide）简称 DCCD，也称 DCC 或 DCCI，它的结构式如下。

$$\langle\rangle\!-\!N\!=\!C\!=\!N\!-\!\langle\rangle$$

二环己基碳二亚胺

DCCD 也有抑制质子通过 F_0 的作用，对哺乳动物它只要与 F_0 蛋白中的一个亚基的一个谷氨酸（Glu）残基结合，就可起到抑制作用。对大肠埃希菌（$E.coli$）是与天冬氨酸（Asp）结合。

因 DCCD 是一个脂溶性的羧基试剂，与 DCCD 发生反应表明有一个羧基位于脂质环境，也即是埋藏在膜内。

哺乳动物的 F_0 共有 6 个，这种能与 DCCD 结合的蛋白质，称为 DCCD – 结合蛋白（DCCD-binding protein），也称 DCCD – 结合蛋白脂（DCCD – binding proteolipid）。这些蛋白质拼合起来好像木桶的桶板构成具有极性的 H^+ 通道。这个通道中埋藏着谷氨酸残基。

2. 质子流通过 ATP 合酶同时释出与酶牢固结合的 ATP 分子 质子流是如何驱动 ATP 合成的？一种假设认为最初是能化的质子（energized protons）通过 F_0 质子通道集中到 F_1 的催化部位，在此处质子脱去无机磷酸上的一个氧原子，结果使平衡趋向 ATP 合成。但是用放射性核素实验却证明了与酶结合着的 ATP 在没有质子动力的情况下合成很容易。将 ADP 和无机磷酸加入到含有 $H_2^{18}O$ 的 ATP 合酶中，标记 ^{18}O 通过 ATP 的合成和随后的水解被掺入到无机磷酸分子中。

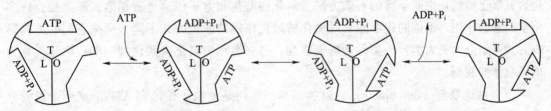

^{18}O 掺入到无机磷酸的速度表明，在没有质子梯度存在的情况下，与 F_1 催化部位结合着的 ATP 和游离的 ADP 处于平衡状态。但是如果质子流不通过 F_0，合成的 ATP 就不离开催化部位。因此 Paul Boyer 认为质子梯度的作用并不是形成 ATP，而是使 ATP 从酶分子上解脱下来。Paul Boyer 还发现，ATP 合酶分子与 ADP 和 Pi 的结合，有促使 ATP 分子从酶上解脱下来的作用。这表明 ATP 合酶分子上的核苷酸（ATP、ADP）结合部位在催化过程中有相互协调的作用。Paul Boyer 对于质子驱动 ATP 合成的机制问题提出"结合变化机制"（binding-change mechanism）。这个机制如图 11 – 18 所示。

图 11 – 18 ATP 合酶的结构变化机制示意图

Paul Boyer 提出在 ATP 合酶上的 3 个 β 亚基本质上是相同的，但它们的作用在任何情况下都是不相同的。其中之一处于"O"状态，即是开放形式，对底物的亲和力极低。第 2 种状态是"L"形式。这种状态与底物的结合较松弛，对底物没有催化能力。第 3 种是

"T"形式，与底物结合紧密，并有催化活性。如果在酶分子的"T"部位结合着一个ATP分子，又有ADP和Pi结合到它的"L"部位，这时质子流的能量使"T"部位转变为"O"部位，"L"部位转变为"T"部位，"O"部位转变为"L"部位。当ATP所处的部位转变为"O"部位时，就使ATP容易地从这个新形成的"O"部位解脱下来，同时又使ADP和Pi由原来"L"部位转变成"T"部位并合成新的ATP分子。只有当质子流从F_0流至膜的F_1时才发生O、L和T的相互转化。这种构象转化是连续发生的，很可能是亚基相互作用发生的变化。

ATP合酶的作用是由质子动力所驱动的。这种动力实质上是由pH梯度和膜电势产生的。某些氨基酸残基在pH梯度的条件下可以发生质子化（protonation）或去质子化（deprotonation），例如某些氨基酸的羧基即以质子化状态—COOH存在。这种在一边的质子化和另一边的去质子化能够驱动一个单方向的反应循环即构成促使ATP合成的驱动力。

对于膜电势的作用可做如下的设想：假如在细胞质一侧的膜电势为+0.18V，而膜两侧的pH都是7.5。在F_0通道的H^+浓度不可能是均一的。因为H^+必然被膜的基质侧相对于另一侧的电负性吸引，如图11–19所示。如果电势差为0.18V，即可导致H^+浓度在F_0–F_1接头处比F_0通道入口处高出1000倍。也就是说，膜的正电势由于在F_0和接头处形成局部的高H^+浓度而导致ATP的合成。特别是0.18V电势产生的浓度梯度和膜两边3个pH单位差所产生的浓度梯度是相同的。如果有3个H^+通过ATP合酶的F_0–F_1接头处，即导致合成1个ATP分子。

图11–19 膜的正电势导致H^+浓度在F_0和F_1接头处远远高于F_0入口处

（五）氧化磷酸化的解偶联和抑制

正常情况下，电子传递和磷酸化是紧密结合的。在静止状态（resting state），氧化磷酸化处于最低水平，这时通过线粒体内膜的电化学梯度的大小，正好能够阻止质子泵的活动，于是电子传递也就受到抑制。在有些情况下，电子传递和磷酸化作用可被解偶联，列举如下。

1. 特殊试剂的解偶联作用 用特殊的试剂可将氧化磷酸化过程分解成单个的反应，这是研究氧化磷酸化中间步骤的有效方法。氧化磷酸化和电子传递过程相似，都能受到许多化学因素的作用。不同的化学因素对氧化磷酸化作用的影响方式不同。根据它们的不同影响方式可划分为三大类：一类称为解偶联剂；另一类称为氧化磷酸化抑制剂；第三类称为离子载体抑制剂。

（1）解偶联剂（uncouplers） 这类试剂的作用是使电子传递和ATP形成两个过程分离，失掉它们的紧密联系。它只抑制ATP的形成过程，不抑制电子传递过程，使电子传递产生的自由能都变为热能。因为这种试剂使电子传递失去正常的控制，亦即不能形成离子梯度，造成过分地利用氧和燃料底物而能量得不到贮存。典型的解偶联剂是弱酸性亲脂试剂2,4–二硝基苯酚（2,4–dinitrophenol，DNP），它的作用机制如图11–20所示。解偶联剂的作用只抑制氧化磷酸化的ATP形成，对底物水平的磷酸化没有影响。

在 pH7.0 环境下，2,4 - 二硝基苯酚以离解的形式存在（ ），这种形式不能透过膜，因它是非脂溶性的。在酸性的环境中 2,4 - 二硝基苯酚接受质子后成为不解离的形式而变为脂溶性的，从而容易地透过膜，同时将一个质子带入膜内。解偶联剂使内膜对 H⁺ 的通透性增加。亲脂的膜能结合 H⁺，将其带到 H⁺ 浓度低的一方。这样就破坏了跨膜梯度的形成，这种破坏 H⁺ 梯度而引起解偶联现象的试剂又称质子载体试剂。

图 11 - 20　2,4 - 二硝基苯酚的作用机制

其他一些酸性芳香族化合物如三氟甲氧基苯腙羰基氰化物 ［carbonylcyanide-*p*-（trifluoro-methoxy）phenylhydrazone，FCCP］也有同样作用。FCCP 的结构式如图 11 - 21 所示。

（2）氧化磷酸化抑制剂　这类试剂的作用特点是抑制氧的利用又抑制 ATP 的形成，但不直接抑制电子传递链上载体的作用，这一点和电子传递抑制剂不同。氧化磷酸化抑制剂的作用是直接干扰 ATP 的生成过程，由于它干扰了由电子传递的高能状态形成 ATP 的过程，结果也使电子传递不能进行。寡霉素（oligomycin）就属于这类抑制剂。寡霉素作用和 2,4 - 二硝基苯酚（解偶联试剂）作用之不同，可用实验清楚地表明（图 11 - 22）：当在线粒体悬浮液中，加入寡霉素后，再加入 ADP，不见有刺激呼吸的作用发生，这时若加入 DNP 解偶联试剂，则可看到呼吸作用立即加快，表明寡霉素对利用氧的抑制作用可被解偶联试剂解除。

图 11 - 21　三氯甲氧基苯腙羰基氰化物
解离式与非解离式的结构式

图 11 - 22　线粒体呼吸的四种状态与寡霉素
对氧消耗的抑制作用以及 DNP
解除寡霉素的抑制作用

（3）离子载体抑制剂（ionophore inhibitors）　脂溶性物质能与某些离子结合并作为它们的载体使这些离子能够穿过膜。它和解偶联试剂的区别在于它是除 H⁺ 以外其他一价阳离子的载体，例如缬氨霉素（valinomycin）能够结合 K⁺ 离子，与 K⁺ 形成脂溶性的复合物，于是 K⁺ 容易地透过膜。如果 K⁺ 离子不与缬氨霉素结合，它透过膜的速度就很低。又如短杆菌肽（gramicidin）可使 K⁺、Na⁺ 以及其他一些一价阳离子穿过膜。因此，这类抑制剂是通过增加线粒体内膜对一价阳离子的通透性而破坏氧化磷酸化过程。

2. 激素控制褐色脂肪线粒体氧化磷酸化解偶联机制使产生热量 电子传递产生的电化学 H^+ 离子梯度受到破坏而与 ATP 形成解偶联，结果产生热。有一种褐色脂肪组织（brown adipose tissue）又称褐色脂肪，由含大量三酰甘油和大量线粒体的细胞构成。线粒体内的细胞色素使褐色脂肪呈褐色。褐色脂肪的产热机制是线粒体氧化磷酸化解偶联的结果。褐色脂肪线粒体内含有一种激素称为产热素（thermogenin），是一种含有两个亚基形成二聚体的蛋白质。这种激素只存在于褐色脂肪线粒体中，它控制着线粒体内膜对质子的通透性。该激素可被游离脂肪酸激活，又可被嘌呤核苷酸（ATP、ADP、GTP、CTP）抑制。核苷酸类对它的抑制又可被游离脂肪酸解除。它刺激质子流使其通过该激素蛋白并使氧化磷酸化解偶联从而产生热量。该褐色脂肪中的游离脂肪酸又受到正肾上腺素与 cAMP 的调节。在正肾上腺素的作用下，正肾上腺素受体系统合成 cAMP，于是变构激活 cAMP – 依赖性蛋白激酶（cAMP-dependent protein kinase），随后激酶又通过磷酸化作用激活激素敏感的三酰甘油脂肪酶（hormone-sensitive triacylglycerol lipase），最后被激活的脂肪酶催化三酰甘油水解产生游离脂肪酸。

（六）穿梭机制

线粒体内生成的 NADH 和 $FADH_2$ 可直接参加氧化磷酸化过程，但在胞液中生成的 NADH 不能自由透过线粒体内膜，故胞液中 NADH 所携带的氢必须通过某种转运机制进入线粒体，才能经过呼吸链进入氧化磷酸化过程。这种转运机制主要有甘油磷酸穿梭机制和苹果酸 – 天冬氨酸穿梭机制。

1. 甘油磷酸穿梭机制 甘油磷酸穿梭途径涉及两个酶：一个是细胞质中的依赖于 NAD^+ 的甘油 – 3 – 磷酸脱氢酶，另一个是嵌膜的甘油 – 3 – 磷酸脱氢酶复合物，该复合物含有一个 FAD 辅基和一个位于线粒体内膜外表面上的底物结合部位。在细胞质甘油 – 3 – 磷酸脱氢酶催化下，首先 NADH 使磷酸二羟丙酮还原生成甘油 – 3 – 磷酸，然后，甘油 – 3 – 磷酸被嵌膜的甘油 – 3 – 磷酸脱氢酶复合物（3 – glycerol phosphate dehydrogenase complex）转换回磷酸二羟丙酮（图 11 –23）。在转换过程中，两个电子被转移到嵌膜酶的 FAD 辅基上生成 $FADH_2$。$FADH_2$ 将两个电子转给可移动的电子载体 CoQ，然后再转给 CoQ – 细胞色素 c 氧化还原酶（复合物Ⅲ），进入电子传递链。

图 11 –23 甘油磷酸穿梭途径

从总体来看，甘油磷酸穿梭使细胞质中的 NADH 氧化，并在线粒体内膜中生成 $CoQH_2$。细胞质中的 NADH 通过这一途径转换成 $CoQH_2$ 后氧化所产生的能量（2 个 ATP）比线粒体内 NADH 氧化的能量（3 个 ATP）少。

2. 苹果酸－天冬氨酸穿梭机制　这一穿梭途径主要存在于哺乳动物的肝脏和心脏等组织中，涉及细胞质和基质中的苹果酸脱氢酶和天冬氨酸氨基转移酶，以及线粒体内膜中的移位酶（translocase）（图 11－24）。

图 11－24　苹果酸－天冬氨酸穿梭途径

首先，在细胞质中的苹果酸脱氢酶的催化下，细胞质 NADH 使草酰乙酸还原为苹果酸，然后，苹果酸经二羧酸移位酶（dicarboxylate translocase）作用，在与 α－酮戊二酸交换过程中进入线粒体基质。在基质中，线粒体苹果酸脱氢酶催化苹果酸重新氧化为草酰乙酸，同时线粒体内的 NAD^+ 还原为 NADH，然后 NADH 被呼吸电子传递链的复合物 I 氧化。穿梭的连续进行需要将草酰乙酸转运回细胞质中，但转运不是直接进行的，因为草酰乙酸不能被直接跨过线粒体内膜转运回细胞质中。所以在基质中，在线粒体天冬氨酸氨基转移酶的催化下，草酰乙酸先与谷氨酸反应生成 α－酮戊二酸和天冬氨酸，α－酮戊二酸经二羧酸移位酶作用，在与进入线粒体的苹果酸交换过程中被排出线粒体。天冬氨酸在谷氨酸－天冬氨酸移位酶（glutamate-aspartate translocase）的催化下，在与进入线粒体的谷氨酸交换中被排出线粒体。

在细胞质中，天冬氨酸和 α－酮戊二酸作为细胞质中天冬氨酸氨基转移酶的底物生成谷氨酸和草酰乙酸，谷氨酸在与天冬氨酸的交换中重新进入线粒体，而草酰乙酸与细胞质中的另一分子 NADH 反应，重复上述循环。由于细胞质中的 NADH 经苹果酸－天冬氨酸穿梭途径转换为线粒体中的 NADH，再经电子传递和氧化磷酸化过程，细胞质中的 1 分子 NADH 可以生成 3 分子 ATP。

（七）葡萄糖彻底氧化的总结算

葡萄糖分解通过糖酵解和柠檬酸循环形成的 ATP 或 GTP 的分子数，根据当前最新测定，H^+ 经 NADH－CoQ 还原酶、细胞色素还原酶和细胞色素氧化酶从线粒体内膜基质泵出到膜外的细胞质侧时，1 对电子泵出的质子数依次为 4、2 和 4。合成一个 ATP 分子是由 3 个 H^+ 通过 ATP 合酶所驱动。多余的 1 个 H^+ 可能用于将 ATP 从基质运往膜外细胞质，因此 1 对电子从 NADH 传至 O_2，所产生的 ATP 分子数是 3 个。在细胞色素氧化还原酶的作用下进入电子传递链的电子，例如琥珀酸，或细胞质中的 NADH，它们的电子对只产生 2 个 ATP 分子。这样，当 1 分子葡萄糖彻底氧化为 CO_2 所得到的 ATP 分子数 36 个 ATP。全部的统计列于表 11-3。在 36 个 ATP 分子中，32 个是由氧化磷酸化作用生成的。

表 11-3 葡萄糖彻底氧化生成 ATP 分子的统计

反应名称	生成 ATP 数
糖酵解作用（在细胞质中进行）	
① 葡萄糖磷酸化	-1
② 果糖-6-磷酸磷酸化	-1
③ 2 分子甘油-1,3-二磷酸去磷酸化	+2
④ 2 分子磷酸烯醇式丙酮酸去磷酸化	+2
⑤ 2 分子甘油醛-3-磷酸产生 2 分子 NADH	
丙酮酸转变为乙酰 CoA 产生 2 分子 NADH（在线粒体中进行）	
柠檬酸循环（在线粒体内进行）	
① 2 分子琥珀酰 CoA 产生 2 分子 GTP（相当于 ATP）	+2
② 2 分子异柠檬酸氧化产生 2 分子 NADH	
③ 2 分子 α-酮戊二酸氧化产生 2 分子 NADH	
④ 2 分子苹果酸氧化产生 2 分子 NADH	
⑤ 2 分子琥珀酸氧化产生 2 分子 $FADH_2$	
氧化磷酸化作用（在线粒体内膜进行）	
① 糖酵解作用中产生的 2 个 NADH，每分子形成 2 个 ATP	+4
（NADH 假定通过甘油磷酸穿梭途径转运）	
② 丙酮酸氧化脱羧反应产生 2 分子 NADH，每分子形成 3 个 ATP	+6
③ 柠檬酸循环形成 2 分子 $FADH_2$，每分子产生 2 个 ATP	+4
④ 异柠檬酸、α-酮戊二酸、苹果酸氧化共产生 6 分子 NADH，每分子形成 3 个 ATP	+18
总计	36

注：如果在葡萄糖氧化过程中是通过苹果酸-天冬氨酸穿梭途径运转 NADH，在总结算中还多形成 2 分子 ATP，于是总计即为形成 38 个 ATP。

第二节 非线粒体氧化体系

在高等动植物细胞内，线粒体氧化体系是主要的氧化体系，此外，还有其他一些氧化体系，如微粒体或过氧化体中的氧化体系、高等植物中的一些氧化体系等，这些氧化体系一般没有能量的储存与利用。

一、微粒体氧化体系

微粒体（microsome）中存在一类加氧酶（oxygenase），这类加氧酶也参与物质的氧化作用。该酶催化的氧化反应不是使底物脱氢或失电子，而是加氧到底物分子上。加氧酶类可分为双加氧酶（dioxygenase）和单加氧酶两类。

（一）双加氧酶类

双加氧酶催化氧分子直接加到底物分子上。

$$R + O_2 \longrightarrow RO_2$$

如色氨酸吡咯酶（tryptophan pyrrolase）、β-胡萝卜素双加氧酶等，它们分别催化两个氧原子加到构成双键的两个碳原子上。

扫码"学一学"

$$C_{10}H_{12}-CH=CH-H_{12}C_{10} \xrightarrow[O_2]{\text{双加氧酶}} 2$$

β-胡萝卜素　　　　　　　　　　　　　视黄醛

（二）单加氧酶类

单加氧酶类（monoxygenase）催化在底物分子上加一个氧原子的反应，许多羟化反应都属于这种情形，又称羟化酶（hydroxylase）。在反应中，参加反应的氧分子起了混合的功能：一个氧原子进入底物分子中，另一个氧原子还原为水，此类酶称为混合功能氧化酶（mixed function oxidase）。这类酶所催化的加氧反应表示如下。

$$RH + NADH + H^+ + O_2 \longrightarrow ROH + NADP^+ + H_2O$$

单加氧酶并不是一种单一的酶，而是一个酶体系。细胞色素 P-450 酶系是药物生物转化的主要酶类，它存在于肝脏及其他组织细胞内的内质网中。该酶系在微粒体的运转（催化作用）有赖于 NADPH（还原型辅酶Ⅱ）、NADH（还原型辅酶Ⅰ）、黄素蛋白、非血红素铁蛋白、细胞色素、细胞色素 P-450 等，也就是说是一组铁原卟啉偶联的单加氧酶系。

细胞色素 P-450 酶系主要是通过"活化"分子氧，使其中一个氧原子和药物分子结合，同时将另一个氧原子还原成水，从而在药物的分子中引入氧。

细胞色素 P-450 酶系催化多种类型的氧化还原反应，主要是使脂溶性药物转化为极性较大的化合物，从而易于排泄。

微粒体中的加氧反应虽然不能产生可供利用的能量（不产生 ATP），但在体内多种物质代谢中也是不可缺少的。例如类固醇激素的合成，维生素 D 的活化（25 位的羟化由单加氧酶催化）、胆汁酸、胆色素代谢、某些毒物和药物的转化等都需要加氧酶的催化作用。

二、过氧化物酶体氧化体系

过氧化物酶体（peroxisome）即微体（microbody），它是细胞内也能进行生物氧化还原的细胞器，它主要含过氧化氢酶（catalase）和过氧化物酶（peroxidase）等，这些酶能催化另一些氧化还原反应。

（一）过氧化氢的生成

过氧化物酶体中含有较多的需氧脱氢酶，此酶可催化 L-氨基酸、D-氨基酸、黄嘌呤等化合物脱氢氧化，产物之一为过氧化氢（H_2O_2）。

氨基酸　　　　　　　　　　　α-酮酸

黄嘌呤　　　　　　　　　　　　　　　　　　　尿酸

此外，在人体及动物的中性粒细胞中还存在 NADH 氧化酶，分别将糖代谢产生的 NADH 及 NADPH 与氧结合氧化产生 H_2O_2。

$$NADH+H^+ +O_2 \xrightarrow{\text{NADH 氧化酶}} NAD^+ +H_2O_2$$

$$NADPH+H^+ +O_2 \xrightarrow{\text{NADPH 氧化酶}} NADP^+ +H_2O_2$$

在呼吸链的终末氧化酶或加氧酶的反应中，每分子氧需要接受 4 个电子才能还原成氧离子，并进一步生成水。如果接受的电子不足，就形成超氧化基团（O_2^-）或过氧化基团（O_2^{2-}）；后者在接受 $2H^+$ 后即形成 H_2O_2，而前者在线粒体或细胞质中超氧化物歧化酶（superoxide dismutase，SOD）的催化下与 H^+ 作用，一个 O_2^- 被氧化成 O_2，另一个 O_2^- 被还原成 H_2O_2，该反应可能是体内 H_2O_2 的重要来源。

$$O_2+2e \longrightarrow O_2^{2-} \xrightarrow{2H^+} H_2O_2$$

$$O_2+e \longrightarrow O_2^-$$

$$2O_2^- +2H^+ \xrightarrow{\text{超氧化物歧化酶}} H_2O_2+O_2$$

（二）过氧化氢的处理和利用

对于大多数组织来说，H_2O_2 是一种毒物，它可以氧化某些具有重要生理作用的含巯基的酶和蛋白质，使其丧失活性；还可以将细胞膜磷脂分子高度不饱和脂肪酸氧化成脂性过氧化物，结果使磷脂功能受阻，对生物膜造成严重损伤。如红细胞膜被损伤就易发生溶血，线粒体膜被损伤，则能量代谢受阻。过氧化体中所含的过氧化氢酶和过氧化物酶可将 H_2O_2 处理和利用。

（1）过氧化氢酶　过氧化氢酶（catalase）又称触酶，其辅基含四个血红素。可催化两分子 H_2O_2 反应生成水，并放出 O_2。实际上这是一种氧化还原反应，即一分子 H_2O_2 被氧化成 O_2，另一分子 H_2O_2 则被还原成 H_2O。

$$H_2O_2+H_2O_2 \xrightarrow{\text{过氧化氢酶}} 2H_2O+O_2$$

（2）过氧化物酶　过氧化物酶（peroxidase），也含有血红素辅基。可催化 H_2O_2 直接氧化酚类和胺类等底物，催化底物脱氢，脱下的氢将 H_2O_2 还原成水。

$$RNH_2+H_2O_2 \xrightarrow{\text{过氧化物酶}} R+2H_2O$$

第三节　光合磷酸化

1954 年 Arnon D 等人发现，照光的菠菜叶绿体在光合电子传递过程中由 ADP 和 Pi 形成 ATP。此后又有人在称为载色体（chromatophore）的光合细菌的含色素膜结构中观察到光诱导的 ATP 的合成。因此得出结论：被这些生物的光系统捕获的光能一部分能量转化为 ATP 的磷酸酯能。这一过程称为光合磷酸化（photophosphorylation），以区别于线粒体中的氧化磷酸化。光合磷酸化是光合作用过程的一部分。

一、光系统Ⅱ：裂解水

非循环的电子传递过程分为两个过程，一个过程是在光系统Ⅱ（PSⅡ）中水被裂解产生氧和电子，以及电子在光系统Ⅱ中的传递；另一个过程是电子在光系统Ⅰ（PSⅠ）中传递，最终传递给 $NADP^+$ 生成 NADPH 的过程。（图 11 - 25）

发生在光系统Ⅱ中的反应：水裂解生成氧。从图 11 - 25 光系统Ⅱ可看到在光照条件下，在生氧复合物（oxygen-evolving complex）催化下，2 分子 H_2O 被裂解成 1 分子 O_2、4 个质子和 4 个电子。生氧复合物主要由几个外周蛋白和 4 个锰离子等成分组成，与位于类

扫码"学一学"

囊体膜边上的 PS Ⅱ 相连。锰离子直接与反应中心的蛋白质结合，构成了活性中心。外周蛋白与反应中心非共价结合，在生成氧的反应中起协助作用。

图 11 - 25　Z 字形电子传递链

生氧复合物 H_2O 氧化是由复合物中含有的一个由 4 个锰离子组成的锰离子簇完成的，锰离子按特殊的取向排列，传递来自水的 4 个电子，每次传递一个电子（图 11 - 26）。电子首先转移给 PS Ⅱ 反应中心的一个蛋白质亚基上的一个 Tyr，然后经 Tyr 转移给氧化的 P680（P680$^+$）。一旦锰离子簇卸掉它的 4 个电子，水裂解的过程就又发生了：2 个水分子被氧化，4 个电子使锰离子簇还原，同时 4 个质子释放到腔中并生成 1 分子 O_2。

图 11 - 26　生氧复合物的水裂解作用

P680$^+$ 接受来自水的 1 个电子，在光激发下变成激发态 P680*，然后 P680* 将电子传给脱镁叶绿素（pheophytin，Pha），也称之为褐藻素。Pha 的结构与叶绿素 a（Chla）类似，只是 Chla 中的镁离子被 2 个质子取代。接下来还原的 Pha 将电子传给质体醌（plastoquinone，PQ）A，PQ 结构类似于线粒体的 CoQ，其作用也是转移电子和质子（图 11 - 27）。

PQA 将 2 个电子传递（每次传递 1 个电子）给第 2 个质体醌分子 PQB，质子化的 PQBH$_2$ 被释放到与类囊体膜结合的质体醌库中。来自质体醌的电子传给细胞色素 b$_6$f 复合物，然后将电子传递给质体蓝素，同时净转移 4 个质子到类囊体腔中。质体醌和细胞色素 b$_6$f 复合物的联合作用像一个质子泵，由于这个泵的贡献，形成了驱动 ATP 合成的质子动力。

质体醌(PQ)

$+H^+$ $-H^+$
$+e^-$ $-e^-$

质体半醌(·PQH)

$+H^+$ $-H^+$
$+e^-$ $-e^-$

质体醌醇(PQH₂)

图 11-27 质子体醌还原为质子醌醇

细胞色素 b_6f 将电子传递给一个位于囊体腔表面的外周蛋白质体蓝素（plastocyanin，PC），质体蓝素是个含铜蛋白质，靠铜原子氧化态的变化传递电子，可以在类囊体膜中侧向移动，穿梭于细胞色素 b_6f 和 PS I 之间。接受电子的质体蓝素将电子传给 PS I 中处于氧化态 $P700^+$，被还原为 P700，P700 就可以通过色素激发变成能量高的 $P700^*$。

二、光系统 I：生成 NADH

激发态 $P700^*$ 大约具有 -1.3V 的还原电位，是个很强的还原剂。$P700^*$ 中的电子很容易传给 A_0（一个叶绿素 a 分子），还原型 A_0 再将电子传给 A_1（叶绿醌）。电子从 A_1 传递给一系列的铁-硫簇（Fe-S），最后传递给称为铁氧还蛋白（ferredoxin，Fd）的铁-硫簇蛋白。Fd 是叶绿体基质中的一个小的水溶性蛋白。

Fd 的低的还原电位（$E^{\ominus} = -0.43V$），很容易使 $NADP^+$ 还原为 NADPH（$E^{\ominus} = -0.32V$），还原过程是在 $Fd-NADP^+$ 氧化还原酶催化下实现的。这个氧化还原酶松散地结合在类囊体膜的基质侧，含有辅基 FAD，FAD 被还原型 Fd 还原为 $FADH_2$，然后 $FADH_2$ 再使 $NADP^+$ 还原。这一还原过程使得跨类囊体膜的 pH 差值增加了，因为来自基质中的一个质子消耗在 $NADP^+$ 转换为 NADPH 上，至此，NADPH 的形成完成了非循环电子传递。

电子从 H_2O 开始经 PS II 和 PS I 传递给 $NADP^+$ 生成了 NADPH 的净反应，可用下面方程式表示。

$$2H_2O + 2NADP^+ \longrightarrow 2NADPH + 2H^+ + O_2$$

三、循环电子传递

除了上述涉及两个光系统的电子传递外，还存在另一个电子传递方式，不涉及 O_2 和 PS II，只涉及 PS I 的循环电子传递。循环电子传递与 ATP 生成偶联，没有 NADPH 生成。

在非循环电子传递中，每转移两个电子可以使 1 分子的 $NADP^+$ 还原为 NADPH，同时产生的跨类囊体膜的质子驱动力足以合成 1 分子的 ATP，即通过非循环的电子传递产生的 ATP 和 NADPH 的比例是 1:1。但在将要讨论的暗反应中，每使 1 分子 CO_2 还原为（CH_2O）要消耗 2 分子的 NADPH 和 3 分子的 ATP，从化学计量看，光反应和暗反应之间的 ATP 和 NADPH 量显然是不平衡的，所以需要另外的补偿途径合成 ATP，这个途径就是循环电子传递途径。

在循环电子传递中，可溶性的铁氧还蛋白将电子返还给细胞色素 b_6f 复合物（图11-25 中的虚线所示），经质体蓝素又进入 PS I。在循环电子传递途径中电子不再转移给 $NADP^+$ 生成 NADPH，但可通过电子循环使得细胞色素 b_6f 复合物将基质中的质子泵入腔内，进一步增加质子浓度梯度，伴随着质子梯度的形成，使 ADP 磷酸化生成 ATP。所以电子的循环传递补充了在非循环电子传递中产生的质子驱动力，可以增加 ATP 的生成。一般来说，循环和非循环电子传递的相对速率受 NADPH 和 NADP$^+$ 的相对含量的影响，当基质中的 NADPH对 NADP$^+$ 比例高时，非循环电子传递的速率受到限制，循环电子传递活跃。

四、光合磷酸化的作用机制和方式

（一）光合磷酸化的作用机制

光合磷酸化与氧化磷酸化一样是通过化学渗透机制进行的。储存在质子梯度中的能量（$\Delta\psi$），称为电化学势（electrochemical potential）。它由两项组成：一项是膜电势（$\Delta\psi$），由于电荷分离造成（当质子跨膜转移时无相应的反离子同时转移）；另一项是化学势，由膜间隙的两个区域内质子浓度差（ΔpH）引起。

$$\Delta G = 2.3RT\Delta\text{pH} - \mathscr{F}\Delta\psi$$

质子梯度的电化学势也可以用质子动势（Δp）表示。质子动势定义为自由能变化 ΔG 除以 Farady 常数 $[96\ 485\text{J}/(\text{V}\cdot\text{mol})]$。

$$\Delta p = \Delta G/\mathscr{F} = \Delta\psi - (2.303RT/\mathscr{F})\Delta\text{pH}$$

在叶绿体中 ΔpH 是主要项；因为类囊体膜对阴离子是可以通透的，也即反离子移动损失大部分电势能，$\Delta\psi$ 只有 -50mV 左右；而 ΔpH $=3$。在 25℃叶绿体中每 1mol 质子贮存在质子梯度中的能量

$$\Delta G = -22\text{kJ}/\text{mol 或 }\Delta p = -0.23\text{V}$$

因此 12mol 质子通过类囊体膜相当于贮存约 260kJ 的能量，此能量足以驱动几个摩尔 ATP（$\Delta G^{\ominus} = 30.5\text{kJ/mol}$）的合成。实验测得，每放出 1 个 O_2 合成约 3 个 ATP。

（二）循环和非循环光合磷酸化

光合电子传递能量能以两种方式进行，但它们都导致跨膜质子动势的形成，因此这两种方式都与 ATP 合成相偶联，并且它们的光合磷酸化的机制也是相同的。这两种方式，一种称为非循环光合磷酸化，另一种称为循环光合磷酸化。

1. 非循环光合磷酸化（noncyclic photophosphorylation）　光合磷酸化的机制见图 11－28，这里，在 PS Ⅱ和 PS Ⅰ中被光子活化的电子从 H_2O 流到 NADP$^+$，同时建立了质子动势（$3H^+/e^-$），驱动 ATP 合成。注意：在非循环光合磷酸化中有 O_2 释放和 NADP$^+$ 还原。

图 11－28　在类囊体中的质子和电子流线路（光合磷酸化的机制）

非循环光合磷酸化的总方程是：

$$2H_2O + 8h\nu + 2NADP^+ + 3ADP + \sim 3Pi \longrightarrow O_2 + 2NADPH + 2H^+ + 3ATP + 3H_2O$$

2. 循环光合磷酸化（cyclic photophosphorylation）　是循环光合电子流引起的。在循环电子流中 P700 丢失电子形成的 $P700^+$ "电子空穴" 不是由衍生自 H_2O 经 PSⅡ 传递过来的电子填补，而是由 P700 的光激发电子沿循环途径最终返回 $P700^+$。此循环途径在图 11-29 中用连接 PSⅠ中 $Fe-S_B$ 和细胞色素 b_6f 复合体的虚线标出。细胞色素 b_6（cyt b_6）的功能是经质体醌库连接细胞色素 b_6f 复合体和 PSⅠ的结合型铁氧还蛋白（$Fe-S_B/Fe-S_A$）。此途径使活化的电子不流向 $NADP^+$，而经质体蓝素返回 $P700^+$。

图 11-29　真核细胞光合电子传递的 Z 图式

循环电子流中无 NADPH 产生，也无 O_2 释放，因为它不涉及 PSⅡ。但循环途径中也有质子被细胞色素 b_6f 复合体（经 Q 循环）泵送到类囊体腔中（$2H^+/e^-$），因此伴有 ADP 的磷酸化。循环电子流和光合磷酸化的总方程式可简单写为

$$ADP + Pi \longrightarrow ATP + H_2O$$

循环光合磷酸化的最大速率不到非循环光合磷酸化的 5%。植物可以通过调节参与 $NADP^+$ 还原和循环光合磷酸化的电子数目，调节光反应中产生的 ATP 和 NADPH 的比例以适应暗反应中对这些化合物的需求。

（三）光合作用中能量的利用效率

从前面非循环光合磷酸化的总方程式可以看到光合量子产额（每 1mol 光子输入形成的产物量）相当于每吸收 8mol 光量子产生 1mol O_2，2mol NADPH 和约 3 ［或 2(2/3)］mol ATP。CO_2 固定成己糖的总化学方程式是：

$$12NADPH + 12H^+ + 18ATP + 6CO_2 + 12H_2O \longrightarrow C_6H_{12}O_6 + 12NADP^+ + 18ADP + 18Pi$$

也即合成 1mol 己糖需要 12mol NADPH 和 18mol ATP。为产生这些 NADPH 和 ATP 需要 48mol 光子，如果按每 8mol 光子产生 2（2/3）mol ATP 的比率计算，尚需产生额外 2mol ATP，即再消耗 6mol 光子，这样合成 1mol 己糖需要 54EIN（量子摩尔）的光能。按真

核光系统所吸收的最低能量光（700nm 波长）计算，1 量子摩尔约为 170kJ，54 量子摩尔为 9180kJ。根据细胞呼吸链逆转，从 CO_2 和 H_2O 合成己糖的标准自由能变化 $\Delta G^{\ominus\prime}$ 为 +2870kJ。因此，可算得光合电子传递过程中能量利用效率为（2870/9180）×100% = 31%，即光系统吸收的能量 31% 转化为贮存的化学能。

五、暗反应

光合作用的第二个阶段是使 CO_2 还原转化为糖的暗反应阶段，反应不是直接依赖于光，而是消耗光反应中产生的 ATP 和 NADPH 的过程。糖是在叶绿素的基质中通过酶催化的循环反应生成的。整个暗反应包括三个主要阶段：一是 CO_2 受体固定大气中 CO_2；二是将固定的 CO_2 还原为糖；三是可接受 CO_2 的受体分子的重新生成。CO_2 还原生成糖的途径称为还原性戊糖磷酸（reductive pentose phosphate，RPP）循环，或 C_3 途径（因途径中的第一个中间产物是一个三碳分子），由于该循环由 Melvin Calvin 提出，所以也称为 Calvin 循环，Calvin 因此贡献获得了 1961 年诺贝尔化学奖。

Calvin 循环的底物是 CO_2，CO_2 可以直接扩散到光合作用的细胞内。在陆生脉管植物中，CO_2 通过称为气门的表面结构进入光合作用细胞。

（一）Calvin 循环

Calvin 循环涉及的最重要的酶是核酮糖 - 1,5 - 二磷酸羧化酶/加氧酶（ribulose - 1,5 - biphosphate carboxylase/oxygenase，RuBisCO），该酶位于类囊体膜基质一侧，是自然界中最丰富的酶之一。藻类和蓝细菌的 RuBisCO 是由 8 个大的亚基（L）（每个亚基的相对分子质量为 56 000）和 8 个小的亚基（S）（每个亚基的相对分子质量为 14 000）组成的，总的相对分子质量大约为 56 万。整个酶分子的组成可表示为 L_8S_8。8 个大亚基联合形成酶分子的核（L_8），而在 L_8 核的每一端存在着 4 个小亚基。光合作用细菌中的 RuBisCO 最简单，只有大亚基。

Calvin 循环分为两个阶段：第一阶段是产物甘油醛 - 3 - 磷酸生成阶段，为了方便说明，使 3 分子核酮糖 - 1,5 - 二磷酸与 3 分子 CO_2 反应生成 6 分子甘油醛 - 3 - 磷酸。这一阶段相当于由 3 分子 CO_2 合成 1 分子甘油醛 - 3 - 磷酸，甘油醛 - 3 - 磷酸可以用于合成葡萄糖或其他有机物。第二阶段是 CO_2 载体核酮糖 - 1,5 - 二磷酸再生阶段，第一阶段生成的其余 5 分子甘油醛 - 3 - 磷酸经一系列碳重新组合生成 3 分子核酮糖 - 1,5 - 二磷酸。

下面按照上面划分的两个阶段对 Calvin 循环进行说明。

（1）第一阶段　生成甘油醛 - 3 - 磷酸。在 RuBisCO 催化下，3 分子 CO_2 分子与 3 分子核酮糖 - 1,5 - 二磷酸反应生成 6 分子甘油酸 - 3 - 磷酸，反应如下。

$$
\begin{array}{c}
CH_2OPO_3^- \\
| \\
C=O \\
| \\
H-C-OH \\
| \\
H-C-OH \\
| \\
CH_2OPO_3^-
\end{array}
3 \quad
\xrightarrow[\text{RuBisCO}]{3\,CO_2 \quad 3\,H_2O \quad 6\,H^+}
\quad 6 \quad
\begin{array}{c}
COO^- \\
| \\
H-C-OH \\
| \\
CH_2OPO_3^-
\end{array}
$$

核酮糖-1,5-二磷酸　　　　　　　　　　　　　　　甘油酸-3-磷酸

在甘油酸 - 3 - 磷酸激酶催化下，6 分子甘油酸 - 3 - 磷酸转化为 6 分子甘油酸 - 1,3 - 二磷酸，反应需要 6 分子 ATP。6 分子甘油酸 - 1,3 - 二磷酸在甘油醛 - 1,3 - 二磷酸脱氢酶的作用下被 6 分子 NADPH 还原为 6 分子甘油醛 - 3 - 磷酸，反应如下。

$$甘油酸-3-磷酸 \quad \xrightarrow[\text{甘油酸-3-磷酸}]{6ATP \quad 6ADP} \quad 甘油酸-1,3-二磷酸 \quad \xrightarrow[\text{甘油醛-3-磷酸脱氢酶}]{6NADPH+6H^+ \quad 6NADP^++6P_i} \quad 甘油醛-3-磷酸$$

（2）第二阶段　核酮糖-1,5-二磷酸再生。在第一阶段生成的6分子甘油醛中的1分子用于合成葡萄糖或其他有机物，其余5分子甘油醛-3-磷酸用于再生3分子核酮糖-1,5-二磷酸。

$$甘油醛-3-磷酸 + 磷酸二羟丙酮 \longrightarrow 果糖-1,6-二磷酸$$
$$果糖-1,6-二磷酸 \longrightarrow 果糖-6-磷酸 + Pi$$
$$果糖-6-磷酸 + 甘油醛-3-磷酸 \longrightarrow 木酮糖-5-磷酸 + 赤藓糖-4-磷酸$$
$$赤藓糖-4-磷酸 + 磷酸二羟丙酮 \longrightarrow 景天庚酮糖-1,7-二磷酸$$
$$景天庚酮糖-1,7-二磷酸 + 甘油醛-3-磷酸 \longrightarrow 木酮糖-5-磷酸 + 核糖-5-磷酸$$
$$核糖5磷酸 \longrightarrow 核酮糖-5-磷酸$$
$$2（木酮糖-5-磷酸） \longrightarrow 2（核酮糖-5-磷酸）$$
$$3（核酮糖-5-磷酸） + 3ATP \longrightarrow 3（核酮糖-1,5-二磷酸） + 3ADP$$

经过两个阶段的暗反应后，净反应可写成如下形式。

$$3CO_2 + 9ATP + 6NADPH + 6H^+ + 5H_2O \longrightarrow 9ADP + 8Pi + 6NADP^+ + 甘油醛-3-磷酸$$

（二）Calvin 循环的调控

从上面介绍的光反应和暗反应可以看出，只有当光合作用生成 ATP 和 NADPH 时才能保证 Calvin 循环的运转。Calvin 循环与 ATP 和 NADPH 合成之间存在着协同性，协同性取决于光、基质 Mg^{2+} 和基质 pH 对 Calvin 循环中几个酶的调节。这一协同性在光合作用条件改变时，对于维持 Calvin 循环中间代谢物的平衡是非常必要的。

Calvin 循环中受到光特殊调节的酶（光调节酶）是催化几步不可逆反应的酶：核酮糖-5-磷酸激酶、果糖-1,6-二磷酸酶、景天庚酮糖-1,7-二磷酸酶。这些酶含有暴露于表面的二硫键，光间接驱动二硫键的还原，引起酶三级结构的变化，导致酶激活。

实际上二硫键还原开始于光驱动的 PS Ⅰ 的电子传递链，当电子传递到铁氧还蛋白后，生成的还原型铁氧还蛋白没有将电子传递给 $NADP^+$，而是给了基质中的一个小的蛋白质硫氧还蛋白。硫氧还蛋白的氧化作用和还原作用是由于蛋白质中的1对巯基的氧化和还原，铁氧还蛋白-硫氧还蛋白还原酶催化二硫键还原为巯基。可溶性的硫氧还蛋白的巯基可与受光调节的酶的表面的二硫键自发地进行巯基-二硫键交换，从而导致酶的激活（图 11-30）。所以酶的激活受光调节是通过依赖于光的电子传递提供的电子，是一种间接的调节作用。

图 11-30　Calvin 循环中光调节酶的光激活示意图

　　当质子转移到类囊体腔导致基质的 Mg^{2+} 浓度和基质 pH 都增加时，Mg^{2+} 浓度和基质 pH 浓度变化也是 Calvin 循环中某些酶的调节信号。RuBisCO 激活需要 Mg^{2+} 和 CO_2，景天庚酮糖 $-1,7-$ 二磷酸表现出最大活性时需要碱性 pH 和高浓度的 Mg^{2+}。核酮糖磷酸激酶受到另外一种类型的 pH 调节，即通过 RuBisCO 产物甘油酸 $-3-$ 磷酸（$3-PG$）的抑制，但只是受到 $3-PG^{2-}$ 离子型的抑制。在光合作用活跃、基质为碱性时，$3-PG$ 的主要离子形式是 $3-PG^{3-}$。但当光合作用活性降低，基质 pH 下降时，$3-PG^{2-}$ 水平增加，导致对核酮糖磷酸激酶抑制的增加。

（李　荷）

扫码"练—练"

第三篇

生物大分子的生物合成

第十二章　糖类的生物合成

生物合成有以下 3 个原则：第一，生物分子是通过不同的途径分别进行合成和降解的，尽管这两种相反过程（合成代谢和分解代谢）可能共享许多可逆反应，但对于每一条途径而言，至少有一个酶催化步骤是独特的，并且基本上不可逆。如果合成代谢和分解代谢皆由同一套酶通过可逆反应来催化，那么碳通过这些途径的流动方向将完全由质量作用定律主宰，而不是由细胞对能量、前体或大分子的动态需求来决定。第二，相互对应的合成代谢和分解代谢途径受控于一个或多个对每一途径来说都是独特的反应步骤。两个反向的代谢途径通过一种协调、作用相反的方式来调控，这样，合成途径的促进会伴随着所对应的降解途径的被抑制，反之亦然。正如所有的复杂途径一样，一条生物合成途径的调节通常发生在其开始时的一个放能性步骤，使中间代谢物不可逆转地进入特定的代谢途径。通过一个早期步骤的调节，细胞避免了浪费前体来合成不需要的中间代谢物；在活细胞的分子逻辑中，内在性经济（节约）原则占了上风。第三，需能的生物合成过程与产能的 ATP 裂解过程相偶联，其方式使得总的合成过程在生物体内基本上不可逆。因此，在一个特定的生物合成途径中，总的 ATP 和 NAD(P)H 能量消耗总是超过将前体转化为生物合成产物所需的最低能量要求。结果是生物合成过程从热力学角度看是可行的，即使前体的浓度相对较低时，全过程的自由能变化仍然为负值。

第一节　糖原合成与糖异生作用

一、糖原的合成作用

扫码"学一学"

饮食中的葡萄糖被吸收后，一部分被转化为贮存糖原。随着体内反应物和产物测定越来越可靠，人们发现糖原降解的反应是不可逆的，即糖原的生物合成走的是另外一条途径，糖原合成需要的能量，是由尿苷三磷酸（UTP）提供的；而且糖原合成的底物不是葡萄糖，而是尿苷二磷酸葡糖（UDPG）。其基本过程如下。

1. 葡萄糖磷酸化生成葡糖 – 6 – 磷酸　葡萄糖通过血液运输进入肝细胞，在己糖激酶催化下磷酸化生成葡糖 – 6 – 磷酸。而将一个葡糖 – 6 – 磷酸中的葡萄糖基通过 α – 1,4 – 糖苷键结合到已有糖原分子上（糖原的延伸），需要进行以下三步酶促反应。

第一步：葡糖 – 6 – 磷酸在葡糖磷酸变位酶的作用下生成葡糖 – 1 – 磷酸。

第二步：葡糖 – 1 – 磷酸和 UTP 在 UDP – 葡糖焦磷酸酶的作用下生成 UDP – 葡糖和焦磷酸。

第三步：UDP – 葡萄糖和糖原（n 个残基）在糖原合酶的作用下生成糖原（$n+1$ 个残基）和 UDP。

2. 葡糖 – 6 – 磷酸转化成葡糖 – 1 – 磷酸　葡糖磷酸变位酶将葡糖 – 6 – 磷酸转换为葡糖 – 1 – 磷酸。

3. 尿苷二磷酸葡糖的生成　葡糖 – 1 – 磷酸在 UDP – 葡糖焦磷酸化酶（UDP-glucose pyrophosphorylase）作用下被 UTP 活化，生成 UDPG 和无机焦磷酸（PPi）。

4. 形成 $\alpha-1,4-$ 糖苷键的葡萄糖聚合体　UDPG 在糖原合酶（glycogen synthase）催化下，UDPG 中的葡萄糖基通过 $\alpha-1,4-$ 糖苷键结合在已合成的糖原（相当于合成的引物）的非还原端（图 12-1），所以糖原的合成方式又称为尾部合成方式，糖原合成需要一个至少含有 4 个葡萄糖基的引物，植物和某些细菌合成淀粉或糖原时，使用的底物是 ADP-葡萄糖，而不是 UDPG。

图 12-1　葡萄糖基加到糖原非还原端

合成糖原还需要另一种 $(1,4\rightarrow1,6)-$ 转葡糖苷酶 $[(1,4\rightarrow1,6)-$ transglycosylase]，催化糖原支链的形成，所以该酶又称分支酶（branching enzyme）。分支酶从延伸的葡萄糖链的非还原端除去至少含有 6 个葡萄糖残基的寡糖链，转移到新的分支点葡萄糖基的位置，并催化形成 $\alpha-1,6-$ 糖苷键（图 12-2），新的分支点至少离开最近分支点 4 个葡萄糖残基以上。

图 12-2　分支酶在糖原合成中的作用

二、糖异生作用

（一）糖异生概念

由于外部供给的和细胞内贮存的糖的利用是有限的，大多数生物都有一个生物合成葡萄糖的途径。微生物可以将许多营养物质转化为葡萄糖的磷酸酯和糖原，哺乳动物的某些组织，主要是肝脏、肾脏可以由非糖前体物质，例如由乳酸和丙氨酸从头合成葡萄糖。由非糖前体物质合成糖的过程称为糖异生（gluconeogenesis）。

糖异生和糖酵解两个过程中的许多中间代谢物是相同的，一些反应以及催化反应的酶也是一样的。糖酵解途径的 7 步可逆反应只要改变反应的方向就变成了糖异生中的反应，但糖异生并非是糖酵解的逆转，其中由丙酮酸激酶、果糖磷酸激酶和己糖激酶催化的 3 个高放能反应就是不可逆转的，需要消耗能量走另外途径，或由其他的酶催化来克服这 3 个不可逆反应带来的能障。

（二）糖异生途径

下面以丙酮酸转化为葡萄糖为例，说明糖异生途径中与糖酵解途径不同的 4 个主要反应步骤。

1. 旁路Ⅰ：丙酮酸转化为磷酸烯醇丙酮酸

（1）丙酮酸羧化生成草酰乙酸　在丙酮酸羧化酶（生物素作为辅基）的催化下，丙酮酸羧化生成草酰乙酸，反应消耗 1 分子的 ATP。丙酮酸羧化酶的相对分子质量为 520 000，由 4 个相同亚基组成，每个亚基的一个赖氨酸残基共价连接一个生物素辅基，生物素是丙酮酸羧化所必需的。丙酮酸羧化酶催化的反应是不可逆反应，反应受乙酰 CoA 别构激活。

$$
\begin{array}{c}
CH_3 \\
| \\
C=O \\
| \\
COOH \\
\text{丙酮酸}
\end{array}
\xrightarrow[\ CO_2\ \ ATP\ \ ADP\ ]{\text{丙酮酸羧化酶}}
\begin{array}{c}
COOH \\
| \\
CH_2 \\
| \\
C=O \\
| \\
COOH \\
\text{草酰乙酸}
\end{array}
$$

（2）草酰乙酸转化为磷酸烯醇丙酮酸　丙酮酸羧化生成的草酰乙酸经磷酸烯醇丙酮酸羧化激酶（phosphoenolpyruvate carboxykinase）催化生成磷酸烯醇丙酮酸。

$$
\begin{array}{c}
COO^- \\
| \\
C=O \\
| \\
CH_2 \\
| \\
COO^- \\
\text{草酰乙酸}
\end{array}
\xrightarrow[\ CO_2\ ]{\underset{\text{磷酸烯醇丙酮酸羧化激酶}}{GTP\quad GDP}}
\begin{array}{c}
COO^- \\
| \\
C-OPO_3^{2-} \\
|| \\
CH_2 \\
\text{磷酸烯醇丙酮酸}
\end{array}
$$

这个脱羧反应用 GTP 作为高能磷酰基的供体。磷酸烯醇丙酮酸羧化激酶是单体酶，在体内该反应是不可逆的，但在体外，分离的磷酸烯醇丙酮酸羧化激酶却可以催化该反应的逆反应。

2. 旁路Ⅱ：果糖－1,6－二磷酸水解生成果糖－6－磷酸　磷酸烯醇丙酮酸和果糖－1,6－二磷酸之间的糖异生反应都是糖酵解途径中相应反应的逆反应，但果糖－1,6－二磷酸不能再沿着酵解的逆反应生成果糖－6－磷酸，因为糖酵解中由果糖－6－磷酸生成果糖－1,6－二磷酸的反应是由果糖－6－磷酸激酶－1 催化的不可逆反应。所以糖异生途径使用另一个果糖－1,6－二磷酸酶（fructose－1,6－diphosphatase）催化果糖－1,6－二磷酸水解生成果糖－6－磷酸，反应释放出大量的自由能，反应也是不可逆的。

$$
\text{果糖-1,6-二磷酸}
\xrightarrow[\ H_2O\qquad P_i\ ]{\text{果糖-1,6-二磷酸酶}}
\text{果糖-6-磷酸}
$$

果糖－1,6－二磷酸酶是相对分子质量为 15 000 的四聚体酶，表现出 S 形动力学曲线，受 AMP 以及调节分子果糖－2,6－二磷酸的别构抑制。但在糖酵解中，果糖－2,6－二磷酸是果糖－6－磷酸激酶－1 的激活剂，所以催化果糖－6－磷酸和果糖－1,6－二磷酸相互转换的两个酶受到果糖－2,6－二磷酸相反的调节。

3. 旁路Ⅲ：葡糖－6－磷酸水解生成葡萄糖　果糖－6－磷酸沿糖酵解的逆反应异构化生成葡糖－6－磷酸，但在糖异生途径中，葡糖－6－磷酸水解为葡萄糖和无机磷酸则需要另一个葡糖－6－磷酸酶（glucose－6－phosphatase），葡糖－6－磷酸水解反应是不可逆的。

$$
\text{葡糖-6-磷酸}
\xrightarrow[\ H_2O\qquad P_i\ ]{\text{葡糖-6-磷酸酶}}
\text{葡萄糖}
$$

葡糖－6－磷酸酶位于内质网，所以需要一个转运系统将葡糖－6－磷酸从细胞质转运到内质网，水解反应后，还需要转运系统将葡萄糖和磷酸基团再转运回细胞质。现在已分离出来磷酸基团的转运蛋白。

从以上过程可以看出，糖异生是个需能过程，由 2 分子丙酮酸合成 1 分子葡萄糖需要 4 分子 ATP 和 2 分子 GTP，同时还需要 2 分子 NADH，糖异生总反应方程式为：

$$2 \text{ 丙酮酸} + 4ATP + 2GTP + 2NADH + 2H^+ + 6H_2O \longrightarrow \text{葡萄糖} + 4ADP + 2GDP + 6Pi + 2NAD^+$$

糖异生等于用了 4 分子 ATP 克服由 2 分子丙酮酸形成 2 分子高能磷酸烯醇丙酮酸的能障，用了 2 分子 ATP 进行甘油酸磷酸激酶催化反应的可逆反应。葡萄糖经糖酵解转化为 2 分子丙酮酸净生成 2 分子 ATP，而由 2 分子丙酮酸经糖异生途径合成 1 分子葡萄糖却消耗了 6 个 ATP，糖异生比酵解多用了 4 分子 ATP。

（三）糖异生生理意义

1. 维持血糖浓度恒定　空腹或饥饿时依赖氨基酸、甘油等异生成葡萄糖，以维持血糖水平恒定。正常成人的脑组织不能利用脂肪酸，主要依赖葡萄糖供给能量；红细胞没有线粒体，完全通过糖酵解获得能量；骨髓、神经等组织由于代谢活跃，经常进行糖酵解。这样，即使在饥饿状况下，机体也需消耗一定量的糖，以维持生命活动。此时这些糖全部依赖糖异生生成。

糖异生的主要原料为乳酸、氨基酸及甘油。乳酸来自肌糖原分解。肌内糖异生活性低，生成的乳酸不能在肌内重新合成糖，经血液转运至肝后异生成糖。这部分糖异生主要与运动强度有关。而在饥饿时，糖异生的原料主要为氨基酸和甘油。饥饿早期，随着脂肪组织中脂肪的分解加速，运送至肝的甘油增多，每天可生成 10～15g 葡萄糖。但糖异生的主要原料为氨基酸。肌的蛋白质分解成氨基酸后以丙氨酸和谷氨酰胺形式运行至肝，每天生成 90～120g 葡萄糖，需分解 180～200g 蛋白质。长期饥饿时每天消耗这么多蛋白质是无法维持生命的。经过适应，脑每天消耗的葡萄糖可减少，其余依赖酮体供能。这时甘油仍可异生提供约 20g 葡萄糖，所以每天消耗的蛋白质可减少至 35g 左右。

2. 补充肝糖原　糖异生是肝补充或恢复糖原储备的重要途径，这在饥饿后进食更为重要。长期以来，进食后肝糖原储备丰富的现象被认为是肝直接利用葡萄糖合成糖原的结果，但近年来发现并非如此。肝灌注和肝细胞培养实验表明：只有当葡萄糖浓度达 12mmol/L 以上时，才观察到肝细胞摄取葡萄糖。这样高的浓度在体内是很难达到的。即使在消化吸收期，门静脉内葡萄糖浓度也仅 8mmol/L。其原因被认为是由于葡萄糖激酶的 K_m 太高，肝摄取葡萄糖能力低。葡萄糖激酶活性是决定肝细胞摄取、利用葡萄糖的主要因素。另一方面，如在灌注液中加入一些可异生成糖原的甘油、谷氨酸、丙酮酸、乳酸，则肝糖原迅速增加。以放射性核素标记不同碳原子的葡萄糖输入动物后，分析其肝糖原中葡萄糖标记的情况，结果表明：摄入的相当一部分葡萄糖先分解成丙酮酸、乳酸等三碳化合物，后者再异生成糖原。这既解释了肝摄取葡萄糖的能力低，但仍可合成糖原，又解释了为什么进食 2～3 小时内，肝仍要保持较高的糖异生活性。合成糖原的这条途径称为三碳途径，也有学者称之为间接途径；故相应地把葡萄糖经 UDPG 合成糖原的过程称为直接途径。

3. 调节酸碱平衡　长期饥饿时，肾糖异生增强，有利于维持酸碱平衡。长期禁食后，肾的糖异生作用增强。发生这一变化的原因可能是饥饿造成的代谢性酸中毒造成的。此时体液 pH 值降低，促进肾小管中磷酸烯醇丙酮酸羧化激酶的合成，从而使糖异生作用增强。另外，当肾中 α-酮戊二酸因异生成糖而减少时，可促进谷氨酰胺脱氨生成谷氨酸以及谷氨酸的脱氨反应，肾小管细胞将 NH_3 分泌入管腔中，与原尿中 H^+ 结合，降低原尿 H^+ 的浓度，有利于排氢保钠作用的进行，对于防止酸中毒有重要作用。

（四）糖异生的调节

糖异生的限速酶主要有以下 4 个酶：丙酮酸羧化酶、磷酸烯醇丙酮酸羧化激酶、果糖二磷酸酶和葡萄糖磷酸酶。

1. 激素对糖异生的调节　激素调节糖异生作用对维持机体的恒稳状态十分重要，激素对糖异生调节的实质是调节糖异生和糖酵解这两个途径的调节酶以及控制供应肝脏的脂肪酸，当有大量的脂肪酸获得时，可使肝脏氧化更多的脂肪酸，也就促进了葡萄糖的合成。胰高血糖素可促进脂肪组织分解脂肪，增加血浆脂肪酸，所以可促进糖异生；而胰岛素的作用则正相反。胰高血糖素和胰岛素都可通过影响肝脏酶的磷酸化修饰状态来调节糖异生作用，胰高血糖素可激活腺苷酸环化酶，以产生 cAMP，也就是可激活 cAMP 依赖的蛋白激酶；后者磷酸化丙酮酸激酶而使之抑制，这一糖酵解途径上的调节酶受抑制就刺激了糖异生途径，因为阻止了磷酸烯醇丙酮酸向丙酮酸转变。胰高血糖素可降低果糖 -2,6 - 二磷酸在肝脏的浓度，而促进果糖 -1,6 - 二磷酸转变为果糖 -6 - 磷酸，这是由于果糖 -2,6 - 二磷酸是果糖二磷酸酶的别构调节抑制剂，又是果糖 -6 - 磷酸激酶的别构调节激活剂，胰高血糖素能通过 cAMP 促进双功能酶（果糖 -6 - 磷酸激酶、果糖 -2,6 - 二磷酸酶）磷酸化。这个酶经磷酸化后就灭活激酶部位，但却活化磷酸酶部位，因而果糖 -2,6 - 二磷酸生成减少而被水解为果糖 -6 - 磷酸却增多。这种由胰高血糖素引致的果糖 -2,6 - 二磷酸下降的结果是果糖 -6 - 磷酸激酶活性下降，果糖二磷酸酶活性增高，果糖 -2,6 - 二磷酸转变为果糖 -6 - 磷酸增多，有利糖异生，而胰岛素的作用正相反。

除上述胰高血糖素和胰岛素对糖异生和糖酵解的调节外，它们还分别诱导或阻遏糖异生和糖酵解的调节酶。胰高血糖素/胰岛素的值高时，可诱导大量磷酸烯醇式丙酮酸羧化激酶、果糖 -1,6 - 磷酸酶等糖异生酶的合成，而阻遏葡萄糖激酶和丙酮酸激酶的合成。

2. 代谢物对糖异生的调节　血浆中甘油、乳酸和氨基酸浓度增加时，使糖的异生作用增强。例如在饥饿情况下，脂肪动员增加，组织蛋白质分解加强，血浆甘油和氨基酸增高；激烈运动时，血乳酸含量剧增，都可促进糖异生作用。

3. 乙酰 CoA 浓度对糖异生的影响　属于代谢物对糖异生调节的一种，乙酰 CoA 决定了丙酮酸代谢的方向，脂肪酸氧化分解产生大量的乙酰 CoA 可以抑制丙酮酸脱氢酶复合物，使丙酮酸大量蓄积，为糖异生提供原料，同时又可激活丙酮酸羧化酶，加速丙酮酸生成草酰乙酸，使糖异生作用增强。

此外，乙酰 CoA 与草酰乙酸缩合生成柠檬酸由线粒体内透出而进入细胞质中，可以抑制果糖磷酸激酶，使果糖二磷酸酶活性升高，促进糖异生。

三、血糖水平的调节

1. 血糖的来源和去路　血糖指血中的葡萄糖。血糖水平相当恒定，维持在 3.89 ~ 6.11mmol/L 之间，这是进入和移出血液的葡萄糖平衡的结果。血糖的来源为肠道吸收、肝糖原分解或肝内糖异生生成的葡萄糖释入血液内。血糖的去路则为周围组织以及肝的摄取利用。这些组织中摄取的葡萄糖的利用、代谢各异。某些组织用于氧化供能，肝、肌可用于合成糖原，脂肪组织和肝可将其转变为三酰甘油等。

2. 血糖水平的调节机制　以上这些代谢过程是机体经常不断进行的，但是在不同的情况下，根据机体能量来源、消耗等而有很大的差异。而且糖代谢的调节不是孤立的，它还涉及脂肪及氨基酸的代谢。血糖水平保持恒定是糖、脂肪、氨基酸代谢协调的结果，也是肝、肌、脂肪组织等各器官组织代谢协调的结果。如消化吸收期间，自肠道吸收大量葡萄糖，此时肝内糖原合成加强（包括 UDPG 途径和三碳途径）而分解减弱；肌糖原合成和糖的氧化亦加强；肝、脂肪组织加速将糖转变为脂肪；从肌蛋白分解来的氨基酸的糖异生则减弱；因而血糖仅暂时上升并且很快恢复正常。长跑者经长达 2 个多小时的比赛，其肝糖原本应早已耗尽，但血糖水平仍保持在 $3.89 \sim 6.11 \text{mmol/L}$，此时肌内能量来源主要来自脂肪酸，而糖异生来的葡萄糖保持血糖于较低水平。长期饥饿时，血糖虽略低，但仍保持在 $3.6 \sim 3.8 \text{mmol/L}$，这时，血糖来自肌蛋白降解来的氨基酸；其次来自甘油，以保证脑的需要，而其他组织的能量来源则为脂肪酸及酮体，它们摄取葡萄糖被抑制。甚至脑的能量，一部分也由酮体供应。这样的结果，使血糖仍可维持于低水平。机体的各种代谢以及各器官之间能这样精确协调，适应能量、燃料供求的变化，主要依靠激素的调节。酶水平的调节是最基本的调节方式和基础，调节血糖水平的几种激素的作用机制叙述如下。

（1）胰岛素　胰岛素（insulin）是体内惟一的降低血糖的激素，也是惟一同时促进糖原、脂肪、蛋白质合成的激素。胰岛素的分泌受血糖控制，血糖升高立即引起胰岛素分泌；血糖降低，分泌即减少。胰岛素降血糖是多方面作用的结果：①促进肌、脂肪组织等的细胞膜葡萄糖载体将葡萄糖转运入细胞。②通过增强磷酸二酯酶活性，降低 cAMP 水平，从而使糖原合酶活性增强、磷酸化酶活性降低，加速糖原合成、抑制糖原分解。③通过激活丙酮酸脱氢酶磷酸酶而使丙酮酸脱氢酶激活，加速丙酮酸氧化为乙酰 CoA，从而加快糖的有氧氧化。④抑制肝内糖异生。这是通过抑制磷酸烯醇丙酮酸羧化激酶的合成以及促进氨基酸进入肌组织并合成蛋白质，减少肝糖异生的原料。⑤通过抑制脂肪组织内的激素敏感性脂肪酶，可减缓脂肪动员的速率。当脂肪酸大量动员至肝、肌、心肌时，可抑制它们氧化葡萄糖。因此，胰岛素减少脂肪动员，就可促进上述组织利用葡萄糖。

（2）胰高血糖素　胰高血糖素（glucagon）是体内主要升高血糖的激素，血糖降低或血内氨基酸升高刺激胰高血糖素的分泌。其升高血糖的机制包括：①经肝细胞膜受体激活依赖 cAMP 的蛋白激酶，从抑制糖原合酶和激活磷酸化酶，迅速使肝糖原分解，血糖升高。②通过抑制果糖 - 6 - 磷酸激酶 - 2，激活果糖二磷酸酶 - 2，从而减少果糖 - 2,6 - 二磷酸的合成，后者是果糖 - 6 - 磷酸激酶 - 1 的最强的变构激活剂，又是果糖二磷酸酶 - 1 的抑制剂。于是糖酵解被抑制，糖异生则加速。③促进磷酸烯醇式丙酮酸羧化激酶的合成，抑制肝 L 型丙酮酸激酶，加速肝摄取血中的氨基酸，从而增强糖异生。④通过激活脂肪组织内激素敏感性脂肪酶，加速脂肪动员。这与胰岛素作用相反，是间接升高血糖水平。

胰岛素和胰高血糖素是调节血糖、实际上也是调节三大营养物代谢最主要的两种激素。机体内糖、脂肪、氨基酸代谢的变化主要取决于这两种激素的比例。而不同情况下这两种激素的分泌是相反的。引起胰岛素分泌的信号（如血糖升高）可抑制胰高血糖素分泌。反之，使胰岛素分泌减少的信号可促进胰高血糖素分泌。

（3）糖皮质激素　糖皮质激素可引起血糖升高，肝糖原增加。其作用机制可能有两方面：①促进肌蛋白质分解，分解产生的氨基酸转移到肝进行糖异生。这时，糖异生途径的限速酶，磷酸烯醇丙酮酸羧化激酶的合成常增强。②抑制肝外组织摄取和利用葡萄糖，抑制点为丙酮酸的氧化脱羧。此外，在糖皮质激素存在时，其他促进脂肪动员的激素才能发挥最大的效果。这种协助促进脂肪动员的作用，可使得血中游离脂肪酸升高，也可间接抑制周围组织摄取葡萄糖。

（4）肾上腺素 肾上腺素是强有力地升高血糖的激素。给动物注射肾上腺素后血糖水平迅速升高，可持续几小时，同时血中乳酸水平也升高。肾上腺素的作用机制是通过肝和肌的细胞膜受体、cAMP、蛋白激酶级联激活磷酸化酶，加速糖原分解。在肝内，糖原分解为葡萄糖；在肌则经糖酵解生成乳酸，并通过乳酸循环间接升高血糖水平。肾上腺素主要在应激状态下发挥调节作用。对经常性，尤其是进食情况引起的血糖波动没有生理意义。

正常人体内存在一整套精细的调节糖代谢的机制，在一次性食入大量葡萄糖之后，血糖水平不会出现大的波动和持续升高。人体对摄入的葡萄糖具有很大耐受能力的这种现象，被称为葡萄糖耐量（glucose tolerance）或耐糖现象。医学上对患者做糖耐量试验可以帮助诊断某些与糖代谢障碍相关的疾病。

3. 血糖水平异常 临床上因糖代谢障碍可发生血糖水平紊乱，常见有以下两种类型。

（1）高血糖及糖尿症（hyperglycemia and glucosuria） 临床上将空腹血糖浓度高于7.22～7.78mmol/L 称为高血糖。当血糖浓度高于8.89～10.00mmol/L，则超过了肾小管的重吸收能力，则可出现糖尿，这一血糖水平称为肾糖阈。持续性高血糖和糖尿，特别是空腹血糖和糖耐量曲线高于正常范围，主要见于糖尿病（diabetes mellitus）。某些慢性肾炎、肾病综合征等引起肾对糖的重吸收障碍也可出现糖尿，但血糖及糖耐量曲线均正常。生理性高血糖和糖尿可因情绪激动，交感神经兴奋，肾上腺素分泌增加，从而使得肝糖原大量分解所致。临床上静脉滴注葡萄糖速度过快，也可使血糖迅速升高并出现糖尿。

（2）低血糖（hypoglycemia） 空腹血糖浓度低于3.33～3.89mmol/L 时称为低血糖。低血糖影响脑的正常功能，因为脑细胞所需的能量主要来自葡萄糖的氧化。当血糖水平过低时，就会影响脑细胞的功能，从而出现头晕、倦怠无力、心悸等，严重时出现昏迷，称为低血糖休克。如不及时给患者静脉补充葡萄糖，可导致死亡。出现低血糖的病因有：①胰性（胰岛 B 细胞功能亢进、胰岛 A 细胞功能低下等）；②肝性（肝癌、糖原贮积症等）；③内分泌异常（垂体功能低下、肾上腺皮质功能低下等）；④肿瘤（胃癌等）；⑤饥饿或不能进食者等。

第二节 多糖的生物合成

扫码"学一学"

在高等植物、动物体内，游离的单糖不能参与双糖和多糖的合成反应，延长反应中提供的单糖基必须是活化的糖供体，这种活化的糖是一类糖核苷酸，即糖与核苷酸结合的化合物。糖核苷酸的作用是在双糖、多糖或已糖蛋白等复合糖合成过程中，作为参与延长糖链的单糖基的活化形式或供体。最早发现的糖核苷酸是尿苷二磷酸葡糖（uridine diphosphate glucose，UDPG），1957 年 Luis Leloir 因这一发现于 1970 年获诺贝尔化学奖。UDPG 的结构式如下。

以后，又发现了腺苷二磷酸葡糖（ADPG）、鸟苷二磷酸葡糖（GDPG）等。它们之间的差异仅在于碱基不同。不同的双糖和多糖合酶系对各种糖核苷酸的专一性有所不同。如蔗糖合酶系、糖原合酶系均优先采用 UDPG，淀粉合酶系优先采用 ADPG，纤维素合酶系优先采用 GDPG 和 UDPG 等。现以 UDPG 形成为例，介绍糖核苷酸的合成反应，见图 12-3。

图 12-3 UDPG 形成反应

UDPG 焦磷酸化酶（UDP-glucose pyrophosphorylase）是一种转移酶类，催化 UTP 中焦磷酸的脱落，将 UMP 残基转移到 G-1-P 上，组合形成 UDPG。虽然活化反应中的第一步可逆，但接着焦磷酸被水解成无机磷酸是不可逆的放能反应，所以，整个活化反应趋向于向着形成 UDPG 的方向进行。UDPG 形成的反应可简写如下。

$$\text{G-1-P} + \text{UTP} + \text{H}_2\text{O} \xrightarrow[\text{焦磷酸酶}]{\text{UDPG 焦磷酸化酶}} \text{UDPG} + 2\text{Pi}$$

同理，ADPG 形成的反应可简写如下。

$$\text{G-1-P} + \text{ATP} + \text{H}_2\text{O} \xrightarrow[\text{焦磷酸酶}]{\text{ADPG 焦磷酸化酶}} \text{ADPG} + 2\text{Pi}$$

以此类推，糖核苷酸合成反应通式可简写如下。

$$\text{G-1-P} + \text{NTP} + \text{H}_2\text{O} \xrightarrow[\text{焦磷酸酶}]{\text{NDPG 焦磷酸化酶}} \text{NDPG} + 2\text{Pi}$$

由上述反应和图 12-4 可知：以 G-1-P 为原料，每活化一个葡萄糖残基，至少消耗 1 分子的 NTP，即至少损失了一个高能磷酸键。糖的活化反应中 G-1-P 可来自多种途径。

图 12-4 G-1-P 的多种来源途径

一、蔗糖与淀粉的生物合成

（一）蔗糖的生物合成

蔗糖是植物光合作用的主要产物，也是植物体内运输的主要形式。高等植物中，主要有两种与蔗糖合成有关的途径。

1. 蔗糖磷酸合酶途径　该途径存在于光合组织的细胞质中。被认为是植物合成蔗糖的主要途径。蔗糖磷酸合酶（sucrose phosphate synthase）属于转移酶类。它利用 UDPG 作为葡萄糖的供体，以 F-6-P 为葡萄糖的受体，反应产物是蔗糖-6-磷酸；再通过蔗糖磷酸合酶水解，脱去磷酸基团而生成蔗糖。反应过程中，虽然第一步基团转移反应是可逆的，但第二步水解反应是不可逆的，所以该途径的总趋势是向着合成蔗糖方向进行。

植物在叶绿体中进行光合作用，使空气中的 CO_2 固定、还原形成丙糖磷酸化合物，再将丙糖磷酸类转移到细胞质中。丙糖磷酸缩合形成六碳糖，进而合成蔗糖。蔗糖再运输到各个器官，用以各种多糖的合成或供生命活动的其他需要。

2. 蔗糖合酶途径　在非光合组织中蔗糖合酶（sucrose synthase）活性较高。蔗糖合酶也属于转移酶类，可催化糖基转移。反应过程可简写如下。

$$\left.\begin{array}{l}\text{ADPG}\\[6pt]\text{UDPG}\end{array}\right\} + \text{果糖} \xrightleftharpoons[\text{蔗糖合酶}]{} \text{蔗糖} + \left\{\begin{array}{l}\text{ADP}\\[6pt]\text{UDP}\end{array}\right.$$

葡萄糖供体　　葡萄糖受体

玉米和绿豆中的蔗糖合酶是由四个相同亚基组成的均一寡聚酶（$Mr = 37.5 \times 10^4$）。此后，在许多植物中均发现有此酶。现经实验证明：在发育的谷物籽粒中，上述可逆反应向着蔗糖分解形成糖核苷酸方向进行，呈活跃状态。产生的糖核苷酸，尤其是 ADPG 为淀粉合成提供了活化的单糖基。该途径的主要用途应该是蔗糖向淀粉转变，形成糖核苷酸，而不能视作蔗糖合成的主要途径。

（二）淀粉的生物合成

植物体内的淀粉（starch）和动物体内的糖原（glycogen）都属于葡聚糖（glucan）。糖原比淀粉具有更多的分支。支链淀粉（amylopectin）每 24~30 个葡萄糖残基有一个分支；而糖原每 8~12 个葡萄糖残基有一个分支。

淀粉和糖原的生物学意义在于：它们既是能量和碳架物质的贮存形式，又是容易动员的多糖。如禾谷类植物种子中积累了大量的淀粉，是种子萌芽和生长的能量来源及物质基础；动物在肝等细胞中储备了糖原，当大脑和机体运动时，就会启动糖原分解供能。医学证明，当人血糖水平低下时，会影响中枢神经系统的正常功能，严重的会出现休克症状。有些人采用饥饿方式减肥，导致四肢无力，头晕眼花，可能和糖原含量下降、低血糖有关。

1. 直链淀粉的生物合成 参与直链淀粉合成的酶和途径主要有以下几种。

（1）淀粉合酶（starch synthase） 该酶是使链淀粉延长的主要酶类。它以糖核苷酸（ADPG 等）为原料，将活化的葡萄糖基转移到"引物"上，延长了葡聚糖链。引物是糖基受体，由三个以上的葡萄糖基以 $\alpha-1,4-$ 糖苷键连接成的麦芽三糖、寡糖或直链淀粉。加成反应不断进行，葡聚糖链逐渐延长。催化反应可简写成

$$ADPG + G_n \text{（引物）} \xrightarrow{\text{淀粉合酶}} G_{n+1} \text{（直链淀粉）} + ADP$$

式中，①引物的 $n>3$；②活化的葡萄糖基从引物的非还原端延长；③淀粉合酶催化连接的键是 $\alpha-1,4-$ 糖苷键。

图 12-5 介绍了以麦芽三糖为引物，淀粉合酶催化 ADPG 的葡萄糖基转移，由麦芽三糖（G_3）延长为麦芽四糖（G_4）的反应。可了解到淀粉延长中葡萄糖基转移的位置，以及淀粉中葡萄糖基之间连接的糖苷键类型。

图 12-5 淀粉合酶催化反应

糖核苷酸含有较高的自由能，当其降解为核苷二磷酸和糖时，释放的自由能为 33.5kJ/mol；淀粉合酶催化反应中，每个单糖基加到引物上，需要自由能 21kJ/mol，则反应的自由能变化为 $\Delta G^\ominus = -2.5kJ/mol$，表明反应可以自发地向着淀粉延长的方向进行。

（2）D 酶 在马铃薯、大豆中发现有这种酶。D 酶是一种糖苷基转移酶，作用的键是 $\alpha-1,4-$ 糖苷键；转移的基团主要是麦芽糖残基；催化的底物可以是葡萄糖、麦芽多糖；起着加成反应作用，故有人称之为加成酶。D 酶的存在，有利于葡萄糖转变为麦芽多糖，为直链淀粉延长反应提供了必要的引物。例如，当葡萄糖与麦芽五糖混合时，D 酶可催化产生两分子的麦芽三糖。

可见，D 酶在不消耗 ATP 的情况下，催化产生了两个 G_3 引物。上式是可逆的，以两个麦芽三糖为底物，D 酶可催化产生麦芽五糖和葡萄糖。麦芽五糖也可以作为引物，参与淀粉合酶的延长反应。

（3）蔗糖转化为淀粉　光合组织中蔗糖的合成活性较高，蔗糖可运输到非光合组织中，通过一些酶的催化转变为淀粉。图 12-6 列举了蔗糖转化为淀粉的一种途径。

图 12-6　蔗糖转化为淀粉的一种途径

（4）淀粉磷酸化酶　该酶在淀粉磷酸解中介绍过。离体实验表明，催化的是可逆反应。

$$G-1-P + G_n \xrightarrow{\text{淀粉磷酸化酶}} G_{n+1} + Pi \ (n \geqslant 3)$$

淀粉磷酸化酶属于转移酶类，转移的基团是葡萄糖基，可以将 $G-1-P$ 的葡萄糖基转移到淀粉非还原性末端 C_4 的烃基上，淀粉以 $\alpha-1,4-$ 糖苷键连接形式增加一个葡萄糖基。但是近来实验证明，植物细胞中无机磷酸含量比离体实验高出许多，淀粉磷酸化酶在生物细胞中的主要趋向是催化淀粉磷酸解生成 $G-1-P$，且 $G-1-P$ 要比游离的葡萄糖更有效地被生物所利用。所以，该酶不是生物体内直链淀粉合成的主要酶类。

2. 支链淀粉的生物合成　支链淀粉分支点 $\alpha-1,6-$ 糖苷键的形成需要淀粉分支酶又称 Q 酶作用，将直链淀粉的一部分拆下来，装配成侧链。Q 酶具有双重功能：既能催化直链淀粉的 $\alpha-1,4-$ 糖苷键的断裂，又能催化 $\alpha-1,6-$ 糖苷键的连接，形成支链淀粉。支链淀粉合成是通过淀粉合酶与 Q 酶等共同作用完成的。先进行直链淀粉的合成，接着在 Q 酶的作用下从直链淀粉的非还原性末端切下一含 6~7 个葡萄糖残基的寡糖片段；将该片段寡糖转移到淀粉中某一葡萄糖残基上；以寡糖游离的 C_1 羟基与淀粉中某一葡萄糖残基 C_6 的羟基缩合，连接成 $\alpha-1,6-$ 糖苷键，形成支链淀粉。以后在淀粉合酶的作用下，继续延长直链；Q 酶的反复作用，淀粉分支增加，进而合成大分子的支链淀粉。

二、纤维素的生物合成

纤维素（cellulose）是植物和某些微生物细胞壁的主要成分。纤维素占植物碳素含量的 50% 以上。尤其是棉花、麻、树木和麦秆中纤维素含量非常丰富。纤维素分子是由葡萄糖残基以 $\beta-1,4-$ 糖苷键形式连接成的直链葡聚糖。

纤维素

催化 $\beta-1,4-$ 糖苷键连接的酶是纤维素合酶。延长纤维素的合成反应可简写如下。

$$NDPG + G_n \xrightarrow{\text{纤维素合酶}} NDP + G_{n+1}$$

式中，G_n 是纤维素合成所需的引物，是一段由 $\beta-1,4-$ 糖苷键连接的葡聚糖。NDPG 是糖核苷酸，作为延长纤维素的糖基供体。随生物不同，糖核苷酸的种类有差异，玉米、绿豆、豌豆、茄子、棉花等植物采用的 GDPG，而细菌中采用的是 UDPG。1964 年在未成熟的棉花种子中证明了该生物纤维素合酶所需的糖核苷酸是 GDPG，催化的产物是 $\beta-1,4-$ 葡聚糖。对纤维素合酶的研究一直是个难题，因为纤维素合酶嵌插在质膜外侧，当用一般实验方法将坚固的细胞壁与质膜分离时，极易破坏纤维素合酶的完整性。

三、半纤维素的生物合成

半纤维素被定义为碱溶性的植物细胞壁多糖，是从植物细胞壁中去掉果胶物质，能被 15% 的 NaOH 提取的多糖统称。属于半纤维素的有木聚糖（xylan）、甘露聚糖（mannan）、葡甘露聚糖（glucomannan）、半乳葡甘露聚糖（galactoglucomannan）、木葡聚糖（xyloguloan）等。它们的主链多数是 $\beta-1,4-$ 糖苷键连接的多聚己糖或多聚戊糖；侧链上以 1,6 - 糖苷键形式连接杂糖。少数主链是 $\beta-1,3-$ 糖苷键连接的，如愈创葡聚糖（callose）也叫 $\beta-1,3-$ 葡聚糖。

半纤维素合成较复杂，不同植物中半纤维素的糖类也各异。其糖基供体是核苷二磷酸戊糖或核苷二磷酸己糖。可通过 UDPG 等糖核苷酸经脱氢酶、脱羧酶、异构酶的催化，转变为各种半纤维素的糖基供体，再参与半纤维素的合成，见图 12-7。

图 12-7　半纤维素、果胶酸合成中糖核苷酸的转化

四、果胶的生物合成

果胶物质（pectic substance）是细胞壁中的基质多糖衍生物。果胶物质中的杂多糖主要是酸性的，故也称作果胶酸（pectic acid）。果胶酸主链或者是聚半乳糖醛酸（galacturonan），或者是聚鼠李半乳糖醛酸（rhamnogalacturonan）。果胶酸的结构比半纤维素更复杂。每种植物因其品种、组织、发育阶段不同，其果胶酸中侧链杂糖数目、种类、连接方式以

及取代基情况有很大的差异。

合成果胶酸所用的糖核苷酸最初也是 UDPG，经脱氢、异构等步骤转变为 UDP - 半乳糖醛酸等各种所需的糖核苷酸，再参与果胶酸的合成。

果胶酸羧基可通过不同程度的甲酯化转变为果胶。其甲基供体是 S - 腺苷甲硫氨酸。甲基化程度 <45% 的为低甲氧基果胶；果基化程度 >45% 的为高甲氧基果胶。果胶溶液是一种亲水胶体果胶，进一步与纤维素或半纤维结合就成为水不溶性的原果胶（protopectin）。

五、细菌肽聚糖的生物合成

关于糖蛋白、糖脂的生物合成研究已经有了一些收获。现以研究较细致的革兰阳性（G^+）细菌金黄色葡萄球菌（$S.\ aureus$）为材料，以肽聚糖为例，介绍有关糖蛋白合成、糖蛋白 - 脂复合物转移与装配的复杂过程和基本原理。

肽聚糖（peptidoglycan）是绝大多数原核生物细胞壁中特有的杂多糖成分，尤其是 G^+

NAM: N-乙酰胞壁酸
NAG: N-乙酰葡糖胺

图 12 - 8　G^+细菌肽聚糖单体结构

细菌的细胞壁上肽聚糖厚达 20～80nm，由 40 层左右网状结构的肽聚糖大分子组成。网状的肽聚糖由肽聚糖单体重复连接形成。肽聚糖单体又通过三种基本成分组成：双糖单位、肽"尾"、肽"桥"（图 12 - 8）。

肽聚糖的生物合成在细胞中变换了三个部位：细胞质、细胞膜、细胞膜外，大约有 20 步反应。现分三个阶段介绍其合成过程。

1. 细胞质中的生物合成　肽聚糖中基本的双糖单位是由 N - 乙酰胞壁酸（NAM）和 N - 乙酰葡糖胺（GlcNAc，NAG）通过 β - 1,4 - 糖苷键连接成的。

G^+细菌合成肽聚糖时，在细胞质中发生如下反应。

（1）葡萄糖衍生物的形成　以葡萄糖为原料，经一系列酶催化反应，可形成葡萄糖衍生物 N - 乙酰葡糖胺 - 1 - 磷酸。其转变过程见图 12 - 9。

图 12 - 9　葡萄糖转变为 N - 乙酰葡糖胺 - 1 - 磷酸的过程

（2）糖核苷酸的形成　以 N - 乙酰葡糖胺 - 1 - 磷酸为前体，消耗 UTP，在 UDP - NAG 焦磷酸化酶的催化下，可进行糖的活化反应。其简化过程如图 12 - 10 所示。

图 12 – 10 肽聚糖中两种糖核苷酸的形成

（3）糖核苷酸与肽"尾"的连接 已经转成糖核苷酸的两种活化单糖，并没有在细胞质中直接形成双糖或寡糖链，而是由 UDP – N – 乙酰胞壁酸（UDP – NAM）先与肽"尾"等 5 个氨基酸共价键连接，形成"糖核苷酸 – 小肽"复合物，即糖核苷酸与蛋白质结合的情形。糖核苷酸与肽"尾"连接的简要过程见图 12 – 11。

图 12 – 11 糖核苷酸 – 小肽的形成过程

2. 细胞膜上的生物合成 细胞质中合成的糖核苷酸 – 小肽复合物是亲水性的物质，无法直接穿过疏水性的细胞膜转移到膜外，需要一种脂质载体细菌萜醇（bactoprenol）运送。这种脂质载体是含有 11 个异戊二烯单位的长醇。脂质载体通过 1 ~ 2 个磷酸基团的连接后，再与糖相连。与糖结合后的细菌萜醇及焦磷酸结构见图 12 – 12 所示。

$$H-[CH_2-\underset{CH_3}{C}=CH-CH_2]_{10}-CH_2-\underset{CH_3}{C}=CH-CH_2-O-\underset{OH}{\overset{O}{P}}-O-\underset{OH}{\overset{O}{P}}-O-糖$$

<u>脂质长醇</u> <u>焦磷酸</u>

图 12 – 12 与糖结合后的细菌萜醇及焦磷酸结构

脂质载体以磷酸基团为桥梁与单糖或寡糖结合时，具有糖核苷酸的类似功能，能够使单糖或寡糖成为活化形式的供体，在特定的糖基转移酶的催化下，参与各种复合型多糖、糖脂、糖蛋白的合成反应。除细菌外，真菌和植物中发现的脂质长醇有 14 ~ 24 个异戊二烯单位；动物的脂质长醇有 17 ~ 21 个异戊二烯单位。

细菌在细胞质中合成的糖核苷酸以及糖核苷酸 – 小肽复合物，转移到细胞膜上，与脂质载体一边结合，一边进一步合成为肽聚糖的单体，再穿梭到细胞膜外。具体过程如下。

（1）膜上合成 如图 12 – 13 所示。①脂质载体插在细胞膜中，焦磷酸在细胞质一侧，经水解去除一个磷酸基团；②游离在细胞质中的糖核苷酸 – 小肽复合物与脂质载体连接后，"锚定"在细胞膜靠近细胞质的一侧；③活化的 N – 乙酰葡糖胺（NAG），在糖基转移酶的催化下，与复合糖脂中的 N - 乙酰胞壁酸（NAM）以 β - 1,4 - 糖苷键形式连接，产生了肽聚糖中双糖单位结构；④携带着活化甘氨酸的 tRNA，在转肽酰酶的催化下，合成肽聚糖单体中肽"桥"结构。至此，肽聚糖单体的合成在细胞膜上完成了。

图 12 - 13　膜上肽聚糖单体的合成

（2）穿越细胞膜　脂质载体携带肽聚糖单体穿越细胞膜的过程如图 12 - 14 所示：①焦磷酸脂质载体将肽聚糖单体穿越细胞膜送至膜外；②肽聚糖单体离开脂质载体，参与膜外网状结构肽聚糖装配；③游离的脂质载体再次在膜中翻转，使焦磷酸部位转向细胞质一侧，准备参与下一轮的膜上合成与穿梭。

图 12 - 14　脂质载体携带肽聚糖单体穿越细胞膜的过程

3. 细胞膜外的生物合成　被送至膜外的肽聚糖单体，参与网状结构的肽聚糖的装配，主要有两个方面：一是糖链的连接；二是肽"桥"的连接。

图 12 - 15　肽聚糖的糖链合成

（1）糖链的连接　在细胞膜外，糖基转移酶能够将双糖单位的肽聚糖单体转移到延长反应中接受肽聚糖单体的引物上，进行 β - 1,4 - 糖苷键连接。该糖基转移酶在延长肽聚糖链时，对"引物"的要求是至少含有 6 ~ 8 个肽聚糖单体的肽聚糖链，如图 12 - 15 所示。

（2）肽"桥"的连接　已经连成一排排的肽聚糖链，还需转肽酰酶等因子的作用，先将肽

"尾"上第 5 个氨基酸 D – 丙氨酸水解去掉；再把各排糖肽链之间的肽"尾"通过肽"桥"，以一边与肽"尾"的第 3 个 L – Lys 连接；另一边与肽"尾"的第 4 个 D – Ala 连接的方式"搭桥"；这样网状结构的肽聚糖就形成了。网状结构肽聚糖中糖链的连接方式以及小肽"搭桥"的形式，见图 12 – 16。

图 12 – 16　金黄色葡萄球菌肽聚糖结构

　　在其他微生物中，甚至在动物、植物中也发现了一些糖蛋白、糖脂的合成机制。其基本规律与 G$^+$ 细菌中肽聚糖的合成有相似之处，但也有区别。G$^+$ 细菌的肽聚糖较厚，网状结构较致密；而 G$^-$ 细菌中肽聚糖较薄，且肽"桥"的比例较小。如大肠埃希菌(*E. coli*)是 G$^-$ 细菌的代表，其肽聚糖与 G$^+$ 细菌肽聚糖不同的是：肽"尾"中第 3 个氨基酸残基不是 L – 赖氨酸，而是内消旋二氨基庚二酸（m – DAP）；肽"桥"比例小，即肽聚糖的"网眼"大，许多肽"尾"像植物根须一样垂钓在糖链的下面。

（李　荷）

扫码"学一学"

第十三章 脂质的生物合成

生物机体脂质合成是十分活跃的，特别在高等动物的肝脏、脂肪组织和乳腺中占优势。生物体脂质合成主要包括脂肪的生物合成，磷脂、糖脂、胆固醇等的生物合成。动物肝脏、脂肪组织及高等植物都能大量合成脂肪，微生物则合成较少。磷脂是生物膜的主要组成成分，磷脂的合成变化对细胞膜流动性、膜蛋白的活性等细胞生理功能有重要的调节作用。

扫码"学一学"

第一节 脂肪酸的生物合成

脂肪酸或脂肪的生物合成作为能量贮存的另一种方式。对于脂肪酸合成的研究开始于 Knoop 提出 β – 氧化学说以后不久，最初推测脂肪酸合成可能是 β – 氧化的逆反应，但事实并非如此，脂肪酸合成采取的是一条与其 β – 氧化不同的途径，两者在反应的场所、催化酶、电子受体与供体、脂酰基的载体或二碳单位的形式等方面都具有显著的差异。

一、饱和脂肪酸的生物合成

根据含放射性核素乙酸（$CH_3^{13}COOH$）喂大鼠的实验结果，发现大鼠肝脂肪酸分子含有此两种放射性核素，氘（^2H）出现在甲基及碳链中，而 ^{13}C 则出现于碳链的间位碳（$CH_3^{13}CH_2\ CH_2^{13}COOH$），这说明从乙酸可以合成脂肪酸。经进一步的研究，阐明了脂肪酸的前体为乙酸与 CoA 结合的乙酰 CoA。乙酰 CoA 如何合成长链脂肪酸的问题直至 1961 年才比较清楚。目前认为，饱和脂肪酸的生物合成有两种途径：①由非线粒体酶系（即细胞质酶系）合成饱和脂肪酸途径；②饱和脂肪酸碳链延长途径。

（一）非线粒体酶系合成饱和脂肪酸途径（丙二酸单酰 CoA 途径）

非线粒体酶系存在于细胞的可溶部分。实验证明，在有生物素、ATP、NADPH、Mn^{2+}、CO_2、乙酰 CoA 羧化酶和脂肪酸合酶系（包括酰基载体蛋白质、ACP）参加条件下，可从乙酰 CoA 合成棕榈酸（16C 脂肪酸）。关于合成的化学途径分两个阶段、7 步反应（表 13 – 1）。

第一阶段：乙酰 CoA $\longrightarrow$ 丙二酸单酰 – ACP。

第二阶段：丙二酸单酰 – ACP $\longrightarrow$ 丁酰 – ACP。

表 13 – 1 脂肪酸合成的主要反应

	步骤		反应及有关酶
第一阶段		1	乙酰 CoA + HCO_3^- + ATP→丙二酸单酰 CoA + ADP + Pi + H^+ （乙酰 CoA 羧化酶）
		2	乙酰 CoA + HS – ACP→乙酰 ACP + HSCoA （乙酰转酰基酶）
		3	丙二酸单酰 CoA + HS – ACP→丙二酸单酰 ACP + HSCoA （丙二酸单酰转酰基酶）
第二阶段		4	乙酰 – ACP + 丙二酸单酰 ACP→乙酰乙酰 ACP + ACP – SH + CO_2 （脂酰丙二酰 ACP 缩合酶）
		5	乙酰乙酰 ACP + NADH + H^+→D – 3 – 羟丁酰 – S – ACP + $NADP^+$ （β – 酮脂酰 ACP 还原酶）
		6	D – 3 – 羟丁酰 ACP→烯丁酰 ACP + H_2O （β – 羟脂酰 ACP 缩合酶）
		7	烯丁酰 ACP + NADPH + H^+→丁酰 ACP + $NADP^+$ （烯酰基 ACP 还原酶）

第一阶段包括乙酰 CoA 的转运、乙酰 ACP 和丙二酸单酰 ACP 的形成。

乙酰 CoA 的转运：饱和脂肪酸的合成是在细胞质中进行的。反应所需的乙酰 CoA 是由脂肪酸经 β – 氧化和丙酮酸脱羧而来，这两个过程都是在线粒体中进行的。乙酰 CoA 不易透过线粒体膜进入细胞质，需要经柠檬酸合酶催化与草酰乙酸缩合生成柠檬酸，在 ATP 供能情况下才扩散透过线粒体膜进入细胞质。进入细胞质的柠檬酸经柠檬酸裂解酶（citrate lyase）催化产生乙酰 CoA 和草酰乙酸。乙酰 CoA 供脂肪酸合成，草酰乙酸需回到线粒体。但草酰乙酸不能透过线粒体内膜，需通过苹果酸转变为丙酮酸才能回到线粒体。或者苹果酸也可以直接通过线粒体膜上的载体蛋白直接跨膜转运。这一系列反应也产生了脂肪酸合成所需的 NADPH。这是通过柠檬酸作为乙酰基的载体，称三羧酸转运体系（或称柠檬酸 – 丙酮酸循环）。

乙酰 ACP 和丙二酸单酰 ACP 的形成：乙酰 CoA 经乙酰转酰基酶催化与 ACP—SH 作用产生乙酰 ACP；乙酰 CoA 经乙酰 CoA 羧化酶催化与 HCO_3^- 一起作用产生丙二酸单酰 CoA，再经丙二酰转酰基酶催化与 ACP—SH 作用生成丙二酸单酰 ACP。

第一阶段的反应可如下式及图 13 –1 所示。

乙酰 CoA + HS—ACP ⟶ 乙酰—S—ACP＋HSCoA（乙酰转酰基酶）

乙酰 CoA + HCO_3^-＋ATP ⟶ 丙二酸单酰 CoA + ADP + Pi + H⁺（乙酰 CoA 羧化酶）

丙二酸单酰 CoA + HS—ACP ⟶ 丙二酸单酰—S—ACP＋HSCoA（丙二酰转酰基酶）

图 13 –1　饱和脂肪酸合成的第一阶段反应

乙酰 CoA 羧化成丙二酸单酰 CoA 的反应是脂肪酸合成的限速反应，催化该反应的乙酰 CoA 羧化酶（辅基为生物素）包括生物素羧基载体蛋白（biotin carboxyl carrier protein，BCCP）、生物素羧化酶（biotin carboxylase，BC）和羧基转移酶（transcarboxylase，CT）3 个亚基，如图 13 – 2a 所示。生物素的羧基以酰胺键与生物素羧基载体蛋白中赖氨酸的 ε – 氨基相连，生物素羧化酶催化生物素羧基载体蛋白上的生物素羧化，羧基转移酶将活化的 CO_2 转移到乙酰 CoA 上，形成丙二酸单酰 CoA，如图 13 – 2b 所示。

图 13 – 2 乙酰 CoA 羧化酶及其催化的反应

a. 乙酰 CoA 羧化酶 3 个亚基示意　b. 乙酰 CoA 羧化酶催化的反应

在以上这些反应中生物素羧基载体蛋白（BCCP）扮演了一个中心角色，它上面的赖氨酰生物素就像自由旋转的臂一样，将活化的羧基由生物素羧化酶转移到羧基转移酶的乙酰 CoA 分子上，从而形成的丙二酸单酰 CoA。

ACP 是脂肪酸生物合成中的酰基载体蛋白（acyl carrier protein），它是以共价键与其辅基磷酸泛酰巯基乙胺（4′–phosphopantetheine，pp）结合，如图 13 –3 所示。

半胱氨基　　　　　泛酰基

$$HS-CH_2-CH_2-N-C-CH_2-CH_2-N-C-C-CH_2-O-P-OCH_2-Ser-ACP$$

4′–磷酸泛酰巯基乙胺
（ACP 的辅基）

图 13 – 3　ACP 与其辅基的结合物结构

磷酸泛酰巯基乙胺为泛酸与半胱胺的衍生物，是连接 ACP 和脂酰基的单位。ACP 与其辅基 4′– 磷酸泛酰巯基乙胺的连接是通过它本身的丝氨酸残基（—Ser）；ACP 与脂酰基的结合则是通过其辅基磷酸泛酰巯基乙胺的—SH。ACP 耐热，相对分子质量约为 9500。大肠埃希菌的 ACP 为 77 个氨基酸残基组成。在哺乳动物中 ACP 同细胞牢固结合，不易分离，但在大肠埃希菌和某些细菌体中，ACP 同细胞的结合不紧，可以分离。这一特点为研究 ACP 在脂肪酸生物合成中的功用提供了极大的方便。

第二阶段：第一阶段形成的丙二酸单酰 ACP 与乙酰 – ACP 经缩合、还原、脱水、再还原 4 个步骤即为一轮的合成反应（图 13 – 4）。

$$H_3C-C-S-ACP \quad + \quad C-CH_2-C-S-ACP$$

乙酰 –S–ACP）　　　　　丙二酸单酰 –S–ACP）

↓ 缩合（脂酰丙二酰 ACP 缩合酶）
ACP+CO₂

$$H_3C-C-CH_2-C-S-ACP \quad （乙酰乙酰 –S–ACP）$$

NADPH+H⁺ ↓ 还原（β–酮脂酰 ACP 还原酶）
NADP⁺

$$H_3C-C-CH_2-C-S-ACP \quad （β–羟丁酰 –S–ACP）$$
　　OH

H₂O ↓ 脱水（β–羟脂酰 ACP 脱水酶）

$$H_3C-C=C-C-S-ACP \quad （烯丁酰 –S–ACP）$$

NADPH+H⁺ ↓ 还原（烯酰 ACP 还原酶）
NADP⁺

$$H_3C-CH_2-CH_2-C-S-ACP \quad （丁酰 –S–ACP）$$

图 13 – 4　脂肪酸合成第一轮第二阶段反应序列

上述第二阶段反应（图 13 – 4）完成了饱和脂肪酸生物合成的第一轮反应。

所产生的丁酰 ACP（4C）比原来的乙酰 CoA（2C）多 2 个碳原子。丁酰 ACP 经同样方式与丙二酸单酰 ACP 缩合，重复循环 6 次就可得长链（16C）的脂酰 ACP。最后经水解即生成长链饱和脂肪酸（主要为 16C 棕榈酸）。这些途径（包括上述丙二酸单酰 ACP 的形成）

可综合如图 13-5 所示。

图 13-5　非线粒体酶系合成饱和脂肪酸途径

棕榈酸合成的总反应式如下：

$$CH_3CO \sim SCoA + 7HOOC—CH_2—CO \sim SCoA + 14NADPH + 14H^+ \longrightarrow CH_3（CH_2）_{14}COOH + 7CO_2 + 8HSCoA + 14NADP^+ + 6H_2O$$

（1）在线粒体中，乙酰 CoA 与草酰乙酸缩合变成柠檬酸再进入细胞质是非线粒体酶系合成饱和脂肪酸的第一个关键步骤。

（2）由乙酰 CoA 羧化酶催化的乙酰 CoA 转变为丙二酸单酰 CoA 的反应是非线粒体酶系合成饱和脂肪酸的第二个关键步骤，丙二酸单酰 CoA 是丙二酸单酰 ACP 的前体，而后者是非线粒体酶系合成不饱和脂肪酸的主要物质。柠檬酸能促进乙酰 CoA 羧化酶的活力，也是控制非线粒体酶系脂肪酸合成的重要因素之一。

（3）图 13-5 中由反应④到反应⑦为脂肪酸合成的一轮反应，合成 16C 的棕榈酸共需要 7 轮反应。合成的棕榈酸分子中，除了甲基末端的二碳单位来自乙酰 CoA 外，其他 7 个二碳单位都来自丙二酸单酰 CoA。

（4）脂肪酸的合成由乙酰 CoA 羧化酶和脂肪酸合酶系催化，脂肪酸合酶系是由下列酶②~酶⑦的 6 种酶和酰基载体蛋白组成的多酶复合物。

（5）脂肪酸生物合成中所需的 NADPH 大部分是细胞的葡萄糖经戊糖磷酸途径和三羧酸循环所供给。NADH 也是脂肪酸合成所需要的。

参加上述各反应（图 13-5）的酶为：①乙酰 CoA 羧化酶（acetyl CoA-carboxylase，又称 acetyl-CoA：carbondioxide ligase），其辅酶为生物素（参阅第十五章和第五章的辅酶节）。柠檬酸能促进其活性，棕榈酰 CoA 可抑制其活性。②乙酰转酰基酶（acetyl transacylase），又称乙酰 CoA - ACP 转酰基酶（acetyl CoA - ACP transacetylase）或 ACP 酰基转移酶

（ACP – acyltransferase）。③丙二酸单酰转酰基酶（malonyl transacylase），又称丙二酸单酰 CoA – ACP 转移酶（malomyl – CoA – ACP transferase）。④脂酰丙二酸单酰 ACP 缩合酶（acyl-malonyl – ACP – condensing enzyme），又称 β – 酮脂酰 ACP 合酶（β – ketoacyl – ACP synthase）。⑤β – 酮脂酰 ACP 还原酶（β – ketoacyl – ACP reductase），又称依赖 NADPH – 3 – O – 脂酰基 ACP 还原酶（NADPH-dependent – 3 – oxoacyl – ACP reductase）。⑥β – 羟脂酰 ACP 脱水酶（β – hydroxyacyl dehydratase），又称 3 – 羟脂酰脱水酶（3 – hydroxyacyl dehydratase）或烯丁酰脂酰基 ACP 脱水酶（crotonyl – acyl ACP dehydratase）。⑦烯酰基 ACP 还原酶（enoyl – ACP reductase）。

酶②～酶⑦这些酶都是同酰基载体蛋白结合在一起的，它们彼此之间的结合相当密切。细菌和植物的脂肪酸合酶系各组分之间的结合就比较松散，细菌的细胞被破裂后，各个组分酶极易被分离出来。

原核生物如大肠埃希菌脂肪酸合成的各个反应是由各个酶分别进行催化，由图 13 – 5 中的酶②～酶⑦的 6 种酶和 1 分子 ACP 组成了脂肪酸合酶多酶复合物（即脂肪酸合酶系），其中 ACP 是多酶复合物的核心，它的辅基 4′ – 磷酸泛酰巯基乙胺作为酰基载体，将脂肪酸合成的中间物由一个酶的活性部位转到另一个酶的活性部位上，这可提高脂肪酸合成的效率。

真核生物的脂肪酸合酶与原核生物不同，催化脂肪酸合成的 7 种酶和 1 分子 ACP 均在一条单一的多功能多肽链上（相对分子质量为 260 000），由两条完全相同的多肽链首尾相连组成的二聚体称脂肪酸合酶（fatty acid synthase）。脂肪酸合酶的二聚体若解离成单体，则部分酶活性丧失。二聚体的每条多肽链（即每个亚基）上均有 ACP 结构域，其丝氨酸残基连接有 4′ – 磷酸泛酰巯基乙胺，可与脂酰基相连，作为脂肪酸合成中脂酰基的载体，在每个亚基不同催化部位之间转运底物或中间物，这犹如一个高效的生产线，大大提高了脂肪酸合成的效率。

由以上可知，脂肪酸的合成与脂肪酸的 β – 氧化是两条不同的代谢途径，两者的主要区别见表 13 – 2。

表 13 – 2　脂肪酸合成与脂肪酸降解的主要区别

区别点	脂肪酸的合成	脂肪酸的降解（β – 氧化）
细胞中部位	细胞质	线粒体
酰基载体	ACP	HSCoA
二碳单元的供体/产物	丙二酸单酰 CoA	乙酰 CoA
电子的供体/受体	NADPH	FAD、NAD$^+$
β – 羟中间代谢物的构型	D 型	L 型
转运机制	三羧酸转运机制（转运乙酰 CoA）	肉碱载体（转运脂酰 CoA）

奇数碳链脂肪酸和带支链脂肪酸也是经丙二酸单酰 CoA 途径合成，只是起始物不同，前者以丙酰 CoA 作起始物，后者以异丁酰 CoA 作起始物。

（二）饱和脂肪酸碳链延长的途径

线粒体酶系、内质网酶系与微粒体酶系都能使短链饱和脂肪酸的碳链延长，每次延长两个碳原子。线粒体酶系延长碳链的碳源不是加入丙二酸单酰 ACP，而是加入乙酰 CoA，例如线粒体中的 16C 饱和脂肪酸都可经逐步加入乙酰 CoA 而延长，其反应过程见图 13 - 6。

图 13 - 6　线粒体酶系延长饱和脂肪酸碳链的途径

如果将线粒体酶系延长饱和脂肪酸碳链的途径与 β - 氧化过程相比，则可见饱和脂肪酸的合成反应基本上是分解反应的逆行过程；其惟一不同点是分解过程反应②是需要以 FAD 为辅酶的脱氢酶，而在脂肪酸合成反应中是需要以 NADPH 为辅酶的还原酶（图 13 - 6 反应 ④），而且有实验证明在 β - 氧化过程中反应②这一步骤的反应是不可逆的。

除线粒体可延长脂肪酸碳链外，微粒体和内质网酶系也可延长 16C 脂肪酸（包括饱和和不饱和的）的碳链。这个酶系是用丙二酸单酰 CoA 为延长脂肪酸碳链的碳源而不是用乙酰 CoA。NADPH 为这个酶系必需的辅酶，也不用 ACP 为酰基载体，而用 HSCoA 作为酰基载体。其总反应如下。

$$RCO \sim SCoA + 丙二酸单酰\ CoA + 2NADPH + 2H^+ \longrightarrow R\ (CH_2)_2CO \sim SCoA + 2NADP^+ + CO_2 + HSCoA$$

在植物体中，细胞溶质酶系可利用丙二酸单酰 ACP 延长脂肪酸碳链。参与上述各反应（图 13 - 6）的酶分别是：① β - 酮脂酰 CoA 硫解酶（β - ketoacyl - CoA thiolase）；② β - 羟脂酰 CoA 脱氢酶（β - hydroxyacyl - CoA dehydrogenase）；③ 烯酰基 CoA 水化酶（enoyl - CoA hydratase），或 β - 羟脂酰脱水酶；④ 烯脂酰 CoA 还原酶（enoyl - CoA reductase）；⑤ 脂酰 CoA 硫酯水解酶（acyl - CoA thioester hydrolase）。

反应中的各种脂酰衍生物是脂酰 CoA 衍生物，而不是脂酰 ACP 衍生物。

上述两种合成饱和脂肪酸途径有其共同规律性，即都是从乙酰 CoA 开始，通过缩合、还原、脱水、再还原 4 个步骤。

二、不饱和脂肪酸的生物合成

许多生物体能使饱和脂肪酸的第 9 位和第 10 位碳之间脱氢，形成一个双键，成为不饱和脂肪酸，例如硬脂酸脱氢即成油酸。但只有植物和某些微生物才能使第 12 和第 13 位碳间脱氢形成双键，例如从油酸（十八碳一烯酸）合成亚油酸（十八碳二烯酸）。

某些微生物如大肠埃希菌、某种酵母和真菌能合成含 2 个、3 个、4 个甚至更多双键的不饱和脂肪酸。动物细胞的脱饱和酶与内质网密切结合。

不饱和脂肪酸的生物合成途径有氧化脱氢和 β - 碳位氧化成羟酸、再脱水两种途径。

（一）氧化脱氢途径

这个途径一般在硬脂酸的第 9 位、第 10 位碳脱氢，例如硬脂酸由脂酰脱饱和酶（存在于微粒体内，肝和脂肪组织含此酶较多）催化，需 NADH（或 NADPH）及氧分子参加，即生成油酸。

$$CH_3(CH_2)_{16} - COOH \xrightarrow[\substack{O_2 \quad 2H_2O}]{\substack{NADH+H^+ \quad NAD^+}} CH_3(CH_2)_7 - CH = CH - (CH_2)_7 - COOH$$

在此反应中，有 NADH – 细胞色素 b_5 还原酶（NADH – cytochrome b_5 reductase）、细胞色素 b_5 和脱饱和酶（desaturase）参加，硬脂酰 CoA 脱饱和释放出的电子传递给受体，其机制如图 13 – 7 所示。

$$H^+ + NADH \qquad E\text{-}FAD \qquad Fe^{2+} \qquad Fe^{3+} \qquad 油脂酰\ CoA + 2H_2O$$
$$\text{NADH-细胞色素}\ b_5\ \text{还原酶} \quad \text{细胞色素}\ b_5 \quad \text{脱饱和酶}$$
$$NAD^+ \qquad E\text{-}FADH_2 \qquad Fe^{3+} \qquad Fe^{2+} \qquad 硬脂酰\ CoA + O_2$$

图 13 – 7　硬脂酰 CoA 脱饱和电子传递机制

首先电子从 NADH 转移到 NADH – 细胞色素 b_5 还原酶的 FAD 辅基上，然后使细胞色素 b_5 血红素中的铁离子还原成 Fe^{2+}，再使脱饱和酶中的非血红素铁还原成 Fe^{2+}，最后与分子氧（O_2）和硬脂酰 CoA 作用，形成双键并释放 2 分子水。2 个电子来自 NADH，另外 2 个电子来自底物饱和脂肪酸中的单键。

植物合成不饱和脂肪酸的机制与此类似。所不同的是，植物是用铁 – 硫蛋白代替细胞色素 b_5。脱饱和酶是可溶性的，它以硬脂酰 ACP 为底物。

（二）β – 氧化、脱水途径

这一途径是先在饱和脂肪酸的 β – 碳位氧化成羟酸，在 α、β – 碳位间脱水形成双键，再经碳链延长作用即可得油酸。例如一个十碳脂肪酸，经 β – 氧化、脱水、双键移位和连续 4 次延长碳链，即得油酸。

$$CH_3(CH_2)_6 - \overset{\beta}{C}H_2 - \overset{\alpha}{C}H_2 - COOH \xrightarrow{\beta\text{-氧化}} CH_3(CH_2)_6 - \overset{\overset{H}{|}}{\underset{\underset{OH}{|}}{C}} - CH_2 - COOH \xrightarrow{\text{脱水}}$$

十碳脂肪酸　　　　　　　　　　　　　　　β-羟十碳脂肪酸

$$CH_3(CH_2)_6 - \overset{\beta}{C}H = \overset{\alpha}{C}H - COOH \xrightarrow{\text{碳链延长}} CH_3(CH_2)_6 - CH = CH - (CH_2)_7 - COOH$$

烯十碳脂肪酸　　　　　　　　　　　　　　　　　　油酸

含 2、3 或 4 个双键的高级不饱和脂肪酸，也可能用此类似方法（即氧化脱饱和、脱水和碳链延长）合成。

人体及有些高等动物（哺乳类）不能合成或不能合成足够维持其健康的十八碳二烯酸（亚油酸）和十八碳三烯酸（亚麻酸），必须从食物摄取，因此，这两种不饱和脂肪酸对人类和哺乳类动物是必需脂肪酸（essential fatty acid）。但动物能用脱饱和及延长碳链方法从十八碳二烯酸或十八碳三烯酸合成二十碳四烯酸。

第二节　脂肪的生物合成

肝、脂肪组织及小肠是合成脂肪的主要场所，其中肝的合成能力最强。上述三种组织、细胞均有合成三酰甘油的脂酰 CoA 转移酶，位于内质网的胞质侧。肝细胞能合成脂肪，但不

能贮存脂肪。三酰甘油在肝内质网合成后，与 ApoB 100、ApoC 等以及磷脂、胆固醇结合生成极低密度脂蛋白（VLDL），由肝细胞分泌入血而运输至肝外组织。如肝细胞合成的三酰甘油因营养不良、中毒、必需脂肪酸缺乏、胆碱缺乏或蛋白质缺乏不能形成 VLDL 分泌入血时，或合成的三酰甘油过多超过肝细胞转运分泌入血的能力，则聚集在肝细胞质中，形成脂肪肝。

　　脂肪组织是机体合成脂肪的另一重要组织。脂肪组织可利用从食物脂肪而来的乳糜微粒（CM）或 VLDL 中的脂肪酸合成脂肪，更主要以葡萄糖为原料合成脂肪。脂肪细胞可以大量贮存脂肪，是机体合成及贮存脂肪的"仓库"，机体需要能量时，储脂分解释放出游离脂肪酸及甘油入血，以满足心、骨骼肌、肝、肾等的需要。因此脂肪组织在脂肪代谢上具有重要的地位。

　　小肠黏膜细胞则主要利用脂肪消化产物再合成脂肪，以乳糜微粒形式经淋巴进入血液循环。

一、α-磷酸甘油的生物合成

　　合成脂肪所需的 L-α-磷酸甘油可由糖酵解产生的磷酸二羟丙酮还原而成，亦可由脂肪水解产生的甘油与 ATP 作用而成。

$$\underset{\text{磷酸二羟丙酮}}{\begin{array}{c}CH_2O-\text{P}\\|\\C=O\\|\\CH_2OH\end{array}} \xrightarrow[\text{磷酸甘油脱氢酶}]{NADH+H^+ \quad NAD^+} \underset{L-\alpha-\text{磷酸甘油}}{\begin{array}{c}CH_2O-\text{P}\\|\\HO-CH\\|\\CH_2OH\end{array}}$$

$$\underset{\text{甘油}}{\begin{array}{c}CH_2-OH\\|\\HO-CH\\|\\CH_2OH\end{array}} \xrightarrow[\text{甘油激酶}]{ATP \quad ADP} \underset{L-\alpha-\text{磷酸甘油}}{\begin{array}{c}CH_2O-\text{P}\\|\\HO-CH\\|\\CH_2OH\end{array}}$$

二、三酰甘油的生物合成

　　由甘油与脂肪酸合成三酰甘油的途径不止一种。较重要的一种是脂肪酸先与 CoA 结合成脂酰 CoA（上段脂肪酸合成过程中亦产生脂酰 CoA），脂酰 CoA 随即与 α-磷酸甘油作用产生 α-磷酸二酰甘油，在磷酸酯酶的作用下，α-磷酸二酰甘油脱去磷酸根，再与 1 分子脂酰 CoA 作用生成三酰甘油。

$$甘油+ATP \xrightarrow{\text{甘油激酶}} L-\alpha-\text{磷酸甘油} + ADP$$

$$或：二羟丙酮磷酸 \xrightarrow[L-\alpha-\text{磷酸甘油脱氢酶}]{NADH+H^+ \quad NAD^+} L-\alpha-\text{磷酸甘油}$$

$$\underset{\text{脂肪酸 \ 辅酶 A}}{RCOOH + HSCoA} \xrightarrow[\text{脂肪酸硫激酶, Mg}^{2+}]{ATP \quad AMP} \underset{\text{脂酰 CoA \ 焦磷酸}}{RCO\sim SCoA + PPi}$$

$$\underset{L-\alpha-\text{磷酸甘油 \qquad 脂酰 CoA}}{\begin{array}{c}CH_2OH\\|\\CH-OH\\|\\CH_2O-\text{P}\end{array} + 2RCO\sim SCoA} \xrightarrow[2HSCoA]{\text{脂酰甘油磷酸转移酶}} \underset{L-\alpha-\text{磷酸二酰甘油(磷脂酸)}}{\begin{array}{c}CH_2OCOR\\|\\CHOCOR\\|\\CH_2O-\text{P}\end{array}}$$

$$\underset{D-\alpha,\beta-\text{二酰甘油}}{\begin{array}{c}CH_2OCOR\\|\\CHOCOR\\|\\CH_2OH\end{array}} \xleftarrow[\text{磷脂酸磷酸酯酶}]{H_2O \quad H_3PO_4} \quad\quad \xrightarrow[\text{脂酰转移酶}]{R'CO\sim SCoA \quad HSCoA} \underset{\text{三酰甘油}}{\begin{array}{c}CH_2OCOR\\|\\CHOCOR\\|\\CH_2OCOR'\end{array}}$$

　　上述各反应是简化了的三酰甘油生物合成反应，实际上由 α – 磷酸甘油到二酰甘油之间是两个步骤，即先变成单酰甘油，再经第二次酰基化变成二酰甘油。此外，磷酸二羟丙酮除经还原成 α – 磷酸甘油再酰基化产生单酰甘油磷酸外，也可经酰基化和还原变成磷酸单酰甘油。这些途径可一并归纳为图 13 – 8。

图 13 – 8　三酰甘油的生物合成反应

①甘油激酶（glycerol kinase）；

①'脂酸硫激酶（fatty acid thiokinase），又称脂酰 CoA 合成酶（acyl CoA synthetase）；

②α – 磷酸甘油脱氢酶（α – phosphate – glycerol dehydrogenase）；

③甘油磷酸脂酰基转移酶（glycerol phosphate acyltransferase）；

④二羟丙酮磷酸脂酰基转移酶（dihydroxy acetone-phosphateacyltransferase）；

⑤脂酰二羟丙酮磷酸还原酶（acyldihydroxyacetone phosphate reductase）；

⑥磷脂酸脂酰基转移酶（phosphatidate acyltransferase）；

⑦磷脂酸磷酸酯酶（phosphatidate phosphatase）；

⑧二酰甘油脂酰基转移酶（diacyl glycerol acyltransferase）。

第三节 其他脂质的生物合成

一、磷脂的生物合成

磷脂是构成生物机体所有细胞膜的基本脂质化合物，因而属于结构脂质。磷脂是由磷酸甘油的衍生物和几种含氮有机碱衍生物所组成的一类化合物。多数磷脂是含有磷酸根的甘油酯，其中大多数还含有一个含氮碱基。磷脂在血液和淋巴液中是脂蛋白的组成成分。它对调节细胞膜的透过性起着重要作用，在三酰甘油和胆固醇的消化吸收中也有促进乳化作用，增加在水中的溶解度，因而有利于这些脂质的消化吸收。

合成磷脂的原料为磷酸、甘油、脂肪酸、胆碱或胆胺等。其中必需脂肪酸由食物供给，其他原料可在体内合成。蛋白质分解所产生的甘氨酸、丝氨酸及甲硫氨酸即可作为原料。

磷脂的生物合成近年有所发展，中间产物磷脂酸是合成甘油醇磷脂（包括磷脂酰胆碱、磷脂酰乙醇胺、磷脂酰丝氨酸、磷脂酰肌醇和双磷脂酰甘油）的关键物质，而胞嘧啶衍生物 CTP 和 CDP 则是合成所有磷脂的关键。

肝、肠、肾、肌肉、脑组织都能合成磷脂，肝的合成力较大（肝 > 肠 > 肾 > 肌肉 > 脑）。血浆中的磷脂，大都在肝中合成。脑组织的磷脂含量很高，但它合成磷脂的效率最慢。

甘油醇磷脂和鞘氨醇磷脂的生物合成途径是有区别的。

1. 甘油醇磷脂的生物合成　包括磷脂酰胆碱、磷脂酰乙醇胺、磷脂酰丝氨酸、磷脂酰肌醇、双磷脂酰甘油、醚磷脂和缩醛磷脂等。

（1）磷脂酰胆碱的生物合成　磷脂酰胆碱的生物合成分下列步骤。

$$① 甘油 \xrightarrow[甘油激酶]{ATP \quad ADP} L-\alpha-磷酸甘油$$

$$或二羟丙酮磷酸 \xrightarrow[L-\alpha-甘油磷酸脱氢酶]{NADH+H^+ \quad NAD^+} L-\alpha-磷酸甘油$$

$$② L-\alpha-磷酸甘油 \xrightarrow{RCO-CoA} L-1,2-二酰甘油$$

$$胆碱 \longrightarrow 胞苷二磷酸-胆碱（CDP-胆碱）$$

$$③ L-1,2-二酰甘油 + CDP-胆碱 \longrightarrow \alpha-磷脂酰胆碱$$

第②，③两步反应可综合如图 13-9 所示。

图 13-9 是动物细胞合成磷脂酰胆碱的主要途径，此外，磷脂酰胆碱亦可由磷脂酰乙醇胺的氨基经 3 次甲基化而生成，甲基供体是 S-腺苷甲硫氨酸，催化这步反应的酶是甲基转移酶。

当缺乏甲基化合物（如甲硫氨酸、胆碱）时，不能使脂肪变成磷脂，脂肪在肝中累积，造成脂肪肝，所以磷脂代谢与脂肪代谢关系很密切，磷脂代谢可保证脂肪代谢的正常。

图 13-9 L-α-磷脂酰胆碱的生物合成

①胆碱磷酸激酶 (choline phosphate kinase)；

②胆碱磷酸胞苷酸转移酶 (choline phosphate-cytidylic acid transferase)；

③胆碱磷酸转移酶 (choline phosphotransferase)；

①′磷酸甘油脂酰基转移酶 (phosphoglycerol acyl transferase)；

②′磷脂酸磷酸酯酶 (phosphatidate phosphatase)。

（2）磷脂酰乙醇胺的生物合成　磷脂酰乙醇胺的生物合成途径与磷脂酰胆碱的主要合成途径相似。不过，磷脂酰乙醇胺的合成是以 CDP－乙醇胺代替 CDP－胆碱（图 13－10）。

（3）磷脂酰丝氨酸的生物合成　磷脂酰乙醇胺的乙醇氨基被丝氨酸取代后即得磷脂酰丝氨酸，故其合成途径基本与磷脂酰乙醇胺相同（图 13－11）。

在有些细菌体中还可由磷脂酸开始按照下列途径合成磷脂酰丝氨酸。

（4）磷脂酰肌醇及双磷脂酰甘油的生物合成　磷脂酰肌醇的生物合成途径亦与磷脂酰胆碱的合成途径相似。磷脂酰肌醇与双磷脂酰甘油的生物合成途径前两步完全相同（图 13－12）。

HO—CH₂—CH₂—NH₂ （乙醇胺）

乙醇胺激酶

ATP

ADP

O—P—O—CH₂—CH₂—NH₂ （磷酸乙醇胺）

CTP

磷酸乙醇胺胞苷酸转移酶

PPi

胞苷—P—O—P—O—CH₂—CH₂—NH₂

CDP–乙醇胺
（胞苷二磷酸–乙醇胺）

二酰甘油

磷酸乙醇胺转移酶

CMP

磷脂酰乙醇胺   乙醇胺

图 13 – 10   磷脂酰乙醇胺的生物合成途径

磷脂酰乙醇胺（乙醇胺磷脂）

乙醇胺、丝氨酸
交换的酶促反应

HO—CH₂—CH—COO⁻   （丝氨酸）
             |
            NH₃⁺

丝氨酸

图 13 – 11   磷脂酰丝氨酸的生物合成途径

图 13-12 磷脂酰肌醇及双磷脂酰甘油的生物合成途径

（5）醚磷脂与缩醛磷脂的生物合成　　在结构上，醚磷脂（ether-phospholipid）与缩醛磷脂（plasmalogen）基本相同，惟一的差异为醚磷脂的甘油骨架上 C_1 所带的基团为醚基，而缩醛磷脂甘油骨架 C_1 所带的为缩醛基。

醚磷脂   缩醛磷脂

由于结构上的相同，它们的合成途径也基本相同。醚磷脂 C_1 的支链脱饱和即产生缩醛磷脂，缩醛磷脂实际上可归入醚磷脂一类。

缩醛磷脂有乙醇胺（氨基乙醇）缩醛磷脂及胆碱缩醛磷脂两种，它们的甘油骨架 C_1 上都有一个脂性醛基。结构上的差异仅仅是前者甘油骨架 C_3 上与磷酸连接的基团为乙醇胺，而后者为胆碱。它们的合成途径基本相同，现以乙醇胺缩醛磷脂为例，并说明其与醚磷脂的关系。乙醇胺缩醛磷脂（ethanolamine plasmalogen）的合成反应分 7 步（图 13-13）。

图 13-13 乙醇胺缩醛磷脂的生物合成途径

参加各反应的酶见表 13-3。

表 13-3 参加乙醇胺缩醛磷脂生物合成的反应和酶

反应步骤	化学反应	参加反应的酶
1	酰基化	酰基化酶（acylase）
2	羧基醇基交换	未知
3	2 位酮基还原成羟基	1-烷基-sn-甘油-3-磷酸脱氢酶（1-alkyl-sn-glycerol-3-phosphate dehydrogenase）
4	C_2-羟基酰基化	酰基 CoA：1-烷基-sn-甘油-磷酸酰基转移酶（acyl-CoA：1-alkyl-sn-glycerol-3-phosphate acyl transferase）
5	磷酸基水解	1-烷基-2-酰基-sn-甘油-3-磷酸磷酸酶（1-alkyl-2-acyl-sn-glycerol-3-phosphate phosphatase）
6	C_3-羟基被磷酸乙醇胺取代	CDP-乙醇胺-1-烷基-2-酰基-sn-甘油磷酸乙醇胺转移酶（CDP-ethanolamine-1-alkyl-2-acyl-sn-glycerol-phosphate ethanolamine transferase）

反应步骤	化学反应	参加反应的酶
7	C_1 的烷基脱氢产生双键成乙醇胺缩醛磷脂	1 – 烷基 –2 – 酰基 – sn – 甘油磷酸乙醇胺脱饱和酶（1 – alkyl – 2 – acyl – sn – glycerol – phosphoethanolamine desaturase）

从甘油醇磷脂的合成可看出，磷脂酸是合成脂肪和甘油醇磷脂的共同中间物。通过磷脂酸沟通了脂肪代谢和甘油醇磷脂代谢，所以磷脂酸是脂肪代谢和磷脂代谢的枢纽物质。若磷脂酸用于合成脂肪，脂肪合成的速率增加，而甘油醇磷脂合成的速率下降；反之，若磷脂酸用于合成甘油醇磷脂，甘油醇磷脂合成的速率增加，而脂肪合成的速率下降。

2. 鞘氨醇磷脂的生物合成　鞘氨醇磷脂如鞘磷脂在动物体中，可从棕榈酸开始经一系列反应形成鞘氨醇（sphingosine 或 sphingenine），再经同长链脂酰 CoA 和 CDP – 胆碱作用即生成鞘磷脂。鞘磷脂（sphingomyelin）的生物合成途径可简示如下。

棕榈酰 CoA　　　丝氨酸　CO_2+HSCoA　　　①　　　　3-酮基二氢鞘氨醇　　　NADPH　NADP$^+$　②

二氢鞘氨醇　　FAD　FADH$_2$　③　　　鞘氨醇　　脂酰 CoA　HSCoA　④　　　神经酰胺

神经酰胺　　CDP-胆碱　CMP　⑤　　　鞘磷脂

上述鞘磷脂合成的化学反应过程如图 13 – 14 所示。

图 13 – 14　鞘磷脂的合成

各种磷脂的合成途径总结见图 13 – 15。

图 13 – 15　各种磷脂生物合成途径

二、糖脂的生物合成

糖脂分子含半乳糖、鞘氨醇和脂肪酸，大部分存在于大脑神经鞘和神经细胞中，肝及其他组织也含少量糖脂。

鞘氨醇是合成神经酰胺糖脂（即 N – 酰基鞘氨醇糖脂）的基本物质，UDP – 糖是输入糖基的关键物质。在机体中鞘氨醇可由棕榈酰 CoA 与丝氨酸缩合而成。鞘氨醇与脂酰 CoA 作用产生神经酰胺，后者与 UDP – 糖作用即得脑苷脂和神经节苷脂。这一系列反应如图 13 – 16所示。

三、胆固醇的生物合成

人体内的胆固醇，一部分是来自动物性食物，称为外源性胆固醇，另一部分是由体内各组织细胞合成的，称为内源性胆固醇。胆固醇既是细胞膜及血浆脂蛋白的重要成分，又是类固醇激素、胆汁酸及维生素 D 的前体。

（一）合成的部位

除成年动物脑组织及成熟红细胞外，几乎机体各组织均可合成胆固醇，每天合成量在1g 左右。肝脏是合成胆固醇的主要场所，体内胆固醇的 70% ～80% 是由肝脏合成，10% 由小肠合成。

胆固醇合成酶系存在于细胞质及滑面内质网膜上，因此，胆固醇的合成主要在细胞质及内质网中进行。

$$棕榈酰CoA（十六碳酰CoA）+ 丝氨酸 \xrightarrow[合成酶]{H^+ \quad HSCoA+CO_2} 3-酮基二氢鞘氨醇 \xrightarrow[还原酶]{NADPH+H^+ \quad NADP^+}$$

二氢鞘氨醇 $\xrightarrow[]{FAD \quad FADH_2}$ 鞘氨醇 $\xrightarrow[鞘氨醇酰基转移酶]{脂酰CoA \quad HSCoA}$

神经酰胺(N-脂酰鞘氨醇) $\xrightarrow[]{UDP-糖 \quad UDP}$ 脑苷脂

神经节苷脂（神经酰胺基）

$$CH_3(CH_2)_{12}-C=C-C-C-CH_2-O-葡萄糖 \quad 半乳糖-N-乙酰神经氨酸（唾液酸）$$
$$H \quad OH \quad NH-CO-R \quad N-乙酰半乳糖胺 \quad 半乳糖$$

活性糖

图 13-16　糖脂的生物合成

（二）合成的原料

乙酰 CoA 是体内合成胆固醇的原料。用 ^{14}C 及 ^{13}C 标记的甲基碳及羧基碳，与肝脏切片在体外保温证明：乙基分子中的 2 个碳原子均参与构成胆固醇，是合成胆固醇的惟一碳源。

乙酰 CoA 是葡萄糖、脂肪酸及氨基酸在细胞线粒体内分解代谢的产物，乙酰 CoA 不能通过线粒体内膜，首先需在线粒体内与草酰乙酸缩合成柠檬酸，后者通过线粒体内膜的载体进入胞质；然后柠檬酸在裂解酶的催化下，裂解生成乙酰 CoA 作为合成胆固醇的原料。每转运 1 分子乙酰 CoA，由柠檬酸裂解成乙酰 CoA 时，需要消耗 1 分子 ATP。此外，在胆固醇合成时，还需要大量的 $NADPH + H^+$ 以及 ATP 供给还原反应所需要的氢及能量。每合成 1 分子胆固醇需 18 分子乙酰 CoA、36 分子 ATP 及 10 分子 $NADPH + H^+$。乙酰 CoA 及 ATP，主要来自线粒体中糖的有氧氧化及脂肪酸的 β – 氧化，而 $NADPH + H^+$ 主要来自胞质中的戊糖磷酸途径。

（三）合成的基本过程

胆固醇合成过程极其复杂，有将近 30 步酶促反应，大致可分为三个阶段：①甲羟戊酸（mevalonic acid，MVA）的合成；②鲨烯（squalene）的合成；③胆固醇的合成。

1. 甲羟戊酸的合成　在胞质中，2 分子乙酰 CoA，首先缩合成乙酰乙酰 CoA，再与另一分子乙酰 CoA，缩合成 β – 羟基 – β – 甲基戊二酸单酰 CoA（β – hydroxy – β – methylglutaryl CoA，HMG – CoA），HMG – CoA 是合成胆固醇和酮体的重要中间产物。在线粒体中，3 分子乙酰 CoA 缩合成 HMG – CoA，裂解后生成酮体；而在胞质中，生成的 HMG – CoA 则在内质网 HMG – CoA 还原酶（HMG – CoA reductase）的催化下，由 $NADPH + H^+$ 供氢，还原生成甲羟戊酸（MVA）。HMG – CoA 还原酶是合成胆固醇的限速酶，因此，这步反应也是胆固醇生物合成的限速步骤。

2. 鲨烯的合成　MVA（6C 化合物）与 2 分子 ATP 作用，生成 5 – 焦磷酸甲羟戊酸，在与 ATP 作用的同时，5 – 焦磷酸甲羟戊酸脱去 CO_2 和 H_2O，生成活泼的异戊烯醇焦磷酸酯（Δ^3 – isopentenyl pyrophosphate，IPP）（5C 化合物）。IPP 异构化生成二甲基丙烯焦磷酸酯（DPP），而后 IPP 和二甲基丙烯焦磷酸酯合成二甲基辛二烯醇焦磷酸酯（GPP），GPP 与另 1 分子 IPP 缩合成三甲基十二碳三烯醇焦磷酸酯，又称法尼酯焦磷酸 [farnesyl pyrophosphate，FPP（15C 化合物）]。由 2 分子 FPP 脱去 2 分子焦磷酸，再缩合、还原生成鲨烯（30C 化合物）。

3. 胆固醇的合成　鲨烯为含 30 个碳原子的多烯烃，具有与胆固醇母核相近似的结构。鲨烯结合在胞质中固醇载体蛋白（sterol carrier protein，SCP）上，经内质网单加氧酶、环化酶等作用，环化生成羊毛固醇。后者再经氧化、脱羧、还原等反应，以 CO_2 形式脱去 3 个碳原子，生成 27 个碳原子的胆固醇。全部合成途径可总结如图 13 – 17 所示。

乙酰 CoA　　　　乙酰乙酰 CoA　　　β–羟基–β–甲基戊二酸单酰 CoA　　　二羟甲基戊酸

二羟甲基戊酸　　　　　5-磷酸二羟甲基戊酸　　　　　5-焦磷酸二羟甲基戊酸

3,3-二甲基丙
烯焦磷酸酯　　　　　异戊烯醇焦磷酸酯

牻牛儿焦磷酸酯　　　　　　　　法尼焦磷酸酯

鲨烯

鲨烯-2,3-环氧化物　　　　　　　羊毛脂固醇

↓ -3CH₃
↓ Δ⁸,⁹ → Δ⁵,⁶
↓ +2H

胆固醇

图 13-17　胆固醇的生物合成途径

（四）合成的调节

在胆固醇生物合成过程中，HMG‑CoA 还原酶是胆固醇合成的限速酶，对调节胆固醇的合成具有重要意义，各种因素对胆固醇合成的调节，主要是通过对 HMG‑CoA 还原酶活性的影响来实现的。

当摄入高胆固醇的食物后，肝脏中胆固醇含量升高时，可反馈抑制 HMG‑CoA 还原酶的活性，从而影响肝脏中胆固醇的合成速率。动物实验发现，大鼠肝脏合成胆固醇具有昼夜节律性，午夜时合成最高，中午时合成最低。胆固醇合成的周期节律，是 HMG‑CoA 还原酶活性周期性改变的结果，胆固醇合成速率昼夜之间，可相差 4～5 倍之多。

HMG‑CoA 还原酶存在于肝脏、肠及其他组织细胞的内质网，由 887 个氨基酸残基组成的糖蛋白，相对分子质量 97 000。在 ATP 协同下，胞质中的依赖于 cAMP 的蛋白激酶催化 HMG‑CoA 还原酶进行磷酸化而使其丧失活性；胞质中的磷酸化蛋白磷酸二酯酶，催化磷酸化的 HMG‑CoA 还原酶脱磷酸而恢复酶活性。某些多肽激素，如胰高血糖素能快速抑制 HMG‑CoA 还原酶的活性，从而抑制胆固醇的合成速率；甲状腺素除能促进 HMG‑CoA 还原酶的合成外，同时又促进胆固醇在肝脏内转变为胆汁酸，且后者作用较前者强，总的结果是使血浆胆固醇水平降低。

胆固醇的生物合成速率还受一种固醇载体蛋白的控制，它可与鲨烯结合成水溶性中间产物，促进下一步酶催化反应的进行，从而有利于胆固醇的合成。肝脏中胆固醇的合成速率还受脂肪代谢的影响，当脂肪动员加强，不仅血中三酰甘油可升高，胆固醇的合成速率也明显增强。

依据 HMG‑CoA 还原酶是胆固醇生物合成的限速酶，在新的降血脂药物开发上，选择 HMG‑CoA 还原酶抑制剂，其中于 20 世纪 80 年代后期相继在国内外上市的药品有洛伐他汀（Lovastatin）、普伐他汀（Pravastatin）及塞伐他汀（Simvastatin）等。它们抑制肝脏胆固醇的合成，可降低总胆固醇，临床上用于治疗高胆固醇血症。

四、类二十烷酸的生物合成

类二十烷酸家族化合物，主要包括前列腺素（prostaglandins，PG）、凝血噁烷（thromboxane，TX）、白三烯（leukotriene，LT）和脂氧素（lipoxin，LX），统称为前列腺素类。哺乳动物体内绝大多数组织，都能以花生四烯酸或其他二十碳多不饱和脂肪酸作为初始原料，合成前列腺素类化合物。这类化合物不能贮存在细胞中，也不能随血液循环而转移，但作为一个大家族的化学信号分子，能够使机体产生各种生理效应。

自花生四烯酸及以下的类二十烷酸化合物的合成路线，根据其产物的结构，可分为两条途经：一是环加氧酶途径（cyclooxygenase pathway）；二是脂加氧酶途径（linear lipoxygenase pathway）。前者的产物为前列腺素及其衍生物和凝血噁烷等化合物，它们都含有五元环；后者的产物是线形的白三烯类、脂氧素等，分别为含有三个双键的三烯、四个双键的四烯一类化合物。

（一）类二十烷酸生物合成前体

花生四烯酸或其他二十碳多不饱和脂肪酸是类二十烷酸化合物合成的前体，而这些前体是磷脂复合物中的一部分，贮存于生物膜中。机体需要这些前体时，经专一的磷脂酶 A_2 的催化作用，从磷脂复合物释出。此外，在磷脂酰肌醇专一的磷脂酶 C 的作用下，磷脂酰肌醇可降解产生二酰甘油及磷酸肌醇。二酰甘油又在二酰甘油脂肪酶（diacylglycerol lipase）

的催化下水解，产生花生四烯酸和单酰甘油。二酰甘油还可经二酰甘油激酶（diacylglycerol kinase）催化，生成磷脂酸（phosphatidic acid，PA），再通过磷脂酶 A_2 作用，产生花生四烯酸。磷脂酶 A_2 的催化作用所释放出花生四烯酸的反应，是类二十烷酸化合物生物合成途径的限速步骤。血管紧张肽 II、凝血酶、缓激肽等化合物，可以促进花生四烯酸的生成量；而抗炎类皮质类固醇，则减缓花生四烯酸的生成。

（二）前列腺素和凝血噁烷的生物合成

1. 前列腺素 H_2 的生物合成　前列腺素和凝血噁烷生物合成的关键是花生四烯酸的氧化和成环，产物依次为 PGG_2 和 PGH_2（前列腺素 G_2 及前列腺素 H_2），上述反应由内质网膜结合的双功能酶——环加氧酶催化实现，此酶也称前列腺素内过氧化物还原酶。该酶被称为"双功能酶"，是由于它具有环加氧酶（cyclooxygenase）和过氧化物酶（peroxidase）两种活性。

在环加氧酶的作用下，花生四烯酸依次转变 PGG_2 及 PGH_2，PGH_2 又是其他前列腺素及凝血噁烷合成的前体。环加氧酶具有很独特的酶学性质，它可以催化"自我毁灭"或称"自杀性反应"，大约在对 400 个底物进行催化作用后，环加氧酶就不可逆地失活，而且这种"自我毁灭"的性质，在"体内"和"体外"实验均能体现。

环加氧酶催化花生四烯酸依次转变 PGG_2 及 PGH_2 反应的速率，可被消炎药物阿司匹林（乙酰水杨酸）、吲哚美辛（消炎痛）、对乙酰氨基酚（醋氨酚）等化合物抑制。阿司匹林对环加氧酶活性的抑制作用是不可逆的，这种不可逆抑制作用，是阿司匹林分子中的乙酰基与环加氧酶分子的活性必需基团共价结合，也就是说，阿司匹林使环加氧酶分子活性必需基团乙酰化，导致酶分子不可逆失活。环加氧酶的失活，直接导致 PGH_2 生成量的减少，从而引起其他一些前列腺素（如 PGE_2、$PGF\alpha$）、前列环素（PGI_2）和凝血噁烷（如 TXA_2、TXB_2）的合成受到抑制。其他非类固醇抗炎药物，也可以抑制环加氧酶活性，但与阿司匹林不同，它们是以非共价键形式与酶分子结合。

2. 前列腺素和凝血噁烷的生物合成　花生四烯酸经环加氧酶催化，依次转变为 PGG_2 及 PGH_2 后，PGH_2 经过一个异构化反应，其环戊烷环 9 位和 11 位碳原子所连接的双氧键断开，9 位碳原子的氧形成酮，而 11 位碳原子的氧形成羟基，使 PGH_2 形成 PGE_2。PGH_2 过氧化结构的两个氧，分别被还原成两个羟基而形成 $PGF_{2\alpha}$。前列环素合成酶催化 PGH_2 转化为前列环素（PGI_2），PGI_2 含有一个新的含氧五元环，这个反应是 9 位碳原子的氧与 6 位碳原子间形成醚键；PGI_2 可以水解形成 6 – 酮 – $PGF_{1\alpha}$。在凝血噁烷合成酶（thromboxane）的催化下，PGH_2 环戊烷环 9 位与 11 位碳原子间形成醚键（环氧结构），11 位碳原子与 12 位碳原子间形成醚键，从而形成凝血噁烷 A_2（TXA_2）；凝血噁烷 A_2 水解，9、11 位碳原子的环氧结构转化为两个羟基，形成凝血噁烷 B_2（TXB_4）。前列腺素和凝血噁烷合成过程如图 13 – 18 所示。

图 13 – 18　前列腺素和凝血噁烷合成过程

（三）白三烯的生物合成

白三烯的生物合成也是从花生四烯酸开始，详细过程见第十五章第二节四、脂肪族激素合成。

第四节　脂质代谢的调节

脂质代谢也受神经和激素控制。据动物实验结果，切除大脑半球的小狗，其肌肉及骨中的脂肪含量均减少，但肝脂略有增加，肝胆固醇亦显著增加，说明大脑在调节脂质代谢上具有重要意义，视丘下部亦与脂代谢有关，因为动物视丘下部受伤可使动物肥胖。

激素对脂质代谢的调节更为显见，如果因胰岛功能失调，糖代谢受到抑制，则脂肪（脂肪酸）代谢即同时受阻。肾上腺素、生长激素、ACTH、甲状腺素和性激素有促进储脂动员和氧化的作用，胰岛素可抑制脂肪分解。激素分泌反常即会导致脂质代谢障碍，例如性腺萎缩或摘除即能引起肥胖，有些人在中年以后往往发胖，也是由于性腺激素及某些激素（如甲状腺素、垂体激素等）分泌减退所引起。

一、脂肪酸生物合成的调节

在脂肪酸生物合成中，乙酰CoA与草酰乙酸合成柠檬酸再进入胞质溶胶是合成脂肪酸的第一个关键步骤。由乙酰CoA羧化酶催化形成丙二酸单酰CoA的反应是脂肪酸合成的第二个关键反应，是脂肪酸合成的限速步骤。调节脂肪酸合成的关键酶是乙酰CoA羧化酶，它是脂肪酸合成的限速酶。它的活性受到别构调节、磷酸化和脱磷酸化以及激素的调节。此外，脂肪酸的合成还受到代谢物的调节。

1. 别构调节　真核生物中的乙酰CoA羧化酶有两种存在形式：一种是无活性的单体，另一种是有活性的多聚体，它们之间的互变是别构调节。

柠檬酸是关键的别构激活剂，它使平衡点偏向活性的多聚体形式。当细胞处于高能荷状态，乙酰CoA和ATP含量丰富时，可抑制异柠檬酸脱氢酶的活性，使柠檬酸浓度升高，从而激活了乙酰CoA羧化酶，使丙二酸单酰CoA的产量增加，加速了脂肪酸的合成。异柠檬酸也是乙酰CoA羧化酶的别构激活剂，可加速脂肪酸合成。而脂肪酸合成的终产物棕榈酰CoA及其他长链脂酰CoA是别构抑制剂，可抑制单体的聚合，抑制乙酰CoA羧化酶的活性，从而抑制脂肪酸的合成。棕榈酰CoA是脂肪酸合成的产物，它对乙酰CoA羧化酶的抑制是一种反馈抑制。此外，棕榈酰CoA还能抑制柠檬酸从线粒体进入细胞质及抑制NADPH的产生。

$$\underset{\text{（无活性）}}{\underset{\text{单体}}{\text{乙酰CoA羧化酶}}} \underset{\text{棕榈酰CoA、长链脂酰CoA}}{\overset{\text{柠檬酸、异柠檬酸}}{\rightleftharpoons}} \underset{\text{（有活性）}}{\underset{\text{多聚体}}{\text{乙酰CoA羧化酶}}}$$

在 *E. Coli* 和其他细菌中，乙酰CoA羧化酶不受柠檬酸的调控，而鸟苷酸可调控乙酰CoA羧化酶中的羧基转移酶。

2. 磷酸化/脱磷酸化调节　乙酰CoA羧化酶被一种依赖于AMP（而不是cAMP）的蛋白激酶磷酸化而失活。每个乙酰CoA羧化酶单体上至少存在6个可磷酸化部位，但目前认为只有其第79位Ser的磷酸化与酶活性有关。蛋白质磷酸酶可使无活性的乙酰CoA羧化酶的磷酸基移去，从而使它恢复活性（图13-19）。因此，当细胞的能荷低时（即AMP : ATP的值高时），脂肪酸合成被阻断。

图 13 – 19 乙酰 CoA 羧化酶的磷酸化/脱磷酸化调节

细菌中的乙酰 CoA 羧化酶不受磷酸化/脱磷酸化的调节。

3. 激素的调控 乙酰 CoA 羧化酶还受激素的调控，参与脂肪酸合成调节的激素主要有胰高血糖素、肾上腺素和胰岛素。当需能时，胰高血糖素和肾上腺素使细胞内 cAMP 含量升高，激活依赖于 cAMP 的蛋白激酶，促使乙酰 CoA 羧化酶第 79 位 Ser 的磷酸化，抑制了乙酰 CoA 羧化酶，从而抑制脂肪酸的合成。在饱食状况下，当高血糖时，胰岛素通过活化蛋白质磷酸酶，使磷酸化的乙酰 CoA 羧化酶脱磷酸而活化乙酰 CoA 羧化酶，同时还能诱导乙酰 CoA 羧化酶、脂肪酸合酶、柠檬酸裂解酶等的合成，故胰岛素可促进脂肪酸的合成。

4. 代谢物的调节 当体内的糖分充足而脂肪酸水平低时，对脂肪酸合成最有利。进食糖类物质，糖代谢加强，有利于脂肪酸合成。这是因为糖代谢加强时，脂肪酸合成的原料乙酰 CoA 及 NADPH 供应增多，同时细胞内 ATP 增多可抑制异柠檬酸脱氢酶的活性，造成异柠檬酸及柠檬酸增多，透出线粒体，可别构激活乙酰 CoA 羧化酶，故促进脂肪酸合成。当进高脂肪食物或饥饿而脂肪动员加强时，细胞内脂酰 CoA 增多，可别构抑制乙酰 CoA 羧化酶的活性，故脂肪酸的合成被抑制。

二、胆固醇生物合成的调节

合成胆固醇的主要场所是在肝，在胆固醇的生物合成反应中，由 HMG – CoA 到 MVA 和鲨烯环化两步反应都是调节点，但由 HMG – CoA 到 MVA 是合成胆固醇的关键一步，催化这反应的酶即 HMG – CoA 还原酶是胆固醇生物合成中的限速酶。它是由 887 个氨基酸残基构成的糖蛋白，相对分子质量为 97 000。

HMG – CoA 还原酶的合成和活性受多种因素的影响，分述如下。

（1）胆固醇 当细胞内胆固醇浓度高时，就反馈抑制了 HMG – CoA 还原酶的合成，HMG – CoA 还原酶的量随之而减少，因而合成胆固醇的速率下降。HMG – CoA 还原酶半衰期很短，2~4 小时，所以在调节上很灵敏。动物饥饿时可使 HMG – CoA 向酮体方面转变，去合成酮体，这样就减少了胆固醇的合成。当进食后，特别是摄取较多的饱和脂肪酸后，能诱导 HMG – CoA 还原酶的合成，使胆固醇合成增加。

（2）酶的磷酸化和脱磷酸化 HMG – CoA 还原酶存在有活性和无活性的两种形式，它们之间可相互转化。未修饰的 HMG – CoA 还原酶有活性，而它的磷酸化形式是无活性的。HMG – CoA 还原酶的磷酸化由 HMG – CoA 还原酶激酶催化，它的脱磷酸化由蛋白质磷酸酶（protein phosphatases）催化。

（3）激素 胰岛素能诱导 HMG – CoA 还原酶的合成，因而增加胆固醇的合成。胰高血糖素和糖皮质激素能降低 HMG – CoA 还原酶的活性，因而减少胆固醇的合成。甲状腺素既可促进 HMG – CoA 还原酶的合成，又可使胆固醇转化为胆汁酸，促进胆固醇的排泄，但后者的作用大于前者，因而总的效应是使血浆胆固醇含量下降。

（4）低密度脂蛋白（LDL）受体 细胞膜上的 LDL 受体对抑制胆固醇的生物合成起关

键性作用。含胆固醇及胆固醇酯较多的 LDL 经 LDL 受体接受，带进细胞内并被溶酶体降解，胆固醇酯被水解释放出游离胆固醇，胆固醇对 HMG – CoA 还原酶的合成起抑制作用，因而抑制了胆固醇的合成。

（5）固醇载体蛋白（sterol carrier protein，SCP）　SCP 是一种可溶性蛋白质，它可与鲨烯、羊毛固醇以及胆固醇等不溶于水的中间产物结合，增加其水溶性，并将其携带到微粒体酶系中，促使酶促反应的进行，促进胆固醇的合成。实验发现，成熟红细胞及衰老肝细胞合成胆固醇的能力减弱，若从外部增加 SCP，即能增加胆固醇的合成。

有一些真菌代谢物，对 HMG – CoA 还原酶有竞争性抑制作用，如通常使用洛伐他汀（lovastatin）（它是甲羟戊酸的类似物）来治疗高胆固醇血症（hypercholesterolemia）。此外，应控制饮食，进食低胆固醇食物。

（李　谦）

扫码"练一练"

第十四章 氨基酸、核苷酸及相关物质的生物合成

扫码"学一学"

第一节 氨基酸的生物合成

氨基酸分子内含有氨基，是有机含氮化合物。生物系统中的氨来自大气中的 N_2，将分子氮整合到氨基酸或其他含氮代谢衍生物中是一个非常特殊的复杂的酶系统参与的生化反应过程。N_2 在氮氧化物、氨、含氮的生物分子间的生物循环和返回到 N_2 的过程称为氮循环（nitrogen cycle）。氮循环包括固氮作用、氨基化作用、硝化作用、反硝化作用等多种作用途径，通过氮循环，N_2 转化成简单有机物，再转移到含氮的相对低分子质量代谢物中，最终进入生物大分子中。氮循环中含氮物质的相互转化如图 14-1 所示。

图 14-1 氮循环

（1）通过固氮作用将 N_2 还原为氨。可由工业固氮和生物固氮完成，自然界中由固氮生物固氮酶完成的分子氮向氨转化，约占总固氮的 2/3；由工业合成氨或其他途径合成的氨只有 1/3 左右。在土壤中含量丰富的硝化细菌中进行着氧化氮形成 NO_3^- 的过程，因此土壤中几乎所有氨都转化成了硝酸盐，这个过程称为硝化作用。此外，在土壤中还存在一些能进行反硝化作用的细菌（denitrifying bacteria），在有氧的条件下，将 NO_3^- 作为电子供体，使其从 $NO_3^- \rightarrow NO_2^- \rightarrow NO \rightarrow N_2O$ 逐步还原为 N_2 再返回大气中。植物和微生物可吸收土壤中的 NO_3^-，然后还原形成氨，再经同化作用把无机氮转化为有机氮。

（2）存在于植物和微生物体内的有机氮化合物为动物食物，并在动物体内转变为动物蛋白质和核酸等含氮化合物。

（3）各种动植物尸体及排泄物中的有机氮化物，主要是蛋白质和核酸被各种微生物分解时，以氨的形式释放出来供植物利用，或被氧化成为硝酸盐供植物吸收，或被进一步还原为气态氮返回自然界。这样，在生物界总有机氮和总无机氮形成了一个平衡。

一、生物固氮

（一）生物固氮作用及固氮生物类型

将 N_2 还原为氨称为固氮（nitrogen fixation）。工业固氮是在高温和高压条件下，通过特殊催化剂使 N_2 被 H_2 还原为氨，再作为植物的氮肥。生物固氮是微生物、藻类或与微生物共生的高等植物通过自身的固氮酶复合物把分子 N_2 转变成氨的过程。

能够进行生物固氮作用的微生物主要有两大类：一类是能够独立生存的自生固氮微生物，包括需氧菌（以固氮菌属 *Azotobacter* 为主）、厌氧菌（以梭菌属 *Clostridium* 为主）和蓝藻；另一类是与其他植物共生的共生固氮微生物（symbiotic microrrganism），如与豆科植物共生的根瘤菌，与非豆科植物（如禾本科植物）共生的放线菌，以及与水生蕨类红萍（亦称满江红）共生的蓝藻（鱼腥藻）等，其中以根瘤菌最重要。在根瘤中，植物为固氮菌提供碳源，而细菌利用植物提供的能源固氮，形成一个很好的互得共生体系。

（二）固氮酶的结构与功能

固氮酶是由两种蛋白质组分组成的活性功能单位，一种是由两个相同亚基组成的二聚体铁蛋白，依靠其铁硫中心（Fe_4S_4）传递电子，起还原酶作用；另一种是由两种不同的亚基组成的四聚体（$\alpha_2\beta_2$），因其分子中含有金属元素钼和铁，故称作钼铁蛋白，起还原 N_2 作用。由 N_2 到 NH_3 的还原过程需要 6 个电子。

由于固氮酶的两个金属蛋白对 O_2 高度敏感，与氧接触就会失活，所以在固氮生物内，固氮酶都是与氧隔绝的。如厌氧菌只有在无氧条件下才能进行固氮，在豆科的根瘤内，豆血红蛋白结合氧并使氧浓度在根瘤菌固氮酶直接作用环境下保持在非常低的水平。

在固氮酶的作用下，N_2 还原为 NH_3，同时 H^+ 也被还原为 H_2。

$$N_2 + 8H^+ + 8e^- + 16ATP \longrightarrow 2NH_3 + H_2 + 16ADP + 16Pi$$

在体外通过固氮酶每转移 1 个电子就有 2 分子的 ATP 转化为 ADP 和 Pi，因此 1 分子 N_2 的 6 个电子（加上 $2H^+$ 还原需要的 2 个电子）还原就要消耗 16 个 ATP。为了获得固氮所需要的还原力和 ATP，共生固氮微生物依赖于与之共生的植物的光合作用。

一般认为固氮过程可分为 3 个步骤，每一步都有两个电子被转移，而且二亚胺和肼可能是维持与酶结合的反应中间物（图 14 – 2）。

$$N\equiv N \xrightarrow{2e^-,\ 2H^+} [HN\!\!=\!\!NH] \xrightarrow{2e^-,\ 2H^+} H_2N\!\!-\!\!NH_2 \xrightarrow{2e^-,\ 2H^+} 2NH_3$$

分子氮　　　　二亚胺　　　　　肼　　　　　氨

图 14 – 2　固氮反应过程

根瘤菌的固氮过程如图 14 – 3 所示。根瘤菌的固氮酶与常见的固氮酶一样，都由钼铁蛋白和铁蛋白组成，由 *nif HDK* 基因编码。其中 *nifK* 和 *nifD* 是钼铁蛋白 α 和 β 亚基的结构基因，*nifH* 是铁蛋白的结构基因。钼铁蛋白相对分子质量分别为 51 000 和 80 000 的 2 个 α 亚基和 β 亚基组成的四聚体（$\alpha_2\beta_2$），相对分子质量为 220 000 ~ 245 000。柱孢鱼腥藻的 α、β 亚基及巴氏梭菌的 α 亚基的全部氨基酸顺序已经分别由 *nifD* 和 *nifK* 基因的序列推断获得。不同固氮生物的钼铁蛋白的氨基酸顺序有 47% ~ 66% 同源。铁蛋白相对分子质量为 59 000 ~ 73 000，由两个相对分子质量同为 30 000 的亚基（γ_2）组成。大豆根瘤菌、三叶草根瘤菌以及 *Paraasponia* 根瘤菌铁蛋白的氨基酸顺序也经 *nifH* 基因推算出来。所有这些根瘤菌的铁蛋白都不含色氨酸，一级结构也非常相似。

图 14 – 3　根瘤菌固氮过程

1980 年，有人从棕色固氮菌中发现了由钒铁蛋白和铁蛋白组成的固氮系统，称之为第二套固氮系统。近年，在棕色固氮菌中发现了不含钼和钒的第三套系统，它也是一种双蛋白质系统。

（三）生物固氮的基因工程

生物固氮的基因工程主要有两个研究目标：①把非豆科作物，尤其是禾谷类作物转变成固氮作物；②提高现有固氮作物的固氮能力。

1. 把非豆科植物转变为固氮作物　应用基因工程技术使非豆科植物转为固氮作物，有三种主要途径。

（1）将豆科植物结瘤基因导入其他作物细胞，使之能够对固氮菌的感染做出恰当反应。

（2）改造根瘤菌的基因结构，使它能够与非豆科作物的根结合并形成根瘤，从而使非固氮作物获得固氮能力，也就是扩大根瘤菌的寄主范围。

（3）直接把固氮基因导入非豆科植物。

2. 提高现有固氮作物的固氮能力　应用基因工程技术提高固氮作物的固氮能力主要有两个方面的研究。

（1）将固氮效率高的大豆根瘤菌基因簇导入高结瘤能力的大豆根瘤中。

（2）将外源共生基因导入豆科作物根瘤菌，提高其结瘤或固氮能力。

3. 培育具有抗药基因的根瘤菌　福美双是农用杀菌剂，研究发现接种抗福美双的根瘤菌可以大幅度提高结瘤率，因此克隆抗福美双的基因并将其导入根瘤菌使根瘤菌获得对福美双的抗性，从而有利其提高固氮效率。

二、氨载体的生物合成

氨载体有谷氨酸和谷氨酰胺。

（一）谷氨酸的生物合成

在植物和动物中，α – 酮戊二酸经谷氨酸脱氢酶催化，可以与 NH_4^+ 生成谷氨酸。谷氨酸脱氢酶的辅酶是 NADH 或 NADPH。谷氨酸合成反应式如下。

$\alpha-$酮戊二酸   L-谷氨酸

（二）谷氨酰胺的生物合成

另一个氨的重要载体是谷氨酰胺，经谷氨酰胺合成酶（glutamine synthetase）催化氨整合到谷氨酰胺中。

谷氨酸 + NH₃ → 谷氨酰胺（谷氨酰胺合成酶，ATP → ADP+Pi）

在许多生物合成反应中，谷氨酰胺是氮的供体，例如谷氨酰胺的酰胺氮是核苷酸中嘌呤和嘧啶环的几个氮原子的供体。谷氨酰胺在哺乳动物中有着特殊的作用，它可以将许多组织中生成的氨基转移到肝脏，经尿素循环将有毒的 NH_3 排出体外。在哺乳动物中，谷氨酰胺主要是在肌肉中合成，然后经循环系统转运到其他组织，如肝脏和肾脏。

谷氨酰胺的生成不仅是解氨毒的重要方式，也是体内氨的运输和贮存形式。

三、脂肪族、芳香族氨基酸及组氨酸的生物合成

（一）氨基酸生物合成途径类型与转氨基作用

不同生物体内氨基酸的生物合成途径很不相同，而且往往同种生物的不同器官也有差异。然而，它们都有重要的共同特点：氨基通常来源于谷氨酸的转氨基作用，碳骨架来自糖酵解、三羧酸循环、戊糖磷酸途径的中间产物。也就是说，氨基酸通常是首先合成出 $\alpha-$酮酸碳骨架，然后由其相对应的 $\alpha-$酮酸与谷氨酸发生转氨反应而生成。氨基酸可根据它们的碳架来源可划分为 6 组生物合成家族（图 14-4）。每一族内的几种氨基酸有共同的碳架来源。

图 14-4　氨基酸生物合成途径的 6 组碳架来源类型

（二）脂肪族氨基酸的生物合成

1. 谷氨酸族氨基酸的生物合成　该族氨基酸碳骨架为 α – 酮戊二酸。α – 酮戊二酸合成谷氨酸，再以谷氨酸为前体合成谷氨酰胺、脯氨酸和精氨酸。

（1）脯氨酸的生物合成　脯氨酸生物合成的直接前体是谷氨酸。由谷氨酸转化为脯氨酸需要经过活化、还原、脱水、再还原等 4 步生物化学反应。首先，在谷氨酸激酶的催化下由 ATP 提供能量使谷氨酸的 γ – 羧基活化，形成 γ – 谷氨酰磷酸；其次，在谷氨酸 – γ – 半醛脱氢酶的催化下由 NADPH 提供还原力，γ – 谷氨酰磷酸还原为 L – 谷氨酸 – γ – 半醛，L – 谷氨酸 – γ – 半醛很不稳定，易自发脱水环化形成 Δ^1 – 二氢吡咯 –5 – 羧酸；最后 Δ^1 – 二氢吡咯 –5 – 羧酸在 Δ^1 – 二氢吡咯 –5 – 羧酸还原酶的催化下由 DADPH 提供还原力，Δ^1 – 二氢吡咯 –5 – 羧酸被还原为脯氨酸。（图 14 –5）

图 14 – 5　脯氨酸的生物合成

（2）精氨酸的生物合成　精氨酸的生物合成与脯氨酸类似，其直接前体亦是谷氨酸，也要经过活化、还原、脱水等化学反应。但精氨酸的生物合成比脯氨酸复杂，因为由谷氨酸转变为精氨酸需要延长碳链（谷氨酸分子中有 5 个碳原子，精氨酸分子中有的 6 个碳原子），而且为了防止发生环化反应，谷氨酸的 α – 氨基需乙酰化使之受到保护。

谷氨酸先在 N – 乙酰谷氨酸合酶的催化下，与 1 分子乙酰辅酶 A 反应生成 N – 乙酰谷氨酸；接着在 N – 乙酰谷氨酸激酶的作用下，由 ATP 供能使 N – 乙酰谷氨酸活化形成 N – 乙酰谷氨酸 – γ – 磷酸，再经以 NAPDH 为辅酶的 N – 乙酰谷氨酸 – γ – 半醛脱氢酶作用被还原为 N – 乙酰谷氨酸 – γ – 半醛，经氨基转移酶作用，自谷氨酸分子转移一个 α – 氨基，形成 α – N – 乙酰鸟氨酸，经酶促脱去乙酰基形成 L – 鸟氨酸。接受由鸟氨酸转氨甲酰酶催化，自氨甲酰磷酸转移的氨甲酰基先形成 L – 瓜氨酸，L – 瓜氨酸在合成酶的催化下，与 L – 天冬氨酸结合，形成精氨基琥珀酸（惯称精氨酸代琥珀酸），后者在裂解酶的作用下，形成精氨酸。（图 14 –6）

2. 天冬氨酸族氨基酸的生物合成　该族氨基酸包括天冬氨酸、天冬酰胺、甲硫氨酸、苏氨酸、赖氨酸、异亮氨酸等 6 种。其碳骨架为柠檬酸循环的中间产物草酰乙酸。天冬氨酸的生物合成相当简单，草酰乙酸只要经一次转氨作用即可转化为天冬氨酸。

天冬氨酸的 β – 羧基被氨基化就形成天冬酰胺。天冬酰胺的生物合成与谷氨酰胺类似，在天冬酰胺合成酶的催化下，由谷氨酰胺提供氨基，通过水解 ATP 分子中的两个高能磷酸键提供能量推动天冬氨酸的 β – 羧基氨基化而形成天冬酰胺（在细菌中天冬氨酸直接与 NH_4^+ 作用而被氨基化）。

$$\text{天冬氨酸+ATP+谷氨酰胺} \xrightarrow{\text{天冬酰胺合成酶}} \text{天冬酰胺+谷氨酸+AMP+PPi}$$

图 14-6 精氨酸的生物合成

（1）赖氨酸的生物合成　赖氨酸的生物合成是以天冬氨酸为原料，经天冬氨酸激酶的活化和还原作用生成 β-天冬氨酸半醛，再经多步反应生成2,6-二氨基庚二酸，最后经脱羧反应生成赖氨酸。（图14-7）

图 14-7 赖氨酸的生物合成

（2）苏氨酸的生物合成（图14-8）

图 14 - 8 苏氨酸的生物合成

（3）异亮氨酸的生物合成（图 14 - 9）

图 14 - 9 异亮氨酸的生物合成

（4）甲硫氨酸的生物合成（图 14 - 10）

图 14 - 10 甲硫氨酸的生物合成

3. 丝氨酸族氨基酸的生物合成 丝氨酸族氨基酸包括甘氨酸、丝氨酸和半胱氨酸。该族氨基酸碳骨架为糖酵解途径的中间产物甘油酸 - 3 - 磷酸。甘油酸 - 3 - 磷酸在甘油酸 - 3 - 磷酸脱氢酶催化下，发生脱氢反应生成 3 - 磷酸羟基丙酮酸，后者与谷氨酸发生转氨基反应生成丝氨酸 - 3 - 磷酸，再经磷酸酯酶的催化脱去磷酸基团而形成丝氨酸。丝氨酸可以反馈抑制甘油酸 - 3 - 磷酸脱氢酶的活性，从而可以控制该合成途径的速率。

在羟甲基转移酶的催化下，丝氨酸分子中的羟甲基转移给四氢叶酸而直接形成甘氨酸和羟甲基四氢叶酸。由丝氨酸形成半胱氨酸伴随着转硫反应。在植物和大多数微生物细胞中，丝氨酸首先在丝氨酸转乙酰基酶的催化下，与 1 分子乙酰 CoA 反应，而被活化为 O -

乙酰丝氨酸（由乙酰 CoA 分子中高能硫酯键提供能量），后者在丝氨酸转乙酰基酶的催化下，与 1 分子 H_2S 作用，脱去乙酰基而形成半胱氨酸。现已发现，在某些细菌中丝氨酸可以直接与 H_2S 作用形成半胱氨酸，该反应依赖磷酸吡哆醛的酶催化。

（1）丝氨酸与甘氨酸的生物合成（图 14-11）

图 14-11　丝氨酸与甘氨酸的生物合成

（2）半胱氨酸的生物合成（图 14-12）

图 14-12　半胱氨酸的生物合成

4. 丙氨酸族氨基酸的生物合成　丙氨酸族氨基酸包括丙氨酸、缬氨酸和亮氨酸。该族氨基酸的糖骨架为丙酮酸。丙酮酸与谷氨酸经氨基转移酶的催化作用发生转氨基作用生成丙氨酸；丙酮酸可合成 α-酮基异己酸再转氨生成亮氨酸。丙氨酸族氨基酸的生物合成途径见图 14-13。

（三）芳香族氨基酸的生物合成

芳香族氨基酸包括苯丙氨酸、酪氨酸和色氨酸等 3 种。芳香氨基酸的碳骨架来自戊糖磷酸途径的中间产物赤藓糖-4-磷酸和糖酵解的中间产物磷酸烯醇丙酮酸（PEP），二者化合后经几步反应生成莽草酸，由莽草酸可生成芳香族氨基酸和其他多种芳香族化合物，称为莽草酸途径（shikimic acid pathway）（图 14-14）。

图 14 – 13 丙氨酸、缬氨酸和亮氨酸的生物合成

图 14 – 14 芳香族氨基酸的生物合成

动物能利用食物中的苯丙氨酸合成酪氨酸，但本身不能合成苯丙氨酸。植物及某些微生物（如大肠埃希菌及粗链孢霉的几个变种）能合成苯丙氨酸。大肠埃希菌合成苯丙氨酸和酪氨酸的途径基本相同，苯丙氨酸可转变为酪氨酸。由苯丙氨酸转变为酪氨酸只需加上一个羟基（—OH），需要羟化酶催化。

在各反应中分支酸（chorismate）是微生物合成苯丙氨酸和酪氨酸与合成色氨酸的转折点。一方面分支酸可转变为预苯酸进入苯丙氨酸和酪氨酸的途径，另一方面又可转变为邻氨基苯甲酸趋向于色氨酸的合成。预苯酸是微生物合成 L – 苯丙氨酸和 L – 酪氨酸的转折点。预苯酸可以转变为苯丙氨酸，也可转变为 L – 酪氨酸。

由于色氨酸可抑制邻氨基苯甲酸酶的活力，当机体内色氨酸浓度增高时，分支酸向邻氨基苯甲酸转变的速率即减慢，而使分支酸向合成酪氨酸和苯丙氨酸的方向进行。因酪氨酸可抑制预苯酸脱氢酶，苯丙氨酸可抑制预苯酸脱水酶，故当酪氨酸浓度高时反应即受到阻抑；当苯丙氨酸浓度增高时反应合成苯丙氨酸的速率即降低，所以苯丙氨酸、酪氨酸和色氨酸的生物合成可以自由控制。

人及高等动物不能合成色氨酸或不能合成足够维持健康的色氨酸。粗链孢霉及大肠埃希菌可合成。微生物合成色氨酸的途径在形成分支酸之前的一段与芳香族氨基酸的生物合成途径完全相同。在色氨酸生物合成中，分支酸经邻氨基苯甲酸合成酶的催化与 L – 谷氨酰胺作用转变为邻氨基苯甲酸。后者经一系列反应生成吲哚 – 3 – 磷酸甘油。吲哚 – 3 – 磷酸甘油与丝氨酸作用产生 L – 色氨酸。

（四）组氨酸的生物合成

组氨酸的碳骨架为核糖 – 5 – 磷酸，在 PR – ATP 合成酶作用下，ATP 与 PRPP 生成核糖 – 5 – 磷酸 – ATP，再经水解、开环生成磷酸核糖亚氨基甲基咪唑核苷酸，然后通过异构化、转酰氨基、脱水和转氨作用，最后合成了组氨酸，其生物合成途径见图 14 – 15。

图 14 – 15　组氨酸的生物合成

422

第二节　氨基酸衍生物与氨基酸转化的 其他代谢产物的生物合成

多种氨基酸除了作为蛋白质的组成单元外，还可以成为一些重要生物分子的前体。这些分子主要有核苷酸、核苷酸辅酶、血红素、卟啉、肌酸和各种激素、神经介质、氧化氮及谷胱甘肽等。

一、氨基酸衍生物的生物合成

（一）谷胱甘肽的生物合成

谷胱甘肽是一种由谷氨酸、半胱氨酸与甘氨酸组成的三肽（L–γ–谷氨酰–L–半胱氨酰–甘氨酸），结构式如下。

$$\begin{array}{c} \quad\quad\quad\quad\quad\quad\quad O\quad\quad\quad\quad O \\ HOOC-CH-CH_2-CH_2-C-NH-CH-C-NH-CH_2-COOH \\ \quad\quad | \quad\quad\quad\quad\quad\quad\quad\quad\quad\quad\quad | \\ \quad\quad NH_2 \quad\quad\quad\quad\quad\quad\quad\quad CH_2-SH \end{array}$$

谷胱甘肽

生物体内的 L–谷氨酸与 L–半胱氨酸在 γ–谷氨酰半胱氨酸合成酶（γ–Glutamylcysteine synthetase，γ–ECG，E.C.6.3 2.2）的作用下合成 γ–谷氨酰半胱氨酸（γ–Glutamyulcyoteine，γ–ECG），然后在谷胱甘肽合成酶（glutathione synthetase，GSHS，E.C.6.3.2.3）的作用下与甘氨酸反应生成谷胱甘肽。两步反应过程如下。

$$L-Glu+L-Cys \xrightarrow[\gamma-谷氨酰半胱氨酸合成酶]{ATP} L-\gamma-Glu-L-Cys+ADP+Pi$$

$$L-\gamma-Glu-L-Cys+Gly \xrightarrow[谷胱甘肽合成酶]{ATP} L-\gamma-Glu-L-Cys-Gly+ADP+Pi$$

谷胱甘肽含有巯基（—SH），能保护血液中的红细胞不受氧化损伤，维持血红素中半胱氨酸处于还原态。正常情况下，还原型谷胱甘肽（GSH）与氧化型谷胱甘肽（GSSG）之比为 500∶1 以上。在运动细胞中谷胱甘肽的含量很高（约 5mol/L），因此谷胱甘肽可起到巯基"缓冲剂"（sulfhydryl buffer）的作用。

$$\begin{array}{c} \gamma-Glu-Cys-Gly \\ \quad\quad\quad\quad | \\ \quad\quad\quad\quad S \\ \quad\quad\quad\quad | \\ \quad\quad\quad\quad S \\ \quad\quad\quad\quad | \\ \gamma-Glu-Cys-Gly \end{array} + NADPH+H^+ \underset{还原酶}{\overset{谷胱甘肽}{\rightleftharpoons}} 2\,\gamma-Glu-Cys-Gly \begin{array}{c} \\ | \\ SH \end{array} + NADP^+$$

氧化型谷胱甘肽　　　　　　　　　　　还原型谷胱甘肽
（GSSG）　　　　　　　　　　　　　　（GSH）

还原型谷胱甘肽与过氧化氢或其他有机氧化物反应还可起到解毒作用。GSH 可以保护红细胞膜蛋白的完整性。有些人群的红细胞缺乏葡糖–6–磷酸脱氢酶，不能经戊糖磷酸途径得到足够的 NADPH，难使谷胱甘肽保持还原状态，此时红细胞，尤其是较老的红细胞易破裂，发生溶血性黄疸。此症常因食用蚕豆而诱发，故称为蚕豆病。

（二）肌酸的生物合成

肌酸可生成磷酸肌酸，磷酸肌酸含有一个高能磷酸键，是细胞内首先供应 ADP 使之再合成 ATP 的能源物质。在肌肉和神经的贮能中占有重要地位。

肌酸的生物合成由甘氨酸、精氨酸、甲硫氨酸形成，精氨酸提供脒基，甲硫氨酸提供甲基，其合成步骤如图 14 - 16 所示。

图 14 - 16　肌酸的生物合成

（三）D 型氨基酸的形成

许多生物体内既含有 L - 氨基酸，也含有 D - 氨基酸，例如微生物的细胞壁以及许多肽类的抗生素都含有 D - 氨基酸。

D - 氨基酸的来源大多是由 L - 氨基酸通过消旋酶（racemase）的作用形成。D - 氨基酸一旦形成就立即掺入到肽链中。细菌细胞壁的 D - 丙氨酸就是由 L - 丙氨酸经消旋酶作用形成的。丙氨酸消旋酶以磷酸吡哆醛为辅因子。L - 丙氨酸转变为 D - 丙氨酸后，立即形成 D－丙氨酸－D－丙氨酸二肽，消旋酶催化的反应是需能反应。形成的二肽随后即将其 D－氨基酸掺入到细菌细胞壁的肽聚糖（peptidoglycan）分子中。到现在为止，还没有发现一种含 D－氨基酸的肽在其形成时直接以游离的D－氨基酸作为合成肽的底物。

二、氨基酸转化的其他代谢产物的生物合成

（一）一氧化氮的形成

一氧化氮（nitric oxide，NO）已被发现在脊椎动物体内是一种重要的信息分子。它在信号传导过程中起重要作用。它是由精氨酸在一氧化氮合酶（nitric oxide synthase，NOS）催化下形成的，产物是一氧化氮和瓜氨酸。

反应中还原型的 NADPH 和 O_2 都需要，表明一氧化氮合酶可能类似于细胞色素P－450。后者在催化羟基化反应中有活化分子氧的作用。实验证明，一氧化氮合酶的 cDNA 序列自羧基端有一半与细胞色素 P－450 加氧酶（oxygenase）的序列相似。特别是在结合部位，二者都有黄素（flavins）和 NADPH 的结合部位。氧化氮可自由地跨膜扩散。因它非常活跃，其存在时间极短，甚至少于几秒钟。

（二）卟啉和血红素的生物合成

在肌红蛋白、血红蛋白和细胞色素等蛋白质中都含有血红素辅基。血红素辅基在氧的转运、电子传递等过程中起着重要的作用。在哺乳动物中，血红素辅基最初是在骨髓和肝中合成的。血红素的主要结构是卟啉，卟啉是由 4 分子单吡咯（pyrrole）衍生物胆色素原（porphobilinogen）构成的。

卟啉生物合成的第一步是琥珀酰 CoA 的羟基与甘氨酸的 α－碳原子缩合形成δ－氨基乙酰丙酸，然后两分子的δ－氨基乙酰丙酸缩合形成 1 分子的胆色素原。4 分子胆色素原经几步反应转换为尿卟啉原（uroporphyrinogen）。尿卟啉原在酶的催化下经修饰变成原卟啉IX（protoporphyrin IX），最后在铁螯合酶（ferrochelatase）的催化下插入 Fe^{2+}，形成血红素。如果催化血红素生物合成中的一个或几个酶出现遗传缺陷，就会导致卟啉或它的前体的堆积，引起卟啉病（porphyria）。胆色素原和尿卟啉原的生物合成路线如图 14－17 所示。

图中反应流程（化学结构式）：

δ-氨基乙酰丙酸合酶

琥珀酰 CoA + Gly → δ-氨基乙酰丙酸

δ-氨基乙酰丙酸

δ-氨基-γ-酮戊酸（ALA）

胆色素原合酶

4 胆色素原

尿卟啉原Ⅲ
同合酶

$4NH_3$

胆色素原（PBG）

尿卟啉原Ⅲ

图 14 - 17　胆色素原和尿卟啉的生物合成

A：—CH_2—CH_3；P：—CH_2—CH_2—$COOH$

　　在血红素生物合成历程中，δ - 氨基 -γ- 酮戊酸的合成在线粒体中完成。要从线粒体脱出转化为胆色素原（PBG）。在尿卟啉原脱氨酶催化下，4 分子（PBG）缩合脱氨又羧基化生成线型羟基甲基后胆色素原，然后在尿卟啉原Ⅲ同合酶作用下生成尿卟啉原Ⅲ，接着对吡咯环取代基氧化生成原卟啉原Ⅸ，并进一步氧化成原卟啉Ⅳ。这三步反应是伴随反应物又返回线粒体内发生的，在亚铁螯合酶催化下，原卟啉Ⅸ与 Fe^{2+} 离子螯合、生成血红素（图 14 - 18）。

图 14 - 18　血红素的生物合成

V：—CH ＝CH₂（乙烯基）；M：—CH₃（甲基）

（三）胆红素的生物合成

血红素是由 4 个吡咯环连接而成的环形化合物，并螯合 1 个铁离子。血红素由单核 - 吞噬系统细胞微粒体血红素加氧酶（heme oxygenase，HO）的催化，在至少 3 分子氧和 3 分子 NADPH 的存在下，血红素原卟啉Ⅸ环上的 α - 甲炔基（—CH ＝）桥碳原子的两侧氧化断裂，释放出 1 分子一氧化碳（CO）和 Fe^{2+}，并将两端的吡咯环羟化，形成线性四吡咯的水溶性胆绿素。释放的铁进入体内铁代谢池，可供机体再利用。

胆绿素进一步在胞液活性很强的胆绿素还原酶（biliverdin reductase）催化下，从 NADPH 获得两个氢原子，还原生成胆红素（图 14 - 19）。胆红素由 3 个次甲基桥连接的 4 个吡咯环组成，相对分子质量 585。虽然胆红素分子中含有 2 个羟基或酮基、4 个亚氨基和 2 个丙酸基等亲水基团，但由于这些基团可形成 6 个分子内氢键，使胆红素分子形成脊瓦状内旋的刚性折叠结构，从而赋予胆红素亲脂疏水的性质，易自由透过细胞膜进入血液。

胆红素有很强抗氧化性，是制造人工牛黄的重要原料。

（四）胺类分子的生物合成

由氨基酸脱羧可以合成几种神经递质和激素。在脑中，谷氨酸可以转换为 γ - 氨基丁酸（γ - aminobutyric acid，GABA）（图 14 - 20a），它是一种神经递质，由组氨酸合成的组胺控制血管的收缩以及胃分泌盐酸（图 14 - 20b）。

另外，由色氨酸合成的 5 - 羟色胺（5 - hydroxytryptamine）（图 14 - 20c），不仅是神经递质，而且也是某些非神经组织的激素。酪氨酸可转换为多巴胺（dopamine），多巴胺在肾上腺髓质时一步代谢可生成肾上腺素（epinephrine）（图 14 - 20d）。

在脑中，由酪氨酸只能合成到多巴胺这一步。帕金森病与脑中多巴胺的生成减少有关，所以可以用 3,4 - 二羟苯丙氨酸（3,4 - dihydroxyphenylalanine）来治疗，3,4 - 二羟苯丙氨酸是酪氨酸形成多巴胺过程中的中间代谢物。

图 14－19　胆红素的生成

M：—CH₃；P：—CH₂CH₂COOH

谷氨酸

$^-OOC-CH_2-CH_2-\overset{\overset{+}{N}H_3}{\underset{|}{CH}}-COO^-$

谷氨酸
脱羧酶　PLP → CO_2

$^-OOC-CH_2-CH_2-\overset{\overset{+}{N}H_3}{\underset{|}{CH_2}}$

γ-氨基丁酸

a

色氨酸

$\overset{\overset{+}{N}H_3}{\underset{|}{CH}}-COO^-$

四羟生物蝶呤
色氨酸
羟化酶　O_2 → H_2O → 二羟生物蝶呤

HO ... 5-羟色氨酸

芳香族氨基酸
脱羧酶　PLP → CO_2

HO ... 5-羟色胺

c

组氨酸

$CH_2-\overset{\overset{+}{N}H_3}{\underset{|}{CH}}-COO^-$

组氨酸
脱羧酶　PLP → CO_2

$CH_2-\overset{+}{N}H_3$

组胺

b

酪氨酸

HO ... $CH_2-\overset{\overset{+}{N}H_3}{\underset{|}{CH}}-COO^-$

四羟生物蝶呤
酪氨酸
羟化酶　O_2 → H_2O → 二羟生物蝶呤

HO ... $CH_2-\overset{\overset{+}{N}H_3}{\underset{|}{CH}}-COO^-$　多巴

芳香族氨基酸
脱羧酶　PLP → CO_2

HO ... $CH_2-\overset{+}{N}H_3$　多巴胺

抗坏血酸
多巴胺
β-羟化酶　O_2 → H_2O → 脱氢抗坏血酸

HO ... $\overset{OH}{\underset{|}{CH}}-\overset{+}{N}H_3$　去甲肾上腺素

苯基乙醇胺
N-甲基转移酶　S-腺苷甲硫氨酸 → S-腺苷同型半胱氨酸

HO ... $\overset{OH}{\underset{|}{CH}}-CH_2-\overset{+}{N}H_2-CH_3$

肾上腺素

d

图 14－20　胺类分子的生物合成

a. γ-氨基丁酸合成　b. 组胺合成
c. 5-羟色胺合成　d. 肾上腺素合成

第三节　核苷酸与脱氧核糖核苷酸的生物合成

一、嘌呤核苷酸的生物合成

（一）核糖-5-磷酸焦磷酸的生物合成

核酸分子中的核糖来源于戊糖磷酸途径中的葡糖-6-磷酸（G-6-P）经降解生成的核糖-5-磷酸（R-5-P）。核糖-5-磷酸在专一的磷酸核糖焦磷酸激酶的催化下，与ATP作用生成5-磷酸核糖焦磷酸（1-焦磷酸-5-磷酸核糖）（PRPP），然后用于单核苷酸的合成。

核糖-5-磷酸（R-5-P）　　　　　　　　　　1-焦磷酸-5-磷酸核糖

（二）嘌呤核苷酸的生物合成途径

用放射性核素示踪证明，甘氨酸、天冬氨酸、谷氨酰胺及"一碳基团"是动物体内合成嘌呤环的原料。嘌呤环中各个元素的来源如图14-21。

$$CO_2$$

$$N^{10}-CHO-FH_4$$

图 14-21　嘌呤环合成的原料

1. 嘌呤核苷酸的从头合成（de novo synthesis）途径　在体内，嘌呤核苷酸并非在嘌呤环形成之后再与磷酸核糖化合而成，而是5-磷酸核糖焦磷酸先与合成嘌呤碱的原料相结合，再通过一系列变化而合成次黄嘌呤核苷酸（肌苷一磷酸，肌苷酸，IMP），然后转变成腺嘌呤核苷酸（AMP）和鸟嘌呤核苷酸（GMP）。

（1）次黄嘌呤核苷酸（IMP）的生物合成　由葡萄糖经戊糖磷酸途径产生的核糖-5-磷酸（R-5-P），先经磷酸核糖焦磷酸激酶（亦称 PRPP 合成酶）催化生成5-磷酸核糖焦磷酸，它可参与各种核苷酸的合成，此反应需要 ATP 供能，是合成核苷酸的关键性反应，ATP 尚能激活 PRPP 合成酶。由谷氨酰胺提供酰氨基取代 PRPP 中 C_1 的焦磷酸基形成5-磷酸核糖胺（PRA），此反应由磷酸核糖酰胺转移酶所催化，该酶为关键酶。接着的反应是加甘氨酸，N^{10}-甲酰四氢叶酸提供甲酰基，谷氨酰胺氮原子的转移，然后脱水与环化而生成5-氨基咪唑核苷酸（AIR）。下一步是 AIR 的羧基化，天冬氨酸的加合及延胡索酸的去除，留下天冬氨酸的氨基，再由 N^{10}-甲酰四氢叶酸提供甲酰基，最后脱水和环化形成 IMP（图 14-22）。上述各步反应均由相应的酶催化，并且有四个步骤需要消耗 ATP。

图 14-22 IMP 合成途径

（2）腺嘌呤核苷酸（AMP）和鸟嘌呤核苷酸（GMP）的合成 IMP 可进一步由天冬氨酸提供氨基，合成腺嘌呤核苷酸，或氧化成黄嘌呤核苷酸（XMP），再由谷氨酰胺提供氨基，合成鸟嘌呤核苷酸（图 14-23）。

HOOC—CH₂—CH—COOH

图 14－23　IMP 转变为 AMP 和 GMP

小肠黏膜、胸腺、肝等组织均按此途径合成嘌呤核苷酸。

以上是嘌呤核苷酸的"从头合成"途径。

2. 嘌呤核苷酸的补救合成途径（salvage pathway）　骨髓、脑等组织由于缺乏有关合成酶，不能按上述"从头合成"的途径合成嘌呤核苷酸，必须依靠从肝脏运来的嘌呤和核苷合成核苷酸，该过程称为补救合成。

（1）嘌呤碱与 PRPP 直接合成嘌呤核苷酸　在人体内催化嘌呤碱与 PRPP 直接合成嘌呤核苷酸的酶有两种，即腺嘌呤磷酸核糖转移酶（adenine phosphoribosyl transferase，APRT）和次黄嘌呤 – 鸟嘌呤磷酸核糖转移酶（hypoxanthine guanine phosphoribosyl transferase，HGPRT），前者催化腺嘌呤核苷酸的生成，后者催化次黄嘌呤核苷酸和鸟嘌呤核苷酸的生成。

$$腺嘌呤 + PRPP \xrightarrow{\text{腺嘌呤磷酸核糖转移酶}} AMP + PPi$$

$$鸟嘌呤 + PRPP \xrightarrow{\text{次黄嘌呤–鸟嘌呤磷酸核糖转移酶}} GMP + PPi$$

$$次黄嘌呤 + PRPP \xrightarrow{\text{次黄嘌呤–鸟嘌呤磷酸核糖转移酶}} IMP + PPi$$

有一种遗传性疾病称 Lesch Nyhan 综合征，就是由于基因缺陷导致 HGPRT 完全缺失造成的，患儿在 2～3 岁时即表现为自毁容貌的症状，很少能存活。

（2）腺嘌呤与核糖 – 1 – 磷酸作用，腺嘌呤与核糖 – 1 – 磷酸也可以首先生成腺苷，然后在腺苷激酶催化下再与 ATP 作用生成腺嘌呤核苷酸。

3. ATP 和 GTP 的生成　有一些激酶存在于细胞中，例如腺苷酸激酶、鸟苷酸激酶、核苷二磷酸激酶等，它们催化高能磷酸基团转移，在 ATP 和 GTP 生成中起重要作用。

二、嘧啶核苷酸的生物合成

根据放射性核素示踪证明，氨甲酰磷酸与天冬氨酸是合成嘧啶碱的原料，如图 14－24 所示。

图 14－24　嘧啶碱合成的原料

（一）尿嘧啶核苷酸的从头合成途径

用于合成嘧啶碱的氨甲酰磷酸是在细胞质中由氨甲酰磷酸合成酶 II 催化，在 ATP 供应能量的条件下，由谷氨酰胺与二氧化碳合成（注意：合成尿素的氨甲酰磷酸，是由肝线粒体中的氨甲酰磷酸合成酶 I 所催化，其氮的来源为氨）。氨甲酰磷酸再与天冬氨酸结合，经一系列变化生成乳清酸（orotic acid）即尿嘧啶甲酸，然后再与 5 - 磷酸核糖焦磷酸作用生成乳清酸核苷酸，最后脱羧生成尿嘧啶核苷酸（图 14 - 25）。

尿嘧啶核苷酸生成的全过程如下。

图 14 - 25　尿嘧啶核苷酸合成

（二）胞嘧啶核苷酸的合成途径

机体能将 ATP 的高能磷酸基团转移给 UMP，而生成 UDP 与 UTP，在 CTP 合成酶的催化下由谷氨酰胺提供氨基，可使 UTP 转变成 CTP。

$$UMP \xrightarrow[\text{尿苷酸激酶}]{ATP \quad Mg^{2+} \quad ADP} UDP \xrightarrow[\text{核苷二磷酸激酶}]{ATP \quad Mg^{2+} \quad ADP} UTP \xrightarrow[\text{CTP 合成酶}]{Gln, ATP \quad Glu, ADP} CTP$$

（三）嘧啶核苷酸的补救合成途径

各种嘧啶核苷主要通过嘧啶核苷激酶的催化而生成相应的嘧啶核苷酸，也可通过磷酸核糖转移酶的作用而生成核苷酸，例如尿嘧啶核苷酸可通过下列两种反应而生成。

$$尿嘧啶 + PRPP \xrightarrow{\text{UMP 磷酸核糖转移酶}} UMP + PPi$$

$$尿嘧啶 + 核糖 - 1 - 磷酸 \underset{}{\overset{\text{尿苷磷酸化酶}}{\rightleftharpoons}} 尿嘧啶核苷 + Pi$$

ATP ⎤ 尿苷激酶
ADP ⎦ Mg²⁺
UMP 尿嘧啶核苷酸

三、脱氧核糖核苷酸的生物合成

用放射性核素示踪实验证明，在生物体内脱氧核糖核苷酸可由相应的核糖核苷二磷酸还原生成。脱氧核糖核苷酸，包括脱氧嘌呤核苷酸和脱氧嘧啶核苷酸，其所含的脱氧核糖并非先形成后再结合成为脱氧核糖核苷酸，而是在核糖核苷二磷酸水平上直接还原生成的，由核糖核苷酸还原酶催化。脱氧胸腺嘧啶核苷酸则由 UMP 先还原成 dUMP，然后再甲基化而生成。

（一）核糖核苷二磷酸还原生成脱氧核糖核苷二磷酸

核糖核苷二磷酸经还原酶催化，以硫氧化还原蛋白为还原剂，生成脱氧核糖核苷二磷酸。硫氧还蛋白有还原型和氧化型两种，还原型含 2 个巯基，氧化型则含二硫键，因此还原型硫氧还蛋白可作为核糖核苷酸的天然还原剂。硫氧还蛋白还原酶属黄酶类，它的辅基是 FAD。反应过程如下。

（二）脱氧尿嘧啶核苷酸甲基化合成脱氧胸腺嘧啶核苷酸

dTMP 可由 dUMP 甲基化而形成。此反应由胸腺嘧啶核苷酸合成酶催化，甲基由 N^5，N^{10}—CH_2—FH_4 提供。N^5,N^{10}—CH_2—FH_4 提供甲基后生成的 FH_2 可以再经二氢叶酸还原酶作用，重新生成 FH_4，FH_4 又可再携带"一碳基团"。反应过程如下。

三种嘧啶核苷酸及脱氧核糖核苷酸互变的关系如下。

第十五章　维生素与激素的生物合成

第一节　维生素的生物合成

一、维生素概述

维生素（vitamin）是机体维持正常生理功能所必需，体内不能合成或合成量很少，必须由食物供给的一组低相对分子质量有机化合物。

维生素种类很多，化学结构差异很大。按溶解度差异维生素分水溶性维生素（water-soluble vitamin）和脂溶性维生素（lipid-soluble vitamin）两大类。水溶性维生素包括 B 族维生素和维生素 C 两类。B 族维生素又包括维生素 B_1、B_2、B_6、B_{12}，维生素 PP，泛酸，叶酸，生物素等。脂溶性维生素包括维生素 A、D、E、K 四种。

（一）水溶性维生素

1. 维生素 B_1　维生素 B_1 含有硫的噻唑环和含氨基的嘧啶环通过甲烯基连接而成，故名硫胺素（thiamine）。维生素 B_1 在植物中广泛分布，谷类、豆类的种皮中含量很丰富。焦磷酸硫胺素（thiamine pyrophosphate，TPP）为其体内的活性形式。TPP 是 α - 酮酸氧化脱羧酶系的辅酶。TPP 也是转酮醇酶的辅酶，参与戊糖磷酸途径。戊糖磷酸途径是合成核糖的来源，因此维生素 B_1 缺乏使体内核苷酸合成及神经髓鞘中的鞘磷脂的合成受影响，可导致末梢神经炎和其他神经病变。

盐酸硫胺素

焦磷酸硫胺素

2. 维生素 B_2　维生素 B_2 又名核黄素（riboflavin），它的化学本质是核糖醇和7,8 - 二甲基异咯嗪的缩合物。维生素 B_2 分布很广，从食物中被吸收后在小肠黏膜的黄素激酶的作用下可转变成黄素单核苷酸（flavin mononucleotide，FMN），在体细胞内还可进一步在焦磷酸化酶的催化下生成黄素腺嘌呤二核苷酸（flavin adenine dinucleotide，FAD），FMN 及 FAD 为其活性型。N^1 位和 N^5 位之间有两个活泼的双键，易起氧化还原作用。FMN 及 FAD 是体内氧化还原酶的辅基，主要起递氢体的作用。它对维持皮肤、黏膜和视觉的正常功能均有一定作用。人类缺乏维生素 B_2 时，可引起口角炎、唇炎、阴囊炎、眼睑炎等症。黄素腺嘌呤二核苷酸的结构如图 15 - 1 所示。

图 15 - 1　黄素腺嘌呤二核苷酸的结构

3. 维生素 PP　维生素 PP 又称抗糙皮病因子，包括烟酸（nicotinic acid，曾称尼克酸）及烟酰胺（nicotinamide，曾称尼克酰胺），二者在体内可相互转化。与烟酸相比，烟酰胺（nicotinamide）更适于通过饮食补给，因为它对胃刺激较小。大剂量的烟酸可以通过抑制胆固醇和三酰甘油合成，而起降血脂作用。维生素 PP 广泛存在于自然界，人类维生素 PP 缺乏症称为糙皮病（pellagra），主要表现是皮炎、腹泻及痴呆。维生素 PP 的结构式如下。

烟酸　　　　　　　　　　　烟酰胺

在体内，烟酰胺可经几步连续的酶促反应与核糖、磷酸、腺嘌呤生成烟酰胺腺嘌呤二核苷酸（NAD^+）和烟酰胺腺嘌呤二核苷酸磷酸（$NADP^+$），它们是维生素 PP 在体内的活性形式。NAD^+ 和 $NADP^+$ 在体内是多种不需氧脱氢酶的辅酶，分子中的烟酰胺部分具有可逆地加氢及脱氢的特性。

NAD^+

NADP⁺

4. 维生素 B₆ 维生素 B₆ 包括吡哆醇（pyridoxine）、吡哆醛（pyridoxal）及吡哆胺（pyridoxamine），在体内以磷酸酯的形式存在。磷酸吡哆醛和磷酸吡哆胺可相互转变，均为活性型。维生素 B₆ 在氨基酸的转氨基作用和脱羧作用中起辅酶作用，与氨基酸代谢密切相关。

吡哆醇　　　　　　　吡哆醛　　　　　　　吡哆胺

磷酸吡哆醛　　　　　　　磷酸吡哆胺

5. 泛酸 泛酸（pantothenic acid）又称遍多酸。泛酸广泛存在于生物界，很少见泛酸缺乏症。泛酸在肠内被吸收进入人体后，经磷酸化并获得巯基乙胺而生成 4 – 磷酸泛酰巯基乙胺。4 – 磷酸泛酰巯基乙胺是辅酶 A 及酰基载体蛋白（acyl carrier protein，ACP）的组成部分，所以辅酶 A 及 ACP 为泛酸在体内的活性型。在体内辅酶 A 及 ACP 构成酰基转移酶的辅酶，广泛参与糖、脂质、蛋白质代谢及肝的生物转化作用，约有 70 多种酶需辅酶 A 及 ACP。辅酶 A 的结构组成如图 15 – 2 所示。

巯基乙胺　　　　泛酸　　　　焦磷酸　　　　　3′AMP

图 15 – 2　辅酶 A 的结构组成

6. 生物素 生物素（biotin）是由噻吩环和尿素结合而形成的一个双环化合物，侧链有一戊酸。生物素是体内多种羧化酶的辅酶，如丙酮酸羧化酶等，参与 CO_2 的羧化过程。生物素来源极广泛，人体肠道细菌也能合成，很少出现缺乏症。新鲜鸡蛋中有一种抗生物素蛋白（avidin），它能与生物素结合使其失去活性并不被吸收，蛋清加热后这种蛋白质便被破坏，也就不再妨碍生物素的吸收。

生物素

7. 叶酸　叶酸（folic acid）是体内重要的维生素，它由 2 – 氨基 – 4 – 羟基 – 6 – 甲基蝶啶（pteridine）、对氨基苯甲酸（p – aminobenzoic acid，PABA）和 L – 谷氨酸组成，又称蝶酰谷氨酸（PGA）。四氢叶酸是叶酸的活性形式。FH_4 是一碳单位的载体，分子中 N^5 和 N^{10} 是结合、携带一碳单位的部位。叶酸在肉及水果、蔬菜中含量较多，肠道的细菌也能合成，所以一般不发生缺乏症。

叶酸

8. α – 硫辛酸　α – 硫辛酸（lipoic acid）的结构是 6，8 – 硫辛酸，能还原为二氢硫辛酸，为硫辛酸乙酰转移酶的辅酶。目前，尚未发现人类有硫辛酸缺乏症。

硫辛酸　　　　二氢硫辛酸

9. 维生素 B_{12}　维生素 B_{12} 又称钴胺素（cobalamin），其结构中含有一个金属钴离子，是惟一含金属元素的维生素。甲钴胺素和 5′ – 脱氧腺苷钴胺是维生素 B_{12} 的活性型，参与甲基的转移，具有辅酶的功能，又称辅酶 B_{12}。

10. 维生素 C　维生素 C 又称 L – 抗坏血酸（ascorbic acid），它是含有 6 个碳原子的不饱和多羟基化合物，以内酯形式存在。食物中长期缺乏水果和新鲜蔬菜会导致坏血病，抗坏血酸能用于坏血病的防治和增强机体对感染的抵抗能力，是一种辅助性治疗药物，能促进各种支持组织及细胞间黏合物形成。维生素 C 可在谷胱甘肽还原酶作用下，促使氧化型谷胱甘肽（G—S—S—G）还原为还原型（G—SH）。还原型 G—SH 能使细胞膜的脂质过氧化物还原，起保护细胞膜的作用。

（二）脂溶性维生素

1. 维生素 A　维生素 A 又称抗干眼病维生素，又叫视黄醇（retinol），是一个具脂环的不饱和一元醇，通常以视黄醇酯（retinol ester）的形式存在，醛的形式称为视黄醛（retinal）。天然的维生素 A 有维生素 A_1 及维生素 A_2 两种形式。维生素 A 在体内的活性形式包括视黄醇、视黄醛（retinal）和视黄酸（retinoic acid）。植物中不存在维生素 A，但有多种胡萝卜素，其中以 β – 胡萝卜素（β – carotene）最为重要。它在小肠黏膜处由 β – 胡萝卜素加氧酶作用，加氧断裂，生成 2 分子视黄醇，所以通常将 β – 胡萝卜素称为维生素 A 原。

2. 维生素 D　维生素 D 又称为抗佝偻病维生素，是甾体类衍生物，含有环戊烷多氢菲结构，其中活性最大的为维生素 D_2 和维生素 D_3。维生素 D_2 又称麦角钙化醇（ergocalciferol），维生素 D_3 又称胆钙化醇（cholecalciferol）。体内可由胆固醇变为 7 – 脱氢胆固醇，储存在皮下，在紫外线作用下再转变成维生素 D_3，是人体内维生素 D 的主要来源。因而称 7 – 脱氢胆固醇为维生素 D 原。在酵母和植物油中有不能被人吸收的麦角固醇，在紫外线照射下可转变为能被人吸收的维生素 D_2。维生素 D 的主要功能是调节钙、磷代谢，维持血液钙、磷浓度正常，从而促进钙化，使牙齿、骨骼正常发育。

3. 维生素 E　维生素 E 主要分为生育酚及生育三烯酚两大类。它们均为苯骈二氢吡喃的衍生物。每类又可根据甲基的数目、位置不同分为 α、β、γ 和 δ 四种。维生素 E 中以 α – 生育酚生理活性最高，若以它为基准，β – 生育酚及 γ – 生育酚和 α – 生育三烯酚生理活性分别为 40、8 及 20，其余活性甚微。但就抗氧化作用而论，δ – 生育酚作用最强，α – 生育酚作用最弱。维生素 E 具有很好的抗氧化活性，可以阻止生物膜上维生素 A 与不饱和脂肪酸发生自由基反应所造成的破坏作用，可用于抗衰老、预防心脏血管疾病。

4. 维生素 K　维生素 K 是具有异戊烯类侧链的萘醌化合物，在自然界中主要以维生素 K_1 和维生素 K_2 两种形式存在，其化学结构都是 2 – 甲基 – 1,4 – 萘醌的衍生物，区别仅在于 R 基团。维生素 K_1 存在于绿叶蔬菜中，称为叶绿基甲萘醌（phytylmenaquinone）。维生素 K_2 是人体肠道细菌的代谢产物，又称多异戊烯基甲萘醌（multiprenylmenaquinone）。维生素 K 的主要作用是促进肝合成凝血酶原及几种凝血因子（Ⅶ、Ⅸ、Ⅹ），当肝功能失常时，维生素 K 失去促进血液凝固作用。

二、水溶性维生素的生物合成

（一）维生素 B_2 的生物合成

维生素 B_2（核黄素）的化学名为 7,8 – 二甲基 – （D – 1′ – 核糖基）– 异咯嗪，又称核黄素（riboflavin），分布较广，人体虽不能合成，但动植物食物中均含有。核黄素与嘌呤物质有密切联系，较早观察到的是嘌呤促进核黄素的合成。通过放射性核素标记技术证明鸟嘌呤是核黄素合成的直接前体，维生素 B_2 合成过程如图 15 – 3 所示。

（二）维生素 PP 的生物合成

维生素 PP 又名烟酸（nicotinic acid），它是辅酶 NAD 和 NADP 的主要组成成分，它们是代谢反应中重要的氢和电子转运载体。色氨酸在人体肝内通过一系列酶的催化反应可以转化为维生素 PP，但转化率较低，其生物合成过程如图 15 – 4 所示。

植物中，烟酸则由甘油醛 – 3 – 磷酸和 L – 天冬氨酸经酶催化缩合而生成，其过程如图 15 – 5 所示。

图 15-3 维生素 B₂ 的生物合成

图 15-4 人体内烟酸的生物合成

图 15−5　植物体中烟酸的生物合成

（三）叶酸的生物合成

叶酸（folic acid）由蝶啶、对氨基苯甲酸和谷氨酸组成。哺乳动物必须从食物中获取四氢叶酸，而微生物则能自身合成。四氢叶酸可作为一碳单位的载体，它在氨基酸代谢和核苷酸代谢中起重要作用。磺胺类药物是对氨基苯甲酸的抗代谢物，可作为抗菌剂。甲氨蝶呤能抑制二氢叶酸还原酶，临床上用作抗肿瘤药物。叶酸的生物合成过程如图 15−6 所示。

图 15−6　叶酸的生物合成

441

（四）维生素C的生物合成

维生素C又称L-抗坏血酸（L-ascorbic acid），L-抗坏血酸广泛存在于柠檬、柑橘等水果和新鲜蔬菜中，作为还原剂，有抗氧化作用。人体不能合成维生素C，植物中维生素C的生物合成过程如图15-7所示。首先葡萄糖氧化为葡糖醛酸，然后经羰基还原形成L-古洛糖酸，后者发生分子内酯化反应生成L-古洛糖酸内酯，其内酯再经氧化生成2-酮-古洛糖酸内酯，经烯醇重排生成维生素C。人类和其他灵长类动物因体内缺乏古洛糖酸内酯氧化酶，不能将L-古洛糖酸内酯氧化为2-酮-古洛糖酸内酯，因此需要依赖饮食补充维生素C。微生物中具有这种酶，因此工业上采用微生物发酵法生产维生素C。

图15-7　维生素C的生物合成

三、脂溶性维生素的生物合成

（一）维生素A的生物合成

自然界中的胡萝卜素是由8个具有5C的异戊二烯衍生物互相连接聚合形成的脂溶性四萜类（40C）化合物。3分子的乙酰辅酶A通过甲羟戊二酸途径合成异戊烯焦磷酸酯（IPP），IPP可异构化为二甲基丙烯焦磷酸酯（DPP），IPP与DPP缩合生成二甲基辛二烯焦磷酸酯（GPP），GPP再与2分子IPP缩合形成香叶基香叶焦磷酸酯（GGPP），GGPP尾尾缩合生成Z-八氢蕃茄红素，其生物合成过程如图15-8所示。这个过程的起始与胆固醇合成过程的起始阶段相似。

Z-八氢蕃茄红素通过去饱和酶生成蕃茄红素，蕃茄红素再经环化酶催化生成β-胡萝卜素（图15-9）。

β-胡萝卜素经氧化均裂生成视黄醛，再经NADH还原生成维生素A_1，又称为视黄醇。视黄醇经脱氢酶去饱和作用生成去氢视黄醇（维生素A_2）（图15-10）。它们的功能主要为维持上皮组织结构完整与功能及正常视觉所必需。

图 15 - 8　Z - 八氢蕃茄红素的生物合成

图 15-9 β-胡萝卜素的生物合成

β-胡萝卜素

均裂产生 2 分子视黄醛　　O₂ 均裂 a　　偏裂 b 偏裂能产生 1 分子视黄醛　　O₂

氧化作用使链缩短

视黄醛

NADH

去饱和作用使
共轭系统延长

视黄醇
（维生素 A₁）

去氢视黄醇
（维生素 A₂）

图 15－10　维生素 A₂ 的生物合成

（二）维生素 D 的生物合成

维生素 D 又称抗软骨病维生素。已确知有 4 种，即维生素 D₂、D₃、D₄ 及 D₅。动植物体内含有可以转化为维生素 D 的固醇类物质，称为维生素 D 原。经紫外光照射可转变为维生素 D。植物中的麦角固醇和人体内的 7－脱氢胆固醇是典型的维生素 D 原。维生素 D₃（Vitamin D₃）是动物体中存在的脂溶性维生素 D 的主要形式，它是甾醇的代谢产物。动物皮肤经光照射，体内的 7－脱氢胆固醇发生光化学反应，通过开环和构型转化而产生维生素 D₃，维生素 D₃ 本身不是维生素的活性形式，它在体内羟化为钙二醇和钙三醇才是其活性形式。它们的生物合成过程如图 15－11 所示。

（三）维生素 E 的生物合成

维生素 E 是一组脂溶性维生素，又名生育酚，如 α－生育酚、β－生育酚、γ－生育酚和 δ－生育酚。其中 α－生育酚的活性最高。植物绿叶能合成维生素 E，动物组织的维生素 E 来自食物。α－生育酚乙酸酯是市场上用作食物添加剂和药物的主要形式。体内生育酚的生物合成如图 15－12 所示。对羟基苯丙酮酸氧化脱羧生成尿黑酸，尿黑酸与茄尼基焦磷酸进行烷基化和脱羧反应并同步进行，经 SAM 提供甲基进行苯环甲基化反应，再经对苯二酚环化反应生成生育酚。

π 电子系统吸收光能开环

脱氢胆固醇

前钙化醇

钙三醇
（1α,25-二羟维生素 D_3）

钙二醇
（25-羟维生素 D_3）

胆钙化醇
（维生素 D_3）

麦角甾醇

前麦角钙化醇

麦角钙化醇
（维生素 D_2）

图 15-11　维生素 D_3 的生物合成

羟基化，侧链易位，脱羧

4-羟基苯丙酮酸

$n=9$，茄尼基焦磷酸

酚羟基邻位 C-烷基化；脱羧

尿黑酸

植基二磷酸

酚羟基邻位 C-甲基化

SAM

酚羟基邻位 C-甲基化

对苯二酚氧化为醌

质体醌-n

通过双键的质子
化，环合成六元环

γ-生育酚

酚羟基邻位 C-甲基化

SAM

α-生育酚

图 15–12　维生素 E 的生物合成

（四）维生素 K 的生物合成

维生素 K 是一类能促进血液凝固的萘醌衍生物，自然界中主要有维生素 K_1、维生素 K_2 两种。人和动物肠内的细菌能合成维生素 K_1。植物性食物中含有丰富的维生素 K_2。维生素 K_1（叶绿醌）和维生素 K_2（甲萘醌）是莽草酸途径来源的萘醌衍生物。分支酸的异构体（异分支酸）经过 Michael 加成和 Claisen 缩合成环反应生成萘醌，侧链含有长度不同的异戊二烯单元，其生物合成过程如图 15–13 所示。

Michacl 加成

分支酸 → 异分支酸

α-酮酸发生 TPP 依赖的脱羧反应生成醛 TPP 阴离子对醛质子发生亲核加成，随后已经变成酸性的醛质子被除去

琥珀半羧醛 TPP 阴离子

α-酮戊二酸

丙酮酸
CH_3COCO_2H 1,4-消除反应

类 Claisen 缩合（Dieckmamn 反应）

脱氢形成芳环

O-琥珀酰苯甲酸
（OSB）

硫酯水解：烯醇化为更稳定的异构体

1,4-二氢萘酸

C-烷基化，同时脱羧

SAM
C-甲基化

甲萘醌（维生素 K_2）

图 15-13　维生素 K_2 的生物合成

第二节　激素的生物合成

一、激素概述

激素是由内分泌腺以及具有内分泌功能的一些组织所产生的微量化学信息分子，它们被释放到细胞外，通过扩散或被体液转运到所作用的细胞或组织或器官调节其代谢过程，从而产生特定的生理效应。依据激素的化学本质，可将激素分为氨基酸衍生物、甾体类、多肽和蛋白质类和脂肪族四大类。

激素在体内的生物合成主要有两种途径：多肽和蛋白质类激素由结构基因经转录、翻译和翻译后修饰生成，而其他激素则主要由细胞内存在的酶系催化合成。

（一）氨基酸衍生物激素

1. 甲状腺素　甲状腺素为两种具有生理活性的碘化酪氨酸衍生物：L-甲状腺素（thyroxine，L-3,5,3′,5′-四碘甲腺原氨酸，以 T_4 表示）和 L-3,5,3′-三碘甲腺原氨酸（以 T_3 表示）。T_4 含量多于 T_3，而 T_3 的生理活性比 T_4 大 3~5 倍。甲状腺素有促进物质代谢、增加耗氧量及产热作用，故甲状腺功能亢进的患者常有低热、消瘦和基础代谢率升高的现象。

2. 肾上腺素　肾上腺素由肾上腺髓质嗜铬细胞合成分泌，包括肾上腺素、去甲肾上腺素和多巴胺。肾上腺素、去甲肾上腺素和多巴胺是生物体内重要的神经递质，属儿茶酚胺类化合物。肾上腺素对糖代谢的影响与胰岛素有拮抗作用。它可促进肝糖原分解和肌糖原酵解，使血乳酸和血糖升高，并有增强糖异生作用。另外，它对脂肪和蛋白质代谢也有影响，促进蛋白质分解，抑制脂肪合成，增强脂肪动员与氧化，加强能量的利用和产热，使机体处于能量动员状态。

已发现多个肾上腺素能受体。当动物遇到紧急情况时，肾上腺会分泌肾上腺素（adrenaline，epinephrine）。肾上腺素主要激动 α 肾上腺素受体和 β 肾上腺素受体，临床用于心脏骤停、过敏性休克的急救之用。去甲肾上腺素主要作用于 α 肾上腺素受体，是强效的外周血管收缩药，用于急性低血压时的血管恢复。多巴胺是去甲肾上腺素生物合成的前体，主要激动 α 肾上腺素受体、β 肾上腺素受体和外周多巴胺受体，临床用于多种休克的抢救之用。

（二）甾体类激素

1. 肾上腺皮质激素　肾上腺皮质分泌的激素种类很多，化学本质为甾体类化合物。肾上腺皮质激素的生理功能可分为两类：一类的主要功能为调节糖代谢，通过增加糖异生，促进肝糖原贮藏；另一类为调节水盐代谢，主要是保钠排钾。因此，前者被称为糖皮质激素，后者又被称为盐皮质激素。糖皮质激素有皮质醇、皮质酮等，由皮质束状带分泌，主要调节糖、蛋白质与脂肪代谢。盐皮质激素有醛固酮、脱氢皮质酮，由皮质环状带分泌，主要调节组织中电解质的转运和水的分布。肾上腺皮质网状带也具有分泌性激素的功能。

2. 性激素　性激素有雄激素与雌激素两大类。雄激素主要由睾丸合成分泌，包括睾酮（testosterone）、雄酮（androsterone）和雄烯二酮（androstenedione）。雄酮和雄烯二酮是睾酮的代谢产物（睾酮→雄烯二酮→雄酮）。雄性激素能刺激男性性器官发育，促进精子生成及促进男性的第二性特征。

雌激素主要由卵巢合成分泌，包括雌酮、雌二醇和雌三醇，有促进女性性器官发育和排卵功能。黄体激素主要有孕酮，由黄体细胞所分泌，又称为黄体酮。有激动子宫准备受孕及促乳腺发育，抑制排卵、停止月经及减少子宫收缩等功效，又称为妊娠素。

（三）多肽、蛋白质类激素

1. 胰岛素　胰岛素（insulin）是由胰脏中胰岛 B 细胞所分泌的一种蛋白质激素。它由 A、B 两条肽链连接组成，A 链含 21 个氨基酸残基，B 链含 30 个氨基酸残基。胰岛素的相对分子质量为 5700 左右，常以二聚体以及多聚体形式存在。含锌胰岛素可形成六聚体，较为稳定，在血液循环中也可以单体形式存在。胰岛素可促进血糖降低，糖原合成增加，脂肪、蛋白质及 RNA 和 DNA 合成加强。这些物质既是细胞或组织的结构材料，大多又是能量的储存形式，因此，有人将胰岛素称为"储存激素"。

2. 胰高血糖素　胰高血糖素（glucagon）是胰脏中胰岛 A 细胞所分泌的一种多肽激素，是由 29 个氨基酸残基组成的单链多肽，相对分子质量 3485。胰高血糖素的作用与胰岛素的作用相反，促进糖原分解与糖异生，抑制糖酵解，从而使血糖浓度升高，也可以促进生糖氨基酸转变成葡萄糖。

3. 降钙素　降钙素（calcitonin）是由甲状腺滤泡旁细胞（又称 C 细胞）分泌的或非哺

乳脊椎动物的腮腺合成分泌的，降低血钙和血磷的激素。它的分泌直接受血钙浓度的控制，两者呈正相关，即高血钙促进其分泌，低血钙抑制其分泌。成熟降钙素是由 32 个氨基酸残基组成的单链多肽，且 C 端经酰胺化的脯氨酸，相对分子质量约为 3800。降钙素可抑制破骨细胞的生成，阻止骨盐溶解，并能促进破骨细胞转变为成骨细胞，使钙离子沉淀于骨中，并对 PTH（甲状旁腺素）有拮抗作用，因而使血钙降低。降钙素可用来治疗某些骨病，如甲状旁腺功能亢进引起血钙过高症、维生素 D 过多症和骨质疏松症。

4. 甲状旁腺素 甲状旁腺素（parathormone，PTH）是由甲状旁腺主细胞合成分泌的一种单纯单链多肽，是维持机体钙平衡的重要激素之一。甲状旁腺素由 84 个氨基酸残基组成，相对分子质量约为 9500。用人工合成的多肽证明，PTH 的氨基末端的 34 肽就能表现 PTH 的全部活性。甲状旁腺素的主要功能是调节钙、磷代谢，使血钙升高、血磷降低。

5. 垂体激素 垂体在神经系统以及下丘脑分泌激素的控制下，分泌多种激素，这些激素又调控机体各种内分泌腺对其各种相应激素合成和分泌。

垂体分前叶、后叶及中叶三部分，由垂体柄与下丘脑相连。腺垂体（垂体前叶）及中叶能自行合成激素，神经垂体（垂体后叶）仅贮存并分泌激素，后叶所分泌的激素是由下丘脑合成的，经血液输送到后叶贮存待分泌。腺垂体分泌的激素主要有生长激素、促甲状腺素、促肾上腺皮质激素、催乳素、促卵泡激素（follicle stimulating hormone，FSH）及促黄体生成素（luteinizing hormone，LH）等；垂体中叶和后叶分泌的激素主要有促黑素细胞激素、催产素和加压素。

6. 下丘脑激素 下丘脑分泌几种激素释放因子及激素释放抑制因子以调节腺垂体的功能，控制脑垂体中促甲状腺激素、促性腺激素、促肾上腺皮质激素、生长激素等的分泌。常见下丘脑激素有促甲状腺激素释放因子、促黄体生成激素释放因子、促肾上腺皮质激素释放因子和生长激素释放抑制因子等。

另外，下丘脑和垂体合成分泌一类吗啡样多肽，称内啡肽（endorphin）。α-内啡肽、β-内啡肽、γ-内啡肽具有很强的吗啡样活性。

（四）脂肪族激素

多不饱和脂肪酸花生四烯酸（arachidonic acid，AA）在体内的代谢途径主要有两种：一是经环加氧酶的作用生成各种前列腺素（prostaglandin，PG），如 PGE_2、$PGF_{2\alpha}$、凝血噁烷（血栓烷）A_2（thromboxane A_2，TXA_2）和前列环素 I_2（prostacyclin I_2；prostaglandin I_2，PGI_2）；二是经脂质加氧酶的作用生成白三烯（leukotriene，LT）、脂质过氧化物等。花生四烯酸的衍生物广泛分布在人和哺乳动物的组织和体液中，它们虽含量甚微，但活性很强，代谢迅速，作用广泛。这些活性物质对细胞代谢的调节起重要作用。

1. 前列腺素 前列腺素（prostaglandin）是从人或动物精液中分离得到的一类具有 20 个碳原子的脂肪酸衍生物，最初被认为由前列腺分泌。研究表明，前列腺素广泛分布于人和动物各组织中，但含量极低，在激素浓度水平上调节人体多种生理作用，对血压、平滑肌收缩、胃液分泌及血小板凝集有调节作用。因此，前列腺素被列为脂肪酸衍生物激素，这是一群激素，有前列腺素 A、B、C、D、E、F、G、H 等几类。由于前列腺素生物活性的多样性增加了作为特异药物使用的难度。

2. 血栓素 血栓素（thromboxane，TX）是从血小板中分离获得的，其中血栓素 A_2（TXA_2）具有很强的凝血活性，它通过增加细胞质中钙离子的浓度，促使血小板变形破裂，聚集凝结成血块或血栓。为了降低血栓患者体内血小板的凝集，血栓素拮抗剂研究成为研究热点。

3. 白三烯 白三烯（leukotriene，LT）最初从白细胞中分离获得，参与体内过敏反应和炎症过程。抗原与抗体反应促使机体内组胺及过敏性慢反应物质释放。过敏性慢反应物质是枯草热、哮喘等过敏反应的介质，由 LTC_4、LTD_4 和 LTE_4 组成，它们的分子中含半胱氨酸基团，能够引起强烈的支气管和血管收缩、促进黏液分泌等典型的哮喘症状。具有抑制 LTC_4 和 LTB_4 生物合成作用的药物已进行临床试验，拮抗 LTD_4 受体的孟鲁司特和扎鲁司特已用于临床过敏性哮喘治疗。有关白三烯的化学结构和生物合成请参见第十三章相关内容。

二、氨基酸衍生物激素的生物合成

（一）肾上腺素的生物合成

肾上腺髓质嗜铬细胞内，酪氨酸经羟化酶作用，氧化生成二羟苯丙氨酸（dopa），再经芳香族氨基酸脱羧酶作用，脱去 CO_2 生成多巴胺，再进一步氧化生成去甲肾上腺（noradrenaline），后者经甲基转移酶作用，接受甲基生成肾上腺素（adrenaline）。肾上腺素、去甲肾上腺素和多巴胺三者在体内由酪氨酸转化而生成（图 15–14）。

图 15–14 肾上腺素的生物合成

（二）甲状腺素的生物合成

在甲状腺细胞内，碘离子被甲状腺过氧化物酶及过氧化氢氧化成活性碘，活性碘与甲状腺球蛋白中的酪氨酸残基作用产生一碘酪氨酸残基，进而产生 3,5–二碘酪氨酸残基。碘化酪氨酸残基之间进一步反应，并通过甲状腺球蛋白的水解生成三碘甲腺原氨酸（T_3）和甲状腺素（T_4）（图 15–15）。

图 15 - 15　三碘甲腺原氨酸和甲状腺素的生物合成

三、甾体类激素的生物合成

(一) 肾上腺皮质激素的生物合成

肾上腺皮质激素有多种，在腺垂体促肾上腺皮质激素控制下由肾上腺皮质细胞合成分泌的。肾上腺皮质激素由胆固醇经细胞内各种酶催化衍生而来。胆固醇合成肾上腺皮质激素的过程见图 15 - 16。胆固醇侧链被切除后就形成了 Δ^5 - 孕烯醇酮和异己醛。Δ^5 - 孕烯醇酮经 3β - 脱氢酶和 $\Delta^{4,5}$ - 异构酶的作用下直接转变为孕酮，Δ^5 - 孕烯醇酮是所有甾体激素合成所必需的中间产物。肾上腺皮质中，内质网羟化酶和线粒体羟化酶将孕烯醇酮转化为各种肾上腺皮质激素。

图 15-16　肾上腺皮质激素的生物合成

（二）性激素的生物合成

在垂体促性腺激素调控下，由性腺合成分泌性激素。在性腺中胆固醇首先转化为 Δ^5 - 孕烯醇酮和孕酮，然后经羟化酶和脱氢酶催化转变为各种性激素，其生物合成过程见图 15-17。

图 15-17　性激素的生物合成

453

四、脂肪族激素的生物合成

(一) 前列腺素的生物合成

乙酰辅酶 A 通过脂肪酸合成酶系催化生成硬脂酸，再经去饱和作用和碳链延长生成花生四烯酸。花生四烯酸作为前体合成前列腺素的生物合成过程如图15－18所示。

位于双键中间的亚甲基易发生自由基氧化反应：O_2 加成和过氧化物自由基产生过程为自由基反应机制

环状过氧化物、环戊烷环和非环状过氧化物的形成是第二个 O_2 加成反应的结果；与前列腺素类似物第一步反应机制相似，但产物饱和度不同；过氧化物自由基最终和氢原子反应而灭活

花生四烯酸 （COX）

非环状过氧化物裂解 过氧化物酶

环状过氧化物 非环状过氧化物

前列腺素 H_2

前列腺素 G_2

自由基机制环状过氧化物裂解

$-H^+ + H^-$

前列腺素 E_2

$+2H^\cdot$

前列腺素 D_2

前列腺素 $F_{2\alpha}$

前列腺素 I_2

图 15－18　前列腺素的生物合成

第一步花生四烯酸在环加氧酶 （cyclooxygenase，COX） 催化下与两分子氧反应，生成前列腺素 G_2。第二步反应，前列腺素 G_2 分子中的非环状过氧基团在过氧化物酶作用下裂解生成前列腺素 H_2。前列腺素 H_2 是前列腺素生物合成中的关键性化合物，经它可以转变为不同的前列腺素类化合物。

（二）血栓素的生物合成

血栓素的生物合成是前列腺素合成途径的一个小分支，如图 15-19 所示。由前列腺素 H_2 环状过氧桥和环戊烷环开环，重新环合生成血栓素 A_2。PGH_2 是血栓素和前列腺素共同的前体，其在血小板中转化为血栓素，而在血管壁上生成前列环腺素。血栓素 A_2 分子中的四元氧环张力较大，不稳定，易与亲核试剂反应，因而化学合成难度大。

图 15-19　血栓素的生物合成

（三）白三烯的生物合成

白三烯是一类具有共轭三烯结构的脂肪酸衍生物，其生物合成过程如图 15-20。首先，花生四烯酸 C_5 过氧化，这与前列腺素生物合成产生 C_{11} 过氧化不同。然后 C_5 过氧化物脱水形成环氧化物，即白三烯 A_4（leukotriene A_4，LTA_4）。LTA_4 可以转化为 LTB_4、LTD_4、LTC_4 和 LTE_4。

图 15-20　白三烯的生物合成

五、多肽和蛋白质类激素的生物合成

（一）降钙素的生物合成

降钙素（calcitonin）基因位于人体 11 号染色体短臂，含有 6 个外显子，初始转录产物 hnRNA 在甲状腺中被剪接产生含有外显子 1、2、3、4 的成熟 mRNA，并被翻译为降钙素。此外，降钙素相关肽（calcitonin gene - related peptide，CGRP）与降钙素具有相同的基因，CGRP 的初始转录产物 hnRNA 在脑组织则被剪接为含有外显子 1、2、3、5、6 的成熟 mRNA，从而转译为 CGRP，结果如图 15 - 21 所示。

图 15 - 21　降钙素与降钙素基因相关肽的转录与翻译

降钙素是甲状腺 C 细胞合成的由 32 个氨基酸残基组成的多肽，其 C 端为脯氨酰胺，这是一个非天然氨基酸，是经翻译后修饰产生的氨基酸。降钙素的作用靶器官为骨和肾。CT 通过抑制破骨细胞的活性和激活成骨细胞，促进骨盐沉积，从而降低血钙与血磷含量。CT 还抑制肾小管对钙、磷的重吸收。CT 的总体作用是降低血钙与血磷。由于鲑鱼降钙素的活性比人降钙素活性高，因此临床上常用鲑鱼降钙素治疗骨质疏松症等骨病。

（二）胰岛素的生物合成

1. 胰岛 B 细胞合成　胰岛素基因组 DNA 是单一拷贝型的基因，位于第 11 号染色体的短臂上。基因由 3 个外显子和 2 个内含子组成，外显子 I 编码前边的信号肽，外显子 2 和 3 是胰岛素主要肽链的编码区。胰岛素经转录与翻译后，首先生成胰岛素前体前胰岛素原（preproinsulin），即含信号肽和 C 肽的胰岛素前体叫做前胰岛素原。前胰岛素原由 105 个氨基酸残基组成，在内质网腔切除信号肽后生成胰岛素原（proinsulin）。人胰岛素原由 86 个氨基酸残基组成，在特定蛋白水解酶的作用下，胰岛素原切除 A、B 链间的 C 肽后才形成有活性的胰岛素（见第二章图 2 - 2）。成熟胰岛素由 51 个氨基酸残基组成，是生物体内具有降糖作用的蛋白质激素。它的相对分子质量约为 5700，等电点为 5.2 ~ 5.3。胰岛 B 细胞合成后，以六聚体形式贮存于 B 细胞中，当血液中葡萄糖浓度升高后，胰岛素可通过胰腺分泌进行血液循环，发挥降低血糖作用。

2. 重组 DNA 技术制备　胰岛素已成为治疗糖尿病的重要药物，1982 年以前人类应用的胰岛素来自于动物胰腺中提取的产品。随着 1973 年重组 DNA 技术的诞生，1982 年人类首次运用重组 DNA 技术将重组胰岛素投放市场，标志着第一个重组蛋白质药物的诞生。最初人们采用 *E. coli* 表达系统分别构建表达 A、B 两条链的原核表达载体，表达产量高，表达产物占细菌总蛋白的 20% ~ 30%，表达产物为不溶解的包涵体，易于纯化。但这种表达方法制备有活性胰岛素产物的正确复性率很低，使最终产品成本高，此方法现已被淘汰。20 世纪 90 年代，科学家们仿照自然界过程，先表达出胰岛素原后，再经酶切得到具有生物活性的胰岛素。首先分离纯化胰岛素原 mRNA，通过逆转录得到胰岛素原 cDNA，通过 DNA 分子操作构建其表达载体，转化大肠埃希菌，发酵液离心收集菌体，高压匀浆破碎细胞，离心收集包涵体，尿素溶解包涵体，复性得到胰岛素原，用胰蛋白酶和羧肽酶 B 处理切除 C 肽得到人胰岛素。再经过离子交换色谱、反相色谱和三次重结晶得到高纯度、符合药用标准的人胰岛素。上述方法的关键点是利用了胰岛素原，有助于形成正确的二硫键折叠过程。

3. 胰岛素类似物生产　胰岛素是糖尿病治疗中控制血糖的有效蛋白质类药物，采用蛋白质工程和基因工程技术可以获取人胰岛素突变体（insulin variants），以满足糖尿病患者临床上对胰岛素的不同需求。

（1）速效胰岛素　临床应用中希望胰岛素能有以下两个特性：一方面是它在注射进行人体后能快速起效；另一方面是它的功效能持续 24 小时。1 型糖尿病患者胰岛受到损伤，不能合成与分泌胰岛素。用胰岛素进行皮下注射时，它们会在皮下很快聚集。胰岛素在高浓度下会形成六聚体。要想被血管吸收并转运到目的细胞，就必须先将其分解成单体或二聚体。因此，注射后的胰岛素进入血液循环的速度太慢，并且一旦进入血液循环又会在长时间内保持高浓度，这对糖尿病的治疗非常不利。

类胰岛素生长因子（IGF-1）的 C 端与胰岛素 B 链 C 端结构相似，但不形成紧密的六聚体。根据蛋白质工程原理，利用定点突变方法，人们将正常胰岛素氨基酸序列的第 28 位脯氨酸和第 29 位赖氨酸进行位置交换，这种产品的商品名为 Humalog®，也称为赖脯胰岛素 lispro 胰岛素，该词从 "lysine – proline" 演变而来的。另外，根据胰岛素结构特点，直接将第 28 位的脯氨酸替换为门冬氨酸，从而创造出另一个产品速效胰岛素，称为门冬胰岛素，商品名为 Aspart®。这两种胰岛素变体产品在人体内起效快，均以单体形式存在，起效时间短（10~20 分钟），作用高峰 40 分钟，持续时间为 3~5 小时，它们能够产生更符合生理需要的胰岛素。患者可以在注射速效胰岛素后立即进餐，进餐期间很少出现低血糖，能较好地控制血糖。

（2）长效胰岛素　Glargine 是第一个长效胰岛素类似物，又称为基础胰岛素类似物，通过氨基酸点突变，提高胰岛素等电点而实现的。将 A 链第 21 位天冬氨酸用甘氨酸取代，B 链 C 端加 2 个精氨酸改变而成的，使胰岛素等电点由 pI 5.4 转为 pI 7.2。其在酸性药液（pH 4.0）中呈溶解状态，注射到皮下组织（中性环境）后，酸性的 Glargine 溶液被中和，可形成一些微沉淀物，主要为稳定的六聚体，在超过 24 小时的时间范围内缓慢释放、发挥效用。它的起效时间为 2~3 小时，持续时间为 20~30 小时，只在睡前给药 1 次即可维持 24 小时的基础胰岛素水平，血药浓度无明显主峰，而是平稳的吸收相，可以减少血糖特别是夜间低血糖的发生。

Determir 是另一个长效胰岛素类似物，它是在 B 链去除了第 30 位的苏氨酸，而在第 29 位的赖氨酸位点上连接了一个豆蔻基侧链（myristic acid），豆蔻酸是一种含有 14 个碳原子的脂肪酸。在有锌离子存在的药液中，胰岛素分子以六聚体形式存在，豆蔻酸的修饰会使六聚体在皮下组织的扩散和吸收减慢。皮下注射后，胰岛素 Determir 六聚体可通过脂肪酸侧链与一个清蛋白分子结合，这样会进一步减慢吸入血液循环的速度。Determir 在中性 pH 环境中是可溶性的，因此药物吸收比中效胰岛素（NPH，neutral protamine hagedorn）和长效甘精胰岛素（glargine）更稳定，对血糖控制的个体差异更小。Determir 的药代动力学曲线平坦，没有明显的作用高峰，因此发生夜间低血糖的危险性更小。

（张玉彬）

扫码"练一练"

第十六章　物质代谢与代谢调控

第一节　物质代谢的相互关系

扫码"学一学"

生物体内的新陈代谢是一个完整而又统一的过程，并且存在复杂的调节机制，这些代谢过程密切相互促进和制约。糖、脂质及蛋白质代谢的密切联系，主要表现在三者的各代谢中间产物可以互相转变。蛋白质和脂质代谢进行的程度取决于糖代谢进行的程度。当糖和脂质不足时，蛋白质的分解就增强，当糖多时又可减少脂质的消耗。由于糖、脂质及蛋白质三大代谢之间有密切的相互联系，对机体的正常生理活动起着重要的保证作用。由于体内存在有一系列的代谢调节，因而使各个代谢反应成为完整而统一的过程。

在合成代谢方面，它们在一定条件下可以相互转变。这种转变是通过它们在代谢过程中所产生的中间产物，如丙酮酸、乙酰 CoA、草酰乙酸及 α‑酮戊二酸等来实现。糖和脂质可以转变成蛋白质分子中某些非必需氨基酸，但不能转变为必需氨基酸。蛋白质的分解产物 α‑酮酸能转变成糖或脂质。糖和脂质之间也可以互变，来自食物的糖除合成糖原储存外，经常有一部分转变为体脂储存起来。反过来，脂肪的分解产物甘油也可以转变为糖。

在分解代谢方面，它们虽然都能氧化分解成 CO_2 与 H_2O，并释放能量供机体各种生理活动的需要，但是由于它们各自的生理功能不同，在氧化供能上是以糖和脂肪为主，其中糖氧化分解的能量为体内能量的主要来源。这样不仅节约了蛋白质的消耗，并且有利于蛋白质的合成和氨的解毒。下面分别讨论糖、脂质、蛋白质代谢之间的互相联系。

一、蛋白质与糖代谢的相互联系

蛋白质可以分解为氨基酸，在体内转变为糖。已知许多氨基酸在脱氨后转变为丙酮酸、α‑酮戊二酸、草酰乙酸而生成葡萄糖和糖原。因此，蛋白质在体内是能转变成糖的。

组成蛋白质的 20 种氨基酸，大多数是非必需氨基酸，这些氨基酸中有的可以互相转变，其碳链部分还可以依靠糖来合成。糖是生物机体重要的碳源和能源，可用于合成各种氨基酸的碳链结构。例如糖在分解代谢过程中产生许多 α‑酮酸，如丙酮酸、α‑酮戊二酸、草酰乙酸等，它们通过氨基化或转氨作用就可以生成其相对应的氨基酸。但是必需氨基酸在体内无法合成，这是因为机体不能合成与它们相对应的 α‑酮酸。因此，依靠糖来合成整个蛋白质分子中各种氨基酸的碳链，在机体内是不可能的，所以不能用糖完全来代替食物中蛋白质的供应。相反，蛋白质在一定程度上可以代替糖。

二、糖与脂质代谢的相互联系

糖与脂质物质也能互相转变。已知填鸭或肥猪的储存脂肪很丰富，它们的饲料中很少

459

有脂肪，而是以糖为主，这充分说明动物体内能将糖转变成脂肪。

乙酰辅酶 A 是糖分解代谢的重要中间产物，这个中间产物正是合成脂肪酸与胆固醇的主要原料；另一方面，糖分解的另一中间产物磷酸二羟丙酮又是生成甘油的材料，所以糖在人及动物体内合成脂肪及胆固醇是可以理解的。但是必需脂肪酸是不能在体内合成的，亦即不能由糖转变而成，因此食物中不可绝对缺少脂质的供给，尤其是含必需脂肪酸的脂质。

在正常生理状况下，脂肪分子中的甘油可通过糖的异生作用转变为糖。由于机体内丙酮酸的氧化脱羧作用不可逆，所以脂肪酸分解的中间产物乙酰辅酶 A 不能变成丙酮酸再转变为糖。但是乙酰辅酶 A 通过三羧酸循环变成草酰乙酸后，有少量可转变成糖。当用 $CH_3^{14}COOH$ 喂饲动物时，发现有少量 ^{14}C 可掺入到肝糖原分子中。在某些病理状态下，也可以观察到糖代谢与脂质代谢之间的关系。例如糖尿病患者的糖代谢发生了障碍，同时也常伴有不同程度的脂质代谢紊乱。

总之，在一般生理情况下依靠脂肪大量合成糖是困难的，但是糖转变成脂肪则可大量进行。

三、蛋白质与脂质代谢的相互联系

无论是成糖氨基酸或成酮氨基酸，其对应的 α – 酮酸，在进一步代谢过程中都会产生乙酰辅酶 A，然后转变为脂肪或胆固醇。此外，甘氨酸或丝氨酸等还可以合成胆胺与胆碱，因此氨基酸也是合成磷脂的原料。总之，蛋白质是可以转变成各种脂质的。

脂肪酸 β – 氧化所产生的乙酰辅酶 A 虽然可进入三羧酸循环而生成 α – 酮戊二酸，后者可通过转氨基作用而成为谷氨酸。实际上单纯依靠脂肪酸来合成氨基酸是极其有限的。至于甘油部分，因其可以转变成糖，故和糖类一样可生成一些与非必需氨基酸相对应的 α – 酮酸。但是由于脂肪分子中甘油所占的比例较少，所以从甘油转变成氨基酸的量也很有限。

四、核酸与糖、脂质和蛋白质代谢的相互联系

核酸是细胞中重要的遗传物质，它通过控制蛋白质的合成，影响细胞的组成成分和代谢类型。许多游离核苷酸在代谢中起着重要的作用。例如 ATP 是能量和磷酸基团转移的重要物质，GTP 供给合成蛋白质肽链时所需要的能量，UTP 参与多糖的生物合成，CTP 参与卵磷脂的生物合成。体内许多辅酶或辅基含有核苷酸组分，如辅酶 A、辅酶 I、辅酶 II、FAD、FMN 等。反之，核苷酸的嘌呤和嘧啶环是由几种氨基酸作为原料合成的，核苷酸的核糖又是从糖代谢的戊糖磷酸途径而来的。核酸参与了蛋白质生物合成的几乎全过程，而核酸的生物合成又需要许多蛋白质因子参与作用。

综上所述，糖、脂质、蛋白质和核酸等物质在代谢过程中都是彼此相互影响、相互转化和密切相关的。三羧酸循环不仅是各类物质共同的代谢途径，而且也是它们之间相互联系的渠道。现将糖、脂质、蛋白质和核酸代谢相互的联系总结如图 16 – 1 所示。

图 16−1　糖、脂质、蛋白质和核酸代谢的相互关系

第二节　物质代谢的调控

扫码"学一学"

　　生物机体的新陈代谢是一个完整统一的体系。机体代谢的协调配合，关键在于它存在精密的调节机制。代谢的调节使生物机体能够适应其内、外复杂的变化环境，从而得以生存。这种精密的调节机制是生物在长期演化中获得的。

　　代谢调节在生物界普遍存在，它是生物在长期进化过程中，为适应环境的变化而形成的。进化越高的生物，其代谢调节机制就越复杂。最原始的调节方式为细胞内代谢调节，它是代谢物通过影响细胞内酶活力和酶合成量的变化，以改变合成或分解代谢过程的速度，称为细胞或酶水平的调节，这类调节为一切其他高级调节的基础。内分泌腺随着生物的进化而出现，它所分泌的激素通过体液输送到一定组织，作用于靶细胞，改变酶活性而调节代谢反应的方向和速度，称为激素水平的调节。高等生物则不仅有完整的内分泌系统，还有功能复杂的神经系统。在中枢神经的控制下，通过神经递质对效应器发生直接影响，或者改变某些激素的分泌，再通过各种激素的互相协调，对整体的代谢进行综合调节。

一、细胞或酶水平的调控

　　酶在细胞内有一定布局和定位，相互有关的酶往往组成一个多酶系统而分布于细胞内特定部位。这些酶互相接近，容易接触，使反应迅速进行；而其他酶系则分布在不同部位，不至互相干扰，而且能互相协调和制约。例如糖酵解、戊糖磷酸途径和脂肪酸合成的酶系存在于细胞质中；三羧酸循环、脂肪酸 β − 氧化和氧化磷酸化的酶系存在于线粒体中；核酸生物合成的酶系大多在细胞核中；这样的隔离分布为细胞或酶水平代谢调节创造了有利条件，使某些调节因素可以专一地影响某一细胞部位的酶活性，而不致影响其他部位的酶活性，从而保证代谢顺利进行。

细胞或酶水平的调节有两种方式：一种是酶活力的调节，属快调节，它是通过改变酶分子的结构来实现对酶促反应速度的调节；另一种是酶合成量的调节，属慢调节，它是通过改变分子合成或降解的速度来改变细胞内酶的含量，从而实现其对酶促反应速度的调节。

（一）酶活力的调节

1. 反馈调节与别构酶　细胞内的物质代谢由一系列酶所组成的多酶体系依次进行催化而完成。要调节代谢速度往往不需要改变全部参与反应的酶活性，而仅仅改变某些甚至是个别关键酶的活性即可。这种关键酶常是代谢途径中的限速酶。例如细胞内胆固醇的生物合成需要数十种酶的参与，其中只有 HMG - CoA 还原酶是限速酶，该酶抑制剂美降脂因具有很好的降胆固醇作用。限速酶通常处于多酶体系中的起始反应阶段，通过这些酶的调节可以更经济、更有准备地改变整个反应的代谢过程，并能防止过多的中间代谢物堆积。限速酶的活性常常受到其代谢体系终产物的抑制，这种抑制称为反馈抑制。通过反馈抑制可在最终产物积累时使反应速度减慢或停止。当最终产物被消耗或转移而降低浓度时，这种抑制作用逐渐取消，反应再度开始并且速度渐渐加快，如此不断地调节反应速度，维持终产物的动态平衡。反馈抑制的效果属于负性的，称为负反馈。有时最终产物可激活整个代谢反应，这种情况称为反馈激活，也称正反馈。

研究发现，上述调节酶活性的反馈抑制剂在结构上常与底物不相似，作用时也不直接作用于酶的活性中心。显然此类酶结构中存在着能与反馈调节剂结合的部位，此部位与反馈调节剂结合后，酶分子的构象发生改变，导致该酶活性中心构象改变，从而调节酶活性。与反馈抑制剂结合的部位被称为别构部位（allosteric site），此类酶称为别构酶，调节其活性的抑制剂和激活剂分别称为别构抑制剂和别构激活剂，统称别构效应剂（allosteric effector）。终产物对代谢过程的抑制通常是通过对别构酶的作用来完成的。

[例 16 -1] 肝胆固醇生物合成的反馈调控

在此系列反应中，当肝中胆固醇含量升高时，即反馈抑制 HMG - CoA 还原酶，使肝胆固醇的合成降低。

[例 16 -2] 大肠埃希菌 CTP 生物合成的反馈调控

上述系列反应中，终产物 CTP 利用率低时，CTP 积累，即出现反馈抑制天冬氨酸转氨甲酰酶（ATC 酶），从而使 CTP 的生成速度减慢或终止。反之，当 CTP 被利用时，浓度下降，反馈抑制解除，ATC 酶活力恢复。在此系列反应中，ATP 能够和 CTP 竞争与 ATC 酶结合，故 ATP 能够解除 CTP 对 ATC 酶的反馈抑制作用。

[例 16 -3] 氨基酸生物合成的反馈调控

在有分支的连锁反应，除了起始步骤外，尚有其他分支步骤相协调的反馈抑制，现以大肠埃希菌中一些氨基酸对天冬氨酸代谢的调节为例说明如下（图 16 – 2）。

图 16 – 2　天冬氨酸在大肠埃希菌的代谢

（1）协同反馈抑制　所谓协同反馈抑制是指两个或以上的反馈抑制作用，其作用点是一个酶时，反馈作用的强度大于两者单独作用之和。上述天冬氨基酸代谢途径中的 A 可被两种不同调节剂 L – 异亮氨酸、赖氨酸和苏氨酸所反馈抑制。当 L – 异亮氨酸、赖氨酸和苏氨酸同时堆积时，其反馈抑制作用大大超过其单独作用时的强度。

（2）顺序反馈抑制　所谓顺序反馈抑制是指串联反应中的每一步的中间代谢物都能反馈抑制合成其本身的酶，从而造成终产物的反馈抑制作用逆向于串联反应的传递。如从天冬氨酸到 L – 异亮氨酸的系列反应中，催化起始步骤的酶是通过顺序反馈抑制的，即 L – 异亮氨酸抑制苏氨酸转变为 α – 酮丁酸，引起苏氨酸的堆积，而苏氨酸的堆积又抑制生成它自己的酶的活性，即由高丝氨酸、天冬氨酸半醛和天冬氨酸合成途径的酶的活性。

2. ATP、ADP 和 AMP 的调节　代谢途径中酶所催化的反应速度，除由最终产物的反馈调节外，尚可由其他代谢物来进行调节，例如 ATP、ADP 和 AMP 等。这些化合物实际上也是一种变构剂，通过它们对变构酶的抑制或激活而对各个代谢途径起着协调作用，现以糖代谢的三个代谢途径为例说明其调节作用。

一般来说，分解代谢或合成代谢终产物可作为变构抑制剂，抑制分解代谢或合成代谢起始步骤的变构酶。细胞内各个代谢途径的酶有些依赖于 ATP/ADP 或 ATP/AMP 浓度之比值，其比例的变化往往反映了某种代谢途径的趋向。在机体内葡萄糖转化为葡糖 – 6 – 磷酸，通过酵解和有氧氧化分解生成 CO_2 和 ATP（途径 1）或通过葡糖 – 1 – 磷酸合成糖原储存起来（途径 2），当需要时糖原可通过磷酸化酶再进行分解（途径 3）。

$$糖原 \underset{途径\ 2}{\overset{途径\ 3}{\rightleftharpoons}} 葡萄糖 \overset{途径\ 1}{\longrightarrow} CO_2 + H_2O + ATP$$

当运动需要供给较多能量时，由于 ATP 消耗转变成 ADP 和 AMP，使 AMP 和 ADP 浓度升高，可激活途径 1 的果糖磷酸激酶和途径 3 的糖原磷酸化酶，而途径 2 的糖原合酶呈抑制状态，整个代谢途径趋向于分解，即糖原分解、糖酵解和有氧氧化，生成 CO_2 和 ATP。当休息时，能量消耗减少，ATP 浓度升高，途径 1 和途径 3 的酶呈抑制状态，而途径 2 的糖原合酶被激活，整个代谢途径趋向合成，维持体内糖代谢相对平衡。

3. 酶的共价修饰调节　酶分子多肽链上的某些基团，在另一些酶的催化下可与变构剂进行可逆共价结合，结合后引起分子变构，使酶的活力发生变化（激活或抑制），而达到调节作用，这种作用称为酶的共价修饰调节。例如肝和肌肉中的磷酸化酶 a 和 b，其中 b 型为无活性，通过激酶和 ATP，使酶分子多肽链亚基丝氨酸残基的羟基磷酸化，成为有活性的磷酸化酶 a，而使糖原分解（见糖代谢章）。肌磷酸化酶的情况和肝磷酸化酶类似，区别仅仅在于肌磷酸化酶激活时伴随有聚合现象。酶的共价修饰作用迅速，并且有放大效应。因为酶的共价修饰是连锁进行的，即一个酶发生共价修饰后，被修饰的酶又可催化另一种酶反应修饰，每修饰一次，发生一次放大效应，连锁放大后，即可使极小量的调节因子产生显著的效应。这种连锁反应中一个酶被激活，连续地发生其他酶被激活，导致原始信息的放大，称为级联（cascade）系统。肾上腺素或胰高血糖素对磷酸化酶的作用就是通过酶蛋白的修饰和变构使反应逐渐放大的效应（见糖代谢章）。

（二）酶量的调节

对酶量的调节主要表现在对酶蛋白的合成和降解调节。许多调节信号能影响有关酶蛋白的生物合成，这是以基因水平为基础的调节。当机体需要某些酶时，可以开放指导这些酶合成的基因来增加这些酶的合成，提高细胞中的酶含量。例如糖皮质激素可以通过诱导肝中有关糖异生的几个关键酶而起到增加糖异生、升高血糖的作用，又如苯巴比妥类药物可通过诱导作用使药物代谢酶蛋白生物合成增加，因而有促进药物代谢的作用。原核生物和真核生物有不同的调节机制。下面主要介绍酶蛋白的合成和降解的特点。

1. 酶蛋白合成的诱导与阻遏　酶的底物、产物、激素或药物均可影响酶的合成。一般将加速酶合成的化合物称为酶的诱导剂（inducer），减少酶合成的化合物称为酶的阻遏剂（repressor）。诱导剂或阻遏剂是在酶蛋白生物合成的转录或翻译过程中发挥作用，但影响转录较常见。

（1）底物对酶合成的诱导　普遍存在于生物界。高等动物体内，因有激素的调节，底物诱导作用不如微生物重要。例如尿素循环的酶可受食入蛋白质增多而诱导其合成增加。鼠饲料中蛋白质含量从8%增加至70%，鼠肝精氨酸酶活性可增加2~3倍。

（2）产物对酶合成的阻遏　代谢反应的产物不仅可变构抑制或反馈抑制关键酶或催化起始反应酶的活性，而且还可阻遏这些酶的合成。例如HMG-CoA还原酶是胆固醇合成的关键酶，肝中该酶的合成可被胆固醇阻遏。但肠黏膜中胆固醇的合成不受胆固醇的影响，因此摄取高胆固醇的食物后，血胆固醇仍有升高的危险。

（3）激素对酶合成的诱导　例如糖皮质激素能诱导一些氨基酸分解酶和糖异生关键酶的合成，而胰岛素则能诱导糖酵解和脂肪酸合成途径中关键酶的合成。

（4）药物对酶合成的诱导　很多药物和毒物可促进肝细胞微粒体中单加氧酶（或混合功能氧化酶）或其他一些药物代谢酶的诱导合成，从而使药物失活，具有解毒作用。然而，这也是引起耐药现象的原因。

2. 酶蛋白降解　改变酶蛋白分子的降解速度也能调节细胞内酶的含量。细胞蛋白水解酶主要存在于溶酶体中，故凡能改变蛋白水解酶活性或影响蛋白酶从溶酶体释出速度的因素，都可间接影响酶蛋白的降解速度。通过酶蛋白的降解，调节酶的含量远不如酶的诱导和阻遏重要。除溶酶体外，细胞内还存在蛋白酶体（proteasome）由多种蛋白水解酶组成，相对分子质量为100万，当待降解的蛋白质与泛素（ubiquitin）结合后，即可将该蛋白质降解。泛素系由76个氨基酸组成的蛋白质，相对分子质量8500。当泛素与待降解的蛋白质结合时，即泛素化后即可使蛋白质迅速降解。参与泛素化作用的尚需不同的识别蛋白，识别蛋白有多种，各自识别不同种类的降解蛋白质。目前已知与细胞增殖有关的一类蛋白激酶的调节亚基即细胞周期蛋白（cyclin）的降解，即与此方式有关。泛素诱导细胞周期蛋白的降解在细胞周期的调控中起重要作用。

二、激素调控

（一）第二信使的种类与作用

激素与靶细胞膜上受体识别结合形成二元复合物后，通过激活效应器合成一些小分子化合物——第二信使。目前，已发现的第二信使有：cAMP、cGMP、IP_3（肌醇三磷酸）、Ca^{2+}、DAG（二酰甘油）、NO、神经酰胺（ceramide）和花生四烯酸等。

1. cAMP 当激素与靶细胞膜外侧的相应受体结合后，或通过G蛋白的Gs家族的介导，使得靶细胞内腺苷酸环化酶被激活，或通过G蛋白的G_i家族的介导，使得靶细胞内腺苷酸环化酶的活性被抑制。活化的环化酶催化ATP生成cAMP，后者作为第二信使，引发产生多种生物学效应。cAMP可由cAMP磷酸酯酶水解生成AMP。

cAMP的生物学作用主要是通过依赖于cAMP蛋白激酶来实现。这种蛋白激酶的催化亚基是催化其下游底物－蛋白发生磷酸化，蛋白激酶的调节亚基是其催化亚基的抑制剂。当调节亚基与催化亚基结合时，催化亚基的酶活性呈抑制状态。cAMP存在时，与调节亚基结合，而使调节亚基变构并与催化亚基脱离分开，游离的催化亚基发挥作用使底物蛋白发生磷酸化。底物蛋白通过磷酸化而改变其生物活性，从而实现由激素→受体→G蛋白→腺苷酸环化酶→cAMP→依赖于cAMP蛋白激酶→底物蛋白磷酸化的信号转导过程。

2. IP_3和DAG 同cAMP模式类同，当激素与靶细胞膜外侧的相应受体结合后，通过G蛋白（这种G蛋白为G蛋白家族的一类称G_p）的介导使得靶细胞内磷脂酶C－β（phospholipase C－β，PLC－β）被激活，活化的PLC－β将细胞膜上的磷脂酰肌醇－4,5－二磷酸（phosphatidylinositol－4,5－diphosphate，PIP_2）分解成三磷酸肌醇和二酰甘油。

作为第二信使的IP_3，开放内质网膜上的钙通道使其腔内的Ca^{2+}流出释放到胞质，Ca^{2+}作为下游的信息转导者进一步激动细胞的信号转导。蛋白激酶C（protein kinase C，PKC）受到Ca^{2+}激活调控时，必须与DAG和磷脂酰丝氨酸（phosphatidylserine，PS）一起协同作用。激活的PKC（是一种丝氨酸/苏氨酸蛋白激酶）催化其下游底物－蛋白发生磷酸化，磷酸化蛋白的活性随之发生变化，进而激动细胞的信号转导。IP_3和DAG可由其他酶的水解而消失，因此，激素与受体结合之后，启动磷脂酰肌醇级联反应，使靶细胞内Ca^{2+}浓度和DAG增加，随后激活了蛋白激酶C。

3. 钙离子 靶细胞内的Ca^{2+}，一方面可由细胞膜上依赖于受体的钙通道开放，使胞内的Ca^{2+}升高；另一方面通过启动磷脂酰肌醇级联反应，使胞内Ca^{2+}升高；再者通过特定类型G蛋白介导，使胞内Ca^{2+}升高。

Ca^{2+}发挥第二信使作用主要是通过钙调蛋白（calmodulin，CaM）。一般CaM－Ca^{2+}与它所控制的下游酶相连，CaM与Ca^{2+}结合后引起三维结构变化而改变与它相连的酶的活性，如依赖于CaM－Ca^{2+}的蛋白激酶。CaM－Ca^{2+}系统还能活化环核苷酸磷酸酯酶，由此增强细胞内 cAMP、cGMP 的分解速率，从而调控细胞内环核苷酸的水平。

4. cGMP 靶细胞内 cGMP 的生成，一方面可由 G_i 家族的 G_t 亚型介导的鸟苷酸环化酶；另一方面也可由特定的膜受体胞内侧鸟苷酸环化酶，被活化的环化酶催化细胞质 GTP 环化成 cGMP。cGMP 与 cAMP 同属于环核苷酸，但生物功能的许多方面是相反的，cAMP 的浓度低，而 cGMP 的浓度高；反之，cAMP 的浓度上升，则 cGMP 的浓度降低。

cGMP 作为第二信使，通过激活依赖于 cGMP 蛋白激酶 G（PKG）实现其信号的转导。PKG 是一种丝氨酸/苏氨酸蛋白激酶，激活后可使其底物蛋白发生磷酸化，从而改变底物蛋白生物活性。

5. 一氧化氮 一氧化氮（NO）是一种性质活泼、具有毒性的小分子气体，在体内由一氧化氮合酶（nitric oxide synthase，NOS）催化 L－Arg 与 O_2 和 NADPH 反应而得到的，反应如下。

$$Arg + O_2 + NADPH + H^+ \longrightarrow 瓜氨酸 + NO + H_2O + NADP^+$$

NOS 由两个相同的亚基组成，机体有两种形式的 NOS：一种是所谓的原生型，它主要存在于内皮细胞和脑细胞之中。这类 NOS 在细胞中事先已被合成好，在合适的条件下能迅速被激活，它的活性完全依赖于 $CaM － Ca^{2+}$，因此，磷脂酰肌醇系统与这种 NOS 的激活有一定的关系。另一种是所谓的诱导型，它只有在特殊的条件下，如细胞因子或细菌内毒素（脂多糖）存在下，其基因才被诱导表达，该酶的活性与 $CaM － Ca^{2+}$ 的关系较为复杂，一般不依赖于 $CaM － Ca^{2+}$。

血管内皮细胞合成的 NO 或与平滑肌接头的神经细胞合成的 NO 很容易扩散到邻近的平滑肌细胞中，并激活鸟苷酸环化酶（与其血红素辅基反应，诱导酶的构象发生变化，提高酶活性达 50 倍之多）产生 cGMP，cGMP 再激活 PKA 的活性，通过 PKA 实现其信号的转导最终导致平滑肌的松弛。

（二）激素调控方式

1. 糖代谢的激素调控

（1）糖原合成与分解 糖原合成代谢途径中的糖原合酶和糖原分解代谢途径中的糖原磷酸化酶，分别是两者各自代谢途径的关键酶。

糖原合酶具有 a 型、b 型两种结构形式，b 型在生理条件下几乎是完全没有活性的，而 a 型则具有生物活性。糖原合酶活性的调控主要是通过糖原合酶磷酸化与否来实现，糖原合酶 a 型是糖原合酶的非磷酸化形式，而糖原合酶 b 型则是磷酸化形式。细胞内的糖原合酶活性受到磷酸化与否的调控关系是非常复杂的，其中比较清楚的是未磷酸化的糖原合酶（糖原合酶 a 型）受到包括磷酸化酶激酶和蛋白磷酸酶－1（protein phosphatase－1，PP1）在内的双重级联调控。激酶的作用方式是使同型四聚体糖原合酶（糖原合酶 a 型）的亚基中九个酪氨酸残基的一个或多个发生磷酸化（糖原合酶 b 型），从而使酶发生不同程度的失活。参与调控的激酶包括依赖 cAMP 蛋白激酶、依赖钙调蛋白的蛋白激酶、蛋白激酶 C、糖原合酶激酶－3 等。糖原合酶的去磷酸化，是通过蛋白磷酸酶－1（PP1）将 b 型糖原合酶亚基中酪氨酸残基的磷酸基水解而形成 a 型。利用这种糖原合酶是否磷酸化的双重调控，通过糖原合酶生物活性的强度，实现细胞内糖原合成的调节。

糖原磷酸化酶也具有 a 型、b 型两种结构形式，b 型没有生物活性，而 a 型则具有生物活性。糖原磷酸化酶 a 型是糖原磷酸化酶的磷酸化形式，而糖原磷酸化酶 b 型则是非磷酸化形式。糖原磷酸化酶活性的调控也是通过糖原磷酸化酶的磷酸化与否来实现，糖原磷酸化酶由两个相同的亚基组成，通过糖原磷酸化酶激酶的作用，使磷酸基共价结合在糖原磷酸化酶（激活前 b 型）的亚基肽链 Ser_{14} 上，从而激活糖原磷酸化酶（激活后的 a 型）。同样，糖原磷酸化酶的去磷酸化，也是通过蛋白磷酸酶－1（PP1）将 a 型糖原磷酸化酶分子上的磷酸基水解掉而形成 b 型。

糖原磷酸化酶激酶催化糖原磷酸化酶磷酸化，从而激活了糖原磷酸化酶（b 型转化为 a 型）。骨骼肌中的糖原磷酸化酶激酶，是由四种不同亚基构成的异型十六聚体 $[(\alpha\beta\gamma\delta)_4]$，其中 α、β 和 δ 亚基是调节亚基，γ 亚基是催化亚基。糖原磷酸化酶激酶的活性与其自身磷酸化程度呈正比，也就是说，糖原磷酸化酶激酶被磷酸化，使它从低活性形式转变为高活性形式。具体来说，α 和 β 亚基上都有磷酸化位点，只有当它们充分磷酸化才能使酶的催化活性达到高峰，并提高酶对底物的亲和能力。催化糖原磷酸化酶激酶 α 和 β 亚基磷酸化的酶为蛋白激酶 A。此外，糖原磷酸化酶激酶还受到 Ca^{2+} 的调控，是一种依赖 Ca^{2+} 的蛋白激酶。糖原磷酸化酶激酶的 δ 亚基实际上是钙调蛋白，它有四个 Ca^{2+} 结合部位，当 Ca^{2+} 结合到这些部位时，激酶的三维结构发生变化从而使糖原磷酸化酶激酶活化。

蛋白激酶 A 也称依赖 cAMP 蛋白激酶，是依赖细胞内 cAMP 活化的蛋白激酶，也是细胞内一个关键性的调节酶，催化许多酶蛋白分子的 Ser 或 Thr 残基的磷酸化，其中也包括糖原磷酸化酶激酶和糖原合酶等的磷酸化。依赖 cAMP 蛋白激酶由四个亚基构成（R_2C_2），两个亚基属于调节亚基（R），两个亚基属于催化亚基（C）。如果细胞内缺少 cAMP，则依赖 cAMP 蛋白激酶处于无活性的四聚体状态 R_2C_2。当 cAMP 与激酶的调节亚基 R 结合后，四聚体解聚而使催化亚基 C 游离出来行使激酶的催化活性。因此，细胞内 cAMP 的浓度，不仅决定着依赖 cAMP 蛋白激酶的活性状态，也决定着它对其底物磷酸化的速度。

蛋白磷酸酶－1（PP1）是将磷酸化的酶分子上磷酸基团水解下来，它和由"激酶"催化的磷酸化作用正好相反，一同控制细胞内许多蛋白磷酸化作用的动态平衡。PP1 有两个亚基，一个是催化亚基，另一个是糖原结合亚基（也称 G 亚基）。单独的催化亚基与糖原颗粒的亲和力很低，必须与 G 亚基结合才能对糖原颗粒表现出高的亲和力。此外，G 亚基又受依赖 cAMP 蛋白激酶的磷酸化而抑制与催化亚基的结合。PP1 作用的底物酶分子包括肌肉中糖原磷酸化酶 a（磷酸化状态）、糖原磷酸化酶激酶 α 与 β 亚基和糖原合酶 b（磷酸化状态）。PP1 的生物活性也具有调控性，如果和蛋白磷酸酶抑制剂结合，其活性就受到抑制。蛋白磷酸酶抑制剂是一种小的蛋白质，它又受到其他酶相互作用的控制，也是由依赖 cAMP 蛋白激酶催化的磷酸化而激活，并由 PP1 的去磷酸化而失活。具体来说，蛋白磷酸酶抑制剂肽链上的苏氨酸（Thr）残基通过依赖 cAMP 蛋白激酶的磷酸化激活后，抑制剂才能对 PP1 起抑制作用；在 PP1 的作用下去磷酸化而又成为无活性状态。依赖 cAMP 蛋白激酶，通过激活糖原磷酸化酶激酶活性和通过激活蛋白磷酸酶抑制剂进而抑制蛋白磷酸酶活性，双重地激活糖原磷酸化酶活性。因此，当 cAMP 浓度增加时，糖原磷酸化酶不单单是被提高了催化反应的能力，同时也降低了该酶被抑制的程度。

肝脏中的糖原代谢主要受胰高血糖素的调控，在肌肉及其他各种组织中，糖原代谢受肾上腺素类激素的调控。上述激素作用于细胞表面，通过激活一种 G 蛋白而激活腺苷酸环化酶，活化的腺苷酸环化酶使 ATP 环化形成 cAMP，cAMP 进而又激活了依赖 cAMP 的蛋白激酶。通过依赖 cAMP 的蛋白激酶活性的增加，靶细胞内许多酶的磷酸化速度增高而去磷酸化的速度下降。其中依赖 cAMP 的蛋白激酶不仅将糖原磷酸化酶激酶磷酸化而激活，同时也将糖原合酶磷酸化而使其失去活性，上述这两种酶的磷酸化状况，就构成了糖原合成和分解相互调节的基础。胰高血糖素或肾上腺素类激素经过受体的介导，可导致靶细胞内数以百计的 G 蛋白分子活化，每个活化的 G 蛋白分子又激活了大量的腺苷酸环化酶，从而诱发合成大量的 cAMP（可使胞内 cAMP 的浓度由 $10^{-3}\,\mu mol/L$ 提高到 $10\mu mol/L$），cAMP 浓度的骤增又大量激活依赖 cAMP 的蛋白激酶，结果是一方面引起大量糖原的分解，另一方面又可使大量的糖原合酶磷酸化而失去合成糖原的活性，于是释放出大量的葡萄糖，最终结果是机体血糖升高。上述激素作用的信号，可通过一系列连续反应使其作用不断加以放大，这种连锁放大的反应系统称为级联系统（cascade system）。

胰岛素对糖代谢的作用主要是刺激糖原的合成。它的作用途径主要是通过去磷酸化作用使糖原合酶解除抑制，同时使糖原磷酸化酶激酶和糖原磷酸化酶 a 由于去磷酸化而受到抑制。胰岛素发挥作用，首先是与靶细胞膜上的专一受体结合，其受体由四个亚基（$\alpha_2\beta_2$）构成。胰岛素与受体的 α 亚基结合后，致使 β 亚基上的酪氨酸激酶能够利用 ATP 将自身的特定酪氨酸残基磷酸化，这种自身磷酸化的结果进一步使该酪氨酸激酶活化。活化的酪氨酸激酶随后又通过磷酸化而激活一种激酶，后者又激活了胰岛素敏感蛋白激酶。胰岛素敏感蛋白激酶被活化后，又使 PP1（蛋白磷酸酶-1）磷酸化而活化。前述的胰高血糖素和肾上腺素类激素也可以通过依赖 cAMP 蛋白激酶使 PP1 磷酸化而活化。但两种蛋白激酶对 PP1 的磷酸化部位不同，胰岛素敏感蛋白激酶使 PP1 糖原结合亚基（G 亚基）部位 1 磷酸化。胰岛素作用诱发的对 PP1 激活活性比肾上腺素诱发的更强，最终导致的糖原合酶、糖原磷酸化酶激酶和糖原磷酸化酶 a 的去磷酸化，结果是促进糖原的合成以及抑制糖原的分解，从而使机体血糖降低。

（2）糖异生和糖酵解　激素对糖异生和糖酵解的调节，主要通过调节糖异生和糖酵解途径的关键酶活性，包括快速调节已有酶的活性以及诱导或阻遏酶的合成。此外，也调控肝脏的脂肪酸供应以及增加糖异生作用的原料供应等。

肝脏中糖异生和糖酵解途径的激素调节是通过果糖-2,6-二磷酸介导的。细胞中果糖-2,6-二磷酸的浓度取决于一种双功能酶的两种相对活性：一种活性表现为果糖磷酸激酶-2 的功能，催化果糖-6-磷酸磷酸化形成果糖-2,6-二磷酸；另一种活性表现为果糖二磷酸磷酸酶-2 的功能，催化果糖-2,6-二磷酸水解形成果糖-6-磷酸。糖酵解途径中生成的果糖-6-磷酸，在果糖-6-磷酸激酶-1 的催化下，生成果糖-1,6-二磷酸，进而可以沿着糖酵解途径进行代谢。果糖-1,6-二磷酸也可以在果糖二磷酸磷酸酶-1 的作用下，脱掉磷酸基生成果糖-6-磷酸，进而可以进行糖异生作用。同时，果糖-6-磷酸也可以在果糖磷酸激酶-2 的催化下，形成果糖-2,6-二磷酸，而此代谢物是果糖-6-磷酸激酶-1 的最强别构激活剂。当果糖-2,6-二磷酸结合于果糖磷酸激酶-1 的别构部位时，增强了果糖磷酸激酶-1 与其底物果糖-6-磷酸的亲和力，同时降低了果糖磷酸激酶-1 与其别构抑制剂（ATP 和柠檬酸）的亲和力，从而上调了果糖磷酸激酶-1 的活性。当果糖-2,6-二磷酸与果糖二磷酸磷酸酶-1 结合时，则降低该酶对其底物果糖-1,6-二磷酸的亲和力，从而抑制了果糖二磷酸磷酸酶-1 活性，结果使肝细胞的糖酵解途径增强，而使糖异生作用受到抑制。

在肝脏中，上述双功能酶的两种活性主要是由胰高血糖素和胰岛素调节的。胰高血糖素通过依赖 cAMP 蛋白激酶，促使双功能酶磷酸化。该酶磷酸化后，其果糖磷酸激酶-2 活性下调而果糖二磷酸磷酸酶-2 活性则上调，致使细胞内果糖-2,6-二磷酸水平下降，结果抑制了糖酵解途径而促进了糖异生作用。胰岛素通过激活靶细胞内磷酸二酯酶活性，使胞内 cAMP 浓度下降，结果使双功能酶去磷酸化，果糖二磷酸磷酸酶-2 活性下调而果糖磷

酸激酶 - 2 活性则上调，细胞内果糖 - 2,6 - 二磷酸水平增高，结果抑制了糖异生作用而促进了糖酵解途径。胰岛素对糖异生和糖酵解的调节作用，与胰高血糖素的作用正好相反。

2. 脂质代谢的激素调控

（1）胆固醇合成代谢　体内胆固醇来源于食物和自身合成，肝脏是合成胆固醇的主要场所。细胞内胆固醇生物合成代谢受多种因素调控，其合成途径的限速酶 HMG - CoA 还原酶是主要的调控位点。HMG - CoA 还原酶具有两种结构形式：一是磷酸化状态，该结构形式没有酶活性；一是非磷酸化状态，该结构形式具有酶活性。HMG - CoA 还原酶的上述两种活性状态，是通过两种酶来调控其平衡：HMG - CoA 还原酶激酶使得 HMG - CoA 还原酶磷酸化；磷酸化 HMG - CoA 还原酶磷酸酯酶使得磷酸化 HMG - CoA 还原酶去磷酸化。胰高血糖素作用靶细胞所引发的信号转导，最终通过促进 HMG - CoA 还原酶磷酸化继而下调 HMG - CoA 还原酶活性，从而抑制胆固醇的生物合成代谢；而胰岛素、甲状腺素则通过促进磷酸化 HMG - CoA 还原酶的去磷酸化，上调 HMG - CoA 还原酶活性进而增强胆固醇的生物合成代谢。

（2）脂肪酸分解代谢　脂肪组织中的三酰甘油的水解速度，受激素敏感的三酰甘油脂肪酶活性的调控。三酰甘油脂肪酶具有两种结构形式：一是磷酸化状态，该结构形式具有酶活性；一是非磷酸化状态，该结构形式没有酶活性。三酰甘油脂肪酶是否磷酸化，又受到由激素控制的 cAMP 水平的调控。肾上腺素、胰高血糖素均能使脂肪组织中的 cAMP 含量升高，后者激活了依赖性 cAMP 蛋白激酶，该酶使三酰甘油脂肪酶磷酸化水平增加，从而加速了脂肪组织中的脂解作用。脂解作用的加强，又进一步使血液中脂肪酸水平增高，进而上调了其他组织（如肝脏、肌肉）β - 氧化途径的代谢速率。此外，肾上腺素、胰高血糖素通过上调依赖 cAMP 蛋白激酶水平，后者对乙酰 CoA 羧化酶进行磷酸化，进而下调了乙酰 CoA 羧化酶活性，该酶是脂肪酸合成代谢中的一个限速酶。因此，通过依赖 cAMP 蛋白激酶的特定磷酸化作用，既刺激了脂肪酸的氧化，又抑制了脂肪酸的合成代谢。而胰岛素与肾上腺素、胰高血糖素的作用正相反。胰岛素通过降低脂肪组织中的 cAMP 水平，后者导致磷酸化三酰甘油脂肪酶的磷酸化水平增强，从而下调了三酰甘油脂肪酶的活性，于是使供给 β - 氧化所需的脂肪酸量减少。此外，胰岛素也激活一些不依赖 cAMP 蛋白激酶，这些激酶使另外一些酶发生磷酸化，如乙酰 CoA 羧化酶的磷酸化。因此，胰高血糖素和胰岛素的比例在决定脂肪酸代谢的速度和方向，起着至关重要的作用。

（3）脂肪酸合成代谢　脂肪酸生物合成代谢途径中，乙酰 CoA 羧化酶催化乙酰 CoA 生成丙二酸单酰 CoA，后者是脂肪酸生物合成过程中的重要起始物之一。丙二酸单酰辅酶 A 生成反应，是脂肪酸生物合成代谢的调控关键。胰高血糖素、肾上腺素作用靶细胞使 cAMP 含量升高，进而通过依赖 cAMP 蛋白激酶上调引发乙酰 CoA 羧化酶的磷酸化，而使乙酰 CoA 羧化酶活性被抑制，从而减缓脂肪酸生物合成代谢的速率。此外，柠檬酸裂解酶使柠檬酸裂解生成草酰乙酸和乙酰 CoA，后者是丙二酸单酰 CoA 合成的原料。胰岛素通过上调蛋白激酶活性使柠檬酸裂解酶磷酸化，从而激活柠檬酸裂解酶，最终增强了脂肪酸生物合成代谢的速率。

扫码"学一学"

第三节　代谢相关疾病

生物体内新陈代谢虽然错综复杂，但互相配合有条不紊，在一定条件下，保持着相对稳定。这说明机体内有自我调节机制，这种调节机制发生异常，就会引起代谢紊乱而发生疾病。

一、糖代谢疾病

（一）乳糖不耐症

几乎所有的婴儿和幼儿都能消化乳糖，但到青年或成年之后，有许多人小肠细胞的乳糖酶活性大部分或是全部消失，致使乳糖不能被完全消化或完全不能消化，也不能被小肠吸收。乳糖在小肠腔内会产生很强的渗透效应（osmotic effect）导致流体向小肠内流（inflax）；在大肠内，乳糖被细菌转变为有毒物质。因此出现腹胀、恶心、绞痛以及腹泻等症状，临床上称为乳糖不耐症（lactose intolerance）。乳糖酶的消失和遗传有关，可能是常染色体的隐性症状。据统计，各国患乳糖酶缺失症的人数有很大差异，亚洲人患乳糖酶缺失症的人数多于欧美人。

（二）胰岛素抵抗与 2 型糖尿病

胰岛素抵抗（insulin resistance）又称高胰岛素血症，是肥胖的重要特征，胰岛素抵抗与肥胖是一对孪生兄弟。正常情况下，胰岛素作用于下丘脑受体，通过抑制神经肽 Y（neuropeptide Y，NPY）释放、刺激 α‑促黑素（α-melanocyte-stimulating hormone，α-MSH）产生，从而抑制摄食，增加产热，并通过一定信号途径促进骨骼肌、肝和脂肪组织的分解代谢。脂肪组织则可通过释放游离脂肪酸、甘油、瘦素、脂连蛋白等调节机体代谢。脂连蛋白（adiponectin）是由脂肪细胞合成的由 224 个氨基酸残基组成的蛋白质，可促进骨骼肌对脂肪酸的摄取和氧化，抑制肝内脂肪酸合成和糖异生，促进肝、骨骼肌对葡萄糖的摄取和降解。此外，瘦素、脂连蛋白可增加胰岛素的敏感性。瘦素、脂连蛋白或其他相关因子缺陷可引起胰岛素抵抗和肥胖症。

胰岛素在肥胖形成的不同时期有不同表现。在早期即肥胖形成期，靶细胞对胰岛素敏感，血糖正常，耐糖能力正常，对胰岛素没有抵抗。在后期，又称为肥胖稳定期，此期高胰岛素血症持续存在，外围组织对胰岛素敏感性降低，即出现胰岛素抵抗症状，胰岛素代偿性分泌增加，表现为糖耐量下降、血糖正常或有所升高。随着病情进展，糖、脂代谢都出现紊乱，不及时干预，将会导致代谢综合征、高血压、糖尿病和心脑血管疾病的发生。

糖尿病（diabetes mellitus，diabetes）实际上是一种常见的、复杂的疾病。糖尿病的显著临床症状是血和尿中的葡萄糖含量超出正常范围。糖尿病的发生，直接原因是血中胰岛素含量不足。葡糖‑6‑磷酸的命运受到胰高血糖素和胰岛素拮抗作用的控制。胰高血糖素启动 cAMP 级联系统，使糖原降解，胰岛素正好相反，拮抗胰高血糖素的作用。糖尿病患者由于糖代谢的紊乱进而使脂类代谢及蛋白质代谢都受到损害。

2 型糖尿病占糖尿病患者 90% 以上，通常发生在中年和老年肥胖人群。目前已基本确定，肥胖症和胰岛素抵抗是 2 型糖尿病的主要病因。肥胖症患者血中游离脂肪酸浓度升高，而游离脂肪酸会导致外周组织对胰岛素的敏感性下降，即出现胰岛素抵抗。在肥胖症早期时，胰岛 B 细胞会代偿性扩张，产生更多的胰岛素来调节血糖，维持血糖稳态。但是随着病情恶化，长期过度产生胰岛素会使 B 细胞衰竭，无法维持正常血糖水平，从而转变为 2 型糖尿病。

2 型糖尿病是多因性疾病，与遗传、环境、年龄、生活方式甚至种族等多种因素有关。2 型糖尿病最关键性的两个问题就是胰岛素抵抗（胰岛素敏感性下降）和胰岛 B 细胞功能障碍（或凋亡）。因此，2 型糖尿病的治疗就需要从这两方面着手。

肥胖症是 2 型糖尿病的发病原因，所以节食和加强锻炼可以减肥，从而可以预防或缓解 2 型糖尿病的发生或进展。其次，目前已有多种药物用于治疗 2 型糖尿病，但其机制有所不同。例如，双胍类药物（如二甲双胍）能够减少肝糖异生，从而减少肝脏输出葡萄糖的能力，并能帮助肌肉细胞、脂肪细胞和肝脏从血液中吸收更多的葡萄糖，从而降低血糖水平；磺脲类药物（如格列美脲、格列本脲、格列齐特和格列喹酮）和苯甲酸衍生物类药物（如瑞格列奈和那格列奈）能够刺激胰岛 B 细胞释放更多胰岛素；噻唑烷二酮类药物（如罗格列酮和吡格列酮）可以增强胰岛素敏感性，帮助肌肉细胞、脂肪细胞和肝脏吸收更多血液中的葡萄糖。

如果通过改变生活方式和使用口服降糖药仍然不能很好地控制血糖，或者药物有严重不良反应，需要通过皮下注射胰岛素来减轻病情。

（三）糖原贮积症

糖原贮积症（glycogen storage disease）种类很多，主要是由于缺乏糖原代谢过程中的某种酶。这种病是由先天性遗传缺陷引起。现将已发现的几种主要糖原贮积症，其缺欠的酶种类、其受影响的器官及其中糖原含量的情况，糖原结构的情况以及临床症状等列表如下（表 16 - 1）。

表 16 - 1　几种遗传性糖原贮积症

类型	疾病名称	缺欠酶	受损器官	受损器官糖原含量	糖原结构	临床症状
I 型	Von Gierk's 病	葡糖 - 6 - 磷酸酶	肝、肾	增加	正常	肝及肾曲小管细胞糖原大量沉积，低血糖，酮血，高尿酸血，生长发育受影响
II 型	Pompe's 病	溶酶体内缺乏 α - 1,4 - 葡糖苷酶	全部器官（全部溶酶体）	大量增加	正常	细胞溶酶体堆积糖原，心脏、呼吸衰竭，通常 2 周岁前致死，血糖正常
III 型	Cori's 病	脱支酶	全部器官特别是肌肉和肝脏	增加	外部链缺失或极短	和 I 型情况类似，病情较轻
IV 型	Andersen's 病	分支酶（α -1,4→ α - 1,6）	肝脏及全部器官	无影响	长支多，分支少	肝脏进行性硬化，通常 2 周岁前死于肝衰竭
V 型	McArdle's 病	肌糖原磷酸化酶	肌肉	稍有增加	正常	肌肉痛性痉挛，无法从事剧烈运动，但生长发育正常
VI 型	Hers' 病	肝糖原磷酸化酶	肝脏	增加	正常	低血糖，类似 I 型情况但较轻
VII 型		果糖磷酸激酶	肌肉	增加	正常	与 V 型类似
VIII 型	Tarui's 病	磷酸化酶激酶	肝脏	增加	正常	肝略增大，轻度低血糖
IX 型		糖原合酶	肝脏	下降	正常	糖原含量不足

二、蛋白质代谢疾病

（一）高氨血症

线粒体酶之一的氨甲酰磷酸合成酶 I 承担着尿素循环关键的第一步反应，它被 N - 乙酰谷氨酸别构激活。这个代谢物是由 N - 乙酰谷氨酸合酶从谷氨酸和乙酰 CoA 催化合成的。

肝脏中尿素生成的速度实际上与这个 N – 乙酰谷氨酸合酶的浓度直接相关。尿素循环中其余的酶受其底物浓度的调控。尿素循环中除精氨酸酶外，其他酶有遗传缺陷的个体，相应的底物就会在体内累积，从而使缺陷反应速度增加。底物浓度的提升会使尿素循环逆行直至产生氨的各个途径，结果会发生"高氨血症（hyperammonemia）"。氨的高浓度会使"氨清除体系"过分耗力，特别是在脑中（尿素循环中酶缺陷的症状包括智力迟钝和嗜眠症）。

（二）氨基酸代谢缺陷症

患有遗传缺陷症的患者，由于先天性基因的突变，在体内往往表现为缺乏某一种酶，致使为该酶作用的前体不能进一步参加代谢过程，从而造成这种前体物的积累。测定这些代谢中间物有助于阐明有关的代谢途径。氨基酸代谢中缺乏某一种酶，都可能引起疾患，这种疾病称为代谢缺陷症。由于某种酶的缺乏，致使该酶的作用物在血中或尿中大量出现。这种代谢缺陷属于分子疾病。其病因和 DNA 分子突变有关，往往是先天性的，又称为先天性遗传代谢病。目前已发现的氨基酸代谢病已达 30 多种。表 16 – 2 列举一些与先天性氨基酸代谢病有关的酶，以及血或尿中出现的不正常代谢产物。

表 16 – 2　先天性氨基酸代谢缺陷症

病名	涉及的氨基酸代谢途径	临床症状	代谢缺陷
精氨酸血和高氨血症	精氨酸和尿素循环	智力迟钝，血中出现精氨酸及氨	缺乏精氨酸酶
鸟氨酸血和高氨血症	尿素循环	新生儿死亡、昏睡、惊厥智力迟钝	缺乏氨甲酰磷酸合成酶、鸟氨酸脱羧酶
高甘氨酸血症	甘氨酸	严重的智力迟钝	甘氨酸代谢系统疾患
高组氨酸血症	组氨酸	语言缺陷，某些情况有智力迟钝	组氨酸酶缺欠
分支链酮酸尿症	异亮氨酸，亮氨酸，缬氨酸	新生儿呕吐、惊厥、死亡，严重的智力迟钝	分支链酮酸脱氢酶复合物缺欠
甲基丙二酸血症	异亮氨酸，甲硫氨酸，苏氨酸及缬氨酸	除血中积累甲基丙二酸外，其他症状，智力迟钝等	缺乏甲基丙二酰 CoA、变位酶
异戊酸血症	亮氨酸	新生儿呕吐、酸中毒、昏睡及昏迷，智力迟钝	缺乏异戊酰 CoA 脱氢酶
高赖氨酸血症	赖氨酸	智力迟钝，同时某些非中枢神经系统不正常	缺乏赖氨酸 – 酮戊二酸还原酶
高胱氨酸尿症	甲硫氨酸	智力迟钝，眼疾患，血栓栓塞，骨质疏松	胱硫醚 – β – 合酶缺乏
苯丙酮尿症和高苯丙氨酸尿症	苯丙氨酸	新生儿呕吐，智力迟钝以及其他神经疾患	缺乏苯丙氨酸 L – 单加氧酶
高脯氨酸血症 I 型	脯氨酸	临床检验血中含有过量脯氨酸	缺乏脯氨酸氧化酶、脯氨酸脱氢酶
尿黑酸症	酪氨酸	尿中含有尿黑酸，在碱性条件空气中变黑。成人皮肤和软骨变黑	缺乏尿黑酸氧化酶
白化病	酪氨酸	眼皮肤白化。头发白色，皮肤呈粉色。畏光，眼睛缺少色素	缺失黑色素细胞的酪氨酸酶

三、脂质代谢疾病

（一）高脂血症

空腹血脂浓度持续高于正常称为高脂血症。临床上的高脂血症主要指血浆胆固醇及三酰甘油的含量单独超过正常上限，或者二者同时超过正常上限的异常状态。由于血脂在血浆中均以脂蛋白的形式存在和运输，因此高脂血症实际上也可以认为是高脂蛋白血症（hyperlipoproteinemia）。正常人上限标准因地区、膳食、年龄、劳动状况、职业以及测定方法不同而有差异。一般以成人空腹 12～14 小时血三酰甘油超过 2.26mmol/L（200mg/dl），胆固醇超过 6.21mmol/L（240mg/dl），儿童胆固醇超过 4.14mmol/L（160mg/dl）为高脂血症标准。事实上，在高脂血症血浆中，一些脂蛋白脂质含量升高，而另外脂蛋白脂质含量可能降低。因此将高脂血症称为脂蛋白异常血症（dyslipoproteinemia）可能更为合理。1970 年世界卫生组织（WHO）建议将脂蛋白异常血症分为六型，其血浆脂蛋白及血脂的变化见表 16－3。

表 16－3　脂蛋白异常血症分型

分型	血浆脂蛋白变化	血脂变化	
Ⅰ	乳糜微粒增高	三酰甘油↑↑↑	胆固醇↑
Ⅱa	低密度脂蛋白增加	胆固醇↑↑	
Ⅱb	低密度及极低密度脂蛋白同时增加	胆固醇↑↑	三酰甘油↑↑
Ⅲ	中间密度脂蛋白增加	胆固醇↑↑	三酰甘油↑↑
Ⅳ	极低密度脂蛋白增加	三酰甘油↑↑	
Ⅴ	极低密度脂蛋白及乳糜微粒同时增加	三酰甘油↑↑↑	胆固醇↑

脂蛋白异常血症还可分为原发性和继发性两大类。原发性脂蛋白异常血症发病原因不明，已证明有些是遗传性缺陷。现已发现，参与脂蛋白代谢的调节酶如 LPL 及 LCAT，载脂蛋白如 ApoAⅠ、ApoB、ApoCⅡ、ApoCⅢ和 ApoE，以及脂蛋白受体如 LDLR 等的遗传性缺陷，都能导致血浆脂蛋白代谢异常，引起脂蛋白异常血症。已证实 LPL 缺陷可导致Ⅰ型或Ⅴ型脂蛋白异常血症；apoCⅡ基因缺陷而不能激活 LPL，可产生与 LPL 缺陷相似的脂蛋白异常血症；LCAT 缺陷导致胆固醇酯水平下降；apoB 基因缺陷可导致血浆 VLDL、LDL 及 CM 含量降低；LDLR 缺陷可引起家族性高胆固醇血症等。其中 Michael S. Brown 及 Joseph L. Goldstein 对 LDLR 的研究取得重大突破，他们不仅阐明了 LDLR 的结构和功能，而且证明 LDLR 缺陷是引起家族性高胆固醇血症的重要原因，获得了 1985 年诺贝尔生理学或医学奖。LDLR 缺陷是常染色体显性遗传，纯合子细胞膜 LDLR 完全缺乏，杂合子 LDLR 数目减少一半，LDL 都不能正常代谢，血浆胆固醇分别高达 15.6～20.8mmol/L（600～800mg/dl）及 7.8～10.4mmol/L（300～400mg/dl）；患者在 20 岁前就发生典型的冠心病症状。

继发性脂蛋白异常血症是继发于其他疾病，如糖尿病、肾病和甲状腺功能减退等。当然，引起脂蛋白异常血症的原因很多，如多吃糖类、动物油、含胆固醇多的食物等都可引起脂蛋白异常血症。但在同样高脂肪或高糖饮食的条件下，相较于体力劳动者，脑力劳动者的血浆胆固醇更容易增高。控制饮食（少吃高胆固醇、高糖及动物油脂质食物）主要是减少外源性胆固醇，对内源性胆固醇和脂肪合成过多还应服用药物，如一些抑制脂质合成或促进脂质转化的药物进行治疗。对外源性脂质，也可用减少吸收或增加排泄的药物，以减少脂质在体内的蓄积。

降血脂药物很多，有些是抑制脂质转运的药物，如氯贝丁酯及其铝盐、烟酸和烟酸肌醇酯等。氯贝丁酯能显著降低血浆中 VLDL 的含量，从而降低血浆三酰甘油的浓度，多数患者血浆 LDL 和胆固醇的浓度也下降，可能是因为氯贝丁酯增强了脂蛋白还原酶的活性，加速了组织摄取和利用脂质，因而使血脂下降，又因抑制 HMG - CoA 还原酶，而抑制肝脏中胆固醇的合成。烟酸主要是减少了脂肪的动员和游离脂肪酸的释放，因而减少了肝脏中脂肪的合成，使肝脏中释放的 VLDL 减少。烟酸和烟酸肌醇酯也可抑制 cAMP 的生成，使 cAMP 浓度降低，抑制脂肪动员，从而减少游离脂肪酸的释放。

（二）动脉粥样硬化

动脉粥样硬化主要是由于血浆中胆固醇含量过多，沉积于大、中动脉膜上，形成粥样斑块，导致管腔狭窄甚至阻塞，从而影响了受累器官的血液供应。冠状动脉如有上述变化，会引起心肌缺血，甚至心肌梗死，称为冠状动脉硬化性心脏病，简称冠心病。研究表明，血浆脂蛋白质和量的变化与动脉粥样硬化（atherosclerosis）的发生发展密切相关。其中血浆 LDL、VLDL 水平升高往往与动脉粥样硬化发病率呈正相关，而 HDL 则呈负相关。当血液中 LDL 含量升高时，其可在血管壁氧化形成 oxLDL。oxLDL 不能被 LDL 受体识别，但能被巨噬细胞和平滑肌细胞膜上的清道夫受体如 SR - A 和 CD36 等所识别结合而吞噬。oxLDL 能直接吸引循环中的单核细胞进入动脉壁。进入动脉壁的单核细胞在巨噬细胞集落刺激因子（granulocyte-macrophage colony stimulating factor，GM-CSF）等因子诱导下分化为巨噬细胞，巨噬细胞通过清道夫受体迅速摄取 oxLDL，而清道夫受体不受细胞内胆固醇的下调作用，打破了巨噬细胞内胆固醇摄入与流出的动态平衡，导致巨噬细胞内胆固醇和胆固醇酯大量聚集而形成泡沫细胞，堆积于动脉分支或弯曲等处，促进动脉粥样硬化的发生。血浆 LDL 来自 VLDL 的降解，故 VLDL 水平升高可间接引起 LDL 的升高。此外，VLDL 可引起巨噬细胞内三酰甘油的堆积，因而对动脉粥样硬化的发生有促进作用。流行病学调查表明，血浆 HDL 浓度与动脉粥样硬化的发生呈负相关。其可能的机制：HDL 可将肝外组织，包括动脉壁、巨噬细胞等组织细胞的胆固醇转运至肝，降低了动脉壁胆固醇含量，同时还具有抑制 LDL 氧化的作用等。

多不饱和脂肪酸如花生四烯酸、二十碳五烯酸（EPA）及二十二碳六烯酸（DHA）等都有显著降低血清三酰甘油和总胆固醇的作用，用于治疗高脂血症，也适用于冠心病及脑血栓的防治。

近年来还发现，来自动物、植物、真菌等的多糖类物质具有降血脂及抗凝血作用。结缔组织的成分硫酸软骨素是酸性黏多糖，它能增强脂蛋白脂肪酶的活性，使乳糜微粒中三酰甘油分解成脂肪酸，后者被氧化利用，使血中乳糜微粒减少而澄清，此外还具有抗凝血及抗血栓形成作用，对治疗动脉粥样硬化有一定效果。

（三）肥胖症

全身性的脂肪堆积过多，而导致体内发生一系列病理生理变化，称为肥胖症。肥胖症的发生是机体能量代谢失调的结果，目前认为与遗传、中枢神经系统异常、内分泌功能紊乱、营养过剩，体力活动过少等因素有关，其中比较常见的原因为营养过剩，同时体力活动减少，导致过多的糖、脂肪酸、甘油、氨基酸等转变成三酰甘油储存于脂肪组织中，而成为肥胖症。

肥胖症诊断可有不同方法，如标准体重、体重指数和腰围等，而目前国际上常用标准是体重指数 [body mass index，BMI，BMI = 体重（kg）/身高的平方（m^2）]。BMI 在 18.5 ~ 24.9 为正常，25.0 ~ 29.9 为超重（overweight），≥30.0 为肥胖（obesity）。脂肪沉积的解剖学部位可以很好地预示肥胖症的发病率，中心分布的脂肪（腹部）比外周分布的脂肪（皮下）的健康风险更高。肥胖症的病因很复杂，肥胖症是一种多因性疾病，是机体物质与能量代谢调节失衡引起的代谢紊乱。肥胖还与痴呆、脂肪肝、呼吸道疾病及某些肿瘤的发生相关。

人体通过复杂的神经内分泌系统调节正常食欲和进食行为，进而调节体重，这涉及胃、肝、胰腺、脂肪组织及消化道分泌的多种激素。这些激素可以参与摄食、能量/物质代谢调节。能够抑制食欲和进食的激素有缩胆囊素（cholecystokinin，CCK）、α–MSH、胰岛素和瘦素等。能够促进食欲和进食的激素有 NPY、生长激素释放素等。瘦素是 ob 基因编码、由脂肪细胞合成的由 167 个氨基酸残基组成的蛋白质。脂肪组织体积增加时分泌瘦素，通过血液循环输送至下丘脑弓状核，与瘦素受体结合，抑制食欲和脂肪合成，同时刺激脂肪酸氧化，增加耗能，减少储脂。瘦素还能增加线粒体解偶联蛋白表达，使氧化与磷酸化解偶联，增加产热。瘦素或瘦素受体缺陷都会导致肥胖。

肥胖症很难治愈，目前一些可用于治疗肥胖症的药物，因副作用而限制了临床长期使用。例如抑制食欲的苯海拉明类药物会有失眠和心率加快的副作用，而抑制外源性脂肪吸收胰脂肪酶的抑制剂奥利司他类药物会有乳糜性腹泻等副作用。瘦素只能用于治疗瘦素缺乏的肥胖患者。日常生活中，减少热量摄入（节食）和增加能量消耗（锻炼）是干预肥胖的有效手段，但必须长期坚持。对于一些不能通过药物和控制饮食等方法治疗的肥胖患者，可考虑采用外科手术法去除多余脂肪或减少胃的容积以阻止饥饿感和进食。

四、嘌呤核苷酸代谢疾病

体内嘌呤核苷酸的分解代谢主要在肝脏、小肠及肾脏中进行，经过系列反应生成尿酸，随尿排出体外。正常生理情况下，嘌呤合成与分解处于相对平衡状态，所以尿酸的生成与排泄也较稳定。当体内核酸大量分解（白血病、恶性肿瘤等）或食入高嘌呤食物或肾疾病尿酸排泄障碍时，血中尿酸（盐）水平升高，当浓度超过 0.48mmol/L 时，尿酸盐将过饱和而形成结晶，沉积于关节、软组织、软骨及肾脏等处，而导致关节炎、尿路结石及肾疾患，引起疼痛及功能障碍，称为痛风。痛风多见于成年男性，可能与嘌呤核苷酸代谢酶的先天性缺陷有关。

五、其他代谢疾病

（一）高胆红素血症

胆色素（bile pigment）是体内铁卟啉化合物分解代谢的主要产物，包括胆绿素、胆红素、胆素原和胆素。胆红素居于胆色素代谢的中心，肝是胆红素代谢的主要器官。胆色素代谢异常时可引起黄疸，熟知胆色素代谢过程对于伴有黄疸体征的疾病诊断具有重要意义。各种原因造成胆红素生成过多或肝脏对胆红素摄取、生物转化、排泄过程发生障碍都可引起血中胆红素浓度升高，造成高胆红素血症（hyperbilirubinemia）。胆红素是橙黄色物质，血清中含量过高，大量的胆红素扩散入组织，造成组织黄染，称为黄疸（jaundice）。根据发生的原因不同，临床上将黄疸分为溶血性黄疸、肝细胞性黄疸和阻塞性黄疸。某些疾病（如恶性疟疾、过敏、镰状细胞贫血、葡糖–6–磷酸脱氢酶缺乏等）、某些药物或输血不当等均可引起红细胞大量破坏，导致溶血性黄疸。肝细胞性黄疸是由于肝细胞损伤造成肝脏摄取、转化和排泄胆红素的能力降低所致，常见于肝实质性病变，如各种肝炎、肝硬化、肝肿瘤等。阻塞性黄疸是由于各种原因引起胆道阻塞，胆汁排泄受阻，造成血清胆红素升高所致，常见于胆道结石、胆管炎症、肿瘤或先天性胆管闭锁等疾病。

（二）线粒体病

线粒体基因组结构异常与衰老和疾病关系的研究一直是生命科学的热点。线粒体内膜上的氧化磷酸化反应是细胞进行各项生命活动所需 ATP 的主要来源。如果线粒体发生损伤，将会因为能量供应出现障碍而导致整个细胞生命活动发生异常。与核内染色体 DNA 不同，线粒体 DNA 是裸露的，缺乏蛋白质保护，容易受到外界因素的干扰，累积到一定程度就会损伤线粒体 DNA。损伤后不易被修复，最终影响 ATP 的合成。能量供应不足而使机体代谢能力和免疫能力下降从而发生衰老或疾病，如造血干细胞的线粒体 DNA 突变导致家族性疾病，而体细胞突变则会导致一些散发性疾病和与年龄相关的氧化磷酸化系统功能衰退性疾病，这类线粒体异常引发的疾病统称为"线粒体病"（mitochondrial disease）。

第四节　代谢组学

扫码"学一学"

系统生物学是在细胞、体液、排泄物、组织、器官或及生命体整体水平上研究相关结构和功能各异的各种分子及其相互作用，定量描述和预测生物功能、表型和行为的科学。系统生物学一般可以从基因组开始，历经转录组、蛋白质组、代谢组等，进而从不同层面、不同角度解释生命过程与本质。如果将生命体看成是一个在基因组调控下的无数相互关联的生化反应所组成的一个物质与能量代谢网络，那么系统生物学将要鉴别每一个反应节点的各种分子及其相互作用与结果，从局部到整体，最终完成生命活动的整个框架与线路的网络图。

一、代谢组学的概念和研究意义

根据代谢组学研究的对象和目的不同，一般将生命体或生物样本代谢产物分析分为四个层次：①代谢物靶标分析，对生命体或生物样本中某个或几个特定组分的分析；②代谢轮廓分析，对生命体或生物样本中少数所预设的一些代谢产物的定量分析，如对某一代谢途径的所有中间产物或多条代谢途径的标志性组分的定量分析；③代谢指纹分析，不分离鉴定具体单一组分，而是对代谢物整体进行高能量的定性分析；④代谢组分析，在特定条件下，对细胞、器官或生物体内所有内源性目标代谢组分的定性和定量分析。

（一）代谢组学的概念

代谢组（metabolome）是一些参与生命体代谢、维持生命体正常功能和生长发育的小分子化合物的集合，主要是指相对分子质量小于 1000 的内源性小分子的集合。代谢组学（metabonomics 或 metabolomics）是指在特定条件下生物样本中所有内源性目标代谢组分的定性和定量状况。具体来说，代谢组学是通过对内源性代谢组分进行定性和定量分析，研究生命体或生物样本在不同时间、不同环境、健康与病理、干预前后等状况下，其代谢组或目标代谢组分的变化及其规律，进而阐明生命体及其活动。与其他组学一样，生命体或生物样本可以是细胞、体液、排泄物、组织、器官乃至生物的整体，不同时间生命体的不同生长发育阶段；而干预则可以是通过药物或化合物影响生命体或生物样本，或是生命体或生物样本的单个或多个基因变异、目标基因的人为敲出与敲入、目标基因的人为转录水平下调等。

（二）代谢组学研究的意义

代谢组学的研究思路，最早是由伦敦帝国学院的 J. Nicholson 教授提出，并将其应用于毒理学研究。2007 年，科学家首次完成了人类代谢物组草图的分析，相关信息可在人类代谢物组数据库（http：//www. hmdb. ca）中检索到。

代谢物是生物体在其生命活动过程中形成的小分子中间物或终产物，其种类繁多，浓度改变迅速。各种理化因素、病理生理因素和药理毒理因素对生物体的影响，最终都会导致代谢物谱的改变。因此，通过代谢组学分析获得的代谢物谱，更能迅速并准确地反映机体生命活动的变化，是判断细胞、组织器官或生物体的基因表达调控和物质代谢调节及病理生理效应的有效指标之一，也是分析和理解生物体代谢网络组成结构与生理功能的重要途径。

二、代谢组学的研究方法

代谢组学研究一般包括样品采集和制备、代谢组数据的采集、数据处理与分析、标志物识别和途径分析等步骤。生物样品采集后首先进行生物反应灭活、预处理；然后运用适宜的高分辨率仪器进行相应的分离，检测其中代谢物的种类、含量、状态及其变化，得到代谢轮廓或代谢指纹；而后使用多种及其组合数据分析方法，对获得的复杂数据进行归纳、整理与信息挖掘，从而识别出有显著变化的代谢标志物，研究所涉及的代谢途径和变化规律，阐述生命体对相应影响因素的响应及其机制。

（一）样品采集与制备

样品的采集与制备是代谢组学研究的初始步骤，也是最重要的步骤之一。首先是需要采集足够数量的代表性样本，从而减少样本的个体差异对分析结果的影响。除了需要考虑样本收集的时间、部位、种类以及样本群体等以外，对某些要求更为严格的样本，还需考虑饮食、性别、年龄、昼夜和地域等诸多因素的影响。

研究对象、目的和拟采用的分离、分析技术等不同，所需样品的提取和预处理方法也各异。由于特定的提取条件往往仅适合性质类同和相近的代谢物，而目前尚无一种能够适合所有代谢物的提取方法，因此，应根据代谢物性质的不同，选择不同的提取方法，同时也应对提取条件进行优化。如果是针对体液样品的分析，大多数情况下，只需要用缓冲液或水控制 pH 和减少黏度即可。如果拟采用 NMR（核磁共振）技术平台时，只需对样品做较少的预处理即可分析。如果拟采用 MS（质谱）技术平台时，样品预处理的方法相对简单，不存在普遍适用性的标准化方法，依据的主要还是"相似相溶原则"。脱蛋白质后的代谢产物，通常用水或有机溶剂分别提取，以获得水提取物和有机溶剂提取物，从而把非极性物和极性物分开，以便进行分离和分析。如果是代谢轮廓分析或靶标分析，还需要做较为复杂的预处理。如果拟采用气相色谱或气相色谱－质谱联用技术平台时，样品常常需要进行衍生化处理，以增加其挥发性。

（二）数据采集

完成样品的采集和预处理后，需要选择适宜的高灵敏度、高通量、无偏向性且稳定性好的分析方法，对样品中的代谢物进行检测分析。与其他组学技术所检测分析特定类型化合物不同，代谢组学所检测分析目标物的大小、数量、官能团、挥发性、荷电性及程度、电泳迁移率、极性以及其他理化性质的差异很大。此外，由于代谢物以及生物样本体系的复杂性，迄今为止，还没有一个能满足上述所有要求的代谢组学检测分析技术体系，现有的技术体系都有各自的优势和适用范围。目前的主要分析手段包括核磁共振技术（NMR）、气相色谱技术、液相色谱技术、毛细管电泳技术和质谱技术等。在实际工作中，可以选择一种分析技术，如 NMR，特别是 ^{1}H－NMR 对含氢代谢物具有普遍性和适宜性，已成为最主要的分析技术体系；也可以将上述技术体系组合起来，如色谱－质谱联用技术、毛细管电泳－质谱联用技术，这种组合兼备了色谱、毛细管电泳分离的高分辨以及质谱检测的高灵敏度。

（三）数据分析

在代谢组学的研究中，大多数情况是要从检测到的代谢产物信息中进行两类（如基因突变前后的响应）或多类（如不同表型间代谢产物状况）的判别分类以及生物标志物的发现。代谢组学能够得到大量多维信息，但为了充分挖掘上述所介绍的数据采集系统所获得数据中的潜在信息，需要应用一系列的化学计量学方法对数据进行分析。代谢组学研究中的数据分析过程，应用的主要手段为模式识别方法，包括无监督（unsupervised）学习方法和有监督（supervised）学习方法。但由上述数据采集（分析仪器）系统所获得的元数据（metadata）不能直接用于模式识别分析，还需对数据进行预处理，从而将元数据转变为适合于模式识别的数据形式，使相同的代谢产物在生成的数据矩阵中由同一个变量表示，所有的样本具有相同的变量数。模式识别的数据为二维矩阵数据形式，行代表样品或实验数目，列代表相应的单个测定指标。

三、代谢组学在医药研究中的应用

代谢组学在基础医学、药学和临床医学领域中应用十分广泛。

（一）在医学研究中的应用

自从代谢组学形成并快速发展以来，已广泛地应用于生命科学的各个领域，如疾病诊断以及临床干预后评估、药物研发、植物代谢组学和微生物代谢组学等研究与应用。

代谢组学分析可从整体上反映机体的代谢网络及其变化。通过比较生理与病理状态下机体代谢组学的改变，可发现与疾病相关的有价值的代谢模式。例如，Joanne T Brindle 等采用 NMR 技术对心血管疾病患者血清进行代谢组学分析，从而建立了判断患者心血管疾病及其严重程度的诊断方法。此外，也发现了与乳腺癌、肝癌和脑膜炎等疾病相关的代谢模式。

代谢组学是一种可以确定基因突变引起个体表型改变的极好工具。通过与已知基因突变所致的代谢紊乱进行比较，可以推测未知基因的功能。采用这种技术方法，确定了 N－酰基牛磺酸是脂肪酸酰胺水解酶的内源性底物。

（二）在药学研究中的应用

代谢组学在新药开发和药理学研究、药效及毒性评价等方面有着广泛的应用。药物毒副作用的判定是新药开发过程中十分重要的环节。化学药物所致机体生理功能的改变，常常导致血液或尿液中代谢模式的改变。特别是肝、肾功能的损伤，其代谢模式的改变常具有特异性。采用代谢组学的分析方法来判定药物的毒副作用比常规毒理学实验更为灵敏、可靠和经济。除了单一化学药物以外，在复方中药制剂药理毒理作用的研究中，代谢组学分析也是一种有效的分析方法。此外，代谢组学分析也常用于寻找新的药物作用靶点。

　　药物的靶向研发策略，有其积极的一面，但同样存在不利的一面。如这种策略致使90%的药物仅对30% ~50%的患者有效，也就是说50% ~70%的患者，不但未从所接受的药物治疗中受益，反而要承担其所带来的毒副作用。因此，需要从代谢组学角度，鉴定出有效的、具有生理和临床意义的标志物，从而建立针对特定人群有效或有毒药物的廉价、快捷筛选与预测方法。

（崔　勇）

扫码"练一练"

第四篇

生物信息的传递

第十七章　基因信息的传递

　　1953 年 Watson 和 Crick 等在前人工作的基础上提出了 DNA 双螺旋结构模型，随后 Crick 又提出了遗传信息传递的规律——遗传中心法则：DNA 是合成 RNA 的模板，RNA 又是蛋白质合成的模板，这个信息流称之为中心法则（central dogma）。随着研究的不断发展，人们对原中心法则进行了相应的补充，生物遗传信息的传递可归纳如下（图 17 - 1）。

图 17 - 1　生物遗传信息传递过程

　　首先，任何生命体必须将自身所有的遗传信息精密地传递给子代，从而使其得以繁衍，而大多数生命体的遗传信息都是贮存在 DNA 中，少数是贮存于 RNA 中。所以，生命体利用相关的体系进行核酸的复制，而使其遗传信息毫不保留地准确传递给子代。对于核酸的复制（replication），其实质是以本身为模板，在碱基互补的原则下，合成出与自身完全相同的核酸分子。

　　同样，生命体在表现其生命活动行为中，主要是通过特异的蛋白质执行各种生命功能，使后代表现出与亲代相似的遗传性状。生命体中的蛋白质是由其本身遗传信息——DNA 所决定的，但 DNA 并不直接参与蛋白质的生物合成，而是通过转录这种方式，将其信息转移给 RNA——mRNA，而由 mRNA 在特定的区域——核糖体，来指导蛋白质的生物合成。由 DNA 指导合成 mRNA 的过程，称为转录（transcription），也就是在 DNA 分子上合成出与其核苷酸顺序相对应的 RNA 的过程。而由 mRNA 在核糖体中指导蛋白质的生物合成过程，称为翻译（translation），也就是在 RNA 的控制下，根据核酸链上每三个核苷酸决定一个氨基酸的三联体密码（triplet code）规则，合成出具有特定氨基酸顺序的蛋白质肽链过程。

　　在许多生命体中（主要是真核生物），由 DNA 指导转录的最初"mRNA"没有生物学功能，需要通过一系列加工修饰后才能作为模板来指导蛋白质的生物合成，这一过程称转录后加工。同样，蛋白质最初被合成后也需要一系列加工修饰，如肽链折叠形成天然状态的三维结构，二硫键的正确配对与形成，N 端甲酰甲硫氨酸（原核细胞）或甲硫氨酸（真核细胞）的切除，肽链的糖基化、磷酸化等修饰等等，这一过程可称翻译后加工修饰。

　　一些少数生命体，其遗传信息是储存于 RNA 分子中，这些生命体中，一部分是由 RNA 作为模板直接复制 RNA，使其遗传信息传递给子代；一部分是由 RNA 作为模板，首先合成 DNA，即逆转录（reverse transcription），进而使遗传信息传递给子代。

扫码"学一学"

第一节　DNA 的复制与重组及修复

一、DNA 复制

原核生物的每个细胞只含有一条染色体，而真核生物的通常含有多条染色体。在细胞增殖周期的特定阶段，其整个染色体组都将进行精确的复制，复制的产物会平均分配到两个子代细胞中去。复制一旦完成，就可启动细胞分裂。当细胞分裂结束后，又可以开始新一轮的 DNA 复制。

（一）DNA 半保留复制

DNA 由两条多核苷酸链形成螺旋，螺旋中两条核苷酸链间互补对应位置的碱基，按照碱基互补的原则，通过腺嘌呤－胸腺嘧啶以及鸟嘌呤－胞嘧啶之间的氢键连接在一起，因此，一条链上的核苷酸排列顺序就决定了另一条链上的核苷酸排列顺序，也就是说，DNA 分子的每一条链，都含有与其互补链的全部遗传信息。

Watson 和 Crick 在提出 DNA 双螺旋结构模型时认为，在 DNA 复制过程中，首先 DNA 双链碱基间的氢键需断裂以使双链分离成单链状态，然后每条单链均作为模板指导其互补链的合成，新形成的两个 DNA 分子（子一代）与原来 DNA 分子（亲代）的碱基顺序完全一致，也就是说，每个子一代 DNA 分子的一条链是来自亲代 DNA 的，另一条链则是新合成的，这种复制方式称为半保留复制（semi-conservative replication）（图 17–2）。

亲代 DNA

子一代 DNA

图 17–2　DNA 半保留复制

（二）DNA 复制的方式

基因组能够独立进行复制的单位（区域）称复制子（replicon）。每个复制子都含有控制复制起始的特定区域称复制起点（replicon origin），用 ori 或 O 表示；有的还含有控制终止复制的区域称复制终点（replicon terminus）。许多生物的复制起点都是富含 A–T 配对的区域，因为 A–T 之间的键能较 G–C 之间的弱，所以富含 A–T 的 DNA 区域经常处于开放（单链状态）与闭合（双链状态）的动态平衡状态——DNA 呼吸作用，这一区域产生的瞬时单链状态，对 DNA 复制的起始十分重要。DNA 的复制是在其起始阶段进行控制，复制子一旦启动复制就需要连续进行下去直至整个复制完成。在复制起点的两条链解离成单链状态，每条单链分别作为模板指导合成其互补链，由双链解离成单链状态的结构区域如同 Y 形，这种结构称为复制叉（replication fork）（图 17 - 3）。DNA 在复制叉处两条链解开，各自合成其互补链，在电子显微镜下可以看到形如眼的结构。如果 DNA 是环状双链分子，其复制眼形成希腊字母 θ 形结构。

复制叉前移方向

新链
旧链

新链
旧链

图 17 - 3　复制叉结构

　　DNA 复制的方式有多种类型：双向复制和单向复制；双向复制又有对称的和不对称的。大多数原核和真核生物的 DNA 复制都是从固定的起点开始，以双向对称方式进行复制，即从复制起点开始，在两个方向各有一个复制叉在进行 DNA 复制，这种方式称为双向对称复制。但有的则是在复制起点首先从一个方向进行复制，而后在复制起点从另一个方向进行复制，两个复制叉移动的距离不同，这种方式称为双向不对称复制。如枯草杆菌 DNA 的复制。如果从复制起点开始，只形成一个复制叉进行 DNA 复制，这种方式称为单向复制。

　　有一种单向复制的特殊方式，称为滚动环式（rolling circle）。这种复制方式的 DNA 可以是环状单链分子，在复制过程中首先形成共价闭环的双链分子（复制型）；然后由特定的酶分子在正链分子的固定位置切开，游离出一个 3′ - 羟基末端，而 5′ - 磷酸基末端与该酶分子连接；随后以环状的负链为模板，从正链的 3′ - 羟基末端使新合成的 DNA 链不断延长，也就是说随着环状负链——模板滚动而合成出新的正链；滚动合成一圈后，露出原来的切口序列，上述酶分子再次将其切开，并将其连在 5′ - 磷酸基末端形成环状单链分子，从而复制出与原来环状单链 DNA 分子一样的子代 DNA 分子。此外，某些双链 DNA 的合成，也可以通过滚动环的方式进行复制。

　　另一种单向复制的特殊方式称为取代环（displacement loop）或 D 环（D - loop）式。双链环状 DNA 在固定位置解离成单链状态进行复制，但两条链的合成是高度不对称的，一条链先复制到一定程度，露出另一链的复制起点才开始复制，在电镜下可以看到呈 D 环形状，这种复制方式称取代环式复制。如许多生物的细胞器——线粒体和叶绿体 DNA 就是采用 D 环的方式进行复制。

（三）DNA 的半不连续复制

　　DNA 的两条链均能作为模板指导两条新的互补链合成（复制），但由于 DNA 分子的两条链是反向平行的，一条链的走向为 5′→3′，另一条链为 3′→5′。而且，目前已知进行复制的 DNA 聚合酶合成方向均为 5′→3′，而没有 3′→5′。因此，在 DNA 同一区域、同一时间是无法同时进行复制的。日本学者冈崎通过实验验证，提出了 DNA 的不连续复制模型。以复制叉向前移动的方向为标准，DNA 的一条模板链走向是 3′→5′走向，在该模板链上，新合成的互补链能够以 5′→3′ 方向连续合成，此合成链称为前导链（leading strand）（图 17-4）；在 DNA 相同区域的另一条模板链，其走向是 5′→3′，此时无法以该模板链指导合成新的互补链，但随着复制叉继续向前移动一定距离后，该模板链在某一位点开始指导合成新的互补链，互补链合成的走向与复制叉的走向相反，随着复制叉不断向前移动，该模板链上形成了许多不连续的 DNA 片段，最后连接成一条完整的互补 DNA 链，该合成链称为后随链（lagging strand）（图 17-4）。

图 17-4　DNA 半不连续复制过程中的前导链与后随链

后随链首先合成的是较短的 DNA 片段，最后连接成后随链，上述 DNA 片段称冈崎片段（Okazaki fragment）。细菌细胞的冈崎片段长度为 1000~2000 个核苷酸，相当于一个顺反子或是基因的大小；真核细胞的冈崎片段长度为 100~200 个核苷酸，相当于一个核小体 DNA 的大小。由此可见，DNA 复制时，一条链（前导链）是连续的，另一条链（后随链）是不连续的，这种模式称半不连续复制（semi-discontinuous replication）。

（四）DNA 复制相关蛋白质因子

DNA 复制的过程可以分成起始、延长和终止 3 个阶段。在起始过程中，有许多蛋白质因子和酶参与，有的辨认起始位点，有的打开 DNA 双螺旋，有的使解开的 DNA 单链稳定。在延长过程中，主要由 DNA 聚合酶催化完成新链的合成，同时，在复制部位上游也需要一些酶参与，来解开复制过程中所形成的 DNA 超螺旋拓扑结构。在终止阶段，复制过程中所形成的 DNA 小片段，需要利用 DNA 连接酶将其连接成完整的大分子。因此，在 DNA 复制过程中，需要解链酶、单链 DNA 结合蛋白、拓扑异构酶、引物酶、DNA 聚合酶和 DNA 连接酶等许多蛋白质因子和酶参与。

1. DNA 拓扑异构酶与解旋酶　细胞内 DNA 具有负超螺旋，在复制和转录时更容易分开，使参与复制的酶类和蛋白质因子更容易与 DNA 结合。其意义不仅有利于复制叉的形成，也可以缓解在复制叉的前移过程中由于解旋作用而造成 DNA 的正超螺旋。DNA 是双螺旋结构，当复制到一定程度时，原有的负超螺旋已经被耗尽，双螺旋的解旋作用使复制叉前方双链进一步扭紧而使下游出现正超螺旋，进一步影响双螺旋的解旋。为了使 DNA 复制能够顺利继续进行下去，正超螺旋必须解除，而能够使超螺旋松解或形成的因素主要是拓扑异构酶（topoisomerase）。拓扑异构酶I能切断 DNA 的一条链，解除超螺旋结构，但它只能作用于负超螺旋。拓扑异构酶II，也称旋转酶（gyrase），通过切断 DNA 的两条链，待正超螺旋结构解除（超螺旋恢复正确旋转程度）后再使两条链重新接上，此外，也可在 DNA 分子中形成负超螺旋来中和正超螺旋。细胞内 DNA 的超螺旋结构状态，取决于拓扑异构酶 I 和 II 的平衡。

DNA 解旋酶（DNA helicase）是将 DNA 双螺旋结构解除。在 *E. coli* 细胞的四种 DNA 解旋酶中，DnaB 在 DNA 复制中，通过 ATP 水解释放出的能量，推动复制叉前 DNA 双螺旋结构解开而形成单链结构状态。

2. 单链 DNA 结合蛋白 单链 DNA 结合蛋白（single - stranded DNA - binding protein，SSBP）是选择性结合并覆盖在单链 DNA 上的一类蛋白质，以防止解开的 DNA 单链被酶水解以及重新结合成双链。SSB 不仅作用于由解旋酶形成的单链 DNA，也可以作用于 DNA 分子中富含 A - T 区域由于"呼吸作用"形成的单链 DNA，每个蛋白质分子可覆盖 32 个核苷酸。在 DNA 复制过程中，一旦 DNA 双链被解开形成单链状态，SSB 就会立刻结合上去并使其稳定，而且 SSB 这种结合具有协同效应；当 DNA 合成形成双链结构时，SSB 就被替代而脱离 DNA 分子。

3. DNA 聚合酶 DNA 聚合酶（DNA polymerase）是以四种脱氧核苷三磷酸（dATP、dGTP、dCTP 和 dTTP）为底物，在 DNA 复制模板的指导下，按照新生多聚脱氧核苷酸链与模板链间的碱基互补原则，催化多聚脱氧核苷酸链的合成（复制）。DNA 聚合酶催化反应的特点：①以四种脱氧核糖核苷三磷酸作底物；②反应需要模板的指导；③反应需要有引物且 3′ 端有自由的羟基，也就是说不能直接使两个 dNTP 聚合，而是需要一个引物或较短的核苷酸链，并在其 3′ 端进行延长；④新生 DNA 链的延长方向为 5′→3′；⑤新生 DNA 链与模板链之间遵循碱基互补原则。

大肠埃希菌（大肠杆菌）细胞中共含有五种 DNA 聚合酶，分别称为 DNA 聚合酶 I、II、III、IV 和 V。DNA 聚合酶是一个多功能酶，DNA 聚合酶 I 催化的反应有如下主要特点：①脱氧核苷酸聚合反应的方向是 5′→3′；②具有对 DNA 分子的 3′ 端水解活性，也就是 3′→5′ 的外切核酸酶活性；③具有对 DNA 分子的 5′ 端水解活性，也就是 5′→3′ 外切核酸酶活性。DNA 聚合酶的 3′→5′ 外切核酸酶活性，对 DNA 复制的忠实性极为重要，如果没有这种活性，DNA 复制的错误将会大大增加。因此，3′→5′ 外切核酸酶活性也被认为起着校对的功能，纠正 DNA 聚合过程中的碱基错配。在正常聚合条件下，DNA 聚合酶的 3′→5′ 外切核酸酶活性是处于非活性状态；当新生链与模板链之间出现碱基错配时，聚合反应停止而其 3′→5′ 外切核酸酶活性被激活，将出现碱基错配的新生链 3′ 端的脱氧核苷酸水解去除；当新生链 3′ 端的错配脱氧核苷酸被除去后，聚合反应又得以继续进行。5′→3′ 外切核酸酶活性的作用，是聚合酶在模板上移动遇到引物（小片段 RNA）区时，从引物的 5′→3′ 方向将其水解掉，同时酶的聚合作用又将该区域补齐。此外，当 DNA 双链的单链出现损伤时，5′→3′ 外切核酸酶活性将单链损伤区域从 5′→3′ 方向将其水解掉，并利用聚合作用又将该区域补齐。DNA 聚合酶 I、II、III 性质的异同见表 17 - 1。DNA 聚合酶 IV 和 V 表现为 DNA 的错误倾向复制修复功能，当 DNA 受到较严重损伤时便诱导产生。由于这两个酶对 DNA 复制修复缺乏准确性，因而出现高突变率。虽然高突变率会杀死许多细胞，但至少可以克服复制障碍，使少数突变的细胞得以存活。

表 17 - 1　大肠埃希菌三种 DNA 聚合酶性质的比较

	DNA 聚合酶 I	DNA 聚合酶 II	DNA 聚合酶 III
3′→5′ 外切核酸酶	+	+	+
5′→3′ 外切核酸酶	+	-	-
聚合速度（核苷酸/分）	1000 ~ 1200	2400	15000 ~ 60000
功能	切除引物，DNA 修复	DNA 修复	DNA 复制

真核细胞的 DNA 聚合酶有五种，分别以 α、β、γ、δ、ε 来命名。α 和 δ 主要合成细胞核 DNA，相当于大肠埃希菌 DNA 聚合酶Ⅲ的作用，此外，α 还具有合成引物的功能；β 和 ε 主要参与 DNA 的修复；γ 主要参与线粒体 DNA 的复制。真核细胞 DNA 聚合酶的性质列于表 17-2。

表 17-2　真核细胞 DNA 聚合酶性质的比较

	DNA 聚合酶 α	DNA 聚合酶 β	DNA 聚合酶 γ	DNA 聚合酶 δ	DNA 聚合酶 ε
细胞定位	细胞核	细胞核	线粒体	细胞核	细胞核
外切酶活性	无	无	3′→5′外切酶	3′→5′外切酶	3′→5′外切酶
引物合成酶活性	有	无	无	无	无
功能	引物合成和核 DNA 合成	修复	线粒体 DNA 合成	核 DNA 合成	修复

4. 引物酶与 DNA 连接酶　在 DNA 复制过程中，DNA 聚合酶不能直接启动催化合成 DNA 的新生链，而只是在一个引物的 3′端进行 DNA 单链的延长（复制）。引物是由引物酶（primase）催化形成的，是按照碱基互补的原则，在 DNA 模板链的指导下，催化小片段 RNA 的生成。引物的长度通常为几个核苷酸至十几个核苷酸，DNA 聚合酶Ⅲ可在其 3′端聚合脱氧核糖核苷酸，直至完成冈崎片段的合成。冈崎片段的引物消除以及其缺口的填补，是由 DNA 聚合酶Ⅰ来完成的。

DNA 聚合酶只能在多核苷酸链的 3′端进行延长反应，而不能通过形成 3′,5′-磷酸二酯键将两个核苷酸链连接起来。因此，细胞内存在一种 DNA 连接酶，催化双链 DNA 分子中单链缺口处的 5′-磷酸基和 3′-羟基生成磷酸二酯键，从而将两个单链末端之间连接起来。如 DNA 复制的后随链合成时，首先合成的冈崎片段，通过 DNA 连接酶将其连接成后随链（图 17-5）。大肠埃希菌和其他细菌 DNA 连接酶，以烟酰胺腺嘌呤二核苷酸作为能量来源以推动连接反应；动物细胞和噬菌体的连接酶则以腺苷三磷酸（ATP）作为能量来源。

图 17-5　DNA 连接酶与 DNA 缺口的封闭

（五）DNA 复制过程

1. 复制的起始 在 *E. coli* 细胞中，首先在 DNA 复制起点（简写 Ori）形成一个起始复合体（也称引发体），进而启动 DNA 复制。起始复合体由 DnaA、DnaB（解旋酶）、引物酶、拓扑异构酶Ⅱ、组蛋白样蛋白、单链结合蛋白（SSBP）和 RNA 聚合酶组成，起始复合体启动 DNA 复制的过程：①DnaA 协助 DnaB 结合到 Ori 区；②RNA 聚合酶合成一个 RNA 小片段并形成 R 环后与 Ori 区连接；③组蛋白样蛋白诱导双链 DNA 弯曲；④R 环和 DNA 的弯曲造成 DNA 双螺旋不稳定，从而在 DnaB 作用并有拓扑异构酶Ⅱ参与下进行 DNA 的解螺旋；⑤随后 SSB 结合到解开的 DNA 单链上并使其稳定；⑥在 DnaB 的刺激下，引物酶结合上来形成了起始复合体。起始复合体一直存在于复制过程中，不仅启动了前导链的复制，也启动了后随链冈崎片段的复制。

2. 复制的延长 当复制起始复合体一旦形成，DNA 双链被解开，进而形成了复制叉，DNA 就开始了复制。首先是前导链的合成，起始复合体的引物酶以 DNA 的 3′→5′链作为模板合成引物，随后 DNA 聚合酶Ⅲ以四种脱氧核糖核苷三磷酸作底物，在模板链的指导下，按照碱基互补的原则，在引物的 3′端进行延长反应，并以 5′→3′方向复制出一条 DNA 新生链；随着前导链的不断延伸而置换出后随链的模板，当后随链模板上 RNA 引物信号序列出现时，由引物酶合成 RNA 引物，随后再由 DNA 聚合酶Ⅲ延伸合成冈崎片段，冈崎片段的引物由 DNA 聚合酶Ⅰ切除，并填补引物被切除后留下的空缺，冈崎片段间的缺口由 DNA 连接酶将其连接起来形成后随链（图17-6）。由于后随链需要周期性地引发，因此，其合成进度总是与前导链相差一个冈崎片段的距离。

图 17-6 原核生物 DNA 合成的基本过程

3. 复制的终止　细菌环状 DNA 的两个复制叉向前推移，最后在终止区相遇并停止复制。大肠埃希菌终止区含有六个终止子位点，终止子位点与 Tus（terminus utilization substance）蛋白结合后，形成的复合物阻止了复制叉前移，以防止复制叉超过终止区过量复制，而且一个终止子位点－Tus 复合物只阻止一个方向复制叉的前移。在正常情况下，两个复制叉前移的速度是相等的，到达终止区后就都停止复制；如果一个复制叉前移速度慢，另一个复制叉达到终止区就会受到终止子位点－Tus 复合物的阻挡，以便等待速度慢复制叉的汇合。复制被终止后，仍有 50～100bp DNA 链没有被复制，此时，在两条子一代 DNA 链分开后，通过修复方式将其空缺填补。

真核细胞 DNA 复制的基本原则和过程与大肠埃希菌的基本一致，但在细节上有些不同，比大肠埃希菌需要更多蛋白质因子参与，因此也就更加复杂和精确。真核细胞 DNA 合成通常在 S 期进行，要进入 S 期首先必须接受由细胞外的生长因子所提供的细胞分裂信号。真核细胞 DNA 多为线性分子，长度相对较长，因此复制时常有多个起始位点。原核细胞是由同一个 DNA 聚合酶来同时完成前导链和后随链的合成，而真核细胞前导链与后随链是由不同 DNA 聚合酶来合成，DNA 聚合酶 δ 合成前导链，DNA 聚合酶 α 合成后随链。

（六）端粒及端粒酶

在 DNA 复制的后随链合成中，各 DNA 片段（冈崎片段）在去除其引物后，由相应的 DNA 聚合酶来填补引物被切除后留下的空缺，但由于 DNA 聚合酶不能催化 $3' \rightarrow 5'$ 聚合反应，以致总有一个冈崎片段在去除其引物后的空隙无法被填补。同样，在线性 DNA 的前导链复制中，也存在一个前导链的引物被去除后而无法实现该空隙被填补的问题。真核生物线性染色体的末端有一种特殊的结构，称为端粒（telomere）或端区，是真核细胞染色体末端的蛋白质－DNA 结构，从单细胞生物到高等动植物，端粒的结构和功能都很保守。其功能在于完成染色体末端的复制，可防止染色体融合、重组或降解。

大多数真核生物的端粒 DNA 由非常短而且数目精确的串联重复 DNA 排列而成，富含鸟嘌呤（G）。在不同生物中端粒 DNA 的序列多种多样，其功能并不需要独特的序列来维持。端粒结构中的 DNA 重复序列，一般一条链上为 $Gn(T/A)m$，互补链为 $Cn(A/T)m$，（其中 $n > 1$，m 为 $1～4$），平均长度随生物种类而不同。人的染色体端粒含有 TTAGGG 的重复序列，平均长度 15bp；酵母为 $G_{1\sim3}T$；而尖毛虫属原虫为 G_4T_4，平均长度 20bp。

端粒酶（telomerase）的组成中包括 RNA 和蛋白质，其中 RNA 作为合成端粒 DNA 的模板，而合成所需要的酶则由蛋白质部分来完成，因此端粒酶是一种自身携带模板 RNA 的逆转录酶。该酶能够在缺少 DNA 模板的情况下延伸端粒内 $3'$ 端的寡核苷酸片段，以弥补复制过程的局限性（图 17-7）。端粒酶的活性取决于酶内 RNA 和蛋白质亚基。端粒酶至少包含有两个活性位点，即具有逆转录酶活性和内切核酸酶活性。

二、基因重组

基因重组也称 DNA 重组（DNA recombination），是指 DNA 分子内或分子间的断裂并重新连接而形成基因重新组合的过程。基因重组的意义在于它能迅速增加群体的遗传多样性，使物种的有利突变与不利突变分开，通过优化组合积累有意义的遗传信息。此外，重组也为 DNA 损伤或复制障碍提供了一种修复机制。根据重组过程所涉及的 DNA 序列和蛋白质因子，可将基因重组分为三类：同源重组（homologous recombination）、位点特异性重组（site-specific recombination）和转座重组（transposition recombination）。

图 17-7　端粒酶的作用

（一）同源重组

同源重组是指由两条同源区的 DNA 分子，通过配对、链的断裂和再连接，从而产生大片段同源 DNA 序列交换的过程。在同源重组中，只要两条 DNA 序列相同或接近相同，就可以在该序列的任何一处发生同源重组。此外，涉及负责 DNA 配对和重组的蛋白质因子，对重组基因的碱基序列没有特异性要求。

对同源重组机制的解释，主要是 1964 年 Robin Holliday 提出的 Holliday 模型（图 17-8）。其关键步骤：①两条方向相同的 DNA 单链，在相应的位置被切断形成缺口；②两条分别切断的游离单链末端相互进行交换；③在 DNA 连接酶的作用下，分别将两个交换后的断裂点通过磷酸二酯键连接起来，形成一种分子间交叉结构（也称 Holliday 连接）；④Holliday 交叉中的分支结构，可以向 DNA 分子的任意方向迁移，迁移过程中，双链间的碱基对可被解开并再形成以使分支点能够迁移，这一过程称为分支迁移，分支迁移实际上是两条 DNA 分子之间交叉的同源单链互相置换的结果，并扩展异源双链交换区；⑤Holliday 交叉的上半部或下半部，经过 180°旋转形成一个去交叉结构的 Holliday 中间体；⑥从 Holliday 中间体的中心，切断两条 DNA 单链的各自磷酸二酯键，随后再将断裂点以另一种方式将其连接起来，从而实现了将 Holliday 交叉结构或 Holliday 中间体拆分成两个独立的 DNA 双链。Holliday 中间体切断的方式不同，所得到的重组产物也不同。如果切开的链与原来断裂的是同一条链，重组体含有一段异源双链区（水平分离），这种拆分体称为片段重组体（patch recombinant）；如果切开的链与原来断裂的不是同一条链，也就是切开的链并非原来断裂的链（垂直分离），这种拆分体称为拼接重组体（splice recombinant）。

图 17 – 8　同源重组的 Holliday 模型

（二）位点特异性重组

位点特异性重组是指不依赖于欲重组 DNA 序列的同源性，而是依赖于能够参与 DNA 重组的重组酶识别结合的 DNA 特异序列。这些参与 DNA 重组的特异性酶，能够催化重组 DNA 链的断裂和重新连接，实现位点特异性重组作用。位点特异性重组广泛存在于各类细胞中，从细菌到脊椎动物，它们起着十分特殊的作用，彼此有很大的不同。其作用包括某些基因表达的调控、发育过程中程序性 DNA 重排以及某些病毒和质粒 DNA 复制循环过程中发生的整合与切除等。位点特异性重组与同源重组的主要区别：在同源重组中，DNA 链切断是完全随机的，暴露出一些参与 DNA 重组的顺序，进而启动重组，重组后，在染色体内的 DNA 序列一般仍按原来的次序排列；在位点特异性重组中，重组是发生在某些特异

DNA 序列，在重组后，相对位置发生了移动，即 DNA 序列发生重排，从而得到不同的结果。

（三）转座重组

转座重组是通过转座因子（transposable element）实现基因重新组合。转座因子也称转座子（transposon），是一种可以由染色体的一个位置转移到另外一个位置的遗传因子，即一段可以发生转座的 DNA。

最早发现能转移的遗传因子是玉米转座子，随后发现真核生物广泛存在各种转座子。此外，原核生物也存在转座子。真核生物的转座子与原核生物的十分相似：①转座依赖于转座酶（transposase）；②转座子两端具有被转座酶识别的反向重复序列；③转座的位置（转座靶位点）是随机的；④转座位点交错切开，插入转座子后经修复形成两侧正向重复序列。但真核生物只要存在转座酶，任何序列片段具有该酶识别的反向重复末端均可发生转移，无需由被转移序列自身编码这些酶；而原核生物的转座酶主要作用于产生它的转座子，也就是说转座子（转移序列自身）编码了转座酶。

三、突变与单核苷酸多态性

（一）突变

突变（mutation）是指遗传物质中产生任何可遗传的改变，但不涉及重组所带来的改变。对于一个多细胞生物来说，如果突变仅发生在体细胞中，那么这种突变只传递给子细胞而不会传递给后代，这种突变称体细胞突变（somatic mutation）；如果突变发生在生殖细胞中，那么这种突变能够通过配子传递给下一代，在后代个体的体细胞和生殖细胞中产生同样的突变，这种突变称种系突变（germ-line mutation）。突变可以发生在染色体水平或者基因水平，如果是染色体结构或及数目的改变，称染色体畸变（chromosomal aberration）或染色体突变（chromosome mutation）；当染色体畸变涉及基因组中染色体套数的改变时的突变称为基因组突变（genome mutation）；如果突变发生在基因内，这种突变称为基因突变（gene mutation）。基因突变涉及基因内的一个或多个序列的改变，包括一对或多对碱基对的替换、增加或缺失。基因内的一对碱基对发生改变的突变称为点突变（point mutation）。

突变分为自发突变和诱发突变两大类。生物体自然发生的突变称自发突变（spontaneous mutation），而一些物理因素或化学试剂都能增加自发突变的频率，因此，通过外界理化因素诱发机体发生的突变称为诱发突变（induced mutation）。自发突变主要在 DNA 复制过程中引入错误（错配），尽管 DNA 复制的聚合酶具有校对功能（$3' \rightarrow 5'$ 外切核酸酶活性），使多数错误在复制过程中被纠正，即便这种出错躲过 DNA 复制的校对，也会在 DNA 修复过程中被去除，但仍会有极少数的错误被保留下来。紫外线和各种辐射等物理因素以及烷化剂、亚硝酸盐、抗生素及类似物等化学因素，它们均可以导致基因突变（诱发突变）。如紫外线可引起 DNA 链上相邻两个嘧啶碱基发生共价结合生成嘧啶二聚体，从而增加了子代 DNA 分子序列发生改变的频率；烷化剂和亚硝酸盐等通过化学修饰，引起 DNA 分子中碱基发生改变，产生碱基类似物，从而增加了子代 DNA 分子序列发生改变的频率；抗生素等通过嵌入 DNA 双螺旋结构中，造成碱基的插入或缺失，从而增加了子代 DNA 分子序列发生改变的频率。

　　根据突变的结果，可知基因突变包括多种类型。如果基因中一个碱基对被另一碱基对替换，这种突变称碱基替换突变（base-pair substitution mutation）；如果替换是在嘌呤与嘌呤之间或嘧啶与嘧啶之间进行，这种方式称转换（transition mutation）；如果替换是在嘌呤与嘧啶之间进行，这种方式称颠换（transversion mutation）。当 DNA 发生突变后，由此转录的 mRNA 相应密码子也随之发生改变，编码了另一种氨基酸，使蛋白质中的氨基酸发生了替换，这种突变称错义突变（missense mutation）；如果在错义突变中，替换的氨基酸并不影响蛋白质本身固有的功能（如 Gly→Ala 或 Asp→Glu），这种突变称中性突变（neutral mutation）；如果在中性突变中，基因发生突变并导致其 mRNA 相应的密码子也发生改变，但改变的密码子仍编码同一个氨基酸残基（与突变前的氨基酸残基一样），也就是说，突变前后其编码肽链的氨基酸残基序列并未发生变化，这种突变称沉默突变（silent mutation）或同义突变；如果突变导致了肽链合成的提前终止，产生一条不完整的、没有功能的肽链，这种突变称无义突变（nonsense mutation）；如果突变导致了基因中增加或减少 1~2 个碱基（或是增加或减少的碱基数不是 3 或 3 的倍数），结果使该位点后面的肽链氨基酸残基序列发生变化，这种突变称移码突变（frameshift mutation）。

　　基因发生了一次突变，通过另一次突变纠正了第一次突变所引发的后果，所说的另一次突变称回复突变（reverse mutation）。回复突变可以使编码的肽链序列回复到原初的序列，也可以在另一位点发生新的突变，从而使第一次突变基因产生的无功能或有部分功能的蛋白质恢复部分或完全功能，后者回复突变也称抑制突变；回复突变和第一次突变发生在不同的基因内，这种抑制突变称基因间抑制突变。一般来说，在基因间抑制的回复突变，通常是第二次突变发生在编码 tRNA 的基因内，而且第二次突变位点恰好是该 tRNA 的反密码子。如某一个基因发生了第一次突变，使编码 AAx（BCD）改变为 AAy（FEG），从而使肽链该位点的氨基酸残基由 AAx 转变为 AAy；当第二次突变发生位点恰好在编码 AAx–tRNA 的反密码子位点，使 AAx–tRNA 的反密码子由原本的 BCD 突变成 FEG，该突变的 AAx–tRNA（FEG）在第一次突变基因的翻译过程中，正好将本应该在该位点引入的 AAy（FEG）替换成了 AAx（FEG），结果使第一次突变基因编码肽链的 AAy，通过第二次 tRNA 基因突变替换成了 AAx。

（二）单核苷酸多态性

　　在人类基因组研究中发现，遗传信息不仅在物种之间存在差异，即便在人类个体之间也存在一定的差异。单核苷酸多态性（single nucleotide polymorphism，SNP）是一个物种的个体之间遗传信息差异的一种基本模式，是一种二等位基因的标记，表现在基因组中特定位点上的单核苷酸差异——单点变异，该位点的碱基可以被其他三种碱基替换。

　　虽然 SNP 这种差异小于千分之一，但它是人类个体得以相互区别的物质基础，也就是说，人类个体之间的差别主要是由 SNP 决定，如体貌特征、性格、疾病易感性等，甚至有些遗传性疾病仅由一个 SNP 决定，如血友病、镰状细胞贫血等。虽然每一个 SNP 位点或多或少会对人的生理活动产生影响，但是由于 SNP 总数的巨大以及目前研究水平的限制，很多 SNP 位点与生理活动的直接联系尚不完善。因此，随着人类 SNP 位点检测技术的不断完善以及相关研究的不断深入与拓展，在未来，人们必将能够通过 SNP 位点分析，来预测个体的健康水平以及其生命属性的特殊性。

四、DNA 的损伤与修复

在介绍基因突变时，已经提及 DNA 复制过程中会出现大量的错配，尽管大多数错配可以通过 DNA 聚合酶的校对功能得以纠正，使 DNA 合成出现的大多数错配在复制过程中已被纠正，但仍会有许多错配被保留在子一代 DNA 中，并破坏局部 DNA 的双螺旋结构。同时，DNA 重组、病毒基因的整合等，也常常会对 DNA 双螺旋结构产生局部破坏作用。此外，一些物理和化学因素，通过作用于 DNA，造成其结构与功能的破坏。上述各种因素均对 DNA 产生了损伤，如果 DNA 损伤得不到及时的修复，就会引起基因、细胞乃至生物体的突变，甚至导致生物个体的死亡。然而，在原核和真核细胞中均存在着许多修复系统，这些修复系统可恢复不同的 DNA 损伤，有的直接作用 DNA 损伤位点来进行修复，有的则是通过切除损伤部分来进行修复。

（一）DNA 的损伤

DNA 损伤的原因主要有三种：复制时的错配、物理因素和化学因素。物理因素主要包括紫外线和各种电离辐射等；化学因素主要包括碱基烷化剂、亚硝酸盐、化学致癌物、氧自由基、抗生素及类似物等。DNA 损伤的对象可以是碱基、糖或是磷酸二酯键、糖苷键。DNA 损伤的结果各式各样，如相邻碱基之间形成二聚体，糖苷键断裂造成核苷酸的去嘌呤或去嘧啶，胞嘧啶和腺嘌呤脱氨变成尿嘧啶和次黄嘌呤，碱基烷基化后改变了碱基配对的性质，DNA 嵌入化合物的介入造成核苷酸缺失等等。DNA 的损伤一般只作用于 DNA 双链中的一条，两条链同时损伤的机会很少，因此，在修复时，没有受损伤的链可以作为模板来实现修复。

（二）DNA 损伤的修复

细胞中 DNA 损伤的修复系统有五种：直接修复（direct repair）、切除修复（excision repair）、错配修复（mismatch repair）、重组修复（recombination repair）和易错修复（error-prone repair）。

1. 直接修复　直接修复是针对 DNA 损伤位点直接实施修复。如紫外线照射可以使 DNA 分子中同一条链相邻的两个胸腺嘧啶碱基之间，以共价键连接成环丁烷的结构而形成二聚体（—N—【T＝T】—N—）（N 表示三种碱基，T 为胸腺嘧啶碱基）。其他嘧啶碱基之间，也能形成类似的二聚体，如—N—【C＝T】—N—或—N—【C＝C】—N—（C 为胞嘧啶碱基），但后两种类型的数量较少。碱基二聚体的形成（—【T＝T】—），影响了 DNA 的双螺旋结构，使其复制和转录功能均受到阻碍。胸腺嘧啶二聚体的修复系统有多种类型，常见的有光复活修复（photoreactivation repair）和暗修复（dark repair）。最早发现细菌在紫外线照射后立即用可见光照射，可以显著提高细菌存活率，这种作用称光复活修复。光复活修复在生物界分布很广，从低等单细胞生物到鸟类都存在。其作用机制是可见光激活了细胞内的光复活酶（photoreactivating enzyme），该酶能够将由紫外线照射而形成的嘧啶二聚体进行解聚化水解。光复活修复是一种高度专一的直接修复方式，它只针对由于紫外线所引起的 DNA 分子中嘧啶二聚体进行解聚化水解。高等动物对于嘧啶二聚体主要采用暗修复，首先是切除掉包含嘧啶二聚体的核苷酸片段，然后再利用 DNA 聚合酶将空缺补齐而实现修复。

针对碱基烷基化损伤 DNA 的修复也是直接修复方式。如碱基烷基化损伤位 O^6 – 甲基鸟嘌呤的修复，是通过 O^6 - 甲基鸟嘌呤 - DNA 甲基转移酶的作用，将甲基转移到酶自身的半胱氨酸残基上，该甲基转移酶由此而失活，此种酶也称自杀酶。

2. 切除修复　切除修复是在一系列酶的作用下，将 DNA 分子中损伤部分切除掉，并以完整的另一条链作为模板将空缺补齐，最后将修复合成链与原来链连接起来而实现修复，从而使 DNA 恢复正常结构。这种修复是比较普遍的一种修复方式，对多种损伤均能进行修复作用。切除修复包括两个过程：一是由特异的酶捕捉到 DNA 损伤的部位，切除含有损伤部位的核苷酸单链片段；二是由 DNA 聚合酶和 DNA 连接酶将空缺补齐并将修复合成链与原来链连接起来。

细胞内有许多种特异的 DNA 糖苷酶，能够识别 DNA 分子中不正常的碱基（该碱基与对应链的碱基间不严格遵循碱基互补）并将其水解切除下来。如脱氧尿苷酸掺入到 DNA 链中，DNA 链中胞嘧啶脱氨基后转变成尿嘧啶。对于 DNA 链上出现的这些尿嘧啶，尿嘧啶 - N - 糖苷酶可将这些尿嘧啶水解切除掉。腺嘌呤脱氨后转变成次黄嘌呤，次黄嘌呤 - N - 糖苷酶可将次黄嘌呤水解切掉。烷化剂使碱基修饰，如甲基磺酸甲酯作用于 DNA 可引起鸟嘌呤第 7 位氮原子或嘌呤第 3 位氮原子甲基化，相应的 DNA 糖苷酶可识别并除去烷基化碱基。

3. 错配修复　DNA 复制过程中总会出现错配，尽管可以通过 DNA 聚合酶的校对功能进行纠正，使基因编码信息得以恢复，但仍有一些错配被保留在子一代 DNA 中。在复制前的亲代 DNA，细胞通过特异性的甲基化酶，在 DNA 分子特定序列中对相应的碱基进行甲基化修饰，以区分"旧"链和"新"链。复制后初级阶段的子一代 DNA，其模板链是固有模式的甲基化，而新生链还没来得及被甲基化。此时，如果新生链中存在错配碱基，修复系统就通过识别"旧"链和"新"链的功能，利用 DNA 分子特定序列的甲基化位点进行锚定，针对含有错配碱基的未甲基化的"新"链，在其错配碱基位点的前或后进行切除而形成一个空缺以去除错配碱基，并以甲基化的链（"旧"链）为模板进行修复合成，这种修复称错配修复系统。

大肠埃希菌参与错配修复的蛋白质有十余种，其中几个特有的蛋白质由 mut 基因编码。Mut S 二聚体能够识别并结合到 DNA 的错配碱基部位，Mut L 二聚体与 Mut S 结合，形成的二元复合物通过水解 ATP 获得的能量，以驱使二元复合物沿 DNA 双链向两方向移动直至遇到 GATC 序列为止。随后 $Mut\ H$（一种内切核酸酶）结合到二元复合物上，并在未甲基化链 GATC 位点的 5′端切开。如果切开处位于错配碱基的 3′一侧，由外切核酸酶 I 或 X 沿 3′→ 5′方向切除核苷酸链；如果切开处位于错配碱基的 5′一侧，则由外切核酸酶 VII 或 Rec J 沿 5′→ 3′方向切除核苷酸链。切除的空缺可长达 1000 个核苷酸以上，直到将错配碱基切除掉。随后由 DNA 聚合酶将此空缺补齐，并由 DNA 连接酶将新合成的 DNA 链与原来的链连接起来，至此完成了错配修复。真核生物的错配修复机制，与原核生物的大致相同。

4. 重组修复　DNA 的两条单链序列是互补的，当一条链受到损伤时，可以利用另一条链作为模板进行修复。但在有些情况下是无法为修复提供正确的模板，如模板链也受到损伤、双链断裂、双链交联等。当复制遇到还未修复的 DNA 损伤位点时，正常的复制受到阻碍，在这种情况下重组修复或易错修复将被启动。

如果在复制前，DNA 损伤部位已经被修复，这种修复方式称复制前修复；如果在复制的时候，DNA 损伤部位仍然没有被修复，此时采取先复制再修复的策略，这种修复方式称复制后修复。如嘧啶二聚体、烷基化引起交联等 DNA 损伤，DNA 仍然可以进行复制，但在损伤部位，复制酶系无法实现碱基匹配原则而进行子代 DNA 链的合成，此时复制酶系就跳过损伤部位，在下一个冈崎片段的起始位置或前导链的相应位置上，重新启动引物合成并继续 DNA 链的复制，其结果是子代 DNA 链在模板链损伤部位的相对应处留下一段空缺。通过这种模式，子代 DNA 双链中的新生链的空缺（损伤部位）仍然没有被修复，但子代 DNA 的这种损伤可以通过 DNA 重组的方式加以弥补，也就是从同源 DNA 的母链上，将相应的正常核苷酸片段（包含损伤部位）移植到子链的空缺处以实施修复，而母链上遗留的空缺处，通过 DNA 聚合酶和 DNA 连接酶将空缺处补齐连接修复。

5. 应急反应　许多 DNA 损伤或复制抑制均能引起细胞内一系列复杂的诱导反应，以应对 DNA 损伤或复制抑制，该反应称应急反应（SOS response）。SOS 反应是 DNA 受到损伤或复制受到抑制的紧急状况下，细胞为求得生存而表现出的应急效应，该反应诱导的修复系统包括无错修复（error-free repair）和易错修复（error-prone repair）两类。无错修复包括直接修复、切除修复、错配修复和重组修复系统，这些系统能够识别 DNA 的损伤位点或错配碱基位点而加以消除，在修复过程中总是避免引入差错。SOS 反应除了能够诱导切除修复和重组修复系统中的某些关键酶和蛋白质的含量上调，加强切除修复和重组修复的能力外，还能诱导产生缺乏校对功能的 DNA 聚合酶，该酶能在 DNA 损伤部位进行所谓"强行复制"而避免细胞的死亡，但这种复制却带来了高的变异频率，此类修复就属于易错修复。

原核细胞 DNA 聚合酶Ⅰ（主要参与复制）具有 3′外切核酸酶活性的校对功能，当复制进行到 DNA 损伤部位时，由于新合成链的碱基不能与模板链对应的碱基呈现碱基匹配关系，该核苷酸会被 DNA 聚合酶Ⅰ的外切核酸酶活性功能域切除掉，当再次在该位引入的核苷酸还是不能与模板链匹配仍将被切除时，DNA 聚合酶Ⅰ就会在 DNA 损伤部位表现出延宕现象——"原地打转"不前移，或是脱落下来而使 DNA 链的合成终止。此时，SOS 反应将诱导细胞产生 DNA 聚合酶Ⅳ和Ⅴ，由于这两种聚合酶不具有 3′外切核酸酶活性的校对功能，在 DNA 的损伤部位通过碱基不匹配而使复制仍能继续进行。尽管通过这种模式允许错配的存在而使突变概率增加，但总比细胞在此阶段就死亡要好得多，或许可以通过其他的修复系统，将该损伤部位进行修复。SOS 反应广泛存在于原核生物和真核生物中，大多数能在细菌中诱导产生 SOS 反应的因素，对高等动物都是致癌的，如 X 射线、紫外线、烷化剂及黄曲霉素等，而某些不能致癌的因素，却不引起高等动物的 SOS 反应，如 5 - 溴尿嘧啶。

第二节　转录与基因表达调控

扫码"学一学"

DNA 分子所携带的遗传信息，首先转变成信使 RNA（mRNA）分子，在蛋白质合成酶系的作用下，mRNA 所携带的信息在核糖体中翻译成蛋白质信息——肽链氨基酸残基的序列，在蛋白质合成过程中，还需有能专一性携带氨基酸的 tRNA 和构成核糖体的rRNA。这三类 RNA 都必须以 DNA 为模板，在依赖于 DNA 的 RNA 聚合酶作用下，进行RNA 链的起始、延长、终止等步骤，这一系列过程就称转录或 RNA 的合成。在转录过程中，DNA 的一条链作为模板链，在其上合成出 RNA 分子，合成以碱基配对方式进行，所产生的 RNA 链与 DNA 模板链互补。细胞的各类 RNA，包括参与翻译过程的 mRNA、rRNA、tRNA 以及具有特殊功能的小 RNA，都是以 DNA 为模板，在 RNA 聚合酶的催化下合成的。最初转录的 RNA 产物通常需要经过一系列断裂、剪接、修饰等加工过程才能成为成熟的 RNA 分子。在遗传信息流由 DNA→RNA→蛋白质的传递过程中，RNA 是中心环节。但在自然界中，转录并不是产生 RNA 的惟一途径，有的 RNA 病毒可以以其 RNA 为模板复制新的 RNA（RNA→RNA），有的还能以 RNA 为模板进行反转录而产生互补的 DNA 链（即 RNA→DNA）。

基因的转录是一种选择性的过程，随着细胞的不同生长发育阶段和细胞内外条件的改变将转录不同的基因。转录是基因表达的第一步，也是最关键的一步，生物体基因表达调控的第一步也就是决定是否要让该基因转录，对于大多数基因来说，这是最重要的调控机制，在有些情况下甚至是惟一的调控机制。

一、转录

（一）转录的基本特征

RNA 链的合成起始于 DNA 模板的一个特定位点，并在另一位点处终止，此转录区域称为转录单位（transcription unit）。一个转录单位可以是一个基因，也可以有多个基因。转录的起始是由多个功能区域序列组成的启动子（promoter）所调控，而控制转录终止的区域则称为终止子（terminator）。转录是通过 DNA 指导的 RNA 聚合酶来实现的，其过程包括许多特征。

（1）RNA 的合成是以四种酸核糖核苷三磷酸（NTP）——ATP、GTP、CTP 和 UTP 为前体或者原料。

（2）RNA 的合成是由 RNA 聚合酶催化完成，反应需要 Mg^{2+}，与 DNA 聚合酶不同，RNA 聚合酶自己能够启动一条新核苷酸链的合成，起始的核苷酸一般为嘌呤核苷三磷酸，而且在转录产物——RNA 的 5′ 端始终保持这个三磷酸基团。

（3）RNA 链的生长方向也是从 5′→3′，核苷三磷酸加到新生链的 3′ 端，同时除去 1 分子焦磷酸并生成磷酸二酯键，焦磷酸可进一步分解成无机磷酸，此反应放热，从而使整个反应向聚合方向进行。

（4）同 DNA 复制一样，转录同样需要模板，并按碱基互补的原则，在一个转录区内，只有一条 DNA 单链作为模板进行转录，这条 DNA 单链称为模板链，也称反义链或负链；而与这条模板链相对的另一条 DNA 单链称为编码链，也称有义链或正链。

（二）DNA 指导下的 RNA 聚合酶

1. 原核生物 RNA 聚合酶 大肠埃希菌 RNA 聚合酶由 σ 因子以及核心酶（core enzyme）两部分组成，负责合成细菌中所有 RNA。σ 因子是一种蛋白质因子，负责 RNA 合成的起始；核心酶由两个 σ 亚基、一个 β 亚基和一个 β′亚基组成（$\alpha_2\beta\beta'$）。σ 因子与核心酶结合后称为全酶（holoenzyme）。

σ 因子的作用是负责模板链的选择和转录的起始，它是核心酶的别构效应物，使全酶专一性识别模板上的启动子。核心酶本身也能与 DNA 结合，主要是由于碱性蛋白质与酸性核酸之间的静电引力所造成，这种结合与 DNA 序列无关，此时 DNA 仍然保持其双螺旋结构，这种结合又称为松弛结合。σ 因子能够改变 RNA 聚合酶与 DNA 之间的亲和力，极大地减少了酶与 DNA 一般序列的结合常数和停留时间，同时又大大地增加了酶与 DNA 启动子的结合常数和保留时间，这样就使得全酶能迅速找到启动子并与之结合。

核心酶的四个亚基，其功能各不相同。β 亚基与核苷三磷酸具有很高的亲和力，参与了与核苷三磷酸和新生 RNA 链的结合以及催化磷酸二酯键的形成（RNA 链的延伸）；β′亚基参与了与模板链的结合；α 亚基参与全酶和启动子的牢固结合，而且这一牢固结合需要 DNA 双螺旋的局部解链。此外，当核心酶沿着模板前移进行 RNA 链的延伸时，需要不断地在前面将双螺旋进行解链，在后面恢复双螺旋，这些作用均需要两个 α 亚基的参与。

2. 真核生物 RNA 聚合酶 尽管第一个 RNA 聚合酶是从哺乳动物细胞中分离出来的，但因真核生物 RNA 聚合酶含量极少，不易纯化。所以，对于真核生物 RNA 聚合酶的了解，远不如对 *E. coli* RNA 聚合酶那样清楚。真核细胞中有三种 RNA 聚合酶——RNA 聚合酶Ⅰ、Ⅱ和Ⅲ。这种命各法，最早是依据它们从 DEAE - 纤维素色谱柱上洗脱的先后顺序而确定的。后来发现，不同生物三种 RNA 聚合酶的洗脱顺序并不相同，因而改用 RNA 聚合酶对于 α - 鹅膏蕈碱（α - amanitine）的敏感性不同来进行区别。RNA 聚合酶Ⅰ基本不受 α - 鹅膏蕈碱的抑制，在大于 10^{-3}mol/L 时才表现出轻微的抑制作用；RNA 聚合酶Ⅱ对于 α - 鹅膏蕈碱最为敏感，在 $10^{-9} \sim 10^{-8}$mol/L 浓度下就会被抑制；RNA 聚合酶Ⅲ的敏感性介于Ⅰ、Ⅱ之间，在 $10^{-5} \sim 10^{-4}$mol/L 表现抑制作用。RNA 聚合酶Ⅰ存在于核仁中，其功能是合成 5.8S rRNA、18S rRNA 和 28S rRNA；RNA 聚合酶Ⅱ存在于核质中，其功能是合成 mRNA 以及 snRNA；RNA 聚合酶Ⅲ也存在于核质中，其功能是合成 tRNA 和 5S rRNA 等。三种 RNA 聚合酶，每种聚合酶均含有两个大亚基和 4~8 个小亚基。此外，在真核生物的线粒体和叶绿体中，也存在独特的核基因编码的 RNA 聚合酶，它们相对分子质量小，活性也较低，在细胞质中合成以后再被运送到相应的细胞器中，负责线粒体和叶绿体的一些基因转录。

真核生物也像原核生物一样，不同种类的基因需要不同的蛋白质辅因子协助 RNA 聚合酶，而且这种现象比原核生物更常见、更复杂。如非洲爪蟾的 RNA 聚合酶Ⅲ在转录 5S rRNA 基因时，需要一种相对分子质量为 37000 的蛋白质因子参与，而转录其他基因则不需要这一蛋白质因子。

（三）启动子

启动子是指 RNA 聚合酶识别、结合和起始转录的一系列 DNA 序列，也就是位于转录单位 5′端上游区的一系列 DNA 序列，能指导全酶与模板的正确结合，活化 RNA 聚合酶，并使之具有起始特异性转录的形式。RNA 聚合酶在实施转录时，还需要一些辅因子（蛋白质）参与作用，这些蛋白质辅因子称之为转录因子。习惯上，转录单位的 DNA 序列按其转录的 RNA 同样序列的一条链（正链）来书写，从左到右相当于5′→3′方向，与 mRNA 序列相同的 DNA 单链为正链（也就是编码链或称有义链）；互补的链为负链（也就是模板链或称反义链）。转录起点（start point）是指新生 RNA 链第一个核苷酸相对应 DNA 链上的碱基，一般为嘌呤碱。转录起点的核苷酸定为 +1，从转录的近端向远端计数，转录起点的左侧为上游（upstream），用负的数码来表示，如起点前一个核苷酸为 -1，前二个核苷酸为 -2；起点后为下游（downstream），即转录区。转录的真实性取决于：一是特异的转录起点；二是转录起始后按照碱基互补原则准确地转录模板 DNA 序列；三是特异的终止部位。

转录的起始是基因表现功能化的关键阶段，而这一阶段的关键是 RNA 聚合酶与启动子的相互作用。启动子的结构影响了它本身与 RNA 聚合酶的亲和力，从而影响该启动子所在的转录单位基因的转录水平。

1. 原核生物启动子　从 mRNA 开始转录的位点以上，就存在启动子的序列。启动子可以分两个部分：上游部分是调控转录区域，负责调控转录单位是否能够转录等；下游部分是 RNA 聚合酶介入区域，包括识别位点和结合位点，此部分是启动转录的核心区域。

（1）Pribnow 框　在转录起点的 −10 左右一段核苷酸序列中，大多为 TATAAT 序列或是稍有不同的变化形式（TATPuAT）这样的六核苷酸序列称为 Pribnow 框，由于在 −10 位点附近，所以又称为 −10 序列，它是 RNA 聚合酶的牢固结合位点（简称结合位点）。在 −10 序列，由于 RNA 聚合酶的诱导作用，使富含 AT 碱基 Pribnow 框内的 DNA 双螺旋首先"溶解"，这个泡状物扩大到 17 个核苷酸左右，与 RNA 聚合酶形成二元开链式启动子复合物，从而使 RNA 聚合酶定向并按顺流方向移动而行使其转录功能。

（2）Sextama 框　启动子的 RNA 聚合酶介入区域的另一个位点称之为 Sextama 框，由于位置在 −35 附近，故又称 −35 序列，各种启动子 −35 序列的较高一致性序列为 TTGACA。−35 序列是 RNA 聚合酶初始结合位点，RNA 聚合酶依靠其 σ 亚基识别该位点，因此，又称 RNA 聚合酶识别位点。其重要性在于这一序列的核苷酸结构在很大程度上决定了启动子的强度。RNA 聚合酶很容易识别强启动子，而对弱启动子的识别较差，而 Pribnow 框的碱基序列通过影响开链式启动子复合物的形成速度而控制转录，这两个序列是决定启动子强度的重要因素。这样，细胞可以由此来调节单位时间内所转录的 mRNA 分子数，从而控制蛋白质的合成速度。

（3）调控转录区域　在大肠埃希菌启动子的调控转录区域中，常见的是 CAP 结合位点，该位点能够特异性识别结合分解代谢物激活蛋白（CAP）。当大肠埃希菌生长在缺乏葡萄糖的培养基中时，cAMP 合成量增加，与 CAP 结合所形成的复合物，具有激活乳糖操纵子等的启动子功能。CAP 是同型二聚体，每个亚基有两个结构域，氨基末端结构域与 cAMP 结合，羧基末端结构域与 DNA 的 CAP 结合位点结合。游离的 CAP 与 DNA 的亲和力较弱，cAMP 的结合能提高 CAP 对 DNA 的亲和力。因此，CAP 与启动子的结合，是激活转录的必要条件。

乳糖启动子有两个 CAP 结合位点，一个是在 −70 到 −50（位点 Ⅰ），包含一个反向重复序列；另一个是在 −50 到 −40（位点 Ⅱ）。位点 Ⅱ 是一个很弱的结合位点，但是当 cAMP−CAP 复合物结合于位点 Ⅰ 时，位点 Ⅱ 与 cAMP−CAP 复合物的结合能力显著提高，表现正协同效应。一旦位点 Ⅱ 被占据，RNA 聚合酶就很快与 −35 序列结合，然后再与 −10 序列结合。如果细胞缺少 CAP，尽管乳糖启动子的 −35 序列和 −10 序列存在并保持完整，但是 Sextama 框（−35 序列）不能很好地结合 RNA 聚合酶，而 Pribnow 框（−10 序列）确实能结合 RNA 聚合酶，但得到的是一个闭链式二元复合物。也就是说，在这个起始区域内的 DNA 双螺旋结构不发生解链作用，开链式二元复合物不能形成，也就无法启动转录。

2. 真核生物启动子　真核生物有三种 RNA 聚合酶，每一种都有自己的启动子类型。RNA 聚合酶 Ⅰ 只转录 rRNA，只有一种启动子类型；RNA 聚合酶 Ⅱ 负责蛋白质基因和部分 snRNA 基因的转录，其启动子结构最为复杂；RNA 聚合酶 Ⅲ 负责转录 tRNA 和 5S rRNA，其启动子位于转录的 DNA 序列之内，故称下游启动子。

（1）RNA 聚合酶 I　真核生物的核糖体 RNA 基因先转录成一个较长的前体分子，随后进行转录后加工，成为成熟的 18S、5.8S、28S rRNA，以便参与核糖体的组建。对于大多数真核生物，rRNA 基因启动子可以分为两个部分：－40～＋5 称近启动子，其功能决定转录起始的精确位置；－165～－40 称为远启动子，其功能是影响转录的频率。每种生物都有特定的转录因子与 RNA 聚合酶 I 结合，从而促进与启动子形成转录起始复合物。

（2）RNA 聚合酶 II　真核生物 RNA 聚合酶 II 的启动子是多部位结构，主要有四个部位，其中前三个部位是大多数启动子都具备的。

1）帽位点（cap site）　即转录起始位点，其碱基大多为 A（指的是非模板链），两侧各有若干个嘧啶核苷酸，这与原核生物 E. coli 转录起始点的所谓 "CAT 规律" 相一致，其中 A 为转录起点。

2）TATA 框　又称 Hogness 框或 Goldberg-Hogness 框，其一致性较高的序列为 TATA（A/T）A（A/T），在 TATA 框的两侧却倾向于富含 G－C 碱基对的序列，这也是 TATA 框发挥作用的重要因素之一。TATA 框一般位于 －25 附近，除这一点外，其结构与功能均类似于原核生物的 Pribnow 框，决定了转录的起始点的选择，也就是说 RNA 聚合酶 II 与 TATA 框牢固结合之后才能开始转录。

3）CAAT 框　其一致的序列为 GG（C/T）CAATCT，一般位于 －75 附近，虽然名为 CAAT 框，但头两个 G 的重要性并不亚于 CAAT 部分，CAAT 框的功能是控制转录起始的频率。

4）增强子　增强子（enhancer）又称为远上游序列（far upstream sequence），一般都在 －100 以上，是指能使和它连锁的基因转录频率明显增加的 DNA 序列。增强子大多为重复序列，一般长约 50bp，适合与某些蛋白质因子结合，其内部常有一个核心序列 TGG（A/T）（A/T）（A/T），该序列是产生增强效应所必需的。

（3）RNA 聚合酶 III　RNA 聚合酶 III 不但能转录 5S rRNA 基因，而且还能转录 tRNA 基因等。5S rRNA 基因的启动子位于转录区内，在转录起始点下游 50bp 之后，这种位于转录起始点下游的启动子又称为内部启动子或称下游启动子。tRNA 基因的启动子与 5S rRNA 基因有所不同，是由不连续的两个区域所组成，靠近 5′方向的称为 A 区，靠近 3′方向的称为 B 区。对于 tRNA 基因来说，A 区相应于 tRNA 分子的 D 臂，而 B 区相应于 tRNA 分子的 TψC 臂，在 A 区和 B 区之间的序列是可变的。

（四）转录过程

1. 转录的起始　启动转录首先发生在启动子上，RNA 聚合酶识别 DNA 上的特殊序列，经过一系列的协调和作用，RNA 聚合酶打开 DNA 双链并介入需要转录的碱基部位，然后开始合成 RNA。在这一系列过程中，主要是由启动子的 RNA 聚合酶介入区域的碱基序列和 RNA 聚合酶的 σ 亚基参与，过程可分三步：①RNA 聚合酶通过识别位点并初步结合启动子；②移动定位并牢固结合在结合位点上；③在起始位点上建立一个开链式启动子复合物（图 17-9）。

图 17-9　大肠埃希菌的转录起始

　　RNA 聚合酶与启动子相互作用的过程中，由于电荷影响，酶本身对 DNA 也有一定亲和力，但是，这种仅仅由于荷电状况而产生的，对 DNA 的亲和力缺乏序列特异性，而 σ 因子的结合，保证了聚合酶只能与启动子区而不是其他区域形成稳定的二元复合物。因此，σ 因子在酶与启动子特异结合及其过程中起着极其重要的作用，提高了酶辨认启动子的能力，降低了酶与 DNA 的非特异性结合，减少了在单链 DNA 缺口处起始非特异性的转录，促进了 DNA 开链，提高了 RNA 链合成起始的速度，阻止了酶分子聚合等。某些细菌细胞内含有不同的 σ 因子，它们可以辨认不同的启动子，具有调控不同基因转录的作用，以适应生长发育不同阶段的要求。

　　在转录起始过程中，当 σ 亚基发现起始识别位点时，全酶就与 -35 序列结合（初始结合），形成一个闭链式二元复合物。由于 RNA 聚合酶全酶的相对分子质量很大，其一端可以到达 -10 序列，随着整个酶分子向 -10 序列转移并与之牢固结合后，促使 -10 序列及起始位点处发生局部解链，一般为 12～17bp。此时，全酶与启动子形成了一个开链式二元复合物。在开链式二元复合物中，RNA 聚合酶上的起始点和延长位点，均被相应的核苷酸前体充满，在 σ 亚基的催化下形成 RNA 的第一个磷酸二酯键，此时，由 RNA 聚合酶、DNA 模板和新生的 RNA 链所组成的复合物称为三元复合物。三元复合物形成并有 6～9 个核苷酸被合成后，就变成了稳定的酶-DNA-RNA 三元复合物，σ 因子从全酶解离下来，致使三元复合物中，核心酶与 DNA 的亲和力下降到非特异性结合水平以下。其结果不仅使三元复合物容易在 DNA 链上移动，又使核心酶继续合成 RNA 链而不致中途脱落。

　　随着第一个核苷酸的结合，起始过程似乎结束，RNA 链的延伸随之开始。从起始阶段到延伸阶段，随着 RNA 链的延伸，DNA 双链也随之进一步解链，而原来的单链部位则重新形成完整的双螺旋。与此同时，酶分子的构象也发生变化，在起始阶段，全酶与 DNA 形成稳定复合物；在延伸阶段，为了能够移动，酶必须放松对 DNA 的结合。σ 因子的存在，引起 β 及 β′的构象有利于与 DNA 结合；σ 因子不在时，β 与 β′表现为与 DNA 结合不专一，通过酶与 DNA 相互作用的变化，在转录起始后立即从酶分子上释放 σ 因子。因此，转录起始至延伸阶段，也是 σ 因子与 RNA 聚合酶的结合与解离的循环。

2. 转录的延长 在 RNA 聚合酶上有两个核苷酸位点：一个是起始核苷酸位点；一个是延长核苷酸位点。只有嘌呤核苷三磷酸充填了起始位点，另外一个核苷三磷酸（可以为任何一种）充填了延长位点并且均与模板碱基互补，才能合成第一个磷酸二酯键。当 RNA 链起始合成之后，起始位点就充当了 RNA 的 3′端位点，而延长位点的职能不变。任何一个磷酸二酯键的形成都必须要使成键的碱基与模板链互补，否则就会被排斥出来，这个功能和催化功能一样，都是 β 亚基产生的。

当核心酶按 5′→3′方向延伸 RNA 链时，与聚合酶结合的部分 DNA 双链需要解链形成单链状态，随着核心酶向前移动，解链的 DNA 区域也随之移动。当双链 DNA 解链释放出模板链时，两条 DNA 单链进入核心酶的不同部位，其中模板链主要与核心酶的 β′亚基结合，而 β 亚基主要结合核苷三磷酸，后者被核心酶加到新生 RNA 链的 3′端上，形成长约 12 个核苷酸的 DNA – RNA 杂合体。随着核心酶在模板链上的前移，双链 DNA 不断解链，新生 RNA 的 3′端又不断聚合上新的核苷酸并与模板链形成 DNA – RNA 杂合体，与此同时，由于核心酶的前移又不断将 RNA 链挤出 DNA – RNA 杂合体。

RNA 合成速度为每秒 30 ~ 50 个核苷酸。但是，RNA 链的延长，并不是以恒定速度进行的，有时会降低速度或暂时停顿（延宕），这是延长阶段的重要特点。RNA 聚合酶在通过一个富含 G – C 对的模板以后 8 ~ 10 个碱基，则会出现一次延宕。这种暂时停顿作用，在 RNA 链合成的终止和释放过程中起重要作用。

3. 转录的终止 当 RNA 聚合酶启动了基因转录，它就会沿着模板 3′→5′方向不停地移动，合成 RNA 链，直到遇到终止信号时才释放新生的 RNA 链，并与模板 DNA 脱离。终止发生时，所有参与形成 RNA – DNA 杂合体的氢键被破坏，模板 DNA 链与有义链重新组合成 DNA 双链。

原核生物 RNA 转录终止信号存在于 RNA 聚合酶已转录过的序列之中，这种提供终止信号的序列就称为终止子（terminator）。终止子可以分为两类：一类是不依赖于蛋白质辅因子而能实现终止作用；另一类是依赖蛋白质辅因子才能实现终止作用，这种蛋白质辅因子称为释放因子，通常又称为 ρ 因子。两类终止子有着共同的序列特征，在转录终止点之前有一段回文序列，其两个重复序列部分被不重复的几个碱基对区段隔开；回文序列的对称轴一般距转录终止点 16 ~ 24bp。两类终止子碱基组成的不同点是：不依赖 ρ 因子的终止子的回文序列中富含 G – C 碱基对，在回文序列的下游方向又常有 6 ~ 8 个 A – T 碱基对（模板链上为 A）；而依赖 ρ 因子的终止子中，回文序列的 G – C 对含量较少，在回文序列下游方向的序列没有固定特征，其 A – T 对含量比前一种终止子低。ρ 因子是一个相对分子质量为 200×10^3 的六聚体蛋白质，它能水解各种核苷三磷酸，其活性依赖于单链 RNA 的结构，通过核苷三磷酸的水解，促使新生的 RNA 链从三元转录复合物中解离出。

依赖于 ρ 因子的转录终止区 DNA 序列缺乏共性，ρ 因子不能识别这些终止位点。在 RNA 合成起始以后，ρ 因子即附着在新生的 RNA 链上，靠水解 ATP 提供的能量，沿着 5′→

3′方向朝 RNA 聚合酶移动。当 RNA 聚合酶遇到模板上的暂时停顿作用点出现转录暂时停顿时，在适宜的条件下激活 ρ 因子水解 NTP，促使转录三元复合物解体而终止转录。

不依赖于 ρ 因子的转录终止与终止子的结构特点有关。凡在 GC 丰富区、AT 丰富区以后紧接有多个 T 结尾时，转录的终止可以发生在这种结构的不远处，因为新生的 RNA 链会通过回文序列在此区域自动互补配对形成发卡式结构。当 RNA 聚合酶在这一结构内暂时停顿时，由于茎 – 环结构后的 poly（U）与模板 DNA 上的 poly（A）相互作用力较弱，新生的 RNA 链就容易从模板上掉下来，形成了不依赖于 ρ 因子的转录终止。

二、RNA 的成熟

由 RNA 聚合酶合成的原始转录产物，往往需要经过一系列的加工修饰，包括 RNA 链的裂解、5′端与 3′端的切除和特殊结构的形成、剪接（splicing）以及碱基修饰和糖苷键改变等的过程，才能转变成具有功能的 RNA 分子，这个过程称 RNA 的成熟，或称转录后加工（post-transcriptional processing）。

（一）mRNA 的成熟

原核生物的 mRNA 一经转录立即进行翻译，即转录与翻译是偶联的，除少数例外，一般不进行转录后加工。但稳定的 RNA（tRNA 和 rRNA），都要经过一系列加工修饰才能成为有活性的相应 RNA。真核生物由于存在细胞核结构，转录与翻译在时间和空间上都被分隔开来，其 mRNA 前体的加工修饰极为复杂，而且真核生物的大多数基因都被插入序列（intervening sequence）即内含子（intron）所分隔而成为间断基因（interrupted gene）即外显子（exon），因此，转录后需通过剪接使编码区成为连续序列，另外，在真核生物中还能通过不同的加工方式，表达出不同的信息。

mRNA 的原始转录产物是相对分子质量较大的前体，在核内加工过程中形成分子大小不等的中间物，它们被称为核内不均一 RNA（hnRNA），其中有一少部分可转变成细胞质中的成熟 mRNA。

由 hn RNA 转变成 mRNA 的加工修饰过程包括：①5′端形成特殊的帽子结构；②在链的 3′端切断一段序列并加上多腺苷酸 [poly（A）] 尾巴；③通过剪接除去由内含子转录来的序列；④链内部核苷被甲基化。

1. 5′端加帽　真核生物 mRNA 的转录也是以嘌呤（pppA 或 pppG）作为起始点的，但成熟 mRNA 的 5′端，是一个以 5′,5′– 三磷酸酯键相连的二核苷酸，末端第一个核苷酸为 N^7 – 甲基鸟苷酸（m^7GpppX）或其衍生物，这种结构就称帽子。不同真核生物的 mRNA 具有不同的帽子，而同一种真核生物也常具有不同的帽子。m^7GpppX 这种结构称帽子 0；如果在原始转录产物的第一个核苷酸（X）的 2′–O 位上甲基化，则构成帽子 1（包括帽子 0 部分），其符号为 m^7GpppXm；在第二个核苷酸（Y）的 2′–O 位上甲基化，构成帽子 2（包括帽子 1 部分），其符号为 m^7GpppXmpYm。

mRNA 的 5′帽子结构是由一系列的酶促反应生成的，其反应如下。

$$pppXpYpZ \xrightarrow{\text{RNA 三磷酸酯酶}} ppXpYpZ + P_1 \tag{1}$$

$$Gppp + ppXpYpZ \xrightarrow{\text{RNA 鸟苷酸基转移酶}} GpppXpYpZ + pp_1 \tag{2}$$

$$GpppXpYpZ + SAM \xrightarrow{\text{RNA 鸟嘌呤 – 7 – 甲基转移酶}} m^7GpppXpYpZ + SAH \tag{3}$$

$$m^7GpppXpYpZ + SAM \xrightarrow{\text{RNA 核苷 2′–O – 甲基转移酶}} m^7GpppXmpYpZ + SAH \tag{4}$$

$$m^7GpppAmpYpZ + SAM \quad \xrightarrow{RNA2'-O-\text{甲基腺嘌呤}-6-\text{甲基转移酶}} \quad m^7Gppp^mAmpYpZ + SAH \qquad (5)$$

$$m^7GpppXmpYpZ + SAM \quad \xrightarrow{RNA \text{核苷} 2'-O-\text{甲基转移酶}} m^7GpppXmpYmpZ + SAH \qquad (6)$$

由反应（3）、（4）、（6）分别生成帽子 0、帽子 1 和帽子 2。在这些反应中，甲基供体都为 S – 腺苷甲硫氨酸（SAM），失去甲基后变为 S – 腺苷高半胱氨酸（SAH），反应（2）中的 RNA 鸟苷酸基转移酶常被称为戴帽酶（capping enzyme）。

2. 3′端的产生和多腺苷酸化　大多数真核 mRNA 都具有 3′端的多（A）尾，长度大约为 200pb。具有这种特征的 mRNA 表示为 poly（A⁺）；不具这一特征的则写作 poly（A⁻）。

poly（A）尾并不是由 DNA 编码，而是在一个 300kD 的 RNA 末端腺苷酸转移酶（RNA terminal adenylate transferase）催化之下，以 ATP 为前体，一个一个地聚合到 mRNA 的 3′端。其反应如下。

$$mRNA-X-OH + nATP \xrightarrow{Mg^{2+} \text{或} Mn^{2+}} mRNA-X-(A)_n-A-OH + nPPi$$

如图 17－10，poly（A）尾并不是直接加在转录产物终止的 3′端，而是转录产物的 3′端由一个相对分子质量为 360×10^3 的特异性酶切除一段，该酶能够识别切点上游方向 13～20bp 附近的序列 AAUAAA 以及切点下游方向的 GUGUGUG（单细胞真核生物除外），然后再由 poly（A）聚合酶催化逐个加上 A 形成 poly（A）尾。不但细胞核中有 poly（A）聚合酶，而细胞质中也有类似的酶，但细胞质中酶的主要作用是将已有的 poly（A）延长，而不是重新起始 poly（A）的合成。

图 17－10　真核 mRNA 的多腺苷酸化

3. 剪接　一个基因的外显子和内含子都转录在一条原始转录产物 RNA 分子中，通过将内含子切除而将外显子连接起来的过程称 RNA 剪接（图 17－11）。内含子上游方向的一个剪接点称为 5′剪接点或左剪接点，内含子下游方向的一个剪接点称为 3′剪接点或右剪接点。mRNA 内含子的两个剪接点序列一般为：5′外显子 –↓GU－－－…内含子…－－－AG↓－外显子 3′。此外，在内含子的 5′端和 3′端，各有一个保守序列（TACTAAC）且两者呈互补关系。该保守序列在 mRNA 剪接中非常重要，然而，单靠这样简单的保守序列不可能做到 mRNA 正确剪接，snRNA 参与了这种作用。

真核生物细胞中的 snRNA 都是以核蛋白（snRNP）形式存在的，各种 snRNA 之间有序列的共同性，各种 snRNP 也有共同的蛋白质亚基。每种 snRNA 与蛋白质结合，就构成了一个复杂的剪接体（spliceosome），snRNA 决定了剪接体的具体功能。U1 snRNA 的 5′端十余个核苷酸呈单链状态，该单链序列能够与 mRNA 前体的 5′剪接点序列互补，U1 snRNA 只有在剪接体状态下，才能识别剪接点序列；U2 snRNP 通过其 RNA 识别并结合分支点；U5 snRNP 结合 3′剪接点。

图 17－11　mRNA 的剪接示意

　　mRNA 的剪接首先是由 U5 snRNP 识别 3′剪接点和分支点，然后由 U2 snRNP 识别分支点，最后由 U1 snRNP 识别 5′剪接点。剪接过程是：内含子 3′端上游方向 30～40 个碱基处有一段 6～12bp 比较保守的序列，该序列中有一个百分之百保守的 $\overset{*}{A}$，该保守 $\overset{*}{A}$ 首先对 5′剪接点发动亲核进攻，使内含子与前一个外显子断开，内含子 5′端的 G 与保守 $\overset{*}{A}$ 通过 5′,2′－酯键形成套索结构中间体（包括内含子及其下游外显子），然后由已切下来的前一个外显子（与 U1snRNP 相连接）的 3′端进攻内含子的 3′剪接点，切除呈套索状的内含子，连接两个外显子，至此完成了内含子切除和外显子连接的 RNA 剪接。

　　4. 甲基化　真核生物 mRNA 分子中往往有甲基化的碱基，主要是 N^6－甲基腺嘌呤（m^6A）。这种甲基化的碱基总数约占 1‰概率，即平均长度 1800～2000bp 的 mRNA 分子出现 1～2 个 N^6－甲基化腺苷酸，这类修饰成分在 hnRNA 中已经存在。

（二）rRNA 的成熟

　　在原核生物中，rRNA 基因与某些 tRNA 基因组成混合操纵子，其余 tRNA 基因也成簇存在，并与编码蛋白质的基因组成操纵子。rRNA 基因与某些 tRNA 混合操纵子在形成多顺反子转录物后，经断链成为 rRNA 和 tRNA 的前体，然后分别进一步加工修饰而成熟。线粒体和叶绿体 rRNA 基因的排列方式和转录后加工修饰过程一般都与原核生物的 rRNA 基因类似。

　　1. 内切断链　大肠埃希菌共有 7 个 rRNA 的转录单位，它们分散在基因组的各处，每个转录单位由 16S rRNA、23S rRNA、5S rRNA 以及一个或几个 tRNA 基因所组成。16S rRNA 与 23S rRNA 基因之间常插入 1 个或 2 个 tRNA 基因，有时在转录单位 3′端的 5S rRNA 基因之后还有 1 个或 2 个 tRNA 基因。rRNA 基因原始转录产物的沉降常数为 30S（P30），由识别特定 rRNA 双螺旋区的 RNaseⅢ，将 P30 裂解产生 16S 和 23S rRNA 的前体 P16 和 P23，P16 和 P23 的两个末端序列互补，它们比相应的成熟 rRNA 分子略长，5′端和 3′端各含相应的插入序列，分别由 RNaseM16 和 RNaseM23 两种酶进一步加工切除。5S rRNA 的前体 P5，由识别 P5 两端双螺旋区的 RNaseE 将双螺旋区切除掉，P5 的 5′端插入序列则在 RNase M5 的作用下被切除。不同细菌 rRNA 前体的裂解加工过程不完全一样，但基本过程类似（图 17－12）。

图 17 – 12　原核生物前体 rRNA 的加工

真核生物的核糖体比原核生物的更大，结构也更复杂。真核生物核糖体的小亚基含有一条 18S rRNA；大亚基除 28S rRNA 和 5S rRNA 外，还含有一条 5.8S rRNA，该 5.8S rRNA 在原核生物中是没有的。真核生物 rRNA 基因拷贝数较多，通常在几十至几千之间，rRNA 基因成簇排列在一起，由 5.8S、28S、18S rRNA 基因组成一个转录单位，彼此被间隔区分开。经过一系列酶的作用，将 rRNA 初始转录产物 P45 内切断链成 P41、P32、P20 等前体和中间物。

2. 剪接　多数真核生物 rRNA 基因不存在内含子，有些 rRNA 基因含有内含子但并不转录，有些 rRNA 基因的内含子被转录出来。例如四膜虫的核 rRNA 基因和酵母线粒体 rRNA 基因均含有内含子，其转录产物可自动切去内含子。

rRNA 内含子的两个剪接点序列一般为：5′外显子 – U↓ – – – –…内含子… – – – – G↓ – 外显子 3′，除此之外，内含子还有四个 10 ~ 12 核苷酸的较保守序列，分别以 5′ – P – Q – R – S – 3′表示。P 序列能与 Q 序列互补，R 序列能与 S 序列互补，形成一个所谓中部核心结构。位于内含子序列中，靠近 5′剪接点的一段序列称为内部引导序列，该序列能与两个剪接点的边界序列配对，将两个剪接点拉在一起便于磷酸二酯键的切断和再连接。rRNA 内含子 3′剪接点上游有一段 6 ~ 12bp 的较保守序列，该序列有一个百分之百保守的 $\overset{*}{A}$。该 $\overset{*}{A}$ 在内含子的 5′剪接点，首先进攻第一个外显子与内含子之间的磷酸二酯键，使第一个外显子 3′端形成羟基，然后，第一个外显子的 3′ – 羟基进攻内含子与第二个外显子之间的磷酸二酯键，结果导致两个外显子序列连接起来并释放出内含子。

3. 甲基化　原核生物 rRNA 前体在加工成熟过程中需进行甲基化，以产生甲基化修饰成分，特别是 2′ – 甲基核糖。16S rRNA 含有约 10 个甲基，23S rRNA 约含有 20 个甲基，其中 N^4，2′ – O – 二甲基胞苷是 16S rRNA 特有的成分。5S rRNA 中一般无修饰成分，不进行甲基化反应。

真核生物 45S 前体上有百余个甲基化位点，几乎全部在核糖上，甲基化位点是 rRNA 加工修饰过程中酶的识别标志，且这些甲基化的核苷酸序列全部进入成熟的 rRNA。

（三）tRNA 的成熟

原核生物 tRNA 基因大多成簇存在，或与其他 RNA 基因组成混合转录单位。tRNA 的序列是高度保守的，各种 tRNA 都是有三叶草形结构。tRNA 前体分子中的 tRNA 原有结构，除了反密码子环（loop）外均与成熟的 tRNA 相同，这种保守性不仅反映了它们结合并携带氨基酸这种功能上的共性，而且很重要的是反映了它们转录加工方面的共性。另外，真核 tRNA 还反映了其转录时所需的下游启动子的共性。tRNA 前体的加工成熟包括：①由内切核酸酶在 tRNA 两端切断；②外切核酸酶从 3′端逐个切去附加的顺序进行修剪（trimming）；③在 tRNA 3′端加上胞苷酸 – 胞苷酸 – 腺苷酸(—CCAOH)；④核苷的修饰。

1. 内切断链 tRNA 转录原始产物经过一系列 tRNA 加工酶，将 tRNA 两端多余片段切除，从 3′端逐个切去附加的顺序等。涉及的酶包括：RNaseP 、RNaseD、RNaseⅢ以及 RNaseP$_4$ 等 tRNA 加工酶，此类酶并不识别其切割位点的特异序列，而是识别加工底物及其切割部位的空间结构。tRNA 5′端均由 RNaseP 产生。RNaseD 是一种外切核酸酶，作用于Ⅰ型 tRNA 3′端多余的核苷酸，一次切除一个，产生 5′– 单核苷酸，直到 CCA 序列为止。此过程 RNaseP 也参与了 3′端的加工。此外，还有与 RNaseD 相当的酶，如 RNaseQ、RNaseY、RNaseP$_3$ 等。RNaseⅢ以及相关的酶是负责切开插入序列，此外，还有其他类似作用的酶，如 RNaseO、RNaseP$_2$ 等。

2. CCA 的生成 tRNA 核苷酸转移酶（tRNA nucleotidyl transferase）能特异地以 ATP 和 CTP 为前体，催化 tRNA 3′端的 CCA 的生成。该酶同 tRNA 加工酶一样，不识别其切割位点的特异序列，而是识别加工底物及其切割部位的空间结构。

tRNA 基因有两种类型，一种是有 CCA 序列（Ⅰ型），一种是没有 CCA 序列（Ⅱ型），但是成熟的有功能的 tRNA 均有 CCA 3′– 羟基末端，这是 tRNA 结合并携带氨基酸的功能所必需的。原核生物的 tRNA 基因绝大部分为Ⅰ型，只有少数噬菌体（如 T4）具有Ⅱ型 tRNA 基因，而真核生物 tRNA 基因均为Ⅱ型。然而无论是原核生物，还是真核生物，都有 tRNA 核苷酸转移酶。tRNA 核苷酸转移酶不仅在于给Ⅱ型 tRNA 加上 CCA 3′– 羟基末端，而且要负责 3′端发生损伤的 tRNA 分子的修复。

3. 剪接 真核生物 tRNA 基因含有较少内含子，其长度从 14 ~ 46 个碱基对不等，它们之间并无保守序列，因此，该类内含子的切除仅依靠共同的二级结构，而不是共同的序列。通常内含子插入到靠近反密码子处，与反密码子碱基配对，未成熟 tRNA 的反密码子环不存在，而是以插入的内含子构成环。

tRNA 前体整个剪接反应为两步：第一步由一个核酸内切酶所催化的两个磷酸二酯键的断裂，释放出一条线性内含子分子和由二级结构作用力连接在一起的两个 RNA 片段聚合物——所谓"tRNA 半分子"（tRNA half-molecules），这一步反应不需要 ATP，tRNA 半分子很快采取成熟 tRNA 分子的构象，只不过在反密码子环上留下一个切刻；然后再发生第二步反应，即由 RNA 连接酶所催化的依赖于 ATP 的连接反应。tRNA 前体去除其内含子的内切核酸酶，与其他参与 tRNA 转录后处理的酶不同，在每个切点上断裂磷酸二酯键后产生 5′– 羟基和 3′– 磷酸，而 3′– 磷酸很快转变为 2′，3′– 环式核苷酸，这样，生成的 tRNA 半分子，一个含有两个磷酸末端，一个含有两个羟基末端。第一个外显子的 3′端的环核苷酸，在环磷酸二酯酶作用之下开环，使 3′端成为羟基，而第二个外显子的 5′端在多核苷酸激酶的作用下，使羟基转变为磷酸基，这样，RNA 连接酶才能将两个外显子连接起来，最后切除第一个外显子的 2′– 磷酸（这是 tRNA 内含子剪接的重要特点之一），从而完成了 tRNA 的剪接，形成新的磷酸二酯键的磷酸基团，仍然是原来存在于第一个外显子末端的那个磷酸基。

4. 甲基化 成熟的 tRNA 的分子中存在众多的修饰成分，其中包括各种甲基化碱基和假鸟嘧啶核苷。tRNA 修饰酶具有高度特异性，每一种修饰核苷都有催化其生成的修饰酶。tRNA 甲基化酶对碱基及 tRNA 序列均有严格要求，甲基供体一般为 S – 腺苷甲硫氨酸（SAM）。tRNA 假尿嘧啶核苷合成酶，催化尿苷的糖苷键发生移位反应，由尿嘧啶的 N_1 变为 C_5。

（四）RNA 的催化功能

按照生物化学的传统概念，只有蛋白质才具有酶的活性。然而，上述 RNA 前体能够自动切除自身的内含子，并将外显子连接起来，这种反应可以在没有任何蛋白质存在的条件下就能进行，因此，这种剪接称为自我剪接，或自身催化。从这一意义上来说，内含子可以看作是 RNA 重排酶（RNA rearrangrase）或 RNA 异构酶（RNA isomerase）。尽管这种催化是 RNA 本身的性质，但在体内，某些蛋白质能够稳定 RNA 的结构，从而协助了 RNA 的催化作用，在这些蛋白质中，有的竟是内含子本身所编码的。

在 RNA 剪接过程中，内含子序列折叠为一定的空间结构，其内部引导序列又与剪接点边界处的外显子序列配对，当前面所述百分之百保守的Å与结合位点（内含子序列中某种特定的空间构象）通过氢键相结合时，其 $3'$ – 羟基正好处于向 $5'$ 外显子的最后一个核苷酸的 $3'$ – 磷酸酯键发动亲核进攻的位置上，于是 $5'$ 剪接点发生断裂；与此相类似，当 $5'$ 剪接点断裂之后，$5'$ 外显子的 $3'$ – 羟基也正好处于向 $3'$ 剪接点进攻的有利位置，同样也需要内部引导序列的作用。在体外实验中，内含子与寡聚 C（如 $_pC_pC_pC_pC_pC$）保温，内含子能够催化 poly（C）的生成。因此，内含子具有酶的主要特征：专一性强，加快反应速度，反应前后酶分子保持不变。这种由 RNA 构成的酶，称之为核酶（ribozyme）。

三、基因转录的调控

基因表达（gene expression）是指基因通过转录和翻译而产生其蛋白质产物，或转录后直接产生其 RNA 产物（如 tRNA、rRNA 等）的过程。在不同时期和不同条件下，基因表达的开或关以及基因表达的增加或减弱等均受到调节和控制，这种作用称基因表达调控。调控可以发生在基因表达的任何阶段，包括 DNA 转录、转录后加工和翻译等。但不论调控发生在哪个阶段，转录水平调控是基因表达调控最有效和最经济的模式。

转录调控是通过各种反式作用因子与其顺式作用元件相互作用来实现的。顺式作用元件是与相关基因同处一个 DNA 分子上，对基因转录起调控作用的一段 DNA 序列，这种模式称顺式调控作用。顺式作用元件一般不转录任何产物，位于基因的 $5'$ 上游区、$3'$ 下游区或基因内部。一个基因的产物（蛋白质或 RNA）对另一个基因的表达具有调控作用，这种作用模式称反式调控作用，基因的产物称反式作用因子。反式作用因子的种类很多，如转录因子就是一种反式作用因子，在 RNA 聚合酶自身无法直接启动基因转录时，通过转录因子的参与启动基因转录。

（一）原核生物转录水平的调控

操纵子（operon）是原核生物细胞 DNA 上的一段区域，由功能相关的结构基因成簇排列以及控制这些基因表达的顺式作用元件等所组成的一个完整的连续的功能单位（图 17 – 13）。一个操纵子的结构基因簇，受同一个启动子的调控，转录成一个多顺反子 mRNA。由于功能相关的基因簇被共同调控，一开俱开，一闭全闭，同时还保持各基因产物的适宜比例，使原核细胞可以对环境条件的改变做出快速反应，而不必对每个基因逐个地进行调控。因此，操纵子是原核生物转录调控的主要模式。除了操纵子以外，原核生物转录水平的调控还有其他各种形式，如 DNA 重组，通过 σ 因子的更换调节转录的起始，通过衰减子调控转录的终止等。

图 17 – 13　操纵子的组成

R：调节蛋白基因；P：启动子；O：操纵基因；G_1、G_2、G_n：结构基因

操纵子顺式作用元件包括启动子（P）、操纵基因（O）和转录调节有关的序列；调控操纵子的反式作用因子是由调节基因（regulator gene）所编码的，称调节蛋白（图 17 – 13）。操纵子调控结构基因转录的核心，是 RNA 聚合酶能否结合到启动子上以及能否通过操纵基因，如果 RNA 聚合酶能够结合到启动子上，并且可以通过操纵基因区域，则结构基因就可以转录；如果能够结合到启动子上，但不能通过操纵基因区域，则结构基因就不能转录；如果 RNA 聚合酶不能够结合到启动子上，自然结构基因也就不转录。

根据操纵子对调节蛋白（阻遏蛋白或激活蛋白）的应答，分为负调控系统和正调控系统。在操纵子的负调控系统中，调节蛋白（也可称阻遏蛋白）能够直接与操纵基因结合，从而阻止了启动子上的 RNA 聚合酶向结构基因方向移动，结果是阻遏了结构基因的转录。在操纵子的正调控系统中，调节蛋白上调了 RNA 聚合酶与启动子的结合，从而激活了结构基因的转录，这种调节蛋白也称激活蛋白。根据操纵子对某些调节小分子的应答，分为可诱导操纵子和可阻遏操纵子。前者是小分子诱导物能够开启可诱导操纵子的结构基因转录，后者是小分子辅阻遏物能关闭可阻遏操纵子的结构基因转录。调控体内分解代谢的操纵子，一般属于可诱导操纵子，调控合成代谢的操纵子一般属于可阻遏操纵子。

负调控系统的可诱导操纵子对结构基因转录调控的模式是：该类型操纵子的结构基因转录始终处于关闭，原因是阻遏蛋白结合在操纵基因上；当细胞存在小分子诱导时，它与阻遏蛋白结合并变构，致使阻遏蛋白从操纵基因上解离下来，从而使启动子上的 RNA 聚合酶能够通过操纵基因并向结构基因方向移动，结果实现了结构基因从不转录到转录的转换。负调控系统的可阻遏操纵子的模式是：该类型操纵子的结构基因始终处于转录状态，原因是细胞内的调节蛋白不能直接结合到操纵基因上，启动子上的 RNA 聚合酶能够通过操纵基因；当细胞存在小分子辅阻遏物时，它与调节蛋白结合并变构，该复合物能够结合到操纵基因上，从而使启动子上的 RNA 聚合酶不能通过操纵基因，结果实现了结构基因从转录到不转录的转换。无论是负调控还是正调控，都是通过调节基因表达产物与小分子诱导物或辅阻遏物之间的相互作用来完成诱导和阻遏。当诱导物使阻遏蛋白失活或使激活蛋白活化时，操纵子处于诱导可转录状态；当辅阻遏物活化阻遏蛋白或使激活蛋白失活时，操纵子处于阻遏不能转录状态。

1. 可诱导操纵子调控模式——乳糖操纵子　乳糖操纵子有三个结构基因分别编码β-半乳糖苷酶、半乳糖苷通透酶和半乳糖苷转乙酰基酶，三个酶的作用使细胞开始利用乳糖作为能量来源。当细菌以葡萄糖作为能量来源时，细胞内的阻遏蛋白牢固地结合在操纵基因

（约为 35bp）上，从而挡住启动子（约为 70bp）上 RNA 聚合酶前移的通路，结构基因无法转录，因而细胞不表达上述三种酶（图 17-14a）。这是符合细菌生理功能的，在没有乳糖时，不盲目生成与乳糖代谢的酶类。当细胞仅以乳糖作为能量来源时，乳糖本身作为诱导物与阻遏蛋白结合，使阻遏蛋白发生变构，从而使变构的阻遏蛋白从操纵基因上解离下来，结果是三个酶的基因开始转录并翻译（图 17-14b）。当细胞内乳糖的浓度随代谢降低后，与乳糖结合的阻遏蛋白浓度也随之降低，游离的阻遏蛋白又牢固地结合在操纵基因上，从而使结构基因转录水平下调甚至关闭转录。

图 17-14　乳糖操纵子调控机制

a. 阻遏蛋白与操纵基因结合　　　　　　　　　　　b. 阻遏蛋白与诱导物结合

2. 可阻遏操纵子调控模式——色氨酸操纵子　色氨酸操纵子有五个结构基因，分别编码色氨酸合成代谢途径的酶。当细胞内色氨酸浓度较低时，色氨酸操纵子调控的五个结构基因处于转录状态，表达的色氨酸合成代谢途径的酶，能够利用相应的原料合成色氨酸（图 17-15a）。当细胞内色氨酸浓度较高时，色氨酸作为辅阻遏物，与胞内没有活性的阻遏蛋白结合，使阻遏蛋白发生变构，从而使变构的阻遏蛋白能够牢固地结合在操纵基因上，结果挡住启动子上 RNA 聚合酶前移的通路，结构基因无法转录，因而细胞不再表达上述五种酶（图 17-15b）。当细胞内色氨酸浓度降低后，色氨酸从阻遏蛋白解离下来，阻遏蛋白也随之从操纵基因上脱离下来，色氨酸操纵子的五个结构基因又处于转录状态。

图 17 – 15　色氨酸操纵子调控机制

a. 细胞缺乏 Trp 时 Trp 合成代谢酶基因处于转录状态　　b. Trp 作为辅阻遏物阻遏其合成代谢酶基因的转录

（二）真核生物转录水平的调控

真核生物基因的表达调控主要在转录水平上进行，这一点与原核生物的类似，但真核生物中目前还未发现有操纵子模式。真核生物有三种不同的 RNA 聚合酶，因此也就有三种不同的启动子。在起始转录时，三种 RNA 聚合酶都不能直接与启动子结合，必须依赖转录因子与启动子结合后，聚合酶才能进入启动子区域参与转录起始复合物的组装。因此，真核生物基因的转录调控，主要是通过顺式作用元件和反式作用因子的相互作用来实现。

1. 顺式作用元件　真核细胞一个特定基因表达的强度，主要取决于该基因转录调控区的顺式作用元件组成以及各成分的结构等。根据基因调控区中顺式作用元件所处的位置和在转录中的功能、作用方式等，可将顺式作用元件分为启动子、增强子、衰减子、沉默子和各种与转录活度有关的应答元件等。有关真核生物启动子、增强子等的结构状况已在前面做过介绍。

涉及 mRNA 转录的聚合酶 II 启动子，由核心启动子和上游启动子元件组成。核心启动子包括 TATA 框和转录起始点附近的起始子，上游启动子元件位于核心启动子的上游，主要包括 CAAT 框、GC 框等。TATA 框是决定转录方向和精确的起始位点所必需的，是许多基础转录因子的装配位点，但只能引起相当低水平的转录；CAAT 框主要是控制转录起始的频率；有些没有 TATA 框的启动子中，常含有 GC 框，此外，GC 框常常出现在一些管家基因（housekeeping gene）的启动子中，它也是控制基因的转录效率，但作用强度不及 CAAT 框的；增强子不启动基因的转录，但却有增强启动子转录的作用；沉默子与调控蛋白结合后可阻断转录起始复合物的形成和活化，使基因转录水平下调，它是一种基因表达的负调控元件。

2. 反式作用因子　顺式作用元件是转录调控的基础，如果没有顺式作用元件，该基因也就无法转录。顺式作用元件存在，但没有反式作用因子，该基因同样无法转录。真核细胞 RNA 聚合酶需要在许多转录因子的帮助下，才能结合到启动子上起始转录，而有的反式作用因子就是一类转录因子。如 TATA 结合蛋白（TBP）和许多种 TBP 相关因子一同形成了 RNA 聚合酶 II 转录因子 D，后者才能够识别结合到 RNA 聚合酶 II 和其他因子所形成的起始复合物上，并与启动子的 TATA 框元件结合而启动转录过程。真核细胞中，有些基因经常表达，有些基因表达具有组织特异性，有些基因是诱导基因，有些基因受到负调控，有些则是几种调控方式联合起作用。但不同类型的调控关键就在于它们具有不同的转录因子，通过特异的转录因子来调控特定基因的转录。

反式作用因子具有各种功能区域，主要包括 DNA 结合结构域和转录激活结构域。前者是识别和结合 DNA 元件，后者与其他蛋白质因子相互作用以激活转录。DNA 结合域的核心部分为 DNA 结合基序，它只是整个蛋白质分子中的一个肽段，可以识别双螺旋 DNA 的靶位点并与之特异性结合。根据转录因子 DNA 结构域的结构，具有典型特征的 DNA 结合基序包括螺旋 – 转角 – 螺旋、锌指、亮氨酸拉链和螺旋 – 环 – 螺旋等。

（1）螺旋 – 转角 – 螺旋　DNA 结合基序中的两个 α 螺旋，通过短肽（由四个氨基酸残基构成）转折形成 120°的 β 转角，基序的两个 α 螺旋可以与 DNA 靶位点的大沟结合，这种结构特征的基序称螺旋 – 转角 – 螺旋（helix-turn-helix，HTH）。当反式作用因子的 DNA 结合域（主要是 DNA 结合基序）与基因顺式作用元件识别结合后，通过反式作用因子的转录激活结构域与其他蛋白质因子相互作用，以激活该基因的转录。

（2）锌指　锌指（zinc finger）基序是一组保守的氨基酸残基和锌离子结合，在蛋白质分子中形成相对独立的功能域，由于在锌离子结合位点上突出的氨基酸环如同手指，并可伸向 DNA 靶位点的大沟而得名，锌指蛋白通常含有串联排列的锌指基序。锌指基序的结构具有多样性，最常见的类型是 C_2H_2 型和 C_2C_2 型。

C_2H_2 型锌指基序是 DNA 结合基序肽链的四个氨基酸残基（2Cys/2His）R 侧链，与锌离子通过配位键将其固定在四面体的中心，锌离子是形成和维持基序指状三维结构的关键（图 17 – 16）。基序中的指尖部位，是由 12 个氨基酸残基构成环状结构并连接在四面体上，N 端侧的肽链（含 2Cys）形成反向平行的 β 折叠，C 端侧的肽链（含 2His）则盘绕成 α 螺旋。锌指基序的 α 螺旋，通过其荷正电的残基识别 DNA 的靶位点，3 个 α 螺旋插入到 DNA 螺旋的一个大沟，每个 α 螺旋通过二个位点与 DNA 靶位点序列特异性结合。

（3）亮氨酸拉链　亮氨酸拉链（leucine zipper）是 DNA 结合基序中富含亮氨酸残基的一段肽链，Leu 周期性地出现且每隔六个氨基酸残基出现一个含亮氨酸残基，该肽链形成 α 螺旋后，在螺旋表面的一侧线型排列着亮氨酸残基，另一侧排列着带电荷的亲水性氨基酸残基。两个亮氨酸拉链基序靠近，通过各自 α 螺旋的 Leu 残基的疏水作用，相互吸引而二聚化，形成一个稳定的非共价结合的拉链状结构（图 17 – 17）。

图 17 – 16　C_2H_2 锌指基序
结构示意图

图 17 – 17　亮氨酸拉链蛋白二聚体
结构基序示意图

亮氨酸拉链基序 N 端的上游，是一个富含碱性氨基酸残基的区域，由亮氨酸拉链区域与上述碱性氨基酸残基区域相连的结构，被称碱性拉链（bZip）。亮氨酸拉链蛋白的活性状态是二聚体形式，且呈 Y 型结构，其柄部为亮氨酸拉链区域，两个叉臂为带正电的碱性氨基酸残基区域，此区域呈 α 螺旋。亮氨酸拉链蛋白活性状态的二聚体结构，可使两个叉臂插入靶位点 DNA 双螺旋的两条大沟中。

四、RNA 编辑

早在 1986 年发现，锥虫线粒体 mRNA 转录加工后，其 mRNA 的多个编码位置上加入或丢失尿苷酸。1990 年在高等动物和病毒中也发现了上述现象。在有些蛋白质的表达过程中，发现有新的编码序列产生或是编码序列发生了改变，而且这种改变的发生不是在 DNA 水平上的，而是在 RNA 水平，通常会增加一些原来 DNA 模板中不曾编码的碱基，这种现象是由 RNA 编辑所产生的。RNA 编辑（RNA editing）是指转录后的 RNA 在编码区发生碱基的加入、丢失或转换等现象。RNA 编辑产生的"基因"可称为隐蔽基因（crytogene），其产物的结构不能从基因组 DNA 序列中推导获得。

RNA 编辑主要类型有：①简单编辑，单碱基转变的转录后调节；②插入编辑，插入单个核苷酸或少量核苷酸的丢失，其机制是转录链的跳格；③泛编辑，插入或缺失多个尿嘧啶核苷酸或转录后插入多个胞嘧啶，其机制是编辑序列由外源反义引导 RNA（gRNA）提供，gRNA 在编辑体（editosome）核蛋白颗粒中与前编辑 mRNA 配对，鉴别作为错配的位点进行编辑；④多腺嘌呤编辑，在转录产物末端加腺嘌呤，完善终止密码子。RNA 编辑的生物学意义主要有：①校正作用，因 4 个核苷酸的插入移码，使其肽链的序列和其他生物的相似；②调控翻译，通过编辑可以引入或去除起始密码子或终止密码子；③扩充遗传信息，经编辑后增加了肽链的编码信息量。

五、逆转录

以 RNA 为模板，即按照 RNA 中的核苷酸顺序合成 DNA，这与通常转录过程中遗传信息流从 DNA 到 RNA 的方向相反，故称反转录或逆转录（reverse transcription）。催化逆转录反应的酶称逆转录酶（revere transcriptase），也可以说是 RNA 指导下的 DNA 聚合酶。

严格意义来说，逆转录并不属于转录的范畴。不仅逆转录的过程和产物与转录完全相反，而且介导这一过程的逆转录酶与 RNA 聚合酶截然不同。从本质上来说，逆转录酶是属于 DNA 聚合酶，其前体物为 dNTP（dATP、dGTP、dCTP、dTTP），产物为 DNA 链，必须有引物存在的情况下才能起始聚合作用，Zn^{2+} 为这类金属蛋白所不可缺少的成分。

逆转录酶最早在鸟类路斯肉瘤病毒中发现，随后，在致癌 RNA 病毒也发现逆转录酶。目前，在各种高等真核生物的 RNA 肿瘤病毒均发现了逆转录酶，这些 RNA 病毒统称还原病毒。致癌 RNA 病毒是一大群能引起鸟类、哺乳类等动物白血病和肉瘤以及其他肿瘤的病毒，这类病毒侵染细胞后并不引起细胞死亡，却可以使细胞发生恶性转化。逆转录酶存在于所有致癌 RNA 病毒中，因此，它的存在与 RNA 病毒引起细胞恶性转化有关。

鸟类的逆转录酶有三种分子形式，α、αβ、$β_2$，其中 αβ 是主要形式。哺乳类还原病毒的逆转录酶一般为单亚基结构，分为 B、C、D 三种类型。逆转录酶是一类非常复杂的酶，在其简单的一条肽链上具有多种酶活性。在组成形式为 αβ 的逆转录酶中，酶活性由 α 亚基提供，主要有 DNA 聚合酶活性、RNaseH 活性、DNA 内切酶活性、DNA 旋转酶活性、螺旋酶活性以及 tRNA 结合酶活性等。逆转录酶不但具有 RNA 指导的 DNA 聚合酶活性，而且也具有 DNA 指导的 DNA 聚合酶活性，但逆转录酶不具备 3′→5′ 和 5′→3′ 外切核酸酶活性。逆转录酶以 RNA 或 DNA 为模板，在引物（RNA、DNA 均可）存在的情况下合成 DNA。逆转录酶与所有的 DNA 聚合酶一样需要 Zn^{2+}，需要一个带有 3′ – 羟基并与模板以氢键结合的事先形成的引物；DNA 链合成方向为 5′→3′，即通过在引物的 3′ – 羟基与脱氧核苷 – 5′ – 三磷酸前体之间形成 3′,5′ – 磷酸二酯键而使 DNA 链进行共价延伸。

第三节　蛋白质的生物合成

扫码"学一学"

蛋白质生物合成的过程，就是遗传信息如何由 mRNA 转换给新合成的蛋白质，也就是以 mRNA 作为模板，如何将遗传信息具体地翻译成蛋白质分子中氨基酸的排列顺序。DNA 虽不直接参与蛋白质的合成，但它却控制着蛋白质合成时氨基酸加入的顺序。参与蛋白质生物合成的多种 RNA（mRNA、tRNA、rRNA）都是以 DNA 为模板转录来的，因此，任何蛋白质的一级结构中氨基酸的排列顺序，归根到底都是由 DNA 分子中的特定核苷酸序列所决定的。蛋白质合成不仅需要各种氨基酸作为原料，还需要 mRNA 作为合成蛋白质时的模板、tRNA 作为特异氨基酸的"搬运工具"以及核糖体作为使氨基酸互相缩合成肽链的"装配机"。新合成的肽链本身并没有生物活性，需要经过一个加工修饰过程，才能转变成有活性的蛋白质。同时，合成的蛋白质还需要被输送到特定部位——转运，以行使其生物学功能。

一、RNA 在蛋白质生物合成中的作用

（一）mRNA 的作用

mRNA 的基本组成是从 5′端到起始密码子 AUG 区域，称 5′端非密码区，其中含有调控翻译的序列；从起始密码子到终止密码子区域称编码区，也是开放阅读框区域，此区域的密码子编码肽链的氨基酸残基序列，也就是肽链的合成是从起始密码子开始，到终止密码子结束；从终止密码子到 3′端区域称 3′端非密码区。mRNA 在所有细胞内执行着相同的功能，即通过开放阅读框的三联体密码，在核糖体指导肽链的生物合成。在原核和真核生物细胞内，肽链生物合成的具体过程和成熟 mRNA 的结构是不同的。真核细胞 mRNA 的最大特点在于它往往以一个相对分子质量较大的前体 RNA 出现在核内，经剪接修饰的、相对分子质量明显减小的 RNA（核内不均一 RNA），有部分被运送到细胞质而成为成熟 mRNA，并参与蛋白质合成，而且只编码一种肽链，所以真核细胞 mRNA 的合成和表达发生在不同的空间和时间范畴内；mRNA 的 poly（A）不仅与其从细胞核到细胞质的转移有关，也与其半衰期有关；5′ – 帽与蛋白质合成的正确起始作用有关，协助核糖体与 mRNA 相结合，使翻译在 AUG 起始密码子处开始。原核生物 mRNA 的转录和翻译过程几乎是同时进行的，蛋白质合成往往在 mRNA 一开始转录就被引发，有的 mRNA 可以携带几种肽链的编码序列；通常在 mRNA 5′端区（也可以在任何区域）起始密码子 AUG 的上游 10 个碱基左右的位置，含有一段富含嘌呤碱基的序列称 SD 序列，它能与核糖体小亚基 16S rRNA 的一段碱基产生互补，从而在翻译起始过程中将核糖体小亚基固定在 AUG 附近。

（二）tRNA 的作用

在核糖体中，mRNA 的开放阅读框序列作为模板指导肽链的生物合成。肽链合成过程

中，肽链合成原料氨基酸是如何进入核糖体？mRNA 开放阅读框的碱基序列是如何转换成肽链氨基酸残基序列？接合体假说可以解释上述疑惑，即氨基酸必须与一种接合体结合，才能被带到核糖体中，并与 mRNA 模板的恰当位置对应，以指导肽链的正确合成。所说的接合体就是 tRNA，通过相应的氨酰 tRNA 合成酶，将氨基酸连接到特定的 tRNA 分子上。氨酰 tRNA 生成牵涉到信息的转移和转换问题，信息从 DNA 分子转移至另一种结构上极为相似的 RNA 分子中，是靠碱基互补原则来完成；信息从 mRNA 分子转移到结构绝不相同的蛋白质分子时，不仅需要遵循碱基互补原则，而且通过 tRNA 将信息进行转换。这种转换就是一种解码机制。氨基酸本身并不识别 mRNA 上的密码子，tRNA 上的反密码子与 mRNA 上的密码子可以匹配而互相识别，氨基酸必须结合到特定 tRNA 上，才被带到 mRNA – 核糖体复合体上，通过氨酰 tRNA 的反密码子以及 mRNA 的密码子，才能够被插入正在合成的肽链的适当位置上。一种氨基酸结合到一种特定 tRNA 分子上，是由氨酰 tRNA 合成酶、氨基酸结构和 tRNA 结构三者共同决定的。对于 tRNA 主要涉及反密码子和副密码子（paracodon），后者是有些 tRNA 分子上决定携带何种氨基酸的区域。

有一类能特异识别 mRNA 模板上起始密码子的 tRNA 叫起始 tRNA，其他 tRNA 统称为延伸 tRNA。原核生物起始 tRNA 携带甲酰甲硫氨酸（fMet），真核生物起始 tRNA 携带甲硫氨酸（Met），原核生物中 Met – tRNA^{fMet} 必须先甲基化生成 fMet – tRNA^{fMet} 才有功能，甲酰基的供体是 N^{10} – 甲酰四氢叶酸（THFA – CHO）。

（三）rRNA 的作用

细胞内，核糖体像一个能沿 mRNA 模板移动的工厂，执行着肽链合成的功能，一条 mRNA 链上，一般间隔 40 个核苷酸结合有一个核糖体，因此，mRNA 链上可以结合多个核糖体，这种状况称多聚核糖体。在肽链合成过程中，不同的 tRNA 将相应的氨基酸残基携带到蛋白质合成部位——核糖体，并与 mRNA 进行专一性的相互识别，以便将碱基的排列顺序信息转换成氨基酸的排列顺序信息。核糖体是由几十种蛋白质和几种核糖体 RNA 组成的亚细胞颗粒，这些颗粒以及在真核细胞中所有正在进行肽链合成的核糖体，大部分都不能在细胞质中自由漂浮，而是直接或间接与细胞骨架结构关联或者与内质网膜结构相连。细菌核糖体大都通过与 mRNA 的相互作用，被固定在核基因上。

核糖体由大小两个亚基组成，每种亚基包含一个或几个 rRNA 以及许多功能不同的蛋白质分子，rRNA 在核糖体中具有重要的作用。原核生物核糖体中有三种 rRNA，16S rRNA 存在小亚基中，5S rRNA 和 23S rRNA 存在大亚基中；真核生物核糖体中四种 rRNA，18S rRNA 存在小亚基中，5S rRNA 和 28S rRNA 存在大亚基中，在哺乳类生物的大亚基还有 5.8S rRNA。原核细胞 5S rRNA 有两个高度保守的区域，一个是与 tRNA 分子 TψC 环上的 GTψCG 序列相互识别作用；另一个与 23S rRNA 一段序列互补。16S rRNA 的 3′ 端有一段保守序列（ACCUCCUUA），与 mRNA 5′ 端翻译起始区的 SD 序列互补，实现翻译起始的定位；邻近 3′ 端处还有一段与 23S rRNA 互补的序列，在大小亚基结合中起作用。23S rRNA 存在一段能与起始 tRNA 互补的序列片段，即 23S rRNA 与起始 tRNA 的结合有关，此外，也有与 5S rRNA 结合的互补序列。5.8S rRNA 是真核细胞核糖体大亚基所特有的，含有与原核细胞 5S rRNA 的保守序列（CGAAC）相同序列，是与 tRNA 相互识别的，也就是说，5.8S rRNA 与 5S rRNA 具有相似的功能。

二、遗传密码及特点

在肽链生物合成中，mRNA 开放阅读框的碱基序列指导肽链的合成以及其氨基酸残基的顺序——翻译，这种翻译是通过遗传密码来实现的。核酸分子中只有 4 种碱基，要为蛋白质分子的 20 种氨基酸编码，一个碱基不可能编码，两个碱基决定一个氨基酸，也只能编码 16 种氨基酸，如果是 3 个碱基决定一个氨基酸，就可以编码 64 种氨基酸（$4^3 = 64$），这是编码氨基酸所需要碱基的最低数目。通过有关大量实验证明：在 mRNA 的开放阅读框——密码区，从起始密码子开始，沿着 $5' \rightarrow 3'$ 的方向，每 3 个相邻的碱基组成一个密码子（codon），也称为三联密码子，每个密码子对应一个氨基酸（表 17 - 3）。

表 17 - 3 氨基酸密码表

第一位 5'端	第二位				第三位 3'端
	U	C	A	G	
U	UUU；苯丙氨酸	UCU；丝氨酸	UAU；酪氨酸	UGU；半胱氨酸	U
	UUC；苯丙氨酸	UCC；丝氨酸	UAC；酪氨酸	UGC；半胱氨酸	C
	UUA；亮氨酸	UCA；丝氨酸	UAA；终止密码子	UGA；终止密码子	A
	UUG；亮氨酸	UCG；丝氨酸	UAG；终止密码子	UGG；色氨酸	G
C	CUU；亮氨酸	CCU；脯氨酸	CAU；组氨酸	CGU；精氨酸	U
	CUC；亮氨酸	CCC；脯氨酸	CAC；组氨酸	CGC；精氨酸	C
	CUA；亮氨酸	CCA；脯氨酸	CAA；谷氨酰胺	CGA；精氨酸	A
	CUG；亮氨酸	CCG；脯氨酸	CAG；谷氨酰胺	CGG；精氨酸	G
A	AUU；异亮氨酸	ACU；苏氨酸	AAU；天冬酰胺	AGU；丝氨酸	U
	AUC；异亮氨酸	ACC；苏氨酸	AAC；天冬酰胺	AGC；丝氨酸	C
	AUA；异亮氨酸	ACA；苏氨酸	AAA；赖氨酸	AGA；精氨酸	A
	AUG；甲硫氨酸	ACG；苏氨酸	AAG；赖氨酸	AGG；精氨酸	G
G	GUU；缬氨酸	GCU；丙氨酸	GAU；天冬氨酸	GGU；甘氨酸	U
	GUC；缬氨酸	GCC；丙氨酸	GAC；天冬氨酸	GGC；甘氨酸	C
	GUA；缬氨酸	GCA；丙氨酸	GAA；谷氨酸	GGA；甘氨酸	A
	GUG；缬氨酸	GCG；丙氨酸	GAG；谷氨酸	GGG；甘氨酸	G

从原核生物到真核生物，目前所发现的遗传密码有以下特点。

（1）连续性 编码区——开放阅读框的两个密码子之间，没有任何"标点"等信息将其隔开，从 AUG 开始，连续不断的一个密码子接一个密码子，从 $5' \rightarrow 3'$ 方向编码，直到终止密码子结束，这就是遗传密码的连续性。如果在 mRNA 的编码区中，插入 1 ~ 2 个或缺失 1 ~ 2 个碱基，就会使此碱基处以后的区域发生编码结果的改变，这种情况称为移码（frame shift），由移码引起的突变称移码突变。

（2）简并性 在 64 种密码子中，AUG 编码了 Met，但如果 AUG 是在开放阅读框的 5'端第一个，此时它也是肽链合成的起始密码子；UAA、UAG、UGA 这 3 个密码子是肽链合成的终止密码子，当肽链合成到此位置时，肽链合成宣告结束。除了 3 个终止密码子外，余下 61 个密码子可以编码 20 种氨基酸，因此，氨基酸的密码子可以有一个或最多 6 个。仅有一个密码子的氨基酸有 Met 和 Trp；有两个密码子的有 Asn、Asp、Cys、Gln、Glu、His、Lys、Phe 和 Tyr；有 3 个密码子的氨基酸是 Ile；有 4 个密码子的包括 Gly、Ala、Thr 和 Val；有 6 个密码子的是 Arg、Leu 和 Ser。同一种氨基酸有两个或更多密码子的现象称密码子的简并性（degeneracy）。对应于同一种氨基酸的不同密码子称同义密码子。

（3）变偶性 密码的简并性往往表现在密码子的第三位碱基上，也就是说许多氨基酸密码子的前两位碱基是相同的，只是第三位碱基不同。有些氨基酸只有两个密码子，通常第三位碱基或者都是嘧啶，或者都是嘌呤。显然，密码子的专一性基本上取决于前两位碱基，第三位碱基起的作用有限。所以，几乎所有氨基酸的密码子，都可以用 N_1N_2（U/C）和 N_1N_2（A/G）来表示。tRNA 上的反密码子与 mRNA 密码子匹配时，密码子第一位、第二位碱基配对都是严格的，第三位碱基可以有一定的变动，这一现象称密码的变偶性（wobble）。在 tRNA 反密码子中除 A、U、G、C4 种碱基外，还经常在第一位出现次黄嘌呤（I）。次黄嘌呤的特点是可以与 U、A、C 三者之间形成碱基配对，这就使得带有次黄嘌呤的反密码子，可以识别更多的简并密码子。此外，反密码子的第一位碱基与密码子的第三位碱基配对时，在一定范围内是可以变动—变偶。如 U 可以和 A 或 G 配对；G 可以和 U 或 C 配对。由于变偶性的存在，细胞内只需要 32 种 tRNA，就能识别 61 个编码氨基酸的密码子。

（4）通用性　不论高等或低等生物，从细菌到人类，都拥有一套共同的遗传密码，这种现象称密码的通用性。但近年来发现，线粒体的编码方式与通常遗传密码有所不同。脊椎动物线粒体的特殊变偶规则，使其 22 种 tRNA 就能识别全部氨基酸密码子，而正常情况下至少需要有 32 种 tRNA。如在线粒体的遗传密码中，AUA、AUG、AUU 为起始密码子，AUA 也可为甲硫氨酸密码子，UGA 为色氨酸密码子，AGA、AGG 为终止密码子等。

三、蛋白质生物合成的核糖体途径

蛋白质合成过程可以分为四个阶段：①氨基酸的活化与搬运；②肽链合成的起始；③肽链的延长；④肽链的终止。后三步均在核糖体上进行，且是一个循环过程，因此，多肽链的合成过程也称核糖体循环。

（一）氨基酸的活化

肽链合成中，氨基酸本身不能进入核糖体，必须结合到特定 tRNA 上，才能被带到 mRNA–核糖体复合体上，该连接是由氨酰 tRNA 合成酶催化完 A 成，而且氨基酸活化后才能连接到 tRNA 分子上，这种过程称氨基酸活化。反应过程分两步。

（1）在 Mg^{2+} 或 Mn^{2+} 参与下，由 ATP 供能，氨酰 tRNA 合成酶（E）接纳活化的氨基酸并形成中间复合物。

$$R-\underset{\underset{NH_2}{|}}{CH}-COOH + ATP + E \xrightarrow{Mg^{2+}\text{或}Mn^{2+}} R-\underset{\underset{NH_2}{|}}{CH}-\underset{\underset{O}{\|}}{C}-O-AMP \cdot E + PPi$$

（2）中间复合物与特异的 tRNA 作用，将氨酰基从 AMP 转移到 tRNA 的氨基酸臂（即 3′端 CCA—OH）上。

$$R-\underset{\underset{NH_2}{|}}{CH}-\underset{\underset{O}{\|}}{C}-O-AMP \cdot E + tRNA-CCA \longrightarrow tRNA-CCA-O-\underset{\underset{O}{\|}}{C}-\underset{\underset{NH_2}{|}}{HC}-R + AMP + E$$

总反应：氨基酸+ATP+tRNA $\xrightarrow{Mg^{2+}\text{或}Mn^{2+}}$ 氨酰 tRNA+AMP+2Pi

形成氨酰 tRNA 有两方面的意义：①tRNA 结合的氨基酸是活化状态，有利于在核糖体形成肽键；②tRNA 将携带的活化氨基酸转送到核糖体特定位置，通过其反密码子与 mRNA

上的密码子互相识别，将活化的氨基酸掺入到正在合成肽链的合适位置中。也就是说，氨酰 tRNA 的形成，不仅为肽链的合成解决了能量问题，而且还解决了专一性问题。

每一种氨基酸都有与之对应的氨酰 tRNA 合成酶，该酶既能够识别相应的氨基酸，又能识别与此氨基酸相对应的一个或多个 RNA 分子。氨酰 tRNA 合成酶是通过 tRNA 三维结构（主要是反密码子或副密码子）以及氨基酸结构，来识别双方是否是正确的对应关系，如果是，氨酰 tRNA 合成酶就能够使两者连接起来。许多氨酰 tRNA 合成酶具有校对功能，如果形成的氨酰 tRNA 产物不是正确的对应关系，则该酶会立刻启动校对功能活性，将上述氨酰 tRNA 产物水解。在氨酰 tRNA 合成酶双重功能的监控下，可使翻译过程的错误频率得以有效降低。

（二）肽链合成的起始

除了特例，所有蛋白质翻译的起始均源于甲硫氨酸，而且需要一个特殊的 tRNA 称起始 tRNA（简写 $tRNA_i^{Met}$）参与。通常，细胞中只有两种 tRNA 携带甲硫氨酸，一种是 $tRNA_i$，另一种是 tRNA。前者参与翻译的起始过程，生成的 $tRNA_i^{Met}$ 能够被起始因子识别；后者参与翻译过程中肽链延长阶段，生成的 $tRNA^{Met}$ 能够被延伸因子识别，将携带的甲硫氨酸掺入到正在合成的肽链之中。在原核细胞中，有一种特异的甲酰化酶，能够使得 $tRNA_i^{Met}$ 中的氨基发生甲酰化生成 $fMet-tRNA_i^{Met}$，其意义使其参与翻译的起始而不参与肽链的延伸过程。在真核细胞中，这种甲酰化作用是不存在的。

翻译——肽链合成的起始，需要在 mRNA 分子上捕获到并定位在起始密码子 AUG 位置，这一过程需要核糖体小亚基、mRNA、$fMet-tRNA_i^{fMet}$ 和一些起始因子（initiation factor，IF）共同参与完成。大肠埃希菌有 3 个起始因子可以与 30S 小亚基结合，其中起始因子 -3（IF -3）的功能是使核糖体解离，30S 和 50S 亚基彼此分开；起始因子 -1（IF -1）和起始因子 -2（IF -2）的功能，是促进 $fMet-tRNA_i^{fMet}$ 和 mRNA 与 30S 小亚基的结合。

翻译起始的过程和机制是：①IF -3 通过与小亚基结合而解离核糖体，也可以说，IF -3 与小亚基的结合，阻止了大亚基与小亚基的结合。②在 IF -1 和 IF -2 以及 GTP 的协助下，mRNA、$fMet-tRNA_i^{fMet}$、小亚基、IF -1 和 IF -2 以及 GTP 形成一个五元起始复合物，同时 IF -3 从小亚基上解离出来；在 mRNA 的起始 AUG 上游 10 个 bp 左右位置，有一段富含嘌呤碱基的序列（SD 序列），该序列能与小亚基 16S rRNA 3′端的一段序列呈碱基互补性的识别，使起始密码子 AUG 能够与 $fMet-tRNA_i^{fMet}$ 的反密码子进行配对，从而协助从起始 AUG 处开始翻译。③IF -3 解离下来的结果，使 50S 大亚基能够与起始复合物的 30S 小亚基结合形成核糖体，进而使 IF -1 及 IF -2 从起始复合物上解离下来，同时结合在 IF -2 上的 GTP 也发生水解生成 GDP；原核生物的起始过程需要 1 分子的 GTP 发生水解以提供能量。④由 mRNA、$fMet-tRNA_i^{fMet}$ 和核糖体构成一个可以启动翻译的三元起始复合物（图 17 -18）。

虽然不同生物细胞核糖体的大小有别，但其组织结构基本相同，而且执行的功能也完全相同。核糖体至少有四个活性部位：mRNA 结合部位，氨酰 tRNA 结合部位（A 位），肽酰 tRNA 结合部位（P 位）和肽键形成部位（转肽酰酶中心 - E 部位）。此外，还有负责肽链延伸的各种延伸因子结合部位等。在上述三元起始复合物中，$fMet-tRNA_i^{fMet}$ 占据核糖体的肽酰 tRNA 结合部位（P 位），而氨酰 tRNA 结合部位（A 位）则是空白，等待第二个氨酰 tRNA 进入该部位，以便与 $fMet-tRNA_i^{fMet}$ 的 fMet 进行肽链的合成。

图 17-18　大肠埃希菌翻译的起始

(三) 肽链的延伸——核糖体循环

　　三元起始复合物形成后，与起始密码子紧邻的下游密码子被其氨酰 tRNA 的反密码子识别并结合进入氨酰 tRNA 结合部位（A 位），肽链合成的延长反应阶段就开始。肽链延伸过程可分为三个步骤：注册、成肽和转位。在核糖体每完成上述三个步骤，就会在肽链的 C 端加上一个氨基酸残基，故肽链的延伸是一个上述三个步骤反复循环的过程，此过程也称核糖体循环（图 17-19）。在核糖体循环过程中，需要一些蛋白质因子参与，这些蛋白质因子称延伸因子（elongation factor, EF）。在原核细胞中，有 EF-Tu、EF-Ts 和 EF-G 参与核糖体循环。

图 17-19　核糖体循环

　　1. 注册　与第二个密码子对应的氨酰$_2$tRNA 与 EF-Tu-GTP 结合，形成的二元复合物进入核糖体，将氨酰 tRNA 引领定位在核糖体的 A 部位，此时，氨酰 tRNA 的反密码子与对应 mRNA 的密码子之间呈碱基互补关系，否则，该氨酰 tRNA 将退出 A 部位。EF-Tu 与核糖体结合后，就表现出 GTP 酶活性，将其结合的 GTP 水解成 GDP 而引起三维结构改变，同时 EF-Tu-GDP 与氨酰 tRNA 分开，并从核糖体上脱离下来。在胞质通过 EF-Ts 的参与，EF-Tu-GDP 的 GDP 被 GTP 交换，形成的 EF-Tu-GTP 准备参与另一次注册。此时，核

519

糖体上结合着 mRNA 和两个氨酰 tRNA，一个在 P 部位（fMet - tRNA$_i^{fMet}$），一个在 A 部位（氨酰$_2$tRNA）。

2. 成肽 位于两个氨基酰附近的转肽酰酶（也称肽酰转移酶），将 fMet - tRNAi^{fMet}的甲酰甲硫氨酰基从核糖体的 P 部位移至 A 部位，并与 A 部位氨酰$_2$tRNA 的氨酰$_2$的氨基形成肽键。第一个肽键形成后，核糖体的 A 部位被二肽酰 tRNA 占据，P 部位是 tRNA$_i^{fMet}$（不携带 fMet）。

3. 转位 在移位酶 EF - G 的催化下，由 GTP 水解提供能量，使核糖体沿着 mRNA 5′→3′的方向移动一个密码子的距离。结果是二肽酰 tRNA 由核糖体的 A 部位转移至 P 部位，而原 P 部位的 tRNA$_i^{fMet}$脱离核糖体。

当转位完成后，核糖体的 A 部位是空白，等待 EF - Tu - GTP 携带氨酰$_3$tRNA 进入 A 部位，以便进行下一轮核糖体循环过程，直至肽链完成其合成。

（四）肽链合成的终止

在肽链合成过程中，当核糖体移动使其 A 部位对应 mRNA 的终止密码子时，翻译就进入终止阶段。这一过程除了需要终止密码子外，还需要一些释放因子（release factor，RF）与核糖体释放因子（ribosome release factor，RRF）的参与。

在大肠埃希菌中，当终止密码子进入核糖体的 A 部位后，由于细胞通常没有能够识别终止密码子的 tRNA，此时产生肽链合成的延宕。在延宕的过程中，核糖体 A 部位就被释放因子识别，RF - 1 能够识别 UAA 和 UAG，RF - 2 能够识别 UAA 和 UGA，RF - 3 不识别终止密码子，但能刺激另外两个因子的活性。当释放因子识别在 A 部位上的终止密码子后，改变核糖体的肽酰转移酶的属性，由肽酰转移酶活性转变为酯酶活性，将 P 部位肽酰 tRNA 的肽链 C 端酯键水解，同时释放出合成完毕的肽链。在 RRF 的作用下，mRNA 和 tRNA 从核糖体上脱落下来（图 17 - 20）。核糖体在 IF - 3 的作用下解离，30S 小亚基又可以进入另一轮肽链合成的起始过程。

图 17 - 20 大肠埃希菌翻译的终止

（五）真核细胞的肽链合成

在真核生物的 mRNA 中，最靠近 5′端的 AUG 序列通常是起始密码子。核糖体小亚基首先结合在 mRNA 的 5′端，然后向 3′端移动，直到 AUG 序列被 tRNA$_i^{Met}$上的反密码子识别，且这种识别可以被特定序列所加强。如果没有这种特定序列，40S 小亚基将不识别 AUG，而是继续向 3′ 端移动，直到识别到含有这种特定序列的 AUG 时，才开始翻译的起始。

真核细胞蛋白质合成过程基本上与原核细胞相同，主要差别在于：①参与翻译的起始因子（eIF）较多；②形成三元起始复合物的氨基酸是甲硫氨酸，而不是甲酰甲硫氨酸；③形成起始复合物的机制不同，首先是帽结合蛋白与 mRNA 的帽结合，在 eIF2 和其他起始因子参与下，Met–tRNA$_i^{Met}$、40S 小亚基与 mRNA 的 5′ 端形成起始复合物，然后由 ATP 供给能量，复合物向下游移动直到遇到第一个 AUG 密码子，此时 60S 大亚基才加入复合物，完成起始复合物的形成；④原核细胞的 mRNA 为多顺反子，有多少个 SD 序列，就有多少个起始位点，而真核细胞的 mRNA 为单顺反子；⑤原核细胞的延伸因子 EF–Tu 和 EF–G，对应真核细胞的为延伸因子 1 和延伸因子 2。

四、肽链翻译后的加工修饰与转运

一般来说，从核糖体释放出来的新合成肽链不具有生物学活性，必须经过复杂的加工修饰过程，才能转变成具有天然三维结构的活性蛋白质。肽链翻译后加工修饰过程主要包括：肽链一级结构的修饰、多肽链的折叠和三维结构的修饰等。同时，合成的蛋白质还需要通过复杂的机制，被输送到特定部位——转运，以行使其生物学功能。

（一）肽链翻译后的加工修饰

肽链合成开始之后其加工修饰过程就立即进行，肽链加工修饰与其本身在什么部位合成以及将要被运送到细胞什么部位密切相关。有的蛋白质留在细胞质中，则从核糖体上释放后即可行使其功能；有的被运送到它处，则在运送的过程中发生加工修饰。如膜结合核糖体合成出来的蛋白质，在被运往高尔基体、分泌小泡、质膜或溶酶体等过程中，肽链就进行加工修饰。加工修饰主要包括 N 端 Met 加工修饰、个别氨基酸残基的共价修饰、某些肽段的去除、肽链的折叠以及三维结构形成等。

1. N 端 Met 和肽链水解加工修饰　胞质合成肽链的 N 端均为甲硫氨酸（或甲酰甲硫氨酸），但实际上天然蛋白质多数没有这样的 N 端。原核细胞内的脱甲酰基酶，将 N 端甲酰甲硫氨酸残基的甲酰基水解去除掉。胞内氨基肽酶，可以将 N 端甲硫氨酸残基水解去除掉。

蛋白质前体以及酶原，在体内需要激活才能表现生物活性。这个过程是经特定的系列蛋白酶，将蛋白质前体或酶原的多余肽段水解掉，蛋白质或酶可以形成天然三维结构而表现出应有的生物活性。如胰岛素原被水解，生成胰岛素和 C 肽。

2. 个别氨基酸的共价修饰　蛋白质生物合成的初始产物是单纯蛋白，而且最多是由 20 种基本氨基酸残基组成。但天然活性蛋白质分子中，许多蛋白质含有除了基本氨基酸残基以外的其他氨基酸残基；有的蛋白质分子中氨基酸残基是磷酸化的；还有的蛋白质分子是通过共价键连接了糖类或脂质化合物（糖蛋白或脂蛋白），如胶原蛋白中的羟赖氨酸和羟脯氨酸，两个半胱氨酸形成的二硫键，丝氨酸、苏氨酸和酪氨酸残基的磷酸化等。如糖蛋白的糖苷键有两类：一类是肽链上天冬酰胺侧链上的 N 原子与寡聚糖核之间构成的 N - 糖苷键；另一类是肽链上丝氨酸、苏氨酸侧链上的氧原子与寡聚糖核之间构成的 O - 糖苷键。上述各种共价修饰，均由细胞内相关酶或酶系催化完成。

3. 肽链的折叠　虽然蛋白质的一级结构是决定其三维结构的基础，但蛋白质生物合成时肽链的正确折叠，需要一些特定蛋白质因子的参与和协助，否则肽链自身很难全部正确折叠形成天然三维结构。参与蛋白质正确折叠的因子主要有两类：一类是酶，另一类称之为分子伴侣（molecular chaperones）。

参与蛋白质折叠的酶类主要有蛋白质二硫键异构酶和肽链脯氨酸异构酶等，前者当肽链半胱氨酸残基之间形成二硫键发生连接错误时，可以将错误连接的二硫键断裂，再形成正确连接，如不纠正就会使蛋白质形成错误的三维结构；后者当肽链出现脯氨酸残基时，因其在肽链可以形成顺式或反式构型，保证肽链呈现正确的构型，以免形成错误的三维结构。

分子伴侣是一类特殊的蛋白质，这类蛋白质在细胞中表现两方面功能：一方面是防止新生肽链错误的折叠和聚合；另一方面则是帮助或促进新生肽链快速地折叠成正确（天然）的三维结构。分子伴侣主要是通过疏水序列识别伸展肽链的骨架部分，利用 ATP 提供的能量，以保证和促进新生肽链折叠成天然的三维结构。分子伴侣主要有：热休克蛋白（heat shock proteins，HSP）和伴侣蛋白（chaperonins）等。前者属于应激反应蛋白，高温应激可诱导该蛋白质合成；后者是此类蛋白质构成一个加盖子的圆筒形结构复合体，利用 ATP 水解供能，使未折叠的、正在进行折叠的肽链反复进出圆筒内腔，通过圆筒内腔的微环境使肽链得以正确折叠。

（二）肽链翻译后的转运

核糖体上新合成的肽链被送往并定位在细胞的各个部位，以行使各自的生物学功能。大肠埃希菌新合成的肽链，一部分就滞留在胞质中行使其功能，一部分则被转运至质膜、外膜或质膜与外膜之间的空隙，有的也可分泌到胞外。真核细胞新合成的肽链，往往被输送至溶酶体、线粒体、叶绿体、细胞核等细胞器中，有的最终定位在生物膜上（膜的内外侧或膜中），有的分泌到胞外。细胞内新合成肽链的转运是有目的地定向进行，不论蛋白质被送往何处，都是由蛋白质本身的结构所决定。

尽管蛋白质转运系统非常复杂，但有着一个比较简单的模式实现转运。每个需要转运的肽链都含有一段氨基酸序列，引导该肽被输送至不同的转运系统，这一段氨基酸序列称信号肽（signal peptide）。信号肽序列通常位于被转运肽链的 N 端，长度在10~40个氨基酸残基范围，由三部分组成。①氨基端碱性区：含有一个或多个荷正电的氨基酸残基；②中部疏水核心区：长度为 10~15 个氨基酸残基，主要由疏水性氨基酸残基组成，这些氨基酸残基 R 侧链的疏水性高度保守，如果其中某个被极性氨基酸残基替换后，信号肽即失去其功能；③羧基端加工区：有一个信号肽酶识别切割位点，位点上游常有 5 个氨基酸残基的疏水性肽段，切点前后常常是一类小侧链氨基酸，信号肽可以在肽链转运过程中被信号肽酶切掉。有些蛋白质的信号肽是位于肽链的中部，但不论其位置处于何处，功能都是相同的。

对于每一种蛋白质，其信号肽序列决定了该蛋白质在细胞的最后归宿。细胞内有一部分核糖体是以游离状态存在，这类核糖体只合成供线粒体或叶绿体膜装配的蛋白质；另一部分核糖体，由新合成肽链 N 端的信号肽控制而与内质网结合，使滑面内质网变成粗面内质网，粗面内质网核糖体合成三类主要蛋白质：溶酶体蛋白、分泌到胞外的蛋白质和构成质膜骨架的蛋白质。

信号肽由一种核糖体称信号识别体（signal recognition particle，SRP）。SRP 有两个功能域，一个是识别信号肽，另一个是干扰氨酰 RNA 与肽酰移位酶的反应，以便延缓核糖体的肽链延伸过程。新生肽链合成几十个氨基酸残基后，其 N 端信号肽与 SRP 结合，随后核糖体肽链的延伸作用暂时被停顿（或延伸速度大大减低），进而 SRP－新生肽链－核糖体复合体就移动到内质网上，并与内质网上的 SRP 受体结合。在 SRP 受体的作用下，带有新生肽链的核糖体被送入多肽移位装置，SRP 被释放到胞质中，此时，核糖体肽链的延伸又重新开始。

1. 分泌型蛋白质的转运　真核细胞分泌蛋白、膜整合蛋白和溶酶体蛋白的转运，首先利用其 N 端的信号肽将正在合成的肽链引导插入内质网膜，肽链经跨内质网膜通道进入内质网腔，随后信号肽被腔内的信号肽酶切除并迅速降解。同时，肽链在内质网腔中被一系列相关酶和酶系加工修饰，随后被膜包装进入分泌小泡转运至高尔基体，这些分泌小泡可以转移、融合到细胞其他部位或分泌出细胞。

高尔基体主要有两方面功能：一是对糖蛋白上的寡聚核糖进一步修饰与调整；二是将各种蛋白质进行分类并送往溶酶体、分泌粒和质膜等目的地。如最终定位在溶酶体的酶类，由于这些酶类自身构象的变化而与甘露糖酯 – 6 – 磷酸相结合，通过高尔基体膜上受体识别酶分子上的甘露糖酯 – 6 – 磷酸，而最终进入溶酶体。因此，甘露糖酯 – 6 – 磷酸是一种导向溶酶体的标志，但对分泌蛋白与质膜蛋白却并不起导向作用。

2. 细胞器和核蛋白的转运　线粒体和叶绿体的大部分蛋白质都是由细胞核基因组 DNA 编码的，在胞质内由游离核糖体合成这些蛋白质，并转运到这些细胞器中去。

线粒体外膜蛋白的 N 端上有一段肽链，称线粒体定向肽。定向肽的作用与信号肽类似，通过与线粒体外膜上的相应位点识别，从而将该蛋白质转运到外膜上。定位在线粒体内膜和膜间隙蛋白的转运较为复杂。首先通过定向肽识别并结合到线粒体外膜的受体上，再利用由线粒体外膜转运体和内膜转运体共同组成的跨膜通道；为了通过线粒体膜，需要借助肽链结合蛋白的帮助，进行新生肽链的去折叠和跨膜；跨膜之后蛋白质前体的定向肽序列被蛋白酶切除，并在分子伴侣作用下折叠成为有功能的蛋白质。如细胞色素 c_1 的转运，其前体蛋白的 N 端有两个定向肽，第一个肽被线粒体外膜上的受体蛋白识别，引导至膜上的跨膜通道并得以进入线粒体内的基质中，此时第一个定向肽被切除；随后，第二个定向肽通过与第一个定向肽相似的方式，携带肽链穿过内膜，第二个定向肽被切除，细胞色素 c_1 折叠成天然结构，并与血红素分子结合形成功能蛋白。

五、多肽合成的非核糖体途径

在细菌、放线菌和真菌中，存在许多具有药用价值的多肽类生物活性物质，包括抗生素、细胞生长抑制剂和抗病毒物质等，如青霉素、头孢菌素、万古霉素等抗生素；免疫抑制剂环孢素（cyclosporin）；分枝杆菌素（mycobactin）、鼠疫杆菌素（yersinia bactin）等毒性载铁多肽（siderophoric peptides）。尽管这类多肽多种多样，但它们都是在一类称为非核糖体多肽合成酶系（nonribosomal peptide synthetases，NRPSs）的蛋白质多功能复合体上被合成的。

1. 非核糖体多肽合成酶系统　非核糖体多肽合成酶系（NRPSs）由一系列非核糖体合成酶组成，每一个非核糖体合成酶（模块）负责多肽上一个肽键的形成，能够识别特定的氨基酸，并直接将其连接形成肽链。NRPSs 由一系列的模块依次排列组成，大多数的模块数量为 4～10 个，但也有高达 50 个的。每一个模块负责一个反应循环，包括对选择性底物（氨基酸或其他化合物）的识别，并将其活化成相应的腺苷酸化合物，共价中间物的固定和肽键的形成。因此，NRPSs 中依序排列的模块就构成了酶系所合成多肽的一种模板。

NRPSs 的每一个模块（非核糖体合成酶）由多个结构域组成，其中重要的三个结构域是氨酰腺苷酸化结构域、巯基化结构域和缩合结构域。氨酰腺苷酸化结构域的作用与氨酰 tRNA 合成酶功能相似，是对特定底物的识别并利用 ATP 对底物进行活化，结构域中的氨基酸结合区与其相应的氨基酸有相似的空间结构，而决定对底物选择的特异性，该区域也称氨基酸激活功能域；巯基化结构域处于氨酰腺苷酸化结构域的下游，该结构域在功能上与脂肪酸合成酶的酰基载体蛋白类同，负责将活化的氨基酸或其他底物进行共价固定，为下一步肽键的形成做准备，该区域也称氨酰载体功能域；缩合结构域位于氨酰腺苷酸化结构域的上游，含有两个位点——氨酰基结合位点和肽酰基结合位点，是非核糖体多肽合成系统中肽键形成和肽链移位的部位。此外，模块结构域还有差向异构结构域、甲基化结构域等。一般来说，NRPSs 模块的氨基酸激活功能域与氨酰载体功能域偶合在一起，并且与缩合功能域分开。非核糖体多肽合成酶系的最后一个模块还有一个特别的结构域，称硫酯酶结构域。该模块处于肽链合成的最下游，在非核糖体多肽合成结束后，该结构域催化硫酯解，从而使多肽从合成酶体系上解离下来。有时，该结构域还涉及多肽分子的环化，也就是说非核糖体多肽合成产物是一种环肽，此时，该结构域将多肽分子的首尾连接而形成环肽。

2. 非核糖体多肽合成过程 一种多肽的合成需要一个非核糖体合成酶系。一个非核糖体合成酶系的每一个非核糖体合成酶（模块）负责多肽上一个肽键的形成。各种多肽的氨基酸序列特异性，是由不同 NRPSs 模块的排列顺序所决定的。实际上，合成的多肽氨基酸序列，是由特定 NRPSs 的每一个非核糖体合成酶的缩合功能域上模具结构（modular structure，具有特定构象的空间结构域）所决定的。因此，这些缩合功能域具有模板功能 – 多肽合成模板。不同 NRPSs 的缩合功能域组成一个酶系，决定一种多肽的特异序列。通常情况下，NRPSs 的相关缩合功能域，在空间位置上按它们合成的多肽序列排列，但也有混排或者分散的情况。

非核糖体多肽合成过程包括三方面：氨基酸激活，氨酰载体形成和肽键形成。首先，氨基酸激活功能域选择结合氨基酸底物，由 ATP 供能并通过腺苷化形成氨酰腺苷酸来激活氨基酸；随后，氨酰腺苷酸的氨酰部分再与活化载体蛋白的磷酸泛酰巯基辅基的巯基结合，形成氨酰基载体复合体；然后，分别携带有氨酰基和肽酰基的载体（第一个肽键形成是两个带有氨酰基的载体）与缩合结构域的两个特定区域（一个是氨酰基结合位点，另一个是肽酰基结合位点）结合，在缩合功能域的催化作用下，在特定区域分别结合的氨酰基和肽酰基之间形成肽键。

通过对底物氨基酸的表异构化作用（epimerization）和 N – 甲基化作用等修饰，以及对合成多肽骨架的乙酰化、糖苷化和杂环化等修饰，从而赋予了多肽产物结构和功能的多样化。上述这些修饰反应，是由特定的功能域催化或者借助聚酮合酶（polyketidesynthase，PKS）生成。

（崔　勇）

扫码"练一练"

第十八章　受体与细胞信号转导

第一节　细胞间信号传递

扫码"学一学"

单细胞生物之间信号传递对其形态、功能、代谢、增殖和分化、存活等均具有重要的影响。多细胞有机体中每个细胞的活动不是孤立进行的，在众多细胞之间也同样存在着一套更为复杂的跨膜信号传递系统，使细胞间能相互联系和沟通，协调不同组织器官中各个细胞的代谢、分泌、分化和增殖等活动，保持生物体整体功能的顺利进行。

一、细胞间通讯的类型

细胞间通讯可以分为三种类型（图 18-1）：①通过质膜表面分子的直接接触；②通过间隙连接通道的直接联系；③通过分泌化学信号分子的间接联系。其中细胞分泌化学信号是细胞间通讯的最主要途径。

图 18-1　细胞间通讯的三种不同类型

（一）膜分子表面直接接触通讯

膜分子表面直接接触通讯是指细胞之间借助细胞质膜表面分子直接进行细胞间联系，不同细胞之间的相互识别与黏附都有可能采取直接接触型细胞间通讯。

细胞识别是指临近细胞之间通过质膜表面特性而相互接受或排斥，相识的细胞可以发生进一步黏附。细胞识别可分为：①同种同类细胞间的识别，如胚胎分化过程中神经细胞对周围细胞的识别，输血和植皮引起的反应可以看作同种同类不同来源细胞间的识别；②同种异类细胞间的识别，如精子和卵子之间的识别，T 与 B 淋巴细胞间的识别；③异种异类细胞间的识别，如病原体对宿主细胞的识别；④实验条件下异种同类细胞间的识别。

在细胞识别与黏附过程中，细胞黏附分子（cell adhesion molecules，CAM）起着重要作用。CAM 是众多介导细胞间或细胞与细胞外基质间相互接触和结合分子的统称，黏附分子以受体 – 配体结合的形式发挥作用，使细胞和细胞间、细胞和基质间或细胞 – 基质 – 细胞间发生黏附，参与细胞的识别，细胞的活化和信号转导，细胞的增殖与分化，细胞的伸展与移动，是免疫应答、炎症反应、凝血、肿瘤转移以及创伤愈合等一系列重要生理和病理过程的分子基础。黏附分子根据其结构特点可分为整合素家族、选择素家族、免疫球蛋白超家族、钙黏蛋白家族及一些尚未归类的黏附分子。值得注意的是并非所有黏附分子都通过直接接触型细胞间联系，有些黏附分子可以介导细胞与细胞外基质相互接触和结合，如整合素配基是细胞外基质中纤连蛋白和层黏连蛋白。

（二）间隙连接

间隙连接（gap junction）存在于脊椎动物的很多成年细胞和正在发育的细胞中。在连接处，相邻细胞间有 $2 \sim 4nm$ 的缝隙，而且连接区域比紧密连接大得多，最大直径可达 $0.3\mu m$。在间隙与两层质膜中有大量蛋白质颗粒，是构成间隙连接的基本单位，称连接子（connexon）。它由 6 个相同或相似的跨膜蛋白亚单位环绕而成，直径 8nm，中心形成一个直径约 1.5nm 的亲水性小孔或通道，允许小分子信号分子和离子如 Ca^{2+}、cAMP 通过，有助于相邻同型细胞对外界信号的协同反应，如可兴奋细胞的电耦联现象。

间隙连接的通透性是可调节的。在实验条件下，降低细胞 pH，或升高钙离子浓度均可降低间隙连接的通透性。当细胞破损时，大量钙离子进入，导致间隙连接关闭，以免正常细胞受到伤害。

间隙连接的功能主要有下面几个方面。

（1）协调代谢　间隙连接使细胞间可以共享某些代谢产物，例如在体外培养条件下，把不能利用外源次黄嘌呤合成核酸的突变型成纤维细胞和野生型成纤维细胞共同培养，两种细胞均能吸收次黄嘌呤合成核酸；如果破坏细胞间的间隙连接，则突变型细胞不再能够吸收次黄嘌呤合成核酸。

（2）参与细胞分化　胚胎发育的早期，细胞间通过间隙连接相互协调发育和分化。小分子物质即可在一定细胞群范围内，以分泌源为中心，建立起递变的扩散浓度梯度，以不同的分子浓度，为处于梯度范围内的细胞提供"位置信息"，从而诱导细胞按其在胚胎中所处的局部位置向着一定方向分化。一些组织分化期间出现了不同组织细胞之间间隙连接特征消失现象，这种情况常与细胞分化的最后阶段相联系。

（3）细胞增殖的调控　正常细胞群体，由于存在间隙连接可以正常传播与增殖有关的信号，细胞增殖保持同步和平衡，按一定的基因程序进行。间隙连接的阻断，可使细胞脱离周围正常细胞的控制，从而获得自主性，表现不受控制的增殖。

（4）构成电紧张突触　平滑肌、心肌、神经末梢间均存在这种间隙连接，称为电紧张突触（electrotonic synapses）。电紧张突触无须依赖神经递质或信息物质即可将一些细胞的电兴奋活动传递到相邻的细胞。

研究表明，间隙连接处在神经迁移中发挥一定作用，而对迁移来说，重要的是间隙连接蛋白的黏附性能及细胞之间接触点的性质，而不是它们通道的导通性能。这一发现的意义已经超出了脑发育研究范围，因为很多其他间隙连接功能（包括参与肿瘤的转移）也可能取决于黏附性能而不是小孔功能。

（三）间接联系

间接联系细胞通讯是通过一种细胞提供通讯信号——信号分子，作为信号分子有激素、神经递质、细胞因子等；而另一种细胞首先要提供能够接受信号分子的接受器——受体，当信号分子特异性地与受体识别并结合后，通过信号应答转换系统，转变为细胞内信号，才使细胞产生应答反应，最终表现特定生理效应。此类细胞间通讯的特点是相隔一定距离的细胞之间，靠分泌发放化学信号分子，并通过血液或体液循环，使间接联系细胞之间进行相互联系与通讯。

细胞间信号传递包括以下 5 个过程：①信号分子的合成与分泌；②信号分子运转至靶细胞；③靶细胞特异受体识别信号分子并与之结合；④信号分子－受体复合物经细胞内信号传递系统的联级放大反应，最终导致细胞功能的变化；⑤信号分子的清除和终止靶细胞的反应。

二、细胞间信号分子

细胞之间的信号传递系统是由数量众多的信号分子所介导，外界刺激、其他细胞产生的刺激以及高等动物中神经刺激都可以引起细胞分泌信号分子。分泌细胞或神经末梢等细胞感受刺激后，分泌信号分子到细胞外，通过运输到达靶细胞，实现细胞间通讯。

在化学组成上，细胞间信号分子包括蛋白质类、肽类、氨基酸及其衍生物类、核苷或核苷酸及其衍生物类、固醇类、脂肪酸类和一氧化氮等，分别由发出信号的细胞合成分泌，经过扩散或血液循环到达靶细胞。据化学信号分子作用的距离范围，信号传递的作用可分为内分泌、旁分泌、自分泌、气体信号分子和突触传递五大类。

1. 内分泌　内分泌是指信息分子分泌到细胞外，经血液或体液运送至远距离的靶细胞。大多数动物的激素属内分泌型信号分子，它们通过体内各种特殊内分泌细胞分泌，释放入血液，随血液运输到机体各部分。在血液中，混合的各种激素到达靶细胞后，被其表面专一性受体识别，其作用距离很长。

2. 突触传递　突触传递是神经末梢释放的信号分子（神经递质），经突触间隙扩散至突触后膜，并与受体结合。神经递质为神经元末梢在受到神经动作电位刺激时的分泌物，在神经细胞之间或神经细胞与靶细胞之间形成化学突触连接。

神经通讯和激素通讯同为高等动物两个最主要的细胞间通讯系统，激素通讯相对缓慢而弥散，但后效深远，影响面广；神经通讯迅速、准确、集中，两者协调配合是完成高等动物细胞间通讯最重要的保证。与激素通讯不同的是：神经递质从突触前细胞释放，只是近距离影响突触后细胞的兴奋和抑制，而不能经过长距离传递到靶细胞。

3. 旁分泌和自分泌　某些化学信号分子分泌到细胞外液后很快被细胞吸收或破坏，进入血液中的数量极少，一次只作用于临近细胞或自身，又不像神经递质那样由专一突触结构释放，因而这类物质不同于激素，也不同于神经递质，而是属于旁分泌和自分泌因子。

旁分泌是信息分子通过细胞外液弥散至邻近的靶细胞。自分泌指细胞对自身分泌的信号分子产生反应，是细胞自我调节。大多数细胞因子及细胞生长因子都有旁分泌或自分泌的特点，它们是细胞产生的多肽，分泌后仅作用于附近的其他细胞或分泌细胞自身。

细胞因子主要是参与高等动物细胞的造血反应和免疫反应，并对细胞增殖分化等多种功能具有调节作用的多肽分子，主要有白细胞介素（interleukin，IL）、干扰素（interferons，IFNs）、集落刺激因子（colony-stimulating factor，CSF）、肿瘤坏死因子（tumor necrosis factors，TNFs）等。生长因子主要是指具有较专一调节生长和分化的细胞外信号分子，主要有神经生长因子（nerve growth factor，NGF）、表皮生长因子（epidermal growth factor，EGF）、血小板生长因子（platelet derived growth factor，PDGF）等等。

4. 气体信号分子　许多化学物质如乙酰胆碱引起血管舒张时，血管内皮细胞合成一种自由基气体一氧化氮（NO），NO作为气体信号分子以气体形式从血管内皮细胞直接扩散到其周围细胞并穿过其质膜作用于靶细胞内部。NO的产生及其作用方式都符合其他信号分子的特点，如NO具有迅速产生和灭活的特点，并有相应的靶分子接受其信号。目前已知NO的作用不仅仅限于血管功能的调节，它在许多类型的细胞如脑细胞、神经细胞中都存在。需要注意的是：NO作为气体小分子，无需跨膜转导机制即可进入细胞内迅速扩散而直接作用于胞内靶酶。

以上分类并不是绝对的，同一种化学物质有时起着两种或更多种类的作用。如去甲肾上腺素作为一种激素，由肾上腺分泌，起刺激心肌、骨骼肌收缩和肺支气管扩张的作用，但它又是一种神经递质，在交感神经中使血管收缩，从而升高血压。

第二节　受体与受体跨膜信号传递途径

扫码"学一学"

一、受体的分类与作用

质膜将细胞同外界环境分开，只允许脂溶性小分子通过，例如固醇类激素可以通过细胞质膜进入细胞质，但是细胞质膜不允许水溶性物质如离子、无机小分子、多肽或蛋白质自由通过。

细胞对不能透膜的外界刺激分子的应答一般分为两个基本类型。

通过位于脂质双分子层中的蛋白质通道进行运输，使之从细胞外传递到细胞质。经过这种传递的物质包括离子、糖类、蛋白质等。这种传递的方式主要有离子通道、载体运输和内吞等。

外界信号通过改变膜蛋白的性质，激活它的细胞质结构域而传导。细胞对环境中亲水物质的应答，依赖于这些分子同细胞质膜外侧的相互作用，它们与膜镶嵌蛋白的细胞外结构域特异性结合。这些细胞外分子通常称为配体（ligand），而这些配体结合的膜镶嵌蛋白称为受体（receptor）。

配体和受体形成复合物，通过某种手段激活定位在细胞膜内侧特定的酶，一方面被激活的酶再调控其他酶、蛋白质活性，进而引发一系列生化反应，使靶细胞产生特定生物学效应；另一方面导致某些小分子物质的合成。这些小分子物质被释放到细胞质中之后，可代替原来的激素行使功能。如果把激素本身看成是第一信使（first messenger），那么，被合成的小分子物质可以看成是第二信使（second messenger），而催化第二信使合成的酶称作效应器（effectors）。目前，已发现的第二信使有cAMP、cGMP、IP_3、Ca^{2+}、DAG（二酰甘油）、神经酰胺（ceramide）、花生四烯酸和NO等。

受体结合配体之后，会从非活性状态转变成活性状态，原理是受体在细胞外的结构域与配体结合，激活了细胞质结构域的活性，这个过程称为信号转导（signal transduction）。实质上，信号已经被跨膜转导，细胞质信号强度远远超过原来到细胞外信号，所以信号转导放大了原来的信号。

（一）受体及其配体的概念

1878 年，John Newport Langley 根据阿托品和毛果芸香碱对猫唾液流出实验的相互拮抗作用，首次提出化学物质起始或改变细胞反应，是通过作用在专一的作用部位。1906 年在研究箭毒和烟碱对骨骼肌的作用时，进一步佐证了这种理论，并认为与化合物结合的特殊物质叫接受物质（receptor substance）。20 世纪初，Panl Enrlich 根据抗体对抗原性物质的作用具有高度特异的性质，提出了受体这一概念，即"锁"与"匙"的配体受体作用模型假说。1933 年 Alfred Joseph Clark 在研究乙酰胆碱作用于蛙心的剂量效应关系中，观察到乙酰胆碱只能作用在细胞表面的一部分极不活性分子上，也就是药物的作用，主要是在细胞膜的表面，到了细胞内作用就减小，并认为在细胞表面存在着活性区域，为受体学说奠定了重要基础。

由于蛋白质化学以及分子生物学的研究进展，使受体分子的分离纯化以及其结构解析成为可能，配体与受体相互作用关系的研究也已广泛深入地进行，并证明受体大多存在于细胞膜上，但固醇类激素等的受体却存在于细胞质内或细胞核。由于受体分子在组织中含量甚少，没有可能积累到足够的受体蛋白量，因此，也就无法采用蛋白质化学的办法，来阐明受体的分子结构。直至 1983 年，由于采用了分子生物技术，N – 乙酰胆碱受体的分子结构得以首先突破，弄清了其亚基的一级结构。由此，极大推动了受体研究的深度与广度，使受体研究进入了一个新的高度。

受体是细胞表面或亚细胞组分中的一种生物大分子物质，可以识别并特异性地与有生物活性的化学信号分子结合，从而引发细胞内一系列生化反应，最终导致该细胞（靶细胞）产生特定的生物效应。从化学本质上来看，受体主要是蛋白质，特别是糖蛋白，也有一些糖脂作为受体，如霍乱毒素和破伤风毒素的受体均为神经节苷脂。

对受体具有选择性结合能力，结合后使该细胞产生特定生物效应的生物活性化学信号分子，称为配体（ligand）。配体除了与受体结合之外，本身并无其他功能，它不能参与代谢，不能直接诱导任何细胞活性，更没有酶的特点，它惟一的功能是通知细胞，在环境中存在一种特殊的信号或刺激因素。配体与其靶细胞的受体结合，所产生的生物效应是与受体所处的微环境有关，因为受体大分子本身大多存在于靶细胞膜结构上，并镶嵌在双层脂膜结构中，如果改变其环境因素，也会影响配体与受体的相互作用。

配体与受体结合后，使靶细胞产生特定的生物效应，这种配体称作激动剂（agonist）。虽然能与受体结合，但并不使靶细胞产生生物效应，这种配体称为拮抗剂（antagonist），它可拮抗激动剂的作用。既具有激动作用，又具有拮抗作用的配体，称作部分激动剂（partial agonist）。此外，有一类配体称为反向激动剂（inverse agonist）或负性拮抗剂（negative antagonist）或抑制激动剂（inhibitory agonist），这一类配体主要与反向活性构象（Ri）受体具有亲和力，而产生与激动剂作用相反的效应。激动剂和反向激动剂产生作用的机制，可用受体活性构象模式来解释。受体存在两种活性构象，一种为正向活性构象（Ra），另一种为反向活性构象（Ri），这两种受体类型可存在于同一靶细胞，也可存在于不同靶细胞，它们各自有着自己的配体分子。在同一靶细胞，激动剂不能与反向活性构象受体识别结合；而反向激动剂也不能与正向活性构象受体识别结合。当激动剂与正向活性构象受体识别结合后，引发细胞内一系列生化反应，最终导致靶细胞产生特定的生物效应；而反向激动剂与反向活性构象受体识别结合后，所引发细胞内的一系列生化反应，正好与正向活性构象受体所引发的生化反应相反，因而，导致靶细胞产生特定的生物效应也与正向活性构象受体所引发的相反。正向活性构象受体与反向活性构象受体作用模式的实例，请参见本章后面 G 蛋白偶联的 cAMP 作用模式。

（二）受体的功能

根据以上概念，受体具有两方面的功能：第一个功能是识别自己特异的信号分子——配体，并且与之结合。正是通过受体与信号配体分子的识别，使得细胞能够在充满无数生物分子的环境中，辨认和接收某一特定信号。受体的第二个功能是把识别和接受的信号，准确无误地放大并传递到细胞内部，从而启动一系列胞内信号级联反应，最后导致特定的细胞生物效应。要使胞外信号转换为胞内信号，受体的两个功能缺一不可。

（三）受体与配体结合的主要特征

受体与配体之间结合的结果是受体被激活，并产生受体激活后续信号传递的基本步骤。在生理条件下，受体与配体之间的结合不可能通过共价键介导，两者结合主要靠离子键、氢键、范德华力和疏水作用等，这样的相互作用是能够实现作用的可逆性。一个真正的受体在与配体结合时，具有饱和性、高亲和性、专一性、可逆性等特性。

1. 结合的饱和性　一个细胞上特定受体的数目是有限的，因此，配体与受体的结合具有饱和性。当配体浓度增加到一定的水平，所有的受体都被配体所占据，这时候靶细胞结合的配体达到了一定数量，而且结合的配体数量，并不会随着配体浓度的增加而增加，也就说靶细胞结合的配体达到了饱和状态。当然，靶细胞上特定受体的数目，并不是固定不变的，在特殊的生理条件下或病理情况下，受体的数目会发生变化。在正常情况下，调节靶细胞受体数目的主要原因是配体本身，配体浓度的提高或配体长时间与靶细胞接触，都可引起靶细胞受体数目的降低下调（down regulation）。

2. 结合的高亲和性　受体与配体结合的亲和力高低，是以其解离常数 K_d 表示，一般在 $10^{-11} \sim 10^{-9}$ mol/L 之间。因此，尽管机体内配体的浓度很低，但仍然能够识别相应的受体并与其结合。

3. 结合的高度专一性　受体和配体的结合与酶和底物的结合很相似，都表现出高度的专一性。配体对受体的三维结构具有严格的选择性；反之，受体对配体也是如此，它们之间的选择是相互的。如胰岛素只会与胰岛素受体结合，而不会与胰高血糖素的受体结合；反之，胰高血糖素也只与胰高血糖素受体结合。当然，结合专一性是相对的，如肾上腺素有 5 种不同的受体（α_1、α_2、β_1、β_2 和 β_3），它可以与每一种受体结合，但每一种受体对肾上腺素的选择性是有差异的，从而产生的生物效应也不尽相同。具有结构和功能上区别的几种受体均能识别并结合同一配体，这些受体称为同工受体（isoreceptors）。专一性结合表现为高亲和性与低容量，而非专一性结合则表现为低亲和性与高容量，其剂量反应曲线呈非饱和性。

4. 结合的可逆性　由于激素、神经递质、细胞因子等配体分子的生理效应是可逆的，受体与配体的结合是通过非共价键（氢键、疏水作用、离子键等）的作用，故配体与受体的结合也是可逆的。配体与受体复合物不仅可以解离，而且解离得到的配体绝非其代谢产物，而应是配体原形本身。这一特性与酶和底物相互作用的结果不同，酶和底物相互作用后，释放出来的是底物被转化成的产物——代谢产物。

5. 结合可产生强大的生物学效应　配体与受体结合后，形成二元复合物，并进行信息传递，最终导致靶细胞产生特殊的生物学效应。10^{-9}mol/L 浓度的激素，能够导致靶细胞代谢物的浓度发生 10^6 倍的变化，由此可见，激素引发的生物学效应是巨大的。拮抗剂与激动剂的区别，在于它能够与激动剂竞争地结合受体，但拮抗剂结合受体后，并不能引发靶细胞产生生物学效应。

6. 体外重组受体的功能再现性　当分离纯化获得的受体蛋白及相关因子，在体外模拟天然靶细胞结构而进行受体系统的重组，同天然靶细胞受体–配体作用的结果一样，人工模拟的体外重组受体系统，也能表现出对配体分子的应答效应。

（四）受体的分类

根据受体在细胞中的位置，将其分为细胞表面受体（细胞膜受体，膜上受体）和细胞内受体两大类。不论是膜上受体，还是胞内受体，受体本身至少含有两个活性部位：一个是识别并结合配体的活性部位；另一个是负责产生应答反应的功能活性部位，这一部位只有在与配体结合形成二元复合物并变构后才能产生应答反应，由此启动一系列的生化反应，最终导致靶细胞产生生物效应。

1. 细胞膜受体　大多数配体信号分子是亲水性的生物大分子，如细胞因子，蛋白质多肽类激素、水溶性激素、前列腺素、亲水性神经递质等，由于不能通透靶细胞膜进入胞内，因此，这类配体信号分子的受体是定位于靶细胞膜上。

配体信号分子与靶细胞膜上受体识别结合后，使受体分子三维结构发生改变——变构，结果是通过受体偶联的相应效应器的活性发生变化，并由此启动一系列的生化反应，最终使靶细胞产生生物效应。

根据其作用模式的不同，细胞膜受体可以进一步分为两类：第一类为与 G 蛋白偶联的受体（G protein-linked receptors），这类受体作用模式是与 G 蛋白紧密偶联；第二类为酶偶联受体，酶偶联受体是指那些受体自身具有酶活性，或者自身没有酶活性，但与酶分子结合并将其激活的一类受体，主要是生长因子和细胞因子的受体。

2. 细胞内受体　大多数配体信号分子的受体是在靶细胞表面上，这是因为信号分子是亲水性的，不能通过细胞膜。但有一些配体信号分子可以直接穿过靶细胞膜的，与细胞质或细胞核受体相互作用，通过调控特定基因的转录，利用基因表达产物的表达上调或下调，由此启动一系列的生化反应，最终导致靶细胞产生生物效应。这种信号分子作用的例子，包括脂溶性的固醇类激素、甲状腺激素和维甲酸以及气体一氧化氮等。

甾体类激素调节许多与发育有关的生理过程，相对分子质量一般在 30 左右，又是疏水性的分子，可以靠简单扩散进入靶细胞内，然后与胞内受体结合后引起其构象变化，增加与 DNA 的亲和力，最终调节特定基因转录的活性，这是甾体类激素作用最基本的特点。但也少数脂溶性激素的受体位于细胞膜上（如孕酮在爪蟾体内的受体就位于其卵母细胞的细胞膜上）。甲状腺素也是一种疏水小分子，其作用机制与固醇类激素相同。上述这类受体最后都进入细胞核，而且作用位点都是在细胞核染色体上的 DNA 分子，所以这类受体又称为核受体。

从细胞信号传递的角度来看，这些疏水性配体信号分子比水溶性配体信号分子在靶细胞内（上）存留时间长，而且主要是通过调控基因表达来实现靶细胞生物效应，因此，常常引起长期的细胞效应，如生长发育的调节。而细胞表面受体的作用，往往是通过与胞外的配体结合后，使"胞内效应器"或"受体胞内功能结构域"活性改变而实现靶细胞生物效应，虽然有的也可调控基因表达而产生长期效应，但常常具有引起短暂而迅速的细胞生理反应特点。

二、膜受体——G 蛋白偶联受体的信号转导途径

"经典"细胞信号转导的基本内容，主要集中在激素及其受体、第二信使的产生及其作用，特别是环核苷酸和钙离子。正是由于这一领域的发展，特别是 G 蛋白的发现，才会有细胞"信号转导"（signal transduction）一词的使用。

（一）G 蛋白偶联受体

这类受体将配体的作用信号传到靶细胞内时，需要一种称作 G 蛋白的参与，才能使靶细胞中效应器激活。G 蛋白偶联受体（guanine nucleotide-binding protein coupled receptors, GPCRs）是中心疏水区域形成 7 次跨膜结构域的单链多肽，在靶细胞膜外域，GPCR 的 N 端区结构域是其配体结合的结构域；在靶细胞膜内侧，C 端区域与 G 蛋白的三聚体相结合。

G 蛋白偶联受体中最为重要的是激素受体，例如 β 和 α_1、α_2 型肾上腺素受体，胰高血糖素受体，促甲状腺素受体等。神经系统的 M_1 和 M_2 毒蕈型胆碱受体和脑啡肽受体等是第二大类 G 蛋白偶联受体。哺乳动物的视觉、嗅觉和味觉受体也是通过 G 蛋白偶联产生生理性反应。G 蛋白还参与许多哺乳类细胞，如免疫 B 细胞，T 细胞，血小板，肺、肾、肝细胞等其他许多生理反应的调节。

（二）G 蛋白

G 蛋白也称为鸟苷酸结合蛋白，它在靶细胞信号转导系统中的功能是作为一个中间介质，在受体和效应器之间传递信息，激活效应器。

G 蛋白是一种由 α、β 和 γ 亚基所组成的异源三聚体复合物。在非活性形式时，G 蛋白的 α 亚基与 GDP 结合而形成了异源三聚体；在活性形式时，G 蛋白的 α 亚基与 GTP 结合（或者说 α 亚基结合的 GDP 被 GTP 所替代）而解离成 β、γ 二聚体和 α 亚基 – GTP。当 G 蛋白偶联受体与配体结合后变构，结果使受体偶联的非活性形式 G 蛋白被激活成活性形式，α 亚基 – GTP 从 G 蛋白三聚体中解离出来，自由的 α 亚基 – GTP 继而激活了效应器，再由效应器产生第二信使或其他效应。G 蛋白的 α 亚基具有内在的 GTPase 活性，α 亚基所结合的 GTP 被水解成 GDP 后，α 亚基 – GDP 迅速与 β、γ 二聚体重新组建成三聚体，从而将 α 亚基激活效应器的作用灭活掉。

在哺乳动物中已经发现了 20 多种类型的 α 亚基和多种类型的 β、γ 亚基，它们可以形成上百种组合的三聚体，有些可以在特定细胞类型中共表达。α 亚基经常是下游效应器或分子的基本激活因子，发现的四类主要的 G 蛋白家族的 α 亚基与不同类型的效应分子作用，对细胞内第二信使产生不同的效应。β、γ 二聚体也可以介导下游反应。对 G 蛋白激活的精确反应，是由特定的 α、β、γ 亚基亚型和下游效应分子的特殊亚型同时来控制，如不同类型的腺苷酸环化酶，显示了对 G_s 和 G_i 调节的不同反应。

G 蛋白调节的下游效应器中，有的是质膜上的效应酶或离子通道，也有近膜和胞质中的效应酶，它们由 G 蛋白的 α 或 β、γ 亚基单独或两者共同调节。如表 18 – 1 所示，G 蛋白调节的质膜上的效应酶主要有腺苷酸环化酶、磷脂酶 C – β（PLC – β）和磷脂酶 A2（PLA2）、磷酸二酯酶等。G 蛋白调节质膜上的离子通道主要是钙离子通道和钾离子通道。

现已发现，在肾细胞中，$G_{\alpha i3}$存在于高尔基复合体中，因此，G蛋白的功能不仅仅局限于介导接受细胞表面刺激后的跨膜效应。

表 18-1 G蛋白 α 亚基家族、主要亚型及其效应器和被激活的第二信使

家族	主要亚型	效应分子功能	第二信使的反应
G_s	G_s	刺激腺苷酸环化酶和 Ca^{2+} 通道	cAMP 增加，Ca^{2+} 通道开放
	G_{alf}	刺激腺苷酸环化酶	cAMP 增加
G_i	G_{i1}，G_{i2}，G_{i3}，G_0	抑制腺苷酸环化酶	cAMP 减少
		刺激 K^+ 通道	膜电位改变
		抑制 Ca^{2+} 通道	Ca^{2+} 通道关闭
	G_{i1}，G_{i2}	刺激 cGMP-PDE	cGMP 减少
	G_{gust}，G_z	不清楚	不清楚
G_q	G_q，G_{11}	激活磷脂酶 C-β	IP_3 增加
	G_{14}，G_{15}，G_{16}		DAG 增加
G_{12}	G_{12}	刺激或抑制 Na^+-H^+ 交换	pH 改变
	G_{13}		

（三）G蛋白激活腺苷酸环化酶

很多肽类、蛋白质与儿茶酚胺类激素，如促肾上腺皮质激素，胰高血糖素，肾上腺素（β_1、β_2、β_3），促黑素，甲状旁腺素，前列腺素 E_1、E_2，以及多巴胺、组胺、嗅觉和味觉信号配体信号分子等，与受体结合后，使得靶细胞内腺苷酸环化酶被激活，活化的环化酶催化 ATP 生成 cAMP，后者作为第二信使，引发产生多种生物学效应（图18-2）。

图 18-2 G蛋白偶联腺苷酸环化酶生成第二信使的作用模式

此类受体模式的初步信号传导系统由三部分组成：跨膜的受体（R）、膜内侧游离的 G 蛋白和腺苷酸环化酶（C），后两者分别在膜内侧上流动。当配体与受体膜外侧结构域结合变构后，受体的膜内侧结构域征集并激活了 G 蛋白，通过 G 蛋白解离下来的 GTP-α 亚基，调控膜内侧上腺苷酸环化酶的活性，从而使靶细胞内 cAMP 的浓度发生改变，进而启动一系列的生化反应，最终导致靶细胞产生生物效应。

　　腺苷酸环化酶的活性受 G 蛋白游离的 α 亚基调控，而 G 蛋白有激活型（G 蛋白家族的一种，称 G_s）和抑制型（G 蛋白家族的一种，称 G_i）两类。G_s 与 G_i 中的 β 和 γ 亚基结构相同，α 亚基有激活型（$α_s$）与抑制型（$α_i$）两种类型，从而由 α 亚基类型决定了 G 蛋白是 G_s 类型还是 G_i 类型，而 β、γ 型亚基与 α 亚基结合，抑制 α 亚基的活性。当激素（H）或配体与受体（R_s 激活型或 R_i 抑制型）结合后，激活了 G_s 或 G_i 的活性。前者解离出来 $α_s$ 亚基能够激活腺苷酸环化酶，从而增加 cAMP 的浓度；后者解离出来 $α_i$ 亚基抑制腺苷酸环化酶活性，降低 cAMP 的浓度。从 G_i 释放出的 β、γ 亚基也能够与 $α_s$ 亚基结合，从而抑制腺苷酸环化酶活性（图 18-3）。

图 18-3　G 蛋白调控腺苷酸环化酶活性的作用模式

　　cAMP 的生物学作用主要是通过依赖于 cAMP 蛋白激酶（也称蛋白激酶 A，protein kinase A，PKA）来实现。PKA 是由两种亚基组成的四聚体。一种是催化亚基，具有催化蛋白质磷酸化作用；另一种是调节亚基，是催化亚基的抑制剂。当调节亚基与催化亚基结合时，催化亚基的酶活性呈抑制状态。cAMP 存在时，与调节亚基结合，而使调节亚基变构并与催化亚基脱离分开，从而由游离的催化亚基发挥作用使蛋白激酶活化（图 18-4、图 18-2）。

图 18-4　cAMP 激活蛋白激酶过程
C：催化亚基　　R：调节亚基

　　依赖于 cAMP 蛋白激酶的作用有下列几方面：

　　（1）使下游酶分子磷酸化而调控其活性　酶蛋白经 PKA 磷酸化后，该酶的活性可受到激活或抑制调控。如糖原磷酸化酶 b 未磷酸化时没有活性，当 PKA 通过 cAMP 被激活后，利用 ATP 将糖原磷酸化酶 b 激酶磷酸化，激活的糖原磷酸化酶 b 激酶将糖原磷酸化酶 b 磷酸化形成具有活性的糖原磷酸化酶 a，从而促使糖原分解。而糖原合酶活性，则可通过 PKA

磷酸化而受到抑制，从而抑制糖原合成。

（2）使下游其他功能蛋白磷酸化而调控其活性 已发现许多蛋白质，可以通过 PKA 的磷酸化而改变其生物活性。如抗利尿激素可以通过 cAMP 激活肾小管管腔表面细胞膜上蛋白激酶，促进某种膜蛋白质磷酸化，使细胞膜通透性改变，从而加速水分顺渗透压差而重吸收。

（3）参与特定基因的转录调控 PKA 可以使某些蛋白质磷酸化，从而促进活化的转录因子的形成，进而调控特定基因的转录效率，引发特异的细胞效应。

（四）G 蛋白激活磷脂酶 C－β

有相当多的激素和生长因子，如血管紧张肽 II、乙酰胆碱、肾上腺素、促胃液素释放肽、促性腺激素释放激素、升压素——抗利尿激素、组胺等，是通过并应用磷脂酰肌醇代谢所产生的二酰甘油（diacylglycerol，DAG）和肌醇三磷酸（inositol triphosphate，IP_3）作为第二信使进行信号传导。当配体与膜受体结合变构后，受体的膜内侧结构域征集并激活了 G 蛋白（G 蛋白家族的 G_p），通过 G 蛋白解离下来的 GTPα 亚基，与膜结合的磷脂酶 C－β（phospholipase C－β，PLC－β）结合而使其活化，PLC－β 进而将细胞膜上的磷脂酰肌醇－4,5－二磷酸（phosphatidylinositol－4,5－diphosphate，PIP_2）分解成肌醇三磷酸和二酰甘油。

$$H_2COCOR$$
$$RCOO—CH$$
$$CH_2$$

HO —— 磷脂酶 C —— H_2COCOR ＋ HO

PIP₂ → RCOO—CH ＋

CH₂OH

PIP₂   DAG   IP₃

IP_3 可促使内质网腔内的 Ca^{2+} 释放到胞质。胞内 Ca^{2+} 池－内质网是细胞储存 Ca^{2+} 的重要场所，内质网腔内 Ca^{2+} 浓度比胞质的高得多。当靶细胞被配体激活，并通过磷脂酶 C－β 水解磷脂酰肌醇－4,5－二磷酸生成 IP_3 和 GAD 时，IP_3 可开放内质网膜上的钙离子通道，使腔内的 Ca^{2+} 流出到胞质，并由 Ca^{2+} 作为信息传导者进一步激动细胞的信号传导。内质网上的 Ca^{2+}－ATPase 可将胞质 Ca^{2+} 转运回内质网腔中，由此实现 Ca^{2+} 在内质网－胞质－内质网的循环过程。

蛋白激酶 C（protein kinase C，PKC）受到 Ca^{2+} 调控时，必须与 DAG 和磷脂酰丝氨酸（phosphatidylserine，PS）一起协同作用。PKC 是由 672 个氨基酸残基组成的一条肽链蛋白激酶，其活性中心紧靠 C 端区，中间部分是钙离子的结合区域，非活性的 PKC 可与 1 分子的 DAG、1 个钙离子和 4 分子磷脂（主要是磷脂酰丝氨酸）结合，这种结合导致 PKC 的三维结构发生变化，进而暴露出活性中心。被激活的 PKC 离开细胞膜，重新溶解在细胞质中，并与其一系列底物接触，催化特定蛋白质分子或酶分子中特异位置的 Ser 或 Thr 残基发生磷酸化修饰，磷酸化修饰的蛋白质或酶分子的活性随之发生变化，进而激动细胞的信号传导。IP_3 和 DAG 可通过其他酶的水解而消失，因此，受体与配体结合之后，启动磷脂酰肌醇级联反应，使靶细胞内 Ca^{2+} 浓度和 DAG 增加。

三、膜受体——酶偶联受体的信号转导途径

前面介绍的细胞信号转导途径，其主要的共同特点是外界刺激信号或激素、神经递质等配体，通过接受刺激→跨膜→产生第二信使→蛋白质可逆磷酸化模式传递信息，调节细胞反应。下面介绍的是非经典跨质膜的细胞内信号传递途径，它们的共同特点是受体单独可以完成跨膜信号传递，胞内信号传递不产生经典意义上的第二信使，受体胞内域具有磷酸化等酶活性或具有募集细胞质膜蛋白能力，因此引起的以级联磷酸化反应为主的跨质膜信号转导，最终调节基因表达和细胞反应。

（一）受体酪氨酸蛋白激酶

此类受体中较重要的是动物细胞许多生长因子的受体，如 PDGF（血小板衍生生长因子）、EGF（表皮生长因子）、胰岛素等的受体。这类本身具有酪氨酸蛋白激酶的活性，整个受体分子分为 3 个结构区：细胞膜外域与配体的结合区，细胞内侧具有酪氨酸蛋白激酶活性的结构区和连接此两部分的跨膜结构区。在没有配体的情况下，受体是单体且胞内侧没有激酶活性。尽管不是所有受体激活机制都被阐明，但激活可能是由于受体多聚化引起的，多聚化刺激了酪氨酸蛋白激酶活性和自身磷酸化作用（autotransphosphorylation）（一个受体单体被另一个磷酸化）。很多受体在二聚体时，胞内侧酪氨酸蛋白激酶是具有活性的。受体的二聚体化是由配体分子结合所引起的，因为配体分子本身就是二聚体，所以可以同时结合两个受体（如 PDGF）。胰岛素受体家族在这方面正好相反，它们的受体始终是二聚体，两个亚基通过二硫键结合在一起，在这种情况下，配体分子结合受体后，可能是诱导了有利于酪氨酸蛋白激酶结构域被激活的构象方向改变。

一旦受体被激活，酪氨酸蛋白激酶信号可以由两种途径启动转导：①磷酸化下游靶分子；②重建包含特异性识别磷酸化残基的蛋白质的信号转导复合物。其他蛋白质的几个结构域与磷酸化酪氨酸残基特异性作用。胰岛素受体家族与其他受体酪氨酸蛋白激酶系统的另外不同是，它的下游反应是通过小蛋白质 – 胰岛素受体底物 – 1（IRS – 1），被胰岛素受体酪氨酸蛋白激酶磷酸化来介导。

细胞内主要有两种类型的酪氨酸蛋白激酶（protein tyrosine kinase，PTK）：一是受体酪氨酸蛋白激酶（receptor tyrosine kinase，RTK），受体与配体结合后，激活了受体胞内侧酪氨酸蛋白激酶；二是非受体酪氨酸蛋白激酶。此类 PTK 有 30 余种成员，分为 11 个家族，如 Src 激酶家族、Janus 激酶家族、Tec 激酶家族等。这类 PTK，主要介导多种生长因子受体、细胞因子受体、淋巴细胞抗原受体、黏附分子整合素等的信号传导。

PTK 可经过几种途径起始调控靶细胞生物学效应。其中，通过含有一种或多种具有接头作用信号域（与 RTK 偶联的结构域）的蛋白质分子，作为 RTK 下游激活的底物，使其分子中酪氨酸残基磷酸化而被激活。RTK 底物蛋白质分子可以具有酶活性，也可以不具有酶活性。如底物蛋白质分子具有酶活性的酪氨酸蛋白磷酸酶、磷脂酶 C – γ、IP$_3$ 激酶等等。酪氨酸蛋白磷酸酶使肽链的酪氨酸残基上的磷酸基水解下来；磷脂酶 C – γ 与磷脂酶 C – β 为同工酶，水解磷脂酰肌醇 – 4,5 – 二磷酸生成 DAG 和 IP$_3$；IP$_3$ 激酶在 ATP 参与下，催化 IP$_3$ 分子中第三位羟基磷酸化生成 IP$_4$，IP$_4$ 也具有第二信使的功能，可提高胞质 Ca^{2+} 浓度。此外，RTK 还可以通过激活下游的 Ras GTP 酶激活蛋白、JAK – STAT 通路、G 蛋白偶联受体等，调控细胞内的信号转导途经。

（二）受体丝氨酸/苏氨酸蛋白激酶

涉及受体丝氨酸/苏氨酸蛋白激酶的信号转导，需要受体的多聚体化。有的配体分子首先与持续激活的Ⅱ型受体结合，结合变构后征集了Ⅰ型受体，对其丝氨酸残基进行磷酸化而被激活，它本身再磷酸化下游的靶分子；有的配体分子可直接与Ⅰ型受体结合而使其激活。丝氨酸/苏氨酸蛋白激酶与酪氨酸蛋白激酶的差别在于：后者只能将 ATP 分子的 γ - 磷酸基转移到其靶蛋白或靶酶分子的特定位置酪氨酸残基上——酪氨酸残基磷酸化；而前者只能将 ATP 分子的 γ - 磷酸基转移到其靶蛋白或靶酶分子的特定位置丝氨酸/苏氨酸残基上——丝氨酸/苏氨酸残基磷酸化。目前已发现了一种双功能蛋白激酶，不仅能将 ATP 分子的 γ - 磷酸基转移到靶蛋白或靶酶分子的酪氨酸残基上，而且能转移到靶蛋白或靶酶分子的丝氨酸/苏氨酸残基上，也就是能够使靶蛋白或靶酶分子的酪氨酸残基和丝氨酸/苏氨酸残基磷酸化。

丝氨酸/苏氨酸蛋白激酶（protein serine/threonine kinase，S/T-PK）催化其底物蛋白分子的丝氨酸蛋白或苏氨酸残基磷酸化而调控其活性。细胞内 S/T-PK 主要包括：受体丝氨酸/苏氨酸蛋白激酶系统的 S/T-PK，依赖于 cAMP 的蛋白激酶 A（PKA），依赖于 Ca^{2+} - DAG - 磷脂酰丝氨酸的蛋白激酶 C（PKC），依赖于 cGMP 的蛋白激酶 G（PKG），依赖于 CaM - Ca^{2+} 的蛋白激酶，依赖于 DNA 的蛋白激酶，MAPK，MOS/Raf 蛋白激酶等。

PKA、PKG、PKC 和依赖于 CaM - Ca^{2+} 的蛋白激酶的一些下游被激活的蛋白质或酶分子，已在前面做过介绍。此外，PKA 通过磷酸化 Ca^{2+} 通道，使其变构而调控细胞内的 Ca^{2+} 浓度。依赖于 CaM - Ca^{2+} 的蛋白激酶也是 PKA 的下游底物；PKC 调控如 Ras GTP 酶激活蛋白、Raf 蛋白激酶、膜离子通道、转录因子、翻译因子等生物活性；依赖于 DNA 的蛋白激酶，通过磷酸化许多核受体、转录因子、DNA 拓扑酶、RNA 聚合酶Ⅱ等，调控细胞内的信号转导途经，MAPK（有丝分裂原激活蛋白激酶）、MOS/Raf 蛋白激酶、Ras GTP 酶激活蛋白等的作用。

（三）其他蛋白激酶

除了酪氨酸蛋白激酶和丝氨酸/苏氨酸蛋白激酶外，细胞内还存在半胱氨酸蛋白激酶，磷酸化位点是半胱氨酸残基的巯基；天冬氨酸/谷氨酸蛋白激酶，磷酸化位点是天冬氨酸残基或谷氨酸残基的酰基；组氨酸/赖氨酸/精氨酸蛋白激酶，磷酸化位点分别是组氨酸残基的咪唑基或赖氨酸残基的 ε - 氨基或精氨酸残基的胍基。

四、细胞内受体的细胞信号转导途径作用机制

细胞内受体包括肾上腺素皮质激素、性腺激素和甲状腺激素等，这些配体都为脂溶性激素，非常容易通过细胞膜，而与细胞内的受体结合。激素与受体结合的二元复合物直接或间接作用于染色体上的 DNA 分子，调节靶细胞特定 DNA（基因）转录，至此转录产物翻译的结果就同真核细胞基因表达调控系统联系在一起。

依据细胞内受体存在位置可分两类：胞质受体和核内受体。前者是配体（激素）进入靶细胞后，与胞质的特异性受体结合形成配体-受体二元复合物，这种二元复合物结构发生改变，从而容易通过核膜孔进入细胞膜。不论是胞质受体，还是核内受体，当配体（激素）与之结合并变构后，最终结果是配体-受体二元复合物引起染色体 DNA 特定区域转录活性的改变。

配体（激素）–受体二元复合物在核内与染色体相结合是无疑的，但是它是与染色体上的蛋白质（组蛋白或非组蛋白）专一识别结合？还是直接与特定 DNA 序列结合？配体（激素）–受体二元复合物识别并结合到特定的 DNA 序列，从而诱导基因转录活性，即受体本身就是一种转录调控因子。被激素活化的受体结合的 DNA 序列即激素调节元件（hormone regulatory elements，HRE），它介导配体–受体二元复合物在靶细胞内对基因的调节作用。这些识别–调节序列（HRE）就在激素调节靶基因序列的两侧，HRE 具有增强子的作用。

从 cDNA 已推出多种甾体类激素受体的氨基酸顺序，尽管它们的氨基酸残基总数由 400 多到 900 个左右不等，但都具有一个高度保守的富含半胱氨酸残基的区域，它由 70~80 个氨基酸残基组成两个"锌指结构"（zinc finger）的重复单位。几种甾体受体的共同特点是有 4 个主要功能区域。

（1）DNA 结合区　它是与靶基因中激素反应元件结合的区域，富含 Cys，每两个 Cys 配合一个 Zn^{2+} 形成锌指结构。该区域位于受体分子中部，由 66~68 个氨基酸残基组成，富含碱性氨基酸，以便于与带负电荷的 DNA 结合，此区保守性最强。

（2）核定位序列（nuclear localization sequence，NLS）区　它由 8 个氨基酸（RKTKK-KIK）组成，可决定甾体类激素受体进入细胞核，此功能区存在于 DNA 结合区中。

（3）激素结合区　位于 C 端，由 250 个氨基酸残基组成。它是与甾体类激素结合且将受体活化，并能进一步促进与 DNA 结合的关键结构，也就是依赖激素诱导的转录激活区。

（4）受体调节区　受体分子 N 端具有一个非激素依赖的组成性转录激活结构，可决定启动子专一性和细胞专一性。

在非活性受体上的 DNA 结合区及激素结合区结合着一种抑制蛋白（称热激蛋白或热休克蛋白），它妨碍了受体与 DNA 的结合。激素与其受体的结合，改变了受体三维结构，使抑制蛋白解离下来，从而使受体 DNA 结合区暴露而活化。

细胞内受体也可发生磷酸化。当激素与其受体结合变构，与特定的 DNA 结合之后，进行磷酸化并参与转录启动复合体的激活，cAMP 和 Ca^{2+}、CaM 依赖的蛋白激酶和酪氨酸蛋白激酶参与这种激活过程。此外，有些胞质受体与相应激素结合后，激活胞质一种激酶，并通过 MAP 激酶配体信号转导系统而产生特定生理效应。

配体（激素）受体调节基因的活化，常常是分两步进行的。以少数基因转录活性的直接调控作用称为初级反应；由这些基因产物继而调控其他基因，称为延缓性次级反应，它对初始激素效应起到了扩增的作用。除一部分初级反应产物产生次级反应外，另外部分初级反应产物进行反馈调控，阻遏初级反应基因进一步转录。

五、配体信号在胞内的整合

靶细胞对配体信号的响应，不仅仅依赖于配体本身（反映了不同配体成分的有效性）和反应细胞的状态，而且也依赖于配体的耐受性，这反映了靶细胞被激活后，关闭配体信号所需的时间。配体信号转导途径的每种转导信号强度的减弱是关键，这样配体信号才不会饱和。因此，针对配体信号转导途径的每一个活性成分，都有一个抑制因子。抑制因子可以以下列三种方式起作用。

（1）当配体信号转导途径被激活，其中的一个激活成分经常是相同途径的抑制因子，而且抑制因子比激活因子作用晚一些，这样配体信号不会在信息转移之前被关闭。

（2）最初配体信号的发起，依赖于途径中激活因子和抑制因子之间的平衡。

（3）有些配体信号的目的，是通过激活特定的抑制因子，抑制其他信号的转导。

靶细胞可以被认为是一个信息加工整合的中心，它表面的外界信息被转换成有相反活性的不同分子的合成和激活，如激酶和磷酸酶。配体信号途径被交互和反馈环路的复杂系统所控制，这种系统依赖于靶细胞内不同方面约束或作用之间的平衡。新的外界信息转导后，打破了原有细胞维持的平衡，引起特定的激酶瞬时的活性，比相反的磷酸酶活性更强；或引起特定的磷酸酶瞬时的活性，比相反的激酶活性更强。这样，在配体信号通过反馈和新的平衡建立而关闭前，使激酶或磷酸酶活性爆发，在特定的转录因子或酶的激活时活性达到最高值，从而相反的激酶活性更强，使靶细胞产生特定的生物学效应。当靶细胞不再接受配体信号的刺激时，靶细胞又会恢复到它原始环境下的、平衡的生理状态。

第三节　信号转导途径的相互关系

扫码"学一学"

前面讨论的信号转导途径只是目前研究较为清楚、最主要的几种，但远不是细胞中仅有的信号传递方式。更重要的是，不能简单地认为细胞信号传递仅仅是一种刺激，通过一种信号传递途径产生一种细胞反应。在生物体及细胞内，多样的、复杂的信号传递途径之间通过复杂的相互作用形成了信号网络，外界的刺激通过这种信号网络的作用，能专一性地调节特定基因表达及产生某种细胞反应。

一、细胞信号转导途径的多样性

细胞信号转导途径涉及生长、分化、凋亡、细胞周期等多个不同的过程。除了激素和生长因子作为配体和受体结合激活信号转导通路之外，细胞信号转导途径还包括黏附分子等介导的信号转导过程等。

（一）蛋白质的共价修饰

蛋白质共价修饰包括磷酸化、乙酰化、甲基化、泛素化、生物素化、Sumo 化等不同类型，蛋白质共价修饰与癌症的发生、发展有着密切关系，这一领域的重要研究目的是尝试了解导致癌症等疾病的细胞转化机制，从而找到有效的治疗方法。

蛋白质的磷酸化修饰是信号转导途径中的重要过程，因而催化蛋白质发生磷酸化的激酶也成为大多数细胞信号转导途径的关键调节分子，与许多疾病相关，或者是疾病的起因，或者成为疾病治疗、干预的靶点。目前研究发现，180 种以上的激酶和疾病相关。一些激酶抑制剂已经被批准用于癌症的治疗，还有不少正在被开发。例如伊马替尼（Imatinib）是受体酪氨酸激酶 Abl1 的抑制剂，临床用于慢性粒细胞白血病和胃肠道间质瘤的治疗。

（二）丝裂原激活的蛋白激酶级联系统

丝裂原激活蛋白激酶（mitogen-activated protein kinase, MAPK, Erk）是一组能被不同配体信号分子，如细胞因子、生长因子、神经递质、激素等激活的丝氨酸/苏氨酸蛋白激酶。由于 MAPK 是在培养细胞的外源有丝分裂原刺激时被激活而发现的，故因此而得名。MAPK 信号转导通路，基本是一个保守的三级激酶级联放大系统模式，首先被激活的 MAPK 的激酶的激酶（mitogen-activated protein kinase kinase kinase, MAPKKK；有丝分裂原激活蛋白激酶的激酶的激酶）激活了 MAPK 的激酶（MAPKK, Raf），MAPKK 又随之激活了 MAPK，形成了一个三级激酶依次激活的通路，激活的 MAPK 启动一系列的生化反应，最终导致靶细胞产生生物学效应。

受体酪氨酸激酶（RTK）、整合素和离子通道等参与生长和分化的受体能够激活 MAPK 信号转导途径，基本转导结构是接头分子如 Shc 等将鸟苷酸交换因子和受体连接在一起，然后把信号向小 G 蛋白传递，激活核心级联反应。G 蛋白偶联受体也可以激活小 G 蛋白/MAPK 级联反应。p38MAPK 和压力激活蛋白激酶（stress-activated protein kinase, SAPK, 或称 Jun 氨基端激酶, Jun amino terminal kinase, JNK）是 MAPK 的家族成员，它们被环境压力和炎症细胞因子等激活，转移到细胞膜内调节转录。

（三）凋亡信号转导途径

细胞凋亡是一种受调节的细胞自杀机制，通常表现为细胞核的浓缩、起皱、膜发泡及 DNA 的片段化。凋亡后期的共同途径是天冬氨酸蛋白酶 Caspase 级联反应激活，由 Caspase - 3、Caspase - 6、Caspase - 9 等对细胞内蛋白质特定的天冬氨酸进行切割，实现细胞凋亡。细胞生存需要积极地抑制凋亡发生，一方面需要抑制促凋亡分子的表达，另外一个方面需要表达一些抗凋亡的基因。

1. 死亡受体信号转导途径　死亡受体包括 Fas、TNFR、DR3、DR4、DR5，当配体与这些受体结合后，这些蛋白质被激活并起始凋亡。死亡配体通过使受体多聚化后引起相关接头蛋白的结合并且激活 Caspase 级联反应。

2. 线粒体参与的细胞凋亡途径　Bcl - 2 家族通过控制线粒体细胞色素 c 的释放来控制凋亡。抗凋亡蛋白 Bcl - 2 定位于线粒体外膜，抑制细胞色素 c 的释放。促凋亡的 Bad、Bid 和 Bim 收到凋亡信号后，转移到线粒体中，促进细胞色素 c 的释放。细胞色素 c 从线粒体释放后与 Aapf - 1 结合，激活 Caspase 级联反应，促进凋亡。

（四）自噬信号转导途径

自噬是一种代谢过程，在自噬体和溶酶体中消化和降解大部分细胞质组分。通常自噬现象是在营养缺乏的时候发生，但也和发育、分化、神经退行性疾病、感染及癌症等有关。mTOR 激酶是自噬过程中的关键分子，可激活 mTOR 通路，抑制自噬，沉默的 mTOR 通路促进自噬。凋亡和自噬之间存在广泛的信号"交谈"，当营养缺乏的时候自噬具有促进细胞生存的功能，过多的自噬也会导致细胞死亡，这是在形态上和凋亡不同的过程。

（五）翻译调控

新蛋白质的合成是一个受到严密调控的过程，通过这一过程细胞在没有转录的情况下快速地应对各种刺激。真核生物翻译起始因子 eIF 催化翻译的起始过程。大多数的刺激如生长因子和压力等，通过促进或者抑制 eIF 来调节翻译过程。细胞内钙离子和 cAMP 水平升高可以减弱翻译，这是通过抑制 eIF - 2 来实现的。

（六）细胞周期调控

细胞周期调控的重要节点主要有 G_1/S 节点和 G_2/M DNA 损伤节点。G_1/S 节点控制真核细胞是否从 G_1 期通过并且进入 DNA 合成期 S 期。两种周期激酶 CDK4/6 - 周期蛋白 D 和 CDK2 - 周期蛋白 E 相互协作，磷酸化 Rb 蛋白，与之结合的抑制因子脱离，允许关键的 S 期促进基因转录，包括一些 DNA 复制所需蛋白质。

二、细胞信号转导途径间的相互作用

细胞信号转导途径之间不是孤立的,而是存在着复杂的相互作用。一种细胞外信号常常可同时引起多条信号转导途径的活化或抑制,这些信号途径相互作用,甚至形成一个复杂的信号转导网络,特别是细胞处于多种信号分子共同作用时,细胞信号网络的存在就成为更普遍的现象。通过这个网络对不同信号途径进行整合,最后引发特定的细胞反应。

(一)细胞信号转导途径之间的"交谈"

不同信号转导途径间的相互作用往往称为"交谈(cross talk)",很多时候"交谈"表现为部分信号转导链的共享。经典第二信使途径,如 cAMP 与 Ca^{2+} 信号途径之间,cAMP 与磷脂酰肌醇信号途径间,Ca^{2+} 与磷脂酰肌醇信号途径间都存在交谈。酶受体介导的下游信号途径之间也存在"交谈",如 Jak – STAT、Ras 与 Smads 之间,GPCR 与 RTK 途径之间,RPTK 与整合素之间。此外,脂溶性与水溶性信号转导途径间也存在"交谈"现象。图 18 – 5 显示了 GPCR 与 RTK 途径之间的"交谈"。

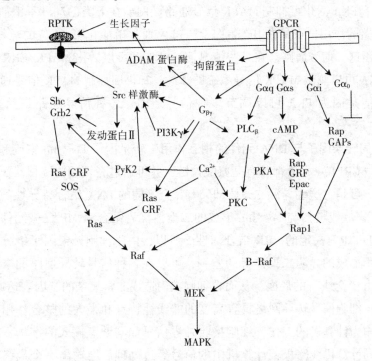

图 18 – 5　GPCR 与 RTK 信号途径间的"交谈"

(二)细胞信号转导网络的形成

多条细胞信号转导途径相互作用,形成了一个复杂的细胞信号转导网络,如不同的 MAPK 级联反应构成的信号转导网络,这一网络对来自多条途径的信号进行整合,最后引发特定的细胞反应,一般是涉及一组基因的转录。多数情况下,组成特定信号转导通路的成员的基因,多是一些多基因家族的成员。

细胞信号网络的形成涉及以下三个层次。

1. 通过不同的膜受体间的相互作用　细胞膜上存在多种类型的受体,不仅同种受体间存在相互作用,异种受体间也存在相互作用,从而使多种信号途径之间在信号转导的始端就开始"交谈"。

受体酪氨酸残基激酶和本身无激酶活性的细胞因子受体超家族是两种不同的受体，激素、生长因子、细胞因子是它们的配体，这些配体分子与其受体结合后，可使受体分子同源或异源寡聚化，寡聚化的受体分子间可通过彼此磷酸化调节受体的活性，使信号得以向下传递。

GPR 家族有许多成员，同源性相近的受体分子间可相互作用，如阿片受体 δ 与 κ 亚基间可形成二聚体，而同源性较远的 GPCR 间也可形成寡聚体，如多巴胺 D_2 受体与生长激素抑制素受体 SST5 可形成异源二聚体。

2. 通过不同的信号转导蛋白质间的相互作用　信号转导中的许多蛋白激酶可以磷酸化不同信号转导途径的成员，这使得单一信号引起的刺激在转导过程中呈现多样化，也就是同一信号可以产生多种不同的下游反应。Ras – MAPK 与 Jak – STAT 途径的"交谈"就多赖于此。例如干扰素的信号一般是通过 Jak/STAT 信号途径转导，但这一途径还可以通过磷酸化胞外 ERK（一种 MAPK），使干扰素信号通过 MAPK 途径来转导。而通过 MAPK 途径转导的胰岛素信号，则可以将 Jak – 1 磷酸化而活化 Jak/STAT 途径。

很多情况下 PKA 活化可抑制 MAPK 信号通路。例如在人类的动脉平滑肌细胞中，PKA 抑制 MAPK 通路的作用位点是在 Raf 蛋白上，PKA 通过磷酸化第 43 位的丝氨酸残基使 Raf 失活，从而阻断这一信号通路。在某些情况下，PKA 还可以活化 MAPK/ERK 途径，但有趣的是，尽管 PKA 可以刺激 MAPK 信号系统的活性，却仍旧抑制 MAPK 信号通路对细胞增殖的刺激，这可能是因为 PKA 可以调节多种信号通路，各种信号通路最后整合而得到的结果。

3. 通过不同转录因子与 DNA 元件的相互作用　转录因子 Fos/Jun 家族和与 cAMP 反应元件结合蛋白（CREB）家族都具有亮氨酸拉链，并可通过亮氨酸拉链相互作用，形成混合的异源二聚体。可是，这些异源二聚体却又有完全不同的 DNA 结合特异性。比如活性转录因子 4（CREB 家族成员）与 Fos/Jun 形成的二聚体优先结合 cAMP 反应元件，这也可以解释为什么 Fos/Jun 也有一定的 CRE 结合活性。所以，由于细胞转录因子组分的数量、比例和它们相互作用形成的异源二聚体等的差别，可以在各种信号转导通路的末端，即基因转录水平形成自由"交谈"的局面，从而在细胞核内造成非常复杂的基因表达调控格局。

总的来说，细胞信号转导网络具有高度的非线性特点和强大的整合作用。有人将细胞的信号转导比喻为计算机的工作，细胞接收外界信号如同键盘输入的字母，细胞内各种信号转导途径如同计算机线路板，计算机中的信号经过处理后会输出一个最终的结果，显示在荧光屏上，而细胞中的信号经分析整合后输出结果则是一个特定的反应，如基因转录。但是最复杂的计算机恐怕也无法和最简单的细胞相比，计算机作为一种纯粹的机械电子装置，简单的操作失误或线路故障都会引起整个系统的瘫痪，而细胞信号转导网络则具有一定的自我修复和补偿能力。但是，关于细胞信号转导网络的运行机制，目前的了解还很少。

三、细胞信号转导通路网络专一性的分子基础

信号转导网络的一些特性是非常令人迷惑的。例如在酿酒酵母中，发现了多条 MAPK 信号通路，分别参与调节酵母的生殖、纤维化、渗透压反应、壁重建和孢子形成等生物学过程。在这些通路中，有的信号转导蛋白是各通路专有的，有的却是通用的。那么，每一条通路如何在这样一个复杂的网络中保持其信号转导途径的特殊性呢？或者说如何保证某

一条信号转导通路的专一性呢？现已初步了解，细胞确实能够通过一些机制，把不同的信号转导蛋白组织起来，使它们相互作用乃至结合以形成一个专一的信号转导链，或者更为精确一些，称为信号转导模块，以应答不同的细胞外刺激，最终通过对转录因子的专一性激活，以促进特定基因的转录。

（一）细胞质信号转导的专一性

细胞质信号转导网络中的专一性，主要依赖于信号转导蛋白之间的相互作用乃至结合例如信号转导复合体的形成就是一个明显的例子。这些信号蛋白之间的相互作用和结合，主要依赖于它们的调节性结合结构域，如 SH2、SH3、PTB 等，特定的接合蛋白、锚定蛋白、脚手架蛋白等在这一过程中起着重要作用。静息状态下，构成细胞信号转导途径的各组分分散于胞质的不同部位，在外来刺激的作用下，这些信号蛋白会重新定位，通过信号转导复合体等形式有序地组织起来，形成多个特定的信号模块，这些模块可以在某些特定节点交叉，并由此最终形成一条独立于其他信号转导通路的、专一性的细胞信号转导途径。

1. 调节信号转导蛋白相互作用的结构域　细胞信号转导的主要途径之一是通过第二信使依赖的可逆蛋白质磷酸化进行的，具有酶活性的信号转导蛋白以部分氨基酸残基磷酸化的形式向下传递信号，而这些信号蛋白不仅具有催化位点，更重要的是还有结合位点，并且这些结合位点是可以调节的。结合位点具有识别特异性，分别与上游信号蛋白和下游底物分子结合，形成复合体，定位在细胞特定区域，从而决定了细胞信号转导途径的空间专一性，我们称之为调节信号转导蛋白相互作用的结构域。这些结构域包括 SH2、SH3、PH、PTP、PDZ、WW 等。SH2 是最先明确的调节细胞信号转导蛋白相互作用的结构域，由约 100 个氨基酸残基组成，可以特异性识别含有磷酸化酪氨酸残基的短序列。RTK 胞内域也含有相应序列，可以被 RTK 靶蛋白上 SH2 特异性识别，进而起到调节作用。

2. 连接蛋白与锚定蛋白　信号转导蛋白的上述保守结构域不仅存在于具有酶活性的信号转导蛋白中，也存在于没有酶活性的信号蛋白中。连接蛋白（adaptors）就是信号转导通路组分之间起连接或接头作用的蛋白质。受体酪氨酸蛋白激酶信号转导途径基本上是由含 SH2 区的接头蛋白所介导的，不同的 SH2 蛋白结合在受体酪氨酸蛋白激酶的特定区域。一般来说，受体酪氨酸蛋白激酶自身磷酸化后，可以启动四条常见的信号通路，它们分别是 PI3K、PLC－γ、Ras 和 JNK/STAT 途径。PI3K 途径中，连接蛋白是 IRS1；PLC－γ 途径中，PLC－γ 本身带有三个 PH 区，一个 SH2 区和一个 SH3 区，通过 PH 区与 PI$_3$ 结合，使 PLC－γ 结合到质膜上，并进一步通过 SH2 区域磷酸化的受体酪氨酸蛋白激酶结合；Ras 途径中连接蛋白是 Grb2。

细胞的区域化是细胞的重要特性之一，信号转导分子的分布也有其区域分布的特应性。细胞信号转导的重要组分蛋白激酶和蛋白磷酸酶通过一些锚定成分定位在细胞的一定区域，如细胞质膜、核膜、高尔基体膜或细胞骨架等，这对于信号转导的专一性具有重要意义。通常锚定蛋白 N 端具有 PH 域、豆蔻酰化位点、PTB 域等，锚定的激酶和磷酸酶有利于与底物的接近，从而提高底物磷酸化的效率和专一性。有的锚定蛋白可以同时与多个信号转导分子结合，形成信号复合体。

连接蛋白、锚定蛋白及脚手架蛋白的发现，改变了人们对传统信号转导扩散理论的看法：即使所有的信号转导成员都在，细胞也不一定能准确有效地对刺激做出反应。信号转导途径中的所有成员必须在正确的时间出现在正确的位置，才能保证信号转导的高效和精确。细胞就是利用连接蛋白、锚定蛋白及脚手架蛋白的作用，将信号分子组合成大的信号复合物，来调节信号转导的传递速度、传递的专一性以及传递的可调节性。

（二）基因转录的专一性

几乎所有的信号转导都会涉及到基因转录的调控。G 蛋白受体可通过 cAMP 依赖的蛋白激酶激活含 cAMP 反应元件基因的转录，受体酪氨酸蛋白激酶通过 Ras - MAPK 途径激活一系列基因的转录，细胞因子受体通过 Jak - STAT 途径激活基因转录，TGF - β 家族通过 Smad 途径激活基因转录，NF - κB 则代表了一类依靠蛋白质水解的基因活化途径。因此，很多情况下，各种信号经信号转导网络整合后，最终的反应往往是激活特定的基因转录。那么，细胞又是如何在复杂的信号转导网络中保持这些基因转录的专一性？或者说，为什么许多不同的信号刺激都可以诱导相同的信号转导途径，但是最终却激活了不同基因的表达？细胞的基因表达对信号转导相应的专一性是什么？目前认为，信号转导途径和转录因子之间的相互作用和相互协调，使细胞在信号作用下基因转录可做出专一性的响应，其机制如下。

1. 不同基因结构的专一性　受信号刺激调节的转录因子的靶基因元件有容易接近的、松散的和舒展的染色质结构，或者有不容易接近的、压缩的和致密的染色质结构。这种结构将严重影响染色质区基因的转录可能性。

2. 辅转录因子的专一性　受信号刺激调节的转录因子常常需要与细胞内的其他蛋白质因子（辅转录因子）相互作用才能激活基因转录。而这些辅转录因子常常是有细胞类型专一性的。例如信息素可激活酵母细胞中的 MAPK 信号转导途径，并激活转录因子 STE12，但 STE12 需与另一个辅转录因子 MAT 结合才能与 DNA 相互作用，激活基因表达，而 MAT 蛋白具有细胞类型专一性。酵母的 α 结合型细胞中存有 MATα1 蛋白，STE12 与 MATα1 相互作用的结果是 α 结合型基因的表达，使酵母细胞变成为 α 结合型细胞。

3. 转录因子的相互作用　许多基因启动子的激活需要有多个转录因子同时存在，因此只有同时激活所有这些转录因子的信号才能激活这个基因的转录；而只能够激活一部分转录因子的信号，将不足以激活这个基因转录。同样，如果这些转录因子激活信号来自不同的信号转导途径，那么，这些信号将会被细胞汇集、分析和整合，通过形成细胞内的信号转导网络而起作用。这种结合于同一个启动子的转录因子的协同相互作用，还可以改变转录因子的行为，甚至决定着究竟是激活还是抑制基因转录，或者是启动子的活性持续时间是被延长还是被缩短。信号转导激活的转录活动是十分复杂的，是受到许多因素制约的，也是有很强的专一性的。正是这种专一性，使细胞对信号刺激能够做出不同的响应，产生不同的细胞反应。

4. 不同强度和持续时间的信号作用引发不同的转录活动　即使是完全相同的信号刺激，仅仅由于它的强度或者作用持续时间的不同，或者两者都不同，也可以使细胞做出完全不同的基因转录反应。目前认为，至少有下列因素参与这种专一性的调节：转录因子在细胞核内的浓度梯度；转录因子在靶基因的调控元件上结合位点数量的多少；转录因子与基因调节元件结合的相对亲和力；转录因子与其他蛋白质因子的相互作用等。

四、细胞信号转导途径的抑制

某些化学合成的小分子物质以及单克隆抗体，作为细胞信号转导途径的抑制剂，一方面用于复杂的细胞信号转导途径研究，另一方面也被开发成为药物，治疗疾病。

甲磺酸伊马替尼临床应用于治疗费城染色体阳性慢性粒细胞白血病（chronic myelogenous

leukemia，CML）治疗。患者第 9 号和第 22 号染色体发生互换，产生费城染色体，Bcr – Abl 酪氨酸激酶受体过量表达，甲磺酸伊马替尼与 ATP 竞争受体结合位点，抑制细胞信号途径，从而抑制细胞增殖，诱导细胞凋亡。

甲磺酸伊马替尼

曲妥珠单隆是人源化单克隆抗体，临床用于治疗 HER – 2 过度表达的原发性乳腺癌。研究发现，在原发性乳腺癌患者中观察到有 25% ~ 30% 的患者 HER – 2 过度表达，HER – 2 过度表达的肿瘤患者较无过度表达的患者生存期短。曲妥珠单克隆抗体选择性地作用于人表皮生长因子受体 – 2（HER – 2）的细胞外部位，抑制肿瘤细胞的增殖。

（刘岩峰）

扫码"练一练"

中英文名词术语对照索引

（按汉语拼音顺序排列）

W

X

Y

Z

参考文献

[1]郑里翔. 生物化学[M].2 版. 北京:中国医药科技出版社,2018.

[2]姚文兵. 生物化学[M].8 版. 北京:人民卫生出版社,2016.

[3]杨荣武. 生物化学原理[M].3 版. 北京:高等教育出版社,2018.

[4]查锡良. 生物化学[M].7 版. 北京:人民卫生出版社,2008.

[5]王镜岩,朱圣庚,徐长法. 生物化学[M].5 版. 北京:高等教育出版社,2006.

[6]娄红祥. 药用天然产物的生物合成[M]. 北京:化学工业出版社,2008.

[7]杨志敏,蒋立科. 生物化学[M]. 北京:高等教育出版社,2005.

[8]孙大业. 细胞信号转导[M].3 版. 北京:科学出版社,2001.

[9]David L. Nelson, Michael M. Cox. Lehninger Principles of Biochemistry[M]. 5th ed. New York:W. H. Freeman and Company,2008.

[10]Gerhard Meisenberg,William H. Simmons. Principles of Medical Biochemistry[M]. 2nd ed. Philadelphia:(Elsevier)Mosby Inc,2006.

[11]Rorbert K. Murray,Daryl K. Granner,Peter A. Mayes,et al. Harper's Biochemi-stry[M]. 27th ed. New York:McGraw Hill Company,2006.

[12]Alberts B,Johnson A,Lewis J,et al. Molecular Biology of the Cell[M]. 4th ed. New York: Garland Science,2002.

[13]http://www. bcm. edu/ 分子生物学资料搜索

[14]http://www. biology. com/生物学

[15]http://www. bioword. com/生物世界

[16]http://www. proteomeworks. bio – rad. com/蛋白组研究

[17]http://www. proteinpathways. com/蛋白质途径

[18]http://www. 37c. com. cn/分子生物学信息

[19]http://www. ebiotrade. com/生物通

[20]http://www. glycomics. com/糖组学

[21]http:// www. ncbi. nlm. nih. gov/美国国立生物技术信息中心

[22]http://www. ebi. ac. uk/欧洲分子生物学实验室